エイドリアン・レイン
ADRIAN RAINE
高橋洋・訳

暴力の解剖学

The ANATOMY of VIOLENCE
The Biological Roots of Crime

神経犯罪学への招待

紀伊國屋書店

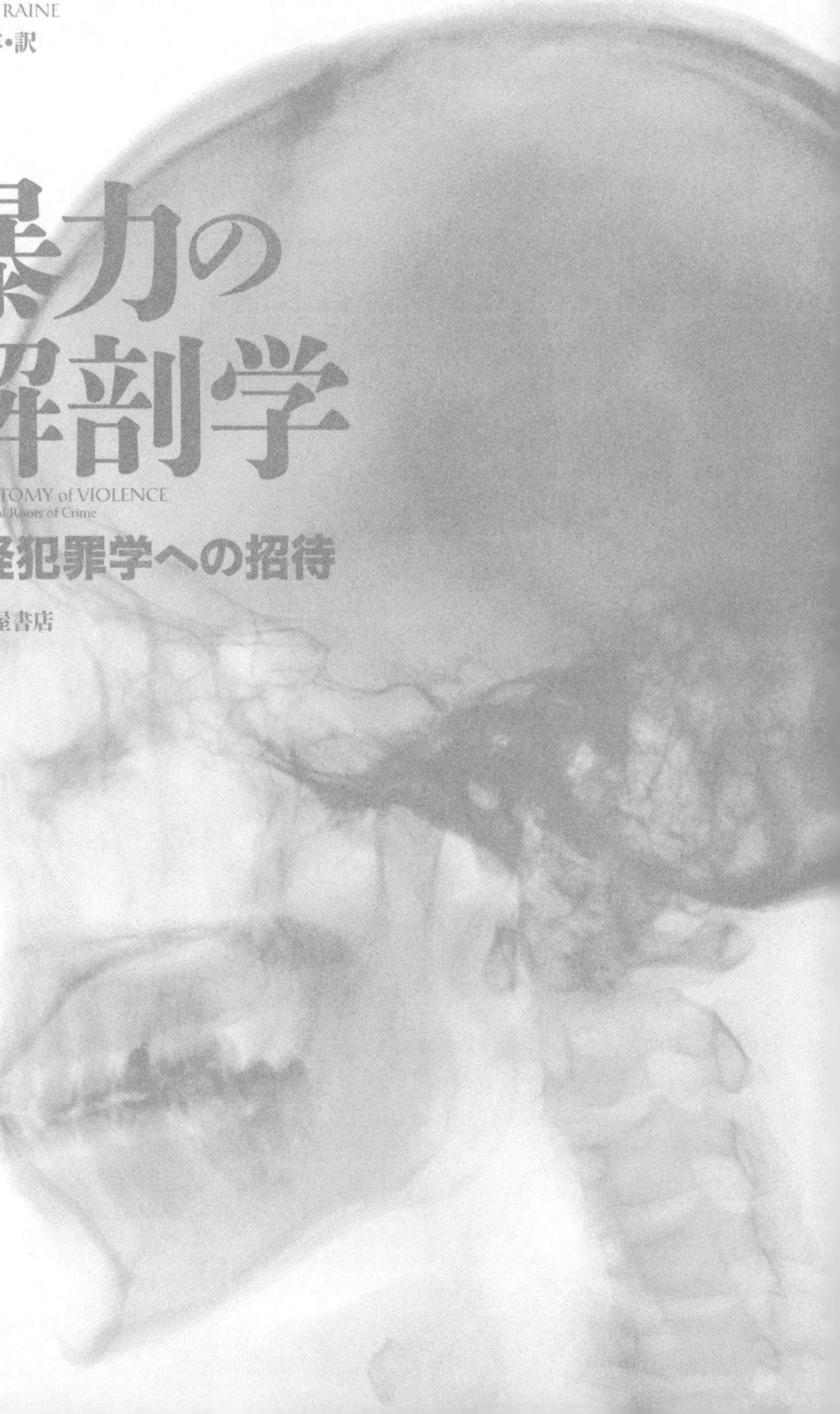

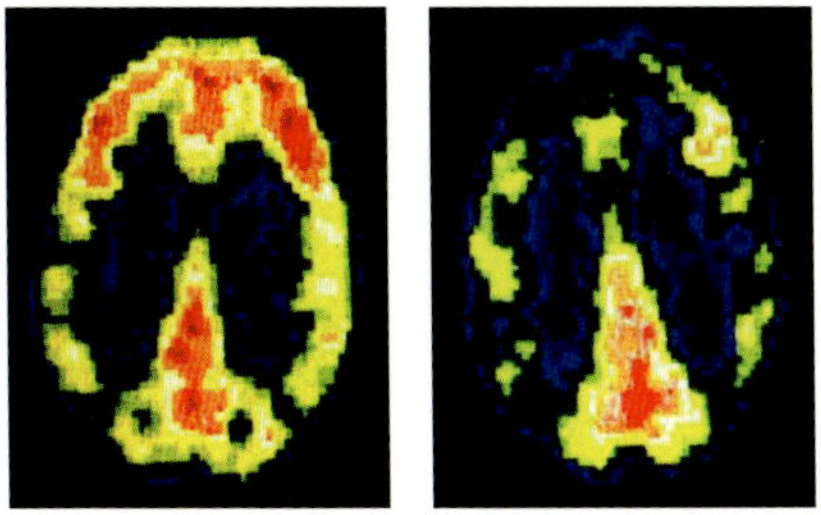

正常対照群　殺人犯

［図3.1］
殺人犯の前頭前野
（画像上端）の機能低下を示す、
ポジトロン断層法（PET）
による脳の鳥瞰画像。
赤と黄色は、脳の機能が
活性化している領域を示す。

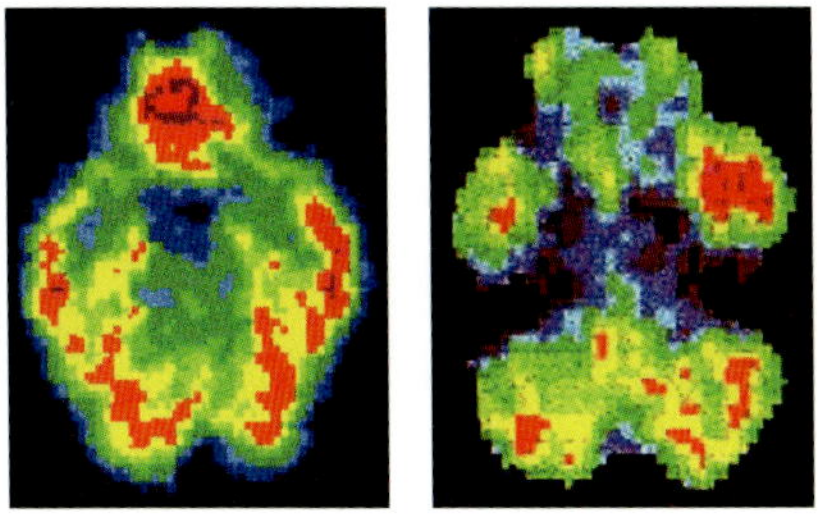

正常対照群　バスタマンテ

［図3.2］
衝動的な殺人犯アントニオ・
バスタマンテの眼窩前頭野
（画像上端）の活性度の低下を
示す、PET鳥瞰画像。

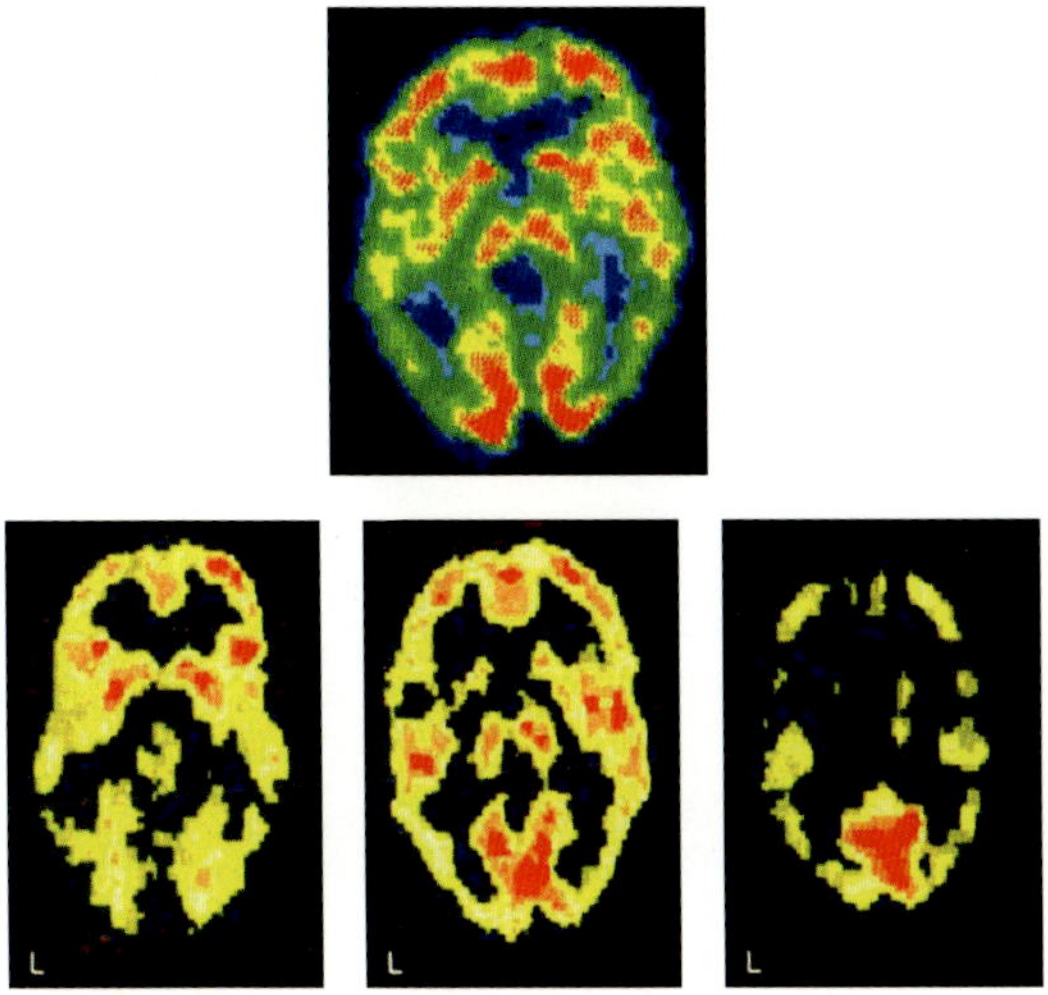

正常対照群　連続殺人犯　殺人犯

［図3.3］
正常対照群（下段左）、
連続殺人犯ランディ・
クラフト（下段中央）、
一回性の衝動的な
殺人犯（下段右）、
および著者（上段）の
PET鳥瞰画像。

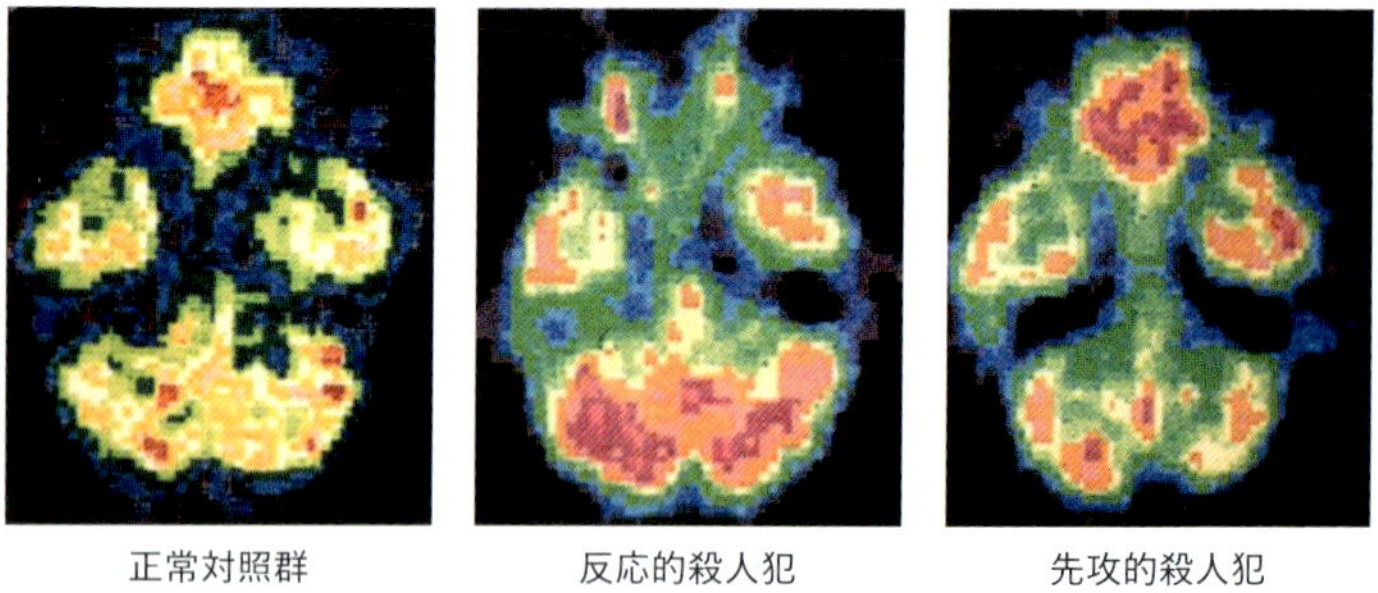

［図3.4］反応的殺人犯の前頭前野（画像上端）の機能低下を示す脳鳥瞰画像。
正常対照群および先攻的殺人犯と比較している。
赤と黄色は、脳の機能が活性化している領域を示す。

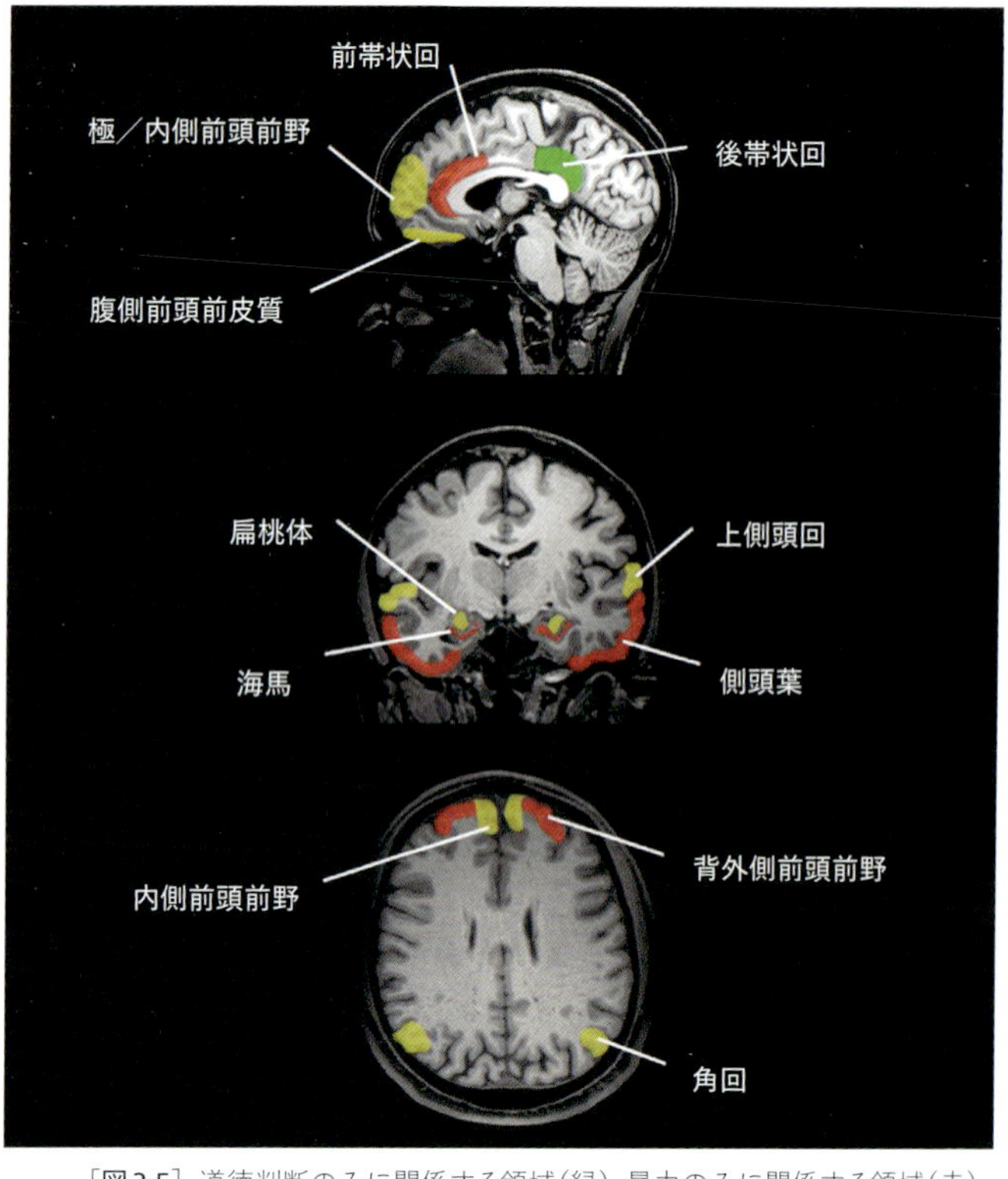

［図3.5］道徳判断のみに関係する領域（緑）、暴力のみに関係する領域（赤）、
それら両方に関係する領域（黄）を示すMRI脳画像。
［上段＝横、中段＝正面、下段＝上からの断面図］

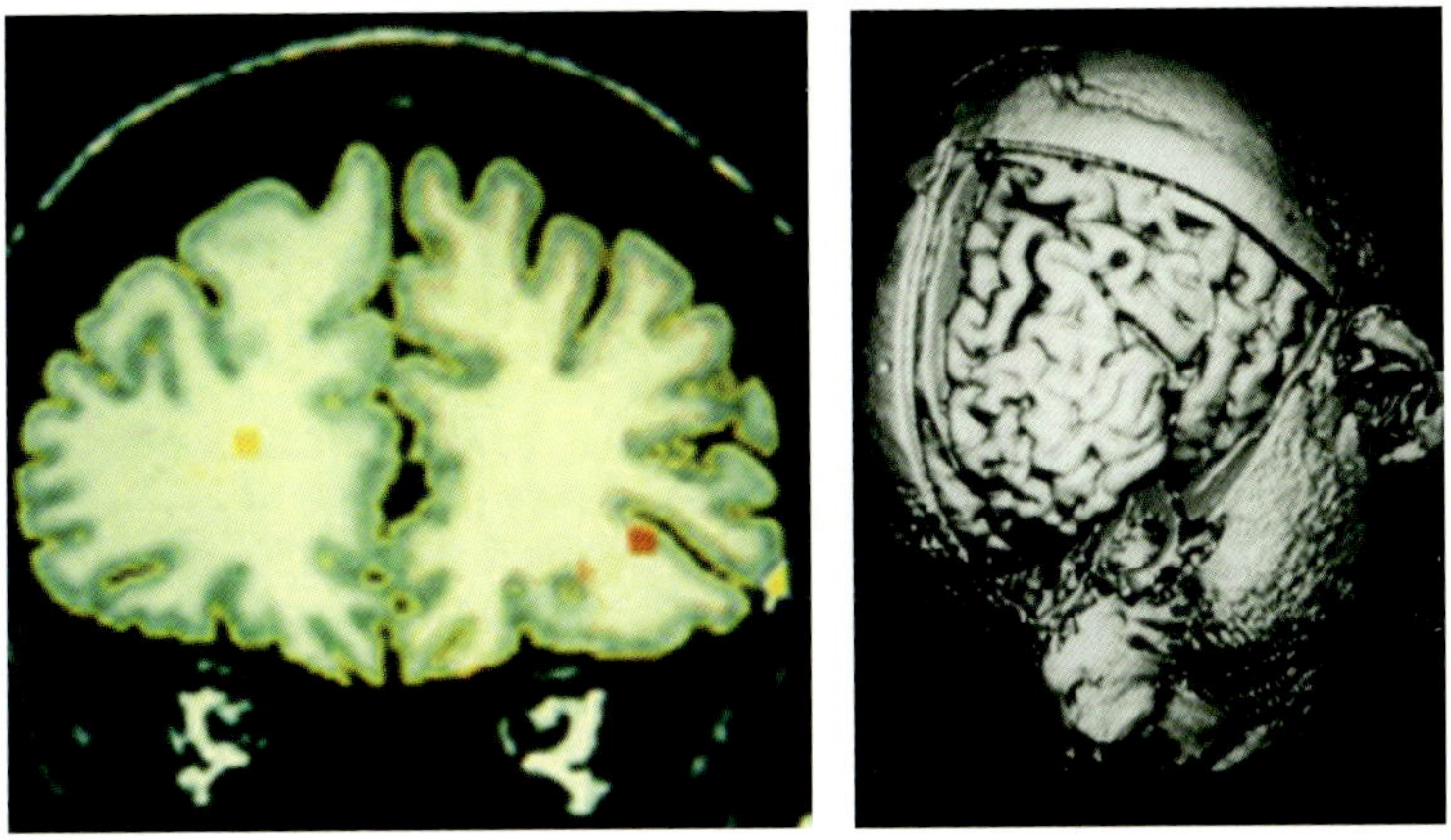

［図5.1］ 解剖的磁気共鳴画像法により撮影した前頭前皮質の画像（右）。
左の図は、軸索から構成される白質から、ニューロンを含む皮質（緑）が
分かれる様子を示す前頭前野の正面画像。

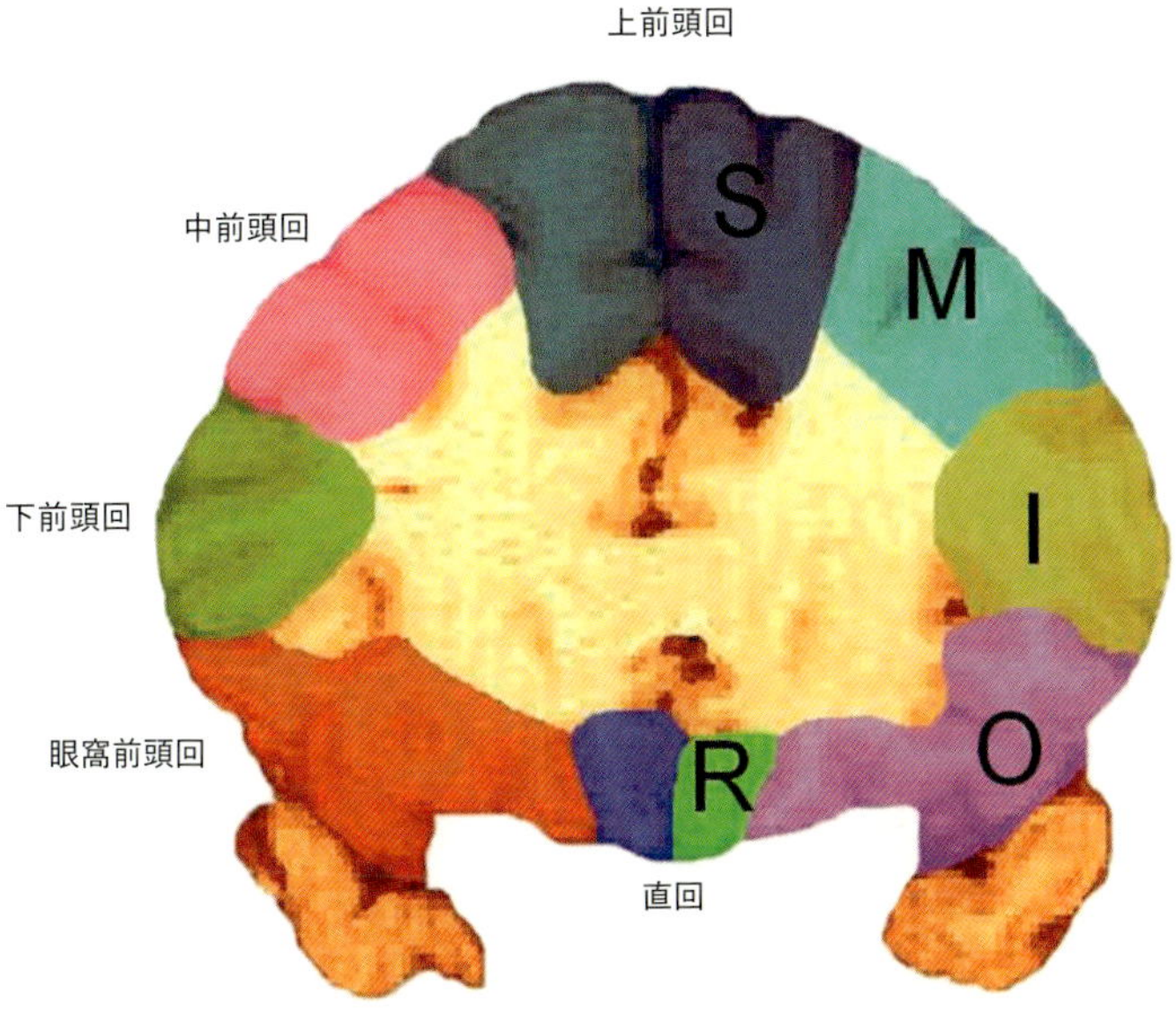

［図5.4］ 反社会性人格障害者の脳の体積を計算するために、
脳回領域へと分割された前頭前皮質の正面画像。

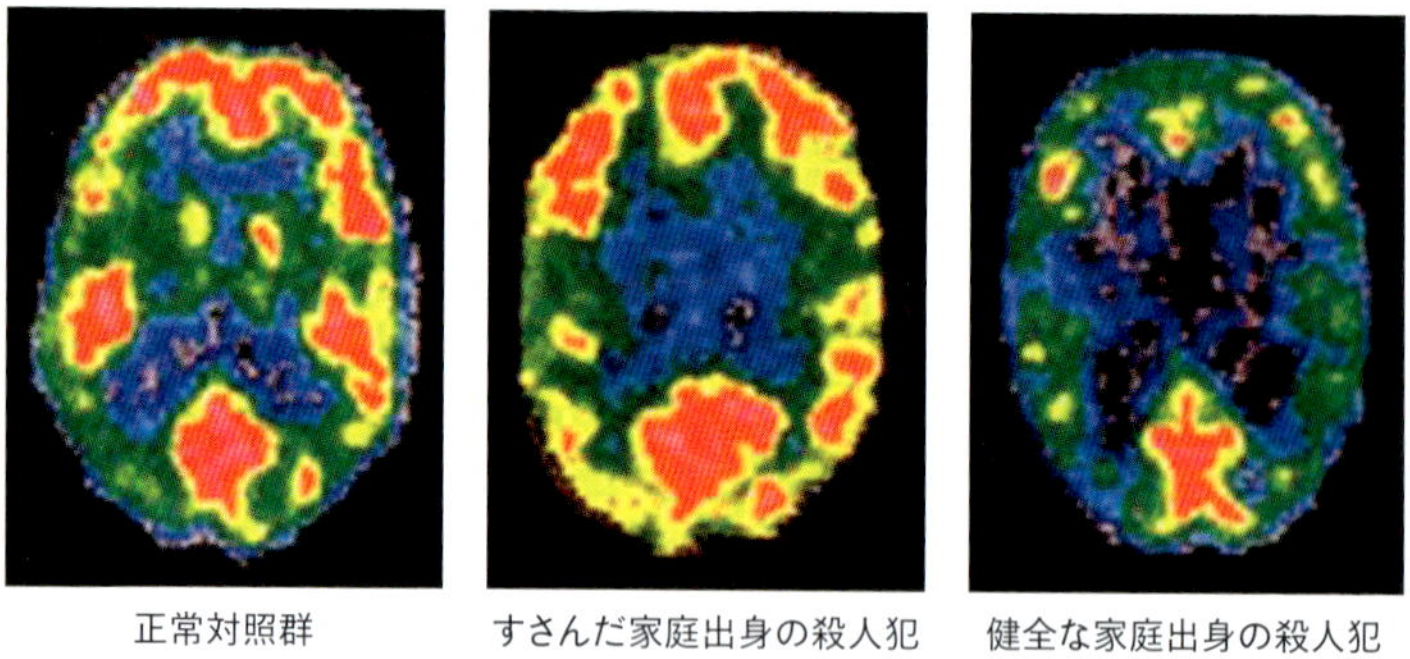

［図8.4］健全な家庭出身の殺人犯の前頭前皮質（画像上端）における機能不全を示すPET脳鳥瞰画像。赤と黄色は、脳の機能が活性化している領域を示す。

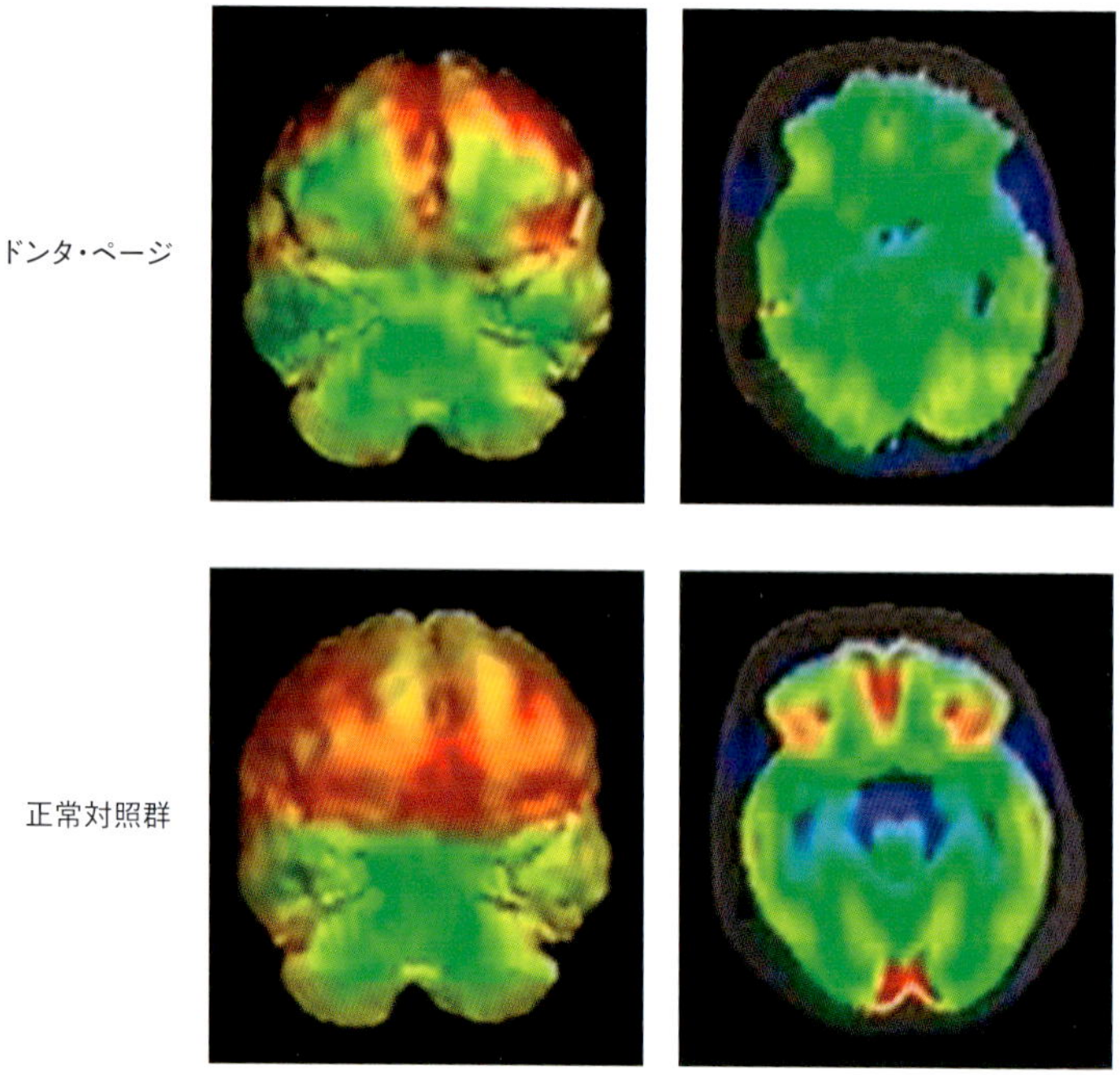

［図10.1］殺人犯ドンタ・ページの腹側前頭前野の機能低下を示すPET画像。右は上から見た画像で、左は正面からやや見上げた画像。

暴力の解剖学――神経犯罪学への招待

「スターリング捜査官、
そんなちっぽけでなまくらな道具で
私を解剖できるとでも思っているのかね？」

――ジョナサン・デミが監督した映画『羊たちの沈黙』（米・一九九一年）で、質問票を取り出して紙と鉛筆で
取り調べを進めるＦＢＩ捜査官クラリス・スターリングを、連続殺人犯ハンニバル・レクターが諫めた言葉

私の息子アンドリューとフィリップに捧げる。
彼らが、本書に取り上げた多くの殺人犯のように悪の道を歩むことなく、
幸福で満ち足りた人生を送れるよう祈る。
人生という列車の行き先をあまりに気にしすぎてはならない。
気ままに列車に乗り込もう。
クリスマスの精神を信じ、
タンタンを、
そしてサミー・ジャンキスを忘れないようにしよう。

暴力の解剖学　目次

◎本文中の（　）は著者による注、〔　〕は訳者による注を示す。
◎＊は著者による注で、章ごとに番号を振り、原注として巻末に付す。
◎『　』で括った書名については、邦題がないもののみ原題を初出時に併記する。

はじめに

今日は二〇一二年七月一九日。私の住むフィラデルフィアは猛暑に見舞われている。研究室のエアコンが故障したので、自宅に帰って二階の涼しい書斎でこれを書いている。午後は、本来シカゴのテレビ局のスタッフと犯罪ドキュメンタリーの撮影をするはずだったが、彼らは今朝、撮影機材を盗まれたのだそうだ。これはそれほど驚くべきことではない。なぜなら、ここフィラデルフィアでは、昨今犯罪が猖獗《しょうけつ》を極めているからだ。昨日は昨日で、私は自宅で、ライドンとボイルという名の二人の警官に質問を受けていた。なぜなら夜盗に入られたからである。香港から真夜中に帰ってきたばかりだというのに。だが、犯罪の研究には都合がよいこともあり、フィラデルフィア西部に住み続けている。

私は、犯罪や暴力に関する、何百冊もの入手困難な本に取り囲まれて仕事をしている。それらは盗まれていないところからすると、夜盗は、私たちほど犯罪の原因に興味を持っていないらしい。実は、これらの本は私のものではなく、私が引っ越してくる前に、合計すると七〇年間この家に住んでいた人々が所有していた。そのほとんどは、一九六九年からこの書斎を使っていた、世界的な犯罪学者マーヴィン・ウォルフガングが持っていたものだ。また、それ以前の三〇年間は、第二次世界大戦が始まる七週間前にこの家を買った、これまた世界的な犯罪学者ソーステン・セリンが住んでいた。ちなみに彼は、マーヴィン・ウォルフガング博士の指導教官でもあった。私は今、彼の机を使っている。四分の三世紀をかけて、この二人の社会学の巨人は、私が現在勤めているペンシルベニア大学で犯罪学を革新してきた。

この並はずれた犯罪学の遺産を受け継いだ私の心は、「犯罪の原因には生物学的要因が密接に関わっているのか?」「犯罪の矯正には、生物学的要因を考慮すべきなのか?」という、本書で取り上げる根本的な問題の歴史的な経緯に思いを馳せざるを得ない。この視点は、今から一五〇年前にチェーザレ・ロンブローゾという名のイタリア人医師が、従来の見方を打破して、犯罪の研究に新たな経験的アプローチを採用し、その基盤が脳に求められると主張したときに大きな勢力を持ち始めた。ところが二〇世紀が進むにつれ、かつては革新的であったこの考えは勢いを失い、その代わりに社会的な視点が主役に躍り出た。そしてその後、有能な犯罪学者はほとんど誰も「暴力の解剖学」、言い換えると「犯罪の生物学」に関わりを持たなくなった。ローカスト通りを見下ろすこの二階の書斎に設けられた暖炉の周囲を、今では幽霊となって漂う一人の社会学者を除いては。

マーヴィン・ウォルフガングは、チェーザレ・ロンブローゾ、すなわち犯罪学の歴史のなかでも、もっともその死を惜しまれると同時にもっとも激しい非難を浴びてきた人物について、徹底的な分析研究を行なっている[*1]。そこには、いかにロンブローゾが、犯罪の原因の生物学的な理論に敵対する人々から、格好の標的として攻撃され続けてきたかが論じられている。ウォルフガングは、ロンブローゾの研究の明らかな限界を認識してはいたが、それと同時に、このイタリア人が寄与した貢献の偉大さもしっかりと理解していた。
マーヴィン・ウォルフガング自身も、犯罪の一因として生物学、とりわけ脳が重要であることを、自身の経歴を終える頃には確信していた。同様に彼の師ソーステン・セリンも、犯罪ではなく犯罪者に焦点を置くロンブローゾの生物学的な視点が、その有効性と影響力において前代未聞のものであったと認識していた[*2]。彼らが住んでいた家と書斎を共有しながら、彼らに異議を唱えることなど、私にはとても考えられない。

しかし、ほとんどの犯罪学者は異議を唱えた。私が科学者としての経歴を築き始めた一九七〇年代から八〇年代にかけて、暴力の生物学的研究は辛らつな批判を浴びていた。私のような研究者は、よくて社会的プロセスを無視する生物学的決定論者、悪くすると人種差別主義者、優生学の擁護者などと見なされたのだ。

おそらくは反抗的で頑固な性格のためか、そのような非難によって私が犯罪の生物学的研究を断念することは、三五年間一度もなかった。とはいえ、重警備の刑務所や、大学という象牙の塔にこもって研究してきたこともあり、生物学的な視点が与えてくれる新たな知見が得られれば、私と同じように興奮を感じるはずの人々から自分が切り離されているように感じ始めた。本書を書こうと思った理由はまさにそこにある。私は、自分の研究の成果を一般読者と共有したかった。

それに関してはとりわけ、一般読者向けの本を書くよう激励してくれたジョナサン・ケラーマンに感謝の言葉を述べたい。犯罪小説作家として世界的に知られるジョナサンは、校内乱射事件が頻発し始めた頃、犯罪の原因について論じた挑発的なサイエンス・ノンフィクション『野蛮の誕生（*Savage*

Spawn)』を執筆している[*3]。私たちは一五年ほど前に、一緒にランチタイムを過ごしたことがある。臨床心理学の博士号を持つ彼は、私が書いた文献を丹念に読んで理解し、そこに書かれている知見を他の人々と共有するべきと考えていたようだ。それから彼のエージェントを紹介してくれたので、私は企画書を書いた。だが当時は、私の提案に興味を示す出版社はなかった。

しかし一五年が経つうちに時代は変わった。ヒトゲノム計画の完了に続いて、世界中の人々が、医療のみならずさまざまな分野において、遺伝的、生物学的な要因が重要であることを認識し始めていた。まるで掘り出し物を見つけたかのように。ペンシルベニア大学が発行する雑誌に掲載された私の研究に関するQ＆A記事を読んだ、ウィリアム・モリス・エンデヴァーの著作権エージェントでペンシルベニア大学ＯＢのエリック・ルプファーは、暴力の解剖学をテーマとする本の需要を見込んでいた。彼のおかげで、私はこの部屋で本書を書き終えることができた。彼以上に協力的なエージェントは期待できないだろう。また、素晴らしい編集の腕前とビジョンを持ち、正念場にさしかかった私を巧みに導いてくれたパンテオン社のジェフ・アレクサンダーにも感謝する。同じくパンテオン社のジョージー・コルスとジョスリン・ミラーには、貴重なサポートと助言をもらった。細心の注意をもって草稿をチェックしてくれた、コピーエディターのケイト・ノリスにもお礼の言葉を述べたい。執筆期間を通して熱心に激励してくれたペンギングループのヘレン・コンフォードにも感謝の言葉を述べる。エリック、ジェフ、ヘレンは、私にすばらしい機会を提供してくれた。大いに感謝している。

変化は、学問の世界にも浸透しつつある。世界中の第一線の犯罪学者が、セリンとウォルフガングの残した足跡を追い始めている。彼らは生物学的なアプローチを、挑戦としてではなく、社会的な視点と生物学的な視点を組み合わせる学際的な試みとしてとらえるようになった。世界的に著名な社会学の雑誌『アメリカン・ソシオロジカル・レビュー』でも、犯罪や暴力に関する分子遺伝学的な研究が掲載されるようになった。そのような状況は、一五年前ですら誰も予想していなかった。現在では、神経犯罪学の新たな潮流が、未来に向けていやおうなく私たちを押し流そうとしている。

ケンブリッジ大学犯罪学研究所の所長フリードリヒ・レーゼルは、本書を仕上げるあいだ、寛大なホスト役を務めてくれた。ケンブリッジでは、レーゼル氏本人に加え、サー・アンソニー・ボトムズ、マニュエル・アイスナー、デイヴィッド・ファリントン、ペール・オロフ・ヴィクストレームら諸氏との議論から大きな恩恵を受けた。ペンシルベニア大学のビル・ラウファーは、共同研究を通じて、私の脳画像研究と、ホワイトカラー犯罪に関する彼の専門知識を橋渡ししてくれた。マーサ・ファーラーは神経倫理学《ニューロ・エシクス》について、またスティーブン・モースは神経法律学《ニューロ・ロー》について、私に辛抱強く教示してくれた。彼らのようなすばらしい同僚たちと仕事ができたことはたいへんな名誉である。私にポストを用意してくれたリチャード・ペリー、物議をかもす私の研究を信頼し、PIK（ペンシルベニア大学統合知識）戦略に参加させてくれたエイミー・ガットマンにも感謝したい。

暴力の生物学への関心は、学問領域を超えてメディアにも飛び火した。ウィリアム・モリス・エンデヴァーのエリン・コンロイが、本書をハワード・ゴードンとアレックス・ガンサに見せると、二人はCBSからTVドラマのパイロット版製作の約束をとりつけた［二〇一三年にTV映画『*Anatomy of Murder*』として放映されている］。この件に関してエリンとハワードに感謝する。何らかの形で一般メディアに本書のテーマが取り上げられるのは、私にとって非常に嬉しい。

私はこれまで大勢の同僚、共同研究者、友人から多くの恩恵を受けてきた。とりわけ次に記す方々には、さまざまな形でお世話になった。フリーダ・アドラー、レベッカ・アング、ジョセフ・オーン、ローラ・ベイカー、アーヴ・ビーダーマン、ジョン・ブレッケ、パティ・ブレナン、モンテ・ブクスバウム、タイ・キャノン、アブシャロム・カスピ、アントニオ&ハンナ・ダマシオ、マイク・ドーソン、バーブラ・ディッカーマン、ケン・ドッジ、アニス・ファン、ダニエル・ファン、リサ・ギャツキ＝コップ、チェンボ・ハン、ロバート・ヘア、ロリ・ラカス、ジェリー・リー、タチア・リー、ロルフ&マグダ・レーバー、ツォン＝リン・リュー、ドン・ライナム、ジョン・マクドナルド、タシュニーム・マフームド、サーノフ・メドニック、テリー・モフィット、ジョー・ニューマン、クリス・パトリック、アンジェラ・スカルパ、リチャード・トレンブレイ、ステファニー・ヴァン・グーゼンの諸氏である。彼らの長年の友情、支援、激励に感謝する。またペンシルベニア大学の学生を教え導くことは、私にとって大きな喜びである。とりわけ私が「ギャング・オブ・フォー」と呼ぶ、ユー・ギャオ、アンドレア・グレン、ロバート・シュク、ヤリン・ヤンの四人は、ここに名をあげねばならない。彼らのような才能あふれた学生たちと生産的な研究チームを組み、そこから学べたことは大きな喜びだ。

私たちは、種々の情報源からさまざまな方法で洞察を得る。私の場合、ヨーク大学で私の博士課程指導教官を務め、過去三五年間にわたり支援し激励し続けてくれたピーター・ヴェナブルスには特に大きな恩を受けてきた。とりわけ、四年間研究の場を刑務所に移し、博士論文の完成を七か月延ばさざるを得なかったときにはたいへんなご面倒をおかけした。彼は、私の人生でもっとも特別な存在になっている。ディック・パッシンガムは、私がオックスフォード大学の学生だった頃、シンプルかつ明晰に思考する方法を教授してくれた。また、五年前にペンシルベニア大学で私を犯罪学に導いてくれたラリー・シャーマンには、多くを負っている。ここに感謝の言葉を述べる。神経犯罪学がこれからの分野であると信じる彼の見識は、実に啓発的だ。マーティ・セリグマンからは、本書の執筆に関して思慮深い助言をいただき、また最終章の未来シナリオを構想するためのヒントをもらった。

ジュリア・ライル、エド・ロック、ジョン&マーカス&サリー・シムズとは、最後の二章の社会的、法的な問題について議論し、そこから多くを学べた。また、最近、私に家族サービスをする時間がほとんどない事情を察知し、じっと辛抱している私の家族、フィリップ、アンドリュー、ジャンホンにもお礼を言いたい。彼らが私に与えてくれる喜び、サポート、愛情によって、私は本書を完成させることができた。

序章

このいまいましいできごとが起きたのは、一九八九年の夏のことだった。私は休暇をとって、太陽と歴史とナイトライフに彩られたトルコ南西部の海岸リゾート地、ボドルム〔古代にはハリカルナッソスと呼ばれていた〕を訪れていた。その日は長い一日だった。イラクリオンからバスでこの地に入ったのだが、そのイラクリオンで、これまでの人生のなかでも二番目にひどい食中毒を起こし、丸二日間、背骨が折れるような痛みを感じながらベッドに横たわり、吐き続けていたのだ。

七月の夜はとても暑く、眠れなかった。部屋の温度を下げるために、窓は開けっ放しにしておいた。前日までの食中毒がまだ尾を引いていたのと睡眠不足のために、なかば朦朧としていた。隣のシングルベッドにはガールフレンドが寝ていた。そのできごとが起きたのは、ちょうど午前三時をまわった頃だった。ベッドの脇に誰かが立っていることに気づいたのだ。当時の私は、犯罪行動の講座を担当していたが、学生には、誰かが自宅に忍び込んでいるのに気づいたときには眠っているふりをするべきだと教えていた。侵入者の九割は、取るものを取ったらすみやかに退散したいと思っているからである。泥棒が去ってから警察に通報すればよい。危険を冒して大立ち回りを演じなくても、取られたものを取り返すチャンスはある。

ならば、闖入《ちんにゅう》者に気づいたとき、私はどうしたか？　戦ったのだ。数ミリ秒のあいだに、視覚皮質が怪しげな人物の姿をとらえ、その情報が扁桃体に伝えられ、それによって「闘争／逃走」反応が引き起こされて、私はベッドから文字通り飛び起きた。そして一秒が経過する頃には、本能的にこの闖入者の喉元につかみかかっていた。自動操縦モードに入ったのだ。

感覚情報は、前頭葉に伝達される場合に比べ二倍の速さで扁桃体に到達する。それゆえ、私の前頭皮質が扁桃体の攻撃的な反応を抑制する態勢を整える前に、私は強盗に向かって威嚇的な態度をとっていた。この行動はただちに侵入者の心に闘争／逃走反応を引き起こした。私にとって具合の悪いことに、彼の本能も「闘争」を選択したようだ。

気づいたときには、続けざまに殴られていた。彼の動作はあまりにも俊敏だったので、腕が四本ついているのかと思ったほどだ。頭を強打され、白い閃光が視界をよぎった。さらに喉を攻撃され、全身を殴られているかのように感じた。

それからドアの方向に勢いよく投げ出され、手がノブに触れた。一瞬、逃げ出そうかと思ったことを告白しなければならない。しかしちょうどそのとき、暴漢に襲われたガールフレンドの発する、耳をつんざくような叫び声が聞こえた。このとき、彼女は腕を負傷していたのだが、思うにそれは自分の身をかばおうとして受けた傷であって、侵入者はただ彼女を黙らせたかっただけのようだ。二人が争っているところを目にした瞬間、闘争本能が舞い戻ってきた。もう一度侵入者に飛びかかり、なんとか彼を窓から外に追い出すことができた。

安全を感じた私は、一瞬安堵の息を漏らした。しかし電気をつけ、自分の胸の上を血がしたたり落ちているところを見たとき、安堵は一瞬にして吹き飛んだ。叫ぼうとしたが、かすれた弱々しい声しか出せなかった。

もみあっている際にはまったく気づかなかったのだが、どうやら暴漢はナイフを持っていたらしい。あとでわかったことだが、赤い柄の、刃渡り一五センチほどの長いやつだ[*1]。だが私は運がよかった。彼の一撃を手で防いだときに、この安物のナイフの刃は折れ、金属部分は数ミリしか残っていなかった。つまり彼は私の喉を刺そうとしたのだが、刃がもげていたために私は致命的な傷を負わずに済んだのだ。

警察は驚くほど素早くやって来た。私が泊まっていたホテルは兵舎のすぐそばにあり、当直の兵士が叫び声や悲鳴を聞いて警察に知らせたのだ。ホテルはただちに兵士たちに包囲されたため、警察がやって来たとき、犯人はまだホテルの内部にいるものと考えられた。

そのあいだに、私は病院へつれて行かれた。近代的な設備とは無縁のボロボロの病院だった。医師は私を、コンクリートかと思えるほど固い台の上に仰向けに寝かせ、喉の傷を縫った。病室の窓は開いており、遠くからパーティーの歌声が聞こえてきた。それはよりにもよってビートルズの「ハード・デイズ・ナイト」だった。

そのあとで私は、事情聴取のためホテルに呼び戻された。すでに朝の五時になろうとしていたはずだが、宿泊者全員がロビーに立っていた。

警察はすでに、各部屋を徹底的にチェックし終えていた。あとで聞いたところでは、警官がある男をベッドから起こしたとき、この男は少し上気した顔をし、胸には赤いしみがついていたそうだ。私が泊まっていた部屋の隣室の客らしい。私がホテルのロビーに入ったとき、面通しのために二人の容疑者が引っ立てられていたが、その一人が彼であった。

二人とも若いトルコ人で、私を襲った暴漢と同じく上半身には何も着ていなかった。一人は端正な顔立ちをしていたが、それ以外はごく普通の青年だった。もう一人は、いかにも乱暴そうな顔つきをし、筋肉質のがっしりした体格をしていた。その瞬間ふと私の頭に浮かんできたのは、それが、昔の犯罪学者が犯罪者に特有のものと考えていた、典型的な中胚葉型の体格だということであった[*2]。その上腕部には目立つ傷があり、鼻はまるでつぶされたかのような形状をしていた。それを見た私は、すぐに彼が犯人に違いないと思った。

警察は彼を脇に寄せ、静かに何事か話していた。立ち聞きしていたホテルの支配人には会話が理解できたようで、彼は英語に通訳してその内容を私に教えてくれた。それによると、警察はこの容疑者に、単に事実が知りたいだけだから、自分が犯人だと認めれば逮捕はしないと言ったところ、この騙されやすい青年は容疑を認め、ただちに逮捕される次第になったのだそうだ。

トルコとボドルムにうんざりした私は、近くの沖合に位置する、ギリシア領のコス島で翌日と翌々日を過ごしたいと警察に申し出た。すると驚いたことに、彼らは裁判を手早く済ませることにしてくれた。裁判の日、私は署内で犯人の隣に並ばされ、そのまま裁判所に向かって町の真ん中を歩かされた。前日の地方新聞に、喉のまわりに目立つ白い包帯を巻いた私の写真とともに事件のあらましが掲載されていたため、沿道にはたくさんの人が詰めかけていた。そのなかの何人かが私たちを指さし、被告に向かって何かを叫んでいた。何を言っているのか私には理解できなかったが、被告が町の人気者でないことだけは確かだった。

裁判の手続き自体は、控えめに言ってもまったく珍奇なもので、何やらニュルンベルク裁判の一シーンから抜け出てきたかのごとく見える法廷は、ゆがんだ夢のなかの光景のようだった。陪審員はおらず、その代わりに緋色のローブに身を包んだ三人の裁判官が着席して、尊大に私たちを見下ろしていた。被告に弁護士はいなかった。もちろん私にも。裁判官は誰一人として英語を理解できず、私はトルコ語を話せなかったので、奇妙さの感覚はさらに増した。彼らは英語をどうにか話せるコックを通訳としてつれてきたが、とてもシュールな光景が展開された点に変わりはない。

私が証言すると、裁判官は、事件が起こったのは午前三時で暗かったはずなのにどうして犯人を特定できたのかと尋ねてきた。それに対し私は、ベッドのそばの窓から月の光がさし込んでいたので、争っている最中に侵入者の横顔が見えたのだと答えた。また、無我夢中で取っ組みあった際の感覚から彼の体格がわかったことも報告した。しかし絶対確実だとは言い切れないともつけ加えたが、それが通訳されたかどうかは定かでない。

コックの通訳を介した私の証言のあとに、被告の証言が続いた。トルコ語だったので彼が何を言ったのかはわからないが、どうやら裁判官は納得していないようだった。そして有罪の判決が下り、あっけなく裁判は終わった。

判決が下ったあと、裁判官の一人が私と通訳を呼び、あとで被告が戻ってきたときに数年の懲役刑が言い渡されるだろうと教えてくれた。トルコでは正義は迅速に、そして効率的に遂行されるものだと私は思った。今回の旅行では、片腕のない年長者を何人か見かけたが、それは、かつては窃盗犯が、盗みを働いたその腕の切断によって罰せられていたことを意味する。その光景を見たときには過酷な処罰だと思ったものだが、裁判官から懲役刑の話を聞かされたときには、一連の手続きの法的正当性に疑問を感じたとはいえ、私の心は躍った。よく言われるように、正義とは甘き味がするものだ。

ボドルムでこの体験をするまでは、私にとって暴力とは第一に学問の対象であった。それまでにも二件の盗みと一件の暴行に遭ったことはあるが、喉をかき切られそうになった経験は、社会に対する、あるいは少なくとも自分自身に対する見方を変えた。その翌日、私とガールフレンドはギリシアに向かった。だが、太陽の光がふりそそぐ、猛暑のコス島の浜辺で体を焼いていたとき、激しい怒りの感情が唐突に湧き上がってきた。私を殺してもおかしくはなかったあの暴漢に、数年の懲役刑では不十分だと思った。やつは殴り倒され、喉をかき切られるべきだった。そして、夜間には小さな物音にも恐れおののいて、不眠症に悩まされ続ける一生を送るべきだったのだ。おそらく刑は妥当なものであったのだろうが、そのときの私には、とてもそうは思えなかった。

私はこの経験から大きな影響を受けた。それまでとり繕っていたリベラルな人道主義の見せかけをかなぐり捨て、報復を求める義憤という根源的な感情に目覚めたのだ。イギリス育ちの、確信的な死刑廃止論者であった私は、アメリカで、死罪を宣告する陪審員団の一員であってもおかしくはない人間に変貌した。こうして復讐に向けられた進化的本能が私の心のなかで目覚め、以後何年もその感覚を持ち続けた。

その結果、犯罪の生物学的基盤を研究する私の心は、ジキル博士とハイド氏の様相を呈し始める。

本書が引き出す結論の一つは、「幼少期の生物学的要因は、成人後の暴力を生む可能性がある」というものだ。栄養不良、虐待による脳の損傷、遺伝子などの危険因子は、子どもが自分でコントロールできるものではなく、それらが、劣悪な社会的環境と、さらには犯罪者の資質を持つ子どもを特定し、その発現に介入する社会的な仕組みの欠如と結びつくと、その子どもは、やがて犯罪に至る道を歩む可能性が高まる。これは、くだんの暴漢にいくぶんかでも酌量の余地を与えるべきことを意味する。私がつれていかれた病院の、目を覆いたくなるような水準に鑑みると、トルコの刑務所が犯罪者の態度を変えられるとはとても思えない。私たちは犯罪者に対してほんとうに正義を行使しているのだろうか？　これが私の心のなかのジキル博士の声であり、私はこの精神に沿って科学研究を行なっている。

だがその一方、私を襲った暴漢が犯罪者になった理由など、どうでもいいことだと考える私がいる。私の心のなかのハイド氏は、「ヤツは私を殺そうとした。だからヤツも半殺しの目に遭うべきだ」と反論する。そして「赦しの心だの、自由意志を抑制する生物学的危険因子だの、そんなものはどうでもいい」とささやく。職業的な関心からすればもっと彼を調査すべきと考えて当然だったが、少なくとも彼のケースに関しては、それはどうでもよかった。その夏彼は、私を襲う前にすでに一九件の盗みを働いていたらしい。この事実は、逮捕されたあと、それ以上の起訴を避けるために彼が警察に自白したことで明るみに出た。これらの被害者のなかに負傷した者は一人もいなかった。ということは、私が被《こうむ》った不運の責任の一端は、彼に飛びつき喉元につかみかかったハイド氏の本能にもあった。「彼のような常習犯は一生牢屋に閉じ込めてしまえ」「私たちはこの手の悪漢どもからわが身を守る必要があるのだ」とハイド氏はわめき散らす。

それ以後も、この事件での自分の反応を振り返ってみることが多々あった。人間には、防御のための攻撃本能が遺伝的に組み込まれているのだろうか？　何年もの経験によって鍛錬された理性的な心が、「その反応は適切でない」と教えてくれたとしても、私の脳は攻撃行動をとるよう配線されていると結論づけられるのか？　面通しのとき、容疑者の身体的特徴の直観的な認知が、彼こそが犯人だと私に結論させた事実をどう考えるべきだろう？　ホテルのロビーに戻って、彼の身体と顔に視線を向けたあの瞬間、私の目の前には文字通り「証拠の実体」が、すなわち体中に暴力が刻み込まれた一人の男が立っていたのだ。そしてその身体を、私は格闘中にわが身をもって体験した。

証拠の実体に対するこの感覚と、ホテルの部屋に差し込む一条の月の光によって犯人の横顔を垣間見られたことは、私にとっては、暴力犯罪者の特定と、彼らを暴力に駆り立てている要因の解明を可能にする新たな研究の出発を象徴するものであった。なぜ、そしていかに人は暴力犯罪者になるのかについての理解は、近年劇的に変化しつつある。本書の目的は、まさにこの変化をわかりやすく解説するところにある。

二〇世紀のほとんどの期間にわたって、ほぼ全面的に社会的、社会学的な観点に基づいて構築されたモデルが、犯罪行動の理解のために用いられ続けてきた。このような、社会的観点のみに依存して犯罪を理解しようとする試みには根本的な問題がある。暴力を理解するには、生物学的要因も考慮することが必須であり、また、暴力の生物学的基盤の探究は、社会に甚大な悪影響を及ぼす暴力や犯罪の蔓延に対処するにあたって、なくてはならないものになるはずだ。

今日では、おもに二つの科学的な成果のおかげで、この見方が徐々に浸透しつつある。第一に、分子遺伝学と行動遺伝学の成果によって、人間の行動の多くには遺伝的な基盤があるという事実が明らかにされつつある。遺伝子によって生理的な機能が形成され、さらにはそれが私たちの思考、パーソナリティ、行動に影響を与える。そして、たとえば法を侵犯しようとする暴力的な資質を生むのだ。第二に、脳画像法の技術革新によって、犯罪の生物学的基盤を解明するための新たな糸口がつかめるようになった。これら二つの革新が組み合わさって、自己に対する私たちの感覚が次第に変わりつつある。また、「神経犯罪学（Neurocriminology）」と呼ばれる、犯罪の神経学的基盤を解明する新たな分野が、その輪郭を整え始めている。神経犯罪学は、反社会的行動の起源の理解に、神経科学の原理と技術を適用する学問である。私たちは、この理解を促進することで、犯罪が引き起こす苦痛や危害を予防する能力を改善できるはずだ。本書によって提起される「暴力の解剖学」は、一九世紀後半にロンブローゾ〔彼の業績は第1章で取り上げられる〕によって創始されながら、二〇世紀を通じて忘れ去られたにも等しい扱いを受けてきた犯罪学の原理への、刺激的で躍動的なアプローチを含む。

また、科学の発展と直接の関係はないが、否定できない歴史的な現実に言及せざるを得ない。二〇世紀を通じての、暴力や犯罪に対する社会的なアプローチへの過度な依存は、結局これらの慢性的な問題の増加を食い止められなかった。一九七〇年代から八〇年代にかけて犯罪件数が増加しつつあったとき、私たちの社会は服役者の更生を目指す努力をほぼ諦めてしまったのだと、犯罪学では広く認識されている。刑務所は、一九世紀初期にペンシルベニア・プリズン・ソサエティが推進していた、失われた魂を更生するための療養所ではもはやなく、単なる常習犯罪者の収容施設と化していた。そして、犯罪に対するこのような単純なアプローチは、まったく破綻をきたしていたのだ。

人間の行動を生物学的な観点から把握する方法が批判にさらされることは、もはやない。新聞や雑誌を開けば、遺伝子や脳がいかに人格を形成し、日常生活、道徳判断、政治、経済などにおける意思決定に影響を及ぼしているかに関する新たな発見を紹介する記事が、必ずや目に入るだろう。ならば、犯罪に関しては、遺伝子や脳の影響はまったくないなどとなぜ言えよう。流れは、ゆっくりとではあれ確実に、一九世紀を生きたロンブローゾの革新的な直観に戻りつつあり、私たちは神経犯罪学の適用によって生じる、もつれた倫理的課題や、社会的恐怖について再検討する必要に迫られている。とはいえ、暴力が私たちを蝕む無数のあり方を考慮すれば、賭けられているものはあまりにも大きく、また、犯罪の生物学的な起源に関して発見されつつある、堅固な科学的証拠の持つ意義は、無視するには途方もなく大きい。

本書の主要な目的は、以下の三つである。私や他の研究者が近年続けてきた、暴力と犯罪の生物学的な基盤の解明を目指す、この魅力的な科学研究を紹介することがまず一点。社会的要因は、生物学的要因と相互作用して暴力を引き起こすことにおいて、また、人を暴力に至る道へ誘引する生物学的変化を直接的に生むことにおいて重要な役割を果たすということを明らかにするのが第二点。急速な発展を遂げつつある神経犯罪学の知見が、現在、そして将来において、暴力や犯罪への介入、法システム、公共政策にもたらす実践的な意味を読者とともに考えることが第三点。

私は本書を、暴力と犯罪に関する革新的で刺激に満ちたアプローチをわかりやすく解説した入門書を求めている学部生や大学院生と、犯罪に対して少なくともちょっとした関心を抱いている一般読者の両方を念頭に置いて執筆した。何が犯罪者を暴力に走らせるのかに興味を持つ好奇心旺盛な読書人なら誰でも、本書から有益な情報を引き出せるだろう。本書は、生物学的なメカニズムと外的な環境要因が作用し合うことで犯罪者が生まれる、そのあり方を明らかにする。また、生物学的な研究によって明らかにされつつある、犯罪の根本原因を詳しく解説する。いまやこの根本原因は神経科学のツールによって掘り起こすことが可能であり、生物学的要因が暴力を引き起こすという事実が明らかにされつつある。これらの点を例証するために、私は本書を通じて凶悪殺人犯に関するさまざまな事例を取り上げた。

　本書を読むことで、生物学的な研究は、暴力の本質の解明に役立つばかりでなく、暴力があらゆる社会にもたらしている苦痛を緩和する、誰にでも受け入れられる穏当な介入手段の確立にも役立つという理解が得られることを、私は切に願っている。生物学は運命ではない。私たちは、公衆衛生の視点と組み合わされた、新世代の学際的な研究によって得られつつある一連の「バイオソーシャル」〔生物学的要因と社会的要因の相互作用によって暴力が生み出されるとする考え方。本書に頻出するキーワード〕な知見を活用すれば、犯罪が起こる原因を解明できるはずだ。

　しかし、確実に誰もの利益になるようこの新たな知識を用いるために、また、今後の研究の枠組みを築くために、そして神経犯罪学にともなう神経倫理学の諸問題をしっかりと把握しつつ、この新たな知識をより効果的に適用するためには、誠実かつオープンな意見の交換を徹底的に行なう必要がある。本書の議論は、一人の科学者が、とある暴力犯罪者の頭蓋をのぞき込み、神経犯罪学の長く険しい道のりを歩み始めた、まさにその歴史的な瞬間の考察から出発する。

第1章

本能

いかに暴力は進化したか

犯罪を生物学的な角度から調査する研究は、一八七一年一一月の、ある寒くて曇った日に、イタリアの東海岸で始まった。イタリア陸軍の元軍医だったチェーザレ・ロンブローゾは、ペーザロという町にある精神障害を抱えた犯罪者を収容する施設で、医師かつ精神分析医として働いていた[*1]。ある日、ジュゼッペ・ビレラという名の、カラブリア地方の悪名高い山賊の検死解剖中に、頭蓋の内部を調査していたとき、彼の人生とその後の犯罪学を劇的に変えるひらめきを得た。彼はこの体験を次のように記している。

すべてを見渡せたかのようだった。あたかもそれは、かくも文明が発達した今日において、原始的な野蛮性のみならず、肉食獣にまでさかのぼる劣等な特徴を再生産している犯罪の本性が、太陽が降り注ぐ平原のなかでくっきりと照らし出されているかのごとくだった。[*2]

ロンブローゾは、ビレラの頭蓋の内部に何を見たのだろうか? 彼はその底に、異常なくぼみを見つけたのだ。そしてそれを、二つの大きな大脳半球の下に位置する小脳の存在を反映するものとして解釈した〔第5章にあるように、ロンブローゾは小脳虫部の正確な位置を間違えてとらえていた。それは左右小脳半球の間隙にある〕。ロンブローゾは、この墓場荒らし的で奇妙な発見をもとに、新旧両大陸にすぐに大きな影響を与え、やがてさまざまな論議を巻き起こす理論を構築し、犯罪学の創始者となった。

ロンブローゾの理論には二つのポイントがある。犯罪の基盤には脳が関係するという点と、犯罪者は、進化的な観点から見て、より原始的な種《しゅ》への退行だとする点だ。ロンブローゾの見るところでは、犯罪者は「先祖返り的な刻印」、すなわち大きなあご、傾斜した額《ひたい》、一本の手掌線《しゅしょうせん》など、人類進化の初期段階に由来する身体的特徴をもとに特定できた。これらの特徴をもとに、彼はユダヤ人や北部イタリア人を頂点に、また、（ビレラが属する）南部イタリア人、ボリビア人、ペルー人を底辺に置く進化的な序列を措定《そてい》した。おそらくその見方には、農業中心の貧しい南部イタリアでは犯罪発生率が北部よりはるかに高かったという当時の事情も関係しているのだろう。それは、統一されたばかりのイタリアを悩ます「南部問題」の数ある徴候のうちの一つだった。

フランツ・ガルの骨相学にその一部を依拠するこれらの信念は、一九世紀終盤から二〇世紀初頭にかけてヨーロッパを席巻し、国会、行政機関、大学などでも議論された。意外に思われるかもしれないが、ロンブローゾは名の知れた誠実な知識人であり、イタリア社会党の忠実な支持者でもあった。そして自分の研究を社会に役立てたいと考えていた。また、報復的な懲罰を嫌悪していた彼は、社会の保護のために懲罰を課すことを強調し[*3]、犯罪者の更生を強く支持した。それと同時に、「生まれつきの犯罪者」とは、シェイクスピアの戯曲『テンペスト』の主人公プロスペローのセリフを借りると、「悪魔だ、生れながらの悪魔だ、あの曲った性根、躾《しつ》けではどうにもならぬ[*4]」〔福田恆存訳『シェイクスピアⅡ』新潮世界文学2〕もので、したがって死刑に値すると感じていた。

おそらくはこれらの見方のゆえに、ロンブローゾは犯罪学の分野できわめて評判が悪い。事実、彼の理論は、二〇世紀前半の優生学の興隆に寄与し、さらにはユダヤ人迫害に直接影響を与えて、社会的な大災厄をもたらす結果になった。パブリックスクールへ通う権利や所有権をユダヤ人から奪う、ムッソリーニの人種法（一九三八年）を生んだ思考様式は、ロンブローゾや、二〇世紀前半の社会に彼の主張を持ち込んだ弟子たちの著作や理論に多くを負っている[*5]。ロンブローゾの主張とムッソリーニの人種法の大きな違いは、後者では、アーリア人が序列の頂点に置かれ、ユダヤ人はアフリカ人と同等、南部イタリア人より下と見なされ底辺に追いやられた点だ。ここには大きな皮肉がある。というのも、ロンブローゾ自身はユダヤ人だったからだ。ちなみにロンブローゾを参照する当時の犯罪学の文献のほぼすべては、この事実への言及を注意深く避けている。

二〇世紀が進むにつれ、ロンブローゾの考え方は評判を落とし、犯罪を含めた人間行動に社会的な視点を適用する、現在でも支配的な見方によって置き換えられていく。これは至極当然の流れだろう。この「生物学的手法から社会的手法」への移行がなぜ起きたのかを理解することは、それほど困難ではない。つまるところ、犯罪とは社会的な構築物なのだ。それは法によって定義され、有罪判決と懲罰は、社会的、法的なプロセスによって決定される。法は時と場所によって変化する。たとえば売春は、法的に禁じられている国もあれば、合法とされている国もある。ならば、どうして生物学的、遺伝的な特徴が社会的な構築物に影響を与え得るのか？　犯罪の中心には、確かに社会的要因が存在するはずではないのか？　このような単純な論法でも、犯罪の社会的なコントロールと、それへの介入を可能にする原理の堅固な基盤を提供するかのごとく見え、社会学的、社会心理学的な観点によってほぼ完全に支配された犯罪学を擁護するのに十分であった。

私は、ロンブローゾの主張を次のようにとらえている。もちろん、北部イタリア人を頂点にして南部イタリア人を底辺に置く、進化的な序列を認めるつもりはない。これには、私の母が南部イタリアのアルピーノ出身であることも少なからず関係している。私は自分を、より原始的な種への退行の一例としてはとらえていない。とはいえ、私の考えは他の犯罪学者とは異なる。ステレオタイプ化した人種差別の概念を振りかざし、自らの手で収集した、異常犯罪者の何百もの頭蓋骨をもてあそんでいたとはいえ、ロンブローゾは究極的な真実への道を歩んでいたと、私は考えている。

本書を読めば、犯罪には、暴力の構造の構成基盤としての遺伝や脳に進化的な起源が存在するという論点を、現代の社会生物学者が、ロンブローゾに比べていかにうまく主張できるようになったかがわかるだろう。本書では、殺人や幼児殺しからレイプに至るまで、さまざまな形態の暴力を探究し、生態的な環境の違いが、利己的で欺瞞《ぎまん》的な行動、すなわち精神病質を生むことを、人類学的観点から明らかにする。

ナンバーワンを求めて――騙し合い

人はなぜ、生まれたその日に殺される可能性が、その他の日に比べて一〇〇倍高いのだろうか？　生みの親に比べて義父に殺される確率が五〇倍高いのはなぜか？　見知らぬ女性ばかりか、自分の妻までレイプしようとする男がいるのはどうしてだろう？　自分の子どもを殺す親がいるのはなぜか？　これらは、社会を当惑させ、社会的な観点からは解決不能だと思われてきた数々の問いの一部である。だが、答えは存在する。進化の過程で形成された「闇の力」という答えが。人間の良心についてどう考えようが、私たちは、都合のよい状況になれば、自己の遺伝子が次世代にうまく受け継がれるように、いとも簡単に暴力を行使しレイプに走る、利己的な遺伝子の乗り物に他ならない。

進化の観点から見れば、反社会的な行動や暴力に走る人間の性質は、偶然に獲得されたものではない。初期の原人でさえ、早くも思考、コミュニケーション、協力の能力を持っていたが、むき出しの暴力は、今日でも「欺瞞」戦術として通用している。犯罪者の行動のほとんどは、他人の手から、直接的、もしくは間接的に資源をもぎ取る手段として解釈できる。豊富な資源や高い地位を手にした男性は、若くて多産な女性を惹きつけられる。また、女性のほうでも、子どもを育てるのに必要な資源と保護を与えてくれる男性を求める。

暴力犯罪の多くは見境《みさかい》がないように思えるかもしれないが、その背後には原始的な進化のロジックが作用している。一・七九ドルのために殺人を犯すのはまったく不可解だが、物品の調達という観点からすると、盗みは長期的には帳尻を合わせられる普遍的戦略だと言える。走行中の車から発砲する行為は無意味に思えるが、街で悪名をとどろかせるにはもってこいだ。ビリヤード台の順番待ちで喧嘩をするのはバカらしく思えるかもしれないが、彼らの真の動機は、玉突きとは別のところにある。

進化は、レイプから強盗や窃盗に至るまで、暴力や反社会的行動を、特定の人々の生存に資する手段に仕立ててきた。反社会的な悪行を犯す能力の起源は、進化生物学によって説明し得る。基本的な進化のメカニズムに従って、私たちのあいだに遺伝的な差異が生じ始め、やがて人によって暴力の構造が形成されていくのだ。

今日の私たちは、攻撃性を不適応で常軌を逸したものと考えている。暴力犯罪者には、彼らや他の人々が犯罪を繰り返すのを阻止するために重い懲罰が課せられる。したがって犯罪が適応的であるとは、とても言えない。だが、進化心理学者の主張は異なる。攻撃性は、他人から資源をもぎ取るために用いられ、資源は進化というゲームの核をなし、生きるため、子孫を残すため、子どもを養育するために必要なものだ。キャンディを巻き上げるために他の子どもを脅すいじめっ子のいびりから銀行強盗に至るまで、悪行には進化的な起源が存在する。また、防御のために行使される攻撃性は、自分の資源を奪おうとする他人の意図をくじくために重要だ。酒場でのけんかは力と支配の序列の確立に役立ち、目をつけている女性やライバルたちの面前で己の強さを誇示できる。男性にとっての求愛のゲームとは、社会のなかで高い地位を手に入れることでもある。「あいつは攻撃的でけんかっ早い」という評判をとることは、社会的なグループのなかで自己の地位を向上させ、より多くの資源の獲得を可能にするばかりか、他人の攻撃を阻止するのにも役立つ。そしてこれは、遊園地で遊ぶ子どもにも、囚人にも同様に当てはまる。

ふっくらした顔の赤ん坊から凶悪な顔つきをした犯罪者に至るまで、生物学的要因に基づく反社会的行動や、生きるための欺瞞戦術の、萌芽や発達のしるしを確認できる。あなたにも子どもの頃に、何の気なしに欲しいものをちょろまかした経験があるはずだ。世界は、自分と己の欲望を中心に回っていると感じていたのではないだろうか。その頃のことはすでに忘れているかもしれないが、まだ飼い慣らされも教育されもしていなかった人生の初期の段階においては、あなたにも犯罪者への道をたどる可能性はあったのだ。

もちろん、文化はあなたの進む道を正してくれる。両親、兄、姉に社会のルールを教えられる。「妹を殴ってはいけない」「弟のおもちゃを脅し取ってはならない」などと。そして発達中の子どもの脳は、この世には自分以外にも人が暮らしていることばかりでなく、人生の長く困難な道のりを無事にわたっていくには、利己性が必ずしも賢明な指針にはならないことを、ゆっくりと学び始める。もちろん自己の利益の追求をまったく断念することはないが、少なくとも他人の感情を推察し、妥当な関心を適切なタイミングで、ときに純粋に、ときには不誠実に表現できるようになる。だが、家庭における社会化の力の欠如以外に、反社会的行動を生む要因はないのか？

それは存在する。人間やその進化の歴史に対する私たちの見方に挑戦状をたたきつける提言が一九七六年になされた。『利己的な遺伝子』というタイトルを持つ、進化生物学者のリチャード・ドーキンスが著した革新的な本のことだ[*6]。私は、この本とドーキンスその人を決して忘れない。学生の頃、彼から進化論について個人レッスンを受けたことがある。それは、行動に対する進化の包括的な影響を説明する、とても刺激的なレッスンだった。そしてそれを通して、私は進化の観点から暴力や犯罪を考えるようになった。

彼の画期的な著書の中心テーマは、「〈成功する〉遺伝子は、生存競争において冷酷無情なまでに利己的で、それが個体の利己的な行動をもたらす」というものだ。この文脈に照らせば、ヒトや動物の身体は、一群の無慈悲な遺伝子のための乗り物、あるいは「サバイバルマシン」とほとんど変わらない。これらのマシンは、成功を求めて無慈悲な闘争を企《くわだ》てるが、ここで言う成功とは、生き残ること、そして次世代の遺伝子プールに自身のコピーをなるべくたくさん送り込むことによって、もっぱら定義される。しかし遺伝子は、個体ではなく「利己性」の基本単位を構成する。個体はやがて死滅するが、利己的な遺伝子は身体から身体、そして世代から世代へと受け継がれ、何千年もの繁栄が可能なのである。

すべては、個体がいかに環境に「適応」できるかにかかっている。その際、マラソンや重量挙げの能力より、何人の子どもを残せるかが重要なのだ。自分と同じ遺伝子を持つ子どもが多ければ多いほど、より多数の自己の遺伝子が次世代の遺伝子プールに残される。遺伝子の観点からは、まさにそれのみが成功と見なされる。「成功」の意味に関して、「学校で良い成績を収める」「やりがいのある仕事に就く」「本を書く」などといった、より高尚な定義が頭のなかに去来するようなら、次のことを考えてみてほしい。あなたの遺伝子マシンは、まさしくそのような高尚な見方を生産することで、巧妙にあなたを動機づけ、繁殖成功度を高める地位や資源を獲得させようとしているのだということを。

あなたが男なら、次の二つの方法で遺伝的適応度を最大化できる。一つは少数の子孫に多大な労力と資源を集中させることだ。かくして二、三人の子どもを保護養育し、彼らが無事に成長できるよう取り計らい、さらには子どもの子ども、すなわち孫の養育を手助けする。もう一つの方法は、労力と資源を多数の子どもに薄く分散させることである。この場合、できるだけ多くの子孫を生むことに重点が置かれ、子どもの養育には手間暇をかけない。

一般に男性は、資源獲得の能力を誇張し、子どもの長期的な養育に関心があるように見せかけて、大勢の女性を「騙す」ことができれば、「多数の子孫／最低限の養育努力」という後者の繁殖戦略をたやすく採用できる。女性にとっては、資源の獲得と男性のサポートは重要だ。ひとたび妊娠すれば、女性は子どもの養育という重い負荷を課されたのも同然であり、それに対する多大な投資を余儀なくされる。だから女性は、資源を提供する能力を持ち、末永く自分に献身してくれそうな男性を探し求めるのだ。

　したがって、適応度、すなわち自己の遺伝的特徴を子孫に受け継ぐ能力は、あらゆる行動の進化と利己性の発達において、中心的な役割を果たす。確かに、動物の攻撃行動の発達を理解するのは容易であろう。動物は食べ物やつがいの相手を求めて争う。これは、好むと好まざるとにかかわらず、人間に当てはめて考えても行き過ぎではない。他人から受け取ったものを分けようとしない、何かを強引に手にするために人を騙すなど、「欺瞞」への誘惑はつねに存在する。

　しかし、確かに人間は動物とは異なる。私たちには、社会的な協力、利他主義、無私の貢献を行なえるだけの強い能力が備わっている。実際、長い目で見れば当人に資するがゆえに、人々のあいだには互恵的利他主義が発達してきた。かつて助けた見知らぬ人物が、今度は自分を援助してくれたり、命を救ってくれたりすれば、他人を助ける行為は最終的に自分の利益になる[*7]。今日の私たちは、たいがい互恵的利他主義者に囲まれて暮らしている。しかしそれと同時に、互恵的利他主義は「欺瞞」を生み得る。他人の好意を受けながら将来それに報いなければ、それは欺瞞行為と見なされる。些細な欺瞞行為に及ぶ余地はどこにでもあり、その覚えがまったくない者などいないだろう。だが少数ながら、常時欺瞞を働く者がいる。精神病質者《サイコパス》だ〔「精神病質者」と「サイコパス」は同じ意味だが、出現箇所により表記を使いわける〕。けれども、彼らには遅かれ早かれ悪評が立ち、助けてくれる者も結婚相手もいなくなる。かくしてサイコパスの常習的な欺瞞行為は、己の破滅をもたらす。

しかし、サイコパスにとって都合のよいことに、抜け道はある。互恵的利他主義者に正体を暴露されても、サイコパスはその社会をあとにして別の社会に紛れ込み、そこで何も知らない人々を騙すことができる。この例からも、いかにごく少数の反社会的なペテン師が、おもに互恵的利他主義者から成る社会で生き延びられるかが容易にわかる。一つの集団のなかに占めるペテン師の割合は低くなければならないが(互いに鉢合わせするようではうまくいかない)、困難に耐える覚悟がありさえすれば生きていける。

このシナリオから予測されるように、反社会的な人物は社会から社会へと流れていく。事実、現代のサイコパスは、何の生活設計も持たずに、人から人、職から職、町から町へとあてどなくさまよう、刺激を追い求めてやまない衝動的な人間として特徴づけられる[*8]。サイコパスを鑑定するヘア・サイコパス・チェックリストには、「長期的な計画や目標の欠如」「遊牧民的な生活様式」「人間関係を頻繁に反故にする」「子どもの養育能力の欠如」「一箇所に留まっていられない」「職業や住む場所を頻繁に変える」「寄生的なライフスタイル」などの項目が含まれる[*9]。「純粋な」騙しの戦略は、遊牧民的な生活様式をとる現代のサイコパスにはきわめて都合がよい。

どんなゲームでも複数の戦略がとれる。繁殖適応度に関しても同じだ。たいていの人にとっては互恵的利他主義が有益だが、少数のサイコパスは欺瞞戦略を駆使してまんまと勝ちを収める。次の節では、どんな環境的条件のもとで社会全体が利他的になったり利己的になったりするのか、あるいは精神病質的な行動が発達するのかを検討する。欺瞞は特定の環境下で蔓延し得る。未開社会の研究は、精神病質的な行動の発達に関して、いくつかの興味深いヒントを提供してくれる。

さまざまな文化のもとでのサイコパス

環境条件は国ごとに大きく異なる。また人類の行動は、先史時代を通じて、変化する環境に適応すべく進化した。この見方に基づいて、社会の全構成員が反社会的な特徴を発現する場合もあると考える人類学の研究もある。これらの研究はおもに、種々の繁殖戦略と社会行動を生む生態的、環境的要因に照らしつつ、各文化間の反社会的行動の相違を比較するという調査方法をとる。特定の生態的な条件と、特定の行動様式が関連するのなら、私たちが反社会的と呼ぶ行動様式も、特定の環境条件を持つ文化のもとでとりわけ有利に働き得ると考えられる。反社会的で精神病質的な生活様式は、まさにそのような文化のもとで発展したのかもしれない。

たとえば人類学者は、南アフリカのカラハリ砂漠に住むクン族の文化と、アマゾン盆地で生活するマンドルク族の村人の文化を比較して、前者の利他的な行動と後者の反社会的な行動が、著しく対照的なおのおのの居住環境に相関することを見出している[*10]。より住みにくい砂漠の環境のもとで暮らしているクン族のあいだでは、極端に困難な生活条件のために、協力が重んじられる。男は食糧を求めて共同で狩りをし、持ち帰った獲物は分配される[*11]。子どもに対する親の投資の度合いは高く、子どもは厳しく監督され、徐々に乳離れする。子どもに多大な投資をしなければならないため、出生率は比較的低い。また、親の保護に強く依存する子どもは、両親の離縁によって致命的な影響を受ける。クン族の生活環境に適応した個人の特徴には、すぐれた狩りの腕前、当てにできる利他的な行為の交換、配偶者の慎重な選択、子どもに対する投資の大きさなどがある。これらの特徴は、明らかに欺瞞より利他主義に近く、それらが生じた要因の一つは、住みにくい環境への適応だと考えられる。

それに対してマンドルク族は、アマゾン盆地を流れるタパジョース川とトロンベタス川沿いに広がる、比較的豊かな熱帯の生態環境のもとで暮らす小規模の農耕民である。そこは食糧に恵まれた土地で、生活はそれほど困難ではない。クン族とは逆に、食物の生産はおもに女性が担当する[*12]。このような環境は、クン族のケースとはまったく異なる生活様式と男性の性格を発達させた。食糧調達の容易さによって、男性はその役割を免《まぬか》れ、政治論争、襲撃や戦争の計画、ゴシップ、けんか、手の込んだ宗教儀式などにいそしむ。ときには獲物を狩って、村の女性とのセックスと交換する。男性は、女性とは離れて一軒の家でそろって寝る。彼らは女性を軽蔑しているのだ。実際、女性は汚染と危険の源泉だと見なされている。ニューギニアの高地に住む小規模な農耕民ガインジ族の男性も、とりわけ月経期間の女性との性的な接触を危険と見なしている。

クン族とは対照的に、マンドルク族の母親は、乳離れした幼児にはほとんど目をかけない。そのため子どもは、自活するすべを迅速に学ばねばならない。男は養育には最低限の役割しか果たさず、競争的な社会のもとで、「雄弁」「恐れを感じない」「争いや襲撃の実行に長ける」「戦いのリスクを避けるために虚勢をはる」「子どもに提供できる資源を女性に誇張する」などの特徴を持つ。さらに言えば、騙されやすくてはならない。というのも、「セックスや女性は汚染の源泉である」などといった言い伝えを単純に信じるようでは、自分の遺伝子を後世に残せないからだ[*13]。

また、子どもに対する親の投資が小さい社会で生きる女性にとっては、誰がほんとうの父親か、自分が必要としているものの程度、一夫一婦制の発展に対する自分の姿勢などをめぐって、男性に対して印象操作をする能力は、成功のカギになる。つまりマンドルク族の生活様式は、互恵的利他主義より、欺瞞や反社会的な戦略に強く結びつく。図1・1に、これら二つの社会のおもな特徴を要約しておいた。両者がいかに異なるかがよくわかるはずだ。

マンドルク族の社会環境は、明らかに攻撃的で精神病質的な行動を助長する。とりわけ彼らはかつてどう猛な首狩り族であった事実を考慮すると、その行動様式と精神病質の類似性がより際立つ。興味深いことに、マンドルク族の性格特徴の多くは、現代の産業化された社会におけるサイコパスの行動の特徴と似たところがある[*14]。たとえばサイコパスは、良心の欠如、表面的な愛想のよさ、言葉の巧みさ、節操のなさ、長期的な人間関係の欠如などの特徴を示す[*15]。これらの特徴は、マンドルク族が暮らす環境のもとでは有利に働いても、男親の養育努力、互恵的利他主義、一夫一婦の関係が求められるクン族の生活環境では、明らかに不利になる。

ブラジル北部、およびベネズエラ南部の熱帯雨林地方に住むヤノマミ族は、マンドルク族に類似する文化を持つ。総人口は二万ほどで、九〇人から三〇〇人くらいの村を形成して生活している。マンドルク族同様、食糧は草木《そうもく》類や野菜類に依存し、一日に三時間ほど労働すればこと足りる。このように、ヤノマミ族も豊かな生態環境のもとで暮らしている。

人類学者のナポレオン・シャノンは、ヤノマミ族を対象に行なった集中的な研究で、この文化の、注目すべき特徴をいくつか記している[*16]。彼らは自分の都合がよいときに規則を破る。女性の強奪に参加し、自分たちのことを、「どう猛」を意味する *waiteri* と呼ぶ。事実、彼らは恐れを知らず、

	クン族	マンドルク族
場所	カラハリ砂漠	アマゾン川流域
居住環境	厳しい	豊か
社会的な風潮	協力的	競争的
親の投資	多い	少ない
出生率	低い	高い
男性の活動	グループでの狩猟	競争、襲撃
優先される特徴	互恵的利他主義 配偶者の慎重な選択 良好な養育	欺瞞 恐怖心のなさ 闘争心

［図1.1］ 異なる性格を形成する二つの社会の環境的な特徴の比較

非常に攻撃的だ。男子は、他の子どもを目がけて槍を投げたり弓を射たりして「遊び」、驚くほど幼い時分から攻撃的な行動に慣らされる。最初こそ、このような暴力への手ほどきに恐れをなしても、模擬戦闘が引き起こす興奮にすぐに熱中し始める。

彼らの攻撃性がどの程度かを知るには、ヤノマミ族のあいだでは、男性の死因の三〇パーセントが暴力に起因するという事実を見ればよい。これは驚くべき高さだ。アメリカ社会が暴力的だと思っている人も多いはずだが、二五歳を越えるヤノマミ族の男性の四四パーセントに、殺人の経験がある（それによって *unokai* と呼ばれる地位が得られる）と聞いたらどう思うだろう。二度以上の殺しの経験を持つ者もおり、一六回にわたって人を殺した者すらいる。多くの場合、性的な嫉妬がその原因だが、これは進化の観点から、とりわけ人間の女性が育児に多大な労力を費やしているという点から容易に推察し得る。また彼らは、復讐のためによその村を襲撃する。それには一〇人から二〇人の男性が参加し、四日が費やされるケースもある。

しかし暴力の進化という観点から見れば、もっとも興味深いのは *unokai* と呼ばれる殺人者に何が起こるかだ。*unokai* は平均すると一・六三人の妻を持つのに対し、人を殺したことがない者は〇・六三人であり、また、前者が平均四・九一人の子どもを持つのに対し、後者は一・五九人を持つにすぎない。繁殖適応度という観点からすれば、暴力は、子どもとその面倒を見る妻という二つの資源の獲得に関して、大きな優位性を与える。*unokai* が繁栄を享受する社会では、計画的な暴力や、人を殺すことへの罪の意識の欠如が、いかに大きな利益をもたらし得るかは、すぐに理解できるはずだ。これらはまさに、欧米社会におけるサイコパスの特徴と同じであり[*17]、サイコパスは、そうでない人より攻撃的で、自己の利益のために殺人に走りやすい[*18]。

もちろん欧米社会では、その種の暴力は許されない。私たちは、殺人者に拍手を送ったり、報酬を与えたりはしない。だが、ほんとうにそう言えるのか？　危険を冒して敵を殺した兵士は勲章を授与され、その行為は報われる。脳に損傷を与える可能性があることを知っているのに、殴り合うボクサーに熱狂的な喝采を浴びせるのはいったいどうしたことか。そして、公衆の面前でヒーローが悪漢を叩きのめすアクション映画に夢中になるのは？

頭では戦争の無意味さを嘆いていても、心の奥底では、戦いの太鼓の響きに興奮していないだろうか？　だからスポーツ競技を観戦して、強き者が勝つところを見たがるのではないか？　オリンピックで自国の選手が金メダルを獲るのを見て歓喜に酔いしれ、フットボールスタジアムで荒々しいタックルを見て興奮するのではないだろうか？　「私たちはスポーツが好きなのだ。ただそれだけのことさ」、教養にあふれた現代人はそう思うかもしれない。だが、ほんとうにそれだけのことなのか？私たちの心には、誰がどの地位に属しているかを注意深く見分けるメカニズムや、他人の勝利を疑似体験して爽快な気分を味わい、自分でもその人を模倣しようとする感情移入の技術が、自然選択のプロセスによって埋め込まれているから、そのような歓喜や興奮を感じるのではないだろうか。

マンドルク族の女性は明らかに、殺人経験を持つ男性に惹かれる。分別があり平和を好むかのように見える女性が、獄中の連続殺人犯と結婚しようとするのはいったいなぜか？　まるで連続殺人犯のセイレーンの声が、彼女たちの原始的な心の琴線に触れるかのようだ。いかに理性が拒んでも、彼女たちは強い男とともにいることを望むのだ。不覚にも、私たちは犯罪に魅せられることがある。何かの力によって暴力に惹かれるのだ。もしかすると、その種の進化的な力が、あなたに本書を買わせたのかもしれない。

私たちが暴力に魅力を感じる理由の一つは、今日でさえ、時と場所によってはそれが適応的に機能し得るからだ。進化の痕跡は、想像をはるかに超えるレベルで残っている。この考え方を一歩進めて、どんな状況のもとで攻撃性が適応的に機能し、犯罪のどの側面が、進化的な観点によって説明し得るのかを検討してみよう。

自分の子どもを殺す

すでに述べたとおり、一般に、生まれた赤ん坊がその日に殺される確率は、他の日より一〇〇倍高い［＊19］。子殺しは、子どもが生まれてから一年以内にもっとも起こりやすい［＊20］。またその最初の一年をとっても、生まれたその日に殺される嬰児《えいじ》の数は、他の日より一八倍多い［＊21］［一見すると本節の冒頭の記述と一致しないように見えるが、該当論文を参照すると、これは誕生後一年以内の他のすべての日の平均値の一八倍という意味であり、嬰児殺しの件数は三ヶ月目まで上昇し、以後は減少する。したがってスパンを延長すればするほど、誕生初日と、それ以外の日に嬰児殺しが発生する可能性のギャップは拡大する］。そして殺された嬰児の九五パーセントは、病院で生まれていない。これらの嬰児のほとんどは、予定外の望まぬ妊娠によるもので、殴打され（三二・九パーセント）、その他不特定の手段による身体的な攻撃を受け（二八・一パーセント）、溺れさせられ（四・三パーセント）、焼かれ（二・三パーセント）、刺され（二・一パーセント）、撃たれる（三・〇パーセント）ことで殺されている［＊22］。たいていのカップルは、子どもの誕生には大喜びするはずだが、それとはまったく逆のことが起きているのだ。しかし、見かけは矛盾していても、その原因は、進化心理学を用いて説明できる。

実際に家の敷居をまたぐと、進化論と矛盾するかのように見える、暴力に関する事実がある。たとえば人は、家のなかでは赤の他人より家族の一員によって殺される可能性が高い。進化論の観点からこの事実をどう説明できるのか？　家族の遺伝子が子孫に確実に受け継がれるよう、家庭内では誰もがしっかりと保護されているのではないのか？　カナダの進化心理学者マーティン・デイリーとマーゴ・ウィルソンは、この種の謎を解明し、暴力の理解に進化心理学の視点を適用することが非常に有効である点を示すのに、誰よりも大きな貢献をしてきた。

彼らは、血縁の度合いと殺人のあいだには反比例の関係があることを実証している。したがって、遺伝的な関係が小さければ小さいほど、それら二人のあいだで殺人が起こる確率が高い。たとえばマイアミでは、殺人の一〇パーセントが配偶者を対象とするものだ。これは確かに家族内の犯罪だが、配偶者同士には、ほぼつねに遺伝的なつながりがないことに注意されたい。事実、デイリーとウィルソンの発見によれば、犯人と犠牲者に遺伝的なつながりのあるケースは、あらゆる殺人の一・八パーセントにすぎない[*23]。したがって九八パーセントの殺人では、殺人者と遺伝子を共有しない人が殺されている。

自らの存続のために全力を尽くす利己的な遺伝子は、遺伝子プールに自己のコピーをより多く残そうとする。そのため、血縁の度合いと殺人のあいだには反比例の関係があるのだ。かくして、血縁関係にない誰かと暮らしている人は、近縁者と暮らしている人より、一一倍同居者に殺されやすい。

数々の神話やおとぎ話に示されているように、とりわけ継親《ままおや》はその悪らつさにおいて際立つ。グリム童話の『ヘンゼルとグレーテル』を覚えているだろうか。この童話では、邪悪な継母が、実の親をそそのかせて子どもを深い森に捨てさせ、餓死させようとする。あるいは『眠れる森の美女』では、邪悪で虚栄心の強い継母が、姫を森につれて行って殺すようハンターに命じる。『シンデレラ』の残酷な継母はどうだったか。事実、子どもの世界は、現実的であれ、想像上であれ、意地悪な継母のイメージで満たされている。それはあたかも、「注意を怠るな」と無気味な警告を発しているかのようだ。

継親に育てられて無事に成長できた人は、幸運だと言えるかもしれない。イギリスでは、継親に育てられている幼児は一パーセントにすぎないのに[*24]、嬰児殺しの五三パーセントは、継親の手による[*25]。また、アメリカでも同様なデータが得られており、継親の虐待の結果、子どもが死ぬ可能性は、実の親に比べ一〇〇倍にのぼる。子どもの虐待のみに限っても同じことが言える。実の親に比べ、継親は二歳未満の継子を六倍の割合で虐待する。

　実の親だと見なされている者の虐待によって子どもが死亡したケースでも、実際には両者のあいだに血縁関係がない場合があることを示唆する例が見られる。実際、そのようなケースで、子どもと父親のあいだに血縁関係があると信じられていても、そのうちのおよそ一〇パーセントは、実際にはそうではないという見積もりがある。父親は、進化的、無意識的なレベルで血縁関係の有無を感じ取って、虐待の対象として血縁関係のない子どもを選択する能力でも持っているのだろうか？　虐待は、血縁関係のない子どもに与える資源を最小限に留め、実の子どもに与える資源を最大化するための親の戦略として機能し得る。事実継親は、実の子の便益を図るために、ときに継子を選択的に虐待することが知られている[*26]。

　かくして継親による継子の虐待は、進化論の観点から理解できる。それよりもっと不可解なのは、血縁関係にある子どもを殺す親がいることだ。この事実を、進化論によってどう説明できるのか？

　ここで、両親がどれだけ苦労してあなたを育ててくれたかを思い出してみよう。あなたの両親は、子どもの将来のために一生懸命働き、多大な犠牲を厭わなかったはずだ。両親は、そんなことをあなたにいちいち自慢したりはしない。もちろん、あなた自身が自分の遺伝子の存続を考慮しなければならないときがくれば、あなたも同じことをするだろう。だが、子どもをより長く養うには、それだけ多くの資源を投入する必要があることを忘れてはならない。では、生みの親が、子どもへの投資に対する考え方を変えたらどうなるのか？　その場合、子どもに投下される労力を最小限に抑えるために、なるべく早い時期に養育を見限る必要がある。そして以下に見るように、それが実際に起こっていることなのだ。

母親の子殺しのケースでは、子どもが何歳のときに殺されているかを示した、図1・2上段のグラフを見てほしい。これは、一九七四年から一九八三年にかけてカナダで得られたデータを一年あたりに平均したグラフで、一〇〇万人の子どもに対する子殺しの件数を示す。出生後一年以内に殺される子どもが多いことは、一目瞭然だ[*27]。それ以後、子殺しの件数は劇的に減り、思春期に至るまでそ

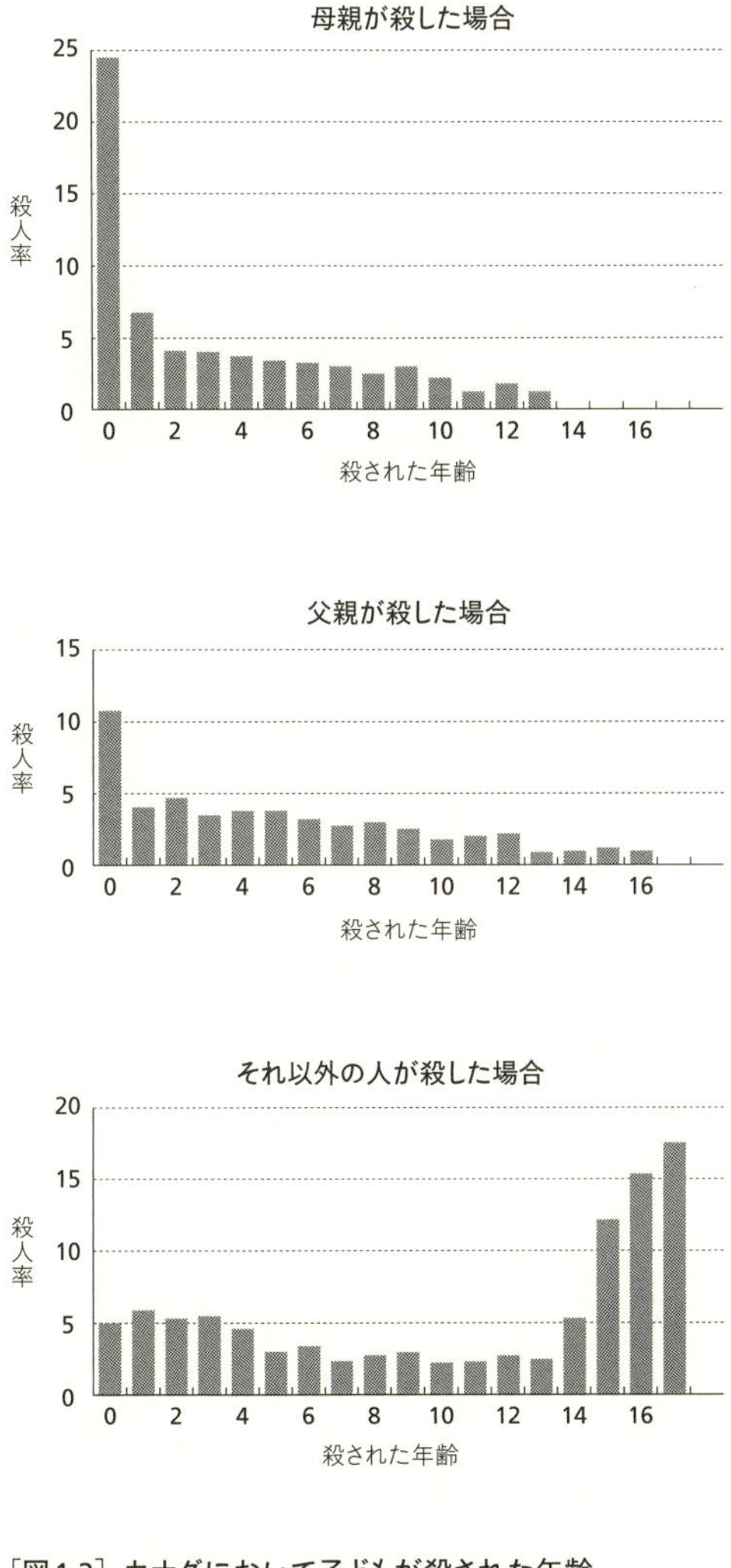

［図1.2］カナダにおいて子どもが殺された年齢
（母親、父親、それ以外）

の傾向は続く。要するに、母親は誕生後ただちに育児を放棄しているのだ。もしかすると、もっと気ままに遊んでいたかったのかもしれない。あるいは、パートナーに逃げられたために、重荷を下ろして新たなパートナーを探したほうが賢明だと、都合良く考えたのかもしれない。理由はどうあれ、子どもが殺されやすい年齢があることは明らかだ。

産褥《さんじょく》精神病〔出産にともなう内分泌の変化、心身の疲労などのために、出産直後に発症する精神病で、産後うつ病より重い〕という言葉を思い浮かべる読者もいることだろう。出産直後の母親は、深刻な抑うつに陥って精神病的徴候を発現する場合があり、絶望と狂気のなかで自分の子どもを殺すことがある。この疑問は当然であろう。なにしろこの症状は、およそ一〇〇〇人に一人の割合で、出産直後の母親に認められるのだから。しかしその是非は、図1・2中段のグラフを見ればわかる。父親に関してもまったく同じパターンが見られるのだ[*28]。やはり父親の場合も、子どもに対する投資が最小限で済ませられる出生後一年以内に、自分の子どもを殺すケースが多い。そして、自らが出産するわけではない父親は、産褥精神病にはならない。ゆえに母親についても、産褥精神病が原因だと一概には言えない。

ならば、親が生まれたばかりの子どもを殺そうとするのは、子どもの泣き声がうるさくて眠れないからではないのか？　確かにもっともらしい理由ではある。だが、子育て経験がある人なら、うるささという点では何歳くらいの子どもが最悪かをよく知っているだろう。無邪気に泣いている一歳未満の乳児だろうか？　それとも生意気盛りのティーンエイジャーだろうか？　子どものいない人なら、自分の子どもの頃のことを考えてみるとよい。ところがグラフを見ると、奇妙なことに、もっとも殺されそうに思われるティーンエイジャーは、実際にはもっとも殺される可能性が低いことがわかる。

とはいえティーンエイジャーの読者は、わざわざ親を挑発しないほうがよい。わずかでも殺される人はいるのだから。

その意味では、相手が誰であろうが、わざわざ挑発すべきではない。図1・2下段のグラフを見ると、両親以外による子ども殺しに関して言えば、子どもが幼い頃には殺される率が低いのに、ティーンエイジャーになると急激に上がることがわかる。その年齢になると、反抗的な子どもは享楽を求めて街をほっつきまわり、見知らぬ人と頻繁に出会うようになるからだ。また、その年齢は、両親の監視が緩み、無謀な行動がもっとも多く見られる時期でもある。

進化論の観点からすると、両親が子どもを殺す理由を説明する環境要因は他にもある。乳児は、生存や生殖に成功する確率を下げる何らかの先天的な異常や、両親が利用できる資源を枯渇させる結果をもたらす疾病を持って生まれてくるかもしれない。また、生まれた子どもが正常でも、食料不足の折には、年齢に関係なくすべての子どもに貴重な資源を平等に分配するのではなく、すでに多くの資源を投下済みの、より年長の子どもを優先させることも考えられる。

あるいは子どもの年齢に差がない場合でも、進化の観点から言えば、子殺しが有利に働くケースがある。たとえば、両親がともにヒナのためにエサを調達する鳥の種《しゅ》では、片親が死ぬと、もう一方の親はヒナを見捨てることがある。一羽で育てるには荷が重く、繁殖ゲームで勝ちを収めるためには、新たによいパートナーを見つけて再出発するほうが有利だからだ。人間の若い母親が子どもを捨てる話を聞くとき、同じような状況を想像するのではないか？　私たちはその種の行為を、社会的なプロセスを意味する、未熟、面汚《つら》し、若さゆえの衝動などの言葉で解釈する。しかし、それらは表面的な説明であり、もっと深いレベルでは、繁殖成功度の最大化という冷厳な要因が潜在している可能性もある。したがって、殺人の理由を母親の負の情動や行動に求めるだけでは、すべてを説明し切れないのかもしれない。要するに、若い母親の利己的な遺伝子が、子殺しという冷酷無情な行動の究極の要因かもしれないのだ。

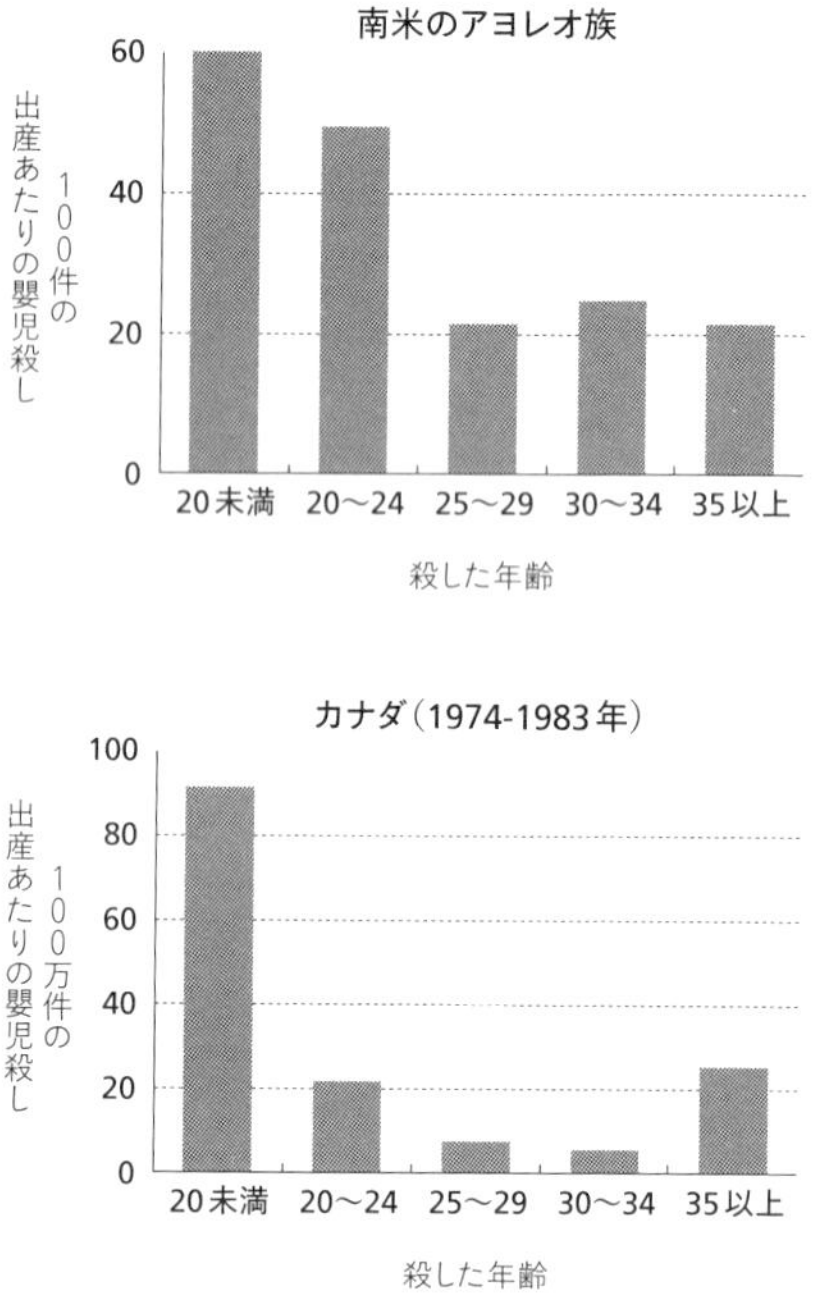

［図1.3］ 自分の子どもを殺した母親の年齢

親による子殺しに関して、もう一つ注意すべき点がある。母親の年齢だ。図1・3上段のグラフは、南米に住むアヨレオ族を調査したもので、母親の年齢別に子殺しの割合を示す。子殺しは、母親が二〇歳未満のときにもっとも多く、それ以後は減少している。なぜか？　若い母親は生殖能力が高く、再び望ましいパートナーを惹きつけるだけの魅力にあふれている。だが、年をとるにつれ、自らの遺伝子を受け継ぐ子どもに投資してきた資源を無駄にしないよう配慮するほうが有利になる。なぜなら、年をとればとるほど、それだけ損失を埋め合わせるのが困難になるからだ。

若い母親が子殺しをするのは、何もアヨレオ族だけではない。図1・3下段のグラフはカナダ人を対象にしたものだが、同じパターンが見られる[*29]。やはり、母親は年齢が低いときほど、子殺しを犯しやすいという結果が出ている。若ければ子どもを再度生む機会もそれだけ多く残されており、いわばより多くのオプションを手にしている。パートナーが彼女を見捨てたのかもしれないし、より多くを期待できる新たな求愛者が見つかったのかもしれない。いずれにしても、彼女の体内に宿る利己的な遺伝子が、「重荷を捨て、新たな繁殖相手を求めてバケーションに出かけよう」とささやいているのだ。

総括すると、成人が子どもを殺す理由として、遺伝的な関係、適応度、親から子への投資をあげられる。実際、子殺しのパターンは、社会生物学的な原理を適用することで説明できる。もちろんそれを説明する原理は他にもあり、利己的な遺伝子がすべてというわけではない。しかし、二一世紀に生きる私たちが気づいていようがいまいが、人間の本性の奥深くに埋め込まれた進化のメカニズムは、自らの遺伝子が存続する可能性を最大化するために、陰険な装置を作り出したのだ。そしてこの装置がもたらす家庭内の邪悪な行為は、子殺しだけではない。

自分の妻をレイプする

レイプとは憎しみに基づく行為なのか？　男性が女性を統制せんとする父系社会によって大目に見られた、女性に対する悪意と侮蔑に満ちた行為なのか？　それともレイプも、部分的にせよ進化心理学によって説明できるのだろうか？

非血縁者のレイプは、究極の遺伝的な欺瞞戦略として解釈できる。異性を惹きつけるために資源を調達する努力をし、そのうえ子どもの養育に何年もの労力をかける手間を、男は一瞬の欺瞞によって省こうとする。レイプすればよいのだ。男は、女性を妊娠させる能力を持つ、何億もの精子をつねに準備している。セックスは瞬間的なもので、男はことを済ませたあと、二度とその女性に出くわさないようただちに立ち去れる。妊娠すれば、その女性は生まれた子どもの面倒をみるであろうことを男は心得ており、かくして彼の利己的な遺伝子は再生産されるのだ。

では、どのくらいの頻度で、レイプは妊娠に至っているのか？　これに関しては、一二歳から四五歳までの、性器性交をともなうレイプの被害者になった四〇五人の女性を対象とする研究がある。基準率は六・四二パーセントで、この数値は、避妊手段を用いない同意に基づく性交における基準率三・一パーセントの倍にのぼる〔基準率（base rate）とは、統計的な比較の基準になる割合〕。避妊手段が用いられたケースを補正すると、レイプによる妊娠の割合は、七・九八パーセントになると見積もられる[*30]。なお、レイプによる妊娠の割合は概算にすぎない。というのも、DNA鑑定によって、誰が真の父親かが特定されているわけではないからである。望まぬ妊娠を隠ぺいするために、レイプを「でっちあげる」女性もいるかもしれない。とはいえ、同意に基づく性交より、レイプのほうが妊娠率が高いと報告する研究は他にもある。これは驚くべきことだ。この発見が正しいとすれば、なぜレイプは妊娠に結びつきやすいのか？

考えられる仮説の一つに、「レイプ犯は、より多産な女性を妊娠させる」というものがある。つまり、レイプ犯は犠牲者を選んでいるということだ。確かに、レイプ犯は、生殖能力がピークを迎える年齢の女性を選ぶケースがはるかに多いことが知られている[*31]。さらに言えば、年齢は別としても、レイプ犯がもっとも生殖能力の高い女性に視覚的に惹きつけられる可能性はあり得ないわけではない。世界中のさまざまな文化のもとで、ヒップに比べてウエストが細い女性は、より魅力的と見なされている。また、そのような体型は、健康や多産に結びつけられる[*32]。だとすると理論上、男のレイプ犯は、意識的にせよ無意識的にせよ、女性の外観に基づいて、より多産な女性を選択できる。

　すべてのレイプ犯が、魅力を感じる女性を選ぶわけではない。逆のケースもある。イギリスの刑務所で調査をしていた頃、あるレイプ犯は私に、魅力のない女性を特に狙ってレイプしたと語った。なぜか？「魅力のない女性は性的な不満を感じているのだから、満足を与えてやることに問題はない」というのが彼の返答だった。これは、レイプ犯が抱く認知のゆがみの一例にすぎない[*33]。彼らのねじまがった信念によれば、女性はレイプされるのを楽しんでいるのであり、究極の性の妄想がかなう生涯最高の経験をしたと見なしているのだ。

　この種の妄想は、たとえ強く抵抗し、精神的外傷《トラウマ》を負ったとしても、レイプされてオーガズムに達する女性がいるという事実に、無意識のうちに焚きつけられているのかもしれない[*34]。その点に関して正確なデータを入手するのはきわめてむずかしい。なぜなら、レイプの犠牲者は、そのような不名誉な暴行を受けている最中にオーガズムに達した事実など認めたくはないのが普通だからだ。臨床報告では、レイプ中に犠牲者がオーガズムに達する率は五～六パーセントとされているが、実際の率はもっと高いのではないかとも報告されている。おそらくその見方は正しいだろう。というのは、調査レポートによれば、二一パーセントのケースで生理的な興奮と性器の湿潤が生じたと報告されているからである。なぜか？　その理由は、半分のケースではデートの相手にレイプされており、それまでは犯人に魅力を感じていたからだ。オーガズムとそれによる子宮頸部の収縮は、頸部を律動的に精子のたまりに浸すことで受精を促進すると考えられている。ただし、精子停滞はオーガズムによっておよそ五パーセントしか増加しないことを考えれば、その効果は限られる。

受精にオーガズムが不要であることは明らかだ[*35]。したがって、レイプ中に生理的な興奮を覚えた女性がいることを妊娠と結びつけて考えるのは、控えたほうがよい。とはいえ、意識的にせよ無意識的にせよ、レイプ犯が一般に多産な女性を選んでいるらしいことに変わりはない。この選択戦略は、レイプ犠牲者の妊娠率の高さを説明し得る。また、進化の観点からも理解できる。レイプという危険を敢えて冒すのなら、最善の戦略は、多産な女性を選んで自らの包括適応度〔遺伝子レベルにおける繁殖成功の基準。自分の子だけでなく、血縁者を通じて残される子の数も含まれる〕を上げることであろう。

もちろん、この欺瞞戦略にはリスクがともなう。負傷するかもしれない。悪くすると、誰かに見つかって叩きのめされる場合もある。人類の歴史を通じて、レイプ犯は遠ざけられたり、殺されたりしてきた。現代では、サイコパスや殺人犯と一緒に刑務所に放り込まれ、そこでは性犯罪者として殴られたり、自身がレイプされたりする危険度が高い。進化の理論は、見つかった場合に払わねばならないコストと、子どもを生ませることの利益を比較する費用対効果分析が、無意識裏に行なわれると考える。多くの資源を手にした地位の高い男性は、その事実だけで女性を惹きつけられる。したがって、それに比べ提供可能な資源が少ない男性は、費用対効果分析を行ない、レイプするほうが得だと結論づける。それを裏づけるかのように、レイプ犯には、そうでない者に比べ社会経済的な地位が低く、より早い段階で落ちこぼれ、技術の不要な職業を転々とする者が多いという報告がある[*36]。

もちろん、進化論によってすべてを説明しようとする手法には疑問を抱いてしかるべきであり、むやみにそれを暴力の説明に適用するのは好ましくない。コロンビアの麻薬カルテルや、アメリカにおける銃の所持は、これらの国における殺人発生率の高さの原因をかなりの程度説明し得るが、進化論とは関係がない。それでも、レイプの要因の説明に、進化論の視点が役立つという点は認めてもよいのではないか。それは次のような説明だ。いかなる年齢の女性にもレイプされる可能性はあるが、前述のとおり生殖可能年齢の女性ははるかに狙われやすい[*37]。特筆すべきことに、レイプされた生殖可能年齢の女性は、年上や年下の女性に比べ、より深刻な心理的苦痛を感じる。これは、レイプが発生する状況を回避し、全体的な繁殖成功度の低下を防ぐことに女性の注意を集中させる、進化的な学習メカニズムとして解釈されてきた[*38]。別のレベルで言えば、男性は女性に比べ、情動の生起なしにセックスすることが容易だと考える。行為が終わったあとは、さっさと立ち去れるからだ。それに比べて女性は、進化論的見地から言って、子どもが生まれれば、長期にわたって養育を手伝ってくれるパートナーが必要になるため、個人間の情動的な関係を求める。つけ加えておくと、レイプ犯が犠牲者を殺すことはめったにない。それが可能でも、自分の子孫が生き残ることを望むのだ。

しかし、夫婦間、あるいは長くつきあっているカップルのあいだで起こるレイプは、どう考えればよいのだろう？　一〇〜二六パーセントの女性が、結婚生活中にレイプされたと報告している[*39]。進化論の視点から、これをどのように説明できるのか？

多くの研究報告によれば、そのような関係内での男性による身体的、性的暴力は、性的な嫉妬によって焚きつけられたものである[*40]。不貞は両性にとって苦痛に満ちたものだが、そのような感情を引き起こす要因は男女間で異なる。嫉妬は、夫が妻を殺したケースでは二四パーセントを占め、主要な原因を成すが、その逆のケースでは七・七パーセントを占めるにすぎない[*41]。

こう考えてみてはどうだろう。あなたは誰かを深く愛している。ところが、あなたのパートナーは、他の誰かといい仲になっていることが発覚する。ここで二つのシナリオを考えてみる。第一のシナリオでは、パートナーはこの相手を心から愛しているが、性的な関係はない。第二のシナリオでは、パートナーは相手とすでに性的な関係を持っているが、愛情は抱いていない。どちらのシナリオが、あなたにとってより受け入れがたいだろうか？

テキサス大学オースティン校のデイヴィッド・バスは、この問いを実際に調査している。それによると、男性は女性の二倍の割合で、第二のシナリオをより受け入れがたいと見なし、愛情より性的な関係の有無を問題にする。このように男性は性的な不義に苦痛を感じるのに対し、女性は愛情面での不義に苦痛を感じる。これらの性差は、両形態の不義が発覚したとするシナリオの場合でも認められる〔実験者は被験者に、一人のパートナーに両方の不義が発覚した場合、どちらの不義がより苦痛に感じられるかを尋ねている。したがって一方のみの不義が発覚したとする二つのシナリオ間からの選択とは条件が異なる〕。またこの傾向は、アメリカ人以外では、韓国人、日本人、ドイツ人、オランダ人にも見られる[*42]。このように、異なる文化のもとでも同様な性差を見出せる。それに関連して言うと、不義を発見する能力は女性より男性のほうが高く[*43]、配偶者の不義を疑いやすい[*44]。

嫉妬に関するこのような性差をいかに説明できるのか？ それは次のようなものになる。男性は、血縁関係のない子どもの養育に資源やエネルギーを浪費したくないがゆえに、また女性は、パートナーの提供する保護、愛情、確かな資源を失うことを意味するがために、不義に大きな苦痛を感じる。両性間でニュアンスの違いがあるとはいえ、どちらのケースでも、嫉妬という激しい情動の背後には、資源の確保という動機が存在する。

これらの知見は、なぜ男性の性的な嫉妬が、身体的、性的な攻撃性をかくも激しく煽《あお》るのかを見通す視点を提供してくれる。配偶者にセックスを強いる男性は、そうでない男性に比べ、激しい性的な嫉妬を抱きやすい[*45]。また男性は、配偶者による将来の不貞を防ぐメカニズムとして暴力を用いる[*46]。死ぬほど叩きのめされれば、もう一度不貞を働く前に女は考え直すだろう、というわけだ。

こうしてみると、資源の確保と繁殖の成功がかかっている進化的な背景を、もう一歩踏み込んで考察することができる。男はなぜ、不義に反応してパートナーをレイプしようとするのか？　単なる復讐なのか？　だが、この社会的ないさかいの奥底には、暴力と犯罪に影響を及ぼす、根深い進化的な闘争が作用している。「精子戦争」とも言うべきものが。

進化論的な観点から言えば、女性が他の誰かとセックスした場合、本来のパートナーは、できるだけすみやかに自らの精子で受精させせようとするだろう。そうすれば彼の精子は、この女性の卵子へのアクセスを勝ちとるために、見知らぬライバルの精子と競い合うはずだ。また、不貞の疑いがあるあいだ、彼女の生殖器官へ自分の精子を定期的に注入することで、見知らぬライバルの精子が、勝者が手にするトロフィーたる彼女の卵子に首尾よく到達する可能性を減じられる。決まった間隔で三億の兵士を突入させ、子宮頸部を満たすのだ。兵士の半分は逆流してシーツにこぼれ出るが、もう半分はライバルの精子と競いながら、次の数日間卵子に向かって前進し続ける[*47]。

自己の遺伝子を残すための騙し合いにおいて、男はとどまるところを知らない。それに対し、女性には困難がつきまとう。見知らぬ男や、友人、さらには配偶者にすらレイプされかねない。とはいえ、つねに女性が犠牲者だとは言い切れない。次に、利己的な遺伝子を残すために、女性がいかに独自の巧妙な手段を用いるかを見てみよう。

男は戦士、女は心配性

女性より男性のほうが暴力的であることは、わざわざ言うまでもない。世界中のどんな文化にも例外は存在しない。男性が集まってよその村を襲撃するのは、ヤノマミ族に限った話ではない。それに対し、人類史上、領土や資源、あるいは権力の獲得のために、女性が結束してよその社会に戦争を仕掛けたなどという例は、ただの一件もない[*48]。戦争をするのは、つねに男なのだ。女の殺人犯一人につき、男の殺人犯がおよそ九人いる。二〇件の研究から得られたデータによると、同性間の殺人の場合、九七パーセントは男によるものだ[*49]。確かに男は殺し屋なのである。

単純な進化論的説明に従えば、女性は戦ってでも手にする価値がある貴重な資源だ。女性は子どもを生み、育てるという、親の投資の大部分を受け持つ。これは動物にも当てはまる。一方の性が親として多くの投資をするケースでは、他方の性はその資源にアクセスするために競い合う。進化の理論によれば、貧しき者は資源の不足ゆえに人を殺す。この見方は、社会学的な視点とも一致する。男が圧倒的に殺人の犠牲になりやすい理由は、資源を求めて男同士で争うからだ。男の殺人犯の未婚率は、同年齢の一般男性のおよそ倍である[*50]。彼らは女性を力ずくで獲得しなければならないので、進んで戦士のリスクを負う。男性が暴力を引き起こす要因の一部は、資源を獲得するための競争と、女性を惹きつけ長期的な関係を結ぶことのむずかしさにある。

家庭内暴力も忘れるべきではない。暴力は、不義を働く可能性のある配偶者を支配し、コントロールし、抑制するために振るわれることがある。他のオスからメスを奪ったライオンのオスが幼獣を殺してからメスをはらませるように、継子に向けられた暴力は、継父たる自分が生ませた子どもの養育に必要な資源を使わせないよう、望まぬ継子を除去するための一つの戦略だと見なせる[*51]。

攻撃性の性差は、早くも生後一七ヶ月で認められる[*52]。男の乳児は、よちよち歩きの戦士だ。男性には、資源を求めての戦いに臨む準備を整えるべく、身体的な攻撃性が、女性よりしっかりと先天的に備わっていなければならないとする進化論的な見地からも、この事実は予測できる。この性差を社会化の差異によって説明するには、生後一七ヶ月はあまりにも早い。男子が女子より攻撃的である理由を説明する社会学習理論は、きわめて早い時期から見られる攻撃性の性差が、幼少期、思春期を通じて変化しないという事実をうまく説明できない[*53]。子どもは成長するにつれ、男子の攻撃性を助長する役割モデル、メディア、両親の影響に、ますますさらされるようになる点を考慮すれば、社会化の理論は、性差がこれらの時期を通じてむしろ拡大すると見なすべきだろう。しかし実際には、そうはならない。また、一〇代を通じて暴力行為は増加し、一九歳でピークに達する。攻撃性と暴力は、およそこの年齢でピークを迎える、パートナーを求めての競争や性選択のプロセスに関わるという考え方にも、この事実は合致する[*54]。

ほとんどの暴力犯罪は男性によるものだが、女性も目立たない方法で攻撃的に振る舞うことがある。とはいえ全体的に見れば、女性は戦士（warrior）であるより心配性（worrier）であることのほうが多い。これも進化心理学によって説明できる。

女性は攻撃性の発露には慎重でなければならず、また、それを敏感に察知する能力を必要とする。子どもの生存と養育に重要な役割を果たす女性にとって、自己の生存は男性の場合より重要だからだ。それと関連して言えば、女性は男性より、攻撃的で挑発的な人物との遭遇の危険性を、一貫して高く見積もるという結果が実験によって得られている[*55]。また、負傷の可能性のある状況を男性よりも恐れ[*56]、動物、手術、歯科治療に対する恐怖心を発達させやすい。身体的な危害を受ける可能性のある刺激の追求は避けようとするが、音楽、芸術、旅行を通じての新たな体験など、身体的な危険をともなわない形態での刺激追求は、特に忌避しない[*57]。さらには、健康を重要な関心事として高く評価し、頻繁に医者に通う[*58]。

したがって、負傷や健康の阻害に対する恐れは、自身を死から守り、子どもが生き延びられるよう手助けするために、進化が女性に与えた心理的メカニズムだと言える。あらゆる文化のほとんどすべての生活面で、男性に比べ女性は、身体的な攻撃性にほとんど訴えないという事実は、かくのごとく進化の原理によって説明できる[*59]。つまり女性は、生殖への影響のゆえに、身体的な攻撃性を回避しようとするのだ。しかし、負傷の可能性が低い攻撃性についてはどうだろう？

この場合、シナリオは違ってくる。セントラル・ランカシャー大学の心理学者ジョン・アーチャーによれば、攻撃性の性差は、身体への激しい攻撃に関してもっとも大きく、言葉による攻撃については小さく、そして「間接的な攻撃」の場合には無視できるレベルになる[*60]。基本的な傾向として、負傷の可能性が非常に低い場合、女性ははるかに攻撃性を示しやすい。ミネソタ大学の発達心理学者ニッキー・クリックによれば、女性は男性より、「間接的」あるいは「関係的」な攻撃性を示すことが多い。これは、特定の人物を社会関係やグループ活動から排除する、あるいは恥をかかせたり、うわさやゴシップを流したりして個人の評判を貶《おとし》めるなどといった形態をとる。女性の読者には、身に覚えがあるのではないだろうか？

かくして女性は、身体的な攻撃より消極的な攻撃戦略を使う。そして、多産の尺度として用いられ、男性にもっとも望まれる特徴、すなわち身体の魅力を同性のあいだで競い合い、もっとも多くの資源を手にする男性に身を委《ゆだ》ねる。デイヴィッド・バスによれば、女性は男性より、競争相手を醜いと評し、その外観を嘲《あざわら》笑い、たるんだぜい肉についてコメントする傾向がはるかに高い[*61]。また、「誰とでもつき合う」「誰とでも寝る」「ふしだら」などと中傷することで、ライバルの評判を落とそうとする[*62]。進化論の観点から言えば、男性はその手のうわさを聞きたくないものだ。というのも、そのような女性とつき合っていれば、誰か他の男が生ませた子どもを育てる破目になりかねないからである。したがって、女性にとってライバルの中傷は、身体的な危害を受ける可能性の低い、言葉による効果的な攻撃戦略として機能する。

本章では、暴力や攻撃性の一部は、太古の時代から作用し続けている進化の力に基づくことを見てきた。互恵的利他主義が社会を支配する場合もあれば、反社会的な欺瞞が繁殖戦略としてうまく機能することもある。後者のケースでは、精神病質的なペテン師が社会から社会へと渡って生きていける。また、盗み、レイプ、殺人、嬰児殺し、配偶者虐待、配偶者殺し、これらすべてを進化の観点から説明できることを示した。さらには、生態的な条件が異なれば、繁殖戦略として互恵的利他主義が発達する場合もあれば、欺瞞戦略が生じるケースもあることを示す人類学的な実例を紹介した。男性は、遺伝的適応度を向上させるために身体的な暴力を行使するべく、また女性は、自己と子どもの健康を気づかい自分の遺伝子を守るために、より安全な関係的攻撃性に訴えるべく進化してきた。もとより進化の理論は、すべての暴力を説明するわけではないが、少なくともある程度の説得力を備えた包括的な説明基盤を提供してくれる。

　悪の種子は、過去の進化の過程に、すなわちヒト科の動物が社会集団を形成し、少数者によって破られることもある行動規範を形成していた時期に、その起源が求められる。進化のゲームでは主役は遺伝子であり、現代に生きる私たちにとっても、カギはそこに見出せる。進化について語ること、それは遺伝子を語ることでもある。反社会的、精神病質的な行動は、進化の安定した戦略として発達してきた。この無慈悲で利己的な文脈に照らしてみれば、レイプは、多くのフェミニストが主張するような、男が女を支配し、コントロールするための装置として、単純には見なせないことが理解できるだろう。それは、できる限り多くの女性を妊娠させて、カイン〔『創世記』に登場し、弟のアベルを殺害する〕を育てさせ、悪の遺伝子をばら撒かせる仕事を彼女たちにまかせるという、進化によって生み出された究極の欺瞞戦略なのだ。したがって、暴力の構造を追跡する次なるステップは、その遺伝的な基盤を理解し、どの遺伝子が有力な容疑者なのかを検討することである。

第2章

悪の種子

犯罪の遺伝的基盤

ジェフリー・ランドリガンは、一度も父親の顔を見たことがなかった。彼は一九六二年三月一七日に生まれたが、母親は生後八か月の彼をデイケアセンターに置き去りにしたのだ。だが彼は幸運に恵まれ、オクラホマ州に住む健全な家族に養子として引き取られる。養父は地質学者のニック・ランドリガンで、妻のドットは、ジェフリーと実の娘シャノンを溺愛する。教養があり、まじめで品位のあるこの夫婦は、幼いジェフリーが新たに出発するには完璧な環境を提供した。

しかし幼いジェフリーはすでに、彼の運命を決定づける過去の暗い影に覆われていた。早くも二歳の頃には、かんしゃくを起こして、抑えようのない怒りを爆発させるようになる。一〇歳になると酒をあびるほど飲み始め、一一歳のときには、強盗に入り金庫を破ろうとして初めて逮捕される。それからは学校をサボり、麻薬中毒になり、車を盗み、少年院で日々を過ごすようになる。かくして彼は犯罪の道を突っ走り始めたのだ。二〇歳の誕生日を過ぎたある日、彼は幼なじみの友人と大酒を飲んでいた。そのとき、もうすぐ誕生する子どもの名付け親になってもらえないかと依頼される。ジェフリーはそれにどう反応したか？　トレーラーの外で彼を刺殺したのだ。ジェフリーは一九八二年に、第二級殺人により二〇年の懲役刑を言い渡される。

驚くべきことに、ランドリガンは一九八九年一一月一一日に刑務所を脱走し、アリゾナ州フェニックスに向かう。そこから新たな人生を始められたはずだが、殺人は、ほとんど彼の運命と化していたようだ。フェニックスのバーガーキングで、チェスター・ダイヤーという名の男性と会話する姿が目撃されているが、そのあとでダイヤーは刺されたうえ、電気コードで首を絞められて殺された。顔と背中には裂傷を負っていた。ベッドの周囲にはポルノ柄のトランプが散らばっており、犠牲者の背中には故意にハートのエースが置かれていた。しかしランドリガンのツキもそこまでだった。アパートから出るときに、床に散らばった砂糖の上に足型を残していったのだ。その結果彼は逮捕され、殺人罪に問われて死刑を言い渡される。

彼の混乱した人生も結末を迎えたかのように思われたが、もう一つ奇妙なできごとが起こる。アリゾナ州で死刑囚として過ごしているとき、別の囚人から、アーカンソー州の刑務所でダレル・ヒルという名の詐欺師に会ったことを聞く。ヒルは、まるでジェフリーに生き写しだったと言うのだ。それもそのはず、ダレル・ヒルは、ジェフリーがそれまで一度も会うことのなかった実の父親であることがやがて判明する。しかも、不気味なほど似ているのは容姿だけではなかった。

ダレル・ヒルも、若い頃から犯罪の道を歩んでいた。麻薬常習者で、ジェフリー同様、一度ならず二度まで殺人を犯し、さらには刑務所から脱走した経歴も持っていた。明らかに、ジェフリーがこの父親から受け継いだのは容姿だけではなかった。二人はすべてにおいて、まったく瓜二つだったのだ。

しかもそれでは終わらない。ダレル・ヒルの父、つまりジェフリー・ランドリガンの祖父も犯罪者で、一九六一年にドラッグストアに強盗に入ったあとパトカーに追われ、警官に射殺されていた。彼は、当時二一歳だった息子ダレルの傍らで息絶えた。

この事実をどう考えればよいのか？　おそらくダレル・ヒルの次の言葉は、それをもっともうまく要約しているのではないだろうか。

三世代にわたる無法者を見渡して、そこに何らかの関係やパターンを発見するのに、ＩＱなど必要ない。[*1]

はたして、殺し屋遺伝子《キラージーン》なるものは存在するのか？　あるいは特定の遺伝子はなかったとしても、複数の遺伝子が、環境と複雑な相互作用を繰り返してヒルやランドリガンのような殺し屋を生むのだろうか？　ランドリガンは養子として引き取られ、安全で慈愛に満ちた環境のもとで育てられた。それにもかかわらず、彼を犯罪の道から救うことはできなかった。犯罪者の血を引く子どもが、さもしく貧しい生活から救われ、ケアと愛情にあふれた家庭で育てられたのに結局は殺人犯になったという、このたいへん興味深い自然な環境下での実験の結果は、人を暴力に導く遺伝的要因が実際にあることを示唆する。

ここ数十年間、犯罪学者はこの考えに強く反対してきた。本章では、単にそれについて読者を説得するだけでなく、社会科学者もこの魅力的で重要な見解に心を開くようになりつつある理由を説明する。それにあたり、ランドリガンに類似する事例を系統的に調査した養子研究の成果をまず検討する。これらの研究は、犯罪者を実の父親に持つ乳児が、非犯罪者の家庭に養子として引き取られたケースを調査したものである。これから見ていくが、そのような乳児は、非犯罪者を実の父親に持つ乳児が養子に出された場合に比べ、いずれ犯罪者になる確率がはるかに高い。

また、二つ目に検討する一卵性双生児と二卵性双生児を対象に行なわれた研究でも、すべての遺伝子を共有する前者は、半分のみ共有する後者に比べ、犯罪や攻撃的な性格に関して互いにより類似するという同様な結果が得られている。

さらに三つ目に検討する研究でも同じ結果が得られた。この例では、一卵性双生児のそれぞれが誕生時に別の家庭に引き取られ、まったく異なる環境で育てられるが、二人は互いに驚くほどよく似た反社会的性格を形成する。

これらの養子、もしくは双子を対象にした研究は、攻撃的な性格には遺伝的要因が強く関与していることを示すが、どの遺伝子が関与しているのかは教えてくれない。したがって最後に、攻撃的な性格を生む卑劣な遺伝子の正体をつきとめつつある、分子レベルの最新の研究を紹介する。

二重のトラブル

人間のおよそ二パーセントは双子である。そしてそのほとんどは二卵性で、互いにほぼ五〇パーセントの遺伝子を共有する。二卵性双生児は、おのおのが別の精子を受精した異なる卵子から発達し、事実上通常の兄弟姉妹と変わらない。それとは異なり、ごくまれに一卵性の双子が生まれる（双子のうちの八パーセント）。ただ一つの精子と卵子のペア（接合体）が、機能不全のために二つに分かれて双子になった一卵性双生児は、ほぼ一〇〇パーセント互いに遺伝子を共有する[*2]。行動遺伝学者は、この自然の引き起こした異変を利用して、反社会的、攻撃的な行動に対する遺伝の影響を調査している。一卵性双生児は、身体、行動、心理の特徴が、どの程度遺伝子の影響を受けているのかを自然な状態で調査するのにうってつけの対象なのである。

ところで、二卵性双生児は平均して五〇パーセントの遺伝子を共有すると述べたが、補足が必要であろう。私とあなたは九九パーセントの、また人間とチンパンジーは九八パーセントの遺伝子を共有する。ちなみにチンパンジーは、遺伝的にゴリラより人間に近い。サルで思い出したが、バナナの木は、人間と六〇パーセントの遺伝子を共有する。したがって、「二卵性双生児は五〇パーセントの遺伝子を共有する」と言うとき、それは人によって異なり得るわずかな遺伝子のうちの五〇パーセントを意味する。同様に、一卵性双生児は互いに一〇〇パーセント完全に同じ遺伝子を共有するわけではなく、人によって異なり得る遺伝子一パーセントのうちの九九パーセントを共有する。

そもそもどのような方法で双子の研究をしているのだろうか？　南カリフォルニア大学に勤めていた頃のことだが、ある日のランチタイムに、私は長年の同僚ローラ・ベイカーから、共同研究の熱心な提案を受けた。彼女は双子についてよく知っていた。私は、子どもの反社会的行動にかなり詳しかった。だから彼女は、私と共同で、双子を対象に子どもの反社会的行動を研究できるのではないかと考えたのだ。このアイデアに国立精神衛生研究所から補助金が下りると、さっそく仕事に取り掛かった。私が精神生理学研究室を準備しているあいだに、彼女は双子を募集した。ロサンゼルス統合学校区と協同して、南カリフォルニアの小学校に通う九歳の子どもを持つすべての両親に宛てて手紙を送り[*3]、一二一〇人〔六〇五組〕の双子を募集できた。こうしてわれわれは、幸先のよいスタートを切れた。

双子のペアに保護者同伴で研究室にきてもらい、丸一日かけて認知、精神心理、性格、社会性、行動などを評価することにした。その際、本人、両親、教師に、反社会的行動などに関する行動チェックリストに回答してもらうことに決めた。それには「他の子どもをいじめた」「何かを盗んだ」「動物をいじめた」「けんかをした」「誰かを殴ったり蹴ったりした」「学校を無断で欠席した」「放火をした」などの経験の有無を問う質問項目を設けた。これらの質問は、問題児の、そして将来の犯罪者候補のリトマス試験紙と見なせる。こうしてわれわれは、一二一〇人の子どもの反社会性を評価する基準を手にした。

では、九歳の児童の反社会的な行動が遺伝の支配下にあることを、どうすれば確認できるのか? われわれは、一卵性双生児相互の類似の程度と二卵性双生児のそれを比較してみた。前者は後者より互いに遺伝的に類似することを思い出そう。したがって、遺伝子が反社会的な性格の形成に寄与しているのなら、反社会的行動の程度において、一卵性双生児は二卵性双生児より互いに類似することが予想される。われわれは、構造方程式モデルを用いた多変量遺伝解析という高度な統計テクニックを使って、反社会的行動の遺伝率を推定した。

それによって、遺伝率は〇・四〇から〇・五〇であるという結果が得られた。これは、反社会的行動におけるばらつきの四〇パーセントから五〇パーセントを遺伝によって説明できるという意味だ。子どもの行動を誰が評価したかは関係がなかった。教師が評価した場合の遺伝率は四〇パーセント、親による評価では四七パーセント、本人の評価では五〇パーセントであった[*4]。したがって誰が評価しても、子どもの反社会的行動において変動のおよそ半分は、遺伝の支配下にあるものとして説明できる。つまり、なぜ反社会的行動に及ぶ者もいれば、そうでない者もいるのかという問いに対する答えの半分は、「遺伝のため」と言える。

われわれの発見は、さまざまな測定方法を組み合わせるとさらに劇的なものになった。もちろん完全に信頼できる測定方法など存在しない。言うまでもなく、両親、教師、子どもの見解は、互いに一致しない場合がある。ではどうすれば、より正確に反社会的行動を測定できるのか？　三人の情報提供者の評価を平均して、子どもが実際にどう行動しているかについての「共通視点《コモンビュー》」を抽出すればよいのではないか？　実際にそうしたところ、コモンビューでは、反社会的行動の分散の九六パーセントは、遺伝によるものと判明した。環境の共有の影響はまったくなく、環境の非共有の影響は四パーセントだった[*5]。より信頼性の高い基準を採用したところ、遺伝的な影響がはるかに高いことを示す数値が得られたのだ。遺伝的要因の重要性を過大評価しないよう気をつけねばならないとしても、概して反社会的行動は遺伝し、それが大きな要因になる点に疑いはない[*6]。

双子の研究は、攻撃性と暴力も遺伝することを示す。われわれは、攻撃性を反応的（reactive）なものと、先攻的な（proactive）なものに分類した。反応的な攻撃とは、誰かに殴られて殴り返したケースがそれにあたり、防御あるいは報復を目的とした攻撃を指す。この形態の攻撃性の遺伝率は三八パーセントであった。それに対し先攻的な攻撃は、より卑劣で残酷なものを指し、たとえば誰かから何かを奪い取るときに行使される。この形態の攻撃性の遺伝率はいくぶん高く、五〇パーセントだった[*7]。この研究でも、環境の共有による影響は、どちらの形態の攻撃性に関してもごくわずかであり、実際のところ男子に関しては存在しなかった。

他の多くの双子研究でも、子ども、青少年、成人に関して、男女を問わず同様な結果が得られている。また、一〇三の研究を対象に、攻撃的行動と、規則違反に関する非攻撃的行動を比較するメタ分析〔複数の研究結果を対象に分析を加えること〕も行なわれている[*8]。それによれば、非攻撃的な反社会的行動の遺伝率は四八パーセント、攻撃的なものは六〇パーセントであった。また、ここでも環境の共有の影響は、非攻撃的なものでは小さく（一八パーセント）、攻撃的なものではごくわずか（五パーセント）だった。かくして攻撃性という点では、遺伝と、環境の非共有の影響が大きいことがわかる。また遺伝の影響は、早くからさまざまな状況のもとで見られ、執拗で容赦がなく[*9]、良心の呵責の欠如などの無感覚や冷淡さがともなう[*10]反社会的行動にもっとも強く認められる。まさにこれは、のちに成人の暴力へと至る反社会的行動の形態である。

同じ豆を別のサヤに

双子の研究には、同一環境の想定という問題がある。一卵性双生児は、二卵性双生児に比べ、両親、教師、あるいは仲間からさえ同等に扱われやすい。そして「だから一卵性双生児は、二卵性双生児より似たような反社会的行動をとるのだ。つまり遺伝の類似性ではなく、環境の類似性が問題なのだ」と結論する。

この問題は、互いに異なる環境で育てられた一卵性双生児を対象に研究することで回避できる。この研究方法は、遺伝率を調査するのに非常に有効だ。もちろんその条件に合う双子はめったにいないのだが、そのような研究が一つはある。この研究は、誕生後すぐに離されて別々の環境で育てられた三二組の成人と子どもの一卵性双生児を対象に、反社会的行動を調査するもので、その結果、遺伝率として子どもが四一パーセント、成人が二八パーセントという統計的に有意な数値が得られている[*11]。

大規模な標本を対象に得られたこれらの発見は注目に値する。とはいえもっとも劇的な発見は、別々に育てられ、双子のどちらか一方は犯罪者であることが知られていた八組の一卵性双生児を対象に行なわれたケーススタディに見出せる[*12]。ここで問われるべきは、「これら八組のうち、双子のもう一方も犯罪者であるケースはどれくらいあるか?」だ。その答えを言うと、八組のうち四組は、双子のもう一方も一件以上の犯罪歴を持っていた。この結果は明らかに、遺伝的要因の存在を示している。八組の双子はいずれも別々に育てられたので、「育ちが同じだから似ているのだ」とは言えない。遺伝がより大きな要因なのだ。

同様な四つのケーススタディのうちの一つに、生後九か月以降別々に育てられたメキシコ人女性の一卵性双生児一組を対象に行なわれた研究がある。彼女たちはそれぞれ、性格が大幅に異なる親に育てられている[*13]。一方は都会で、他方は砂漠地域で暮らし、育った環境もまったく異なる。それにもかかわらず、思春期に差し掛かるとまるで魔法にかかったかのごとく、それぞれが同じように家出して、街を徘徊し、非行に走り始める。二人とも、非行のために何度か施設に収容されている。女性の常習犯罪者はあまりいない。加えて、一卵性双生児のそれぞれがまったく異なる環境で育てられている点に鑑みると、このケースはとりわけ際立つ。そこには、これら二人の少女が共有する遺伝子の影響力の強さを見て取れる。暗黒の遺伝の力が、環境の力を圧倒しているとも見なせる。

このように、別々に育てられた双子の研究は、犯罪における遺伝の影響を理解するための重要な手段になる。八組の一卵性双生児の研究は、方法論的にはあまり堅固だとは言えないが、双子を用いた研究の有用性をそこに見て取ることは十分に可能だろう。いずれにせよこの研究は、三二組の一卵性双生児を対象に同様な結果が得られた、方法論的に信頼性の高い研究と合わせて考察すれば[*14]、犯罪や反社会的行動に至る遺伝的な素質の存在を示す重要な証拠の一つとして加えてもよいはずだ。

だが環境の影響は？

環境の重要性を支持する者なら、この遺伝偏重の見解には当惑を禁じ得ないだろう。しかしがっかりする必要はない。遺伝研究は、遺伝と同じくらい環境の果たす役割について教えてくれるのだから。双子研究では、反社会的行動に関する分散のおよそ五〇パーセントは環境の影響によって説明できるという結果が得られている。したがって、遺伝対環境は引き分けとも見なせる。

ところで、自分がティーンエイジャーだった頃を思い出してみれば、環境の影響にはさまざまなタイプがあることがわかるはずだ。反社会的行動の形成に、どのような環境の影響が大きな役割を果たすのだろうか？　家庭の影響？　それとも家庭の外？　誰が子どもの反社会的行動の形成にもっとも大きな影響を及ぼすのか？　両親か、それ以外の家族のメンバーか、それとも遊び仲間か？

実のところ、両親は、一般に考えられているほどには大きな役割を果たしていない。ローラと私の調査では、反社会的行動に対する家庭の影響は、平均して全分散の二二パーセントを説明するにすぎない。それに対し家庭外の環境の影響は分散の三三パーセントを説明する[*15]。九歳児でさえ、両親より遊び仲間に大きな影響を受ける。

これは信じがたく思われるかもしれないが、われわれの発見は偶然ではない。反社会的行動をテーマとするあらゆる遺伝研究(一〇〇以上ある)を総括したレビューを見ても、結果は同じである[*16]。同じことは、反社会的行動以外のさまざまな行動や性格にも当てはまる。実際、行動遺伝学の第一人者、ミネソタ大学のトム・ブシャールは、「成人後の性格への、環境を共有することによる影響はほぼゼロ」だと主張している[*17]。そう、何の影響もないということだ。

あなたが親なら、それを聞いてがっかりするだろう。いくら養育に努力を傾けても、そのほとんどは無駄になるなどと信じられるだろうか? 私たちは、とてつもない認知的不協和を抱えている。自分がしてきた最善の努力のすべてが無意味であると示唆するこのような発見は、受け入れがたい。

真実は、ときに私たちをうろたえさせる。両親は子どもが自分たちのような大人になることを望み、養育に骨を折る。そしてそのとおりに育つと、当然のように「もちろん、自分たちの努力が効を奏したのだ」と信じ込む。だが、実は遺伝子が大きな要因だったとしたらどうだろう? 両親は意図せずして、遺伝形質の半分ずつを子どもに受け渡す。彼らには、DNAを眺めて、その影響を確かめるなどということはできない。しかし養育の努力は自分でコントロールできる。子どもが健全に育てば、「自分の努力は必ずや効力を発揮する」という考えが実証されたと信じる。そう信じたい私たちは、親としての重要性に関する自分たちの認識が、実は間違っているとは考えたくないのだ。

総括すると、双子研究の注目すべき結果は、遺伝学に対する犯罪学者の見方を変え始めている。

ゆっくりとではあれ着実に、遺伝の幟《のぼり》をはためかせた研究者の軍勢が地平線の彼方から到来しつつある。一人であれば無視できるが、一個師団ともなればそうはいかない。社会科学者の心に起こりつつある変化を理解するには、地平線の彼方まで見渡す必要がある。

養子の研究――ランドリガンの事例に戻る

双子研究には、反社会的行動に及ぼす遺伝子の影響を過小評価している可能性がある。というのも、測定上のエラーを環境の非共有の影響に含めているからだ。しかしその反面、これまで見てきたように、環境の共有の影響を否定するために遺伝子の影響が過大に見積もられている可能性も考えられる。したがって、ここで軌道を少し修正する必要がある。

再び環境から遺伝の検討に戻る。ダレル・ヒルは息子のジェフリー・ランドリガンを誕生時に見捨てたが、成人してからの両者の暴力行動は、不気味なほど似通っていた。さてここで、この事例を一〇〇倍に拡大して、つまり一〇〇人のジェフリー・ランドリガンを調査することで、父と子のあいだの類似性を科学的に検証してみよう。つまり、子どもが実の両親にではなく、生活スタイルや環境がまったく異なる別の家庭で育てられた場合でも、両者のあいだに類似性が見出せるか否かを調査するのだ。

犯罪者の子どもを養子にする場合、子どもは早い時期に実の両親から離され、まったく別の家庭で育てられる。これを実験群とする。それに対し対照群は、同様に誕生直後に養子に出され別の家庭で養育されているが、実の両親には犯罪歴のない子どもから構成される。この比較研究によって、犯罪者の実の両親を持つ子どもがのちに犯罪者になる割合が、そうでない子どもより高いことを示せれば、犯罪者の両親からの遺伝が、子の犯罪に影響を及ぼしていることがわかる。

調査の結果、まさしくそのとおりであることがわかった。私の同僚サーノフ・メドニックは、デンマークにおける養子の犯罪を調査した画期的な研究で、犯罪者を実の両親に持つ養子が成人後犯罪者になる割合が、非犯罪者を実の両親に持つ養子より高いことを明らかにしている[*18]。図2・1は、それをグラフ化したものである。

メドニックは、両親の犯罪件数（有罪判決を受けたもの）をもとに養子を分類している。もちろん対照群を構成する養子は、犯罪件数ゼロの両親を持つ。実験群の養子は、一件以上の犯罪歴を有する両親を持つ。図2・1は、実の両親の犯罪件数と、養子に出されたその子どもの犯罪率の相関を図示する。この図を見れば、両親の犯罪件数が多ければ多いほど、養子に出されたその子どもの犯罪率も高いことがはっきりとわかる。これは遺伝的な素質が犯罪を導くことの明確な証左になる。またこの研究は信頼性が高く、養子の犯罪を調査した、一〇件以上の他のすべての研究で同様な結果が得られている[*19]。しかも、さまざまな国の研究機関でそれぞれ独立して繰り返し確認されている。

もちろん注意すべき点はある。たとえば養子縁組の斡旋《あっせん》業者は、実の両親に似た引き取り手のいる家庭を紹介しようとする（「選択的な斡旋」と呼ばれる）。また、実の母親と過ごした期間にも被験者によって差がある。養子が成立する以前に、反社会的な母親が子どもをぞんざいに扱っていた場合、このネガティブな母子関係を環境要因として、子どもの反社会的行動を説明できるかもしれない。しかしメドニックは、これらの要因を注意深く統計的にコントロール〔統計分析において、特定の要因の影響を排除する技法〕している。したがって彼の発見は、社会・経済的に似通った家庭に養子に出されたという説明によっても、養子に出されるまでに母親と一緒にいた期間の相違によっても否定し得ない。なお他の研究でも、この種の交絡因子は統計的にコントロールされている[*20]。

もちろん他の研究同様、双子や養子を対象にした研究にも方法論的な弱点はある。犯罪には遺伝的要因があるとする見解を批判する人々は、嬉々としてその点をつくだろう。彼らの反論は、この結論を否定するかのように思われるかもしれない。しかしその判断は性急にすぎる。これらの研究は、さまざまな人種、時代、場所、基準、方法を代表する[*21]。したがって、標本や方法の相違のゆえに結果も多様になることが予想される。ところが実に印象的なことに、これらの研究はすべて、同様に遺伝的要因の重要性を強調する発見に収斂している[*22]。

この原理を本章の文脈に適用してみよう。反社会的行動の遺伝を調査する一〇〇件を超える研究の被験者は、生後一七か月から七〇歳まで広範な年齢にわたる。また、時期は世界大恐慌の頃から現代にまで至り、実施国にはオーストラリア、オランダ、ノルウェー、スウェーデン、イギリ

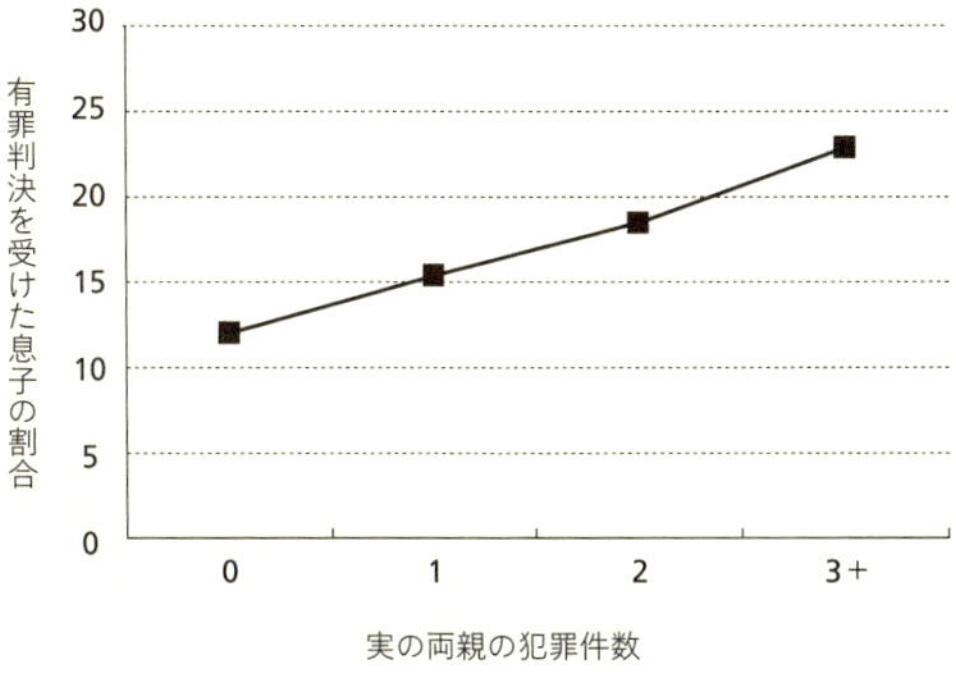

［図2.1］実の両親の犯罪と、
養子に出されたその子どもが犯した殺人の関係

ス、アメリカなどの欧米諸国が含まれる。反社会的行動の測定にはさまざまな基準が用いられ、双子、養子、兄弟姉妹を研究対象にしている。なかには一般集団を対象に、最新の定量的モデリング技術を駆使して調査した大規模な研究もある。過去一五年間に行なわれた研究もあり、過去の研究によって得られた発見は、現在でも検討に耐える[*23]。以上を総括すると、これらの研究による発見は、暴力に対する遺伝の影響を否定する人々も認めざるを得ない、実に単純な真実に集約される。それは「遺伝子は、世のなかには犯罪者もいればそうでない者もいる理由の半分を説明する」というものだ[*24]。

ニキビとXYY

では、どれが悪の種子《たね》なのか? これは大きな問題で、議論はかなり以前からあった。暴力と遺伝子の関係について、過去にもっとも大きなセンセーションを巻き起こしたのは、XYY染色体の発見だ。

通常私たちは二三組の染色体を持つ。おのおのの染色体は、多数の遺伝子の束と見なせる。これら染色体のうちの一対は性染色体で、XまたはYから構成される。両親のそれぞれが性染色体一本ずつを提供し、その結果、私たちはXY(男性)を持つか、XX(女性)を持つかが決まる。だが、まれに誤りが発生する。一本のY染色体が一本のX染色体と対になる代わりに、二本のYが一本のXと対になるのだ。かくしてY染色体が一本多いXYY染色体を持つ男児が生まれる。

一九六一年にXYY染色体〔以下XYYと記す〕が発見されると、ただちにそれと暴力の関係をめぐって騒動が巻き起こった。一九六五年、著名な科学雑誌『ネイチャー』に、特別セキュリティー病院〔暴力を振るう危険性のあるサイコパスなどが収容される、特別な安全対策が講じられた精神病院〕に収容されたスコットランド人を対象に行なった血液検査の結果をまとめ、収容者の四パーセントがXYYを持つことを報告する研究論文が掲載された[*25]。これはそれほど劇的な数値には聞こえないかもしれないが、一般にXYYを持つのは一〇〇〇人に一人とされており、それに比べると四〇倍の頻度に達する。

一九六六年七月、イングランドがサッカーのワールドカップで優勝杯を手にしようとしていた頃、リチャード・スペックという名の男が、シカゴの看護師女子寮で八人を殺害した。ナイフをつきつけて八人の看護師を寮の一室に監禁し、一人ずつ部屋からつれ出しては、レイプして絞殺したのだ。看護師の一人コラソン・アムラオは、すきを見計らって、こっそりとベッドの下に隠れた。スペックが最後の一人と考えていた看護師をレイプするあいだ、次は自分の番だと、アムラオは震えおののきながらベッドの下で縮こまっていた。だがスペックは、最初に何人の看護師がいて何人つれ出したかを数え間違えていた。やがてスペックは逮捕され、面通しでアムラオに犯人と特定されて殺人罪で告発される。

事件は、「スペックはXYY保持者だ」と扇情的に報道されたとき、新たな方向に展開する。少なくとも表面的には、その可能性を示唆する徴候があったのは確かだ。XYYを持つ男性は、平均身長がおよそ一八三センチあり、一般の男性より高い。また学習障害を持つ傾向があり、IQは平均よりいくぶん低い。さらには、重度のニキビはXYYの徴候、すなわちカインのしるしだと考えられていた[*26]。

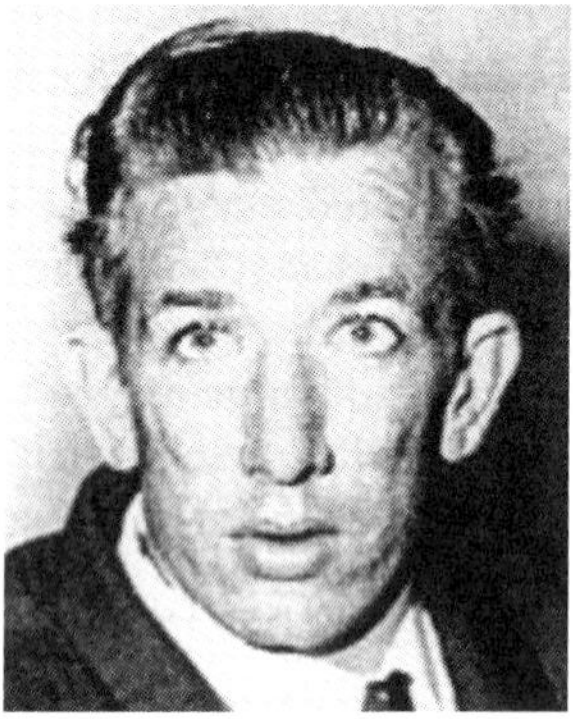

［図2.2］リチャード・スペック

スペックは、身長がおよそ一八五センチあり、また、犠牲者を数え間違えたことや、学業成績の不振（彼は八年生〔中学二年〕を繰り返し、一六歳になる前に学校から落ちこぼれている）に示されているとおり、賢いとはとても言えなかった。また顔面は、ニキビの跡であばたになっていた。スペックがＸＹＹ保持者だという報道が流れたのは、有罪判決に対する再審請求が行なわれる直前であった[*27]。当時は、「ペンシルベニア州の刑務所の男性囚人において、ＸＹＹ保持者が大きな比率を占める」と報告する論文を、生化学者のメアリー・テルファーが『サイエンス』誌に寄稿したほかにも[*28]、ＸＹＹと犯罪の関係を報告する論文が、いくつかの著名な科学誌に掲載された直後でもあった。

しかし、スペックはＸＹＹ保持者ではないことがやがて判明する。図2・2の写真を見ればわかるように、確かに彼の顔面はあばただらけだった。しかし裁判が始まる前でさえ、ヴァンダービルト大学のスイス人神経内分泌学者エリック・エンゲルは、スペックの染色体を分析して、彼がＸＹ染色体を持つ、まったく普通の男性であることを確認していた[*29]。ところが新聞の間違った報道によって、ＸＹＹがこの暴力事件の原因であるという誤解が、民間伝承のごとく流布してしまったのだ。

とりわけ暴力とＸＹＹを結びつける説は、のちに『サイエンス』誌に発表された、サーノフ・メドニックらの決定的な研究によって誤りとされた[*30]。メドニックらは、コペンハーゲンで生まれた二万八八八四人の男性を取り上げ、身長が一八三センチ以上あった四一三九人に対して性染色体による選別を行なった。その結果、一二人がXYYであることがわかった。次にこれら一二人の犯罪歴を調査し、通常のXY染色体を持つ男性の犯罪歴と比較した。その結果、犯罪率はXYYグループが四一・七パーセント、対照群が九・三パーセントで、実際これは、XYYが犯罪一般と関係することを示していた。しかし暴力犯罪に限定した場合には、犯罪率はXYYグループが八・四パーセント、対照群が一・八パーセントとなり、対照群の五倍という大きな値が得られたとはいえ、標本の小ささゆえに、統計的に有意ではなかった〔一二人中の八・四パーセントなので該当者は一人〕。

多くの社会科学者は、この発見に嬉々として飛びついた。犯罪学の教科書は、暴力に遺伝的な基盤が存在しないことの証拠として、約束事であるかのようにこの研究を取り上げるようになった。この研究を誤用して、犯罪一般に対する遺伝的な基盤をあまねく否定しようとする者も現れた。だが、事実を明確にしておこう。

厳密に言えば、XYY症候群と暴力のあいだを関係づける統計的に有意な証拠がないのは事実だが、それは犯罪の遺伝的な基盤という概念を損なうものではない。それは次の四つの理由による。

①XYYを持つ男性は、対照群に比べて多くの暴力犯罪を実行しているわけではないが、些細な盗みは多い[*31]。

②XYY症候群は遺伝子に関わる異常を表すが、多くの犯罪学者はその意味を誤解している。それは親から子へと受け渡される遺伝的条件ではなく、受胎時に生じる、染色体のランダムな突然変異に

起因する。ゆえに、XYY研究は、犯罪や暴力が遺伝するかどうかという問題には、そもそもいっさい関係がない。

③仮にXYY症候群が親から子に受け渡される遺伝子の障害だとし、かつそれと犯罪の関係が見出せなかったとしても、多くの双子、養子研究によって得られている、遺伝と犯罪の関係を示唆する重要な発見が無効になるわけではない。

④大規模な標本を用いた最近の研究では、XYYを持つ少年は実際に、対照群より攻撃的で非行を犯しやすいことが示されている[*32]。

いずれにせよ以下に見るように、犯罪行動に寄与している可能性がある遺伝子は、Y染色体上のもの以外にもたくさんある。

卑劣なモノアミン

この一連の騒動から、社会科学者には、「犯罪の遺伝」という醜いヒドラの頭が切り落とされ、永遠に葬り去られたかのように思われた。しかし伝説によれば、ヒドラの頭は一つを切り落としても、そこからそれ以上が生えてくる。遺伝子が暴力に影響を及ぼしているか否かをめぐる論争は、まだ始まったばかりだったのだ。

オランダのナイメーヘンにある大学病院の医師ハン・ブルナーは、一九七八年のある日、一人の女性から遺伝に関する相談を持ちかけられた[*33]。男性の親戚の多くが、行動面で大きな問題を抱えているると言うのだ。人を見るときの目つきが、威嚇的で攻撃的だとのことだった[*34]。一〇歳になる息子には非行の徴候が見られ、他にも二人の娘がいた。彼女の相談とは、「自分の子どもたちに、攻撃的な性格を発現する何らかの遺伝子の欠陥があるのだろうか？」というものだった。

ブルナーはオランダ中を回って、四世代にわたる彼女の親類縁者を訪問し、系統的な調査を行なった。調査はきわめて緻密なもので、保護施設で暮らしていた何人かの親戚も対象に含まれる。彼は、これらの被験者にインタビューし、遺伝子解析のために血液サンプルを採取した。女性の訪問から一五年後、ブルナーらは、調査結果を『サイエンス』誌に発表している。彼らの発見は驚くべきもので、不気味でさえある。

一四人の男性の親戚に、暴力や衝動的な攻撃行動の履歴があった。これはほとんど、ジェフリー・ランドリガン、ダレル・ヒル、およびその父親の三世代にわたる犯罪者家系の再現とも見なせる。四世代にわたる家系のうち、女系の男性の子孫のみが影響を受けていた。これは次のことを意味する。どの遺伝子の異常にせよ、それは母親から受け継がれたX染色体上になければならない。さらに家族の遺伝子型を決定すると、驚くべき異常が見つかった。これらの男性は、通常はモノアミン酸化酵素Aを生成するMAOA遺伝子に欠陥があったのだ。ブルナーはこの遺伝子の塩基配列を決定して詳細に分析し、彼らの遺伝子が突然変異のためにMAOA遺伝子として正常に機能していないことを発見した。そして暴力の履歴を持つすべての男性が、この突然変異したMAOA遺伝子を持っていた[*35]。

MAOAは、衝動のコントロール、あるいは注意やその他の認知機能に関与する数種の神経伝達物質（ドーパミン、ノルエピネフリン、セロトニンなど）を代謝する酵素である[＊36]。正常なＭＡＯＡ遺伝子の突然変異は、ＭＡＯＡ酵素の生産に支障をきたす。該当する家族メンバーのＭＡＯＡ酵素の生産は、ただ低下しているというだけでなく、ほぼゼロであった。ＭＡＯＡを完全に欠くと、その人に甚大な影響が及ぶ。その他の神経伝達物質の正常な機能を損ない、注意欠陥・多動性障害（ＡＤＨＤ）、アルコール依存症、薬物濫用、衝動性など、さまざまな障害を生むのだ。またブルナーは、ＭＡＯＡの欠乏が彼らのＩＱの低さをもたらしていることを発見した。ＩＱの低さは、犯罪や暴力につながる危険因子であることが繰り返し示されている[＊37]。低いＩＱと、衝動性、注意力の欠如、麻薬やアルコールの濫用を合わせて考えると、彼らが衝動的な攻撃性を発揮しようとするのはさほど不思議ではない。

ハン・ブルナーとは、二〇一一年にアムステルダムで開催された会合で話し合ったことがある。また私は、『サイエンス』誌に研究結果を発表して以来の彼の業績に強い関心を寄せている。彼は論争が起こるであろうことを敏感に察知し、医学的な遺伝研究が誤用される可能性にも気づいていた。そのため発見を公表する際には、慎重を期していた。たとえば『サイエンス』誌に発表した論文のタイトルには、「攻撃性」ではなく「異常な行動」を、また「〜を引き起こす」ではなく「〜と結びつく」という用語を使った。それにもかかわらず、メディアは新たな犯罪遺伝子の発見というメッセージを高らかにぶちあげた。ブルナー自身は、犯罪を導くたった一つの遺伝子など存在しないこと、彼が発見した遺伝子の異常はごくまれであること、そして環境もきわめて重要であることを理解してもらおうと骨を折っている[＊38]。私の知る限り、彼はこれらのことをずっと主張し続けてきた。しかし彼の研究は、それを否定したい社会科学者と、センセーショナルな報道をもくろむメディアによって、つねに誤って解釈されてきた。しかしこれらの攻撃や批判にもかかわらず、またぞろ新たな頭を生やしたヒドラはすぐに戦いを再開し、遺伝の影響という説明の力を社会科学者たちに見せつける。

戦士の遺伝子、再び

一九九三年のハン・ブルナーの新発見は、私が南カリフォルニア大学にいた頃の同僚ジーン・シャイの研究によって、一九九五年に脚光を浴びる。ジーンの研究チームは、マウスのMAOA遺伝子を無効化《ノックアウト》することで、どのような効果が得られるかを調査していた。なお、遺伝子は、人為的なDNA配列によって置き換えることでノックアウト、つまり非活性化することができる。ジーンのチームのメンバーが出勤し実験室に入ると、ときにマウスが死んでいるのを目にした。やがて、MAOA遺伝子を除去したマウスがどう猛になり、他のマウスを攻撃したことが判明する[*39]。こうしてジーンは攻撃性に結びつく遺伝子を発見したのだが、それはハン・ブルナーがオランダの家族に見出した異常な遺伝子と同じものだった。

三つ目のヒドラの頭は、二一世紀初頭に生えてきた。しかもそれは、単に犯罪の遺伝学ばかりでなく、遺伝学全体にとっての転換点《ターニングポイント》になる。

新たな道を切り開いたのは、二〇〇二年にデューク大学の二人の科学者テリー・モフィットとアブシャロム・カスピによって『サイエンス』誌に発表された、非常に重要な論文であった。社会、行動科学におけるもっとも重要な研究論文の一つとして広く知られるこの論文は、「遺伝的、生物学的要因は社会的要因との相互作用を通して、その人を反社会的行動や暴力へ至らしめる」という、本書ののちの章で詳しく取り上げる見方を提示した。そう、個々の遺伝子は重要だが、それが効果を発揮するには特定の社会的な文脈のもとに置かれる必要があるのだ。

私はテリーを、彼女が大学院生の頃から知っている。イタリアのトスカーナ州で初めて会ったのだが、それ以来私は彼女のことをテミと呼んでいる。テミは、ニュージーランドのダニーデンで、反社会的行動に関する大規模な経年的研究をしていた。一八六一年に近くで金鉱が発見されたダニーデンは、それに続くゴールドラッシュによってニュージーランド最大の都市になったことがあり、現在でも南島の第二の都市として栄えている。テミの夫アブシャロムは、ダニーデンのデータを用いて、いかにＭＡＯＡ酵素を調節する遺伝子の変異が、子どもの虐待と結びついて反社会的行動を生み出すかを分析し、金脈を掘り当てた。

私たちは遺伝子を共有しているとはいえ、いかなる遺伝子のＤＮＡ配列にも遺伝的変異が生じ得る。このような「遺伝的多型」は、血液型の相違、青い目／黒い目、まっすぐな髪／カールした髪などの個人差を生む。そしてその一つに、ＭＡＯＡ遺伝子がある。なお、個人の遺伝子型は、血液や唾液のサンプルを用いて簡単に調べられる。私たちのおよそ三〇パーセントは、ＭＡＯＡ遺伝子として、神経伝達物質のレベルの異常をきたす比較的低レベルのＭＡＯＡ酵素を生産する変異型を持ち〔以下、低ＭＡＯＡ遺伝子と訳す〕、残りの七〇パーセントはそれに比べて正常なレベルの酵素を生産するＭＡＯＡを持つ。カスピとモフィットは、ダニーデンの一〇〇〇人以上の子どもを対象に、三歳から二一歳まで繰り返し反社会的行動の程度を評価した。二人はまた、三歳から一一歳までのあいだに、どの子どもがどの程度の虐待を経験してきたのか、あるいはまったく経験しなかったのかを把握していた。この研究の結果彼らは、「低レベルのMAOAは、とりわけ子どもがひどい虐待を受けた場合、のちに反社会的行動や暴力を導く」という事実を発見した[*40]。

これは劇的な発見だ。というのも、反社会的行動や暴力の遺伝的、生物学的な基盤の複雑さを強調するものだからである。なお、これについてはのちの章で詳しく検討する。ニュージーランドで行なわれたこの研究は、それ以前に人間を対象に実施されたオランダでの実験や、動物を対象にしたアメリカでの実験にも光を当てる。要するに、異なる方法を用いて行なわれたいくつかの研究が、「低MAOAは、ある程度反社会的行動や暴力に結びつく」という同一の結論に収斂し始めたのだ。

しかしこのたぐいの分子遺伝学的な新発見は、稲妻のように突然現れ、あっという間に消えていく。ならば、この研究には再現性があるのか？ 概して言えば答えは「イエス」だ。カスピとモフィットによる最初の発見の四年後、五つの研究を対象にするメタ分析によって、二人が発見した効果が再確認されており[*41]、以来それは反社会性人格障害に関連づけて考えられるようになった[*42]。

これらの研究によって、低MAOA遺伝子が、とりわけ虐待経験のある子どもの反社会的行動に結びつくことが示されたわけだが、さらなる研究により、被験者に虐待された経験があるかどうかを問わず、この遺伝子と反社会的な性格とのあいだの、直接的な結びつきが示されるようになってきた[*43]。男女とも、低MAOA遺伝子を持つ者は、生涯にわたって高い攻撃性を示すという報告がある[*44]。極端に低レベルのMAOA酵素をもたらす、非常にまれな遺伝子の異常を持つ男性は、正常対照群の倍のレベルの非行や成人暴力を示す[*45]。さらに言えば、この結びつきは自己報告や精神医学面接以外による調査にも当てはまり、低ＭＡＯＡ遺伝子を持つ人の攻撃性の高さは、実験室内でも確認されている[*46]。犯罪や暴力を引き起こすたった一つの遺伝子などはないとしても、このように、いくつかの研究は、ＭＡＯＡ遺伝子が部分的な役割を担うことを強調する[*47]。

それとは別のヒドラの頭が、二〇〇六年八月にニュージーランドで生えている。しかも今回の頭はとても醜く、激しい論争を呼んだ。研究者の報告によれば、ニュージーランドの白人に比べ、マオリ族のあいだでは、低レベルＭＡＯＡを生産する遺伝子型の出現頻度が倍のレベルに達する。新聞はただちに、以下のような研究者のコメントを掲載した。

この差異は、マオリ族が抱えている問題のいくつかを説明するのに十分なものである。明らかにこの発見は、彼らが攻撃的で暴力を振るいやすく、ギャンブルなどのリスクの高い行為に走る率が高いことを示す。[*48]

この記事には「マオリ族の暴力は遺伝子のせい」という見出しが躍っていた。それに引き続いて起こった狂騒のなかで、科学者、政治家、ジャーナリストを含む誰もかれもが、激しく、そしてときに敵意をむき出しにした論争へと突入していく。

この発見を発表した研究者たちは、自分たちの主張がひどくねじ曲げて引用されたと反論し、その点を明確にするために次のように主張する。

ジャーナリストや政治家が、この発見をねじ曲げてネガティブに解釈し、犯罪のような、医学には関係のない暴力の問題について判断を下し説明しようとした。彼らの主張に科学的な根拠は何もない。無視すべきだ。[*49]

それと同時に彼らは、サルの攻撃性に関する研究[*50]に基づいて「戦士の遺伝子[*51]」として知られるようになった低MAOA遺伝子型は、マオリ族についてもポジティブな自然選択が作用した結果獲得されたのだと論じる。彼らの仮説は次のようなものだ。マオリ族は、恐れを知らぬ戦士としてよく知られている。彼らははるか昔、カヌーによる長くて危険な航海を経て、ポリネシアからニュージーランドに渡ってきた。他の島に住む種族との戦いにも生き残った。研究者たちは、この「戦士の遺伝子」仮説をもとに、進化の力によってマオリ族の低MAOA遺伝子の頻度が倍になったと主張する[*52]。言い換えると、この遺伝子は、現在ニュージーランドの人口の一五パーセントを占める原住民に、「恐れられし者の生存」をもたらしたのだ。

この見解は、マオリ族の評判をひどく傷つけると主張する者もいる[*53]。そのような憶測によって、マオリ族の社会的、経済的な貧困の実態から世の注意をそらすなどの弊害が出ることに、倫理的な懸念を表明する者もいる[*54]。これに対し戦士の遺伝子仮説を提唱する研究者たちは、「疾病分布の不均衡を医学的、臨床的に理解する際に大いに役立ち得る、マオリ族の遺伝的な特殊性を無視することは、非倫理的かつ非科学的である」と反論する[*55]。

とりわけ犯罪や暴力に関して民族間の遺伝的な相違を説明する際には、細心の注意が必要である。彼らが主張する進化的な議論はまったくあり得ないわけではないが、たとえば次のような反論を提示できる。男性の低ＭＡＯＡ遺伝子の基準率はおよそ、白人三四パーセント、マオリ族五六パーセント、中国人七七パーセントだが、中国における犯罪発生率は一〇万人中およそ二・一人で、アメリカより低い[*56]。そもそも、中国人が恐れを知らない戦士のような民族だとはあまり聞かない。暴力の生物学に関する倫理的な問題はのちの章で取り上げるが、さしあたって、マオリ族における遺伝子と暴力の関係についての議論はこれくらいにして、民族間の差異には関わらない、より堅固な証拠に戻ろう。

ここで攻撃性のタイプの違いを考えてみよう。ＭＡＯＡ戦士遺伝子は、コントロールされた冷酷な暴力より、感情的で衝動的な、血気にはやる暴力を振るいやすい性格の形成に、とりわけ大きな役割を果たすのかもしれない。ハン・ブルナーは、オランダの親族の研究では、怒り、恐れ、フラストレーションに反応して生じる衝動的な形態の攻撃性が、より頻繁に見られたと報告している[*57]。ロサンゼルスで行なわれた研究も、この解釈に合致する。この研究では、低ＭＡＯＡ遺伝子を持つカリフォルニア大学ロサンゼルス校（ＵＣＬＡ）の学生は、より攻撃的な性格のみならず、人間関係に過敏に反応する性格を持つことがわかった[*58]。つまり彼らは、感情的に傷つきやすい。また、社会的に排除されることに対して、脳がより強く反応した。これは、個人的な中傷によって彼らがいとも簡単に動揺することを意味する。

戦士の遺伝子を持つ人々は自分への批判に敏感で、それによって衝動的な攻撃性が高まる[*59]。それを持つオーストラリア人は、より強い反社会的性格を示すばかりでなく、情動的な刺激に対し脳に異常な反応を生じる[*60]。私が言いたいのは、「彼らは一八、九世紀にイングランドから連行された一六万人の犯罪者の末裔だからだ」などということではなく、「低MAOA遺伝子は、犯罪と広範な結びつきがある。それは、おおむね文化の違いを超えて当てはまる」ということだ。

「瞬間湯沸かし器」ジミー――キレやすい脳の化学

ここまでは「戦士の遺伝子」というただ一つの遺伝子に焦点を絞ってきた。というのも、反社会的かつ攻撃的な行動へのこの遺伝子の影響は、科学による強い裏づけがあるからだ。しかし、それに類する遺伝子は他にもある。5HTT遺伝子[*61]、DRD2遺伝子[*62]、DAT1遺伝子[*63]、DRD4遺伝子[*64]はすべて、反社会的かつ攻撃的な行動と結びつけて考えられている。これらの遺伝子は、脳における二つの重要な神経伝達物質セロトニンとドーパミンを調節するのだ。

話を先に進める前に、暴力の構造の、遺伝と科学に新たな光を当ててみよう。脳の遺伝的な構成から暴力の化学へ至る道のりは短い。人を犯罪の道へと導く遺伝子の特定という分子遺伝学的な研究の中心には、遺伝子が、脳の機能に重要な役割を果たす化学物質、神経伝達物質の働きのカギを握っているという事実がある。一〇〇以上の神経伝達物質が存在し、それらは脳の細胞間の信号、すなわち情報の伝達を手助けしている。これら神経伝達物質の活動レベルが変わると、認知、情動、行動も変化する。ゆえに、神経伝達物質の働きに影響を及ぼす遺伝子は、攻撃的な思考、感情、行動をもたらし得る。

ドーパミンを例にとろう。ドーパミンは衝動やモチベーションを生み出す手助けをし、報酬を求める行動に重要な役割を果たす。攻撃的な行動は報酬になり得る。事実、動物では、攻撃の持つ報酬としての性質に、ドーパミン受容器が関与している[*65]。動物のドーパミンレベルを実験的に上げると攻撃性が増大し、下げると減退する[*66]。自分の欲しいものに向かって私たちを動かす、アクセルのようなものと考えればよいだろう。

　セロトニンはそれとはかなり異なる。セロトニントランスポーター遺伝子は、心理学、精神医学、神経科学の分野で、もっとも徹底的に研究されてきた遺伝子の一つだ[*67]。この遺伝子には、S型（短い対立遺伝子）とL型（長い対立遺伝子）という二つのバージョンがある。私たちのおよそ一六パーセントはS型を持つ[*68]。S型は情動による刺激に対して脳を過剰に反応させる。よって、この型を持つ人は怒りを爆発させやすい[*69]。またS型は、セロトニンレベルの低さに関係すると考えられている。というのも、S型を持つ人は血中のセロトニンレベルが低いからだ[*70]。

　では、暴力犯罪者のセロトニンレベルは低いのか？　これに関する研究は、兵士を対象にした一九七九年の重要な研究によって始まった。この研究は次のようなものだ。類稀《たぐいまれ》な才能の科学者で、国立精神衛生研究所長だったフレッド・グッドウィンは、まず兵士にけんかや暴行に加わった回数を尋ねた。それから彼らはベッドに横たわり、何も食べずに朝を迎えた。起床すると朝食は取らず、脳脊髄液のサンプルを採取するために脊椎穿刺《せきついせんし》〔脊柱に針を刺して脳脊髄液を採取する〕を受けた。グッドウィンらは、このサンプルをもとに、セロトニンのレベルを測定した。

　グッドウィンらの発見は劇的で、これが暴力の生物学的研究の分水嶺になった。安静時のセロトニンレベルは、兵士が犯した暴力沙汰の回数の変動の八五パーセントを説明したのだ[*71]。この数値は途方もなく高く、できすぎているとさえ言えよう。その後の研究では、攻撃性とセロトニンレベルの低さの関係は、最初に考えられていたほど強くはないことが示されている（攻撃性の変動の一〇パーセント程度を説明）。しかしそれでも比較的強いのは確かで、しかも成人[*72]、とりわけ衝動的な暴力を振るう成人[*73]に関しては、再現性が非常に高い。

では、なぜセロトニンレベルの低さは暴力に結びつくのか？　セロトニンには気分を安定させる効果があり、脳内では抑制機能がある。したがって、それは衝動的で無思慮な行動に対する生物学的なブレーキの一つと見なされている。前頭皮質と呼ばれる脳の領域の働きを刺激もしくは円滑化し、次章で見るように攻撃性の調節にきわめて重要な役割を果たす。セロトニンレベルが低ければ、それだけ性急になるのだ。脳画像法を用いた研究によって、トリプトファン（セロトニンの生産に必要なアミノ酸）を枯渇させることで、セロトニンレベルを下げるドリンクを飲んだ被験者は、ゲームで不公平な申し出を受けると報復しやすい[*74]。セロトニンが枯渇した状態では、何かいらいらすることが起こるとすぐに気が動転するのである。要するに、体質的にセロトニンレベルの低い人は、いらいらを引き起こす不公平な社会的状況に置かれると、いずれ怒髪天を衝くということだ。

「瞬間湯沸かし器ジミー（Jimmy the fuse）」の異名を持つジェームズ・フィリアギのケースは、まさにそれに当たる。ジミーは、私やロンブローゾと同様にイタリア系で、とても大切に育てられた。また、私と同じくかつて会計士をしていた。しかしその生涯を通じてジミーは、あだ名が示すとおりつねに怒りを爆発させていた。子どもの頃には、弟トニーの指先を食いちぎったり、教師の手から肉片をそぎおとしたりしたことがある。また、尼僧を襲って放校処分を受けたこともある。とはいえ学業に秀で、優等で卒業し、会計士として就職している。ある夜フィリアギは、疎遠になっていた妻と口論しているうちにまさにぶち切れ、恐怖を感じた妻が警察に連絡した。すると彼は、妻の頭を撃ち抜いたのだ。

死刑判決が濃厚となったフィリアギの弁護団に、セロトニンと攻撃性に関する世界的な権威として知られるイタリア人エミル・コカロが加わる。エミルの手で実施された脊椎穿刺で採取したサンプルをもとに行なわれた生化学検査は、フィリアギのセロトニンレベルが、間違いなく極端に低いことを示していた。

それがすべてではなく、フィリアギのドーパミンレベルが非常に高いことも判明した。ドーパミンは、報酬を求める行動や薬物濫用を助長する神経伝達物質である。つまり彼は、報酬の追求＋自制の欠如という、最悪の組み合わせの素質を持っていた。たとえて言えば、報酬を求めてアクセルを踏むと、ブレーキがきかないために止まれないのだ。よりを戻したいと思っていた疎遠な妻と口論しているうちに彼の気を動転させたのは、まさにこの化学物質のカクテルだったのだろう。私たちには、自分の行動を抑制するための生化学的なブレーキが備わっている。だがフィリアギは違っていた。

フィリアギは死刑を免れるために、神経伝達物質の異常を口実にうまく利用して「自らの力の及ばない生物学的な成り立ちのせいで、衝動的で攻撃的な行動を抑えきれなかった」と弁論し、減刑を手にできただろうか？　否。彼は致死薬注射による死刑に処された。その種の理由で刑を緩和することの是非についてはのちの章で検討するが、さしあたって、あなたが陪審員なら、その点を斟酌《しんしゃく》するかどうかを考えてみてほしい。

人間における脳の化学と暴力の関係は、フィリアギの事例からもわかるとおり複雑だ。だが、環境も決定的に重要である点も忘れてはならない。彼の暴力は、セロトニンレベルの低さのみによって引き起こされたのではない。熱くなって見境のない暴力に至るには、それを喚起する相応の社会的文脈も必要だ。補足しておくと、衝動的で短気な攻撃性と結びつくS型のセロトニントランスポーター遺伝子に比べ、L型は、私がかつて大学院で教えたアンドレア・グレンが強い説得力をもって論じているように、ストレスに対する反応性が低い人々によく見られる冷酷で計画的な精神病質的行動に、より密接に関連する[*75]。

さてこれで、気分を安定させるセロトニンと、報酬を求めるよう仕向けるドーパミンという二つの神経伝達物質をめぐる、暴力の神経化学を十分に理解できたはずだ。だが、他にも興味深い結びつきはある。たとえば、暴力に結びつくドーパミントランスポーターＤＡＴ１遺伝子は、性的パートナーの数と相関すると報告されている[*76]。この報告は、前章で見た「暴力は、多くの点で自己にとってマイナスになるとはいえ、それでも遺伝子の再生産という意味では適応的である」とする進化論的な見解を思い起こさせる。熱いセックスと激昂しての暴力という二つの現象を結ぶ、神経伝達物質レベルでの包括的な遺伝メカニズムは存在する。次の一〇年のあいだには、暴力の構造の構成要素たる、この神経化学的なメカニズムについて、もっと多くのことが解明されるだろう。

始まりの終わり

科学の探究は、暴力を生む遺伝子の理解に向けて第一歩を踏み出したにすぎない。これまでに得られた成果には謙虚になるべきだが、それでも誇りを感じる。二〇年前、分子遺伝学はまだ巣立ったばかりだったが、現在では遺伝子の構造と機能の詳細を教えてくれる重要な分野になった。その大きな第一歩は、現代におけるもっとも重要な国際研究プロジェクトの一つ、ヒトゲノム計画とともに踏み出された。それは一九九〇年に始まり、二〇〇〇年には、研究者たちはヒトゲノムの草案を提出した。それによって、ヒトは予想よりはるかに少ない数の遺伝子しか持っていないことが判明した（およそ二万一〇〇〇個で、これはおおむねマウスの遺伝子数と等しい）。ヒトの遺伝子はマッピングされ、インターネットを通じて誰もがその情報を入手できるようになったが、まだ多くのことがわかっていない。たとえば、ヒトのDNAのおよそ九八パーセントは、「ジャンク」DNAと呼ばれ[*77]、タンパク質の組成を暗号化していない。それらが何のために、どのような機能を果たしているのかは、まだわかっていないのだ。

これは一種の警告ととらえよう。遺伝子と暴力の関係についてここまで述べてきた知識は、日進月歩で変わっていく。それでも、「遺伝子は私たちの行動に強い影響を及ぼしている」という基本的なメッセージは変わらない。今や私たちは、人間の遺伝的な構成をめぐるさまざまな謎を解き、その知識を通じて医学的な恩恵を受けつつも、倫理的な難題に直面しなければならない時代へと突入しようとしている。行動遺伝学は謎に満ちたブラックボックスである。なぜならそれは、ある行動がどの程度遺伝の影響を受けているかを教えてくれる一方、人を暴力へと導く遺伝子を特定することはないからだ。分子遺伝学はこのブラックボックスをこじ開けて、暴力の暗い源泉を明るみに引きずり出そうとしている。研究者たちの努力によって、タンパク質の合成における転写プロセスや遺伝子発現の調節に、「ジャンク」DNAが果たす役割に光が当てられてきたのと同様[*78]、暴力の構造も今後さらに明らかにされていくことだろう。その際、重要になるのは、どのような環境の影響がどの遺伝子と相互作用して犯罪を引き起こすのかだ。この新たな展開に、これまで犯罪の遺伝学を毛嫌いしていた社会科学者も、興奮を隠しきれなくなっている。

　遺伝子について述べた本章で、私たちは始まりの終わりにたどり着いた。ヒトゲノム計画は、行動への遺伝子の影響を理解する科学的な舞台を設定するという課題を達成したが、今や私たちは、どの遺伝子が犯罪や暴力を生むのかについて、完全な理解を得る段階へと移行しつつある。これにて、悪の種子の解明に向けた探究への導入を終える。次章に移る前に、もう一度始まりを簡単に振り返ってみよう。死刑執行を待つダレル・ヒルは、それを次のように簡潔に述べている。

> 彼（ジェフリー・ランドリガン）が、自らの運命を全うしようとしていることは誰の目にも明らかであろう。（……）母親の体内で受胎したその瞬間から、彼は私になったのだ。（……）私が彼を最後に見たとき、まだ赤ん坊だった彼はベッドの上で眠っていたが、マットレスの下には二丁の三八口径ピストルとデメロール〔麻薬性鎮痛剤〕を隠してあった。その上に彼は寝てい

たのだ。〔*79〕

自分の赤ん坊が眠っている枕の下に銃と麻薬を忍ばせておくという行為は、まさにこの子どもの末路を予兆する。暴力、麻薬、アルコール、この父にしてこの子あり。ランドリガンは、実の父の犯した罪をなぞっていたかのようだ。

第3章

殺人にはやる心

暴力犯罪者の脳はいかに機能不全を起こすか

ランディ・クラフトは殺人にとりつかれていた。だが、仮にあなたが彼と会って話をしたとしても、それはまったくわからなかったはずだ。ランディのＩＱは私とほぼ同じで一二九あり、ＩＴコンサルタントをしていた。彼は、私がかつて教えていた南カリフォルニア大学のすぐ南の地区で、勤勉で立派な両親に育てられている。末っ子で、私同様三人の姉がいた。保守的な地区の中流階級の家庭で育った彼は、これまた私と同じように、ごく普通の生活を送っていた。学校の成績は優秀で上級クラスに配属され、ウエストミンスター・ハイスクールから、エリートが通うリベラル・アーツ・カレッジ、クレアモント大学へ進学し、経済学の学位を取得した。彼の未来は明るく見えた。

ランディの幼少期の生活は、カナダの死刑制度に反対する団体のウェブページで確認できる。いかにも「アップルパイとシボレー」の、古き良き五〇〜六〇年代という感じだ。そこには、父とボウリングをしたことや、母とストロベリー＆ホイップクリームを食べたことなど、子どもの頃の幸福な家族生活が愛情をこめて綴られている。また、ネバダ州の核実験場から青白く怪しい光が漏れてくるのを父と目撃したときの興奮や、一三歳のときに初めて女の子とダンスしたことなどが書かれている。このようにランディは、オレンジ郡のいちご畑を背景とした家庭生活を振り返る。朝、たき火を起こす父親を手伝ったことはとりわけ嬉しかったらしく、そのとき感じた音とにおいと手触りの交響楽を、次のように実に鮮やかに描いている。

振り返ると、湿った草が燃えるときの甘いにおいがした。消え入りそうになりつつ、なおも燃え続ける火のはぜる音が聞こえ、真っ青な朝空に舞い上がる白い煙のリボンが見えた。その傍らでは、シャツにバギーパンツという古いスタイルの身なりをした父が、くま手で草をかき集めては火にくべていた。そして私も手伝った。[*1]

誰にでもありそうな体験だ。しかし普通の人は、血のにおいや、静まった夜空に響く犠牲者の絶望的な叫び声を思い出したりはしない。レイプ中に犠牲者の破れた下着がほどけ、ずり落ちるところを見たことも、炎のような熱い欲望が沸きかえるのを感じたこともない。あるいは、血の気の失せた顔が真っ白になるまで犠牲者の首を絞め上げたことも、死後の骨盤底筋の弛緩のために犠牲者の膀胱から尿が漏れ出て下半身を濡らすところを見たこともない。

あなたにそんな体験はないはずだ。だが、ランディには何度もある。これらの行為は、彼の子どもの頃の描写とはまるで違う。自身ではそんなことはしていないと主張したが、彼は、一九七一年九月から一九八三年五月まで、実に六四回の殺人を犯したとされ、現在は死刑囚としてサン・クエンティン州立刑務所に収監されている。

手口はこうだ。愛想のいいランディは、犠牲者として目星をつけた大人やティーンエイジャーと夕暮れ時に仲良くなり、ビールを一緒に飲み、ドライブにつれて行く。それからトランキライザーを混入したビールを飲ませ、拷問し、レイプし、殺して車外に投げ捨てる（彼には「フリーウェイキラー」

という あだ名がある)。絞殺することもあれば、射殺する場合もあった。犠牲者はすべて、一〇代の青少年か、成人して間もない男性だった[*2]。

一九八三年五月一四日に運に見放されなければ、ランディは今でも犯行を繰り返していたかもしれない。午前一時のことだった。彼は、一、二杯ひっかけたあとで、ロサンゼルス南方のサンディエゴフリーウェイをトヨタ・セリカに乗って時速七〇キロで走っていた。スピードを出し過ぎていたわけではないが、車はまっすぐに走行していなかった。そして違法な車線変更をしたがために、彼の殺人者としての経歴にピリオドが打たれたのだ。

その少し前から、カリフォルニア・ハイウェイパトロールが、彼の車のあとを追っていた。ハイウェイパトロールはサイレンを鳴らし、拡声器で止まるよう呼びかける。ランディは言われたとおり車を路肩に止め、警官が彼の車のほうへやって来る前に、彼のほうからビール瓶を片手にパトカーに向かって歩いて行く。

ランディは、その夜ビールを少しばかり飲んだことを認めながら、酔っぱらってはいないと抗弁する。そこで警官は飲酒テストを行なうが、そのときランディは、生まれて初めてテストに失敗し、飲酒運転の罪に問われる。

マイケル・ハワード巡査部長は、ランディの車を押収しようとしてそちらに近づく。そのとき彼は何かがおかしいことに気づく。誰かが助手席にぐったりした様子で座っていたのだ。カリフォルニア・ハイウェイパトロールの方針によれば、通常このような状況では、しらふの同乗者がいれば、その人に車を委ねることになっていた。そうすれば、運転手は押収費用を払わなくてすむからだ。だからそのとき巡査部長は、助手席に座っている男に車を委ねようとした。

助手席の男が眠っていると思ったハワード巡査部長は、車の窓をていねいにノックする。しかし何の返事もない。ドアを開け、男を揺する。それでも何の反応もない。とても奇妙に思えたが、彼も酔っぱらっているのだろうと考える。それから男のひざにかかっていたジャケットを持ち上げる。そしてそのとき、男のパンツがずり下ろされ、ペニスと睾丸が飛び出し、手首には縛られた跡があるのを発見する。

救急救命士が呼ばれたが、すでに手遅れだった。死んでいたのは、二五歳の海兵隊員テリー・ガンブレルであることが判明した。彼は二本分のビールと、アティバン〔睡眠作用のある抗不安薬〕を飲んでいた。だが致死量ではない。凶器は運転席側のドアのそばに落ちていた。ガンブレルは絞殺されたのだ。

もはやランディに逃げ道はなかった。行儀がよく言葉づかいも穏やかで、勤勉なこのＩＴコンサルタントは、実は「フリーウェイキラー」だったのだ。しかし彼のあだ名はすぐに「スコアカードキラー」に変わる。というのも、車のトランクに積まれていたブリーフケースのなかに、「イングランド」「エンジェル」「ハラキリ」などと書かれたコードネームリストが見つかったからだ。これはランディの殺人リストであった。私と同様に会計士だった彼は、きちんと番号を振った犠牲者一覧を残しておきたかったらしい。「2 in 1 Hitch」「2 in 1 Beach」などといった記述があることから、一度に二人を殺したこともあったと考えられる。多くのコードネームは、その意味を推測できる。「ユークリッド」は犠牲者スコット・ヒューズの死体を遺棄した斜道《ランプ》を指し、「ＥＤＭ」は犠牲者エドワード・ダニエル・ムーアのイニシャルだ。また、「釈放」はローランド・ヤングのことで、彼は、刑務所から釈放されてわずか数時間のうちにランディに殺されている。

ランディは、これらの犠牲者にあらゆる性的虐待を加えたあと、殺してこのリストに記入していた。それによれば、スコアカードキラーは一二年間に六四人の若者を殺しながら、単なる交通違反で呼び止められた運命の夜に至るまで、まんまと逃げおおせていたのである。会計士の綿密さを備えながらも「殺人にはやる心」の犯した些細なミスは、彼にとっては致命的だった。そこで本章では、暴力の機能的解剖学の知見を用いて、犯罪者の心と脳を分析する。


ランディ・クラフトとは違い、ほとんどの殺人犯は一度の犯行で終わる。アントニオ・バスタマンテは、その一人だ。ランディとは育ちもタイプも異なる殺人犯バスタマンテは、メキシコで生まれ、一四歳の頃にアメリカへ移住している。多くのメキシコ系アメリカ人同様、家族とは強い絆で結ばれていた。貧しい家庭で育ちはしたものの、アントニオは法を遵守する普通の青年に成長する。

しかしそこから彼は悪い方向へ転じる。麻薬に手を出し、その資金調達のために盗みを働くようになったのだ。勤勉で法を遵守する移民というイメージは崩れ去り、犯罪者としての人生を歩み始める。衝動的で攻撃的になり、けんか早くなる。以後二〇年間、刑務所への出入りを繰り返す。ヘロイン中毒になったため、その資金をつねに求めるようになる。

ランディ・クラフトが逮捕された三年後の一九八六年九月、バスタマンテはある家に忍び込む。現金は見つからなかったが、トラベラーズチェックを発見する。そこへ突然、近くの雑貨屋に出かけていた八〇歳の住人が戻ってきて不意を打たれる。バスタマンテは身長一八八センチ、体重九五キロの巨漢で、八〇歳の老人の手から逃れることなど造作もなかったはずだ。ところが彼の「闘争／逃走」システムは、後者ではなく前者を選択し、無防備な老人を殴り殺す。検察の証言によれば、あたり一面に血が飛び散っていた。

バスタマンテは乱雑でだらしない殺人者だ。現場にはそこら中に指紋が残っていた。犯罪のあと体を洗うことすらせず、また、血のついたトラベラーズチェックを現金化しに行っている。さらに驚くべきことに、警察に逮捕されたとき、彼は依然として血にまみれた服を着ていた。

二人の殺人犯、ランディ・クラフトとアントニオ・バスタマンテは、互いにタイプがまったく異なる。前者は冷酷で計算高いのに対し、後者は不手際で無思慮だ。育ちも、手口も、犠牲者の数も違う。二人の心を覗けたなら、何が見えるだろうか？　殺人者の脳画像は私たちのものと同じなのか？　同じではないのなら、どこか違うのか？　ランディ・クラフトのような連続殺人犯の脳の機能は、アントニオ・バスタマンテのような、忘れられやすいありふれた一回限りの殺人犯とどう違うのだろうか？　殺人を犯したことのない私たちと比べた場合には？

このような問いがフィクションの世界に属していたのは、それほど昔のことではない。ジョナサン・デミが監督した映画『羊たちの沈黙』（米・一九九一年）で連続殺人犯ハンニバル・レクターは、質問票を取り出して紙と鉛筆で取り調べを進めるFBI捜査官クラリス・スターリングを、「そんなものはちっぽけでなまくらな道具だ」となじる。しかし最新の脳画像技術は、暴力の構造を分析するための、はるかに鋭利な道具として使える。それを用いることで、殺人者の脳機能のどこかに異常がある事実を示す、目に見える証拠を手に入れられる。この技術を利用した研究はまだ発展途上で、成果には限界があるが、将来の研究の基礎を確立しつつあるばかりでなく、自由意志、責任、懲罰に関して、重要かつ挑発的な問題を提起し始めている。なお、これについては第10章で取り上げる。
しかしこれらの複雑な問題を検討する前に、殺人者は犯罪にはやる心を持つことを示す、科学的な証拠を検討しよう。この証拠は、脳の機能の研究によって得られる。

殺人者の脳

脳の解明への道のりは、とてつもなく長い。アリストテレスは「脳は血液を冷やす冷却装置」だと言い、デカルトはそれを精神が身体と交流するためのアンテナと見なした。骨相学者のフランツ・ガルは、頭蓋の形状がその人の性格を表すと考えた。現代に生きる私たちは、この一・四キログラムほどの灰白質のかたまりが、見る、聞く、触る、味わう、動く、話す、感じる、考える、そしてもちろん本を読むなど、あらゆる行為の背後に存在することを知っている。このように、すべての行為や行動が脳に起因するのなら、暴力や殺人を除外すべき理由はあるのか？

一九九四年までは、私は殺人者の脳画像研究を行なったことはなかった。というより、誰も行なったことがなかった。この事実は、ごくわずかしかいない殺人犯（アメリカでは年間二万人に一人を超えることはない）を、相応の人数集めてテストすることのむずかしさを考えれば、さほど驚きではない。

とはいえ、一九八七年に私がイギリスからカリフォルニア州に移った理由の一つは、天候を考慮した面もあるが、研究に動員できる殺人犯を見つけやすいと考えたからだ。私の尋常ならざる研究の被験者の募集に大きく貢献してくれたのは、すぐ近くのカリフォルニア大学アーヴァイン校に勤めていたモンテ・ブクスバウムであった。われわれは被告側弁護士に照会し、被験者を選んだ。カリフォルニア州には死刑制度があるので、彼らのクライアントは、脳の異常などの軽減事由を提出できないと死ぬ運命にある。こうしてわれわれは、相当な規模の独自の研究標本を形成できた。

それから、鎖につながれて警備員につれられてきた四一人の殺人犯を、脳スキャン装置にかけた。彼らは非常に手ごわく、威嚇的で、険悪そうに見えた。だが、実際はとても協力的だった。殺人犯はそれまでの人生の九九・九パーセントをごく普通に暮らしてきたわけだが（だから彼らは、つねに隣人のように見える）、その事実はともすると忘れられやすい。あっという間の残虐な行為が、殺人者とそれ以外の人々を分かつ。そしてこれから見るように、脳の機能においても彼らと私たちでは異なる。

われわれが用いた脳スキャンの技術は、ポジトロン断層法（PET）と呼ばれる。それによって、脳の前面に位置し、目の上、額《ひたい》のすぐ背後にある前頭前皮質を含む、さまざまな脳領域の代謝活動を同時に測定することができる。われわれは次のような持続処理課題を用いて、被験者の前頭前皮質を活性化させた。あるいはそれに「挑戦」したと言えるかもしれない。この課題では、被験者はコンピューターの画面に文字「o」が一瞬表示されるのを見るたびに、反応ボタンを押さねばならない。そしてそれは三二分間続く。言うまでもなくとても退屈な課題だ。この課題は長時間の集中を要求するが、注意力の維持には前頭前皮質が重要な役割を果たす。現在この文章を読んでいるあなたの脳のなかで活性化しているのは、この領域である。課題が終わると、被験者をPETスキャナーに寝かせ、（スキャナーに入ってからではなく）課題実行中に生じた糖《グルコース》代謝を測定する。糖代謝量が多ければ多いほど、該当領域は認知課題を実行しているあいだ活発に機能していたことを意味する。

四一人の殺人犯と、年齢と性のマッチした四一人の一般人から構成される正常対照群を対象に行なったこの調査で何がわかったのか？　われわれの主要な発見は、巻頭のカラー図版ページの図3・1で確認できる。右が殺人犯の、左が正常対照群の脳画像である。これは脳の水平断面を示したもので、上方から見下ろした鳥瞰図として見てほしい。前頭前皮質は上側先端部にあたり、下側先端部は脳の後方に位置して視覚を司る後頭皮質の状態を示す。赤と黄の暖色は糖代謝量の多い領域を、青や緑の寒色は脳機能の不活発な領域を表している。

左の正常対照群の画像を見ると、前頭前皮質、後頭皮質ともに活動が非常に活発であることがわかる。後頭皮質に関して言えば、殺人犯のものも同様で、視覚システムには問題がないことが見て取れる。しかし対照群とは大きく異なり、殺人犯の前頭前皮質はほとんど活動していない。概して、四一人の殺人犯は対照群と比べ、前頭前皮質の糖代謝量が非常に少ない[*3]。

なぜ前頭前皮質の機能不全が暴力に結びつくのだろうか？　何が機能不全に陥った脳と犯罪行為を結びつけるのか？　前頭前皮質の障害は何を引き起こすのか？　これらの問いには、以下のようにさまざまなレベルで答えられる。

①情動レベル　前頭前皮質の機能の低下は、たとえば怒りなどの生《なま》の情動を生む大脳辺縁系のような、進化的により古い脳の領域に対するコントロールの喪失をもたらす[*4]。大脳辺縁系の生む情動は、洗練された前頭前皮質によって蓋をされているとも言え、蓋を取れば、情動はあふれ出す。

②行動レベル　前頭前皮質にダメージを負った患者を対象に行なわれた神経学的な研究によって、そのようなダメージはリスクの大きい行為、無責任な態度、規則の侵犯を導くことが知られている[*5]。そこから暴力行為へ至る道のりは、それほど遠くない。

③人格レベル　前頭前皮質のダメージによって、衝動性の増大、自制能力の喪失、行動の調整/抑制能力の喪失など、さまざまな人格の変化が引き起こされる[*6]。暴力犯罪者がこれらの性格を持つことは、容易に想像できる。

④社会レベル　前頭前皮質のダメージは、未熟、要領の悪さ、的《まと》はずれな社会的判断をもたらす[*7]。このような社会的スキルの不足が、不適切な行動や、暴力を用いずに面倒な状況を解決する能力の欠如をもたらすことは明らかだ。

⑤認知レベル　前頭前皮質の機能不全は、知性面での柔軟性の喪失と、問題解決能力の劣化に結びつく[*8]。このような知的障害は、のちに学業不振、失業、貧困などにつながり、ひいてはその人を、暴力に訴えたり、犯罪に走ったりしやすくする。

前頭前皮質の機能不全が暴力をもたらす理由は、このような五つのレベルにわたって分析できる。前頭前皮質の機能不全は、反社会的行動や暴力の相関要因としてもっとも頻繁に検証されているものだが、こうして見るとそれには何の不思議もない[*9]。

これは事実なのか？　前頭前皮質の機能不全と殺人のあいだには真の関係があるのだろうか？　それとも実験の方法上の不備でそのような結果が得られたのか？　われわれは事実だと考えている。脳の機能に関する実験群と正常対照群の差異は、年齢、性別、利き手、頭部損傷の履歴、あるいは脳スキャンに先立つ薬物の使用などによっては説明しきれない。また、殺人犯の持続処理課題の成績は対照群とほぼ変わらない。これにはおそらく、殺人犯の後頭皮質における活性化の度合いが、対照群より高いことが関係すると考えられる[*10]。つまり殺人犯は、視覚課題を実行するために後頭皮質の視覚野を動員して、前頭前皮質の機能不全を補っているらしい。殺人犯における前頭前皮質の機能不全は事実であって、実験の不備によるのではない。

バスタマンテの壊れた頭——モンテの証言

われわれの研究は、大規模な標本を対象に、殺人犯の脳が、一般の人々の脳と機能的に異なることを脳画像によって示した最初の実験になった。とはいえ、われわれは慎重を期す必要があった。暴力は途方もなく複雑な現象であり、すべての殺人者に前頭前皮質の機能不全が見られるわけではない。

この点を明確にするために、アントニオとランディの事例に戻って、「殺人にはやる心」をもっと深く追求してみよう。アントニオ・バスタマンテは、暴力へと至る坂道を徐々にすべり落ち、ついには空き巣に入ったところを見つかって居直り、一時の感情に駆られて無防備な老人を殺した衝動的な犯罪者だ。検察官のジョセフ・ビアードが述べるように、これは金銭欲にほだされた悪らつで無用な攻撃だった。当然ビアードは死刑を求めた。

バスタマンテは殺人で逮捕される以前にも、少なくとも二九回は警察のやっかいになっている。犯した罪には、盗み、家宅侵入、麻薬所持、強盗、そして訴追を回避するための不法な逃亡などがある。これらの犯罪の背景やパターンは、多くの常習犯罪者に典型的に見られるものだ。

ただし一つだけ注目すべき例外がある。犯罪歴をよく調べると、彼は二二歳になる頃まで、一度も犯罪に及んだことがなかった。常習的な暴力犯罪者は彼とは違い、もっと早くから、すなわち幼少期、あるいは少なくとも思春期の初期までに非行に走り始めるケースが多い。ところがバスタマンテは、ティーンエイジャーの頃はまったく何の問題も起こしていない。これはいったいどういうことか?

バスタマンテの履歴と殺人の状況を調査した、クリストファー・プラウドら弁護団にとっても何かが奇妙に思えた。盗みのやり方も、血のついたトラベラーズチェックを現金化したことも、まったく乱雑で無秩序だ。そこら中に血が飛び散り、あたり一面に指紋を残していた。逮捕されたときには、まだ血のついた服を着ていた。これでは効率的な殺人マシンの犯行とは言えない。まるでこの殺人マシンは、ネジが一本抜けていたかのようだ。

プラウドは、バスタマンテが二〇歳の頃にバールで頭を殴られていたことを知った。どうやら、それまで礼儀正しい青年であったバスタマンテは、それを境に、向こう見ずで移り気の衝動的なならず者に劇的に変貌してしまったらしい。この頭部の負傷に重要な意味があると考えたプラウドは、バスタマンテの脳をスキャンさせた。その作業を依頼されたのは、統合失調症の世界的権威で脳画像研究者のモンテ・ブクスバウムだった。彼は裁判で、バスタマンテの前頭前皮質の機能不全について証言している。

実は、バスタマンテはわれわれが脳をスキャンした四一人の殺人犯のうちの一人だ。スキャンの結果は見間違えようがない。あなたが陪審員ならどう考えるか？　頭部の負傷のために、彼は自らの情動や行動をコントロールできないモンスターに成り下がってしまったのか？　あなたなら、眼窩前頭皮質の損傷は意思決定を阻害し、情動の爆発を抑制するブレーキを緩めると主張する神経学的な証拠を、判断材料として取り入れるだろうか？「脳スキャンは客観的な証拠を提示する」と見なすだろうか？

カラー図版ページの図3・2をよく見てほしい。これが証拠である。右側のバスタマンテの画像には、脳の機能障害を確認できる。上側先端部が眼窩前頭皮質にあたるが、正常対照群（左側の画像）の該当箇所には大きな赤いしみが見られるのに対し、彼の場合には寒色で覆われている。バスタマンテの脳は正常ではない。少なくとも陪審員はそう信じ、死刑を免じた。

この結果に啞然《あぜん》とした検察官のジョセフ・ビアードは次のように述べる。

こんなものは見たことがない。私はPETスキャンが何かさえ知らなかった。一方の画像には「バスタマンテ」と、他方には「正常対照群」と見出しがつけられ、二つは明らかに色も形も違っていた。（……）これが言い訳だとはとても思えない。私の目からすれば、こんなものはごまかしにすぎない。（……）二〇年前に誰かにパイプで殴られた使い走りの小僧っ子が、そのせいで殺人者に劇的に変貌したなどと誰が信じるのか。[*11]

この「ごまかし」のPET画像は、死刑裁判で弁護側がますます採用するようになってきた「脳の言い訳」という戦術を肝に銘じ、脳のカラー画像が、有罪か無罪か、あるいは終身刑か死刑かの陪審員の判断に影響を及ぼし得るという事実を忘れないために、今でもビアードの事務所の壁にかけられている。

　確かに、前頭前野の機能不全と暴力のあいだに直接的な因果関係があるか否かは、わかっていない。脳画像は因果関係を証明するものではない。相関関係が示されるのみで、別の説明も数多く考えられる。殺人前日にバスタマンテの脳をスキャンしていたら、その画像がいかなるものであったのかは永久にわからないのだ。眼窩前頭皮質の機能不全が、バスタマンテを使い走りの小僧っ子から老人を殴り殺す犯罪者に変貌させた直接の原因なのかどうかも、今となってはわからない。

　とはいえ、医師や探偵のごとく、なんとかして解決の糸口を探してみよう。アントニオ・バスタマンテは、成人するまでは健全に育っている。そして二〇歳の頃にバールで殴られる。当時の医師の記録には、頭部に重傷を負ったとある。この負傷によって衝動性が高まり、さらなる事故に遭う可能性が高まることは十分に考えられる。事実、バールによる負傷からしばらく経ったあと、大きな自動車事故に遭っており、その際再び頭を負傷している[*12]。

　バスタマンテは、その後二〇年間、絶え間なく法律を破っていた。バーで始終けんかし、そのせいでさらに頭を負傷したこともあっただろう。ジキル博士とハイド氏と似たようなところがあったのだ。二二歳になると生まれて初めて犯罪に手を出す。それは、バールによる殴打と自動車事故で頭部を損傷したあとのことだった。突然彼は、善人から悪人に変身し、麻薬と犯罪の混乱した世界に足を踏み入れ、やがて居直り強盗殺人へと至る。私には、この流れは重要なことを示唆するように思われる。

脳の領域のなかでも頭部の損傷にもっとも弱いのは眼窩前頭皮質であるという医学的な事実を踏まえつつ、このジキル博士とハイド氏の事例を検討してみよう。加えて、眼窩前頭皮質へのダメージは、抑制のきかない衝動的な行動、不適切な意思決定、そして情動をコントロールする能力の欠如をもたらす場合が多いという、よく知られた神経学的事実がある[*13]。これら二つの事実と、眼窩前頭皮質の機能低下を示すバスタマンテのPET画像を結びつけてみよう。さらに、彼の犯罪は衝動的で、事前に計画されたものではなく、凶悪ではあれ粗雑なものであったこと、殺人のあと無秩序で無思慮な行動に出ていること、証拠を隠滅するいかなる企ても試みていないことなども、考慮に入れる必要がある。

ならば、前頭前皮質の機能不全と、のちの衝動的で暴力的な犯罪を引き起こしたきっかけが、二〇歳のときに受けた頭部の負傷であることは、シャーロック・ホームズならずとも容易に推測できるはずだ。そしてこのできごとは、自分の意思ではコントロールできなかった。一九世紀の医学知識しか持たない気まじめなワトソン博士でさえ、同じ結論に達するだろう。しかしそれは、いかなる殺人者にも当てはまるのだろうか?

連続殺人犯の脳

アントニオ・バスタマンテとはまったく対照的なのがランディ・クラフトだ。南カリフォルニアの保守的なオレンジ郡で、典型的なアメリカ少年として育った幼少期のランディには、異常なところは何も見られなかった。そこには、犯罪に至る危険因子はそれほどなかったはずである。

　ランディは、バスタマンテと同様、前頭前皮質に機能障害を抱えていたのだろうか？　次の事実を考えてみよう。犠牲者の選択、友好的な一杯を皮切りとする手口、一杯やりながら自制心を失わずに会話ができたこと、攻撃に転じるタイミング、麻薬を用いて犠牲者を麻痺させたこと、犠牲者を縛って逃げられないようにしたこと、死体を処理し証拠の隠滅を図りながら、翌朝には出勤してＩＴコンサルタントとしての仕事を平然とこなしていたこと。

　なぜこれらのことが可能だったのか？　それはランディの脳画像を見ればわかる。カラー図版ページの図３・３をよく見てみよう。下段に三枚の画像が掲載されている。左端は一般人、右端は一回性の殺人犯、そして中央（「連続殺人犯」とある）はランディ・クラフトの脳画像だ。ランディの画像と一回性の殺人犯のものを比較されたい。前者には、前頭前皮質に機能低下が見られないことが確認できる。それどころかクリスマスツリーのように輝いている。

　私にとって、ランディは原則を証明する例外のようなものだ。彼は一二年間逮捕されずにおよそ六四人を殺すことができた。前頭前皮質の機能をフルに活用できなければ、そんなことはとうてい不可能だ。彼は、事前に計画を立て、行動を調節し、先のことを考え、代替案を考慮し、集中力を保ち、計画を実行に移すためのすぐれた能力を十二分に備えていた。連続殺人犯たるには、それだけの能力が求められる。他の殺人犯と脳の働きが異なる点で、彼は非常に例外的だ。つまり彼は、「前頭前皮質の機能の不全は、事前に計画を立て、行動を調節し、衝動を抑える能力の欠如をもたらし、殺人のみならず、いとも簡単に逮捕される結果を招く」という原則を、逆の方向から明確にしている。

ランディの心の構造をさらに深く探究して、他の殺人犯はあっけなく捕まっているのに、なぜ彼はかくも長期にわたり殺人を続けられたのかを検討してみよう。まず、殺人を犯す以前にすでに二八回の逮捕歴があったバスタマンテとはまったく異なり、ランディ・クラフトは逮捕されるまでほとんど何も犯罪記録が残っていなかった。ほぼ真っ白と言ってよいだろう。この事実は象徴的だ。説明しよう。

この話は一九六六年の夏に始まる。それはちょうど、リチャード・スペックがシカゴで看護師を殺害した年でもある。この年は私にとっては忘れられない。というのも、イングランドがサッカーのワールドカップで唯一優勝したのが、この年だからだ。私は一二歳で、ランディは二一歳だった。彼もこの年のことは忘れないだろう。その年、初めて逮捕されたのだから。

そのときランディは、ロサンゼルスの南にあるハンティントンビーチを徘徊して、とある若者をナンパしようとした。ところがこの若者は、警察のおとり捜査官だったのだ。ランディはわいせつ行為の罪に問われたが、犯罪記録が残ったこと以外には特に何も起こらなかった。初犯の場合はたいていそうであるように、「二度とそんな真似はするな」と言われただけだった[*14]。

これはランディにとって、二重のメッセージになったのではないか？　一つは「警官に気をつけろ」で、もう一つは「うまく警官を出し抜け」だ。これは知られている最初の殺人より五年前の話である。彼の高性能の前頭前皮質は、このできごとから「賢くなれ」という警告を受け取ったのだ。前頭前皮質の機能不全は、不適切な社会的判断、自制の喪失、自らの行動を調節する能力の欠如につながる。ランディが自分の失敗から学び、不注意な行動を修正できたのは、彼の前頭前皮質がうまく機能していたからこそである。一度咬まれれば、二倍憶病になる。

とはいえ、それでもランディはセックスを求めていた。その場合、どうすればよいのだろうか？　適応的な戦略として考えられるのは、大人からティーンエイジャーにターゲットを移すことだ。もぎやすくフレッシュで、より大きな満足が得られるだろう。おとり捜査官に捕まる可能性も少ないと踏んで、彼はこの方針を採用した。

その後の四年間に、あるいは何人かの犠牲者が出ていたのかもしれないが、真実は今となってはわからない。当時のランディを語れる唯一の生き証人はジョーイ・ファンチャーである。彼はランディが住んでいたロングビーチからそれほど遠くないウェストミンスターで暮らしていた。一九七〇年三月、当時一三歳だったジョーイは気まぐれで、学校をさぼってはハンティントンビーチの板敷きの遊歩道で自転車を乗り回していた。そこで彼はランディに目をつけられる。ジョーイが自分の好みだと感じたランディは彼にタバコを手渡しながら、「女の子とセックスしたことある？」と尋ねる。「ない」「したいか？」「もちろん！」かくして二人はランディのバイクにまたがり、ランディは「夢をかなえてあげよう」というふりを装い、自分のアパートまでジョーイをつれて行く。

かっこよくキメた気取り屋のバイクのうしろにまたがって疾走したこともジョーイを興奮させたのかもしれないが、アパートにたどり着くと、もっと魅力的な刺激が待っていた。麻薬だ。大麻を吸ってジョーイがふらふらになるのを見たランディは、酔いをさますためと称して、四つの小さな赤い錠剤と、それを飲み下すためのサングリア〔赤ぶどう酒に果汁やソーダ水を加えたスペインの飲料〕を持ってくる。こうなるとジョーイは、自分のあらゆる願望を満たしてくれるランディのとりこになる。すると突然ランディは、前後不覚に陥っているジョーイにオーラルセックスを強要する。ジョーイは抵抗するが、何年かのちに陪審員に語ったところによると、「クラフトは私の頭を押さえ無理強いした。何もできなかった。ボロ切れのように扱われたんだ[*15]」。

ランディは、口内に射精され吐き気を催しているジョーイを寝室につれて行きベッドに横たえる。そしてアナルセックスをする。それからバスルームに行く。そこで気を静めたランディは、自分の行為に若干たじろいだはずだと思う読者もいるだろう。だが、バスルームから戻ってきた彼は、情け容赦なくジョーイを殴りアナルセックスを繰り返す。ボロ切れのように扱われたジョーイは麻薬のせいで意識が朦朧としていたが、肛門に激しい痛みを感じ、肉体的、精神的な拷問に耐え切れず涙を浮かべ、麻薬とアルコールの混じったへどを吐く。再びバスルームに行って戻ってきたランディは、何事もなかったかのように「これから仕事に行く」とジョーイに言い残して出かける。彼は平然と日々の生活へと戻っていったのだ。

悲劇の発端はこの瞬間にある。というのも、ここで適切な処置がなされていれば、その後のランディの連続殺人犯としての経歴はなかっただろうからだ。小児性愛的な欲望を満たす機会もなかっただろう。しかしそのような展開にはならなかった。ジョーイはアパートを出ると、朦朧としたままオーシャン通りを横切ろうとして車にはねられそうになる。なんとか渡り切った彼は、バーに入って助けを求める。客の一人が警察に連絡し、ジョーイは病院につれて行かれ胃の洗浄をする。二人の警察官が、ジョーイと彼の家族と一緒にランディのアパートへ赴く。ジョーイはそこに真新しい靴を脱ぎ放しにしていた。アパートでは、七六枚のポルノ写真が見つかる。そのほとんどは、男性がオーガズムに達したところを撮った写真だった。

こうなったからには、実際に何らかの処置がとられたはずだと思うだろう。しかし何の処置もとられなかった。ジョーイは、わいせつ行為をされた他の多くの子どもたちと同じように振る舞った。つまり、自分の身に起こったことをひどく恥じ、ランディの手でボロ切れのようにレイプされ殴られたことを、両親や警察に言えなかったのだ。加えて、警察はこのとき捜査令状を持っておらず、ランディを告発しなかった。

ジョーイの苦難はさらに続く。彼はその夜家に帰ると、学校をさぼって新しい靴をなくしかけたという理由で、釘が打ちつけられた板で祖父にこっぴどく殴られた。同時に、肛門の裂傷と出血による激しい痛みにも耐えていたが、それらが治癒するまでに二週間かかった。それでもレイプされたことについては、誰にも言わなかった。

一方のランディはその夜、児童虐待で告発される寸前だったことに思い至ったに違いない。彼の前頭前皮質は、もっと注意深く行動しなければならないという認識を新たにしたはずだ。前頭前皮質の下部は、経験から学び、過去の体験に基づいて意思決定のあり方を細かく調節する機能に特化している[*16]。ランディは、以後の身の処し方を思案したであろう。死人に口なし。彼は生き証人を残さないことにした。わかっている限りでは、彼の最初の殺人はその翌年に実行されている。

図3・3のランディの脳をもう一度観察し、正常対照群のものと比べてみよう。底部の後頭皮質、側面中央部の側頭皮質に加えて、中央部の視床の活動も活発であることがわかる。それほどの活動は、対照群にも一回性殺人犯にも見られない。

しかしランディの脳画像とよく似たパターンを持つ人はいる。カラー図版ページの図3・3上段の画像がそれだ。この画像と下段の三枚の画像を見比べてみよう。どれがもっとも近いだろうか？　完全に一致しているとは言えないが、他の二枚よりランディのものに似通っているように見えるであろう。上側先端部の前頭前皮質、中央部の左右に並んだ視床、下側先端部の後頭皮質、および両側の側頭皮質の活動に注目されたい。

実はこの上段の脳画像は、私の脳をスキャンしたものである。すでに述べたように、私とランディは育ちが非常に似ている。扁平足でテニス愛好者である点も同じだ。ランディはウエストミンスター・ハイスクール・テニスチームのトッププレイヤーの一人だった。私はそれほどの名手ではなかったが、オックスフォード大学ではテニスチームのキャプテンを務めた。

私と同様、ランディは小学校教師の姉を持ち、この姉から影響を受けていた。私は大学に通っていた頃、小学校の教師を志望していたし、学部卒業後は、ブライトンで大学院生として教員養成トレーニングを受けたこともある。大学の休み期間中、慈善事業で休日に行なわれていた催し物に子どもたちをつれて行ったこともあり、とりわけ八歳児を教えたかった。もちろんさまざまな年齢の子どもと接したが、八歳児を特に教えたいと思うようになった。ランディも小学校の教師になりたかったらしく、一学期を費やして、八歳から九歳の児童から成る小学校三年のクラスで教師の助手を務めている。私もランディも、結局小学校の教師にはならなかった。また二人とも、状況こそ違えど、南カリフォルニアで飲酒運転のために警察に捕まった。そして脳の機能の様態も酷似している。

では、私は連続殺人犯なのか？　もちろん私には、殺人罪で逮捕された経験はない。その意味では、二〇〇〇年に上海からメルボルンに中国菓子の月餅《げっぺい》を持ち込もうとして一七五ドルの罰金を科されたことを除けば、犯罪で処罰されたことは一度もない。それでも私には連続殺人犯になる素質があるのだろうか？　実はそうかもしれない。私とランディの類似は、脳画像が暴力犯罪の診断ツールとして有効ではないことを意味するのか？　私個人としてはそう信じたいところだ。

明らかに、私のように脳画像に「異常」が認められるにもかかわらず、「正常」な人はいる。逆も真で、脳の機能はまったく正常なのに「異常」な暴力的人間もいる。よって、脳のスキャン技術を、正常者、一回性殺人犯、連続殺人犯を特定するためのハイテクツールとして扱うわけにはいかない。ことはそれほど単純ではないのだ。とはいえそれによって、どの脳領域の機能が損なわれると暴力が誘発されるかについては、重要な手がかりが得られつつある。

ここに、バスタマンテとクラフトと私の脳をスキャンした三枚の画像がある。三人はそれぞれ異なるとはいえ、いくぶん類似した環境で育てられ、脳にも異なる面と類似する面がある。殺人犯に関しては、前頭前皮質の機能不全が重要なカギを握るということを見てきた。この点を強調したいのは山々だが、ランディ・クラフトの例外的な脳を考慮すると、ここは慎重にならざるを得ない。たった一つの例を過度に重視するのも問題だが、このような一個人の注目すべき事例は、さらなる実験の前提となる、意義ある仮説を提起する際の材料としてはとても有用だ。次にそれについて検討する。

反応的攻撃性と先攻的攻撃性

ランディの脳の分析は、暴力の研究にとって重要な分類、すなわち反応的攻撃性と先攻的攻撃性を思い起こさせる。この区別は、デューク大学のケン・ドッジとカリフォルニア大学サンディエゴ校のリード・メロイがこれまで長く用いてきたものである。「他人を食いものにする先攻的な人は、暴力を用いて自分の欲しいものを手に入れようとする」というのが、その基本的な考え方だ。

ランディの攻撃性は先攻的と見なせる。彼は注意深く行動計画を練り、犠牲者を麻薬で麻痺させ、性行為に及び、平然と死体の処理をしている。優秀なITエンジニアのごとく、系統的、論理的で抜け目がなく、すぐれた問題解決能力を備える。先攻的攻撃性を持つ子どもは、いばり散らして他の子どもから金銭やゲームや菓子を巻き上げる。目的を達成するためには手段を選ぶ必要がある。このタイプの子どもは、計画能力と自制能力を持ち、物質的なものにしろ、心理的なものにしろ、報酬に動機づけられる。また、冷淡で感情に動かされず、十分に考え抜いて慎重に強盗を計画し、必要だと思えばためらわずに人を殺す。連続殺人犯の多くはこの特徴に合致する。たとえば、二八四人（そのほとんどは高齢の女性）を殺害したとされるイギリスのハロルド・シップマン、ユナボマーとも呼ばれる爆弾魔セオドア・カジンスキー、イングランド北部で一三人の女性を殺害したピーター・サトクリフ、三五人の若い女性（その多くは大学生）を細心の注意を払いながら殺したテッド・バンディらである。

それに対し、ランディ・クラフトとは正反対の攻撃性を示すのが、「反応的」な暴力犯罪者だ。このタイプの暴力的人間は逆上しやすく、挑発されると抑えきれずに感情を爆発させる。侮辱されたり、気にさわることを言われたり、あるいは貸した金を回収できなかったりすると、怒りが爆発して相手に殴りかかるのだ。

一例として、ロンとレジーのクレイ兄弟を取り上げよう。一卵性双生児の二人はロンドンのイーストエンドで育ち、ランディ・クラフトが南カリフォルニアで遊び歩いていた六〇年代の同時期に、このロンドンの下町を徘徊していた。レジーによるジャック・〝ザ・ハット〟・マクヴィティ殺しは反応的攻撃性の発露の好例だ。この事件は次のような経過をたどる。

マクヴィティはレジーに、統合失調症の弟の悪口を言った。確かに弟のロンは食べ過ぎで、一般人とは違う性的な趣味を持ち合わせていたが、マクヴィティのように「肥えたホモ野郎」などと言うべきではなかった。またマクヴィティはクレイ兄弟から一〇〇ポンドを借りていた。さらに具合の悪いことに、マクヴィティは、ある夜中華料理店に入ろうとしたときに、出てきたレジーに鉢合わせし、面と向かって「クレイ、俺の命が今日までなら、いまここでお前を殺してやる」と言い放った[*17]。これはお世辞にも礼儀正しい行為とは言えない。

それを聞いたレジーは、「最後の晩餐をせいぜい楽しむんだな」とつぶやいた。その言葉どおり、その夜遅くなってレジーは、ため込んでいた怒りを一気に爆発させ、顔面にナイフを突き立ててマクヴィティを刺し殺した。最初レジーは彼を撃ち殺そうとしたが、持っていた三二口径のピストルが故障したので、代わりにナイフを使ったのである。このように反応的攻撃性は、はるかに感情的で自制を欠く。こうしてみると、ランディ・クラフトとレジー・クレイはどちらも殺人犯だが、性格はまったく正反対であることがわかる。

私は、この先攻的か反応的かという分類に基づいて、被験者四一人の殺人犯を分類してみることにした。そこでわれわれは、弁護士の書類、予審記録、法廷記録、全国紙や地方紙の記事、心理学者・精神分析医・ソーシャルワーカーらによるインタビュー記録やレポート、そしてもちろん犯罪歴と、彼らに関する資料をかき集めて情報を精査した。殺人状況に関して詳細な情報を得るために、原告側、弁護側双方の弁護士の何人かにインタビューまでした。その結果、二四人を反応的、一五人を先攻的と分類できた[*18]。両タイプの攻撃性が認められるケースも数件あり、それらは未分類とした[*19]。たとえば復讐を目的とする殺人を考えてみればよい。誰かに侮辱されて怒り心頭に発し、相手のスキを注意深くうかがって攻撃に転じる場合などだ。この場合、実際には侮辱に反応しているのだが、舌舐めずりしながら用意周到に復讐を計画し、それによって心理的な満足を得ようとする。その行為は、注意深く反撃を計画することで、政治的、思想的な侮辱に反応するテロリストの報復行為と大差はない。

調査の結果はカラー図版ページの図3・4で見ることができる。この図も脳の断面を上から見下ろしたもので、前頭前皮質は上方先端部に位置する。今回見ている領域は腹側（下側）前頭前皮質で、血気にはやる反応的殺人者は、この領域の機能が低下している。それに対し、人を食いものにする冷血な殺人者は、正常者の対照群と同様活発に機能している。彼らは、ランディ・クラフトのように冷淡で計算し尽くされた殺人を実行する能力を備えているのだ。それとは対照的に、熱くなりやすい殺人者は、前頭前野の調節機能の活動に関して言えば、それほど熱くはない。

こうしてみると、目に見える証拠によっても、殺人には違いがあることがわかる。そう、確かに暴力は脳に基盤を持つのだ。前頭前皮質はその一つである。しかし殺人を犯すわずかな人間のあいだでさえ、相違が見られる。われわれの被験者のうち、先攻的として分類した殺人犯は、ランディと同じ脳の制御調節機能を備えていた。かくして殺人者の脳の構造は、先攻的－反応的という攻撃性のスペクトルのどこかに位置づけられる。

辺縁系の活性化に対する前頭前皮質のコントロール

ところで、先攻的殺人犯の脳が正常対照群に近い前頭前皮質の機能を備えているのなら、そもそも何が彼らを殺人者に仕立てたのだろうか？

ここで「殺人にはやる心」の奥深くを探索してみよう。脳の深部、すなわち前頭前皮質という文明化された表層の下には、情動の基地たる大脳辺縁系が控えている。この領域は脳のなかでもより古い部位であり、そこに位置する扁桃体は情動を喚起し、先攻的か反応的かを問わず攻撃性を焚きつける[*20, 21]。また、海馬は攻撃性を調節し、刺激されると先攻的攻撃性を解き放つ[*22, 23]。視床は情動機能を司る辺縁系領域と調節機能を持つ皮質領域の中継所として機能する。中脳は焚きつけられると、激しい情動的な攻撃性を触発する[*24]。

これらすべての脳領域を組み合わせると、反応的殺人犯、先攻的殺人犯、および正常対照群における皮質下の活動を測定するための包括的な基準を得られる。われわれは、対照群に比べどちらのタイプの殺人犯にも、とりわけ「より情動的な」右半球の皮質下に位置する大脳辺縁系領域に、高い活動が見られることを発見した。多くの冷血な殺人者が装っている「どこにでもいる青少年」という見かけの背後では、脳の深部にある皮質下領域の釜が煮えたぎっているのである。

いったい何が起こっているのか？　脳の深部に位置して情動を司るこれらの大脳辺縁系領域は、両タイプの殺人者が共通して持つ、深く根づいた攻撃性や憤怒の一因だと考えられる。しかし両タイプの違いとして、冷血な殺人者は、比較的注意深く用意周到なやり方で自らの攻撃性を発露させられるだけの調節能力を前頭前野に備えている点があげられる。彼らは一般人と同じように怒りを感じるが、そこで怒髪天を衝くのではなく仕返しをしようとする。それに対し、血気にはやる殺人者も怒りの感情を煮え立たせるが、コントロールされた方法でそれを表現できるだけの前頭前野の能力を持ち合わせていない。ゆえに気に入らないことを誰かに言われると、頭に血がのぼって一瞬のうちに怒りを爆発させるのだ。

辺縁系に高い活動が見られる先攻的殺人者が、同時にすぐれた前頭前野の調節能力を持つとは、一見すると逆説的に思われるかもしれないが、実際に何人かの連続殺人犯の事例はそれを例証する。テッド・バンディを例にとろう。彼は、大学生を中心に若い女性を一〇〇人は殺害したと言われている。バンディの殺人は、緻密に計画されている。たとえば、腕を包帯で吊って弱々しく見せかけながら、若い女性に自分の車まで荷物を運んでくれるよう、ていねいな言葉で懇願するというのが彼の手口だ。人を惑わす愛想のよさ、端麗な容姿、人当りのよさを巧妙に利用して、若い女性を（自分にとって）安全な場所に誘い出す。それから突如悪魔に変身して、女性を引き裂き始める。尻や乳首にかみつき、性的狂乱のなかで女性の頭を叩きつぶして殺す。いかに事前に慎重な計画を立てていても、それまで隠れていたライオンがひとたび獲物に忍び寄れば、突如どう猛な凶暴さを爆発させて最後の攻撃に取り掛かるのだ。こうして大脳辺縁系という情動の釜が煮えたぎり、抑制がきかなくなると殺しに突っ走る。

どんな新発見にも言えることだが、モンテと私の研究によって得られた成果は、追試や拡張を要する。一一人の衝動的な殺人犯に持続処理課題を行なわせた別の研究でも、同様に前頭前野の活動の低下が確認されている[*25]。しかし、殺人犯を被験者とするこの手の研究を行なうのはとてもむずかしいので、われわれの発見をもとに拡張に成功した研究グループは、ほとんど存在しない[*26]。多くの研究者にとっては、脳を殺人に結びつけるのは、「遠すぎた橋」なのだ。未だ誰もそれを越えられないでいる〔「遠すぎた橋」は第二次世界大戦中に連合軍が行なった「マーケットガーデン作戦」の失敗を指す。連合軍は結局、最終到達目標であった、オランダのアルンヘム市内を流れるライン川に架かる橋を奪取できなかった〕。

われわれは、実験に起用した先攻的殺人犯を、科学的な見地からはまだほとんどその特徴が解明されていない連続殺人犯のモデルとしてとらえている。多数の連続殺人犯を対象に脳スキャンを実施できれば、われわれが得た「用意周到な計画を可能にする高機能の前頭前野の奥底で、大脳辺縁系の沸き立つ活動が進行している」という、先攻的殺人犯の脳の特徴が再検証されると踏んでいるのだが、これらの連続殺人犯のあいだにも、その要因に関する濃淡の違いは十分にあり得る。

「殺人にはやる心」の機能的神経解剖学

情動と行動、それら双方の調節や制御に前頭前皮質が重要な役割を果たすことを、また、過剰な皮質下の活動は暴力犯罪者に見られる情動の昂進をもたらすことを、ここまで見てきた。この時点で、殺人者の心のマッピングをその程度で十分だと見なし、「これが〈殺人にはやる心〉の本性だ」と宣言することもできる。だが、科学的な現実からすれば、それではあまりにも単純すぎる。私たちは、殺人、精神病質、犯罪の複雑性を、そしてこれらの行動を機能的な神経解剖学によって理解し説明しようとするいかなる試みも、恐ろしく複雑なものになるという事実をしっかりと認識しておかねばならない。次に、「殺人にはやる心」の研究で最近注目されるようになった、神経解剖学の刺激的なアプローチを紹介する。

これまで焦点を絞ってきた脳の前面から、比較的調査されてこなかった脳の後部の領域に目を向けてみよう。まず角回と呼ばれる領域を取り上げる（ドイツの解剖学者、コルビニアン・ブロードマンが一九〇九年に作成した脳地図ではエリア39に該当する。以後BA39と表記する）。角回は耳の先端からおよそ三・八センチメートル上方の脳表面に、別の言い方をすると頭頂葉の下半分、上側頭皮質の上方、視覚皮質の前方に位置する。したがって四つの主要な脳葉のうちの三つ、すなわち頭頂皮質、側頭皮質、後頭皮質の接合点に存在し、脳のもっとも重要な位置を占める。そして視覚、聴覚、体性感覚などのさまざまな感覚情報を統合し、複雑な機能を果たす。

われわれは殺人犯の被験者を対象に角回の脳画像を撮り、正常対照群に比べてこの領域の糖代謝がかなり低いことを発見した。また、スウェーデンで衝動的な暴力犯罪者を対象に行なわれた研究でも、脳のこの領域の血流が低いことが見出されている[*27]。同様に暴力犯罪者における角回の機能不全を報告する研究者は、他にもいる[*28]。

では、いかにして角回の機能不全が暴力や犯罪につながるのか？　角回は脳のなかでも発達時期がもっとも遅い脳領域の一つで、その事実から予想されるように、それが司る機能は複雑で高度だ。誕生と同時に機能し始める視覚皮質とは異なり、角回は、読む、数えるなど、幼児期よりはるかあとになってから徐々に発達していく能力に関連する機能を司る。したがってたとえば、左角回の糖代謝の低下は言語能力の低下に結びつき[*29]、この領域の損傷は、いくつかの領域に保持されている情報を統合しなければならない、読む、数えるなどの複雑な機能の実行を阻害する[*30]。さらには書く能力も微妙な影響を受ける。たとえば、文字が飛んだり重複したりする、文字の間隔が大きく広がる、句読点が打たれない、大文字にすべきところが小文字で書かれるなどである。

したがって角回が円滑に機能していないと、その子どもは、読む、書く、数えるという学業に必要な三つの能力に支障をきたす。暴力犯罪者についてはどうか？　おおむね、彼らの学校の成績はかんばしくない。学業成績が悪ければ、よい職につけず満足に稼げない。そうなると暴力を行使してでも、欲しいものを手に入れようとする。このように、起源は脳にあったとしても、暴力へ至る道は、学業や職業に関するつまずきを経由することが十分に考えられる。つまり、暴力は社会／教育のプロセスにも関わる。

また、犯罪者に障害が認められるその他の脳領域には、海馬と、その周辺の海馬傍回がある。海馬は扁桃体の背後に位置する。この領域については、殺人犯を対象に行なったわれわれの研究に関連してすでに言及したが、他の研究者も犯罪者の脳のこの領域に障害を発見している。反社会的な行為障害を持つロンドンの少年たちに注意課題を行なわせた実験では、海馬の機能低下が報告されている[*31]。スウェーデンでは、神経科学者のヘンリク・ソダーストロームが暴力犯罪者を対象に行なった研究によって、海馬の機能低下と精神病質スコアの高さに相関関係が見出されている[*32]。アメリカでは、ケント・キールが、精神病質の症状には海馬傍回が関連すると主張している[*33]。ユルゲン・ミュラーが率いるドイツの研究チームは成人のサイコパスに[*34]、カリフォルニアの精神科医ダニエル・エイメンは衝動的な殺人犯に、海馬傍回の機能低下を見出している[*35]。

なぜ海馬の機能障害が、その人を犯罪に走りやすくするのか？　海馬は情動を司る大脳辺縁系の一部であることがまず一点。私たちは今や、サイコパスやその他の犯罪者が異常な情動反応を示すことを知っている。海馬はまた、社会に関係する情報の処理基盤をなす神経網の一部を構成し、物体の認識と評価に関与している。そのようなシステムの機能障害は、暴力的な人々が示す社会的に不適切な行動や、暴力沙汰に至り得る、あいまいな社会的状況の誤解や誤認の一因でもある[*36]。

海馬は学習や記憶に重要な役割を果たす。アルツハイマー病に罹患すると最初に機能不全に陥るのがこの領域である。私は、長年の同僚、ピッツバーグ大学のロルフ&マグダ・レーバーと、言語的な題材や、非言語的で視空間的な題材に対する学童の記憶能力を研究した。その結果、両親や教師から一貫して反社会的と評価された六歳から一六歳の少年は、海馬の機能を要するこれら記憶課題の成績が、対照群に比べて劣ることがわかった[*37]。

また、海馬は恐怖条件づけにも関わる。のちの章で検討するように、反社会的な人や精神病質的な人は、とりわけこの形態の学習に問題を抱えている。サイコパスは恐れを感じない。他の多くの暴力犯罪者も同様である。イタリアとフィンランドの研究者によって、サイコパスの海馬に構造的な異常が発見されたことは特筆に値する[*38]。海馬は、恐怖条件づけと情動反応に重要な役割を果たすからだ。

海馬は記憶能力を司るばかりでなく、情動的な行動を調節する大脳辺縁系の神経回路の主要な構成要素でもあり[*39]、動物と人間のいずれにおいても、攻撃的、反社会的な行動に関与する。動物においては、外側視床下部、水道周囲灰白質と呼ばれる領域など（これらの組織は防御的な怒りの攻撃と先攻的な攻撃の両方をコントロールするのに重要な役割を果たす）、脳の奥深く中央部に位置する組織との接続を通して攻撃性を調節する[*40]。したがって海馬の機能不全は、口論するとすぐにかっとなる者にも、復讐の機会をうかがっている者にも悪影響を及ぼす。

犯罪者に機能不全が認められるその他の脳領域として、後帯状回がある。この組織は、後頭側の脳内の奥深くに位置している。成人のサイコパス[*41]、行為障害を持つ少年[*42]、攻撃的な患者[*43]に、この領域の機能不全が見出されている。情動的な記憶の想起[*44]や情動の経験[*45]にも重要な役割を果たしているため、この領域の機能の阻害は、怒りの喚起など情動の障害をもたらしやすい。また、後帯状回は、自省、すなわち自分自身を振り返り、他人への自分の行動の影響を理解する能力にも関与する[*46]。サイコパスは、自分の行動が他人を傷つけ得ることを理解できないのなら、後帯状回の機能不全は、彼らの無思慮な反社会的行為や、自らの行動に対する無責任な態度の説明の一つになる。

配偶者虐待の新たな言い訳？

妻の顔面を殴打することは殺人と同じではない。殺人の研究がかくも困難なのは、それがまれにしか起こらないからだ。では、殺人より頻度の高い配偶者虐待などの家庭内暴力についてはどうか？もちろん「配偶者虐待は些細な問題だ」などと言いたいのではなく、実際にそれは殺人よりはるかに件数が多い。殺人者と、配偶者を虐待する者とでは、脳の機能に違いはあるのか？それとも類似のパターンが認められるのか？　この質問に答えるために、私が香港で行なった研究を紹介しよう。

香港はすばらしい。私は香港大学で研究休暇を過ごした際、家族を同行した。香港の人々はとても親切で礼儀正しい。最初の日の午前中、二人の息子フィリップとアンドリューを、炮台山《ほうだいざん》にあるビクトリア幼稚園につれて行った。そのとき街路で若い女性に呼び止められ、私の息子と手をつないで一緒に歩きたいと言われた。「断る理由もなかろう」と私は思い、皆で手をつないで幼稚園まで歩いた。幼稚園に着くと彼女は、息子たちに別れを告げ、私に感謝し、それから喧騒に満ちた街中へと消えていった。

奇妙なできごとではないだろうか？　彼女は頭が少々弱かったとも考えられるが、きちんとビジネススーツを着こなしていたので、おそらくそうではない。彼女にとっては、赤い制服を身にまとい、灰色のズボンを履き、ランドセルを背負い、アジア系と白人の混血の顔をした私の二人の息子は、とてもかわいかったのだろう。それは、香港人が家族や子どもに抱く、優しさ、礼儀正しさ、敬意の典型的な発露だったとも言えよう。

しかしこの洗練された文化の表層をはがすと、家庭内暴力の残酷な相貌が現れる。私は香港で、六二二人の学部学生を対象に調査を実施した。全員が富裕な家庭の子どもではなかったが、ほとんどが特権階級の家庭で育てられていた。したがって、彼らは子どもの頃、家庭で大切に育てられたに違いないと思えるかもしれない。だがそれでも、一一歳になるまでに、すなわち反抗期のティーンエイジャーになる以前に、いさかいが起きたとき両親がどのように彼らを扱ったかを尋ねてみた。その結果、六二パーセントの学生は、両親に侮辱的な言葉を吐かれたと、六五パーセントは悪意のある言いや行為をされたと、そして四八パーセントは平手打ちを食わされたと答えている。

子どもの頃の自分を思い出して、たいしたことではないと感じる人も多いだろう。確かに、その程度のことはどんな家庭でも起こり得る。しかしもっと詳細に検討してみよう。五一パーセントの学生は、両親にもので殴られたことを認めている。四〇パーセントは手で殴られている。また六パーセントは首を絞められ、五パーセントは火や熱湯で故意にやけどを負わされ、七パーセントは銃やナイフで脅されている。どのケースでも自分の両親に虐待されているのだ。さて、読者のなかに、一一歳になるまでに、自分の親に首を絞められ、やけどを負わされ、銃を頭につきつけられた経験のある人がいったいどれくらいいるだろうか？

教育程度が高く、育ちのよい大学生の家庭でさえ、ゆゆしき家庭内暴力は横行している。一〇年前の記憶をたどるのは困難なはずなので、これらの率は実際にはもっと高いと考えられる。加えて、自分の親がサディストのように非人間的に振る舞ったことを認めるのには抵抗があるはずだ。学生の何人かは、真っ昼間から自分の家で、（場合によっては繰り返し）殴られた経験を持つ。しかも彼らは暮らし向きのよい家庭で育っている。香港で貧困家庭の子どもがどんな虐待を受けているのかは、推して知るべしだ。

子どもが殴られる家では、妻も殴られる。今日では信じがたいことだが、一九八〇年頃までは、配偶者虐待は家庭の外ではほとんど問題にされなかった[＊47]。妻をベルトでひっぱたいた夫は犯罪者とは見なされなかった。その種の扱いは結婚生活の一部だと考えられていたのだ。最近になって配偶者虐待が犯罪行為と見なされるようになったあとでも、妻を殴る夫はあとを絶たない。配偶者虐待の発生率は、アメリカでは毎年およそ一三パーセントで、一年間に二〇〇万から四〇〇〇万人の犠牲者数が見積もられている[＊48]。配偶者虐待は女性殺害の半分を説明し、また発達中の胎児の損傷の主要因でもある[＊49]。それはショッキングな恥ずべき犯罪であるにもかかわらず、現在でも普通に行なわれており、そんな行為が大目に見られている家庭も多い。

では、これらの配偶者を虐待する輩《やから》に焦点を絞ろう。彼らの脳を覗いてみれば、大脳皮質に何らかの障害が見つかるだろうか？　彼らが妻を殴るのは、脳のせいなのか？

タチアナ・リーは、香港大学の好奇心旺盛な臨床神経科学者で、脳画像を用いた嘘発見の草分け的研究を行なった人物だ。二〇〇五年に香港大学を訪問した折、彼女は私のオフィスから数部屋隔てた場所に研究室を構えていた。私は彼女が指導していた大学院生とともに、配偶者虐待に関する先の問いをテストすることにした。われわれは、警察から社会福祉部門に付託され、配偶者虐待の性格を治療する心理療法を受けていた、二三人の男性を被験者に選んだ。われわれの主たる仮説は、「そのような男性は情動的な刺激に過剰に反応する。そしてそれが配偶者虐待の一因をなす」というものだった。それを検証するためにわれわれは、彼らの反応的、および先攻的攻撃性を測定し、さらに言語性と視覚性の情動課題を彼らに与えた。

言語性の課題には、情動ストループ課題と呼ばれる、次のようなテストを実施した。被験者はまず、「青（blue）」など、色の名称を見せられる。この単語は、青で印刷されている場合もあれば他の色で印刷されている場合もある。次に「殺す（kill）」などの情動的に負の効果を持つ単語を見せられる。そして被験者は「殺す」という単語が青で印刷されているか否かを尋ねられる。同じことは、「変化する（change）」などの情動的な効果を持たない単語についても行なわれる。その際われわれは、被験者が答えるまでの反応時間を測定する。このとき、情動的に中立な単語に比べ、負の単語に反応する際により長い時間をかける被験者は、負の感情刺激に対して認知バイアスを示しているものと見なせる。つまりそれは、その単語の持つ、情動に対する負の効果が、脳の注意力を乗っ取って反応を遅らせたことを意味する。

視覚性の課題では、被験者は椅子などの情動的に中立な画像、および、強盗が被害者の頭に銃を向けているところ、あるいは男が女を羽交い絞めにして喉元にナイフをつきつけているところなどの負の効果を持つ画像を見せられる。

言語性、視覚性二種類の課題を実施するにあたり、われわれは機能的磁気共鳴画像法（ｆＭＲＩ）を用いて被験者の脳をスキャンした。その結果、次の四つの発見が得られている。

①配偶者虐待の前科のある被験者は、挑発に対して攻撃的に反応する反応的攻撃性によって強く特徴づけられる。先攻的攻撃性の徴候は見られなかった。つまり彼らは、事前に計画し意図的に攻撃性を発揮しているのではない。

②情動ストループ課題では、反応は鈍かった。つまり負の情動を喚起する刺激は、通常よりも強く被験者の注意を捕えた。

③情動ストループ課題中に撮ったｆＭＲＩ画像では、負の情動を喚起する単語を見せられたときに、情動を司る扁桃体に非常に強い活性化が見られた。また、調節機能を持つ前頭前皮質の活性度は低かった。

④脅威を喚起する画像を見せられると、後頭、側頭、頭頂の各領域をまたがる広い範囲にわたり、強い活性化が見られた。これらの領域は、物体の認識［*50］と空間認知［*51］にとりわけ敏感に反応する。彼らは脅威を感じる視覚的な刺激が与えられると、より強い視覚的覚醒を経験する。

以上を総合すると、有害なパターンが浮き彫りになる。妻を虐待する夫は、反応的攻撃性を発露する性格を持ち、挑発されるといきなりそれを表に出すことが多い。情動を喚起する言葉は、彼らの注意を過度に引きつける。かくして刺激の情動的な性質によって注意を奪われるとそれをうまく抑制できず、認知的な機能が損なわれる。要するに、攻撃的な刺激を受けると、彼らの脳は情動レベルで過剰に反応し、調節的な認知レベルの反応が低下するのだ。虐待者の脳は、それ以外の男性の脳とは構造的に異なっているのだと言えよう。

これらの神経認知的な特徴は、虐待行為の一因になっているのだろう。虐待者は人の話を聞かず、状況にまったくそぐわないほど過度に感情的に反応すると報告する研究者もいる[*52]。しかめ面や、叱声に敏感に反応する性格は、虐待者の注意をあらぬ方向にそらし、社会的な状況を誤認させる。さらには、無用な考えが頭をよぎり、負の情動が増幅され、不合理な行動をとる[*53]。

情動的な刺激に反応する際の、虐待者の脳の異常性を示し、それが脅威をもたらす刺激にきわめて敏感に反応することを実証した生理学的な研究として、これらの成果は、私の知る限り最初のものである。われわれの発見は、配偶者虐待に関して社会的な視点のみを適用する見方に疑問を呈し、その代わりに神経生物学的な素質という観点を提起する。これまで通用してきた臨床的な見方では、配偶者虐待は、自己の利益のために女性のパートナーを従属させ、コントロールしようとする、意識的、意図的、計画的な力の行使だとされてきた[*54]。それに代わってタチアと私が提起する仮説は、配偶者虐待の重要な構成要素として、脳を基盤とする反応的攻撃性が存在することを強調する[*55]。

これは配偶者虐待の新たな言い訳になるのか? 何も私は虐待者に責任はないと主張したいのではない。また、虐待者は皆同じだと言いたいわけでもない。ただ、配偶者虐待には、これまでフェミニストが考えてきた以上の要因があることは認識しておくべきだ。フェミニストはよく、「配偶者虐待の要因は、女性をコントロールするために、男性による身体的な力の行使を正当化する家父長制社会に求められる」と言う。それに対しわれわれは、「男性のなかには、神経生物学的な構造によって家庭で過剰に反応する者がいる。したがって私たちは、配偶者虐待に対する脳の影響を考慮しなければならない」と主張する。なぜか？　なぜなら、フェミニストの視点に基づくこれまでの介入プログラムは、端的に言って機能しないからだ[*56]。女性に対する男性の、まったく受け入れがたいこの行為を根絶したいのなら、家庭内暴力への介入プログラムに、神経生物学的な視点を取り入れる必要がある。

嘘をつく脳

ここまでは、メディアによって「野蛮」「モンスター」「悪漢」などと呼ばれる人物による殺人や、子どもや妻の虐待などの卑劣極まりない行為を取り上げてきた。あなたは、それらの記述を読みながら、「彼らはどんな生活をしていたのだろう」「なぜ彼らはたやすくキレるのか？」など、第三者的な視点からさまざまなことを思案したに違いない。

しかしあなた自身はどうか？　反社会的な態度をとったとき、あなたの心の内部では何が生じていたのだろう。そんな経験はないと反発する人もいるかもしれないが、ほんとうにそうだろうか？　もちろん本書で取り上げてきたような重大な反社会的行動ではないとしても、もっとありふれた行為には覚えがあるはずだ。つまるところ、まったく品行方正な御仁などそうはいない。

まず、嘘から始めよう。ここで、「嘘をついたことは一度もない」などという嘘はつかないように。マーク・トウェインも、「誰もが、毎日毎時間、寝ても覚めても、喜んでいるときでも喪に服しているときでも、嘘をつく」と述べている[*57]。あなたも嘘をついていないはずはない。では、どうやって嘘をつく心を調査すればよいのか？　どんな装置を使えば、ホラを検知できるのか？

ＦＢＩ捜査官クラリス・スターリングのインタビューに対し、「スターリング捜査官。そんなちっぽけでなまくらな道具で私を解剖できるとでも思っているのかね？」と言い放つ、映画『羊たちの沈黙』のハンニバル・レクターは正しい。彼女は、もっとマシな道具を使うべきだった。連続殺人犯、ハンニバル・〝人喰い〟・レクターに対する、監獄でのインタビューに彼女が用いている紙と鉛筆による質問票は、これまで法医学の専門家が、殺人犯の心を調査する際に使ってきた手段だ。しかし、レクターのようなサイコパスが抱える根本的な問題を解明する道具としては、ほとんど何の役にも立たなかった。そもそもサイコパスは、自分自身のことについてささいな嘘の一つや二つを並べるのは朝飯前だ。彼らは質問票には正直に答えるなどとなぜ言えるのか？　人がつくささいな嘘を検出するには、紙と鉛筆による質問票よりはるかに切れ味鋭い道具が必要なのだ。

ＭＲＩで使用されている六〇トンの磁石が鋭利であるとはとても思えないかもしれないが、なまくらどころではなく、フィクションと真実を識別することにかけては、剃刀の刃のように鋭い。香港大学のタチア・リー、シェフィールド大学のショーン・スペンス[*58]、ペンシルベニア大学のダン・ラングルベンは、私の学問上の友人であると同時に、「前頭前皮質がカギである」という、嘘に関する究極の真実に、それぞれが独自に到達した三人の草分け的研究者である。

神経心理学者のタチア・リーは正常な一般人をスキャナーに寝かせて、真実か嘘かのいずれかを言わせた。ときに被験者は自らの生い立ちについて嘘をついた。たとえばこんな具合だ。「あなたはダーリントンで生まれましたか？」私なら「はい」と言い、あなたなら「いいえ」と言うだろう。この場合、私たちは真実を答えている。その間にタチアは、脳のデータを収集する。次に、同じ質問に対して私なら「いいえ」と言い、あなたなら「はい」と言う。これは、友人に今晩暇かどうかを尋ねられてつくものと同種の嘘だ。

別の課題では、被験者に次のような簡単な記憶課題を与えた。まず七一四のような三桁の数値が、そしてその直後にそれと同じか、異なる数値が表示される。被験者はこれら二つの数値が同じか否かを答える。その際、あるケースでは真実を語り、別のケースでは、保険金をせしめるために事故で負傷したふりをする人のように、わざと嘘を言い記憶障害のふりをするよう言われる。

その結果タチアは、課題の種類に関係なく、嘘をつくことが、頭頂皮質と前頭前皮質の活動の増加に一貫して結びつくことを発見した[*59]。タチアが香港でこの研究を行なっていた頃、精神医学者のショーン・スペンス[*60]とダン・ラングルベン[*61]は、それぞれまったく独立して研究した結果、イギリスとアメリカで基本的に同じパターンを見つけている。つまり三つの異なる大陸と文化のもとで同じ結果が得られたのである。それとは対照的に、真実を語ることは、これら皮質のいかなる活動の増加にも結びついていなかった。

これはどういうことか？　結論を言えば、「欺《あざむ》く」という反社会的な行為は、前頭葉の処理能力をフルに活かさねばならない複雑な実行機能を必要とする。実際、真実を語るのは非常に簡単で、ホラを吹くのはそれよりはるかにむずかしい。実行機能に強く依存し、それだけ脳の活動を要する。また、欺瞞は「心の理論」を必要とする。たとえば、一月二七日水曜日の午後八時にどこにいたのかについて嘘をつくとき、私は、あなたが私について何を知っているのか、あるいは知らないのかを把握していなければならない。「その日はほんとうに、家族に自分の誕生日を祝ってもらってたんだっけ?」などと思案をめぐらせる。あなたが何をもっともらしいと、あるいはありそうもないと考えるかを把握している必要がある。この「読心」には、前頭前皮質と、側頭葉や頭頂葉の下位領域を結びつける、いくつかの脳領域を動員しなければならない。

昔は紙と鉛筆による道具が利用されていたが、現在では脳スキャン装置がその役割を果たす。ペンシルベニア大学のダン・ラングルベンとルーベン・ガーは、脳画像法と機械学習(最新の高度な統計技術)を組み合わせることで、嘘の発見に関して八八パーセント以上の正答率を達成した。では、人は最新の嘘発見器に対して、どれくらい長く嘘をつき通せるのか? 状況はこれから変わると考えられるが、機能的脳画像法に基づく嘘発見は、まだ法廷で使えるほど発達してはいないというのが、現在の一般的な見方だ[*62]。いずれにしても、嘘についてはこれくらいにして、私たち自身がしばしば向き合う、もう一つの反社会的な領域を次に検討しよう。それは道徳的判断に関するものだ。

道徳的な脳と反社会的な脳

大麻の吸引が非合法であることは誰もが知っているはずだが、それでも試す人はいる。インターネットで映画をダウンロードしてはならないと知っていながら、著作権を侵害する人がいる。あるいは、税額控除のために諸経費を水増しする人は少なくない。

誰しも善悪の境界で逡巡することはある。熱くなった頭の内部で、天使と悪魔が全力で戦っているのだ。そして苦闘のあげく結論を出し、どうすべきかを決める。

だが、そのあいだに脳内では何が起こっているのか？　それに答えるために、これまで一〇年以上にわたって大勢の社会科学者や哲学者が知恵をふりしぼってきた。そして今や、私たちはこの問いに対する、かなりはっきりとした答えを手にしている。

次のような実験がある。被験者を脳スキャナーに寝かせ、モニター上に映し出された一連の道徳《モラル》ジレンマを読ませる。その際、まず「パーソナルな」〔スイッチを倒す、ボタンを押すなどの間接的な手段を用いるのではなく、人がじかに手を下して何かをする状況を指す〕道徳ジレンマから始める。このジレンマとしてよく知られているのは、次のトロッコ問題だ。あなたは歩道橋の上から線路を見下ろしている。暴走するトロッコが遠くからフルスピードでやって来るのが見えるが、その先で五人の線路工夫が何も知らずに作業をしている（ちなみに第5章で、フィニアス・ゲージという鉄道建設技術者の生涯を取り上げるが、彼は線路の敷設工事中に頭部に大けがを負った）。ふと脇に目をやると、あなたの隣には肥満した男が立っている。

もしあなたが何もしなければ、五人の工夫は確実にあなたの目の前で死ぬ。だが、もしあなたの隣に立っている太った男を線路に突き落とせば、この男は死ぬが、その体躯でトロッコの突進を止められるので五人の工夫は助けられる。あなたならどうするか？

あなたのとれる選択肢は二つしかない。五人の工夫が死ぬのを予期しながら、トロッコの死の突進を手をこまねいて見ているのか。補足しておくと、あなたがいくら聖人君子であろうと、自分が線路に身を投げるわけにはいかない。なぜなら、あなたは小柄なので、トロッコの突進を止められないからだ。またいくら大声で叫んでも、夢中で作業をしている工夫には聞こえない。

ここであなたも、何もせずに五人を見殺しにするか、男を突き落とすか、しばらく考えてほしい。とてもむずかしい問題なので、どちらを選択すべきか悩むはずだ。「何もせずに五人をみすみす見殺しにしてもよいのだろうか?」「肥満した男はどうせ心臓の病気か何かで早死にするだろう。五人の身代わりになれば、ひとさまの役に立てて彼にとっても名誉ではないか」「しかし線路に男を突き落とすのはやはり殺人なのでは?」「でも、五人に対して一人の犠牲で済ませられる点は無視できない」など、さまざまな考えが去来し、答えを出すことの困難さに葛藤するだろう。

ハーバード大学の卓越した哲学者で神経科学者のジョシュア・グリーンは、この手のパーソナルな道徳ジレンマに取り組んでいるあいだに、神経レベルでは何が起こっているのかを調査した最初の研究を発表している[*63]。それによると、誰かとの対面状況が関与しない、より「非パーソナルな」道徳ジレンマを読ませたときと比べると、内側前頭前皮質、角回、後帯状回、扁桃体を構成する神経回路に活動の増加が見られた。これはよく理解できる。というのも、これらの脳領域は、複雑な思考や、第三者の観点から広範な社会的背景を評価する能力に関与しているからだ。

だがここでは、あなたが実際に、この道徳ジレンマをどのように処理したかを検討してみよう。その際、あなたがどちらを選択したかよりも、どう感じたかが重要だ。落ち着かない気分になったのではないか? 不快だったのでは? ついこのあいだ、講義でこの道徳ジレンマの話をしたとき、一人の学生が席に座ったまま体をもじもじさせていたが、そうしたくなった読者もいたかもしれない。これは、扁桃体や、その他の大脳辺縁系の器官が作動し、前頭前皮質のいくつかの下位領域とともに、道徳的判断に関わる情動的な「良心」の構成要素に働きかけたからである。

どちらを選択したのかも、まったくどうでもよいわけではない。大規模な調査では、およそ八五パーセントの回答者は、男を線路に突き落とすことはできないと答えており、突き落とすと回答した被験者はおよそ一五パーセントにすぎない。それに対し、同じ問いを腹側前頭前皮質に損傷を負った患者（あとで見るように一般人より精神病質的な気質を持つ）に尋ねると、「突き落とす」と答えた者の割合は、三倍の四五パーセントにのぼった[*64]。

仮にこのような患者が、他の村人たちとともに地下壕に隠れて侵略軍をやり過ごそうとしていたとしよう。そのとき赤ん坊が泣きだしたとする。すると彼らは、敵に見つかって全員が殺されないよう、普通の人の三倍の確率でこの赤ん坊を絞め殺すだろう。このような状況では激しい道徳的葛藤が生じるはずだが、彼らは最大多数の最大幸福という功利主義的な決断を下すのだ。

仮にあなたが、橋から男を突き落とす、あるいは赤ん坊を絞め殺すと答えたとしても、あまり心配しなくてもよい。功利主義を支持した一七世紀イングランドの哲学者ジェレミー・ベンサムなら、そんなあなたを称賛するだろう。そう答えたことは、あなたの前頭葉が損傷していることを、もしくはあなたがサイコパスであることを、必ずしも意味するわけではない。他人とは少し考え方が違うとは言えるかもしれないが。

ジョシュア・グリーンが画期的な研究を行なった二〇〇一年の時点では、磁化率アーチファクト〔MRIで磁化率の異なる組織や金属がある部位で、信号が低下する現象〕と呼ばれる現象のために、腹側前頭前皮質のスキャンは正確に行なえなかった。しかし他の多くの研究によって彼の発見は拡張され、被験者が道徳ジレンマ課題に取り組んでいるあいだ、この領域が活性化することが確認された[*65, 66]。腹側前頭前領域は、「適切な」道徳的判断に、あるいは少なくとも他人に危害をもたらさない受動的な意思決定に、重要な役割を果たす。

道徳に関して考察を進める前に、ひとまず「殺人にはやる心」について振り返っておこう。暴力犯罪者の前頭前皮質と大脳辺縁系は、正常に機能していないと論じた。また角回の機能も損なわれていた。反社会的な人々を対象に実施された調査によって、後帯状回、扁桃体、海馬の異常が、また暴力犯罪者[*67]、サイコパス[*68]、反社会的な人々[*69]を被験者とするその他の研究によって、上側頭回の機能に異常が見出されている。

ここで、反社会的な人々に見られる異常をきたした脳領域と、正常者が道徳ジレンマに取り組んでいるあいだに活性化される脳領域を比べてみよう。道徳課題の実行中に、もっとも頻繁に活性化する領域はどこだろうか？　その答えは、極／内側前頭前皮質、腹側前頭前皮質、角回、後帯状回、扁桃体だ[*70]。こうしてみると、両者のあいだには重なりがあることがわかる。

図で説明しよう。カラー図版ページの図3・5は、反社会的な脳と、道徳ジレンマに取り組んでいるときの脳を合わせて表示したものだ。道徳性と反社会性の神経モデルとも言えよう。上段の画像は脳を前方から後方へ切断した断面を示したもので、鼻が左になる。中段は正面から、下段は上から見た脳の断面である。暴力と道徳的意思決定の双方に関わる領域は黄、犯罪者のみに異常が見られる領域は赤、道徳課題のみに関連する領域は緑で、それぞれ示されている。

この図からも、反社会的、精神病質的な行動と道徳的判断のあいだには、関与する脳領域にかなりの重なりがあることがわかる。共通する脳領域は、腹側前頭前皮質、極／内側前頭前野、扁桃体、角回、後上側頭回である。

もちろん完全に一致するわけではない。さらに言えば、後帯状回は道徳的判断を実行しているあいだは活性化するが、反社会的な被験者にこの領域の活性化が見られたと報告する研究はまだあまりない。とはいえ、サイコパス[*71]、衝動的な攻撃性を持つ患者[*72]、配偶者虐待者[*73]に同領域の異常を発見した研究はいくつかある。いずれにせよ、両者の領域の重なりは無視できない。犯罪者の脳では、道徳的判断に必須の領域のいくつかがうまく機能していないようだ。

ジョリー・ジェーンのなまめかしい脳

ここまでは、正常者が道徳的判断を下そうとしているあいだに、どの脳領域が活性化するかを見てきた。では、サイコパスに道徳ジレンマを与えたらどのような結果が得られるのか?

長きにわたり、サイコパスは「道徳的に狂った人」とされてきた。彼らは、外観は正常に見え、なかにはとても愛想がよく、社交的で、好感の持てる者もいる。テッド・バンディは、カリスマ的な性格を利用して若い女性を死の罠へと誘い込んだ連続殺人犯の典型だ[*74]。だが道徳性という点になると、サイコパスには何かが欠けている。ここで、サイコパスの「道徳的な逸脱」を詳しく検討するために、一つの事例を紹介しよう。道徳に関して言えば、サイコパスの脳のどの領域が壊れているのだろうか?

私の姉ローマは看護師だったし、妻のジャンホンもいとこのヘザーもそうである。そういうこともあって看護師を例に取り上げる。〝ジョリー〟・ジェーン・トッパンは、一八九五年から一九〇一年の六年間に、マサチューセッツ州で少なくとも三一人を嬉々として殺した看護師だ。ランディ・クラフト同様、彼女も数年間逮捕を免れられた。病院のスタッフと患者による「ジョリー（陽気な）・ジェーン」というあだ名は、人づき合いのよさと幸福そうな振る舞いのゆえにつけられたもので、彼女は、マサチューセッツ州ケンブリッジでもっともよく知られた看護師の一人だった。

ジョリー・ジェーンは生活を十全に楽しんでいた。他の多くの連続殺人犯と同じように、自分の殺人の手口を試すことに喜びを覚え、他人に対する生殺与奪権を嬉々として行使していたのだ。また、今日の多くの女性犯罪者と同様、薬物の実験にとりわけ興味を持っていたが、もちろん正当な目的のためではない。彼女の最大の関心は、患者の生命がゆっくりと消えていく様を眺めることだった。彼女は、致死量のモルヒネを患者に注射し、傍らにじっと座って、恋人のごとく患者の目を見つめ、瞳孔が収縮し呼吸が短くなる様子を見守っていた[*75]。そして患者が昏睡《コーマ》状態に陥るちょうどそのときに、アトロピンを注射して目覚めさせた。アトロピンとは有毒植物イヌホオズキから抽出されるアルカロイドで、迷走神経の活動を阻害する。この作用によって、収縮した瞳孔は拡大し、遅くなった心臓の鼓動は早鐘を打ち、冷えた身体は発汗し、身体は痙攣し始める。やがて患者は死ぬが、それはジェーンが、患者の瞳孔が拡大し、緩慢な死のプロセスのなかで身体がよじれる様子を見ながら、陶酔に浸ったあとでのことだ。

ランディ・クラフトの事例と同様、殺人の瞬間に彼女の心がいかなる状態にあったかは、生還した一人の患者の証言に基づいて推測するしかない。アメリア・フィニーは、一八八七年に子宮の潰瘍で入院した三六歳の患者だった。ジョリー・ジェーンは、フローレンス・ナイチンゲールのように念入りに彼女の様子を見守っていた。そして苦痛を和らげるためと称して、アメリアにドリンク剤を飲ませる。彼女は苦味を感じ、やがて喉は渇き、身体は麻痺し、まぶたは重くなり、眠りに落ちそうになる。

そのときアメリアは異常に気づく。ジェーンがシーツをはがして、彼女のそばに横たわろうとしていたのだ。それからジェーンは、アメリアの髪をなで、顔にキスし、彼女に寄り添う。しばらく彼女を抱きしめたあと、ジェーンはのしかかるような体勢になって、アメリアの目を覗き込む。それからもう一杯ドリンク剤を飲ませる。おそらくこれは、モルヒネによって引き起こされた生理的な徴候を逆転させるためのアトロピンだったと考えられる。しかし、そのときアメリアは、突然ジェーンが部屋から出て行くのに気づく。たぶんジェーンは、誰かが近づいてくる物音を聞いたのだろう。

こうしてアメリア・フィニーは、生きながらえてこのストーリーを語ることができた。ただしそれはすぐにではなかった。アメリアにとって、この経験はあまりにも異様だったため、病気で寝込んでいるあいだに夢を見たに違いないと思っていたのだ。ランディ・クラフトに襲われてから長い年月が経過したあと、裁判で初めて証言したジョーイ・ファンチャーと同じく、アメリアは長らくこのストーリーを誰にも話さなかった。ジェーンは一四年後の一九〇一年に逮捕されているが、この話が明るみに出たのは、そのあとでのことだ[*76]。つまりジェーンもランディ・クラフト同様、もっと早い時期に逮捕されていてもおかしくはなかったのに、殺人を続けられたのである。

金銭的な目的のために殺人を犯すことの多い、他の多くの女性連続殺人犯とは異なり、ジェーンは金目当てで殺人に走ったわけではない。彼女は、彼女自身が言うとおり「なまめかしい喜悦」(voluptuous delight 性的な悦楽を意味する一九世紀の言葉)を得るために人を殺した。現在なら、さしずめ肉欲連続殺人犯と呼ばれるかもしれない。これは女性には非常に珍しい。だが、そのような欲望を満たしたいのなら、他に方法がなかったのか? 無辜《むこ》の命が失われたことを考えると、看護師であった彼女は、いかに自分の行為を道徳的に正当化できたのだろうか?

彼女の行為は動機なき悪意のように思われる。道徳的に見て、まったくつじつまが合わない。事実、それがジェーン自身の語るところでもある。

私は過去を振り返り、「親友のミニー・ギブズを毒殺した。ゴードン夫人を毒殺した。デーヴィス夫妻を毒殺した」とひとりごとを言う。だが私には、何も感じられない。彼らの子どもやその後のことを考えようとしても、それがどんなにひどいことだったのかがわからない。なぜ私には、後悔も悲嘆も感じられないのだろう? 私には何もわからない。[*77]

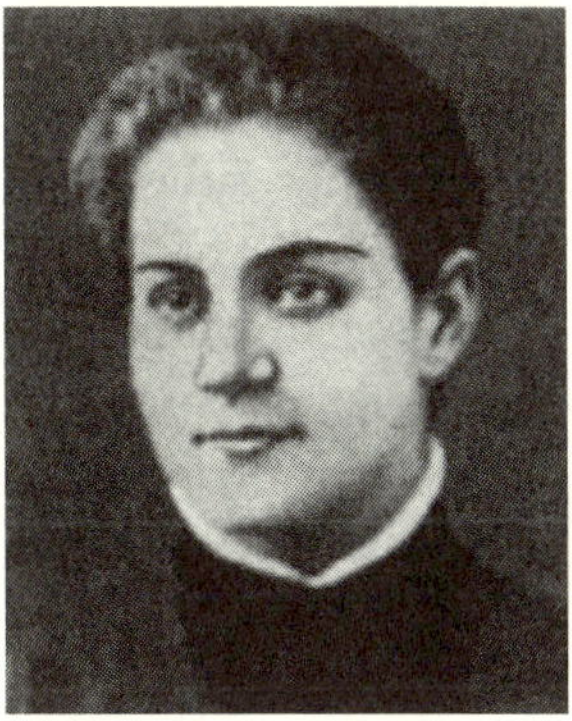
［図3.6］ジェーン・トッパン

ジェーンは絶対に自分自身を理解できなかったはずだ。彼女の知人も、である。というのも、彼女が慈愛に満ちた献身的なプロの看護師であることを訴えた手紙が、逮捕のあとで洪水のように寄せられたからだ。「彼女にそんな悪事ができるはずはない」というわけである。ジェーンの目（図3・6）を見れば、彼女は母親のごとく親切で優しい看護師だったと思うのではないか？

ジェーンは自分の犯した罪の原因に思いをめぐらせている。それによれば、彼女は死に瀕した犠牲者の目を憧れの眼差しで眺め、彼らが苦しむところを見つめながら「なまめかしい喜悦」を感じていた。彼女は自分がしていることをわかっていた。それが殺人であることを。一九〇二年に行なわれた裁判で、精神錯乱を根拠に無罪を言い渡されたときには、当惑を感じている。彼女にとって、自分が精神錯乱であるとは考えられなかった。なぜなら、自分の行為を十分に理解していたからだ[*78]。彼女の当惑は当然だった。

だが私は、彼女の心を理解できる。というよりも感じることができる。ジェーンは、何が道徳的な行動で、何がそうでないかを頭では理解していた。つまり思考のレベルでは、善悪の区別をつけることができた。しかし、何が道徳的かを感じることはできなかった。自分の行為によって引き起こされる他人の苦痛に、情動的に共感する能力を欠いていたのだ。死にゆく犠牲者を思いやることもできなければ、気の毒にすら感じなかった。その理由はおそらく、彼女の扁桃体や腹側前頭前皮質に欠陥があったからではないかと考えられる。つまり彼女は、道徳性を感じるための感情を欠いていたのだ。

扁桃体と前頭前皮質を中心に機能する道徳的な感情は、自分の行為が道徳にもとるという認知を行動の抑制に結びつける情動エンジンであり、「なまめかしい喜悦」を手に入れようとする欲望が生じても、通常はそれによって実際に不道徳な行為に走らないよう歯止めがかかる。不道徳な行為に対するこの歯止めが、ジョリー・ジェーンのような精神病質的な人には欠けるというのが私の見解だ。

ジェーンは犠牲者を観察して、彼らが苦しんでいるのを自分の目で見ていた。だが、自分の脳機能の欠陥を見る手段は当時存在しなかった。その手段があれば、彼女は、殺人行為をもたらした不道徳な脳の情動回路の欠陥を知ることができただろう。ジェーンは第二次世界大戦が勃発する直前に八一歳で死んでいるので、もちろん彼女を対象に私の理論を検証することはできない。いずれにせよ、彼女の履歴を検討すれば、少なくとも精神病質的な性格にともなう、数々の社会的、心理的な問題を確認できるのは確かだ。

ジェーンは、アイルランド移民の極貧家庭に生まれた。一歳の頃に母親を亡くし、サイコパスの生い立ちによく見受けられる母性剝奪〔乳幼児が、母親、もしくはその代理者による母親らしい養育を受けられなくなること〕を経験している[*79]。さらに、精神疾患を病んで貧窮にあえぐ父親は家族の面倒を見られず、祖母も同じく極貧の状態にあり、子どもたちの世話どころではなかった。そのためにジェーンは、五歳になるまで施設で暮らし、アイルランド人であることを恥じてイタリア人の孤児で通した。それから、とある家庭に養子に出されるが、そこでは使用人として扱われた[*80]。このような劣悪な環境のもとで幼少期を過ごしたことから、サイコパスの種子が急速に育ったのであろう。

若き日のジェーンは、社交的で人当りがよいという、サイコパスによく見られる性格をいかんなく発揮して、社会生活の中心人物としての評判を高めていく。常習的に嘘をつき、人を騙し、さらには、父は中国に住み、姉（妹）はイギリスの貴族と結婚し、自身はロシア皇帝から看護師の職を提示されたなどの、架空のストーリーをつむぎあげた。刺激を求める傾向があり、他の看護師や患者から盗みを働いたり、病院の上司をペテンにかけたりした。被害者のなかには、身内もいる。彼女は本質的にうわべをとり繕っていたのであり、その陽気な笑顔の下には、根深く混乱した人格障害を隠し持っていた。

これらすべては、一般に精神病質者が持つ特徴であり[*81]、精神病質は連続殺人犯を生む温床になる。ジェーンは三一件の殺人を自白しているが、一九〇二年に収監される前に「少なくとも一〇〇人は殺したと思う」と述べている[*82]。スコアカードに殺人の記録をつけていたランディ・クラフトのような犯罪者でなければ、何人殺したかはすぐにわからなくなるのだろう。

ジョリー・ジェーンの脳の何が問題だったのか?

そう、ジョリー・ジェーンはサイコパスだった。だが彼女は、自身が示した道徳的錯乱を説明できるような脳機能の異常を実際に抱えていたのだろうか? 今となっては彼女の脳をスキャンすることは不可能だが、現代に生きるサイコパスの脳のスキャンは可能だ。そして彼らに道徳ジレンマを与えることも。

この実験は、私の優秀な大学院生アンドレア・グレンが実際に行なっている。第4章で詳しく触れるが、臨時職業紹介所には平均以上にサイコパスが集まってくる。ジュシュア・グリーン同様、アンドレアは、情動を喚起するパーソナルな道徳ジレンマを被験者に提示した。村人全員が敵に見つからないようにするためには、泣き出した赤ん坊を絞め殺すか否かなどの、じかに手を下して誰かに危害を加えるタイプの道徳ジレンマだ。それとともに、拾った財布を自分のものにするかどうかなどの、情動をそれほど喚起しない非パーソナルなタイプの道徳ジレンマも与えている。

アンドレアの発見によれば、精神病質スコアの高い被験者は、情動的でパーソナルなタイプの道徳ジレンマに取り組んでいるあいだ、扁桃体の活動が低かった[*83]。正常者にこのタイプの道徳ジレンマを与えると、情動の神経中枢とも言える扁桃体が脳画像上で光り輝くものだが、重度の精神病質者は、情動のろうそくがほとんど瞬《また》かない。

この発見は、精神病質者においては、道徳的な意思決定の最中に扁桃体が正常に機能していないことを、そしてそれが核心的な問題であることを示している。扁桃体の活性化がない人ならば、躊躇なく他人をペテンに掛けたり、都合よく操ろうとしたりするだろう。ジェーンのように罪の意識や呵責を感じずに、不道徳な生活を嬉々として続けられる。他人を操り、人のものを盗み、理由もなく誰かを殺そうと考えていたとき、ジョリー・ジェーンの扁桃体は活性化せず、よって彼女は、恥の感覚を覚えてそれらの行為を自制することがなかったのだ。

実際、ジェーンの情動は、死んでいたのも同然だった。つねに刺激を追い求めている人々と同様、自然な感情をまったく失っていた彼女は、「なまめかしい喜悦」という感情を何としてでも実感しなければならなかった。義理の姉エリザベスの殺害を考えてみよう。「腕に彼女を抱いて、喜悦を感じながら息絶えるところを見ていた」と自白しているように、ジェーンは、彼女が苦しむのを見たいがためにわざと死を遅らせた[*84]。ジョリー・ジェーンにとって、ベッドの上で死を迎えつつあるエリザベスに寄り添って体をまさぐることは、真に満足を感じ、情動のうごめきを感じられる唯一の手段だったのだろう。

私たちは今や、他人の苦しみに反応する際には扁桃体が中心的な役割を果たし、その働きによって反社会的な行動が抑制されることを知っている[*85]。また、精神病質研究の第一人者ジェームズ・ブレアの業績によって、サイコパスは他人の顔に恐れや悲しみなどの負の情動を検知する能力が低いことが知られている。したがって、機能不全に陥った扁桃体を持つジェーンが、好奇心に満ちた眼差しで不運な犠牲者の目を覗き込み、体をまさぐっていたとき、おそらく彼女は犠牲者の顔に情動の現れを見て、自分の心に留めようとしていたのではないだろうか。「彼女は恐れを感じているのか?」「それは悲しみなのか? それとも快楽なのか?」などと考えながら。ジェーンの扁桃体と脳の情動回路は、これらの問いに答えるために無益で絶望的な努力を続けていたに違いない。このような窃視症的経験は彼女の好奇心を刺激したが、自己の行動に対する道徳的な関心を喚起する自然な感情が彼女にはまったく欠けていた。

アンドレア・グレンは、サイコパスの内側前頭前皮質、後帯状回、角回も、道徳的な意思決定を行なっているあいだに正常に機能していないことを、また、そのような脳の特質が、うわべだけの人当りのよさ、欺瞞、自己中心主義、他人の操作など、人間関係に関するサイコパスの特徴と結びつくことを見出している。これらの脳領域は、道徳的な意思決定とともに、自制、情動的な共感、社会的な思考への情動の統合にも関与する神経回路の一部を構成する[*86]。明らかに、ジェーンの社会的な思考はまったく混乱していた。彼女は犠牲者に共感を抱く能力を欠き、いくら努力しても自分の行動さえ情動的に理解できなかった。つまり、情動を社会的な思考へと統合できなかったのだ。この事実は、彼女が精神病質的で混乱した行動をとった理由の一部を説明する。サイコパスを対象に脳画像技術を用いて行なったわれわれの研究の成果から、ジェーンの常軌を逸した行動は、道徳性に関わる神経回路の根本的な欠陥に起因すると考えられる。ジョリー・ジェーンの脳は、まさにそこに問題を抱えていたのである。

脳の総合的な理解に向けて

本章では、暴力犯罪者の脳が正常者のものとは大きく異なることを見てきた。最大の相違は前頭前皮質に認められる。また、衝動的で反応的な攻撃性は、調節や抑制の機能の欠陥に起因し得ることを検討し、アントニオ・バスタマンテの殺人にその典型例を見出した。それに対し、統制された先攻的攻撃性を持つ殺人犯には、反応的な殺人犯に見られるような前頭前皮質の欠陥は認められないものの、大脳辺縁系には、後者と同様沸騰するかのような活動が見られ、それに焚きつけられて、注意深い計画に基づく慎重な行動が、ある時点を境に一気に暴力性の爆発へと転化する。

また、機能不全に陥ると人を暴力に走らせる可能性のある脳領域は、いくつも存在することを見た。前頭前皮質の腹側や背側領域のみならず、扁桃体、海馬、角回、側頭皮質の機能不全も関与し得る。あるいは今後の研究によって、事態はもっと複雑であることが判明するかもしれない。反社会的な脳は、いわば機能不全を起こした神経系のパッチワークであり、現在はまだ、その総合的な理解に向けた第一歩がようやく踏み出されたばかりなのである。

また、脳の機能不全が生み出すのは凶悪な暴力行為ばかりではない。家庭内暴力のような比較的よくある暴力にも、扁桃体が過剰に活性化する一方、調節機能を持つ前頭前皮質が十分に活性化されないという、前頭葉と辺縁系の不均衡が関係する。現在では、機能的脳画像法の適用により、日常生活における脳の機能が次第に解明されつつあり、日々のありふれた道徳的判断の形成に関与する一連の脳領域のネットワークが特定され始めている。これらの脳領域は、「道徳的に狂った」サイコパスや、ジョリー・ジェーン・トッパンのような連続殺人犯においては、正常に機能していない。彼らは道徳的な感情をまったく欠いているが、この事実は、部分的にせよ彼らの不可解な悪行の理由を説明する。

だが、もう一度出発点に戻ろう。実際のところ、ランディ・クラフトの犯した恐るべき殺人をどう理解すればよいのか？　このITコンサルタントは、慎重に自己の行動をコントロールできた。ランディは、前頭葉の制御機能を十分に活かして欲望を抑えられた。彼は心を欠いた冷血な殺人鬼だ。ここで言う「心を欠いた（heartless）」とは、文字通りの意味に近い。暴力の構造を探究する次なるステップでは、脳から心臓（心循環系と自律神経系）へと舞台を移す〔英語の「heart」には「心」の他に「心臓」を意味する〕。

第4章

冷血

自律神経系

あなたを殴った夫にナイフを突き刺す、いばり散らす上司を絞め殺す、強盗に入る、恋人を奪った男に復讐する、会社の金を横領する、さらには誘拐、拷問、レイプ、大量殺人など、他人に危害を及ぼして自己の欲望を満たすために犯罪に及ぶ自分を想像してみよう。

あるいは次のような光景をまざまざと思い浮かべてみてほしい。

あなたは夜遅くまで飲み歩いていたので、酔っ払って自制が効かない。ガールフレンドには愛想を尽かされ、さっきバーで適当な口実をつけて振られたばかりだ。その夜は彼女とセックスするつもりだったあなたは、怒りとフラストレーションの塊と化している。

仕方がないので、一人で歩いて家に帰ろうとする。今は真夜中だ。そのとき、かわいい女子大生が前方を歩いていることに気づく。あなたは歩調を速めて彼女に近づき、物音を立てないよう慎重にあとをつける。大通りから暗い林のほうに続く道が分岐する地点に差し掛かったとき、彼女に追いつく。振り返って他に誰もいないことを確認し、背後から彼女を羽交い絞めにする。片手で口を押さえながら地面に押し倒す。ポケットからナイフを取り出して、セックスをしなければ殺すと脅し、彼女をレイプする。恐怖で早鐘を打ち始めた彼女の心臓の鼓動を肌で感じたあなたは、さらに興奮する。そして彼女の口を押さえたまま、ナイフで心臓を突き刺す。彼女の目には一瞬驚愕の表情が浮かび、やがて瞳孔が収縮していく。あなたは彼女の体が痙攣するのを感じる。すぐに彼女は息絶える。

そのあとあなたは証拠隠滅を図ったつもりだったが、翌朝警官がやって来て逮捕される。こうなると何としてでもアリバイをでっちあげ、疑り深い警官の尋問を受けているあいだ、つじつまを合わせながらそれを押し通さなければならない。何しろ少しでも嘘がばれたら死刑は確実だ……。

さてこれを読んだあなたは、今どんな気分だろうか？　実際の殺人犯はどう感じるのだろう？　本章では、あなたと実際の殺人犯とのあいだに通常は劇的な違いがあることを示す。先の描写を読んでいるとき、きっとあなたは発汗し、心臓の鼓動が速まったであろう。光景を思い浮かべるだけで、少しばかり吐き気をもよおした人もいるかもしれない。おそらくは、それについて考えただけでも嫌悪を感じたはずだ。それに比べて暴力犯罪者の多くは、いかに重い罪であれ、法を犯す際に発汗したりはしない。

正常な人は、犯罪の実行を考えただけでも痛みを感じる良心を持っている。ましてや犯罪を完遂することなど普通はあり得ない。しかしそうではない者も世のなかにはいる。あなたには心があるが、心を欠いた冷酷な人間もいる。本章では、良心は自律神経系の機能の健全さに依存することを示す。自律神経系は、情動の喚起に重要な役割を果たし、「本能的な（visceral）」神経系とも呼ばれる。暴力の構造の解明において、この神経系に関してなされたもっとも重要な発見は、犯罪者のなかには、それが他の人のように「神経質」ではない者がいるというものだ。そしてこの特徴は、犯罪、暴力、精神病質的な行動に結びつき得る、良心を欠くうえに恐れを知らず危険をものともしない性格を彼らに与えている。つまり彼らは生物学的に私たちとは異なる。暴力に至るこの自律神経系の性質の中心に位置するのは、心臓だ。

爆弾解体の専門家とセオドア・カジンスキーのあいだには、確かに共通点がある。「ユナボマー」の異名で知られるセオドア・カジンスキーは、一九七八年から一九九五年まで爆弾魔として世を震撼させる以前、カリフォルニア大学バークレー校の助教授だった。その期間に彼は、小包爆弾を使ったり、飛行機を対象に爆破テロを敢行〔未遂に終わっている〕したりすることで三人を殺し二三人を負傷させた。彼の最初のターゲットはノースウェスタン大学で、以後ユタ大学、ヴァンダービルト大学、カリフォルニア大学バークレー校、ミシガン大学、イェール大学と続く。また、アメリカン航空機に爆弾を置き去りにしたり、ユナイテッド航空の社長に小包爆弾を送りつけたりした。FBIが史上もっとも大がかりな捜査を展開したにもかかわらず長年捕まらなかったことは、彼がいかに巧妙に立ち回ったかを示す。

しかし、彼は大きなミスを犯す。『ニューヨーク・タイムズ』紙と『ワシントン・ポスト』紙に三万五〇〇〇語に及ぶ犯行声明を出したのだ。掲載しなければ殺人を繰り返すと脅し、FBIと司法長官はそれを黙認する。この声明は、産業界、左翼、科学者を震撼させ、社会のコントロールや自由の制限をめぐり議論を巻き起こす。カジンスキーにとって運の悪いことに、疎遠になっていた彼の弟が新聞を読んで、「冷静な論理学者たち（cool-headed logicians）」などの見覚えのある言い回しに気づく。それらは兄セオドアが弟宛ての手紙で使っていた表現だった。モンタナ州リンカーンにあったカジンスキーの山小屋の捜索を許可する令状にも、FBIの専門家の多くは、彼が声明を書いたとは考えていないという主旨の表現が見受けられる。だが一九九六年にFBI捜査官が彼を不意打ちしたとき、声明文とともに机の上に爆弾が置かれているのが見つかり、ようやく彼が犯人であることが明らかになる。

では、爆弾解体の専門家とカジンスキーの共通点はいったいどこにあるのか？　一つは、危険な爆弾を扱うには、鋼《はがね》の神経と、ある程度の恐怖心のなさが必要とされる点だ。英国陸軍に所属する、ある爆弾解体の専門家はボスニアでの作業を振り返って、「危険な作業に見えるかもしれない。（……）だが私は、危険な状況に置かれていると感じたことはない」と語っている[*1]。彼は恐怖心を棚上げできたのだ。さらには、爆弾解体の専門家も連続殺人犯も、高度な知能を備えている。カジンスキーは子どもの頃、数学の天才と言われ、一六歳でハーバード大学に入学した。そして、ミシガン大学で数学の博士号を取得し、カリフォルニア大学バークレー校で助教授の職を得た。彼のＩＱは天才レベルと言われ[*2]、一一歳のときに一六七を記録している[*3]。悪行にもかかわらず、カジンスキーは爆弾処理の専門家と同様きわめて知的で、多くの面で高度に理性的な人物であった。

だが、われわれが集めた「テスト被験者」を対象に、彼らが共有する生物学的特徴を深く掘り下げていくと、それらとは別の共通点が見つかった。安静時心拍数の低さだ。冷血な殺し屋という表現そのままに、殺人を犯す人間がいる。私たちは「冷血」という用語を一種のたとえとして使っているが、実は文字通りの意味にかなり近かったとしたらどうだろう？〔「文字通りの意味にかなり近い」とは、前述のとおり安静時心拍数が低いという意味であり、実際に血液の温度が低いということではない〕

有害な心臓

暴力の解剖学において、心臓は、反社会的な行動や暴力に至る傾向をお膳立てする中心的な器官である。生物学の慣例どおり、動物から始めよう。攻撃的で支配的なウサギは、おとなしく従属的な個体に比べ安静時心拍数が低い[*4]。また、これらのウサギの支配関係を実験的に操作すると、支配力が上がるにつれ心拍数が下がる。これと同じ相関関係は、マカク、ボノボ、ツパイ〔東南アジアに分布し、外形はリスに似る〕、マウスなど動物界に広範に見られる[*5]。

だが、心拍数の低さによって、その人が反社会的、あるいは暴力的になる可能性が高まり得るという考えは、あまりにも単純すぎるように聞こえるであろう[*6]。機能的脳画像法などの強力で高感度の診断ツールが利用可能になった現在では、暴力行動を、驚くほど単純でいとも簡単に測定できるバイオマーカー〔生物学的特徴〕に結びつけることは、いかにもぞんざいに思われる。犯罪と暴力の生物学的な結びつきを標榜するこの主張は、科学的な精査に耐え得るのだろうか？

イギリスのヨーク大学の博士課程で最初の研究をしていたとき、私は、反社会的な学生が、安静時心拍数の低さによって特徴づけられることを発見した[*7]。ノッティンガム大学へ移ってからも同じ結果が得られた[*8]。これらの結果はたまたま得られたのか？　この問いに答えるために、南カリフォルニア大学に移籍してから、心拍数と反社会的行動の相関関係について同僚とメタ分析を行なった。われわれは、このテーマに関して子どもや青少年を対象に実施された、見つかる限りのあらゆる研究を分析した[*9]。四〇の出版物が見つかり、被験者の子どもの総数は五八六八人に達した。こうしてできるだけ多くの研究を集めることで、より正確な実像を把握できる。

その結果、「反社会的な子どもは、安静時心拍数が実際に低い」ことがわかった[*10]。加えてわれわれは、ストレスを受けているあいだの（たとえば診断待ちをしているあいだの）心拍数も調査した。実験室で実施された調査では、一〇〇〇から逆向きに七つ置きで数えるなど、心的に負荷のかかる計算課題が子どもに与えられている。たいしたストレスではないと思われる向きは、ぜひ自分で試されたい。これらのストレスを付加した実験では、差はさらに広がった。

われわれが行なったメタ分析では、安静時心拍数は、反社会的な行動に関する被験者間の差異のおよそ五パーセントを説明した。この数値は低く感じるかもしれないが、医学的な文脈では強い相関関係の存在を示す[*11]。たとえば喫煙と肺がん発症の関係、心臓発作による死亡の危険性を緩和するアスピリンの効果、抗高血圧薬と卒中などの発作の低減の関係よりもはるかに強い。これらはいずれも医学界では重要かつ強力な関係だが、心拍数と反社会的行動の関係よりは弱い[*12]。

実際、それに匹敵する関係の強さを示すものをあげるなら、ニコチンパッチの禁煙効果や、大学進学適正試験（SAT）の点数から大学入学後の成績（GPA）を予測する精度を持ち出さなければならないだろう。さらに言えば、ストレスを受けているあいだの心拍数という点になると、この平凡なバイオマーカーは、反社会的行動に関する変動の一二パーセントを説明する。これは、乳がんを検出する乳房X線像《マンモグラム》の能力、家庭用妊娠テストキットの正確さ、不眠症を改善する睡眠薬の効果などに匹敵する。これらの効果と同様、心拍数と反社会的行動の相関関係を無視するわけにはいかない。それは臨床的に有意なものなのだ。

またこの関係は、ある特定の下位集団に属する反社会的な子どもにのみ当てはまるのではない。年少の子どもにも年長の子どもにも、男子にも女子にも当てはまる。したがって心拍数の低い少年は、高い少年より反社会的になりやすく、同じことは少女にも言える[*13]。

とはいえ、心拍数は反社会的行動における性差の一部を説明するかもしれない。一分間の脈拍数を計って、兄弟姉妹や配偶者などの異性のカウントと比べてみよう。あなたが女性なら、おそらく自分の脈拍数が相手より数カウント高いことがわかるはずだ。一般に男性は女性より心拍数が低い。これは強固なデータに基づく[*14]。心拍数の性差は早くも三歳の時点で見られ、男子の心拍数は女子より一分間に六・一回少ない[*15]。この心拍数の性差は、反社会的行動の性差が現れ始める前に出現する[*16]。繰り返し報告されている心拍数の性差は、女性より男性に犯罪者が多い理由に関して、「男性のほうが心拍数が低い」という一つの有用なヒントを与えてくれる。

次に性差から、世代差に目を移してみよう。双子研究によって、安静時心拍数の遺伝率の高さが繰り返し報告されている[*17]。また、犯罪者を親に持つ子どもの安静時心拍数は低いという報告がある[*18]。少年期の攻撃性、成人時の反社会的行動には有意な遺伝率が認められることに、つまり親から子へと反社会性が受け渡されることに鑑みると、心拍数の低さは、世代間の反社会性の伝達を説明する遺伝的なメカニズムの一つである可能性が考えられる。

心拍数と反社会的行動を同時に測定した研究はあまたある。しかし、幼少期に測定した心拍数が、のちの反社会的行動に結びつくことを示す、経年研究と呼ばれるさらに強力な調査もある。イギリス、ニュージーランド、モーリシャス共和国で実施された五件の経年研究によって、子どもの頃（早くは三歳の時点）の心拍数の低さが、後年の非行、暴力、犯罪の予測因子になることが示されている。

重要な指摘をしておくと、これらの研究は因果関係を説明するものではない。クラスの児童の心拍数を測定して、正確にどの子どもが将来反社会的になるかを言い当てられると主張したいのではない。それは因子なのであり、私たちは、子どもの時分から成人するまでの経年調査を実施し、時系列に沿って変化を追うことで、子どもの頃の心拍数の低さが、将来犯罪者になる確率を高めるという因果的なモデルを支持する方向へと一歩を踏み出せる、と言いたいのだ。

それとも、社会的要因によって心拍数の低さと犯罪の両方を説明できるのだろうか？　だから心拍数の低さが犯罪を引き起こすという考えが誤っているような印象を受けるのか？　犯罪学の世界的な権威の一人、ケンブリッジ大学のデイヴィッド・ファリントンは、この問題を調査し、有罪判決に至った暴力犯罪の、もっとも顕著な早期の独立予測因子を特定した。彼によれば、四八の因子（家族、社会経済的地位、学業、性格、より具体的に言えば社会階級の低さ、IQの低さ、衝動性などあらゆる要因）のうち、二つのみが他のすべての危険因子とは独立に暴力に関係する[*19]。その二つとは、心拍数の低さと集中力の欠如だ。事実、心拍数の低さは、犯罪の社会的な予測因子としてもっとも強いものの一つである、犯罪者を親に持つこと以上に強く暴力に相関する[*20]。これらの発見からファリントンは、「心拍数の低さは、もっとも重要な暴力の説明要因の一つと考えられる」と結論する[*21]。

この関係を別の方向から眺めてみよう。心拍数の低さは、その人が反社会的になる確率を高めるが、逆に心拍数の高さはその可能性を低下させる。私は、一五歳のときに反社会的な態度を示しながら、二九歳までに犯罪者にならなかったイギリス人を対象に調査を行なったことがある。そして彼らを、思春期に反社会的な態度をとっていて、二九歳までに犯罪者になった一七人、および反社会的にも犯罪者にもならなかった対照群の一七人と比べてみた。その結果、犯罪を踏みとどまった被験者は、犯罪者になったグループと対照群の両者に比べ、安静時心拍数がかなり高いことが判明した[*22]。これは、心拍数の高さには成人後の犯罪を抑止する効果があることを示唆する。

介入面では、心拍数を上げる刺激剤などの医薬品は反社会的行動を減退させる[*23]。どの子どもにセラピーが有効かを予測するのに、心拍数が役立つと報告する研究もある。ドイツでの研究では、介入前に心拍数が低かった子どもに対しては、行動療法の効果が低下することが判明している[*24]。おそらく介入は、心拍数が正常もしくは高い子どもに対して、より効果が上がると考えられる。そのような子どもの反社会的行動には、遺伝的要因より環境的要因のほうが強く関与している可能性が高いからだ。かくして安静時心拍数に関する知識は、どの子どもがのちに反社会的行動を示し始める危険性が高いかの予測に役立つばかりでなく、介入プログラムにも貴重なデータを提供する。

医療に関する大きな問題の一つは、診断によってたった一つの精神疾患に特定し得るようなバイオマーカーを発見するのはほぼ不可能だという点だ。たとえば、うつに相関する生物学的な特徴は数多くあるが、それらは不安障害やその他の精神疾患を持つ患者にも見られる。それに対し、心拍数の低さと反社会的行動の関係性の例外的で重要な特徴としてあげられるのは、診断時の特定性である。アルコール依存症、うつ、統合失調症、不安障害などの他の精神疾患は、強いて言えば安静時心拍数の高さに関係するのに対し、その低さに結びつけられるのは、行為障害、すなわち反社会的、攻撃的な行動のみである[*25]。

上記の研究は、おもに暴力犯罪者、サイコパス、そして行為障害を持つ子どもを対象にしているが、犯罪の重度と心拍数の関係はどうだろう？

香港大学で家族と研究休暇を過ごした折に、私はそれについて思案していた。香港では、たとえ車が通っていなくても、赤信号を渡ろうとする人はほとんどいない。だが、少数ながらそうする人はつねにいる。息子たちを公園につれて行く際、横断歩道を渡らねばならなかったが、どこかの大人がルールを破るところをときに見かけた。すると息子たちは、その人を指差しながら〈言うことをきかないペンギン〉と呼んだものだった。それは、彼らが見ていたアニメに登場する、ピングーという名の冒険好きだが行儀の悪い小さなペンギンを指す。そのときふと私の頭に浮かんできたのが、「〈言うことをきかないペンギン〉たちも、心拍数が低いのだろうか？」という疑問だった。

八人の学部生に手伝ってもらい、香港の学生六二二人を対象に心拍数のデータを取得し、赤信号を無視した回数など、普段の習慣に関する質問をしたところ、一分間に二鼓動の差異が見られた。これは大きくはないが統計的に有意な値であり、方向性は間違っていない。〈言うことをきかないペンギン〉は、そうでない人より実際に安静時心拍数が低かったのだ。もちろんこの軽微な違反行為は、反社会的行動の氷山の一角にすぎない。しかしこの調査は、心拍数の低さによって、信号無視のようなもっとも軽い違反に至るまで、反社会的行動の全段階を説明し得ることを示している。

ここまでを総合すると、心循環系の生理的覚醒度〔「arousal」の訳で、必ずしも意識的な覚醒の度合いを指すわけではない。以後単に覚醒度と訳す〕の低さと暴力のあいだに、再現可能な真の相関関係があることは否定できない。一系統の科学的な証拠によって支持されればその仮説には説得力があると見なせるが、さまざまな観点からの多系統の証拠によって同じ結論が得られれば、その説は真に堅固なものになる。

実際、これだけの証拠が集まれば、行為障害を診断する際のバイオマーカーとして心拍数の低さを利用するという、魅力的な可能性が生じる[*26]。現在のところ、行為障害、あるいは統合失調症などの臨床的障害のほぼすべては、生物学の用語ではなく、臨床医とのインタビューを通して得られる症状によって定義されている。たとえば、行為障害の臨床的な症状は、嘘、盗み、けんか、動物の虐待などとされる。これらはすべて、本質的に行動に関するものであり、その判断は子どもの保護者の言葉による主観的な報告に依拠する。心理診断にバイオマーカーが含まれていないことについては、二つの妥当な理由がある。一つは、前述のとおりバイオマーカーは単独の疾患に特定されず、さまざまな障害に適合し得ることである。もう一つは、一般開業医には脳スキャンの利用が困難だからだ。そもそも脳スキャンを行なうには、追加の経費負担が必要になる。

心拍数は、これらどちらの点でも事情が異なる。安価かつ迅速に測定でき、特定的な診断を下せる。次のように考えればよい。病院に行くと、まず何をするだろうか？　血圧や心拍数を測ってもらうはずだ。主観的な診断にバイオマーカーを追加する方法は、精神医学や臨床心理学が、あらゆる心の病の研究を通じて探し求めてきた聖杯なのである。もちろん、心拍数の低い人のすべてが暴力犯罪者になるわけではない。二〇歳代半ばの頃、私の心拍数は一分間に四八だった。読者のなかにも同じような値の人はいるだろう。かくして不完全であることは認めねばならないが、心拍数の低さは犯罪者になる徴候を示す一つの指標として機能し得る。

刺激を求めて暴力を振るう

さて、ここまでで、測定が容易な安静時心拍数の低さは、反社会的、攻撃的な行動との相関性を示す、もっとも有望なバイオマーカーの一つであることがわかった。では、なぜこの特徴は人を反社会的行動へと導くのか？　いかに単純な生物学的特徴であれ、「行為の引き金を引くメカニズム」としてそれを説明すること（このケースで言えば心拍数の低さがいかに反社会的、攻撃的な行為を生むのかの説明）は、容易ではない。それについて、以下に既存の説明を検討してみよう。

まずは、恐怖心のなさという説明だ[*27]。この場合、心拍数の低さは、恐れの欠如を反映すると考える[*28]。ここまで「安静時」心拍数という言い方をしてきたが、この表現はやや誤解を招く。実験では、被験者は不慣れな環境のもとに置かれ、見知らぬ人の監督を受け、電極をとりつけられる。この状況は「安静時」と言うより、軽いストレスを受けていると言ったほうが正確であろう。そのような状況に置かれれば、臆病で不安を感じやすい子どもは心拍数が上がり、恐れを感じない子どもはそうはならないはずだ。

これまで述べてきたように、爆弾解体の専門家など、とりわけ心拍数が低く、恐怖心を特に感じることがないながらも、社会に大きな貢献をしている人々がいる[*29]。そもそも、爆弾を解体するには鋼の神経が要求される。それと同様、反社会的行動を起こしたり暴力を振るったりするのには、恐怖心のなさが必要である。恐怖心を抱いていない少年は、躊躇なくけんかするだろう。怪我を恐れないからだ。同様に、投獄などの懲罰が待ち受けているにもかかわらず、暴力犯罪者があとを絶たないのは、彼らは懲罰を恐れないからである。

心拍数の低さは、幼少期における恐れや忍耐力のなさの基盤をなすことを[*30]、また、就学前にこれらの徴候を強く示す子どもは、のちになってそれだけ攻撃的な性格を発達させることを示す研究によって[*31]、恐怖心のなさを主張する説は支持される。また、心拍数の低い青少年はストレスに強く、懲罰を含む社会的な圧力に対して、より無感覚でいられる[*32]。

二つ目の理論的な説明は、心拍数の低い子どもは、高い子どもより共感力が低いというものだ[*33]。共感力を欠く子どもは、他人の立場に身を置くことができず、いじめられたり殴られたりするとどんな気分になるかが想像できない。共感力の低い人が攻撃的になりやすいのは、他人の感情に無関心だからである。共感力を欠く子どもが反社会的、攻撃的になりやすいのは確かだ[*34]。

三つ目の説明は、刺激の追求という説で、覚醒度の低さが不快な生理的状況をもたらし、それを最適なレベルまで上げるために刺激を求めて反社会的行動に走ると考える[*35]。誰にも、快適かつ効率的に振る舞える最適な覚醒度がある[*36]。家に帰ってすぐテレビをつけ、コーヒーを飲み、音楽を聴き、携帯電話を取り出し、パーティーに参加したいと思うとき、あるいは退屈でジャズを聴きたいとき、私たちは刺激を求めている。それに対し、忙しい一日を過ごし過剰に興奮しているときには、テレビのスイッチを切り、携帯電話をしまい、自室に閉じこもっていたいと思う。

恒常的に覚醒度の低い子どもにも、前者と同じ欲求が生じる。就学前の心拍数の低い男子は、より反社会的で活動過多であるばかりでなく、正常な心拍数を持つ子どもより頻繁に、激しい怒りの感情を喚起するビデオを見ようとする[*37]。私が行なった研究では、三歳児の安静時心拍数はその年齢[*38]での刺激を求める行動、および一一歳の時点での攻撃的な行動を特徴づける。かくして恒常的に覚醒度の低い子どもは、誰かを殴る、万引きをする、ギャング団に参加する、麻薬に手を染めるなどして、刺激を求めようとする。現実を言えば、ほとんどの子どもにとって、ルールを破るのは楽しい。あなたもティーンエイジャーだった頃を思い起こしてみてほしい。親は子どもが危険な日々を送ることなど望まないが、子どもにしてみれば、危険は刺激的で意味あるものなのだ。こうしてみると、刺激を求める行動[*39]や反社会的な態度が最高潮に達する青少年期に[*40]、安静時心拍数が最低になるという事実は、さほど驚きではない。また、青少年期における刺激の追求は、一〇代後半に暴力性がピークに達する理由の一つなのかもしれない。

私も子どもの頃そうだったが、刺激を満たそうとする欲求がひとたび生じると、どこにはけ口を求めればよいかがわからない状態に陥る。落着きのなさや空虚感に満たされ、やがてひどく動揺し始める。こうなると、蓄積されたえも言われぬ緊張を解き放つ必要が生じ、やたらに動き回りたくなる。そして、「ギアチェンジ」ができる手段が見つかれば、その状態を脱することができる。

このような感情は、まさしく多くの連続殺人犯が、殺人を犯す直前に感じたと語っているものだ。彼らは、張りつめた緊張と落着きのなさを感じ、犠牲者を探し出して、誘拐、拷問、レイプ、殺人に興奮を覚え、緊張を解き放つ。

なぜそのような行動に走るのか？ 私の考えでは、その理由の一部は生理的な覚醒度の低さと、刺激を求める性格によって説明できる。ここで私が伝えたい重要なメッセージは、「心拍数の低さは反社会的行動を導く重要な危険因子である」という単純な医学的事実だ。もちろん、反社会的、暴力的な個人において機能不全に陥っているのは、何も自律神経系だけではない。その点を社会的な文脈のもとで検討するために、モーリシャスで行なった実験を紹介しよう。

幼少期の共通の性質、成人後の多様性

モーリシャスは、平和と静けさと調和を求める観光客が訪れ、ぜいたくな休暇を過ごす、世界でもっとも美しい熱帯の島の一つだ。そこはまた、調査を実施するのにうってつけの場所でもある。私は、過去二五年間で三九回、この島を訪れている。もちろん暴力の調査はデトロイトでも可能だが、個人的にはモーリシャスを好む。空港から、私がいつも宿泊するラピローグホテルに通じる道路に沿って立つ広告看板に書かれているように、モーリシャスは「とてもおいしい」。そこでは、太陽、ヤシの木、砂浜、火山によって、そして私が出会ったなかでももっとも暖かく寛大な人々との触れ合いを通して、エキゾチックな雰囲気を満喫できる。

モーリシャス島は、マダガスカル東方のインド洋上に浮かぶ、南北およそ六〇キロメートル、東西およそ四五キロメートルの小島で、南回帰線付近に位置する。アフリカ地域の一部と見なされ、一九六八年に独立し、一九九二年にイギリス連邦に加盟する共和国となる。人口は、二〇〇九年七月の時点で一二八万を数え、人口密度は非常に高い。一九七二年にわれわれが経年研究を開始したとき、モーリシャスは発展途上国だったが、現在では開発が進み、アフリカのモデル国として広く知られて

いる。

また、モーリシャスは文化がきわめて多様で、特筆すべきことに、人種間の対立がめったに起こらない。ならばそこは天国のように平和なのか？　その問いに答えるために、モーリシャスで実施した、覚醒度の低さと刺激の追求に関する調査を紹介する。

読者は、「なぜモーリシャスなのか？」といぶかっていることと思うが、それには次のような事情がある。一九六七年、世界保健機関（ＷＨＯ）は、将来臨床障害を発達させる危険性を持つ子どもに関して、より深い理解を得ようとしていた。その際、研究は発展途上国で行なわれること、三歳の子どもを対象にすること、そして将来精神障害を発達させる可能性のある子どもを特定する方法に、生物学的手段を用いることが条件とされた[*41]。ＷＨＯは当初、インドを候補地に考えていたが[*42]、モーリシャス出身の医師が、自国の地理的な優位性を説き、その提案が採択された。モーリシャスは小さな島で他国への移住が少なく、長い年月が経過しても同じ被験者との連絡がインドより容易にとれるというのが、その主旨であった。

モーリシャスでの経年研究は、ヨーク大学（イギリス）のピーター・ヴェナブルスと、南カリフォルニア大学のサーノフ・メドニックによって立ち上げられた。ピーターは、その五年後に私の博士課程指導教授になり、サーノフは一一年後に私を南カリフォルニア大学に招聘《しょうへい》してくれた。ピーターが退職した一九八七年、私はこの研究の責任者になった。研究標本は、一七九五人から成る、当初三歳だった同齢集団で、島の中央部に位置するヴァコアかカトル・ボルヌのいずれかの出身者であった。研究室はカトル・ボルヌにあるので、これら二つの町は、研究には都合がよかったのだ。

研究は次のようにして始まった。母親が三歳児をつれて研究室にやって来る。彼らのまわりに真新しいおもちゃが並べられる。子どもは、安全な母親のそばを離れておもちゃで遊ぼうとするだろうか？　一方には、母親の膝元にかじりついてまったくそばを離れようとしない子どもがいる。これらの子どもは刺激を避けるタイプだ。また、母親を一種の「セーフティーネット」として、行ったり来たりを繰り返す子どももいる。他方には、何のためらいもなくおもちゃで遊び、新たな環境を探索しようとする子どもがいる。これらの子どもは、刺激を求める冒険家タイプである。それから子どもは砂場につれて行かれ、他の子どもたちとの交流の度合い、実験者に対する友好度、おしゃべりの程度が測定される。これら四つの測定基準を、子どもたちの刺激追求度の評価に用いた[*43]。

それから八年が経過し、子どもたちが一一歳になったとき、「けんかをする」「人を殴る」「人を脅す」などの攻撃性に関する項目を含む、子どもの問題行動のチェックリストを両親に記入してもらった[*44]。その結果、三歳の時点で刺激追求度が高かった子ども（上位一五パーセント）は、一一歳の時点で攻撃性がより高かった。確かに、刺激追求度が高かった子どもの全員が攻撃的になったわけではない。しかし、幼児期の行動によってのちの攻撃性をある程度予測できることは間違いない。モーリシャスは天国のように見えるかもしれないが、他のどんな地域とも同様、悪魔は潜んでいるのだ。とはいえ、被験者の二人の子ども、ラジ（少年）とジョエル（少女）の事例によって、覚醒度と気質はその後の攻撃性を予測するが、実情はそれほど単純ではないことがわかる。二人は、被験者のなかでもほぼ最低の心拍数と、最高レベルの刺激追求度と恐れのなさを示していた（三歳の時点で、おのおのの性別、測定基準において上位六パーセント以内に分類された）。二人がその後どうなったかを追ってみよう。

ラジは成人すると、単に刺激を求めるだけでなく、バイクを乗り回し、人々を脅し、騙そうとする、悪らつな暴漢になっている。盗み、暴行、強盗などの罪状で複数の有罪判決を受け、九〇〇人の男性被験者のなかでももっとも精神病質的気質《サイコパス》を発達させていた。彼に社会関係や人間関係について尋ねると、「大勢の人々が俺を恐がっている。ほとんどがそうだ。俺は恐れられるべき存在なんだ」と答えた[*45]。彼は、人を不安にさせることを愉快に思っている。多くのサイコパスと同じく、とりわけ仲間内での地位や権力を高める攻撃性と暴力に関する悪評を通して、人をコントロールし、言いなりにさせる自分の能力を誇りに感じている。どうやって友人を作ったのかと尋ねると、「俺を恐れさせるのさ」と答えた[*46]。そのような返答を聞けば、自らは恐れを感じないが、友人には自分を恐れさせたいという欲求を持つ人間を前にしていることがよくわかるはずだ。

恐怖心を持たないラジは、三歳から二八歳に至るまで攻撃的な行動様式を発達させ、彼を恐れる人々から地位や報酬を手に入れてきた。このやり方は、成功率の高い手口と化すほど強化されていた。ガールフレンドについて質問すると、彼はしばらく考えてから、「そう。(……)彼女も俺を恐がっていると思う」と笑いながら答えた[*47]。これはサイコパスに典型的に見られる無神経さ、冷酷さだ。進化の観点から欺瞞や暴力を検討した第1章で見たように、精神病質的行動は、繁殖戦略としてうまく機能し得る。力を行使して他人を操ることで資源を調達し、より高い繁殖適応度を獲得するために利用するのだ。

脅しと暴力に基づくラジの権威は、身近な人間関係にも浸透している。人を恐れさせる彼の能力は、ガールフレンドとの性的な関係においても、得られる快楽を倍増させているようだ。それは、サディストのレイプ魔が、犠牲者を恐がらせ、支配し、操ることで得ようとする快楽にも似ている。だが、ほんとうにそこまで彼には恐怖心が欠如しているのか？　彼にも恐いものはあるに違いない。自分とそっくりの人物に出くわしたときはどうだろう？

俺を恐がらせるものなど何もない。そいつらが俺とけんかしたいのなら、叩きのめしてやる。それだけのことさ。実に簡単だ。どういうことかわかるだろう？　顔を切り刻んでやるのさ。[*48]

つまり、彼はほんとうに恐怖心も思いやりのかけらも持っておらず、他人の苦痛を正しく評価するのに必要な共感力を持ち合わせていないため、人の顔をためらわずに切り刻めるのだ。精神病質、恐怖心のなさという点で、彼は極北に位置する。

では、彼は暴力の犠牲者を気の毒に思うことがあるのだろうか？　少しは良心がうずくのか？　これらの質問に対しラジは、「ない。それを求めているのはやつらで俺ではない」と答えている[*49]。サイコパスはつねに、自分の行動を正当化するために喜んで他人を非難しようとする。そして自らの悪行を弁護するために、「自業自得」という言葉を持ち出す。「おまえたちがたった今苦しまなければならないのは、日頃の行ないの結果だ」というわけだ。ラジはこの言葉を振りかざすことで、気ままに暴力を振るう免許を手にする。ラジやその他のサイコパスにとって、人生とは、快楽と興奮を求める制限のないゲームなのである。このような心構えは、恐るべきモンスター、すなわち無神経、無感情、残忍、冷酷、自制心のなさを特徴とするサイコパスを生む。そしてそれは、幼少期の生理的覚醒度の低さ、恐怖心の欠如、刺激を求める性格によって引き起こされる。

それに対し少女ジョエルは、確かに恐れを知らず、つねに刺激を求める大人に成長するが、それはラジとはまったく別のあり方によってであり、やがて彼女はミス・モーリシャスに選ばれ、人生における喜びをラジとは違った方面に求め始める。

大人になったジョエルは、子どもの頃を振り返って、新たな発見に飢えていたことを思い出す。何でもためしてみよう、世界を探検しよう、みんなの前に積極的に出ようと考えていた。子どもの頃の記憶を尋ねると、「人生についてさまざまなことを知りたかった。私にとってもっとも重要なのは、自分を表現することだった」と答えた[*50]。彼女も周囲に影響を及ぼしたがった。だが、その方法はラジのように暴力的ではない。新たな発見を求め、世界を探検し、恐れを知らずに刺激を求める自分の性格を満足させることは、つねに犯罪に結びつくわけではない。ジョエルが暴力とは無縁の満ち足りた人生を送っているのは、反社会的な生活様式へと傾きやすい生物学的、気質的な特徴を備えながらも、寛大で親切、そして感受性豊かな人間だからだ。サイコパスという極端な結果に至らなかった要因は、他にもある。少女であったことから、おそらく女性に特有の遺伝的、環境的要因と結びついて、ラジとは違う結果が生じたのかもしれない。

大ざっぱに言えば、ラジとジョエルの違いは、セオドア・カジンスキーと爆弾解体の専門家の相違と大差はない。生物学は運命ではない。同じ生物学的特徴を備えていても、まったく異なる結果に至る場合もあるのだ。それと同時に、幼少期の子どもが示す生物学的な警戒標識は、将来起こり得る問題の予測に役立つ黄信号として機能し得る。実のところ、暴力への自律神経系の影響を理解するにあたっては、良心がカギを握る。

良心が犯罪を抑制する

あなたは誰かを殺そうと思ったことがあるだろうか？　この問いに「ない」と返事する人は、とてもよい子だったに違いない。

「正常な」男性の七六パーセントは、少なくとも一度は殺人妄想に耽《ふけ》ったことがある。女性は、それよりやや少なく六二パーセントだ[*51]。誰を殺したいか？　男性は同僚を、女性は家族のメンバー、とりわけ継父母を殺したいらしい。これは進化論の観点からも頷ける。つまり、遺伝的に無関係な人を殺したいと思うのだ。殺しの理由は？　もっともありふれた理由は痴話げんかだが、単に人を殺す経験がいかなるものかを知りたいがゆえに殺人妄想に耽る人も三パーセントいる[*52]。

アルフレッド・ヒッチコックは、アメリカ社会にはびこる暴力思考をとてもうまく描写している。彼の映画『見知らぬ乗客』（米・一九五一年）には、とある女性がカクテルパーティーの最中に殺人を妄想するシーンがある。

それはすばらしいアイデアだわ。（私の夫を）車に乗せて、人里離れた場所までつれて行く。そしてハンマーで頭を殴ってから、彼の体と車にガソリンをまいて火をつけるの。[*53]

そう言って彼女は笑う。

おそらく読者は、誰も殺したことがないだろう。なぜか？　なぜなら、真剣に殺人を計画しようともくろんで、その状況に身を置いて考えてみると、それ以上ことを進めるのは不可能になるからだ。つまり何かがあなたを引き留める。いくら本書を酷評する批評家が憎いからといって、その人を殺すことなど私にはとうてい不可能だとわかっている。これを「良心が働く」と言う。それは、一部は自律神経系によって生み出される本能的な直観と感情からなり、私たちをすんでのところで引き留める。これは単に心拍数に限られる話ではなく、そこには反社会的行動を喚起したり抑制したりする古典的条件づけと自律的な反応の交響楽が関与する。

では、「良心」などという抽象的なものをどう測定するのか？　まずあげられるのは、とりわけ皮膚コンダクタンスによって測定可能な古典的条件づけとして知られる発汗だ。これについて簡単に見てみよう。

実験では、皮膚コンダクタンスは[*54]、人差し指と中指おのおのの末節骨に小さな電極をとりつけ、本人にはまったく感じられない弱い電流をそれらのあいだに通すことで測定する。発汗量が多いほど、電流はよく通る。この伝導率の変化は非常に小さなものだが（一億分の一ジーメンス）、コンピューターで解析できるよう増幅される。

さて、ヘッドフォンを通して聞こえてくる単純な音への、発汗による反応の大きさの変化は、被験者がその音を処理するのに、注意という資源をどの程度割り当てているのかを反映する[*55]。音に注意を払っているときには、前頭前皮質、扁桃体、海馬、視床下部が活性化する[*56]。「より低次の」脳領域のいくつか（視床下部や脳幹）は、発汗を促す[*57]。かくして何かを考えたり聴いたりすると、発汗量がわずかに増える。発汗は末梢の自律神経系の反応だが、中枢神経系の機能の測定基準としても有効であり[*58]、皮膚コンダクタンスの値が大きければ大きいほど、その人の注意の度合いは高い。

「良心」の測定方法というやっかいな問題に戻ろう。最終的に私たちに善悪の感覚を与えるものとはいったい何か？ その答えは「バイオソーシャル」〔二六頁の訳注参照〕な理論に見出せると、私は考える[*59]。良心は、基本的に一連の古典的条件づけによる情動反応としてとらえられる。犯罪者やサイコパスは、一つは恒常的な覚醒度の低さのゆえに、恐れの反応をあまり示さない。そして、この恐怖条件づけの欠如のゆえに良心が十分に発達しない。犯罪者を犯罪者たらしめるものとは、まさにこの良心の欠如、すなわち善悪を識別する感覚の欠如なのである[*60]。

これは次のように説明できる。古典的条件づけは、時間の経過のなかで発生する二つのできごとの関係を学習することに関わる。中立的なできごと（条件刺激）の直後に、嫌悪を催すできごと（無条件刺激）が続くと、もとは中立的であったできごとが、嫌悪をもたらす刺激の特徴を帯び始める。古典的なパブロフの犬の例では、ベルの音がその後に与えられるエサと結びつけられた。空腹な犬はエサを見せられると、唾液の分泌という無条件反応を引き起こす。ベルの音とエサが何度かペアで提示されると、前者だけでも犬は唾液を分泌するようになる。こうして犬は、ベルの音とその後に提示されるエサの関係を学習し、条件づけられる。

幼い子どもは、パブロフの犬とさほど変わらない。台所で子どもがクッキーをちょろまかしたとする。叱る、叩くなどして、親がその行為を罰すると、子どもに無条件反応が生じる。つまり子どもは動揺して気分を害する。同じことが何度か繰り返されると、子どもはクッキーを見たり盗もうと考えたりしただけで不快な気分を感じ始め、反応が条件づけられる。子どもを盗みに走らせないようにするのが、この不快な気分なのである。幼少期、さまざまな状況下で生じた、類似の「条件づけられた情動反応」は次第に蓄積され、それを通して「良心」が形成される。そして、あなたは人を殺せなくなる。

この分析では、社会化された個人は、盗みや暴力について考えただけでも、落ち着きのなさを感じる。なぜなら、そのような考えは、クッキーをちょろまかした、あるいは乱暴に振る舞ったなどの軽い非行のために、子どもの頃受けた懲罰の無意識の記憶を喚起するからだ。友人と犯罪について話し合ったとき、「僕は、そんなことをしようとは考えさえしなかった」と言わなかっただろうか？　いまや考えさえしなかった理由の一つがわかったのではないか？　つまり、考えるだけで、不快感をもたらすよう条件づけられた情動反応が引き起こされるからだ。こうして犯罪の実行は、あなたの認知領域から一掃され、レーダーから消え去る。

これにはもう一つ興味深い側面がある。実際には法律違反でありながら、あまり犯罪とは考えられていない行為がある。たとえば税額控除のために、慈善事業への寄付額を、実際にした一〇〇ドルから二〇〇ドルに水増しして申告したとしよう。この行為は、他の犯罪に比べれば、それほど「犯罪らしく」は思われない。「一〇〇ドルは実際に寄付したんだから、自分は極悪人などではない」というわけだ。それが大した悪行に思えないのは、おそらく子どもの頃には脱税に相当する行為がなかったからだろう。両親はこの手の「ホワイトカラー犯罪」〔知能犯罪〕は罰さず、盗みやけんかなどの明らかな非行に注意を向ける。その結果、私たちの多くは、「ホワイトカラー犯罪」に対する「良心」を育んでこなかった。多分そのために、ごく普通の一般市民が、脱税のようなホワイトカラー犯罪を、他の犯罪より軽く見て実行に移せるのだろう。

他の例には、他人の業績の盗用がある。この問題は学生のあいだでかなり横行している。香港の学部大学生を対象に私が実施した自己報告による調査では、六七パーセントの学生に、他人の論文を自分のものとして提出した経験があるという結果が得られている。また、六六・六パーセントは、講座登録資格を得るために他人の業績を盗用したことがあると報告している。これらの行為は大学当局によって固く禁じられているにもかかわらず、どうどうとまかり通っている。おそらく読者にも身に覚えがあるだろうから、あまり驚きではないかもしれないが、八八・三パーセントは海賊版のソフトウェアやDVDを購入した経験を、また九四・二パーセントは不法に音楽や映画をダウンロードした経験を持つ。これらの件に関しても、幼少期に相応の行為に及んで罰せられた経験がなく、それを抑制する良心を育む機会がほとんどなかったはずだ。のみならず、両親が宿題を手伝い、あとになってそのできをほめるなどして、その傾向を助長しさえしたかもしれない。このように、私たちは、知らずにホワイトカラー犯罪の種を子どもに植えつけていることとすらあるのだ。

次に、証拠の検討に移ろう。成人の犯罪者、サイコパス、および反社会的な青少年を対象に行なわれたあらゆる研究を系統的に分析した調査では、犯罪者には恐怖条件づけが不足していることを示す、圧倒的な証拠があるという結論が得られている[*61]。とはいえ、恐怖条件づけの不足が将来の犯罪の原因であるというよりは、犯罪者並みの生活を送ることがそのような条件づけの不足を生むのかもしれない。しかし、犯罪者やサイコパスに恐怖条件づけの不足を指摘する研究は何十とあるが、幼少期における恐怖心のなさが、将来の犯罪を予測できるか否かを検証した研究はなかった。必要なのは、それを確かめるために経年研究を行なうことだった。

今日は恐れを知らぬ乳児、明日は残忍な暴漢

ここで北京師範大学出身のユー・ギャオを紹介しよう。彼女は、博士号を取得するために二〇〇三年に南カリフォルニア大学に移り、私と研究を行なうことになった。学問的に三世代にわたる共同研究に参加して、彼女は、恐怖条件づけの不足が将来犯罪者を生むか否かという、成長の暗い側面に関する問いに光を投げかける役割を果たす。

私の博士課程指導教官であったピーター・ヴェナブルスは、モーリシャスで収集したデータをじっくりと眺めて、条件づけは存在しないと結論しており、私はそれを鵜呑みにしていた。何しろ彼は、精神生理学の世界的権威の一人だったのだから。普通は自分の指導教官を疑ったりはしない。

しかしギャオは騙されやすいたちではなく、なによりも彼女にはガッツがあった。フレッシュな心は、新たな視点、革新、発展をもたらしてくれるものだ。われわれは、恐怖条件づけの世界的権威の一人、マイク・ドーソンに手伝ってもらうことにした。統計学に精通していたギャオは、データを解析して三歳児に恐怖条件づけが実際に生じていることを説得力をもって示した。ピーターの条件づけ

理論自体は、うまく機能したのだ。ただデータに関して、彼は悲観的すぎた。

もちろん人の性格に関わるどんなことにも当てはまるが、恐怖条件づけの程度は人によって変わり、それが作用する者もいれば、しない者もいる。ギャオはその点にも着目している。モーリシャスでの実験では、最初に次のような条件づけの調査が行なわれた。母親が三歳児を実験室につれてくる（被験者総数は一七九五人）。そして皮膚コンダクタンスを測定するために、幼児の小さな手に電極をとりつけ、音による刺激を与えるためにヘッドフォンを装着する。こうして準備を整えてから、実験は母親のひざの上に座った状態で始められた。

ある試験では、まず低音が与えられてから、一〇秒後に不快な騒音が流された。別の試験では、高音が与えられるだけでそれ以後何も起こらなかった。子どもは、低音と騒音の結びつきについては何も教えられていなかった。それにもかかわらず試験を三度行なっただけで、子どもの脳はこの結びつきを検出している。概して被験者の子どもは、高音よりも低音に、より大きな皮膚コンダクタンス反応を示した。つまり、彼らは条件づけられ、不快な音に結びつけられた、もとは中立的な音に対して、予期的な恐れの感覚を発達させたのだ。

この最初の実験から二〇年が経過し、三歳児だった被験者が二三歳の成人に達したときに、われわれは島内すべての裁判記録から、どの子どもが成人後に犯罪者になったかを調査した。その結果、一七九五人の被験者のうち、一三七人が有罪判決を受けていることが判明した。ギャオは、一人の犯罪者につき、性別、年齢、人種、社会的な境遇が一致する二人の非犯罪者（したがって合計二七四人）を選んだ〔そうすることで、実験群と対照群の二つのグループを形成した〕。このような疫学的「症例対照研究」によって、グループ間の結果の差異が、これらの条件の相違に基づいて生じたものではないことを保証できる。次にギャオは、両グループに関して、二〇年前の三歳のときに、条件づけられた恐怖を発達させる能力がどの程度あったかを調査した。

結果は歴然としていた。繰り返すと、恐怖条件づけが作用していることを証明するには、不快な騒音を予示しない高音（ＣＳ－）に比べ、予示する低音（ＣＳ＋）に対する皮膚コンダクタンス反応が大きいことを示さなければならない。図４・１は、この調査の結果を示す。見てのとおり、対照群の被験者には、かなりの程度の恐怖条件づけが見られる。彼らの発汗反応は、高音（ＣＳ－）より低音（ＣＳ＋）を聞いたときのほうがはるかに大きい。ところが、将来犯罪者になる被験者には、条件づけの徴候がまったく見られない。

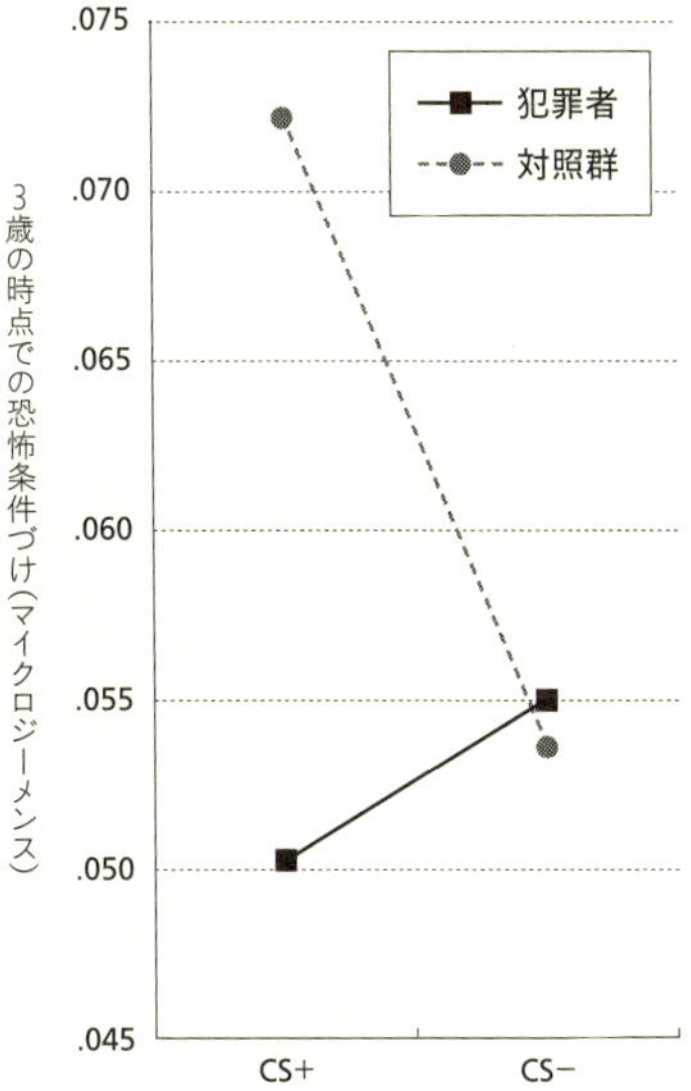

［図4.1］ 23歳の時点の犯罪と、
3歳の時点の恐怖条件づけの関係
CS−と比べた際のCS+に対する反応の
高さは、恐怖条件づけの存在を示す。

グループ全体として、彼らは恐怖条件づけをまったく示していない。ギャオのこの発見は、幼少期における自律神経系の恐怖条件づけ機能の障害が、成人犯罪を導く因子として作用し得ることを初めて実証した[*62]。

通常、良心は私たちに罪の感覚を与え、暴力行動にブレーキをかける役割を果たすが、その欠如は、行為障害、青少年期の非行、成人後の暴力の発現にはるかに先立つ幼少期に起源が求められる点を示したことで、ギャオの研究は、この分野を大きく前進させた。またそれは、社会環境の副産物である可能性は低い〔環境要因は統計的にコントロールされていた〕。したがって、自律神経系の反応性の低さは、神経の発達状況に、すなわち脳が正常に発達しなかったことに由来する可能性が高い[*63]。では、恐怖条件づけにはどの脳領域が必須なのだろうか？　答えは、恐れを知らないサイコパスに異常が見られた脳の組織、扁桃体（第3章参照）である。

　このように、指先という人体の末端から、犯罪の一部の要因をなす、人体内部の脳や神経系の機能不全に関する洞察が得られる。条件づけがうまく働かない子どもは、犯罪者になり得る。生まれつきの悪人はいないとしても、成長の過程を通じてねじまがった方向に逸脱する子どもはいる。

　とはいえ、人生は単純ではない。紆余曲折を経ながら人が成長するにつれ、暴力の構造も変化する。ラジとジョエルの事例に見たように、同じ生物学的構造や気質を備えていても、それぞれが異なる人間性を持つ大人に成長し得る。また、ランディ・クラフトとアントニオ・バスタマンテの事例（第3章）に見たとおり、殺人者になる理由は異なり得る。その場合、要因は異なっていても、行きつくところは同じだ。

　このような多様性は、私たちが持っている、暴力の生物学の知識から完全に抜け落ちている。なぜ心拍数の低い人のすべてが、暴力犯罪者やサイコパスになるわけではないのか？　成人のサイコパスには二つのタイプがあるのだろうか？　おそらくそうだろう。恐怖条件づけの欠如を表に出さず、驚くほどすぐれた脳や自律神経系の能力を発揮するサイコパスもいる。ただ気づいていないだけで、あなたの同僚、友人、知人にもいるかもしれない。もしかしたら、あなた自身がそうである可能性もある。それについて考察してみよう。

上首尾なサイコパス

進化における欺瞞についての議論や、ジョリー・ジェーン・トッパンの話から、サイコパスの何たるかがかなり理解できたのではないだろうか。彼らは、利己的で仰々しく、かつチャーミングな、恐れを知らぬ刺激の追求者たり得る。サイコパス研究の世界的な第一人者で、ヘア・サイコパス・チェックリストの開発者でもあるロバート・ヘアの著書のタイトルにあるように、「サイコパスは良心を欠く」[*64]〔原題『*Without Conscience*』、邦題『診断名サイコパス——身近にひそむ異常人格者たち』〕。良心を欠けば、その人は精神病質的な特徴を発達させる可能性がある。とはいえ、あらゆるサイコパスが、前頭葉の機能不全と自律神経系の覚醒度の低さを抱えているわけではない。逮捕されて有罪判決を受けたことのない上首尾なサイコパスは、尋常ならざる悪魔なのかもしれない。

上首尾なサイコパスに対する私の関心は、会計士として勤めていた頃にまでさかのぼる。オックスフォード大学に通うためにブリティッシュ・エアウェイズの会計士を辞めたとき、私は知的にリッチな気分に浸っていたが、財布は空だった。だからオックスフォードでの最初の夏には、生活費を稼ぐためにロンドンに戻って臨時職業紹介所に登録した。そしてそこで、私が知る最初の上首尾なサイコパスに出会った。私は会計検査官の仕事を得たのだが、この会社で、私と同じく紹介所を通じて職を得たマイクと知り合いになった。仕事を終えたあとパブで仲良くなったのだ。チャーミングでユーモアのセンスのある彼は、すぐに正規社員からも好かれるようになった。豊かな人生経験を持ち、冒険への渇望を抱く魅力的な好漢に見えたが、彼はやがて、会社や、その他の場所で、チャンスと見れば盗みを働いていることを、仲良くなった私に打ち明けてきた。多くを打ち明けたわけではないが、私は彼の反社会的な生活スタイルの一端を垣間見ることができた。

マイクや、紹介所に登録していたその他数人の仲間の、リスクを好む生活スタイルについては今でも覚えているが、彼に関してそれ以上ドラマチックな話があるわけではない。事実、学者としてロサンゼルスに移るまでは、マイクについてそれ以上深く考えはしなかった。イギリスにいた頃は、刑務所に収監されたサイコパスを対象に調査を行なっていた。アメリカでは、処刑寸前の殺人犯にも獄中でインタビューした。だが、捕まらずにいる犯罪者は、(少なくとも生物学的に見て)彼らと同じ特徴を持つのかという疑問を抱くようになった。とはいえ、捕まらずに街を闊歩している犯罪者を、どうやって研究のために集められるのだろうか？　そのときふと、マイクのことが頭に浮かんできた。そう、臨時職業紹介所を探せばよいのだ。

ずいぶん大胆にも思えたが、その考えに衝き動かされた私は、とりあえず近くの紹介所を利用して予備研究を始めた。紹介所に登録した者を雇い、実際に賃金を払って三日間実験室に来させた。つまり金を払って被験者になってもらったのだ。私とチームメンバーは、彼らに「最近どんな罪を犯したか？」「自分の犯罪について誰かに忠告されたことがあるか？　あるのならそれは誰か？」と尋ねた。読者はおそらく、「そんな質問にまじめに答えるやつがいるのか？」と思うだろう。ところが、彼らはすぐに、自分の犯した強盗、レイプ、さらには殺人についてさえ、ペラペラしゃべり始めた。マイクの記憶が実を結んだのだ。かくしてわれわれは本格的にこの研究を進めることにし、紹介所でさらに被験者を募って、データを蓄積していった。

この研究で、次のことを発見した。一般集団における男性の反社会性人格障害の基準率は三パーセントだが、われわれが紹介所で雇った被験者については、基準率二四・一パーセントという驚異的な数値が得られた[*65]。つまり国民平均の八倍以上になる。さらには四二・九パーセントが、反社会性人格障害の成人のみの診断基準に適合した[*66]。これは被験者のほぼ半分にあたる[*67]。いわば、臨時職業紹介所は金鉱だ。そういうわけで、われわれはこの金鉱をもっと深くまで掘ることにした。

その結果、まず次のことがわかった。「反社会性人格障害」を持つと診断された被験者は、私が子どもの頃にしていた悪さより、はるかに恐ろしい悪事を犯していた。被験者のうち、四三パーセントにはレイプを犯したことが、五三パーセントには赤の他人を襲って少なくとも傷を負わせたり流血させたりしたことが、二九パーセントには武装強盗を犯したことが、三八パーセントには誰かに向けて発砲したことが、そして二九パーセントには殺人未遂もしくは殺人の経験があった[*68]。こうしてみると、われわれが臨時職業紹介所で募った被験者がトラであれば、ロンドンで知り合ったマイクなど子ネコに過ぎなかったのだ[*69]。

「彼らはなぜそんなことを告白したのか？」といぶかる読者もいるはずなので、説明しておこう。それにはいくつかの理由がある。合衆国の法執行機関によって召喚されないよう厚生省長官から機密保持の認証を受けていたことが一つ。したがってデータの公開を強制されることはなかった。むしろ公開すれば、その行為こそが犯罪になり、私自身が、誰か他の犯罪研究者の調査対象になっていたはずである。要するに被験者は法的な保護を受けていたわけだ。また、実験は大学構内のアカデミックな環境のもとで、信用できる研究員の手で行なわれたことがあげられる。おそらく彼らは、学問の専門家を前にして信頼と安全を感じながら、レイプや殺人を含め自分の犯した悪事について、生まれて初めて誰かに長々としゃべることができたのだろう。

では、嘘をついている可能性はないのか？　その可能性はないとわれわれは考えている。そうすべき動機はまず存在しないからだ。何の得もない。なかには病的虚言者がいたことも確かだろうが、いずれにせよ、そのような人物が反社会的であることに変わりはない。つまり、彼らの話が真実なら、まさしく彼らは反社会的な犯罪者であり、逆に嘘をついているのなら、病的虚言者であり、ゆえに依然として反社会的なのだ。実際、犯罪経験と反社会性人格障害を持つ被験者の割合は、過大ではなく過小評価されていると、われわれは見なしている。

われわれはまた、精神病質を評価するための「ゴールドスタンダード」、サイコパス・チェックリストを用いた調査で[*70]、精神病質的性格を持つ被験者の割合が異常に高いことを発見した。男性に関して言えば、一三・五パーセントが三〇以上のスコアを記録した。このスコアは、刑務所で行なわれた多くの研究で、精神病質を定義するための病態識別値《カットオフ》として用いられている[*71]。また、他のいくつかの研究で用いられているカットオフ値二五以上を記録した被験者は、その倍以上の三〇・三パーセントに達した[*72]。つまり、反社会性人格障害の診断基準を満たした男性被験者のおよそ三分の一は、精神病質と見なせた。

臨時職業紹介所の登録者には、なぜかくもサイコパスが多いのか？ なぜなら、紹介所はサイコパスにとって安全な場所だからだ。ほとんど温床と言ってもよい。サイコパスは普段、どう猛に他人を利用して生きている。そもそも彼らは、うわべだけの魅力を装ってうまく他人につけこむが、いずれはその正体を暴露される。そうなると、新たな犠牲者を求めて別の集団に移動する。紹介所は、この移動の自由を提供するのだ。また、正規従業員を雇用する場合に比べ、彼らの履歴のチェックは甘くなる。加えて、サイコパスは衝動的で信頼性を欠き、一つの仕事に長くとどまることはめったにない。それに対し、短期雇用なら、そのあいだに自分の欠陥が暴露される可能性を抑えられる。また、サイコパスは刺激を求める性質《たち》なので、新たな経験を求めて職場を変えることを好み、紹介所はそんな彼らに、都市間を含め移動の絶好の機会を提供する。もちろん、紹介所の登録者全員がサイコパスなのではない。私自身、紹介所に登録していたことがある。しかしこれらすべてを考慮すれば、紹介所にサイコパスが集まるのも頷ける。

というわけで、われわれはサイコパスを集められた。それから裁判記録を調査し、有罪判決を受けたことのある被験者を「不首尾な」サイコパスとして、また、そうでない者を「上首尾な」サイコパスとした。こうして一六人を不首尾なサイコパスに、一三人を上首尾なサイコパスに分類できた。また、二六人からなる対照群を形成した。被験者の数は多くはないが、とりあえずそこからスタートすることにした。

当時は、キャシー・ウィダムによる独創的で画期的な調査を除けば、このような個人を対象にした実験研究は存在しなかった。彼女は、一九七四年一一月から七五年七月にかけて、ボストンの

「対抗文化的《カウンターカルチャー》な」新聞に次のような広告を掲載した。

衝動的で無責任、チャーミングで攻撃的、そして何事にも無頓着だが、人の扱いが巧みで、ナンバーワンを目指している人を求む[*73]

彼女は神経心理学の尺度を用いることで、この広告に応じた、施設に収容されていないサイコパスが、予想される前頭葉の欠陥を示さないことを発見した。さらに彼女は、「サイコパスとそうでない者のあいだに見られる自律神経系の相違は、施設に収容されている不首尾なサイコパスのみを特徴づける」と報告している[*74]。精神病質研究の第一人者、ウィスコンシン大学マディソン校のジョー・ニューマンとの共同研究で、彼女は最初の発見を再確認し、さらに拡張している[*75]。ウィダムの最初の研究には限界があった。対照群が用いられておらず、また、四六・四パーセントには逮捕歴があり、したがって彼らに関しては厳密に言えば「上首尾な」サイコパスには分類できなかった。さらには、これらの推測的な結論を支持する精神生理学的なデータは存在しなかった。

しかし、精神生理学の実験室を持つわれわれは、ウィダムとニューマンの考えの検証にとりかかり、次のような手順で実験を行なった。被験者を精神生理学実験室につれてきて椅子に座らせ、皮膚コンダクタンスと心拍数を測定するために、電極を指先と腕にとりつける。それから彼らを実験室に慣れさせ、できるだけ「安静時」に近い状態に保つ。そして、その状態で自律神経系の覚醒度を注意深く測定する。

その後しばらくしてから、社会的ストレス課題を行なうことを急に持ち出す。自分の最大の欠点について二分間で内容を考え、ビデオカメラの前で二分間スピーチするよう求めたのだ。被験者がとまどったり、スピーチが途切れたりした場合には、実験アシスタントがもっと詳しく話すようせっついて、ストレスレベルを上げる。なお、スピーチを準備する二分間、被験者は「予期的な恐れ」を感じるはずで、ロバート・ヘアはこれを「準条件づけ（quasi-conditioning）」と呼んでいる[*76]。恐怖条

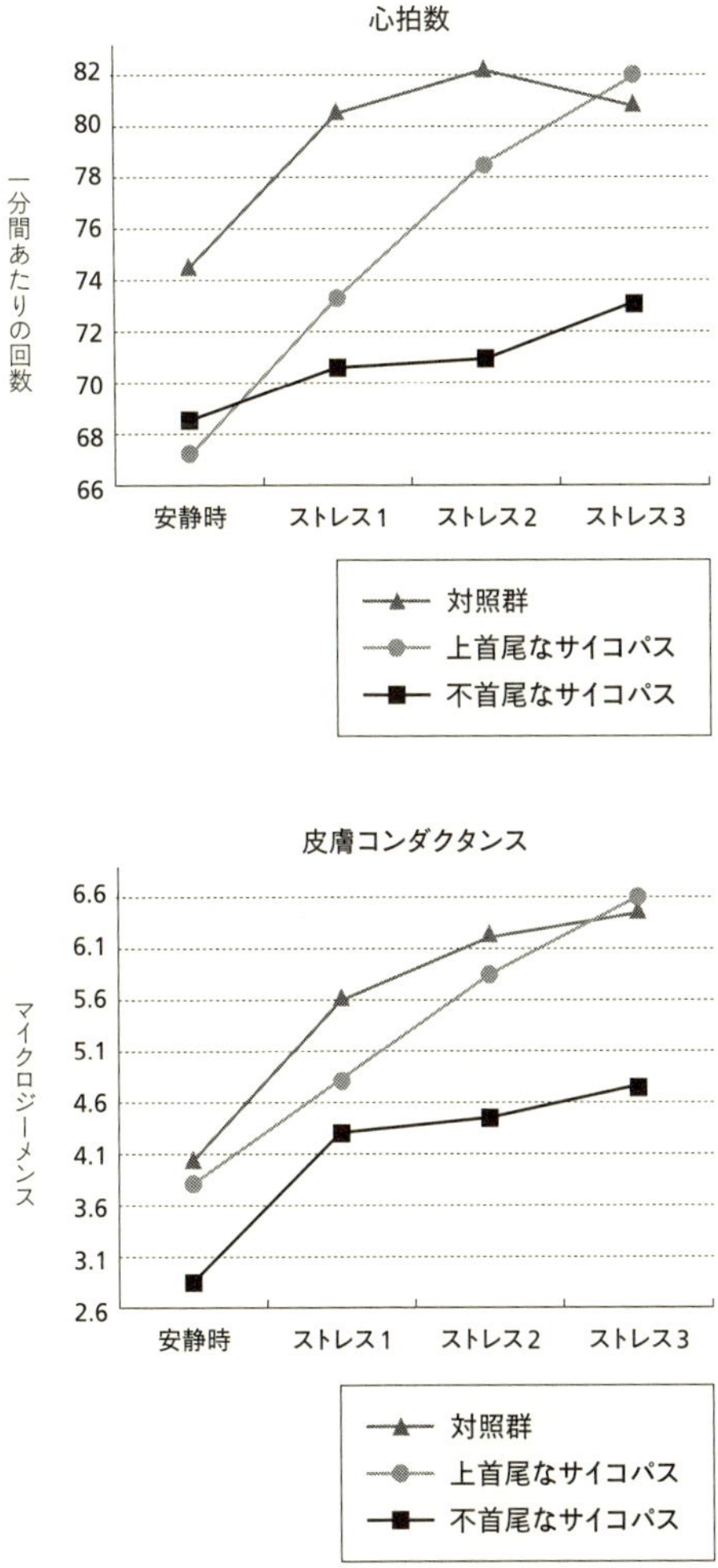

［図4.2］上首尾なサイコパス、不首尾なサイコパス、対照群における自律神経系のストレス反応

件づけの場合と同様、ここでの問いは、「ストレスのかかるスピーチを予期しているとき、およびスピーチしているあいだ、サイコパスの自律神経系は反応を示すか？」である。

図4・2はその結果だ。対照群については予測していた結果が得られた。課題の実行を通して、心拍数と発汗率が上昇している。不首尾なサイコパスに関しては、施設に収容されているサイコパスを対象に、以前実施した調査で得られたデータに基づく予想に合致する結果が出た。つまり自律神経系のストレス反応は鈍く、心拍数と発汗率は、安静時に比べわずかな上昇を見せたにすぎない。上首尾なサイコパスについては、不首尾なサイコパスとは明らかな対照をなし、心拍数と発汗率は安静時に比べ大きく上昇している[*77]。上首尾なサイコパスと正常対照群のあいだに、本質的な差異はない。この実験より二三年前になされたウィダムの予言的とも言える主張は、これによって生理学的な支持を初めて得たのだ。

また、「実行機能」を測定するテストを実施した。これには、計画、注意、認知の柔軟性、そして特定の方法が不適切だと判明した場合に計画を変更する能力など、企業経営者として成功するために求められるすべての認知機能が含まれる。その結果を図4・3に示す。見てのとおり、対照群のスコアは、不首尾なサイコパスよりはるかによい。これは予想どおりであろう。だが、上首尾なサイコパスのスコアに注目されたい。彼らは、不首尾なサイコパスのみならず、正常対照群よりはるかにすぐれた成績を残している[*78]。

この驚くべき発見をどう解釈すればよいのか？　この問いに答えるためには、暴力の解剖学から意思決定の解剖学へと足を踏み出し、異なる視点を導入しなければならない。神経科学者のアントニ

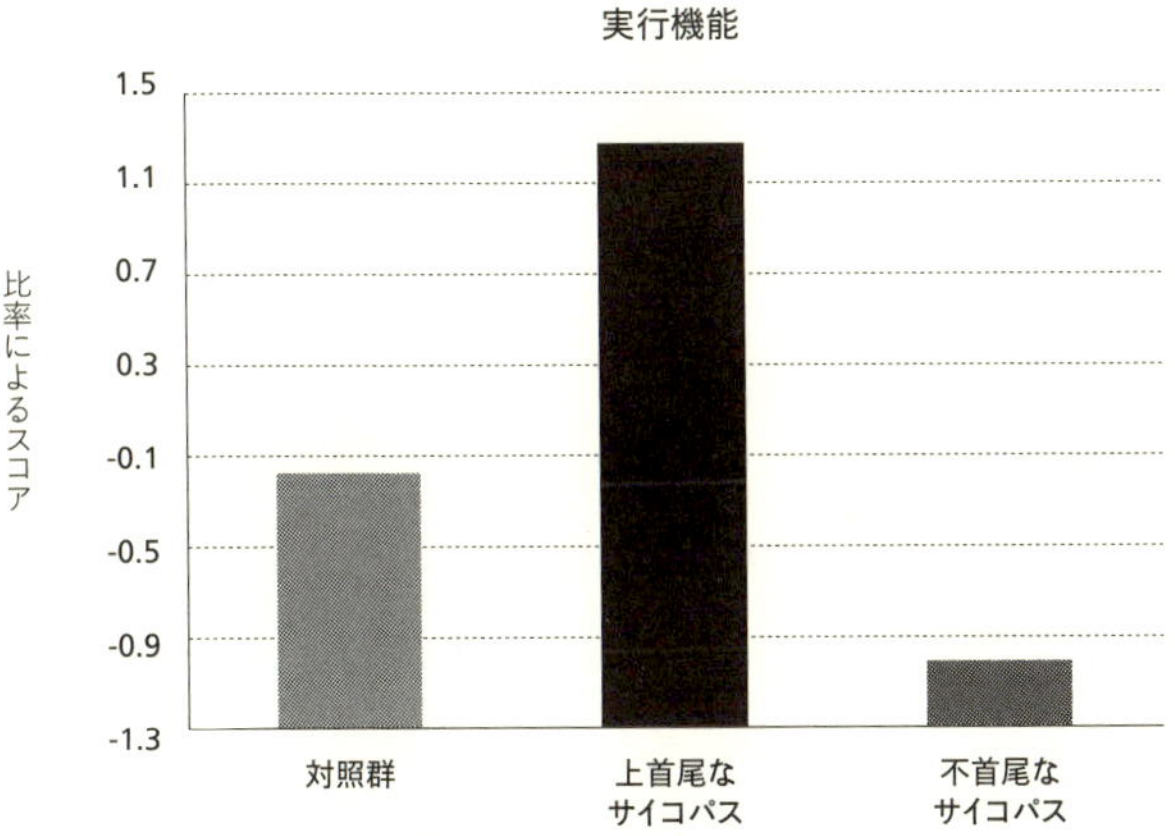

［図4.3］上首尾なサイコパスが秀でる実行機能

オ・ダマシオは、画期的な著書『デカルトの誤り』で、適切な意思決定の形成には情動と認知の統合が必要だと主張する、革新的な「ソマティック・マーカー」仮説を提起した[*79]。彼によれば、「われ思う、ゆえにわれあり」という言葉によって心と身体の根源的な区別を主張したデカルトは、根本的な誤りを犯したのだ。

デカルトのこの考えに対し、ダマシオは心と身体の密接なつながりを主張する。健全な心は適切な判断を下せるが、そのためには、心は身体によって生み出される「ソマティック・マーカー」に依拠しなければならない。ソマティック・マーカーとは、危険な行為や難題を考える際に引き起こされる、自律神経系に支配された、動悸や発汗などの身体の不快な状態を指す。これらのソマティック・マーカーは、過去のネガティブな結果をしるしづけるものであり、脳の体性感覚皮質に蓄えられる。それからこの入力情報は、さらなる評価や意思決定が行なわれる前頭前皮質に伝達される。そして、現在と同じ状況が以前にネガティブな結果に至ったことがある場合には、過去のそのできごとに結びついたソマティック・マーカーは、意思決定が行なわれる脳領域に向けて警鐘を鳴らし、その結果、行動が抑制される。このプロセスは、意識、無意識両レベルで機能し、意思決定における選択肢の幅を狭めるのに役立つ。これは、懲罰に結びついた反社会的行為を抑制する古典的条件づけや、予期的な恐れに類似する。

かつて私たちは、適切な意思決定を行なうためには、情動を締め出し、冷静に集中力を保つことが肝要だと考えてきた。認知や感情の神経科学におけるダマシオの革新は、適切な意思決定を下すには情動が重要だということを明らかにした点にある。情動やソマティック・マーカーが存在しなければ、正しい意思決定は望めないのだ。

ここで不首尾なサイコパスの話に戻ろう。彼らは情動が鈍く、ストレスに対して自律神経系が正常に反応しない。これは、ソマティック・マーカーの機能低下、すなわち心身の紐帯が緩んでいるものとしてとらえられる。ダマシオによれば、心と身体の分裂は、不適切な意思決定をもたらす。刑務所にいる犯罪者は、それまでの人生のなかで無数の誤った判断を下してきたに違いない。

では、上首尾なサイコパスはどうか。彼らには、自律神経系の反応にも予期的な恐れにも異常は見られない。彼らは、適切な意思決定を導くソマティック・マーカーの機能に必要な心身の結びつきを失っておらず、それゆえすぐれた実行機能を備えている。だから捕まらずに済んでいるのだ。

ここで言う「上首尾な」とは、有罪判決を受けた前歴がないという意味であることを思い出そう。そのような意味での上首尾なサイコパスが、セブンイレブンに押し入って強盗を働こうと考えていたとする。街路を見渡して誰も見ていないことを確かめる。同時に、無意識のうちにおぼろげな全体像《ゲシュタルト》を形成しながら状況を逐一とらえている。そして、思い切って店に押し入ろうする。しかしその瞬間、踏みとどまる。おぼろげな全体像のなかの何かが引っかかったのだ。「何かがおかしい」という感覚を除けば、それが正確に何なのかを指し示すことは彼自身にもできない。

　要するに、ソマティック・マーカーが、同様な状況のもとで危うく捕まりそうになった経験があるという警告を発したのだ。このような警鐘は、たとえば時間帯や店員の数が同じであること、前回も今回も一杯ひっかけたあとであること、あるいは視覚や身体感覚を通して伝えられるその手の徴候の組み合わせが検知されることで鳴らされる。上首尾なサイコパスは、このような自律神経系の敏感な反応によって、ソマティック・マーカーの警告ではなくパトカーのサイレンの音を聞く破目になる不首尾なサイコパスより、うまく立ち回れる。

　この例からも推察されるように、不首尾なサイコパスは、危険を告げる徴候に対する自律神経系の反応が鈍い。それに対し上首尾なサイコパスは、自律神経系の機能が比較的鋭敏で、それゆえ警察に捕まりにくい[*80]。また実行機能も秀でている。では、不首尾なサイコパスと違って自律神経系に問題がないのなら、何がそもそも彼らをサイコパスにしたのか？

　われわれの最初の研究は、それについて二つのヒントを与えてくれる。一つ目は次の点である。図4・2（一九三頁）をもう一度見てほしい。社会的ストレス課題を与えられる前に測定された安静時心拍数は、どちらのタイプのサイコパスも低い。上首尾なサイコパスの安静時心拍数は、対照群と比べて一分につき六回分遅く、また、不首尾なサイコパスのレベルよりわずかに低い。つまり上首尾なサイコパスは、刺激の追求を引き起こし得る、安静時における心循環系の覚醒度の低さという、サイコパス一般の基本的な特徴を持つ。二つ目として、上首尾なサイコパスは、他の二つのグループには見られない心理・社会的《サイコソーシャル》な障害を持つことを示す証拠が存在する点があげられる。それはたとえば、養子に出された、孤児院などの施設に引き取られたなど、実の両親以外に育てられたケースだ。実の両親との結びつきの欠如のために、親密な社会関係を形成する機会を逸し、サイコパスの人間関係に特有の表面性が発達したと考えられる。

この研究は、一般社会にいるサイコパスを対象にした、今後のさらなる研究の方法論を提示する。明らかに、これらのサイコパスの「成功」は、悪事がばれなかったというだけのものであり、われわれの発見がビジネスマン、政治家、学者、あるいはテロリストになった上首尾なサイコパスにも当てはまるとは限らない。とはいえわれわれは、ほとんど何も知られていない未調査のサイコパス、すなわち大手を振って街を闊歩しているサイコパスを理解するためのヒントを、初めて手にできたと考えている。

血がたぎる連続殺人犯

上首尾なサイコパスについての発見は、それ以外の知見ももたらしてくれる。われわれは、そこから連続殺人犯を理解するためのヒントを引き出せると考えている。何が人を連続殺人犯に仕立てるのかという問いは、単にそれに対する答えがまだ見つかっていないというだけでなく、調査さえほとんどなされていない。というのも、相応の人数の連続殺人犯を募り、実験によって系統的なデータを収集することは不可能に近いからだ。「白人男性が多い」「赤の他人を犠牲者に選ぶ」「銃を使うことはまれである」などといったいくつかの基本事項を除いて、私たちは連続殺人犯について多くを知らない[*81]。

連続殺人犯は、「冷血な（cold-blooded）」として分類されることが多い。だが、彼らの冷血な行為には、「血がたぎる（hot-blooded）」身体の産物もあるのではないか？　これは私の仮説だが、連続殺人犯には、上首尾なサイコパスの特徴の多くを備えた者もいるはずだ。ある殺人犯が私に語ったことだが、初回の殺人は簡単ではない。しかしひとたびこの一線を越えると、殺人は以前ほど重大には感じられなくなる。

かくして、最初の殺人をうまく逮捕されずに済ませられると、一線を踏み越えて殺人を繰り返すことができる。最初の殺人から学習し、失敗しそうになったことを思い出して自己の行動を調節し、効率化を図る。これこそ、上首尾なサイコパスに実行機能課題を与えたときに見出されたものだ[*82]。彼らは、いつ実行に移すべきか、どんなときに踏みとどまるべきかを心得ている。何がそのような能力をもたらすのか？　その答えは、前述のとおり、差し迫った危険を察知し、逃走の合図を知らせる身体発の危険信号、すなわちソマティック・マーカーを提供する、健全な自律神経系だ。

もしかすると、ここには逆説があるようにも思える。少なくとも安静時に関して言えば、心拍数の低さは、反社会的行動の指標《マーカー》になることが繰り返し確認されている、と私は述べた。ところで、殺人を犯した直後、心臓はいかなる状態にあるだろうか？　「早鐘を打っている」と思うはずだ。自分の行為に恐れをなしているだろうか？　そのはずだ。では、殺人直後の連続殺人犯の心拍数についてはどうだろうか？　彼らはどう感じているのか？「やつらは冷酷なのだから、心拍数は平常時とほとんど変わらないのではないか」と読者は予想するかもしれない。しかし、その予想はマイケル・ロスには当てはまらない。

ロスは、知能の高い連続殺人犯だ。コーネル大学を卒業する直前からレイプ殺人を重ね始め、ニューヨーク、コネチカット両州で、八人の若い女性を殺害している。彼は、殺人を犯した直後にどう感じたかについて以下の三点をあげる。

最初に感じたのは心臓の鼓動だ。まさに早鐘を打つようだった。それから手の痛みを感じた。いつも手で絞め殺していたからね[*83]。その次に感じたのは、恐れだと思う。自分の目の前に死体が横たわっているという現実がのしかかってきて、恐ろしくなってきたんだ[*84]。

ロスは例外ではない。人を殺す行為はまったく不快なものであり、ましてや自分の手で誰かを絞め殺すとなると、その経験はあまりにもおぞましく、自分なら嘔吐するだろう。読者はそう思うはずだ。連続殺人犯はその例外だと思われるかもしれないが、それは正しくない。

連続殺人犯のなかには、そのような不快感を覚える者もいる。私は現在、シンガポールの刑務所を統括管理する機関シンガポール・プリズン・サービスで調査をしている。殺人犯の処刑が実行されるチャンギ刑務所の建物のそばを歩きながら、ここで処刑された一人の連続殺人犯のことを思い出した。

処刑されたのはジョン・スクリップスという男で、彼は何件かの殺人を犯し、シンガポールで絞首刑に処せられた最初の西欧人になった。彼は、冷酷な精神病質的殺人犯が持つあらゆる特徴を備えていた。たとえば、犠牲者の一人にジェラルド・ロウという名の男性がいるが、スクリップスは、何もしていない彼を殴って気絶させたあと[*85]、首を切断している。

ブタを処理するのとほとんど同じだ。ナイフを喉から切り込ませ、よじりながら首の裏側まで切り通すんだ。うまくやれば、きれいに処理できる。[*86]

スクリップスはまさに冷酷無情だ。しかしそれでも吐いた。犠牲者は状況を理解していたのかと尋ねると、彼は次のように答えている。

やつは漏らした。小便も大便も。においがひどかった。そうさ。俺は気分が悪くなって吐いた。大便を漏らしやがったんだ。だが、やつはどうすることもできなかった。そうだろう？[*87]

スクリップスが残忍で冷酷な連続殺人犯だったことを考えると、この嘔吐という反応は意外に思える。殺人犯を対象にした一二のケーススタディに基づく説明によれば、殺人を犯している最中に、情動を司る大脳辺縁系に興奮が生じることがあるようだ。それによって自律神経系が過剰に活性化され、その結果、吐き気、嘔吐、多量の発汗、失禁、めまいが引き起こされる[*88]。この大脳辺縁系の興奮という説は憶測的で注意が必要だが、少なくともジョン・スクリップスに、恐れの感情がまったく欠けていたわけではないことは明らかだ。最終的に逮捕されたことを除けば、彼は上首尾なサイコパスに近い。

したがって連続殺人犯は、一般に考えられているほど、普通の人間と大して変わらないのかもしれない。マイケル・ロスは、われわれが臨時職業紹介所で募った上首尾なサイコパスに見られた、ストレスに対する自律神経系の反応を示した。社会的文脈に対する堅実な気づきを、腹側（下側）前頭前皮質にもたらす身体的なソマティック・マーカーは、この心循環系の内臓感覚的なフィードバックと、情動的な気づきの高まりから構成される。ロスは、ストレスのかかる状況において、上首尾なサイコパスが情動的なストレス課題で示した予期的な恐れを感じていた。すぐれた実行機能と意思決定能力を持つ彼は、慎重に計画を立て、犠牲者に忍び寄り、状況が彼にとって有利かどうかを見極められた。また、上首尾なサイコパス同様、自責の念を持たず、自己中心主義的で、幼少の頃、両親からまともな養育を受けていなかった（おそらく彼が普通の人々と真に異なるのは、まさにこの点においてかもしれない）。

そのようなわけで、マイケル・ロスの心臓は、殺人を犯しているあいだ、また二〇〇五年五月一三日にコネチカット州で死刑に処せられたときにも、早鐘を打っていたはずだ。だが死刑に関して言えば、ジョン・スクリップスの場合とは違って、それは単に彼が恐れを抱いていたからではない。いくつかの州で死刑に用いられている塩化カリウムの致死薬注射は、心臓の心室再分極を速め、心筋細胞の安静時電気ポテンシャルを上げることで死をもたらす[*89]。皮肉なことに、そもそも彼を死刑に導いた反応の遅い心循環系は、生命を絶つために加速されたのだ。死刑は問題解決の一つの方法かもしれないが、成人後に暴力的な人間になるよう仕向ける自律神経系の危険因子をもっと早い時期につむほうが、解決方法《ソリューション》としてより効果的であろう。後の章ではこの点を考察し、いかに反社会的な青少年の覚醒度の低さを改善し、その後の人生のあり方を変えられるかを示す。そうすれば塩化カリウムの必要性はなくなる。

恐怖心のなさ、それとも勇気?

「人はなぜ殺人を犯すのか?」「なぜ一度で逮捕される殺人犯もいれば、連続殺人犯もいるのか?」「セオドア・カジンスキーは、なぜ人々を恐怖のどん底に陥れようとしたのか?」これらの問いには簡単には答えられない。本章では、自律神経系の機能不全がその一つの要因であることを、また、安静時心拍数の低さは、反社会的行動や暴力を促進する危険因子であることを見た。この危険因子は、人を冷酷無情な殺人へと導くことがある。セオドア・カジンスキーは冷酷な暴力犯罪者の典型であり、彼の安静時心拍数は一分間に五四であった[*90]。この数値はその低さにおいて、私が臨時職業紹介所で募った被験者(概して心拍数は低い)の上位三パーセントに相当する[*91]。また彼は、爆弾解体の専門家と同じ恐怖心のなさと安静時心拍数の低さを備えている。だが、殺人や暴力犯罪を、たった一つの単純な身体プロセスのせいにするのは間違いだ。

私はかつて、『CBSイブニングニュース』のキャスターで、『*48 Hours*』の司会者ダン・ラザーと心拍数仮説について議論したことがある。また、ニューヨークで受けた『60 Minutes』のインタビューで殺人の遺伝学について話し合ったとき、彼は覚醒度の低さと恐怖心のなさを関係づける考え方に明らかに共感を覚えていた。というのも、彼自身心拍数が低く、若い頃ボクシングをしていたからだ。そして恐怖心のなさを感じ、無鉄砲に振る舞っていたそうである。おそらくこの事実は、アメリカ大統領を相手に、容赦のない苛烈《かれつ》なインタビューを敢行する彼のやり方を部分的に説明する（彼はこの行為によって手厳しい批判を受けている）。しかし、暴力を導く生物学的な危険因子を持つにもかかわらず、ミス・モーリシャスと同様、彼は別のはけ口を見つけられた。身体的な暴力ではなく、言葉による攻撃性と詮索好きの性格を発達させたのだ[*92]。

ユナボマーやそのタイプの連続殺人犯の謎に対する答えは、単に生理学的な覚醒度の低さのみでなく、もっと複雑なものでなければならない。私たちには手がかりがある。カジンスキーは、最低でも、統合失調症型人格障害〔この障害に関する説明は第7章にある〕と妄想性人格障害の特徴をいくつか持っていた。それには異常な信念、妄想、親友の欠如、常軌を逸した行動、感情の鈍麻《どんま》などが含まれる。ペンシルベニア大学のラクエル・ガーら、カジンスキーを弁護する何人かの精神分析医は、彼を妄想型統合失調症患者とさえ見なしている。検察側の精神分析医さえ、彼が統合失調症型人格障害およびスキゾイドパーソナリティ障害を持つことを認めている。これらの臨床障害は、生物学的な基盤を持ち、それ自体が反社会的行動や暴力の危険因子であることを後の章で検討する[*93]。また、彼の母親によれば、カジンスキーは生後九か月で病院に収容され、家族と離れることになったそうだ。それ以来、彼は引きこもって無関心な態度を示し始め、分離を恐れるようになる。興味深いことに、分離不安障害は、孤立、孤独、人間関係を築くことの困難さをもたらす場合があり、これらはすべてカジンスキーにも当てはまる[*94]。後の章では、施設への収容のために、重要な成長期に家族との絆が途切れると、脳に影響が及び、その他の生物学的な危険因子とともに暴力を引き起こす可能性があることを検討する[*95]。この爆弾魔の謎に関しては、部分的なものにせよ答えが存在する。

それよりも大きな問いは、サイコパスと国民的な英雄を分かつ線の理解だ。覚醒度が低く恐怖心を持たない人には、なぜ人の命を奪う犯罪者になる者と、人の命を救う無私で勇敢な英雄になる者がいるのか？　映画『プライベート・ライアン』（米・一九九八年）で、トム・ハンクス扮する主人公は、ライアン二等兵を救助するために途方もない勇気と英雄行為を示す。しかし、Dデイにノルマンディーのオマハ海岸を強襲する直前の上陸用舟艇の様子を描いた冒頭のシーンでは、手が震えていることからわかるとおり、彼は強い恐怖心を抱いている。ここに英雄とサイコパスの違いがある。彼が勇敢なのは、強い恐怖の感情を抱いているにもかかわらず、無私の英雄行為を遂行するからだ。

また、映画『ハート・ロッカー』（米・二〇〇八年）のウィリアム・ジェームズ軍曹（ジェレミー・レナー）は、勇気と恐怖心のなさの区別をさらにあいまいにする。バグダードで爆弾解体作業班のリーダーを務める彼は、刺激を求め、ルールを破る精神病質的な性格を持つのか？　それとも自らの命を危険にさらして、アメリカ人とイラク人の双方を救おうとするプロに徹した英雄なのか？　多くのサイコパスと同じく、彼は元妻や子どもと情動レベルでうまく触れ合えない。ストーリーが進むにつれ、彼は多くの暴力犯罪者と同様、一つの範疇には分類し切れない複雑な存在であることが明らかになる[*96]。

これらのフィクションや、ユナボマーの人生には、暴力の解剖学の主要なテーマを見出せる。それは、さまざまな生物学的、心理的、社会的危険因子が関連し合って、暴力的な、もしくは自己犠牲を厭わない英雄的な人間が形成されるというものだ。暴力やテロは、生理的な覚醒度の低さに還元し尽くせるものではない[*97]。しかし、それが有効な要因の一つであることは確かであり、他の影響と組み合わせて考えれば、カジンスキーのような殺人犯をより深く理解するのに大いに役立つ。

前章では、脳の機能不全が、その人を暴力犯罪者になりやすくすることを見た。また本章では、中枢神経系から、より周縁の自律神経系の機能に焦点を移した。暴力の解剖学のこの領域では、壊れた心臓が、心ない暴力を生む場合があることがわかった。次章は、もう一度脳に戻って、その解剖学的な構造を検討する。ロンブローゾは、ビレラの頭蓋をのぞき込んだとき、犯罪の原因を発見したと考えた。脳の解剖学的、構造的な異常だ。ロンブローゾはとんでもない勘違いをしたのだろうか？　それとも、中枢、および自律神経系がうまく機能しない理由や、犯罪の原因を見分ける眼力を持っていたのか？　はたして、暴力犯罪者の脳は壊れているのか？

第5章

壊れた脳

暴力の神経解剖学

クリスマス休暇にはうんざりしている人もいるはずだ。この時期、たいがい人は、家にいて互いの神経を逆なでし始める。クリスマスケーキや七面鳥、一日中流れているスポーツ番組、二日酔い、貰ったはいいが不要なので誰かの誕生日にリサイクルするしかないクリスマスプレゼント、守られるはずのない新年の抱負、こういったもののすべてが、息が詰まるような感覚を増幅させる。私たちは皆、「メリークリスマス」の何たるかをよく知っている。そんなときは、誰でもエベネザー・スクルージ〔ディケンズの『クリスマス・キャロル』に登場する薄情な男〕に共感を覚えるだろう。

六五歳の広告担当重役ハーバート・ワインスタインも、その例外ではない。一二日間のクリスマス休暇が明けた直後の一九九一年一月七日、彼と妻のバーバラは、マンハッタンのアパートの一二階にある部屋で口論になった。二人とも再婚だった。それがいかなる状況をもたらし得るかを知っている人も多いだろう。互いの継子《ままこ》に対する悪口が飛び交うなか、ハーバートは口論を切り上げて戦場から退却しようとする。ここまではよかった。ところが、彼のこの行動は、むしろ相手を勢いづかせる。誰もが、ときには思い切りけんかをして日頃の鬱憤を晴らしたいと思っているものだ。そういうわけで、バーバラはそう簡単には引き下がらず、追い打ちをかけてハーバートの顔を引っ掻く。

ことここに及んで、ハーバートはまさしくプッツンし、喉をわしづかみにして妻を絞め殺してしまう。気がついたときには、妻の死体が目の前に転がっている。これはまずいと思ったハーバートは、窓をあけて死体を外に放り出す。死体はそのまま一二階下の路地に落下する。ハーバートは事故に見せかけたつもりだったが、何かが心に引っかかって念のため階下に降りて行く。そこへ警察がやって来て呼び止められ、第二級殺人の容疑で逮捕される。

ワインスタインにとって状況は非常に悪かったが、裕福な彼は、優秀な弁護団を雇えた。弁護団は、この事件にはどこか尋常ではないところがあることに気づく。彼には、犯罪や暴力の履歴がまったくなかった。そこで彼らはハーバートに、磁気共鳴画像法（MRI）による脳の構造スキャンを受けるよう求める[*1]。また、それに続き脳の機能を調査するためPETを受けさせる。それによって得られた画像は、神経科学者ならずとも、彼の脳が壊れていることが明らかにわかるものだった。信じられないことに、前頭前皮質の一部が大きく欠落していたのだ。これはいったいどうしたことか？　本人自身も含め誰も気づいていなかったことだが、左前頭葉にクモ膜下嚢胞《のうほう》が発達し、前頭と側頭の皮質の脳組織がそれによって置き換わっていたのである。

予審の際、ワインスタインの思考能力と情動をコントロールする能力に関して、神経科学者のアントニオ・ダマシオに助言が求められている。脳画像と皮膚コンダクタンスデータを証拠として用いることが認められ、ワインスタインは情動の調整能力と、理性的な判断能力に支障をきたしていたことが証言される。弁護団は精神異常抗弁に訴え、リチャード・カラザース判事は、ダマシオの弁論と脳画像の専門家の証言に強い印象を受ける。そして新たな話し合いのなかで、検察と弁護団は、故殺〔一時的な激情によって故意に人を殺すこと。事前に計画して人を殺す謀殺より罪は軽い〕として扱うことに同意する[*2]。第二級殺人の有罪判決を受ければ二五年の懲役刑に処されるが、故殺の場合には七年で済む。

これは画期的な決定だった。刑事裁判で、このような形態によってPETデータが用いられたことはそれまではなかった[*3]。初めて、犯罪等級を下げ懲罰を緩和するために、刑事裁判で公判に先立って脳画像データが採用されたのだ[*4]。

ハーバート・ワインスタインの事例も、人を暴力に駆り立てることにおいて、脳が重要な役割を果たし得ることを強調する。もっと具体的に言うと、この例は、左側前頭前皮質の構造的な欠損が、脳の機能的な異常を引き起こし、ひいては当人を暴力に至らしめ得ることを示す。この種の嚢胞は発生原因が不明であり、長期にわたって徐々に発達することがある。良性のケースもあるが、専門家は、そのために脳の機能不全が引き起こされ、ワインスタインの思考能力が大幅に損なわれたと証言している。こうして、精神異常抗弁の信頼性は裏づけられた。

第3章で、前頭前皮質の機能障害は、とりわけ反応的攻撃性に結びつきやすいと述べた。このできごとをよく考えてみると、ワインスタインの暴力は、本質的に反応的なものであったことがわかる。口論のあとで、妻に顔を引っ掻かれた。これらの攻撃的な言葉や身体的な攻撃によって、彼の暴力的な反応が喚起されたのだ。第3章で、配偶者虐待は、大脳辺縁系に対する前頭前野の調節能力を欠き、挑発されて反応的攻撃性が解き放たれることで引き起こされ得ると論じた。また彼には、どんな形態であれ、攻撃的、あるいは反社会的な行動に及んだ前歴がない点を考慮に入れる必要がある。タイミングという点では、この病的な症状の最初の現れが、極端に反応的な暴力を直接引き起こしたと仮定しても、それほど大きな間違いではないだろう。

本章では、ワインスタインの症例をもとに四つの方向に探究を進める。さらに、特定の犯罪者のなかには、一般の人々とは解剖学的に異なる脳を持つ者がいることを示しながら、暴力の解剖学をより深く掘り下げていく。まずこれら四点を簡潔に要約しておこう。

第一点。ハーバート・ワインスタインの事例では、脳の構造的な異常は、誰もが確認できるほど際立つ。暴力犯罪者の多くも、脳に構造的な異常を抱えている。しかし、それは経験を積んだ神経放射線科医でも発見できないほど、ごく微細なものでもあり得る。とはいえ、脳画像や最新の分析ツールを駆使すれば発見は可能である。

第二点。ワインスタインの脳の異常は大人になってから発症した可能性があるが、犯罪者のほとんどには、幼少期の脳の発達に何らかの問題が認められる。悪の種子は人生の早い時期にまかれると考える、犯罪と暴力の「神経発達」理論を、私は提唱する。

第三点。因果関係に関しては、ここではやや考え方を変える。ワインスタインの事例は、晩年の疾患が、いかに脳の機能障害を引き起こし得るかを示すが、もっと若い犯罪者についてはどうだろう？脳画像や精神生理学に言及した第3、4章では、暴力犯罪者は脳に機能的な障害を抱えていることを確認した。車のエンジンがかからなかったり、コンピューターの動作が遅くなったりするのと同じく、犯罪者の脳の何かが正常に機能していないのである。ここまでは、それをソフトウェアの問題として扱ってきた。誕生時の問題によって、正常な発達を促すプログラムが損なわれたのかもしれない。あるいは栄養不良が原因かもしれない。しかし、本章で私が提起するのは、「犯罪者の脳は壊れており、私たちのものとは解剖学的に異なる」という、ハードウェアの故障の可能性だ。

一九世紀にロンブローゾが著した『犯罪者（*Criminal Man*）』を読んでいて感じるのだが、脳の構造的な異常が人を暴力的にしやすくすると示唆する、この史上初の犯罪学者の見解はまったく正しい。彼は、小脳虫部の正確な位置や、人種による遺伝的特徴に関しては間違っていたが、構造的なカインのしるしについての彼の主張は誤りではなかった。このように述べると、「生まれつきの犯罪者」、あるいは「遺伝的な運命」という見解に戻るように聞こえるかもしれない。ここまで私は、実際に暴力にはかなり遺伝的な基盤が存在すると主張してきたが、本章では犯罪者に見られる脳の構造的欠陥を引き起こすのに、環境が重要な役割を果たす点も強調する。

第四点。ワインスタインは殺人を犯したが、脳の構造的欠陥は攻撃的な行動だけを生むのだろうか？　私の見方では、その影響は反社会的行動から、詐欺やホワイトカラー犯罪などの非暴力的な行為にまで及ぶ。

これらを検討するにあたって、もう一度ロサンゼルスの臨時職業紹介所に戻ろう。

脳をベーコンのようにスライスする

ランディ・クラフトとアントニオ・バスタマンテの事例を第3章で紹介した際に述べたが、一九九四年に、モンテ・ブクスバウムと私、そして同僚のロリ・ラカスは、PETによる脳の機能画像を用いて、扁桃体、海馬、前頭前皮質の機能不全を示し、殺人犯の脳の機能的な異常を初めてはっきりと例証した[*5]。当時、われわれは有頂天になっていた。

だが、やがて懐疑の念が頭をもたげてきて、浮ついた気分は徐々に冷めてきた。そもそも、実験の被験者たちは法医学的な標本であった。つまり、彼らは皆、彼らの行動様式に疑いを抱く弁護団を通して集められたのだ。では、われわれの発見は、一般集団にも通用するのだろうか？　もう一つ気になったのは、彼らが全員殺人犯であったことだ。ならば、われわれの発見は、もっと多様な反社会的行動を示す人々にも適用可能なのか？　さらに言えば、機能的な異常の存在は示せたが、解剖学的な脳の異常に言及するロンブローゾの説は検証していなかった。これらの課題はどうすれば解決できるのか？

答えはすべて臨時職業紹介所で見つかった。第4章で、カリフォルニア州の職業紹介所で金鉱を掘り当てた話をしたが、そこでわれわれはサイコパスや、反社会性人格異常を持つ被験者を募集できた。これらの被験者は、あなたがこの本を読んでいるたった今も、レイプ、強盗、殺人などを犯しながら街を気ままに徘徊している暴力犯罪者たちだ。私が指導した博士課程の才能豊かな学生の一人で、幅広い法医学の知識を持つロバート・シュクは、被験者に綿密なインタビューを行なってサイコパスを特定した。次にわれわれは、こうして特定した被験者を対象に、解剖的磁気共鳴画像法（aMRI）を用いて脳のスキャンを実施した。aMRIは、機能的磁気共鳴画像法（fMRI）とは違い、脳の解剖学的な構造の高解像度画像を取得するもので、犯罪者の脳の構造を調査するには必須の技術だ。

一人の被験者あたり四分程度で、脳の構造の画像を大量に撮ることができた。やっかいなのはそれからだ。われわれは次のような作業を行なった。被験者の脳をスキャンしたあと、脳の構造についてわれわれが持つ詳細な知識に加え、高度なコンピューターソフトウェアを駆使して、眼窩前頭皮質や扁桃体の正確な位置を示す目印を、脳画像のなかに特定していく。ベーコンを薄切りにするかのように、脳を一ミリメートル程度の薄い切片に分ける。額から後頭に向けて作業し、一〇〇を超える薄片にスライスする。このように脳を薄片に分割することで空間分解能が上がり、一立法ミリメートルほどの小さな組織でさえ視覚化できる。デジタルカメラやテレビと同様、一定領域内の表示ピクセル数が多ければ多いほど、解像度は上がり、画像はシャープになる。

それから、薄片一つ一つに対し、たとえば溝などの神経解剖学的な目印を用いて、調査したい脳組織を辛抱強く追う。カラー図版ページの図5・1の左側に、こうして得られた前頭前皮質の薄片の一枚を掲載した。右側は、頭蓋の四分の一を切り取った頭部の三次元画像で、その下に被験者の脳組織を見ることができる。赤み（肉質）と白み（脂肪分）の両方を含むベーコンの切り身と同様、脳の薄片には二つのタイプの組織が含まれる。われわれはまず、画像では緑色をした「灰色の」組織を薄片ごとに追った。こうしてニューロンを含む神経組織を、ベーコンで言えば脂肪分にあたる白質から分離し、すべての薄片にわたって足し合わせれば、欲しい数値、すなわち該当脳領域の皮質の体積が得られる。

さて、前頭前皮質に何が見つかったのか？　反社会性人格異常を持つ被験者（それまでの人生を通じて一貫して反社会的行動をとってきた者）は、前頭前皮質の灰白質の体積に一一パーセントの減少が見られた[*6]。それに対し、白質の体積は正常だった。反社会的な脳のベーコンは脂肪分が多く、肉質すなわちニューロンが少なかったのだ。第3章で見たように、前頭前皮質は、認知、情動、行動に関する機能の多くで中心的な役割を果たし、それに障害が生じると、反社会的な行動や暴力を発現する危険性が高まる。

われわれが募った反社会的な被験者は、脳全体の体積については対照群と変わらなかった。したがって欠損は、非常に重要な領域である前頭前皮質に比較的特定される。だが、ほんとうに脳の欠損が反社会的行動を引き起こすのか？　そもそも、反社会的な人間は、薬物やアルコールの常用者であることが多く、もしかすると前頭前皮質の灰白質の体積減少はそれらが原因かもしれない。それを確かめるために、われわれは、薬物やアルコールの常用者ではあるが、反社会性人格異常を持たない被験者を集めて対照群を形成し、二つのグループを比較した。その結果、反社会性人格異常グループには、常用者から成る対照群に比べて、前頭前皮質の灰白質の体積に一四パーセントの減少が見られた。この差異は、反社会性人格異常グループと健常者から成る対照群とのあいだより若干大きい。したがって、薬物やアルコールの常用は、脳の構造的欠損の原因ではない。しかし、疑問はまだある。前頭前野の構造的欠損は、他の精神疾患にも見られる。また、反社会性人格異常者は、統合失調型パーソナリティ障害、ナルシシズム、うつなど、他の精神疾患を抱えている割合が高い[*7]。ならば、脳障害は、反社会性人格異常とはまったく無関係で、彼らがたまたま抱えているその他の臨床障害に結びついている可能性は考えられるのか？

われわれはこの問いに答えるために、反社会性人格異常グループの被験者が抱えるすべての臨床障害にマッチさせながら、反社会的ではない被験者から成る対照群を形成した。この調査でも、反社会性人格異常グループには、対照群に比べて前頭前野の灰白質の体積に一四パーセントの減少が見出されている。かくしてわれわれの発見は、その他の精神疾患による第三因子によっては説明できないことがわかった。

では、家族が原因なのか？　われわれは、そうではないと考えている。社会階級、離婚、虐待など、犯罪を導き得る、あらゆる社会的な危険因子を統計的にコントロールしても、前頭前皮質と反社会的な行動の関係は堅固に維持されたのだ。また、ハーバート・ワインスタインとは異なり、体積の減少を説明できるような目に見える損傷は被験者に認められなかった。

残された可能性として、この構造的障害は、幼少期の頃の複雑な要因に基づくという説明がある。環境であれ、遺伝であれ、何が理由にせよ、脳は、幼少期、青年期を通じて正常に発達してこなかったと考えるのだ。この「神経発生」を基盤とする見方については、あとで検討する。

ハーバート・ワインスタインのＭＲＩ脳画像は、目に見える巨大な構造的障害が脳に存在することを示していた。とはいえ、反社会的な被験者と一般人のＭＲＩ脳画像を比べても、前者の灰白質の体積が一一パーセント減っているのを肉眼で見分けることはできない。これは厚さにして、図５・１では緑色をした、外側の薄い皮質の部分の〇・五ミリメートル分に相当するにすぎない[*8]。この厚さの違いは、一般人のみならず訓練を積んだ神経放射線科医でも、肉眼では見分けられない。おそらくは彼らでも、反社会的な被験者の脳画像を、まったく正常なものとして診断するだろう。だが、実際は正常ではない。

それが正常ではないことをわれわれが知っているのは、肉眼で見える腫瘍を探す医師のように、臨床判断を下そうとしているわけではないからである。われわれは神経放射線科医とは違い、脳の断片の画像をざっと見渡して、あからさまな疾病の徴候を識別しようとしているのではない。われわれの作業は、脳のベーコンに大きな穴を見つけることではなく、脳画像ソフトウェアを用いながら、何時間もかけて前頭前皮質の灰白質の正確な体積を計算することだ。それによって、重要な臨床的意義を持つ小さな差異を特定できる。ハーバート・ワインスタインは、脳に障害を持つ犯罪者のなかでももっとも目立つ例であり、彼のような肉眼で確認できるほど顕著な例外を別として、多くの暴力犯罪者は、もっと微細ながら、等しく重要な障害を前頭前野に抱えているのである。しかし、その種の異常は、臨床の現場ではまったく見落とされる。

とはいえ、われわれの研究は、反社会的な被験者に脳の構造的な異常が認められることを最初に示した例であり、もしかすると、たまたまそのような結果が得られたにすぎない可能性もある。それを確認するために、われわれは、犯罪者を対象に行なわれた、すべて（一二件）の解剖的脳画像研究の成果をメタ分析し、その結果、犯罪者には、実際に同様な脳の構造的障害が認められることが判明した[*9]。このメタ分析を行なってからも、犯罪者の前頭前野に構造的な異常があることを指摘する、新たな研究が発表されている[*10]。われわれの発見はたまたまではなかったのだ。

この脳の構造的な異常が意味するところを十分に理解するために、アイオワ州にある神経科学者のクリニックを訪ねてみよう。それは、ハーバート・ワインスタインの予審で相談役を務めたアントニオ・ダマシオのクリニックだ。

先に私は、当時はアイオワ大学、現在は南カリフォルニア大学で教鞭をとるダマシオが、脳の機能に関する知識の発展に真に画期的な貢献をしたことを簡単に述べた。これらの知識の多くは、何かの理由で頭を負傷し、そのために脳を損傷した、不運な人々を対象に行なわれた研究によって得たものだ。彼らの不運に科学的な希望の光を見出すなら、それは、ある特定の脳領域に損傷を受けた患者を集めて、それとは別の領域を損傷した患者と比較し、特定の脳領域の機能を明らかにする実験への貢献であろう。彼は、同様に優秀な神経科学者である妻のハンナ・ダマシオらと、これらの患者を対象に共同研究を行ない、前頭前皮質の特定の領域や、いくつかの関連領域（扁桃体など）の機能に関して興味深い結論を引き出した。

ある患者グループは、腹側（下側）前頭前皮質に局所化された損傷を受けていた。この領域は、目のすぐ上に位置する眼窩前頭皮質と、鼻に沿った前頭前皮質腹内側部（ｖｍＰＦＣ）を含む。これらの患者には、認知、情動、行動の特徴に関して、正常対照群のみならず、他の脳領域に損傷を受けた患者とも異なる顕著なパターンが見られた[*11]。

「情動」に関しては次のとおり。腹側前頭前皮質に損傷を受けた患者は、皮膚電気反応システムは正常に機能しているが、事故や四肢切断などの社会的に意味のある画像を見せても、皮膚コンダクタンス反応を示さない。本来、腹側前頭前皮質は社会的に意味のあるできごとに対する情動反応に関与する。この領域は、その都度の社会的な文脈に適合した情動反応を生む、大脳辺縁系やその他の脳領域と結びついている。実験では、この反応は発汗によって測定される。この神経系がうまく機能しないと、その人の情動反応は鈍る。先に見たように、サイコパスや反社会性人格異常者は、同様に情動が鈍麻し、共感を欠く。

「認知」については以下のとおり。脳に神経学的な損傷を受けた患者は、的はずれな判断を下す。神経学者のアントワン・ベチャラによって開発された心理テストに、アイオワ・ギャンブリング課題と呼ばれるものがある。被験者は、四つの山のどれか一つからカードを選ぶ。カードの裏には、報酬として受け取る、または罰金として失う金額が書かれている。実はカードの山は、実験者によって、次のようにあらかじめ細工されている。AまたはBの山から引けば、最初は多くの報酬が得られるが、やがてそれ以上に大きな損失を被《こうむ》るようになる。C、Dの山は、報酬は少ないものの、損失はもっと小さい。この課題で、健常者は、四つの山からのカードの選択を一〇〇回繰り返すうちに、やがてハイリスク・ハイリターンの山A、Bを避けて、最終的には収支がプラスになる山C、Dからカードを引くようになる。彼らは、報酬と罰金を前にして、正しい判断を下す。しかし、腹側前頭前皮質に損傷を受けた患者はそのようには振る舞わない。大きな損失が出る山から引き続けるのだ[*12]。

課題遂行中に健常者が示した発汗反応は、さらに興味深い。次第に彼らは、「悪い」山と「よい」山に気づき始めるが、その直前になって、悪い山から引く際にじっと考え込むようになる。そのときベチャラは、ポリグラフに皮膚コンダクタンス反応（ソマティック・マーカー）を検出している。健常者の身体が、危険な選択をしようとしているという警報を発したのだ。しかしこの時点では、身体は危険を察知し、手を引くべきだと無意識のうちに知りながら、脳の意識的な部分はそれを把握していない。だが健常者は、この身体的な警報が鳴らされた直後から、事態を認知的に正しく把握し、よい山からカードを引くよう戦略を変更した。では、腹側前頭前皮質に損傷を受けた患者はどうか？　彼らの警報は鳴らなかった。だから悪い山から引き続けたのだ。

こうしてみると、サイコパスがとんでもない判断を下し、自分自身と、不運にも彼らと同じ社会集団に属する人々の生活を台無しにするのは、さして驚きではない。第4章で検討したように、自律神経系による情動的な反応を欠くと、危険な状況に置かれたときに、正しく推論し、自分に有利な判断を下すことができない。そしてそのために、衝動的な行動、規則違反、無謀な行動、無責任な行動という、反社会性人格障害を構成する七つの特徴のうちの四つが生じる可能性が高まる。かくして、前頭前皮質の構造的な異常が、のちに反社会的性格を生む場合があることを理解できる。またそれは、前章で検討した自律神経系の機能的な異常の原因である可能性も考えられる。

「行動」のレベルでの顕著な特徴は次のとおり。これらの患者は、サイコパスに似た行動を示す。これに関する古典的な事例として、一五〇〇年前にフィニアス・ゲージという鉄道技師に起こったできごとを以下に紹介するが、この例から脳と性格の複雑な結びつきを読み取れる。これは神経科学の分野ではことあるごとに取り上げられてきた事例だが、再度取り上げる価値は十分にある。

フィニアス・ゲージの奇怪な症例

ゲージはグレート・ウェスタン鉄道に勤める、誰からも好かれる勤勉で責任感の強い職長だった。事故は、一八四八年九月一三日に、経路を遮断する大きな石を爆破しようとしたときに起こった。午後四時半、作業班はこの石に穴を穿って火薬と砂を詰めていた[*13]。

次の作業は、見習い工夫が火薬の上に砂を詰めることだった。そのときゲージは、長さおよそ一メートル、直径およそ四センチの金属製の突き棒を持ってそばに立っていた。そして、爆破の威力を増すために突き棒を使って砂を圧縮しようと試みる。ところが、そのとき彼は仲間との会話に気を取られて、火薬のうえにすでに砂が詰められているものと勘違いしていた。しかし実際には、まだ砂は詰められていなかったので、直接火薬を突き棒で突いてしまう。さらに運の悪いことに、金属製の棒が岩をこすった際に火花が飛び散り、火薬に引火する。爆発によって凶悪な槍と化した突き棒は、フィニアス・ゲージの頭蓋を貫通する。

このときゲージは、穴におおいかぶさるような姿勢をとっていたため、棒は左頬の下部から入り、頭の上部右側から抜け、頭頂には骨の破片が見えていた。この骨の破片と、棒の貫通が頭蓋にもたらしたダメージは、図5・2で確認できる。この槍は二五メートルほど先まで飛び、ゲージはもんどり打って地面に倒れた。

そばにいた誰もが、ゲージは死んだと思ったのは無理もない。ところが数分後、彼の体は動き始め、うなり声が聞こえてくる。彼はまだ生きていたのだ。作業員たちは、彼を荷車に乗せ最寄りの町までつれて行く。そしてホテルの部屋に運び込み、医師を呼ぶ。一九世紀には、金属製の棒が頭蓋を貫通した負傷者は、どのように扱われていたのだろうか？　医師が取り出したのは薬草とひまし油だ。

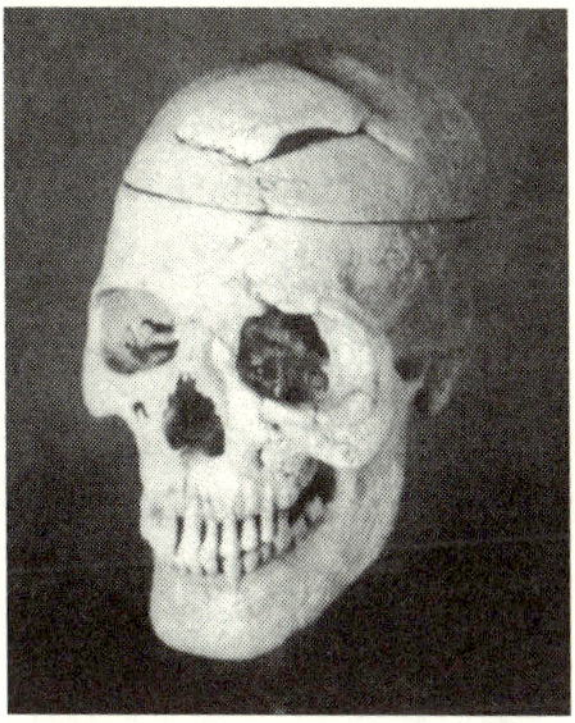
［図5.2］フィニアス・ゲージの頭蓋

ならば、ゲージの命も時間の問題だったに違いないと読者は思うだろう。しかしその薬草とひまし油が効いたのか、ゲージは左目こそ失ったものの、三週間程度で起き上がって立てるようになる。さらには、事故から一か月も経たないうちに、町を歩き回って新たな生活を始める。そう、まったく新たな生活を。友人や知人や従業員の話によれば、復帰した彼は、もはやかつてのゲージではなかった。

彼は不敬できまぐれになった。ときに汚い言葉を吐き（かつてそんなことは決してなかった）、仲間を軽々しく扱い、気に入らないことを言われるといらいらし、ある日途轍もなく頑固になったかと思うと、次の日には移り気で優柔不断になり、さまざまな予定を立てては次々にすっぽかした。知力は子ども並みで、壮健な身体に動物の情熱を宿しているといった体《てい》だった。負傷する以前の彼は、高等教育こそ受けていないものの、バランスのとれた心を持ち、洞察力があり、エネルギーに満ち、自分の立てた計画は最後まで貫徹する職長として、周囲の人々から尊敬を集めていた。ところが彼の心は劇的に変わった。友人や知り合いから「もはやかつてのゲージではない」と言われるほどまでに。[*14]

この記述からわかるように、自制心があり皆に尊敬されていた一人の鉄道技師が、頭部を負傷してから、精神病質的な特徴を持つ人間に変わってしまったのだ。彼は、前頭葉に損傷を受けた多くの患者と同様、衝動的で無責任な人物と化し、性的にみだらな大酒飲みに落ちぶれたとうわさされる[*15]。信用を失くした彼は鉄道会社を解雇され、以後はあちこちを渡り歩きながら次々に職業を変える。やがて、彼の頭を貫通した突き棒を持って各地を回り、ニューヨーク市のバーナム米国博物館などで開催された展示会に登場する（図5・3参照）。一八五一年には、ニューハンプシャー州ハノーバーの宿屋で馬の世話をしている。また、危険を恐れぬ勇ましい冒険家になった彼は、チリで乗合馬車の御者として数年を過ごし、それからカリフォルニアに移って農場で働く。そしてその地で、一連のてんかん性発作を引き起こして、一八六〇年五月二一日に三六歳で時ならぬ死を迎える。致命的な負傷から奇跡的に回復したにもかかわらず、その後の人生のなかで片時も手放すことのなかった突き棒が、遅まきながら彼にとどめを刺したのであろう。

　ゲージのケースはあまりにも並はずれていたので、当時の医師は、それほどの負傷から回復できるはずはないと嘲笑い、それを猿芝居だと見なしていた。彼らにとっては、真実ではあり得なかったのだ。だが事実は事実だ。だとすれば他にも類似の例はあるのか？　事故による前頭前皮質の負傷によって、法を遵守する一人の健全な人間が、移り気で反社会的な、サイコパスもどきの人物に変わってしまうことがあるのか？

　その答えは、アントニオ・ダマシオら神経科学者の実験室で見つかる。前頭前皮質の、とりわけ腹側領域にダメージを与える成人後の頭部負傷は、社会の規範に適合しない、衝動的な反社会的行動を実際に引き起こし得ることを示す一連の証拠がある[*16]。

　大人の脳は比較的固まっているはずだと反論する向きもあるだろう。もっと柔軟な発達中の脳を持つ子どもはどうなのか？　青少年に関しても、前頭前皮質へのダメージは反社会的行動

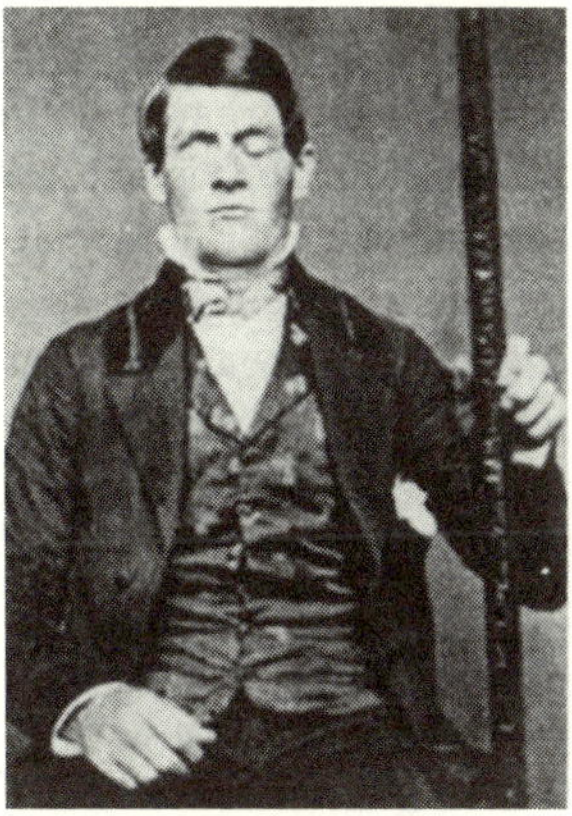

［図5.3］自分の前頭前皮質を破壊した突き棒を持ってバーナム米国博物館の展示会に登場したフィニアス・ゲージ

に結びつくのか？　頭部の負傷に続いて起こる子どもの行動の変化の研究によって、そのような子どもには、一般に行為障害や外在化された問題行動が見られることが示されている[*17, 18]。不安や抑うつなどの内在化された問題行動を発達させる子どももいるが[*19]、子どもの頃の頭部負傷は、衝動的で抑制のきかない行動を生みやすいという点に疑いはない[*20]。

だが、前頭前皮質へのダメージがもっと早い幼児期に生じたならどうか？　その発達段階の子どもの脳は、柔軟性が高い。したがって失われた機能を回復し、正常な発達を遂げられるのではないだろうか？　それに合致する臨床例はまれだが、その数少ない例によれば、早期における前頭前野の損傷は、反社会的で攻撃的な行動に直接結びつき得る。ダマシオの研究では、生後一六か月以内に前頭前皮質に選択的な損傷を受けた二件の事例（男女一例ずつ）が報告されている[*21]。両者とも、早くから反社会的行動を示し、やがてそれが青少年期の非行、そして成人後の犯罪的行動に発展している。反社会的行動には、衝動的で攻撃的なものもあれば攻撃的でないものもあった。また、自律神経系の欠陥、意思決定能力の低さ、フィードバック情報からの学習の欠如が認められた。ここでも、精神病質的な行動、自律神経系の障害、ソマティック・マーカーの低下という、ベチャラとダマシオが前頭前野に損傷を持つ成人被験者に見出した三つの特徴が見受けられる。

「フィニアス・ゲージの事例の他には一件しかないのか」といぶかる読者もいることだろう。だが、例はそれらだけではない。一〇歳になるまでに前頭前野を損傷した、九人の子どもを調査した別の報告がある[*22]。九人とも、負傷したあと問題行動を起こし始め、そのうちの七人は行為障害を発達させた。それ以外の二人についても、衝動的で不安定な態度を示したり、手に負えない行動に走ったりするようになった。

総括すると、これらのケースは、前頭前野の損傷が、反社会的、攻撃的行動に直接結びつき得ることを強く示唆する。この点は重要だ。殺人犯や反社会的な性格を持つ人の前頭前野に異常が見られることを示す脳画像研究は、それらのあいだの相関関係を明らかにしている。しかし前頭前野の構造的、機能的障害が暴力や犯罪をもたらすのだろうか？ それとも暴力が障害を引き起こすのか？ 暴力的な人はけんか早く、頭蓋の骨折なしに内部の脳にダメージを与える「閉じた」頭部損傷を受けやすい。確かにその可能性は考えられるが、幼児期、青少年期、成人後における前頭前野の障害に引き続き、反社会的、攻撃的、精神病質的な行動が現れることを示す神経科学的なケーススタディは、無視されるべきものではない。これらの研究は、前頭前野の障害→自制心を欠く性格→暴力という一連の流れに沿った因果的な説明を強く支持する。

前頭前皮質のさらなる探究

われわれは、MRIを用いた研究によって、一般社会で暮らしている反社会的人物には脳の構造的障害を持つ者が通常より多くいることを、また、臨床例から、頭部を負傷し前頭前野にダメージを受けた患者が、ソマティック・マーカーの不全をきたし、反社会的行動を発達させ、やがて不適切な意思決定を下し、社会的に不適応な行動をとるに至ることを確認した。つまり、われわれが臨時職業紹介所で反社会的な被験者を募って実施した調査と、アントニオ・ダマシオらによる臨床例のあいだには、注目すべき類似性がある。これらの発見に勢いを得たわれわれは、一般社会の事例と臨床例の並行性をもっと深く追求したいと思い始めたところ、二つの問いが生じた。

まず、ダマシオとベチャラの、頭部を負傷した患者における自律神経系および情動の障害は、われわれが臨時職業紹介所で募った反社会的な被験者にもソマティック・マーカーの阻害が見られるのかという問いを提起する。われわれはそれを検証した。第4章で、自分の最大の欠点について語るストレス課題を被験者に実行させたことを述べた。ダマシオのソマティック・マーカー仮説に照らせば、これはまったく適切な課題だと見なせる。というのも、それによって、腹側前頭前皮質の領分たる、きまりの悪さ、恥、罪悪感などの二次情動が引き起こされるからだ[*23]。

この検証によって、反社会的、精神病質的な被験者は、前頭前野の灰白質の体積にかなりの減少が見られるばかりでなく、社会的なストレス課題遂行中に測定した皮膚コンダクタンスと、心拍数の反応度が低いことがわかった。確かに彼らは、ダマシオの前頭前野を損傷した患者と同様、ソマティック・マーカーを欠いていたのだ。さらにわれわれは、被験者を、前頭前野の灰白質の体積がとりわけ小さい者から成るグループと、正常に近い者から成るグループに分けた。その結果、特に前者の、前頭前野に構造的障害を抱えた被験者のグループに、ソマティック・マーカーの欠損が見つかった[*24]。こうしてわれわれは、ダマシオとベチャラの患者に見られたものと著しく類似する、ソマティック・マーカーの阻害、前頭前野の構造的欠損、反社会的行動の一致を確認できた。

二つ目の問いは、構造的障害の場所の特定に関するものである。反社会的、精神病質的な被験者の前頭前皮質の、正確にどの領域の灰白質が減少しているのだろうか？　われわれの最初の発見に対するコメントのなかで、ダマシオは、今後の研究によって欠損が前頭前皮質の眼窩前、および内側の領域に特定される可能性を問うている[*25]。フィニアス・ゲージの事例で、突き棒は目の下方から頭蓋に入り、上方に向けて前頭前皮質を貫通したことを思い出されたい。ハンナ・ダマシオは、この事故を注意深く厳密に再構成することで、ゲージの脳のダメージが、前頭前皮質の腹側と眼窩前領域（下部にあたる）、および内側と中央の部分に局所化されると結論している[*26]。反社会的な被験者を対象に、前頭前野のどの領域に体積の減少が見られるのかを詳細に調査すると、何がわかるのか？

前頭前皮質を細分化して調査するには、溝などの指標の緻密な特定、および脳の断片画像の複雑なトレーシングが求められる。事実われわれは、この調査の完成までに数年を費やさねばならなかった。カラー図版ページの図5・4に、われわれの発見を示した。これは、反社会的な被験者の前頭前皮質の断面を正面から見たもので、上部から時計回りに、上前頭回、中前頭回、下前頭回、眼窩前頭回、および腹内側部を示す[*27]。反社会性人格障害を持つ被験者は、これらのどの領域に、大幅な体積の減少が見られるだろうか？

調査の結果、これら五つの領域のうちの三つにそれが認められた。アントニオ・ダマシオなら予測できたはずだが、左右両側の眼窩前頭回に九パーセントの、また右側の前頭前皮質腹内側部に一六パーセントの減少が認められた。したがって、反社会的、精神病質的な行動にとりわけ強く関連するのは、前頭前皮質の腹側の領域に対する構造的障害だと考えられる。フィニアス・ゲージは、一八四八年の運命の日に、まさにこの領域にひどい損傷を受けている。

また、右側の中前頭回に二〇パーセントの体積減少が見られた。この三つ目の領域の体積減少は、他の二領域とは異なる補完的な視点が必要であることを示唆する。第4章で、神経心理学の研究によって、反社会的、精神病質的な性格を持つ人においては、計画を立て、行動を統制し、適切な意思決定を下すための「実行機能」が低下している点を指摘した。これらの実行機能にこれまで結びつけられてきた脳の領域は、背外側前頭前皮質（dorsolateral prefrontal cortex）に存在する。なお、「dorso」は前頭前皮質の最上部を、「lateral」は側方を意味し、図5・4では中前頭回がまさにその位置に該当する。この脳領域の機能をさらに詳細に検討すれば、犯罪者と脳障害の関係がより明確になる。

機能画像および脳損傷の研究から得られたデータをもとに、前頭前野のこの領域の正常な機能を検討してみよう。BA9、10、46に該当する中前頭回は、次のような機能を持つ。

①恐怖条件づけを司る[*28]——犯罪者やサイコパスにおいては、この機能が低下していることは先に見た。

②行動反応の抑制に重要な役割を果たす[*29]——犯罪者には、抑制のきかない衝動的な行動が頻繁に見られる[*30]。

③道徳的な判断に関与する[*31]——犯罪者はそれを正しく行なえず、道徳的な規律を破る[*32]。

④即時の報酬ではなく、延引された報酬の選択に関係する[*33]——犯罪者が欲望の充足をあと回しにできないのはよく知られている[*34, 35]。

⑤痛みの刺激に対する共感によって活性化される[*36]——反社会的な人は共感を欠く[*37]。

⑥自身の思考や感情を振り返り評価する際に活性化される[*38]——犯罪者は、自分の行為が周囲の

人々にもたらす危害への洞察を欠く[*39]。

中前頭回が、認知、感情、行動面で重要な役割を果たすのは明らかであり、この領域に大きな欠損が認められる反社会性人格異常者は、これらの面に問題を抱えている。そしてこの問題は、彼らの反社会的な傾向をさらに強化する。かくして、脳の構造的損傷が機能的障害をもたらし、さらには反社会性へ至るという一本の線が引ける。

同様に、前頭前皮質の腹側領域は、意思決定のみに関与するのではなく、次のようなさまざまな機能を果たす。

①懲罰をもたらし得る行動を自制し、正すこと[*40]、および神経心理学者が「反応の保続（response perseveration）」と呼ぶ機能[*41]に関与する。懲りずに何度も刑務所に送られる常習的な犯罪者は、過ちから学ぶ能力を欠く。懲罰を受け、刑務所に送られても、出所すればまた同じ反応を繰り返す。心理学者はこのような振る舞いを「保続」と呼ぶ[*42]。

②恐怖条件づけは、腹側前頭前皮質によっても制御されている。犯罪者がこの領域に障害を持つことはすでに見た[*43]。

③他者への思いやりやケア[*44]、他者の感情の状態に対する感受性[*45]にも関わる。犯罪者やサイコパスに、他人を思いやる能力が欠けていることは誰もが知るところだ[*46]。

④洞察[*47]や行動の抑制[*48]には、中前頭回に加え腹内側部も関与する。犯罪者は自制を、サイコ

パスは自己洞察能力を欠く。
⑤興味深いことに、腹側前頭前皮質は、親子のやり取りのなかで生じる負の情動の削減に寄与する[*49]。犯罪者は子どもの頃、親に対してかんしゃくを起こすことが多かったはずだ。
⑥情動の統制も腹側前頭前皮質の役割の一つである[*50]。情動の統制能力の欠如は、衝動的で攻撃的な性格を生む[*51]。

このように背外側と腹側の前頭前野の機能を一覧すると、これらの領域の構造的な損傷が、社会、認知、情動面での危険因子を生み、人を反社会的な性格や行動へと導く可能性があることがよくわかる。両領域がともに、反社会的な行動へと至る、同じ機能的リスク（恐怖条件づけの低下、洞察の欠如、自制のなさ）を孕《はら》むという事実は、これまで何度も示されてきた神経認知的な危険因子の重要性をさらに強調する。またそれによって、これら両領域が構造的に損傷を受けた場合、反社会的な行動が発現する可能性がとりわけ高まることがわかる。

ここまでは、前頭前皮質を深く掘り下げ、腹側前頭前皮質と中前頭回が、犯罪において重要なカギを握ることを確認した。だが、犯罪ばかりが問題なのではない。次の節では、これらの下位領域が、犯罪とは異なるが、等しく根源的な社会的意味を持つ問題に関与することを明らかにする。その問題とは、「なぜ男性は女性より暴力的なのか？」である。

男性の脳――犯罪者の心

事実は疑えない。男性は女性より荒っぽい。だが、なぜだろうか？　暴力や犯罪における性差の原因は、両性間の社会化の違いに帰されてきた。女児には着せ替えごっこをするための人形を、男児には戦争ごっこをするためのおもちゃの鉄砲を与えるというように、男子と女子では社会化に向けた養育方針が異なる。だから、男子は女子より攻撃的な性格を育みやすい、と考える。しかしこの見方はほんとうに正しいのか？

その答えは前頭前皮質にある。われわれが行なった非正規労働者の研究では、最初は男性ばかりでなく女性も被験者として募っていた。しかし女性の募集はすぐに断念した。女性は社会の潤滑油として機能する天使であるのに対し、男性は社会を混乱に陥れる悪魔だ。われわれは一七人の女性を募ったが、結局のところ暴力や犯罪という観点からすればあまり参考になるデータではなかった。しかも研究資金は限られている。先行きが思わしくなかったので、それ以後は、女性はあきらめて男性のみ募集することにした。あとから考えてみるとこの判断は誤りだったが、犯罪における性差の原因を社会化に求める説に対する反証を検証するのに十分なデータは得られた。女性に比べて男性の犯罪が多い理由を説明できるだけの脳の構造の根本的な違いが、両者のあいだにはあるのか？

われわれは、男性と女性の前頭前野の体積を比較してみた。その結果、女性に比べて男性は、前頭前皮質の下側部分を構成する眼窩前頭領域の灰白質の体積が一二・六パーセント小さいことが判明した[*52]。また、腹側領域の灰白質の体積が小さい男性は、通常の男性に比べ反社会的であった。その点についてはすでに見たが、新たな発見は、同じ現象が女性にも見られたことである。これらの事実をしばらく覚えておいてほしい。

もちろん、男性が女性より反社会的で犯罪に走りやすいことは、世界中で繰り返し確認されている。そこにはどんな驚きもない。では、腹側領域の灰白質の体積に関する性差を統計的にコントロールした場合、犯罪の性差はどうなるのか？　そこでわれわれは、腹側領域の灰白質の体積が男女間で等しくなるよう統計的に調節すると、犯罪の性差は七七パーセント減少した[*53]。したがって、犯罪に関して性差が生じる理由の半分以上は、男女の脳に構造的な違いがあることに帰せられる。

もちろんだからと言って、犯罪における性差のすべては脳によって説明できる、あるいは、養育などの社会化における男女間の相違はまったく無視して構わないなどと主張したいのではない。私が言いたいのは、男女間には神経生物学的な面で根本的な相違があり、この事実は犯罪の性差を説明するのに役立つということだ。また、反社会的な行動に結びつく、まさにその前頭前野の領域に性差が認められる事実は注目に値する。犯罪に関与しない前頭前野の領域には、性差は見つかっていない。

これらの発見はたまたまなのではない。前頭前野の灰白質の性差は、ＭＲＩを用いた他のいくつかの研究でも報告されている。ある脳画像研究では、女性に比べて男性は、眼窩前領域の体積に、一六・七パーセントの減少が認められた[*54]。他の三つの研究でもそれと同じ性差が発見されたが[*55]、その一つは四六五人の一般成人を対象にした大規模なものだ[*56]。また、言語流暢性[*57]、ワーキングメモリ[*58]、脅威刺激の処理[*59]、情動的に負の刺激を受けた状況下でのワーキングメモり[*60]などをテストする、さまざまな情動、認知課題を遂行しているあいだ、男性は、眼窩前頭皮質の活性化の度合いが女性に比べて低いという報告がある。端的に言って、男性は女性とは異なる脳を持つのであり、これらの根本的な性差を無視したり隠ぺいしたりすることには何ら意味がない。

留意すべき三つの臨床例

ここまでを振り返ってみよう。犯罪者の前頭前皮質には、構造的障害と、機能不全が認められる。被験者総数が一二六二人にのぼる四三の脳画像研究のメタ分析によって、犯罪者における前頭前野の構造的、機能的な欠陥は、繰り返し確認されていることがわかった[*61]。また、前頭前野の構造的障害は、犯罪の性差を部分的に説明する。以上のことなどから、環境によるものであろうが、遺伝的なものであろうが、その両方であろうが、この脳領域に損傷を受けると、その人の生活スタイルは反社会的で衝動的になりやすいと結論できる。

だが、先に進む前に重要な事実を指摘しておく。社会的なものにせよ、神経生物学的なものにせよ、犯罪の原因としてあげられる危険因子はどれも、暴力や犯罪を必然的に引き起こすわけではない。バーモント州で一八四八年に起こったフィニアス・ゲージの劇的な事故は、前頭前野の機能不全によって反社会的、精神病質的行動が引き起こされると考える理論の提起に至ったが、この理論をあまりにも過大に受け取らないよう、さらに三つの事例を紹介する。

スペインのフィニアス・ゲージ

最初の事例は、スペインのフィニアス・ゲージとして知られる、バルセロナに住む二一歳の大学生（以後SPGと呼ぶ）の話だ。時は、スペイン内戦さなかの一九三七年。当時のスペインでは、誰もが危険と隣り合わせで暮らしていた。ある日SPGは敵の勢力に追われて、とある建物の二階に追い込まれる。追い詰められた彼は窓を開け放ち、窓枠を踏み越えて、大胆にも外壁の排水管を伝って脱出を図ろうとする。

ところが不運にも、古びた排水管は重みで壁からはがれてしまう。SPGは排水管にしがみついたまま、先のとがった金属製の門扉《もんぴ》のうえに転落する。そのとき門扉の尖った先端で、頭蓋が額《ひたい》の左側から右側にかけて貫かれ、左目の眼球が損傷する。また、フィニアス・ゲージの脳を突き棒が貫通したときと同様、前頭前皮質が選択的にダメージを受ける。

そこへ人々がやって来て、金属を切断し、うまく彼を門から引き離す。その間彼は意識を失わず、救助作業を手伝いさえしている。ゲージと同じく、SPGはただちに、バルセロナのサン・パウ病院に運び込まれる[*62]。前頭前皮質の損傷はひどく、ゲージ同様、左目の視力を失う。とはいえ、この恐ろしいできごとをなんとか生き残った点でもゲージと同じであり、やがて彼は自由に歩けるようになって新たな生活を始める。そして彼の場合にも、それはまったく新たな生活だった。これまたゲージと同じだが、彼は落着きを失って衝動的になり、あれをしたりこれをしたりで、どんな仕事も仕上げられなくなる。

しかし、アメリカとスペインのフィニアス・ゲージの類似はそこで終わる。この種の頭部の負傷から予想される実行機能の低下や衝動性は見られたものの、ＳＰＧはゲージとは異なり、反社会的、精神病質的な性格を発達させなかった。なぜか？

その答えの一部は、環境にある。事故が起きたとき、彼は幼なじみの恋人と婚約していた。ローマのことわざにあるように、愛は全てを征服する。バルセロナでは、愛は、この種の前頭前野のひどい損傷から予想される反社会的な後遺症を征服したのだ。ＳＰＧの恋人は重傷を負った彼から離れようとせず、事故から三年後、二人は結婚する。このように、ゲージとは異なりＳＰＧは配偶者の支援を得ることができ、のみならず、事故後の人生の大半を、各地を転々としながら暮らしたゲージとは違って、一箇所に留まって一つの仕事を続けられた。

なぜこのような違いが生じたのか？　ここまで本書を読み、今や聡明な神経心理学者になった読者は、前頭前野の損傷が、集中力の維持、課題の完遂、戦略の柔軟な変更、計画に基づく行動などを可能にする能力を必ずや損なうことを知っている。これはＳＰＧにも当てはまり、彼の前頭前野の実行機能は著しく低下していた。しかしここでも環境が一つの答えを提供してくれる。彼は残りの生涯を、裕福な両親の所有する農場で働きながら過ごした。もちろん脳の実行機能が低下していたので、優良な働き手とは言えず、つねに監視されながら基本的な手仕事ができるだけだった。しかし職は職であり、生活の安全と社会人としてのアイデンティティは、それによって保たれた。

幸運はそれに尽きなかった。献身的な妻や裕福な両親の支援ばかりでなく、彼の心理・社会的な安

寧に大きく寄与する、二人の愛情に満ちた子どもを授かったのだ。彼の娘の言葉によれば、

> 子どもの頃、私は父が「保護されている」人だと思っていた。それまでも薄々感じてはいたが、やがて「問題」が何かをはっきり理解できるようになった。一七歳になると、私は「保護する側」の一部になり、それは今でも変わらない。[*63]

ＳＰＧは、頭を負傷しながらも背筋を伸ばして生活できた。一日の仕事が終わったときには、ベーコンを持ち帰るのが常だった。家庭も職業もうまく機能し、彼の周囲は愛情に満ちていた。自分の人生を振り返ってみればわかるように、辛い時期は、愛情によって乗り越えられる。ＳＰＧの事例は、前頭前野に重傷を負いながらも犯罪の道を歩まずに済むよう導いてくれる、心理・社会的な保護要因の重要性を強調するものだと、私は考えている。

ゲージもＳＰＧも、前頭前野にダメージを負う事故に遭う前は、反社会的な人間ではなかった。彼らに対して次に紹介するのは、頭部を負傷する前にも反社会的であった人物の事例だ。

ユタ州のロシアンルーレット少年

第二の事例は二〇〇〇年頃に起こったできごとで、ユタ州に住む一三歳の非行少年の話だ[*64]。彼は骨の髄まで不良の性格が染みついていた少年で、行為障害、危険な行為、注意欠陥・多動性障害

（ＡＤＨＤ）の履歴を持っていた。悲しいことに、彼の両親はとうの昔に親としての権利を失っており、この少年は養子に出されていた。確かに彼は悪童であったが、遺伝子と幼少期の劣悪な環境が作用し合って、そのような性格が形成された可能性が高いことは考慮されてしかるべきだ。

ある日、この孤独な少年は、二二口径ピストルを使って一人でロシアンルーレットをしていた。絶えず刺激を求める行為障害の少年にとって、自然美が取り柄のユタ州では他にすることがなかったのかもしれない。彼は、顎の下にピストルを当てて銃口を上に向け、引き金を引く。弾倉という運命の輪が回転し、銃弾が発射された。こうして彼の前頭前皮質に風穴が開いたのだ。

すぐに病院に運び込まれ、奇跡的に一命をとりとめた点では、彼はゲージやＳＰＧと変わらない。ただちに撮られたＣＴスキャン画像によって、突き棒がフィニアス・ゲージの内側前頭前皮質を破壊したのと同様な様態で、銃弾が、選択的に前頭前皮質の中央部を貫通したことが確認された。この領域だけを破壊しようと意図していたのなら、これほど見事な仕事は考えられないほど完璧な軌跡を描いて、銃弾は脳を貫通していた。

この事例には特筆すべき点があるのか？　実は何もない。つまり少年には何の変化もなかったのだ。よりにもよってロシアンルーレットで当たりを引いたにもかかわらず、結果は何も変わらなかった。彼の福祉担当員や養親《ようしん》、あるいは彼を担当した心理学者や法関係者は、彼が脳の損傷によって何も変わっていないことを認めている。彼は、手に負えない行為障害の悪童のままだったのだ。しかし悪化もしておらず、新たな認知的欠陥もまったく見られなかった。

どういうことか？　この事例を報告している神経心理学者のエリン・ビグラーの見解によれば、この少年は、すでに機能不全に陥り、行為障害を引き起こしていた内側前頭前皮質の部位のみを、結果的にうまく撃ち抜いたとのことだ。この第二の事例は、「前頭前野の損傷は、とりわけゲージやSPGとは異なり、本人がもともと正常でなかった場合には、必ずしも反社会的な性格をさらに強化するわけではない」という自明の理を示す。

フィラデルフィアのクロスボウ男

第三の事例は、この原理をさらに強調し、前頭前野の損傷の結果には著しい相違が生じ得ることを示唆する。事故は、ゲージのものに類似するが、ただしロシアンルーレット少年と同じく、根深い反社会的な性格を最初から持っていた個人に起こったものである。しかしこのケースでは、事故後に驚くべき変化が見られている。

当時三三歳だったフィラデルフィア出身のこの男は、事故が起こるまでは反社会的で、病的なまでに攻撃的な行動を繰り返す常習犯罪者だった。また、ふさぎ込むことが多く、事実、事故は自殺しようとして起こっている。しかし、彼はそのためにクロスボウという変わった手段を用いた。ロシアンルーレット少年とまったく同じように、それをあごの下に当て、矢を上に向けて発射したのだ。

ゲージの突き棒同様、矢は前頭前皮質に突き刺さり、SPGのケースと同じく、脳内にがっちりとはまり込む。彼もただちに病院へかつぎ込まれ、一命をとりとめる。ちなみに、この著しく混乱した不幸な男は、私が勤めるペンシルベニア大学の大学病院に運び込まれている。そこで脳から矢が引き抜かれたが、ゲージおよびロシアンルーレット少年と同様、内側前頭前皮質が選択的に損傷を受けていた。このように三つのいずれのケースでも、発射物は基本的に同じ軌跡をたどり、頭部の下側から入って頭蓋前部の頭頂から抜けている。

しかしクロスボウ男の場合には、結果に違いが見られた。ゲージと同じで、前頭前野の損傷のために、事故後の性格が劇的に変化したのだ。ただし逆の方向に。ゲージはいたって健全な人間からサイコパスもどきの輩《やから》に変貌したが、クロスボウ男は、攻撃的で移り気な反社会的犯罪者から、静かでおとなしく、満ち足りた男に変わったのである。

病的な攻撃性は一夜にして消え、抑うつはまったく消え去った。まさに奇跡と言えよう。実際、それまで重度の抑うつに悩まされていたこの男の脳の損傷によって生じた、唯一の神経精神医学的徴候とは、主治医の言葉を借りれば「過剰に陽気になった」ことである[*65]。要は能天気になったのだ。

この三番目の事例も、脳と行動の関係の複雑さと、前頭前皮質の損傷によって起こり得る結果の多様性を明確にする。ひどく混乱し、重度の抑うつを抱えていたクロスボウ男が、事故のあと陽気になった事実は、さして驚くべきことではない。幼稚なおどけた態度は、前頭前皮質の損傷によって引き起こされ得る神経学的徴候の一つであり、事実、同じ徴候はSPGにも見られる。彼も、事故後は言い古されたジョークを繰り返し口にし、過剰に陽気になった[*66]。あなたも次回何かのパーティーに参加した折に、むやみに陽気でくだらないジョークを飛ばす輩《やから》を見かけたら、その人物の脳には鉄の棒かクロスボウの矢が刺さっているか、あるいは前頭前野の機能に問題があると疑ってかかったほうがよいかもしれない。

これらの事例からわかるように、犯罪を前頭前皮質の障害に帰する説明には注意が必要なことは明らかだ。前頭前野の負傷によって、つねに反社会的行動が引き起こされるわけではない。とはいえ、概して言えば、前頭前野の構造と暴力のあいだに結びつきがあることは、MRIを用いた神経学的な研究によって明らかにされており、「前頭前野の損傷は暴力を引き起こす」という仮説を無視することにも、等しく用心しなければならない。

この見方を発達の観点から検討してみよう。神経学的な研究が示すところでは、幼少期にせよ、成人後にせよ、脳に損傷を受けることは、暴力を発現する可能性を高める。次に、解剖的磁気共鳴画像法を用いて、何かが異常をきたすのは、脳の発達の正確にどの段階においてなのかを検討しよう。その際、誕生前にも遡る必要がある。

生まれつきのボクサー?

「はじめに」で、チェーザレ・ロンブローゾは、生まれつきの犯罪者をしるしづける脳の構造的な特徴という観念にとりつかれていたと述べた。実際には、どんな犯罪者も「生まれつきの悪の権化」などではないが、犯罪者のなかには「神経発生的な」脳の異常を持つ者もいると私は考える。つまり本来あるべき姿で脳が発達しないケースが見受けられるのだ。

脳の異常な発達を示す指標の一つとして、透明中隔腔《ちゅうかくくう》と呼ばれる神経学的な症状がある。通常は誰でも、灰白質、白質から成る二葉の組織が融合した組織、すなわち「透明中隔」を持つ。これは脳

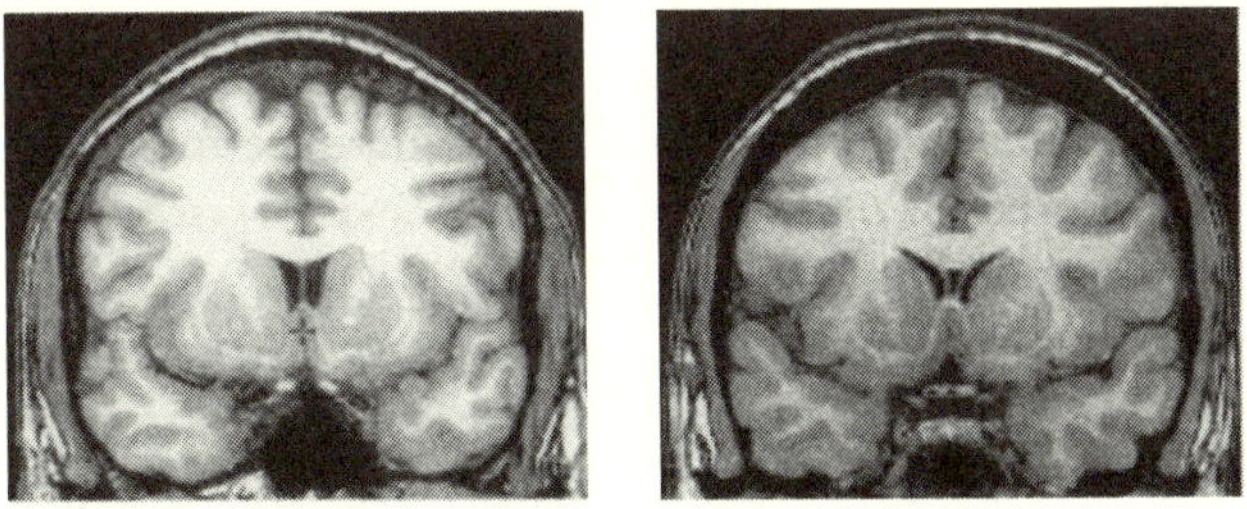

正常な脳　　透明中隔腔

［図5.5］

の中央部の液体で満たされた空間、左右の側脳室を分かつ。図5・5左側の画像は正常者の脳で、黒い側脳室を分かつ白い透明中隔の線があるのがわかる。それに加えて、胎児の発達の段階では、二葉の透明中隔板のあいだに液体で満たされた小さな間隙、すなわち透明中隔腔がある。この黒い間隙は、図5・5右側の画像で確認できる。しかし、妊娠第二期に脳が急速に発達するにつれ、海馬、扁桃体、脳中隔、脳梁など、大脳辺縁系や脳の中央部の組織が成長し、そのために二葉の透明中隔板が圧力を受けてやがて融合する。融合は生後三～六か月で完成する[*67]。しかし大脳辺縁系の発達に異常があると、二葉の透明中隔板のあいだの間隙は残ったままとなる。これが透明中隔腔である。

　臨時職業紹介所で募った被験者の脳をスキャンした結果、そのなかの一九人は、図5・5右側の画像に示されているような透明中隔腔を持つことがわかった。われわれは、これらの被験者を、脳の初期の発達における異常を示す、目に見えるしるしを持つ者として、中隔腔グループと呼ぶことにし、正常な脳を持つ被験者と比べてみた。その結果、彼らは対照群に比べ、精神病質および反社会性人格障害の測定尺度に照らして、かなり高いスコアを記録していることがわかった。また、刑事告発や有罪判決の回数も多かった[*68]。

これは「生物学的ハイリスク」調査と呼べるもので、この種の研究はあまりない。われわれは神経生物学的な異常を持つ被験者を募り、彼らと正常者を比較した。また、それとは異なる角度からも検討してみた。つまり、精神病質的な被験者と、正常者から成る対照群とのあいだで、透明中隔腔の程度を比較したのだ。透明中隔腔の程度とは次のような意味だ。胎児の発達における、後頭から前頭への透明中隔板の融合は、完全に連続したものではなく、ジッパーを絞めたときのように空いたままの部分が残る。そのため、実験者はいわばこのジッパーの締まり具合を測定できる。

この調査によって、サイコパスは、透明中隔の締まりが不完全なまま残されている程度が比較的大きいことがわかった。これは、脳の発達に何らかの障害があったことを示す。このことはサイコパスのみならず、反社会性人格障害、あるいは犯罪歴を持つ人々にも言え、反社会的な行動を示す人々全般に当てはまる。

臨床障害を持つ者と持たない者を比較する古典的な比較実験によって、「生物学的ハイリスク」調査と同じ発見が得られたのだ。すなわち、異なる方法による二つの調査を通して、「誕生以前に生じる神経発生的な犯罪の基盤が存在する」という同一の結論に達したのである。また現在、犯罪と精神病質的な行動に対する神経発生的な基盤の存在を示す証拠は、次第に集まりつつある[*69]。保守的な犯罪学者や社会学者には認めがたいかもしれないが、ロンブローゾはまったく誤っていたわけではなかった。

透明中隔腔を生む、大脳辺縁系の発達不全をもたらす要因はまだ特定されていない。しかし、妊娠中の過度の飲酒が一役買うことはわかっている[*70]。したがって、神経発生上の異常と言うと、遺伝的な運命のように聞こえるかもしれないが、母親の過度の飲酒などの環境の影響も、同様に重要な要因として考えられる。

透明中隔腔と犯罪の関係には、さらに興味深い側面がある。われわれは、脳の発達不全が、自己や他者に配慮しないこと、自責の念の欠如、攻撃性など、一生を通じて維持される反社会的な態度にとりわけ関連する性格的特徴をもたらすことを発見した。おもしろいことに、透明中隔腔を持つボクサーの割合は対照群に比べて高い。脳のダメージは、生まれつきの運命ではなく、ボクシングでパンチを食らったがゆえに負ったのか？

研究者はこの問いに「ノー」と答え、「透明中隔腔を持つ人は生まれつきのボクサーだ」という挑発的な説を支持する[*71]。それに従えば、透明中隔腔は攻撃的な性格を発達させる。攻撃的な性格の人は、この生まれつきの性質に導かれてボクシングを始める。だが、われわれが募った非正規労働者は、頭部の負傷によって透明中隔腔が生じたとは考えられないのだろうか？　われわれはこの点、および精神医学的な交絡要因を統計的にコントロールしつつデータを解析してみたが、結果は変わらなかった。透明中隔腔の存在それだけで、反社会的、精神病質的、攻撃的行動を発達させやすいことを説明できるのだ。

つまり、神経発生の初期段階における障害によって、大脳辺縁系が機能不全に陥り、犯罪の道を歩む者もいる。それに前頭葉の機能不全が加わると、セックスに関しても暴力行為に関しても、本能を十分に抑えられなくなるのだ。

恐れを知らないアーモンド

脳も犯罪の原因も、複雑であることを忘れるべきではない。今後神経生物学が発展すれば、それらには複数の脳領域が関与することが明らかになるだろう。本章ではここまで、脳の表層の前頭前皮質から掘り下げて、透明中隔腔という最深部の洞穴《どうけつ》に到達した。暴力についてさらに深い知識を得るには、脳の中心から離れ、サイコパスでは健全な発達が阻害されていると目される大脳辺縁系の欠損に注目する必要がある。この領域における主犯はいったいどの組織なのか？　われわれの考えでは、それは扁桃体だ。

扁桃体はアーモンドの形状をした組織で、皮質の折りたたみの奥深い場所、側頭葉の内側面と呼ばれる領域に位置する。脳の各半球に一つずつ存在し、図5・6に見られるように、脳の最上部から四分の三ほどの位置にある。この脳領域は情動の生成に重要な役割を果たすので、情動を研究する神経科学者にとって扁桃体ほど重要な組織はない。サイコパスの際立った特徴の一つに、深い感情や情動の欠如があることを思い出されたい。この臨床的な観察データと、恐れの生成における扁桃体の役割の重要性を考え合わせてみれば、「サイコパスの扁桃体は、異常な構造を持つ」という驚くほど単純な仮説が導き出される。

しかし、見かけは単純だが、われわれのチームがサイコパスの脳をスキャンし、左右両側の扁桃体を詳細に分析するまでは、この仮説の検証を試みた者はいなかった。カリフォルニア大学ロサンゼル

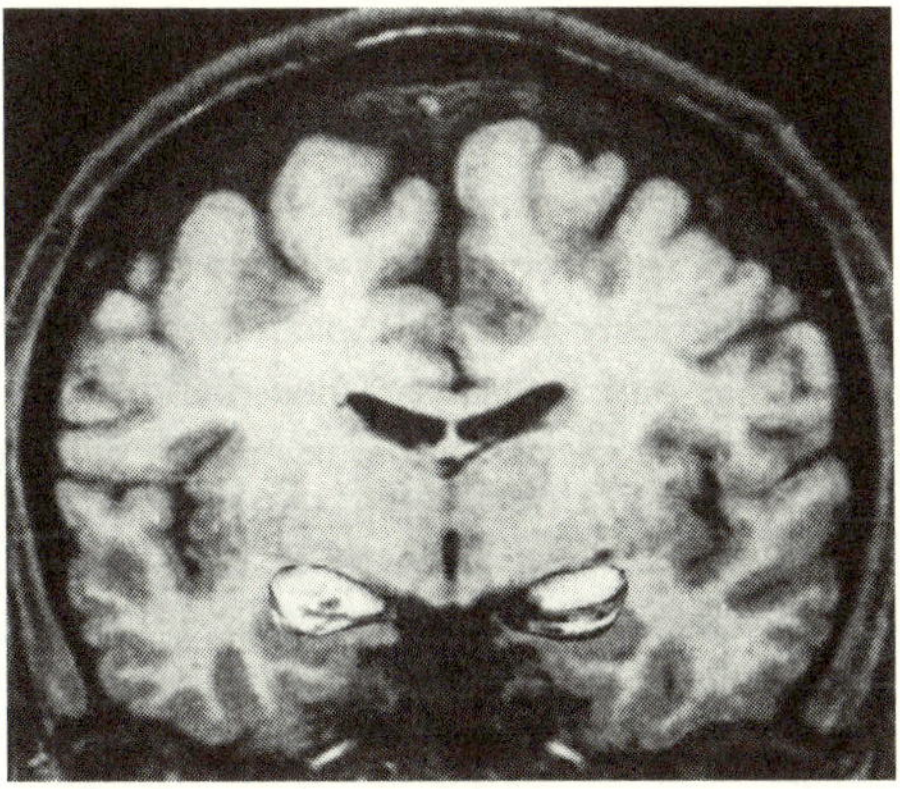

［図5.6］脳の基底方向に位置する左右扁桃体を示す脳の冠状断面

ス校のアート・トーガ、キャサリン・ナールとの共同研究で、われわれは、最新のマッピング技術を用いて、サイコパスと対照群を対象に、この脳領域の形態を分析した。アート・トーガの研究室は、グループ間の扁桃体の相違を、画素《ピクセル》ごとにマッピングする技術を開発していたのだ。機能的画像法を用いたほぼすべての研究は、扁桃体を一つの統合化された組織として扱っている。その第一の理由は、活性化のパターンがきわめて広範に見られ、特定の下位領域に限定されないためである。だが私の優秀な生徒の一人、台湾出身のヤリン・ヤンは、扁桃体が、それぞれ異なる機能を持つ一三の下位組織、あるいは別の言い方をすれば核から構成されると考えた。サイコパスの扁桃体は変形しているのだろうか？　もしそうなら、どの核が損なわれているのか？

　ヤンは、サイコパスにおいては左右両方の扁桃体が損なわれていることを発見した。ただし欠損は右側のほうが大きかった。サイコパスの扁桃体の体積には、全体で一八パーセントの減少が見られた[*72]。では、どの下位領域が構造的な損傷を受けているのか？　ヤンは見事に、対応する扁桃体の核をつきとめた。サイコパスにおいては、一三の核のうち、中央部、基底外側部、皮質部の三つの核がとりわけ変形していたのだ。図5・6では、これらの下位領域は黒っぽく見える。では、それらの機能は何か？

中央部の核は、自律神経系の機能のコントロールに強く関わり、また注意や警戒にも関与する[*73]。とりわけ古典的条件づけに重要な役割を果たし、前述のとおり、恐怖条件づけは良心のカギになる。そして、サイコパスや犯罪者には、注意力とともに恐怖条件づけに障害がある。基底外側部の核は、行動の回避の学習、すなわち懲罰に至る行動をとらないよう導く学習に重要な役割を果たす[*74]。この点に関して言えば、常習犯罪者は、刑務所行きを招くような犯罪行動に走らないよう学習する能力を持たない。皮質部の核は、ポジティブな養育態度に関わる。サイコパスが親としていかに不適格かは、よく知られたところだ。構造的障害が見られる三つの下位領域の機能をこうして検討してみると、サイコパスの扁桃体は、向社会的な態度に重要な役割を果たす領域が損なわれていることがよくわかる。

これらの構造的障害は、胎児期の神経発生における何らかの不備に起因する可能性が高いと、つまり、サイコパスの扁桃体は、早期の発達を通じて何らかの障害を受けたのではないかと、われわれは考える。それには、ニコチンやアルコール、あるいは透明中隔腔に見たような、大脳辺縁系の正常な発達の阻害をもたらす奇形起因物質への曝露などの「健康の侵襲（health insults）」（これに関してはのちの章で取り上げる）が考えられる。それは言い換えれば、環境的要因だ。

とはいえ、遺伝的でもあり得る。脳の最前面に位置し、環境による脳の損傷の影響を受けやすい腹側前頭前皮質や前頭極とは異なり、脳の奥深くにある扁桃体は、一般に環境からの侵襲を受けにくい。よって、サイコパスに観察される構造的な変形に果たしている、遺伝子の役割は無視できない。

では、扁桃体の変形の原因が、犯罪や精神病質である可能性はあるのだろうか？　冷淡、無神経、無感情などといった性格のために扁桃体が縮小することはあり得るのか？　結局、成人後に撮影した脳画像は相関関係を示すだけであり、因果関係を実証するわけではない。ここで有用なのは、幼少期の子どもの脳画像を撮影し、同じ被験者を成人するまで追跡したうえで、早期の扁桃体の障害が、のちの反社会的な行動を予兆するかどうかを調査する経年研究である。

期待を持たせたかもしれないが、残念ながらそのような研究は今のところ存在しない。幼い子どもはじっとしていない。小さな子どもの脳をスキャンして、扁桃体の異常が、成人後の暴力や犯罪を予兆するかどうかを調査できるようになるまで、まだしばらく時間がかかるだろう。とはいえ、成人サイコパスの扁桃体の分析は、その障害が、のちの反社会的、精神病質的な行動の発現を助長するのであって、その逆ではないという見方を強く支持する。

貧弱な恐怖条件づけは、扁桃体の機能不全を示す有力な徴候であり、第4章で見たように、三歳の時点で恐怖条件づけの低さが認められる子どもは、二〇年後に犯罪者になる可能性が高い。ユー・ギャオは、幼少期の扁桃体の機能と成人後の犯罪のあいだに関係があることを、あざやかに実証した。今のところ因果関係は主張できないが、時間的な相関関係は確認されており、恐怖条件づけの低さは、はるかのちの犯罪に先行する。というより、ほぼ因果関係と見なしても構わないくらいで、ユー・ギャオの研究は、ヤリン・ヤンによって発見された、サイコパスにおける扁桃体の構造的な変形が、無感覚で冷淡な行動への因果的な傾向を示す可能性が高いことを示唆する。中国と台湾出身の二人の研究者がチームを組んで、暴力に果敢な闘いを挑み、犯罪を導く脳の基盤の理解に新たな光を投げかけたとも言える。

パトロールする海馬

ここまで、コントロールに関わる前頭前皮質から情動を司る大脳辺縁系へと、視点を移動させながら検討を続けてきたが、それを通じて犯罪者の脳の構造は、何かが根本的におかしいことが見えてきたはずだ。だが、構造的な異常はそれにとどまらない。扁桃体のすぐ背後には、タツノオトシゴの形状をした海馬があるが、この組織は記憶から空間認知に至るまで、さまざまな機能に関わっている。サイコパスは、この組織にも構造的な異常が認められる。

犯罪者における海馬の機能障害についてはすでに見た。これは、さまざまな研究で観察されている構造的な異常によって引き起こされたものと考えられる。われわれが募ったサイコパスの何人かは、右側の海馬が左側よりかなり大きかった[*75]。正常者にもこの構造的な非対称性が見られるのは確かだが、サイコパスはその傾向がはるかに強い。注目すべきことに、殺人者の標本にも、機能に関して同様の非対称性が認められる[*76]。

この異常の原因について確かなことはわかっていない。ただしいくつかのヒントはある。たとえば生まれてまもないラットの子どもが何度も「住まい」を変えられると、海馬の非対称性が拡大する

（右側の海馬が左側より大きくなる）［*77］。われわれが実施したインタビューの結果によれば、サイコパスは対照群と比べて、一一歳になるまでにより頻繁に住まいを変えている（対照群が三回であるのに対しサイコパスは七回以上）。

もう一つ考えられる要因は、胎児期におけるアルコールへの曝露である。胎児性アルコール症候群の徴候を持つ子どもの脳をスキャンした研究によって、彼らのあいだでは、左側より右側が大きいという海馬の非対称性に、対照群に比べ八〇パーセントの増大が見られると報告されている［*78］。殺人犯に関する事例集を読めば、これら二つのヒントに納得できるはずだ。暴力犯罪者の幼少期は、間違いなく家庭崩壊、薬物濫用、母親のケアの不足、不安定な生活によって特徴づけられる。とりわけこれらの要因が組み合わされば、それはサイコパスに見られる海馬の異常の環境的要因になり得る。

また、他の研究者によって、暴力的なアルコール依存症患者の海馬の体積が全般的に小さいことが明らかにされている［*79］。また、サイコパスの海馬の、自律神経系の反応や恐怖条件づけに重要な役割を果たす領域に、構造的なくぼみが発見されている［*80］。同様にわれわれは、中国出身の殺人犯に海馬の体積の減少を確認した［*81］。

ところで海馬は、友人の誕生日や、ウォルマートへの道順を覚える手助けをする以外に何をするのか？　まず一つには、情動の「危険」領域のパトロールがある。特定の場所を懲罰と結びつけ、恐怖条件づけの形成を導く仕事は非常に重要だ［*82］。何か悪いできごとが起こったときにどこにいたかを思い出す際、海馬は記憶の再生を手助けする。したがって扁桃体同様、海馬は、恐怖条件づけ、および行動の守護天使たる良心の一部を構成する、その他の形態の学習に重要な役割を果たす。犯罪者は、この領域に明らかな欠陥を抱えている。また海馬は、情動的な行動を司る大脳辺縁系の神経回路を構成する重要な組織の一つである[*83]。動物の研究によって、海馬は、中脳水道周囲灰白質と、脳弓周囲外側視床下部への投射〔神経によるつながりがあること〕を通して、攻撃性を調整することが知られている。これらの組織は、皮質下の深い場所に存在し、防御的で反応的な攻撃性と先攻的な攻撃性の調節にきわめて重要な役割を果たす[*84]。たとえば、誕生時に海馬を損傷したラットは、成長後、高い攻撃性を見せる[*85]。これらの海馬の異常は、透明中隔腔の異常に結びつき得る。というのも、透明中隔は、ジョー・ニューマンが精神病質に関与すると主張している脳の神経回路、中隔海馬システムの一部を構成するからだ[*86]。

海馬と扁桃体は、側頭皮質の内部に位置する。だが、それは脳の中心部ではない。脳の中心にあるのは、二つの脳半球を結ぶ、二億を超える神経線維の太い束、脳梁だ。これらの線維、放射冠は、脳の中心から脳半球の外側の領域へと放射し、さまざまな脳領域を結びつける。われわれの測定では、反社会性人格異常を持つサイコパスの脳梁と放射冠は、体積がはるかに大きく、また、より薄く長い白質から成っていた。サイコパスの脳は、過剰な接続性を備え、両半球間の会話が多すぎるかのような印象を受ける。

この事実をどう理解すればよいのか？　私たちはサイコパスを、ネガティブな特徴を無数に備えた反社会的な悪漢と考えがちだが、実際のところ外面は愉快な人物が多く、ポジティブな特徴も数多く兼ね備えている。サイコパスの多くはとりわけ口達者で舌がよく回り、とてもチャーミングで、ほとんどどんなことでも他人を丸めこむ才能を持つ詐欺師だ。多くの研究者からサイコパスの世界的権威の一人と見なされているロバート・ヘアは、両耳異刺激聴と呼ばれるテストを用いて[*87]、「サイコパスは言語に関して脳の〈左右機能分化〉の度合いが小さい」ことを示した[*88]。われわれも、少年少女のサイコパスに同じ現象を見出した[*89]。これは何を意味するのか？ 一般には、左半球が言語処理に重要な役割を果たしている。つまり言語は左半球に強く側性化〔左右大脳半球のいずれかに得意の機能があること〕される。それに対しサイコパスにおいては、左右両半球が、より等しく言語処理に関与する。おそらくそのために彼らは口達者なのだろう。言語処理に、一つではなく二つの半球を動員できるのだから。そしてそれは、両半球を橋渡しする脳梁の肥大に起因すると考えられる。

サイコパスは犯罪者のなかでも特殊なグループを構成し、一般的な暴力犯罪者には、彼らと同じことが当てはまらないという点を思い出す必要がある。いずれにせよ、どこをどう見ても、サイコパスの脳は、それ以外の人々とは異なる「配線」がされているようだ。

報酬を手にする

私たちは脳の表層の皮質から、より深部に位置する皮質下の領域へと視点を移した。ここで脳の深い領域にあるもう一つの構造、線条体に目を向けよう。進化の観点から言えば、これは古い脳構造であり、すべての生物種に共通して見られる基本機能、すなわち報酬を求める行動に関わる。これまで長いあいだ私たちは、精神病質的特徴を持つ人には報酬に対して過敏に反応する傾向があると考えてきた。そのような人々は、報酬が得られるチャンスがあると、自分に不利な結果が生じる危険性をものともせず、何としてでもそれを手に入れようとする。

ノッティンガムからロサンゼルスに移って私が最初にした研究は、この見立てを検証することだった[*90]。当時私は准教授だったが、たいていの准教授と同じで、学問の世界でうまくやっていくのに苦労した。私はイギリスとモーリシャスでの研究に携わっていたが、准教授たるもの、自分の研究室を立ち上げ、他の研究者から独立した独自の調査を開始し、ひとり立ちすることを期待されていたのだ。ここで一人前であることを示さなければならない。

もちろん言うは易しだ。当時の私はロサンゼルスに移ったばかりで途方に暮れていた。研究資金が乏しく、どんな研究をしようが節約せねばならなかった。そんな私にとって幸運だったのは、夏のあいだ私の研究を手伝いたいと申し出てくれた学生二名と、主任教授が指導していた大学院生で、子どもの反社会的な行動に関心を持つメアリー・オブライエンが協力してくれたことだ。

また、近くのイーグルロック地域には、不良少年がたむろしていたのも幸運だった。私はカリフォルニア州の高等裁判所から、彼らを被験者に用いる許可を得た。彼らは施設には収容されずに家庭で暮らしていたが、十代の少年たちにとって、南カリフォルニア大学の女子学生がアシスタントを務める実験への参加は、まんざら悪い話ではない。われわれが声をかけた四三人のうち、四〇人は喜んで研究に参加した。

三つ目の幸運は、実験には一揃いのカードとポーカー用のチップがあれば十分だったことだ。何しろ住宅購入の頭金を払うためにオレンジジュースを飲むことさえ我慢していた頃の話である。

われわれは不良少年たちに次のようなゲームをさせた。各カードには数字が書かれている。半分は、それを選ぶとチップが与えられる報酬カードで、もう半分はチップを失う懲罰カードだ。あるカードを選ぶには、それに触れればよい。触らなければそのカードをパスすることができる。そして六四回のプレイのあいだに、被験者はできるだけ多くのチップを獲得しなければならない。そのためには、どのカードが報酬カードなのかを学習する必要がある。またわれわれは、スタッフによる被験者の行動と性格の評価に基づいて、不良少年のなかからサイコパスを特定した。こうしてサイコパスとそうでない不良少年の成績を比較した。

どんな結果が得られたのだろうか？ 私が指導していた大学院生アンジェラ・スカルパは、サイコパスの若者が、そうでない若者に比べ、報酬カードに対して強い反応を示すことを発見した。同じ結果は、それ以前に行なわれた成人のサイコパスを対象にした調査でも得られている[*91]。またサイコパスの若者は、課題を通じてすぐれた学習能力を示した。つまり、報酬を用いて行動を導けば、サイコパスは学習できるのだ。「青少年のサイコパス」に関する研究が著名な学術誌に掲載されたのは、これが初めてだった[*92]。それまでは、サイコパス予備軍の青少年が実際に存在するという考えを誰もが避けていた。

それから二〇年が経過したが、われわれは現在でもこの発見について検討している。被験者の行動様式の相違は、ほんとうにサイコパスの脳の構造の違いに帰せられるのか？ 私が指導する大学院生アンドレア・グレンは、臨時職業紹介所で募ったサイコパスを対象に、この問いを検証した[*93]。線条体は、報酬を求める行動や衝動的な行動に結びつく重要な脳領域で、さまざまな研究によれば、刺激を求める行動を繰り返しつつ報酬を執拗に追求し、報酬刺激に基づく学習を強化することに関与する[*94, 95]。これはまるで、精神病質的な行動そのものに聞こえる。検証の結果、サイコパスの被験者には、対照群に比べ線条体の体積に一〇パーセントの増加が見られた。この結果は、実験群と対照群のあいだにある、年齢、性別、民族、薬物やアルコールの濫用、脳全体の体積、社会経済的な地位などの相違によっては説明できない。結果は非常に堅実だ。

われわれの推測では、線条体の肥大は、報酬に対するサイコパスの感受性を先鋭化し、そのために彼らは、絶えず報酬を求める行動を起こす。確かに報酬を求めるのは、何もサイコパスばかりでなく誰でも同じだ。誰にも欲しいものはある。私たちは皆、大儲けしたいし、立派なマイホームを建てて、高級レストランで食事がしたい。愉快な仲間もほしいし、極上のセックスは言うまでもない。しかし私たちは、欲に目がくらんでも「ノー」と言えるが、サイコパスは、自分がほしいものは何が何でも手に入れようとし、しかもたった今ほしいのだ。彼らにとって報酬は麻薬であり、それに背を向けていられない。そして、その性格によって彼らは堕落と悪徳の道に駆り立てられる。

サイコパスに関するわれわれの発見は、他の研究でも確認されている。線条体の肥大は反社会性人格異常者に[*96]、また線条体の機能の増大は、暴力的なアルコール依存症患者[*97]、攻撃的な青少年や成人[*98]にも見られる。さらには二〇一〇年に、サイコパスにおける報酬を求める行動の神経学的な基盤を強調する研究をわれわれが発表した二か月後に、機能的脳画像法を用いて本質的に同じ結論に至った調査結果が、別の研究グループによって発表された[*99]。この研究では、精神病質的な衝動性、反社会性の高い一般の被験者に、報酬に対する過剰反応が見出されている。ただしここでは、報酬を予期するあいだに過剰な活性化が見られたのは、線条体ではなく、同じく皮質下にある領域、側坐核であった。側坐核は、第2章で取り上げたドーパミン報酬系に強く関わっている。どうやら反社会的な人々は、そうでない人より、自分がほしいと思っているものに対して興奮しやすいようだ。犯罪者にとって報酬は重要だ。彼らはとりわけ金銭に惹きつけられる。サイコパスの四五パーセントは、金銭目当てで犯罪を実行する[*100]。サイコパスはそうでない人に比べ、少ない金額で道徳原理を侵犯する[*101]。また、行為障害を持つ攻撃的な子どもは、誰かが苦痛を感じているところを写した画像を見せると線条体の活動が増大するという、気が滅入るような発見がある[*102]。これらの子どもたちは、他人の苦痛を喜んでいるように思われるが、この特徴は犠牲者を残酷に拷問して傷つける連続殺人犯の態度とそれほど大きな違いはない。この特徴に、前頭葉の機能不全、そしてそれによって引き起こされる歯止めのきかない行動を組み合わせると、暴力犯罪を醸成するカクテルができあがる。

いずれにせよ、精神病質的、反社会的な犯罪者における扁桃体、海馬、脳梁、線条体の構造的欠陥をどのように解釈しようが、際立つ点が一つある。それは、これらの構造的な異常が、別の何らかの疾病や、明らかな外傷の結果生じたものではない可能性が高いことだ。もしそれらが原因なら、これらの構造は全体として体積が減少していなければおかしい。われわれの研究では、そんな単純な結果は得られていない。サイコパスの右側の海馬は、左側より大きい。線条体は、肥大している。脳梁も、体積が増加しており、また、サイコパスでは、対照群に比べこの領域がより長く薄く変形している。これらの現象をどう説明すればよいのか？　この変形は、本質的に神経発生的なものなのかもしれない。線条体と、それに関連する組織、尾状核、レンズ核は、縮小ではなく拡大している。サイコパスに関して言えば、これらの脳組織は、幼少期に異常な成長を見せている。こうしてみると、精神病質的、反社会的行動には、少なくとも部分的に神経発生的な基盤が存在するという理論がさらにクローズアップされる。ならば、「生まれつきの犯罪者」という言い方は正しいのか？　そうは言い切れない。では、幼少期の発達の過程で、脳が損なわれる可能性はあるのか？　ある。それは大いにあり得る。

ピノキオの鼻と嘘をつく脳

ここで、不利ではなく有利に働く、脳の構造的な異常を検討することで、神経発生に関する議論を一歩先に進めよう。そしてそれを、「暴力犯罪者やサイコパスの脳が変形していることは認めるとして、それは他のタイプの犯罪者にも当てはまるのか？　また、嘘の一つや二つはつかないはずがない私たち自身についてはどうか？　軽犯罪も脳に基盤があるのだろうか？」という核心的な問いに関連づける。

第3章でも触れたが、人は誰でも嘘をつく。ほとんどの人は、あるレベルでは毎日のように嘘をついている。どんなときに人はよく嘘をつくのだろうか？　調査によれば、誰かと初めてデートしたときだ。この結果から、私たちがかくも頻繁に嘘をつく理由がわかる。それは印象操作なのだ。いついかなるときも真正直に振る舞っていては、ファーストキスさえおぼつかない。加えて、誰もがいやな思いをするだろう。あなたは、自分のひどい髪型、けばけばしいシャツ、態度の悪い彼氏について正直に忠告してほしいだろうか？　否。だから私たちは、人間関係がギクシャクしないよう、「その髪型よく似合ってるね！」「そのシャツ、性格がよくにじみ出てる感じ！」「あなたたち、お似合いのカップルね！」などと罪のない嘘をつく。そうやって他人を傷つけないようにしつつ、愛情や友情を獲得する。そんな私たちのほとんどは聖人君子ではないし、精神病質的な犯罪者でもない。

ただし「私たちのほとんどは」であり、なかには行き過ぎた嘘をつく者もいる。サイコパスの二〇の典型的な特徴のうちの一つは、病的虚言癖と欺瞞だ。彼らは、理由があろうがなかろうが、いつでもどこでも嘘をつく。サイコパスの研究にあたっては、彼らにインタビューをする前に、履歴を詳しく調査していた。監視の厳重な刑務所に収監された長期刑囚が被験者だった点に鑑みると、記録は非常に正確であったと考えられる。生い立ち、行動、性格に関する情報は、彼らが病的虚言者であるかどうかを評価するためのよい比較資料になった。被験者がその情報に反することを言えば、探りを入れられる。そしてそれに対する反応をチェックすることで、それが理にかなっているか、でっちあげかを判断できる。

とはいえ問題は、サイコパスが嘘をつくことに恐ろしく長けていることだ。うまく尻尾をつかんだと思った途端、彼らは矛盾を糊塗するまことしやかな説明を、まばたきすらせず巧妙にでっちあげる。専門家の鋭敏な判断力をもってしても、彼らがインタビュールームをあとにする頃には、自分の記憶違いではないかと思い込まされる。そしてもう一度資料を読み直し、当人の保護観察官にあれこれ尋ねてみて、見事に騙されたことに気づく。この話は、実際に彼らにインタビューした経験がない人には信じがたいかもしれないが、それくらい彼らの嘘は巧妙だ。

三〇年間犯罪を研究し、刑務所に収監されたサイコパスを、まるまる四年を費やして調査した経験のある私でも、誰がサイコパスかを見分けられないと知ったら、読者は驚くかもしれない。その才能は、どうやら私にはないようだ。初対面の人と一時間話しても、その人がサイコパスかどうかはまったくわからない。これについてはあとで説明する。いずれにせよ、それは私に限った話ではない。嘘を見分けるということになると、好むと好まざると、あなたも途方に暮れざるを得ないのだ。

気を悪くしないでほしい。私たちは皆、この点に関しては無力なのである。警官、税関吏、FBI捜査官、保護観察官でも、欺瞞行為を検知する能力にかけては一般の大学生とたいして変わらない[*103, 104]。実際、彼らは嘘発見に長けていると自分では思っているものの、自らの間違いに気づきさえしない。欲しい薬を手に入れるために嘘の症状を申告しても、医者はたいがいその事実を見抜けないものだ。

なぜ私たちは、嘘を見抜くのがかくも下手なのか？　なぜなら、私たちが嘘の徴候だと考えるあらゆる事象は、嘘を発見する能力とはまるで関係がないからである。確たる証拠がないにもかかわらず、態度や話し方によって誰かが嘘をついていると判断したときのことを思い出してみればよい。その際あなたは、落ち着きのない視線、言葉のつまり具合、そわそわした態度、関係のないトピックに話が飛ぶ様子などに基づいて、そのような判断に至ったはずだ。実際には、これらはすべて嘘とは関係がなく[*105]、ときに私たちを誤った方向に導く。

しかし子どもに関してはどうか？　子どもの嘘ならうまく見抜けるのではないか？

残念ながら答えは「ノー」だ。それを調査した次のような研究もある。まず、さまざまな年齢の子どもたちが、部屋のなかで実験者と一緒に座っている様子をビデオで撮影する[*106]。彼らの背後には、魅力的なおもちゃが置かれている。実験者は子どもに、おもちゃを盗み見しないように伝えてから、数分間部屋を出る。その間、おもちゃを見る子どももいれば、見ない子どももいる。実験者は部屋に戻ると、子どもにおもちゃを盗み見したかどうかを尋ねる。子どもはそれに答える。否定した子どものなかには、ほんとうのことを言った者もいれば、嘘をついた者もいる。それから実験者は、このビデオをさまざまな人に見せ、彼らがどれくらい正確に子どもの嘘を見分けられるかを調査した。なおビデオは、子どもがほんとうのことを言ったケースと、嘘を言ったケースがそれぞれ半分になるよう編集されていた。正答率が半分の場合には、偶然並みの成績に相当する。

実験者は、このビデオを大学生に見せた。子どもが嘘をついているかどうかを見分けるのは、大学の試験より簡単なはずだと思うのではないだろうか。ところが、賢いはずのこれら大学生の正答率は五一パーセントにすぎなかった。つまり、ほぼ偶然並みの成績しか残せなかった。

では、税関吏にこのフィルムを見せた場合にはどうだろう。何しろ彼らには、ずる賢い旅行者を摘発した経験が豊富にあるはずだ。ところが、彼らの正答率は四九パーセントで、大学生より成績がやや落ちた。

次は警官だが、彼らは、街を徘徊するサイコパス予備軍の嘘つき青少年の扱いには慣れているように思える。だが、彼らの正答率は四四パーセントで、これは偶然のレベルよりもかなり低く、大学生や税関吏の成績よりも落ちる。次回交通違反で警官に呼び止められ、あなたがいくらそれを否定しても信じてもらえないときには、この研究について教えてあげるとよいかもしれない。

年齢別に見ると、一一歳の子どもに対しては正答率三九パーセントというみじめな全体成績が得られているが、それは彼らが非常に洗練された嘘つきだからかもしれない。相手が四歳の子どもなら、もっと正確に嘘を見抜けるのではないだろうか？　残念ながら答えは「ノー」だ。四歳児に対する正答率は四〇パーセント、五歳児は四七パーセント、六歳児は四三パーセントだった。両親は自分の子どもの考えがわかると思っているかもしれないが、実は幼児の嘘ですら見抜けないのだ。それが現実であり、私もあなたも、精神病質的な嘘つきを見分けることにかけては無力なのである。

だが、一縷の望みは残っている。私には二人のいたずら好きの子ども、アンドリューとフィリップがいるが、彼らは他のほとんどの子どもと同じく、賢く巧妙な嘘つきだ。誰が何をしたかを知りたいときには、問い詰める前に、真実を正直に話すよう諭すことにしている。先の研究によれば、子どもにまず何か道徳的な問題について話させてから、真実を語るよう約束させると、真実の返答を引き出しやすくなり、嘘発見の正答率は四〇パーセントから六〇パーセントに向上する[*107]。

この研究を知ったわれわれは、何がサイコパスを巧妙な嘘つきにするのかを思案するようになった。人間は嘘発見には向いていないのかもしれないが、機械はマキャベリ主義者の心をもっとうまく探れるはずだ。サイコパスは私たち人間ならうまく騙せても、病的虚言者のしるしは脳の内部に刻み込まれているのかもしれない。彼らは、人を騙すことに関して、何らかの器質的な優位性を備えているのか？

われわれの研究では、被験者に病的虚言癖があるかどうかを評価した[*108]。そのために社会性人格異常や精神病質に関する精神医学的なインタビューを実施し、質問票に答えさせ、さらには研究アシスタントのコメントを照合した。

アシスタントのコメントの照合とは、たとえば次のようなことだ。ある日、一人の研究アシスタントが、ある被験者がつま先で歩いているところを目にした。それについて尋ねると、彼はオートバイ事故でかかとをけがしたという説得力のあるストーリーを微に入り細を穿ちながら語った。翌日、彼は別の階で別のアシスタントのインタビューを受けているが、そのときはまったく普通に歩いていた。つまり彼の欺瞞は、二人のアシスタントのコメントをつき合せて初めて明るみに出たのである。これは典型的な病的虚言であり、この被験者は何の利益もないのに人を騙したのだ。

われわれは、自己報告に基づいて、病的虚言と欺瞞の基準を満たす一二人を特定した。嘘に関する自己報告が、なぜ真実だと言えるのかをいぶかる読者もいるかもしれない。正直に言えば、嘘や騙しの経歴に関する病的虚言者自身の証言が、どの程度真実なのかを正確に知ることはできない。しかし、次のことは確実に言える。もし彼らの証言が真なら、彼らは実際に病的虚言者であり、反対に、自分の嘘に関して嘘を言っているのなら、それは彼らが病的虚言者であることを意味する。この論理で武装したわれわれは、調査を進めることにし、彼らの脳をスキャンした。

正確を期すために、二つの対照群を形成した。一つは、二一人で構成される「正常」対照群で、彼らは反社会的でも嘘つきでもなかった（少なくともそう自己報告した）。もう一つのグループは、一六人から成る「反社会的」対照群で、彼らは病的虚言者ではないが、同程度の犯罪歴を持つ。われわれは、病的虚言者のグループとこれら二つの対照群を比べてみた。

それによって、この分野ではまれな発見が得られたが、その功はこの研究を率いたヤリン・ヤンに帰せられる。図5・7からわかるように、病的虚言者のグループは、前頭前皮質の白質の体積が両対照群より大きい。具体的に言うと、正常対照群より二二パーセント、反社会的対照群より二六パーセント大きい。白質の体積の増加は、とりわけ前頭前皮質の、より腹側（下側）の部分に見られた[*109]。予想されるように、両対照群に比べ、病的虚言者の言語性ＩＱはかなり高い。ただしこの事実は、脳の構造的な差異を説明するものではない。この研究についてコメントしている、虚言に関する第一人者ショーン・スペンスが指摘するように、白質の増大はまれで、他のほぼどんな臨床障害も、この異常に関連づけられたためしがない[*110]。

この発見を理解するためには、嘘をつくことが、前頭葉の多大な処理能力を要する、複雑な実行機能であることを述べた第3章を思い出す必要がある[*111]。真実を語ることは容易だが、嘘をつくことははるかに困難であり、高度な処理能力を要する。われわれの考えでは、前頭前野の白質の増加は、嘘をつくための認知能力を高める。そう言える理由は、それが前頭前皮質、および他の脳領域双方の下位領域間の接続性の増大を反映するものだからだ。ここで、もう少し詳しく嘘について検討してみよう。

嘘には、「心の理論」が関係する。たとえば、私があなたに、一月七日水曜日午後一一時に自分がどこにいたかについて嘘をつく場合、私はあなたがそれについて知っていること、知らないことを心得ている必要がある。また、あなたがどんなことをありそう、あるいはあり得ないと思うかを推測できなければならない。この「読心術」の実行には、側頭葉と頭頂葉の下位領域を動員して前頭前皮質に結びつける必要がある。人が嘘をつくとき、その徴候が態度に現れる点については前述した。しか

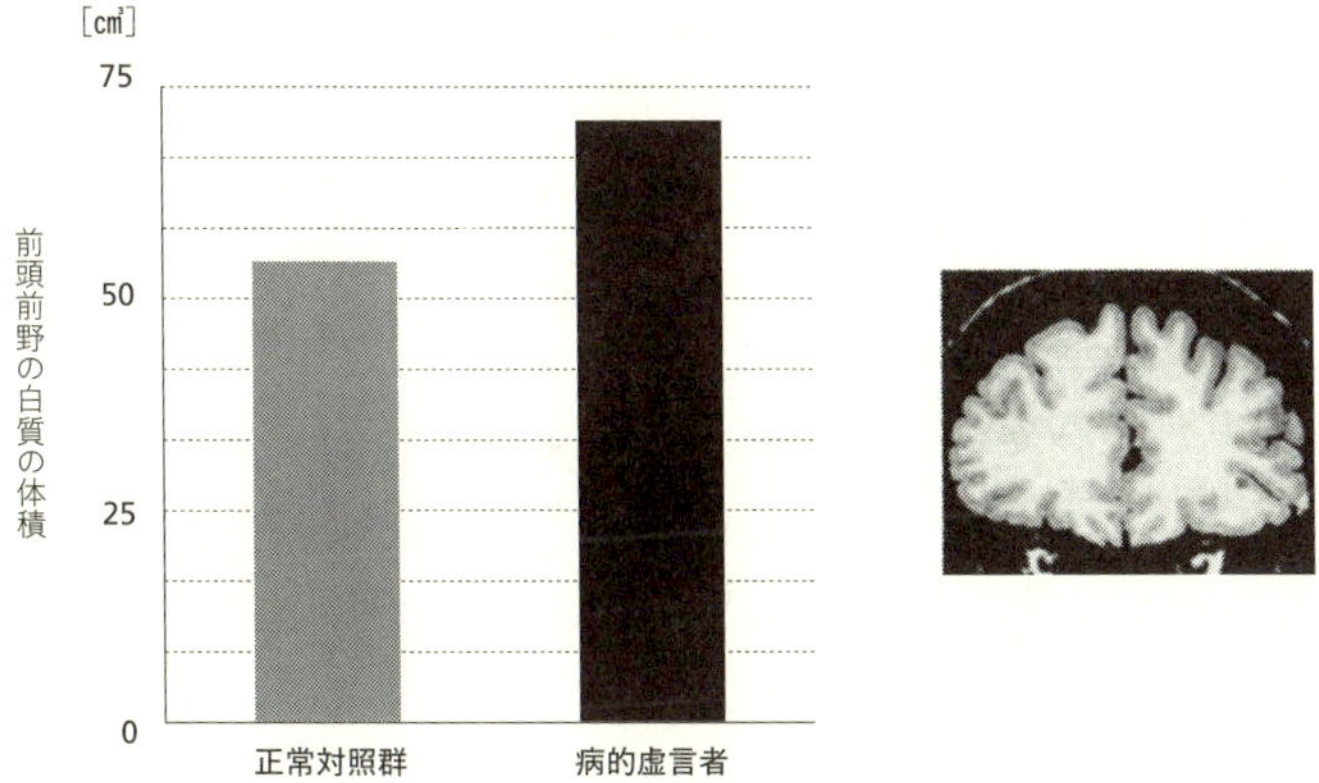

[図5.7] 病的虚言者と対照群の前頭前野の白質の体積を表すグラフ
右図は白質を示す前頭前皮質の冠状断面

し詳細な研究によって、人は嘘をつくとき、不必要な身体の動きを抑制することが示されている。一月七日の夜どこにいたかについて真実を告げる場合、私には隠すことは何もない。身振り手振りを使ったり、ストーリーを特に強調したいときには眉を上げたり、しばし考え込んで一、二秒のあいだ視線を上方にそらしたりすることもある。

嘘つきは一般に、そのようには振る舞わない。彼らはじっと座って、身体の動きを抑制する。というのも、自分の語るストーリーに認知的に焦点を絞ることに、すべての処理能力が投入されるからだ。それには、身体の動きを制御する、体性感覚を司る領域を統制する前頭前野の機能を必要とするが、白質の接続性の増大はそれに資する。嘘つきは、自分の語るストーリーのもっともらしさを維持しつつ、自分の態度が過度に神経質に見えないよう注意を払わねばならない。そのためには、扁桃体などの大脳辺縁系の情動領域を抑制する必要がある。ここでも、前頭前野と大脳辺縁系の接続が重要なのだ。前頭前皮質に、白質による配線が多ければ多いほど、これらの機能はそれだけうまく働く。

病的虚言者における白質の体積の増加の原因は神経発生的なものと考えられる。ここでも、ポイントは体積の減少ではなく増加である。神経発生的な観点から言えば、脳は幼少期を通じて目覚ましく拡大していく。そして脳の重さは、一〇歳から一二歳のあいだに大人のレベルに達し、この年齢までに、白質の体積に大幅な増加が見られる[*112]。それと同時に、子どもは一〇歳頃に、嘘をつくのがもっともうまくなることが知られている[*113]。ならば、神経発生による白質の増大は、嘘をつく能力の変化と並行して起こることになり、非常におもしろい。このことによって、われわれが病的虚言者に見出した白質の増大は、実際に嘘をつく能力を促進することがわかる。こうして見ると、成人の病的虚言者に見られる前頭前野の白質の増大は、彼らを虚偽や欺瞞に走らせやすくすると考えられる。

だとすると白質の増大は、病的虚言を「引き起こして」いるのかもしれない。それとも逆だろうか？　一九世紀後半のイタリアの童話『ピノキオ』は、誰でも知っているはずだ。ピノキオの鼻は、嘘をつくたびに伸びた。それと同様に、病的虚言は前頭前皮質の白質の増大を引き起こすのか？

この「ピノキオの鼻」仮説は、それほどばかげているわけではない[*114]。それは脳の可塑性を主張する仮説としてとらえ得る。たとえば、ピアニストの白質は、(とりわけ子どもの頃に)ピアノの練習を積み重ねるとそれだけ発達する[*115]。同様に、子どもの頃、のべつ幕なしに嘘をついていると、前頭前野の白質が発達するのかもしれない。成人後も、徹底的な実践は脳の構造に影響を与え得る。ロンドンのタクシー運転手は、三年間の徹底した訓練を積んで、二万五〇〇〇に及ぶ複雑な街路を頭にたたき込む。MRIを用いた研究によれば、これらのタクシー運転手は、対応対照群〔実験群の被験者と似た性質の被験者から成る対照群〕[*116]、およびその種の訓練を受けていないロンドンのバス運転手と[*117]比較して、海馬の体積が大きい。ジムに通って筋肉をつけられるように、心的な訓練は脳の運動になる。

病的虚言者の場合、犯罪的な生活様式が犯罪脳を生んでいるようなものだ。これは、一九世紀のイタリアでロンブローゾが語った、「脳障害が犯罪を引き起こす」というストーリーとは異なる[*118]。虚言が脳の変化を引き起こすと主張する環境説は、まだ捨てるわけにはいかない。

優秀な脳を持つホワイトカラー犯罪者

ここまで、虚言などのありふれた逸脱行為にも生理学的基盤があり得ることを見てきた。もう少し、暴力をともなわない反社会的行為の検討を続けよう。暴力犯罪者とは異なり、直接自分の身体を行使しないホワイトカラー犯罪者についてはどうだろうか？　犯罪学者は、ホワイトカラー犯罪者をその他の犯罪者とは区別して考える。ブルーカラー犯罪者には、貧困、すさんだ近隣環境、学業不振、失業などのすべてが危険因子になる。しかし、銀行家、会社役員、政治家による犯罪行為の要因は何だろう？　通常これらのケースでは、その要因は個人ではなく、帳簿を改ざんするペテン師を育む土壌を提供する、企業などの制度に求められる[*119]。保守的な犯罪学者にとっては、ホワイトカラー犯罪者は、仕事でうまい汁を吸える機会を手にし、その誘惑に負けて判断が狂った一般人なのだ[*120]。ならば、ポンジスキーム〔ねずみ講型の投資詐欺〕に手を染めたバーナード・マドフは、汚職企業における誤った判断の犠牲者なのか？　それとも街にはびこる「ブルーカラー」犯罪者が一般の会社員とは異なるのと同じく、彼のような犯罪者は一般人とは違うのか？

マドフは投資家をペテンにかけ、推定六四八億ドルにのぼる資金を持ち逃げした。彼は熟練の投資アドバイザーであり、ペテンは比較的単純なものだった。高利回りを謳うことで証券への新たな投資者を募っていたが、こうしてつねに新たな投資者を引き入れることで集めた資金を配当に回して、高利回りを可能にしていたのだ。そして彼は、巨大な金融帝国の信頼性を保証するはずの会計士が一人しかいないことが発覚するまで、このペテンを続けた。あなたがかつての私のように会計士なら、そんなやり方は不可能だとわかるはずだ。

ホワイトカラー犯罪は、この手の極端な例から、詐欺、あるいは職場の備品をくすねるなどの些細なものに至るまで、種々さまざまである。ところが驚くべきことに、ホワイトカラー犯罪の生物学的、心理学的基盤を説明する理論は存在しない。社会的なレベルでさえ、このような行動に関する「個人差」理論、すなわちホワイトカラー犯罪者とそれ以外の人々の相違を説明する理論は見あたらない。一九三九年に初めて「ホワイトカラー犯罪」という概念を提起した高名な犯罪学者エドウィン・サザーランドは、社会的地位の高い人々によるこれらの不正行為を、一般人が上司や同僚に感化され、ビジネスで人を出し抜くよう仕向けられるプロセスと見ている[*121]。彼は、「社会的、個人的要因によっては、そのような犯罪を説明できない」「それは基本的に、いかに好機をとらえて成功するかを学習するプロセスと見なせる」と感じていた。

この態度は本質的に、利益を最大化して競合他社を打ち負かすことが求められる、アメリカの攻撃的なビジネスの一般的な様式とそれほど変わらない。「少しくらい不正をしても、それがどうしたというのだ。銀行強盗を働くわけではないし、誰も傷つきはしない。誰かを脅迫するわけでもない」というわけだ。都合のよいことに、不正をしても犠牲者と対決する必要はない。だから自分の行為に、それほど罪の意識を感じずに済む。要するにそれは、人を出し抜く悪知恵を持った輩《やから》には都合のよい犯罪なのだ。

本書をここまで読み進めてきたあなたは、犯罪に対する私の一般的な見解を把握していることだろう。ホワイトカラー犯罪者は、申し分のない出で立ちをしていようが、無垢だとは言えない。組織に責任を求めるマクロ社会的アプローチは、せいぜい部分的な説明にすぎない。というのも、いかがわしい経営倫理がはびこる企業で働いている者のすべてが、犯罪に走るわけではないからだ。

ペンシルベニア大学に勤める私は、ウォートン・スクール〔ペンシルベニア大学のビジネススクール〕で法と経営倫理を教えるウィリアム・ラウファー教授の知己を得るという幸運に恵まれた。彼は、それまで無視されていたこの領域での犯罪について、最新情報を教えてくれた。われわれは、一般の志願者から得た犯罪行為に関する自己報告を調査し、そのなかの何人かが自分の犯したホワイトカラー犯罪に言及しているのを発見した。それには、「企業や政府機関から金銭を詐取した」「コンピューターを不法に用いて金銭を稼いだ」「職場から備品を盗んだ」「嘘をついて疾病給付を受けた」などがあった。彼らはバーナード・マドフのような大物詐欺師ではないが、これらの行為のすべてはホワイトカラー犯罪の基準を満たす[*122]。そしてそれはわれわれにとって、未知の領域だった。

われわれは二一人のホワイトカラー犯罪者から成るグループと、犯罪履歴はあるが、ホワイトカラー犯罪には手を染めたことのない二一人の被験者から構成されるグループを形成した。このマッチングは重要である。なぜなら、われわれが募ったホワイトカラー犯罪者は、同時に仕事以外でも犯罪行為に及んだ経験を持つため、統計処理上そのような犯罪行為をコントロールする必要があったからだ。なお、このことはホワイトカラー犯罪全般に当てはまる[*123]。したがって両グループの被験者はともに、同レベルの犯罪歴を持つ。また、両グループのあいだで年齢、性別、人種のマッチングも行なったので、唯一の相違はホワイトカラー犯罪歴の有無のみにしぼられた。ヤリン・ヤンと共同で、神経生物学的測定基準に照らして両グループを比較した結果、以下の注目すべき差異を見出せた[*124]。

第一点。ホワイトカラー犯罪の性格から予想されることだが、ウィスコンシンカード分類課題を用いた評価により、ホワイトカラー犯罪者は「実行機能」に秀でることがわかった。この神経認知課題は、集中、計画立案、組織化、目標を達成するために戦術を変える柔軟性、ワーキングメモリ、衝動的な反応の抑制などに関する能力を測定する[*125]。どうやらわれわれが募ったホワイトカラー犯罪者は、一般に企業経営者に求められる能力を備えているようだ。

第二点。彼らは、ニュートラルな聴覚刺激と「言語的な」刺激の両方に対して、より大きな皮膚コンダクタンス反応を示した。しかも、初回の提示ばかりでなく（高い注意力を示す）、繰り返しの提示に対しても大きな反応を示している。つまり注意力を維持できるのだ。この感度の高い指向性、つまり「これはいったい何？」反応は、前頭前皮質腹内側部（vmPFC）、内側側頭皮質、側頭頭頂接合部の機能の優秀さを反映する[*126]。なお、犯罪者には、これらの領域に機能不全が見られることはすでに触れた[*127]。

第三点。これはもっとも興味をそそる点だが、ホワイトカラー犯罪者のグループと対照群のあいだに、脳の解剖学的構造の相違が見られた。前者では、いくつかの重要な領域の皮質がより厚かったのだ。具体的に言えば、前頭前皮質の下部にあたるｖｍＰＦＣ（ＢＡ11）の灰白質、および脳の右半球の外側表面を横切る帯状の皮質の厚みが増大していた。この領域には、右側前頭前皮質（下前頭回、ＢＡ44）、右側運動皮質（中心前回、ＢＡ6）、右側体性感覚皮質（中心後回、ＢＡ1、2、3）、側頭頭頂接合部の一部を構成する右側後部上側頭回（ＢＡ22、41、42）、右側側頭頭頂接合部の下頭頂領域（ＢＡ39、40、43）が含まれる。

そして、ホワイトカラー犯罪者における、これらの脳領域の構造的な優位性は次のことを意味する。

第一点。下前頭回は実行機能に関係する。それには、企図した目標に思考と行動を合わせる能力、課題の要請に従って行動を変える能力、誤った反応を抑制する能力、多様な課題に対応する能力、互いに対立する推論のなかから一つを選択する能力などがある[*128]。これはとりわけ右半球に関して言えるが、まさにそこに両グループ間の最大の差異が見出されている[*129]。すぐれた実行機能の発見と合わせて考えてみると、これらの領域における皮質の厚みの増大は、ホワイトカラー犯罪者の持つ認知の柔軟性と調整能力の高さと符合する。

第二点。腹内側部領域は、意思決定、自己の行動の結果に対する配慮、そして皮膚コンダクタンス反応の生成に関与するとされている[*130]。この領域の構造的な優位性は、ホワイトカラー犯罪者に見られる、すぐれた実行機能、皮膚コンダクタンスの指向性、注意力に広く一致する。しかしさらに重要なのは、腹内側部領域が、報酬刺激の監視、並びに何が報酬であるかの学習や記憶に関与する点だ[*131]。興味深いことに、ホワイトカラー犯罪者では、この領域の前面の部分が増大している。機能的画像法を用いた研究によって、この部位は、抽象的な報酬刺激、特に金銭に関わることが知られている[*132]。それに対して、味覚などの、より抽象度の低い基本的な報酬は、両グループ間に差異は見られなかった、腹内側部領域のより後方の部位で処理される[*133]。したがって前頭前皮質腹内側部の前部における厚さの増大は、ホワイトカラー犯罪者が、金銭などの抽象的な報酬に駆り立てられやすいことを示す。

第三点。中心前回の運動前野は、自己の行動を監視し、判断を下し、予定を立て、行動の手順を決め、状況によって運動を抑制する能力に関わる[*134]。また、他人の行為の意図を理解する能力[*135]、および社会的な知覚[*136]にも関与している。したがってこの組織の増大も、ホワイトカラー犯罪者における熟達した実行機能や、社会的認知に結びつく。

第四点。体性感覚皮質の増大は、ソマティック・マーカー機能の向上に一致する。ソマティック・マーカーは、それが保持される体性感覚皮質と[*137]、処理される腹側前頭前皮質[*138]の機能に、その基盤を置く。ホワイトカラー犯罪者においては後者の領域が増大していることはすでに見た。ソマティック・マーカーに欠陥をきたし、意思決定能力に劣る通常の犯罪者とは異なり、ホワイトカラー犯罪者は、比較的すぐれた意思決定能力によって特徴づけられると見てよい。

第五点。右側の側頭頭頂接合部は、社会的認知や指向性に重要な役割を果たす[*139]。社会的認知は、社会的な情報を処理し、他者の視点を理解する能力を必要とする[*140]。またこの領域は、社会的指向性、すなわち外部のできごとに注意を向け、それに対する反応を促進する働きにも関わる[*141]。ＢＡ41と42は一次聴覚野も含むので、われわれがホワイトカラー犯罪者に見出した、聴覚刺激に対する指向性のよさは、この領域における皮質の厚さの増大によって説明し得る。これらの事実は、「ホワイトカラー犯罪者は、社会的な視点をとり、他人の心を読む能力に秀でる。そしてそれによって、職場でホワイトカラー犯罪を巧みに実行できるようになる」という仮説を支持する。

さてここで、これらの事実を総合して、表面上は軽犯罪と見なされている行為の基盤に存在する神経生物学を概観してみよう。ホワイトカラー犯罪者は、比較的すぐれた実行機能を持ち、ときにはさらに秀でた意思決定能力を発揮することもある。周囲のできごとや人の話に敏感に注意を払い、加えてそのような集中力を持続できる。社会的感覚に富み、他人の心の読み方を知っている。報酬、とりわけ金銭を重視し、それによって駆り立てられる。状況に応じて、行動を起こすべきか控えるべきかを心得ている。行動する場合、しない場合の費用対効果を慎重に計算できる。こうしてみると、ホワイトカラー犯罪に人を引き入れる脳の神経生物学的構造が実際にあることは、明らかだ。

第3章では、暴力犯罪者における脳のソフトウェア的な機能不全を検討した。それに対し、ハーバート・ワインスタインのストーリーで幕を開けた本章では、脳の機能不全の基盤にある、根本的な脳のハードウェアの欠陥を検討した。これはたとえて言えば、システムダウンを引き起こすハードディスクの障害のようなものだ。この障害は前頭前皮質に見られ、行動の抑制に悪影響を及ぼす。また、情動のレベルでは、扁桃体に見出せる。

環境的要因、とりわけ頭部の損傷は、脳障害を惹起するのに重要な役割を果たす。とはいえ、脳梁、線条体、海馬などの組織の、体積の（減少ではなく）増加という脳の構造的な異常も確認した。犯罪者における透明中隔腔の存在と考え合わせると、これらの体積のゆがみは、「犯罪は、脳の神経発生的な異常の産物である」という仮説を確かに支持する。本章ではさらに、これらの脳の異常は暴力犯罪に限定されず、読者自身にも経験があるかもしれない非暴力的な反社会的行動も特徴づけるという点を確認した。

　犯罪者は、私たちのものとは構造的に異なる壊れた脳を持つ。相違は実質的なものであり、無視することはできない。このように言うと、「生まれつきの犯罪者」「遺伝的な運命」を示唆する響きを聞き分ける人もいるかもしれない。実際、これまでの章でも、暴力を導く生物学的、遺伝的素質の存在を強く支持してきた。しかし本章では、暴力犯罪者に見られる脳の構造的な異常の形成には、環境が非常に重要であることも強調した。

　とはいえ、この点を認めたにせよ、私たちのモデルは依然として単純にすぎる。暴力は、神経生物学的な要因に、何らかの環境要因が単純に加算されて引き起こされる、というようなものではない。そうではなく、のちに第8章で検討するように、これら二つの要因が複雑に作用し合って暴力が形成されるのである。しかしその検討に入る前に、いかなる外的な影響によって、脳の構造と機能が損なわれるのかという問いに答えねばならない。また次章では、神経発生の知見に基づく犯罪理論の探究を続けることで、発達初期の脳に及ぼされる、個人のコントロールを超えた影響にもう一度焦点を置く。罪深い暴力の種子は、発達初期の段階で蒔《ま》かれるのであり、それは何も受胎の瞬間に限られるわけではない。これから見るように、子宮内でも、また周産期〔出産前後の期間〕にも、暴力の種は蒔かれ、培養され得るのだ。

第6章

ナチュラル・ボーン・キラーズ

胎児期、周産期の影響

ピーター・サトクリフは、一九四六年六月二日午後一〇時、ウェスト・ヨークシャー州にあるビングレー産科病院で難産の末に生まれた。担当の医師が、彼の命は一日ともたないだろうと思ったほどだった。当時は、長かった二度目の世界大戦が終わってから一年しか経っておらず、乳児死亡率はきわめて高かった。だがピーターは、体重二・三キログラムのファイターだった。誕生時の障害にもかかわらず、この未熟児は一〇日間生死の境をさまよったあと退院した。

その後のピーターは、ごく普通の少年として育つ。彼の境遇は私とよく似ている。出産時の合併症〔病的徴候をともなうケースだけでなく、鉗子分娩、骨盤位分娩（逆子の分娩）、帝王切開などの異常分娩で生まれたケースも含まれる〕を抱えて生まれたこと、イングランド北部の、典型的な労働者階級の家庭で内気な少年時代を過ごしたこと、年齢の割に小さかったこと、カトリックを信奉する大家族に育てられたことなど、私と彼には多くの共通点がある。ピーターは出産時の死の魔手からうまく逃れられたように思われるが、ほんとうにそうなのか？　彼は、ビングレー墓地で墓掘り人をしていた一九六七年に人生の転機を迎える。新しい墓を掘り終えてスコップに寄りかかって立っていたときに、エコーのかかったかすかな声を聞いたのだ。その声は、近くにあるポーランド人の墓の十字架から聞こえてきた。サトクリフはのちに、そのときのことを次のように述べている。

> つぶやくような声には奇妙な効果があった。私はその声を聞く特権を与えられたのだと感じ

た。雨が降り始めていた。丘の頂上から谷間を見下ろしながら、何かすばらしいことを経験しているように感じた。谷を見渡し、周囲を見回してから、この世と天国について考え、人間がいかにつまらない存在であるかを悟った。だが、その瞬間、自分は重要な存在だと感じた。私は選ばれたのだと。[*1]

いったい何に選ばれたのだろうか？　サトクリフは徐々に、自分が悪行や性的な罪に対する神の怒りの代弁者であると認識し始める。彼の任務は、売春という罪をこの世から一掃することだった。それは精神病質が表面化するきっかけになる体験だった。ポーランド移民の学校教師と幸福な結婚生活を営んでいたにもかかわらず、それ以後のサトクリフは、まったく別の目的で墓を掘り始める。合併症を抱えて生まれた乳児は、イングランドでは最多数の犠牲者を出した連続殺人犯の一人に変貌したのだ。統合失調症を抱えた殺人鬼となった彼は、ヨークシャー州で一三人の売春婦の子宮を切り裂いた[*2]。

本章では、暴力犯罪者になる素質は、生まれて初めての呼吸をする以前から埋め込まれている場合もあることを見ていく。そう、誕生が、文字通り暴力犯罪者の誕生をしるすことがあるのだ。受胎の瞬間までさかのぼっても、健康は大きな要因になる。本章で提示される暴力の解剖学の出発点は、「公共領域《パブリック・ドメイン》」にある。

公衆衛生の問題としての暴力

前章までに見てきたとおり、暴力と犯罪には生物学的な基盤が存在することを示す確たる証拠がある。ここまで、進化から始めて、遺伝子、中枢神経系の機能、自律神経系の機能へと視点を移して検討を重ねながら徐々に暴力の解剖学を構築し、良識ある社会科学者ならもはや否定できない議論を展開してきた。部分的にではあれ、暴力には生物学的な基盤が存在するのだ。

率直に言えば、脳障害が暴力の一因となるかどうかという問いは、もはや有益ではない[*3]。脳障害は何らかのあり方で反社会的、攻撃的な行動に結びつくという点には疑う余地がないので、今やさらに重要な問いの検討にとりかかるべきである。それは「人生の初期の段階に生じたいかなるできごとが、成人の暴力犯罪者に見られる脳の異常を引き起こすのか?」という問いだ。そのような早期の過程をひとたび特定できれば、子どもに暴力犯罪の道を歩ませないよう導く、予防、介入の手段の構築に向けて一歩を踏み出せる。この知識があれば、殺人発生率の高いアメリカのみならず、世界中のあらゆる国で、受け入れがたいレベルで猖獗《しょうけつ》する暴力犯罪を抑えられるようになるだろう。

本章と次章では、公衆衛生《パブリックヘルス》の問題として暴力を考察する。肥満、エイズ、インフルエンザなどと同列に暴力を扱うのは奇妙に思われるかもしれないが、このような見方は問題へのアプローチ方法として有効で、昨今ますます一般的になりつつある。事実、アメリカ疾病予防管理センター（ＣＤＣ）[*4]は、暴力を公衆衛生に関する重大な問題と見なしており、また世界保健機関（ＷＨＯ）は、世界の暴力の現状に関する最初の報告のなかで、それをグローバルな公衆衛生問題として定義している。現在、暴力の蔓延に起因する死亡は、一五歳から四四歳までを対象にした場合、世界全体で死因のトップを占める[*5]。アメリカでは、暴力は第二位の死因であり、医療システムに巨大な負担をかけている。CDCの報告では、計算は不完全なものであるとしながらも、それにかかるコストは年間七〇〇億ドルにのぼると試算されている[*6]。医療損害、逸失利益、犠牲者支援に関連する公共プログラムのコストなどを加えれば、一〇五〇億ドルに達すると見積もられ、しかもこれは一九九三年時点でのドル換算である[*7]。実際のコストはまさに膨大なもので、WHOの見積もりによれば、現在、アメリカの医療制度が負担しているコストは、銃撃による負傷だけで年間一二六〇億ドル、さらには切り傷、刺し傷が五一〇億ドルにのぼる[*8]。イングランドとウェールズでは、暴力に起因するコストは、年間六三八億ドルと見積もられている[*9]。また、コロンビア、エルサルバドルなどの国は、暴力に関連する公衆衛生の問題のみに対処するために、法の執行、裁判にかかる費用を差し置いて、GDPの四パーセントを費やしている。それをアメリカのGDPに置き換えると五〇〇〇億ドルにも達するのだが、その額を、もっと他の使い道に利用できた場合のことを考えてみてほしい。

　言うまでもなく、暴力にはコストがともなう。しかし、それはほんとうに公衆衛生の問題としてとらえられるのか？　医療の用語を導入して暴力を考える必要があるのだろうか？　その答えは「イエス」だ。まさにそれこそが、現在起こりつつある変化なのである。説明しよう。公衆衛生は医療の一部であり、暴力は「いかなる状況でどのくらい頻繁に生じているのか？」「何によって引き起こされるのか？」「いかに治療すればよいのか？」「一般集団を対象にした場合、いかに介入すればよいのか？」という四つの問いを提起する。これは、暴力を非医療的な問題と見なす社会学的観点とは根本的に異なる。また、一般集団ではなく個人に焦点を絞る臨床的観点とも異なる。最近になって、暴力の予防や介入には、ますます医師が関わるようになりつつある。歯科医でさえ、それについて真剣に考慮するようになってきた。

ジョナサン・シェパード教授は、カーディフ大学歯学部で口腔および顎顔面の手術を担当している。一九九一年にカーディフに移ってから、顔面を負傷した暴力被害者の多さばかりでなく、酒場でのけんかによる負傷のほとんどが報告されていない事実にもショックを受けた彼は、法執行機関の協力を得て、カーディフの暴力頻発地区の実態に関する情報を警察に提供した。また、通常使われるビールグラスを凶器にされないよう、簡単には割れない強化グラスに変えるべきと、グラス製造会社を説得した。これらの公衆衛生戦略の結果、負傷者数は大幅に減り、カーディフはウェールズのなかでももっとも安全な都市の一つになったばかりか、暮らしの魅力にあふれた都市に変貌した[*10]。歯学部の教授が状況を改善できるのなら、他の医学分野の知識を持つ者でも、暴力の削減に貢献できるはずだ。

ここからは、人体内の生物学的な機能の検討から、「早期の環境要因が、前章までに見てきた脳や生物学的プロセスの阻害に、いかにして寄与するのか」という、外的影響に関する問いの考察へと議論の焦点を移す。その最善の方法は、ピーター・サトクリフの事例に見たように、子どもの誕生時に焦点を絞ることだ。

生まれつきのワル

一九九一年にコペンハーゲン大学病院を訪問したとき、私はその威容に圧倒された。このデンマークの国立病院は、一七五七年三月三〇日に創立され、最初はデンマーク王フレデリク五世の名を冠していた。八〇〇〇人のスタッフから構成され、年間およそ五〇万人の患者を扱っている。デンマーク王太子妃メアリーは、ここでクリスチャン王子とイサベラ王女を出産した。二〇〇五年一〇月一五日のクリスチャン王子の出産は、きわめて円滑に運び、正午に二一発の祝砲が鳴らされ、デンマーク中でかがり火が焚かれて、国民の歓喜のなかで王子の誕生が祝われた。しかし、同じコペンハーゲン大学病院で誕生しても、王子のように円滑に生まれず、その後悲惨な人生を送った者もいる。

私は一九九四年に、コペンハーゲン大学病院で一九五九年に生まれた四二六九人の男児を対象に行なった研究を発表した[*11]。この研究では、助産婦の支援を受けた産科医の評価を参照して出産時の合併症の調査ができた。分娩合併症には、鉗子分娩、骨盤位分娩、臍帯《さいたい》脱出症、妊娠高血圧腎症[*12]、難産などがある。また一年後に、ソーシャルワーカーが全乳児の家庭を訪問し、母親に次のような質問をしている。「妊娠は望んでいましたか?」「妊娠期間中、中絶を試みましたか?」「生後一年以内に、何らかの理由で少なくとも四か月間子どもを公共施設に預けましたか?」母性剝奪を示唆するこれら三つの指標は、しっかりと記録されていた。そしてこれらの子どもが一八歳に達したときに、われわれは、デンマークのすべての裁判記録をかき集めて、そのうちのどの男子に、暴力犯罪の逮捕歴があるかを調査した[*13]。それから全被験者を、出産時の合併症（生物学的リスク）と、生後一年間の母性剝奪（社会的リスク）の有無に従って四つのグループに分類した。誕生時に生物学的リスクも社会的リスクも存在しなかった者は正常対照群として扱った。他の三つは、出産時の合併症あり&母性剝奪なしのグループ、出産時の合併症なし&母性剝奪ありのグループ、そして出産時の合併症あり&母性剝奪ありのダブルヒットグループである。

結果は注目すべきものであった。図6・1上段からわかるとおり、左の三つのグループは、暴力率がおよそ三パーセントで、互いにそれほど大きくは異なっていない。暴力率がもっとも高いのは、生物学的リスクと社会的リスクの両方を持つ第四のグループで、このグループでは、他の三グループの平均値の三倍に相当する九パーセントが暴力犯罪者になっている。さらに言えば、両リスクを抱えて生まれた被験者は全体の四・五パーセントを占めるにすぎないが、全標本四二六九人による暴力犯罪総件数の一八パーセントは、この小さな第四グループに属する被験者によってなされたものだ[*14]。つまり、このグループは四倍犯罪に走りやすい。かくしてこの研究は、早期の生物学的危険因子が、早期の社会的な危険因子と作用し合って、成人暴力を形成することを示す典型例を提供する。

一八歳以後も多数の暴力犯罪が認められるが、それらも生物学的因子と社会的な因子の相互作用〔以後、「バイオソーシャルな相互作用」と訳す〕によって説明できるのだろうか？　それとも、バイオソーシャルな相互作用は、もっぱら青少年期の犯罪に重要な役割を果たしているのか？　われわれは、この出生コホート〔出生年を同じくする被験者の集団〕が三四歳に達した時点で、もう一度逮捕歴の調査を行なった。暴力犯罪者の数は三倍になり、より詳細な分析が可能になった[*15]。その結果、バイオソーシャルな相互作用は、青少年期の暴力犯罪に特定され、それ以後の暴力は、それによっては説明されないことが判明した。つけ加えておくと、この相互作用は暴力犯罪のみに特定され、非暴力犯罪はそれによっては説明されなかった。どうやら誕生時の影響は、おもに暴力的な行動に関与するようだ。

ところで、先にあげた三つの「母性剥奪」のうち、どれが重要なのか？　それらのうち、人生の初年度を公共施設で育てられることと、中絶の試みの二つは非常に重要で、出産時の合併症と相まって、のちに暴力を引き起こす大きな要因になる。それに対し、単に妊娠を望まなかっただけでそれに関して何もしなかった場合には、長期的な影響は認められない[*16]。また、相互作用は強盗、レイプ、殺人などの重い暴力犯罪に特定され、脅迫などのより軽い形態の暴力には当てはまらない。ということ

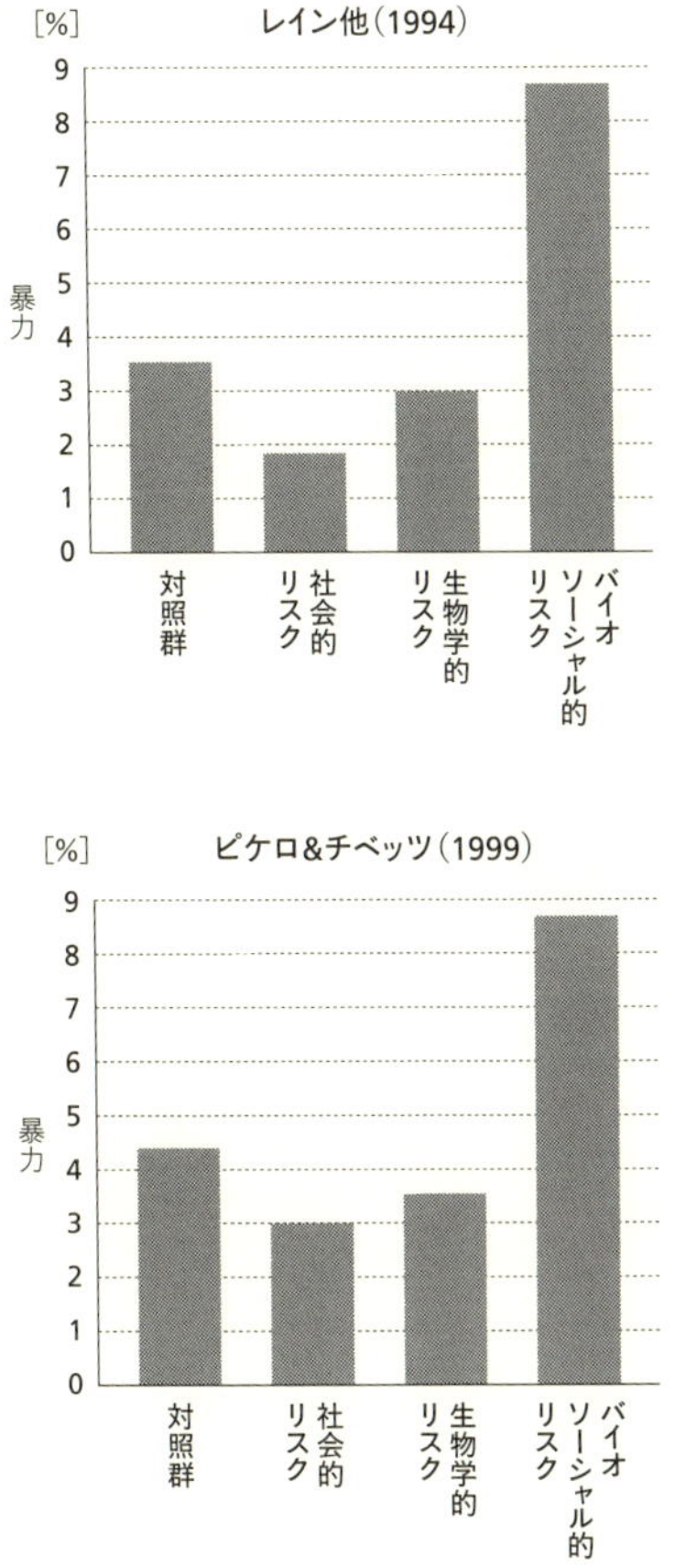

［図6.1］出産時の合併症と早期のすさんだ家庭環境が相互作用して成人犯罪を導く

は、出産時の合併症は、より重い形態の母性剥奪と相まって、子どもにとりわけ暴力的な犯罪者の道を歩ませるらしい。

しかし、われわれがコペンハーゲンで行なった研究には、標本がほぼ完全に白人で構成されているという問題がある。のみならず、彼らは殺人発生率が比較的低いヨーロッパの国で生まれている。われわれの発見は、デンマークの特殊な文化に限られるのか？　黒人、あるいはその他の国籍の人々にも同じことが言えるのか？　これらの問いは、フィラデルフィア周産期協力プロジェクトを構成するアフリカ系アメリカ人の出生コホート八六七人（男女児）を対象に、「悪い出生、悪い母親」仮説を検証した、アメリカの二人の犯罪学者によって最初に調査された。なお、この標本は出産時の合併症に関する記録がとられている[*17]。犯罪学者のアレックス・ピケロとスティーブン・チベッツは、われわれの研究方法に倣って、大きな標本を四つのグループに分類した[*18]。図6・1の下段は、その結果を示したものである。見た目にも、われわれの研究とほぼ同じ結果が得られたことがわかり、ここでも、出産時の合併症と不遇な家庭環境が揃ったときに、その乳児はのちに暴力犯罪者になりやすいことが示されている。デンマークにおけるわれわれの発見は、たまたまではなかったのだ。

こうして、周産期におけるバイオソーシャルな相互作用は、デンマークとアメリカで確認された。では、他の国ではどうか？　これまでのところ反証はないようだ。スウェーデン人男性七一〇一人の大規模な標本でも、妊娠合併症と養育状況の悪さが相互作用し、成人犯罪を導くことが確認された[*19]。また、カナダ人少年八四九人の標本では、重い分娩合併症と家庭環境の悪さの相互作用が、一七歳での暴力犯罪の可能性を増大させることが見出されている[*20]。フィンランド人男性五五八七人の標本では、周産期のリスクと一人っ子であることが相まって[＊21]、成人後に暴力犯罪を実行する割合が四・四倍にはね上がった[＊22]。ハワイ[＊23]とピッツバーグ[＊24]でも、出産時の合併症と不遇な家庭環境との相互作用が働くことで、子どもが反社会的になりやすいことが確認されている。このように、世界のどこに行っても同じ効果が認められる[＊25]。このような生物学的要因と社会的要因の結合は、暴力の原因の解明におけるカギになるはずだ。

だが、その根底にはどのようなメカニズムが働いているのかと疑問に思う読者もいることだろう。まず出産時の合併症に注目すると、それによって脳が悪影響を受けることが考えられる。私自身を例にとろう。私は集中治療設備などない自宅で、「青色児《せいしょくじ》」〔先天的な欠陥のためチアノーゼを持って生まれた乳児〕として生まれた。空間認識能力に劣り、大人になってからも、未知の場所に出掛けるとよく道に迷う。人によっては、酸素の部分的な欠乏、すなわち「低酸素症」と呼ばれる出産時の合併症のために青色児として生まれてくるケースがある。脳は、エネルギーの供給源であるブドウ糖《グルコース》の代謝のために酸素を必要とする。酸素が欠乏すれば、脳細胞は数分のうちに死に始める。それに特に敏感なのは海馬だが、この組織は空間認識能力、短期記憶に中心的な役割を果たし、常習犯罪者には、これらの能力の低下が見られる[＊26]。出生時の低酸素症は、自制の欠如に関する最善の予測因子になる[＊27]。自制の欠如は、犯罪、とりわけ衝動的な攻撃性を生む重要な行動危険因子の一つである。前章で見たように、暴力犯罪者には、海馬の構造的、機能的な障害が認められる[＊28]。妊娠高血圧腎症、母体出血、母児感染などの合併症は、胎盤への血液供給の減少を引き起こし、海馬のみならず前頭皮質を含む他の脳領域で細胞損失をもたらす。こうして見ると、出産時の合併症には、暴力に至る複数の神経解剖学的な経路があることがわかる。

出産時の合併症が子どもの行動の問題に至る、より具体的な経路は、モーリシャスの大規模な出生コホートのデータを分析したジャンホン・リウによって示されている。彼女は、出産時の合併症、IQの低さ、反社会的行動という三つの主要な要因の連関を実証した。われわれは、出生前、周産期、出生後の合併症を評価し、さらに一一歳の時点でのIQと、攻撃性、非行、活動亢進などの外在化問題行動を測定した。そしてジャンホンは、出産時の合併症が、外在化問題行動の増加に強く関係すること[*29]、そして一一歳の時点でのIQの低さに結びつくこと[*30]、さらにはIQの低さが外在化問題行動に関連することを発見した。この三要因間の関係は完全で、IQの低さは、出産時の合併症とのちの問題行動を橋渡しする役目を果たす。要するに、出産時の合併症がIQの低さをもたらし、今度はそれが、小児期後期になって問題行動、すなわち攻撃性、反社会的行動、活動亢進を引き起こすのだ。IQは脳の機能に依存し、他の神経認知的な基準と同様、脳機能の指標として用いることができる。

また、他の少なくとも五つの研究で、出産時の合併症と、問題行動、非行、成人暴力の直接的な関係が報告されている[*31]。たとえば、オランダでは二つの研究によって、出産時の合併症と、少年少女の外在化問題行動のあいだに関連があることが示されている[*32]。しかし、これら五つの研究は、バイオソーシャル仮説の検証を目的としていたわけではなく、また、出産時の合併症と暴力のあいだに何らの直接的な関係も、あるいは部分的にしか見出せなかった研究もある[*33]。さらに、われわれがコペンハーゲンで実施したものを含め、そのような直接的な関係が認められなかった研究は他にもある。こうしてみると、社会的なプロセスはやはり重要であり、暴力を導く出産時の合併症という、潜在的な危険因子を発現させる引き金として機能するものと考えられる。

コペンハーゲンで行なったわれわれの研究では、「母性剝奪」の重要なケースが、「出生後一年以内に少なくとも四か月間公共施設に預けられた」場合であることがわかった。なぜこの社会的な危険因子がそれほど重要なのか？　一九〇七年に生まれたあるイギリス人少年の、エドワード朝時代の生活に目を向けると、大きなヒントが得られる。ロンドンに住んでいたジョン・ボウルビィという名の少年は、母親と顔を合わせる機会が一日に一時間しかなかった。ボウルビィの母親は、過大な注意や愛情を向けると、子どもを甘やかすことになると考えていたのだ。彼は、七歳になると寄宿学校に預けられたが、彼自身の言によればそこはひどい場所だったらしい。彼は次のように述べている。「私なら、犬でも七歳で寄宿学校にやったりはしない[*34]」

この幼少期の経験と、母親との絆の弱さは、ジョン・ボウルビィの将来を決定づける重要な役割を果たす。彼は、ケンブリッジ大学で心理学を学んだあと、非行少年を対象に研究を行ない、その後精神科医になり、やがて「愛着理論」という新たなアプローチの開拓者になる。第二次世界大戦が終わる頃に書かれ、自らの幼少期の経験と、非行少年の研究を通して得た知見を結びつける彼の古典的な論文は、われわれがコペンハーゲンで行なった研究で、母性剝奪が強力な危険因子として検出された理由を理解するのに役立つ。

「四四人の少年泥棒たち」と題されたこの論文は、四四人の非行少年の、幼少期の家庭環境を詳細に調査したものだ[*35]。彼は、これら初期の非行少年の研究で、母子のあいだに継続的な愛情の絆が欠けると、正常な人格や人間関係を発達させる子どもの能力が損なわれると論じている。そしてその根拠として、盗みの前科のある四四人の非行少年には、幼少期に長期にわたって母親と離れて暮らした経験があることを、また、それによって暖かく親密な母子の絆の欠落が生じたことを強調する。その結果、子どもは、ボウルビィが「情性欠如型精神病質」と呼ぶ性格を発達させる。彼の描写は明快で劇的だ。情性欠如型精神病を発達させた二例では、子どもは九か月間病院に預けられているが、両親のどちらも、一度たりとも病院に足を運んでいない。

ボウルビィが提起する、社会的な観点から非行や犯罪をとらえる理論は、その後、他の研究者によって改良された。それによれば、乳児期には母親との絆がとりわけ重要になる期間がある。人間においては、この期間はおよそ生後六か月に始まり、二歳を過ぎる頃まで続く。このため、われわれがコペンハーゲンで実施した研究の何人かの被験者のように、生後一年以内に、母子関係が少なくとも四か月間途絶すると、社会関係を円滑に結ぶ能力の発達が停滞してしまうのである。そしてこの停滞によって、その子どもは、成人後に感情をまったく欠く、氷のように冷たいサイコパスになる。〝ジョリー〟・ジェーン・トッパンは、五歳まで孤児院で育てられ、やがて殺人看護師になったことを思い出してみてほしい。彼女はまさに、精神病質的な暴力を発現する、この危険因子を抱えていたのだ。

しかし、幼少期に母親との無情な離別による母性剝奪を同様に経験したボウルビィその人はどうだったのだろうか？　彼が情性欠如型精神病質に陥らずに済んだのは、おそらく母親は不在でも、思いやりにあふれた乳母が、つねに彼の面倒を見ていたからだろう。決定的な問いは、「親密に触れ合える誰かがいるかどうか」だと言う者もいる[*36]。それは、父親や、自分の面倒を見てくれる兄や姉でもよいし、あるいは遺伝的に関係のない、乳母のような母親の代理であってもよい。相手は誰であれ、幼少期に一貫して親密な関係を維持できるのなら、子どもはそこから適切な社会的関係の基盤を築いていける。

ピーター・サトクリフの事例に見たように、将来における暴力の発現を示す徴候は、生まれたその瞬間に現れ得る。ピーターの場合には、出産時の合併症だけでなく、遺伝的な基盤を有する精神疾患、統合失調症（これについてはあとで取り上げる）もそれに該当する。暴力の起源を神経発生に求める観点からすると、子宮のなかに九か月間いたことで、すでに決定的な影響が及んでいるのか？　科学者は、暴力の起源を受胎から間もない時期に求め始めており、暴力の解剖学は、その対象に「誕生以前」を含めるようになってきたが、このような遺伝的な観点は、人類の起源を物語る旧約聖書の「創世記」にも見られる。

カインのしるし

アダムとイブの息子カインは、自分の弟を殺した史上初の殺人者という汚名を持つ。カインのストーリーは、殺人の歴史の幕開けにふさわしい。なにしろ、あらゆる殺人の二〇パーセントは家庭内で起こり、そのおよそ三分の二は、反応的な攻撃性によるものと見なせるのだ[*37]。つまり、動揺をもたらす、あるいは挑発的な外部刺激に対する攻撃的な反応によるのである。

カインは、そのケースの一つと見なせる。彼は、神に対して激しい怒りを感じていた。神は、弟のアベルが捧げた供物《くもつ》の羊は受け入れたのに、カインの捧げた穀物は拒否したからだ。激怒したカインは怒りの矛先をアベルに向け、彼を殺す。「創世記」によれば、その罰として呪われし者の刻印を神によって押されたカインは、あてのない放浪者となり、耕作をしても作物は実を結ばなくなった[*38]。

初期の犯罪学者は、犯罪者にカインのしるしを発見することを一つの目標にしていた。第1章で見たとおり、犯罪学の父ロンブローゾは、「実際にそれは見つけられる」と頑として主張した。何千人にも及ぶイタリアの犯罪者の身体特徴をたんねんに調査して、「生まれつきの犯罪者」であることを示す身体的な特徴を見分けられたと信じ、彼が「先祖返りの刻印」と呼び、生物学的に犯罪者をその他の人々から区別すると心底から信じる、カインのしるしをいくつか発見したと主張する。

あなたにもカインのしるしが刻まれているかもしれない。右手のてのひらを上向きにして弛緩させる。それから指を手前の方向に折り曲げる。てのひらの上部を全幅にわたって横切る連続した一本の折り目が見えるだろうか？　それとも、相互に分離した二本のくっきりした折り目か？　前者なら、あなたにはつきがない。ロンブローゾに従えば、あなたは、進化的に低い段階の種《しゅ》への逆戻りをしるす先祖返りの刻印を帯びている。

次にくつ下を脱いで立ち上がり、足元を見下ろしてみよう。足の親指と人差し指のあいだが大きく離れているだろうか？　もしそうなら、それはよくない徴候だ。もう一つ紹介しよう。鏡の前で舌を突き出してみよう。私のように、中央を一条の裂け目が走っているなら、それもカインのしるしだ。

まったくばかばかしく聞こえないだろうか。しかし、ロンブローゾの主張は完全にでたらめなわけではない。先述の「刻印」は、現在では「身体の些細な異常（ＭＰＡｓ）」〔minor physical anomalies の訳で、以下ＭＰＡｓと記す〕と呼ばれるものの三例にすぎない。これらの異常は妊娠時の障害に関連づけられ、妊娠およそ三〜四か月における胎児の神経発生の異常を示すものと考えられる。たとえば胎児の耳は、最初は頭部の比較的下方に位置する。しかし妊娠四か月の頃に、正常な位置へと移動し始める。この時期に胎児の脳の発達が損なわれると、耳の原基〔器官になる以前の段階の細胞群〕の移動が不完全のままに終わり、耳介低位《じかいていい》を引き起こす〔耳の位置が低くなる〕[*39]。したがってこの異常は、脳の発達不全を間接的に示すものと考えられている。鏡で見て、頭部と耳の接合部の上端が目の高さより下にあるだろうか？　そうであれば、それもカインのしるしだ。

　他のＭＰＡｓには、耳たぶの付着、静電気を帯びた髪の毛、曲がった小指などがある。これらの異常は、無酸素症、出血、感染、あるいはアルコールへの曝露など、胎児への環境的な催奇形性の影響によって引き起こされると考えられている[*40]。私のように、これらの身体的な異常が一つや二つあるからといって心配する必要はない。いくつもあるようなら考慮に値する、という程度のことだ。

　ＭＰＡｓは、その他多くの暴力のしるしと同様、連続殺人犯を対象には系統的な調査はされていない。しかし、悪さをする幼児から暴力的な大人に至るまで、さまざまな年齢の反社会的な被験者を対象にする系統的な調査は行なわれている。『サイエンス』に掲載された画期的な論文を皮切りに、ＭＰＡｓは、三歳児には早くも見られる、仲間に向けた攻撃性に結びつけられてきた[*41]。他の研究では、就学前の攻撃的で衝動的な男児に、より多くのＭＰＡｓが見出されている[*42]。問題行動を起こす男子小学生にも同じことが言える[*43]。ティーンエイジャーに関して言えば、一四歳の男子中学生のＭＰＡｓは、一七歳の時点での暴力的な非行を予示する。これは暴力的な非行に限定され、非暴力的な形態の非行には当てはまらない[*44]。この研究では、その要因は家族環境の悪さなどの交絡因子には帰せない。ほぼ同年齢ながらバイオソーシャルな観点から見た研究によれば、七歳児のMPAsは、環境的な危険因子と結びついて、その子どもが一七歳になるまでに行為障害になる可能性を高める[*45]。これは、出産時の合併症について検討した際に見た、バイオソーシャルの主要な概念に、すなわち生物学的要因と社会的要因が相互作用して、その人を反社会的行動へと導くという見方に、再度脚光を当てる。

また、一二歳で小児科医によって診断されたMPAsは、二一歳の時点での暴力犯罪を予示する[*46]。彼らは学校を卒業、または退学すると、暴力犯罪者の道に足を踏み入れるのだ。この研究でも、MPAsと、不安定な家庭環境のもとで育てられた履歴の両方を持つ被験者に高い割合で暴力が見られ、バイオソーシャルな相互作用が観察されている。出産時の合併症と同様、成人後の生物学的な危険因子の発現には、負のバイオソーシャルな要因が必要であり、その効果は暴力犯罪に限定される。

これは奇異に思えるかもしれない。確かにロンブローゾが考えたことのいくつかは、きわめて不快に感じられる。しかし、それから一世紀以上が経過した今、犯罪を予兆するカインのしるしを強調した点で、彼は少なくとも部分的には正しかったと言える。また、(少なくとも表面的には)「創世記」は、家族のいさかいが犯罪をもたらし得ることを示唆する身体の特徴があることに気づかせてくれる。ただし、「創世記」におけるカインのしるしははっきりとわかるのに対し、MPAsは非常に見分けにくく、近くからでなければそれに気づくことはできない。

科学的な観点から言えば、暴力の種子は、胎児期にさかのぼるきわめて早い時期に蒔かれ得るという事実を示す、もう一つのヒントがそこから得られる。

掌紋から指へ

自分の指をまじまじと見つめたことがあるだろうか？　普段はあまりしないだろうが、ここで自分の右手をよく見てみよう[*47]。そして人差し指と薬指の長さを比較する。たいていの人は薬指のほうが長い。これは右手に関してとりわけ言える。次に異性の指と比べてみよう。一般に男性は女性に比べ、人差し指との相関で薬指のほうがより長い。この男女差はヒヒにも見られる。

何が原因で性差が生じているのだろうか？　遺伝子は一つの説明になり、同じ一連の遺伝子が[*48]、生殖器と指の長さの両方に影響を及ぼしている[*49]。しかしそれに加えて、胎児のホルモン、特にアンドロゲン〔男性ホルモン〕への曝露が重要な役割を果たす。妊娠一〇～一八週のあいだ、性分化をもたらすテストステロンの大量生産が生じる。この現象は、神経系や行動を男性化するばかりでなく、人差し指と薬指の長さの比にも影響を及ぼす[*50]。テストステロンへの曝露の度合いが高ければ高いほど、人差し指より薬指が長くなる。そのため男性は女性に比べ、人差し指との相関でより長い薬指を持っているのだ[*51]〔以下本節で薬指の長さに言及した箇所は、人差し指と比較しての薬指の長さを指す〕。

テストステロンによる指の長さの違いの説明は、なかなか説得力がある。いくつかの研究によれば、先天性副腎過形成[*52]という、胎児期のアンドロゲンへの曝露によって引き起こされる症状を抱える子どもは、男性におけるこの指の長さの違いをよりはっきりと示す[＊53]。また、ヒップに比べてウエストのサイズの大きな女性は、テストステロンのレベルが高いケースが多く、薬指が長い子どもを生む傾向がある[＊54]。現実には、胎児期のアンドロゲンレベルを測定するのは簡単ではないため、この指の長さの差は、胎児の発達時のアンドロゲンレベルの間接的な指標として用いられてきた[＊55]。

薬指が長い人について何がわかっているのか？　彼らは、身体的な優位性を示し、人を支配しようとする傾向を持ち、男性的で攻撃的な性格を持つ。ポーランドでの研究では、女子陸上選手のエリートは、非エリートの選手に比べ、長い薬指を持つことが示されている[＊56]。それは何も、ポーランドや陸上競技に限られるわけではない。イギリスの交響楽団の男性団員にも、この現象が見出されている[＊57]。イングランドのサッカークラブに所属する一軍選手に関しても、二軍以下の選手と比較して同じことが言える[＊58]。ポール・ガスコイン、ジェフ・ハースト、スタンリー・マシューズ、ピーター・シルトン、グレン・ホドル、ケニー・ダルグリッシュ、オズワルド・アルディレスらの代表選手の活躍を覚えている人も多いはずだが、彼ら二九人のスタープレイヤーを一つのグループとすると、代表に選ばれたことのない二七五人のプロサッカー選手と比べて、薬指が長かった〔アルディレスはクラブではイングランドで活躍したが、アルゼンチン出身で元アルゼンチン代表。Jリーグでも監督を務めている〕。また、代表に招集された回数が多ければ多いほど、その選手はより長い薬指を持つ。

長い薬指と相関関係を有するその他の特徴には、刺激の追求と衝動性がある[＊59]。これらの特徴が反社会的行動や暴力に結びつくことは前章で見た。共感力を欠く人は長い薬指を持つ[＊60]。確かに、反社会的、もしくは精神病質的な犯罪者は共感力に欠ける。また、反証もあるが、長い薬指を持つ男性は魅力度が高い[*61]。活動過多の子どもは長い薬指を持ち[*62]、活動亢進と行為障害は同時罹患率が高いことで知られている。同性愛男性の薬指の長さは、異性愛男性と異性愛女性の中間に位置する[*63]。すべての研究で見出されているわけではないが、薬指の長さは、男性的な特徴、すなわち刺激の追求、共感力の低さ、活動亢進と併存する。

こうして見ると、男性的な特徴たる高い攻撃性が薬指の長さと結びつくことは、驚きではない。カナダでは、身体的な攻撃性の強い男子大学生は長い薬指を持つことが確認されているが[*64]、この関係は、攻撃性とテストステロンの関係性に匹敵するほど強い。アメリカでは、長い薬指を持つ男子大学生はより攻撃的であり、男性的な遊びを好むと報告されている[*65]。欧米とは文化が異なる中国でも、男性における攻撃性と薬指の長さの相関関係を支持する証拠がある[*66]。ただし一一歳の女子生徒には見られなかった。

家庭内暴力は、赤の他人に対する暴力とは少し異なると考えられやすい。事実、家庭内暴力の研究では、社会的視点を強く持つ科学者が大勢を占める。しかし、薬指の長さと、胎児期のテストステロンレベルの指標としてのその役割は、社会的観点が優勢を占める状況に牽制球を投じる。長い薬指を持つ男性は、女性のパートナーに対して暴力による威嚇《いかく》を用いる度合いが高い[*67]。また彼らは、女性に対して暴力的で、パートナーが不貞を働いた場合にはとりわけそれが当てはまる[*68]。

概して、薬指の長さと身体的な攻撃性の関係は、女性よりも男性にうまく当てはまるように思われる。攻撃的な男性と子育ての女性という、ターザン／ジェーン的ステレオタイプの基盤には何があるのか？　その答えの一つは、「女性は単純に男性より攻撃的ではないので、女性の場合、攻撃性に関するスコアは最低になる」といったところであろう。つまり女性の攻撃性に関しては、そもそも説明すべきばらつきがそれほどないということだ。ちなみに、これは「床面効果」と呼ばれる。しかしそれよりもありそうな理由は、第1章で見たように、身体的な攻撃性には、進化的な意味で大きなコストがともなうことだ。女性は男性に比べ、子どもに大きな投資をする。ところが、自ら暴力を振るう女性は殴り返されやすく、それは子孫の生存に対する脅威になる。そのことは父親以上に言える。したがって女性は一般に、あからさまな身体的暴力ではなく、ゴシップ、うわさ話、醜聞、村八分などの、「ソフトな」形態の攻撃性を発揮する。実際、ソフトな形態の「関係的」な攻撃性を考慮に入れて評価した研究では、女性のそのような行動と、薬指の長さの相関関係が見出されている[*69]。また、指の長さの比率と「反応的な攻撃性」、すなわち相手の攻撃や中傷に対する攻撃的反応の相関関係を報告する研究もある[*70]。

では、政治の世界における攻撃性についてはどうか？ あなたは一国のリーダーで、国境をまたがる地域で最近発見されたダイアモンド鉱山の領有をめぐり、隣国と争っていたとする。あなたはどう反応するだろうか？ 交渉か、それとも戦争か？ 実は、あなたの選択は自分が考えているほど自由ではない。なぜならそれは、部分的にあなたの薬指の長さで決まるからだ。ハーバード大学ビジネススクールの学生に、この筋書きに基づいたゲームをさせた研究がある[*71]。ポイントは、リーダーが挑発されずに隣国に仕掛ける先制攻撃の回数だ。予想されるように、一般に男子学生は、女子学生より先制攻撃を仕掛けることが多かった（三二パーセント対一四パーセント）。そもそも一歳の幼児でも、男児は女児より、ものを投げたり人を叩いたりすることが多い[*72]。さらに啓発的なことに、長い薬指を持つ学生は、挑発されずに先制攻撃を仕掛けるケースが多く、この効果は性差に匹敵するほど強かった[*73]。あなたがクエーカー教徒〔キリスト教プロテスタントの一派で、平和を愛好し反戦の立場を貫く〕なら、投票する前に候補者の薬指の長さをチェックしたほうがよいだろう。

ではなぜ、人差し指より薬指のほうが長いというカインのしるしが、攻撃的な人間の特徴になっているのか？　もちろん、薬指の長さそれ自体が犯罪を引き起こすわけではなく、薬指を長くする何らかの要因が、同時にその人の攻撃性を形成すると見なすべきだろう。先に見たように、子宮内のテストステロンのレベルの高さは、指の長さの相違をもたらす。第4章では、それが攻撃性と因果的に結びつくことを確認した。したがって、胎児期のテストステロンレベルの高さによって、長い薬指と、攻撃性が形成されたものと考えられる。胎児期における高レベルのテストステロンへの曝露は、典型的な男性脳を形成し、ひいては刺激の追求、スポーツへの興味、共感力の低さ、そしてもちろん攻撃性などの男性的な行動や特徴をもたらす。

だが、この説明には何かが欠けているのではないか？　子宮内のテストステロンレベルの高さは、何によって引き起こされるのだろうか？　妊婦の喫煙は、指の長さに影響を及ぼす、胎児の高レベルのテストステロンへの曝露を引き起こし得る。そう考えられる理由を述べると、タバコを吸う母親はテストステロンのレベルが高く、それがエストロゲンに対する曝露の度合いを減らし、胎児のテストステロンレベルを上昇させるからだ。これに関して動物実験では因果関係が見られ、胎児期のニコチンへの曝露は、胎児における高レベルのテストステロンに結果した[*74]。これらを考え合わせると、妊娠中にタバコを吸った母親が、そうでない母親より長い薬指を持つ子どもを生みやすいのは、さほど驚きではない[*75]。

この種の研究はエレガントだ。暴力による頭部損傷を通じて脳の構造的、機能的異常が引き起こされた可能性のある脳画像研究とは異なり、指の長さの違いの形成は、いかなる反社会的、攻撃的な暴力行動にも先立つ。どうして確実にそうだと言えるのか？　超音波によって胎児の画像を取得できるが、それを利用しても指の長さの違いまではわからない。しかしトルコの研究者は、さまざまな妊娠段階で堕胎された一六一の胎児を調査し、指の長さを測定している。それによれば、指の長さの性差は、受胎から三か月が経過した頃にはすでにある[*76]。どうやら実際に、何年ものちの攻撃性を導くプロセスが、胎児期から作用しているらしい。

したがって、指の長さの差は、時間をさかのぼって胎児期に何が起こったのかを確認するための窓として機能する。またそれによって、ロンブローゾは部分的に正しかったことのみならず、胎児期はこれまで考えられてきたより重要であることがわかる。もちろん、ホルモンのレベルは妊娠中の母親には調節できない。胎児が高レベルのテストステロンにさらされ、のちに攻撃的になったとしても、それによって母親が責められるべきではない。しかし、予防可能にもかかわらず胎児の発達を悪い方向に導くケースはある。

妊娠中の喫煙

喫煙が当人の健康を損なうことに間違いはない。しかし、とりわけ母親が妊娠中にタバコを煙突のごとく吸うと、危険な暴力の種を蒔く結果になる。現在では、妊娠中の喫煙は脳の発達に悪影響を及ぼすばかりでなく、高い攻撃性や行為障害を子どもに引き起こす可能性を高めることが知られている。一連の研究によって、妊娠中の喫煙と、幼少期の行為障害、および成人後の暴力のあいだに強い関係があることが、疑いの余地なく示されている。これらの研究のいくつかは、その規模、データの予測的性質、長期的な視野、第三因子の統計的なコントロールなどの面で申し分がなく、関係が因果的であることを示唆する。

デンマークの男性四一六九人の出生コホートを対象に、エモリー大学の心理学者パティ・ブレナンが行なった研究によれば、一日に二〇本のタバコを吸う母親の子どもは、成人後に暴力犯罪に走る割合が倍増する[*77]。またブレナンは、タバコの本数と、成人後の暴力のあいだに直線的な相関関係があることも発見した。それと同様に、他の国々で行なわれた注目すべき研究によって類似の結果が得られている。

フィンランド人五九六六人の出生コホートを対象に実施された研究によれば、タバコを吸う母親の子どもは、二二歳までに前科を持つ確率が倍になる[*78]。この研究の被験者が二六歳になった時点で行なわれた追跡調査では、そのような子どもは、暴力犯罪と累犯の可能性が倍になることが発見されている[*79]。アメリカの研究では、妊娠期間中に一日一〇本のタバコを吸った母親の息子は、行為障害を持つ可能性が四倍になった[*80]。

これらの研究の被験者は圧倒的に白人が多い。他の人種でも同じことが言えるのか？　少なくともアフリカ系アメリカ人には当てはまるようだ。アフリカ系アメリカ人にも、妊婦の喫煙によって、その子どもが行為障害[*81]や破壊的行動障害[*82]を抱える可能性が高まることが報告されている。さらにアメリカでの研究によって、一日に一〇本のタバコを吸う母親の子どもに四倍の行為障害が見られることが[*83]、また、妊娠第三期〔妊娠二八〜四〇週〕に母親がタバコを吸っていた子どもが三歳になったとき、問題行動が六ポイント分増えることが[*84]示されている〔ここで言うポイントとは、当該研究で用いられている、乳児の問題行動を測定する尺度によって得られたもの〕。ニュージーランドでは、喫煙者の母親の子どもに倍の行為障害が見られた[*85]。ウェールズの青少年にも、妊婦の喫煙と反社会的行動の関係が同様に見出されている[*86]。このように、世界の至る所で同じ結果が得られている。

しかし、「そもそも妊娠中にタバコを吸う母親は一般に、思いやり、共感力、そして妊娠時の心構えを十分に備えているとはとても言えないのではないか？」という疑問も浮かぶことだろう。自ら進んで胎児を毒素にさらすような母親は、乳児によい環境を提供するはずがない。その証拠に、ある研究によれば、妊娠中にタバコを吸った母親の子どもの実に七二パーセントが、身体的、もしくは性的な虐待を受けている。問題の重要性に鑑みて、多くの研究では、妊娠中の喫煙と反社会的行動の関係を説明し得る第三要因の慎重な統計的コントロールが行なわれており、次のような要因はこの関係を説明しないことが判明している：両親の犯罪歴および反社会的性格／社会経済的地位の低さ／母親の教育レベルの低さ／出産時の母親の年齢／家族の人数の多さ／不適切な養育／分娩合併症／出生時体重／家庭の問題／親の精神疾患／ADHD／子どもの喫煙／妊娠中の薬物使用。他に統計的にコントロールすべき第三要因はほとんど存在しないだろう。いくつかの研究で判明している用量反応関係〔化学物質や物理的作用を与えたときに、量、濃度、強さと、被験者の反応（薬効や有害性など）のあいだに見られる関係〕も考慮に入れると、これらの発見は確かに事実と見なせ、妊娠中の喫煙と子どもの暴力のあいだには因果関係があることを示唆する[*87]。

そしてタバコの一吸い一吸いが、影響を及ぼす。母親の喫煙量が多ければ多いほど、子どもが反社会的行動に走る可能性が高くなることが、これまで繰り返し示されてきた。またのちの章では、他の多くの要因が妊娠中の喫煙と結びついて、子どもの暴力の可能性を高める事実を明確にする。

もしあなたが妊娠中の女性なら、これを読んで子どものためにタバコを吸わないよう決心してくれれば私としてもうれしい。だがつけ加えておくと、あなただけでは十分ではない。夫や職場の同僚がタバコを吸っていれば、子どもは依然として、タバコの有害な効果にさらされる。私のかつての教え子でペンシルベニア州立大学のリサ・ギャツキ＝コップは、親の反社会的行動、ひどい養育、およびその他いくつかの生物学的、社会的交絡因子を統計的にコントロールしたうえで、間接喫煙が行為障害を予示することを発見している[*88]。

なぜ妊娠中に少しばかりタバコを吸うことが、子どもが乱暴者に育つ原因になるのか？　胎児のニコチンへの曝露から反社会的行動に至る因果の経路の本質はいかなるものか？　第一に言えるのは、成人犯罪者の脳画像に見られる脳の欠陥を、それによって部分的に説明できることだ。動物による研究では、喫煙には一酸化炭素とニコチンという二つの神経毒性による効果があることを明確にしている[*89]。ニコチンは胎盤を経由して、胎児に直接影響を及ぼす。そのおもな効果は、子宮の血流を減少させ、その結果胎児への酸素と栄養の供給を減じ、低酸素症を引き起こして脳に障害を与えることだ。タバコの影響を受けた乳児は頭囲が小さくなり、それによって間接的に脳の発達が損なわれる[*90]。また、胎児期に母親が吸うタバコの影響を受けて生まれた成人の脳画像を用いた研究によって、彼らの眼窩前頭回と中前頭回の厚さが薄いことが示されている[*91]。あとで見るように、この欠陥は暴力と関係する。

喫煙は胎児の脳に悪影響を及ぼすので、その影響を受けた子どもがのちになって神経心理学的な障害を示すのだと、われわれは予測した。そしてこの予測は正しかった。たとえば、音声刺激を処理する際の、選択的注意、速度、記憶の障害を報告する研究がある[*92]。計算と綴り《スペリング》の能力の低さと、母親の喫煙量の用量反応関係が、六〜一一歳の児童に見出されている[*93]。犯罪者に神経認知的な障害が認められることはすでに見てきた。また、一般に知られているように、そのような犯罪者の多くは、計算やスペリングの能力が重要になる学業で失敗する。かくして、胎児期におけるタバコの影響は、反社会的行動や暴力に至る、神経認知的な経路の一部を構成していると考えられる。

胎児期のニコチンへの曝露は、比較的低レベルでも、ノルアドレナリン系の発達を阻害する[*94]。これはとりわけ、先に取り上げた自律神経系の欠陥という文脈において重要な意味を持つ。喫煙によって引き起こされたノルアドレナリン作動性神経伝達系の機能不全は、交感神経系の活動を損なう。先に見たように、発汗率の測定により、反社会的な人には交感神経系の活動の低さが見られる。さらに言えば、妊娠したラットが喫煙者に一般的に見られるレベルのニコチンにさらされると、その子どもの心筋M2ムスカリン様アセチルコリン受容体が増大する。この受容体は、自律神経系の機能を抑制する[*95]。したがって、喫煙によってこの受容体の機能を活性化させると、自律神経系の機能が低下する。これは、第4章で述べた反社会的な被験者に何度も確認されている安静時心拍数の低さの一つの説明になる。また、犯罪者に見られる、皮膚電気恐怖条件づけの低さなどの自律神経系の機能の阻害も説明する。要するに、胎児が母親の喫煙の影響を受けると、交感神経系がシャットダウンし、覚醒度の低い、絶えず刺激を求める子どもが生まれ得るということだ。

今日の母親は、喫煙が胎児に悪影響を及ぼすという事実を十分に認識しているはずだと思われるかもしれない。しかし残念な現実を言えば、アメリカでは妊婦のおよそ四分の一がタバコを吸い、イギリスでは妊娠した喫煙者の四分の一が妊娠期間中も吸い続けている[*96]。妊婦の喫煙は、その子どもが暴力犯罪に及ぶ要因の一つである可能性が高いにもかかわらず。

妊娠中のアルコール摂取

一九九二年、ロバート・オールトン・ハリスは、サン・クエンティン州立刑務所のガス室で死刑に処された。これはカリフォルニア州では二五年ぶりの死刑執行だった。彼が犯した罪のおぞましさが、この州での死刑執行の再燃をもたらしたとも言える。殺人は一九七八年に起きた。ハリスは弟と銀行強盗に使う逃走車を物色していたとき、緑のフォード車のなかでハンバーガーを食べている二人のティーンエイジャーを見つける。銃をつきつけられた二人の少年は、危害を受けないという約束をとりつけて、湖の近くにある森林地帯まで車を走らせる。そして到着すると、ハリスは二人を射殺した。証言を聞く陪審員にとって、話が心理的におぞましくなるのはここからだ。

ハリスが怯える少年たちを射殺しようとしたまさにそのとき、そのうちの一人、一六歳のマイケル・ベイカーは命乞いをする。逮捕されたハリスと監房を共にした証言者の話によれば、ハリスは「俺はあいつらに〈泣くな。男らしく死ね〉と言ってやったんだ」と自慢げに語ったそうだ。迫り来る最期のときを迎えて、茫然とした少年は神に祈りを捧げ始める。それに対し、ハリスはこう言う。「祈ってももう手遅れだ。おまえらはすぐに死ぬ」[*97]。二人を射殺したあと、ハリスは何事もなかったかのように、少年たちが食べ残したハンバーガーをパクつき、銃にへばりついた肉片を指ではじく[*98]。冷酷さ、明らかな良心の欠如、そして別の殺人のために収監されていた刑務所から釈放されたばかりだったという事実が重なって、ハリスはガス室送りになったのだ。

また、彼が胎児性アルコール症候群を抱えていたのも事実だ。妊娠中の喫煙が問題なら、アルコールの大量摂取も悪影響を及ぼすことは容易に想像できるだろう。喫煙同様、妊婦のアルコール摂取も、胎児の脳の障害を引き起こす重要な要因の一つであり、それによって子どもを暴力へと導くと見ることができる。一九七三年に小児科医ケネス・ジョーンズによって最初に提起された胎児性アルコール症候群の四つの特徴は、胎児期のアルコールへの曝露、頭蓋顔面の異常、発育不全、そして学習障害やＩＱの低さによって示される中枢神経系の機能不全である[*99]。胎児性アルコール症候群に起因する頭蓋顔面の異常は、見た目にもよくわかる。顔の中央部は比較的平らで、上唇はきわめて薄く、両目の間隔は大きく離れているケースが多い。その結果、病院で横になっている胎児性アルコール症候群を持つ二人の乳児が、まったく血縁関係がないにもかかわらず、よく似ているなどという異様な現象も生じ得る。この症候群は、一〇〇〇人に三人の割合で見られる[*100]。しかしもっと頻繁に起こるのは「胎児性アルコール作用」（先にあげた症状のいくつかが見られる）で、およそ一パーセントの割合で生じる。

胎児性アルコール症候群の問題は、外見に関してだけでなく、非行や犯罪との関係においても生じる。現在のところもっとも説得力のある研究は、ワシントン大学（シアトル）のアン・ストレイスガスらによるものだ[*101]。胎児性アルコール症候群は比較的まれな症状だが、彼女は太平洋岸北西部で、胎児性アルコール症候群、もしくは胎児性アルコール作用の症例を四七三件集め、彼らの一四歳の時点での反社会的行動を評価できた。その結果、次のことが判明した。そのうちの六一パーセントには非行歴があり、六〇パーセントは退学または停学の処分を受けていた。また四五パーセントは、近親相姦、獣姦、公衆の面前でのマスターベーションなどの不適切な性行為に及んだ経験があり、半分以上の少年と三三パーセントの少女は、逮捕された、あるいは有罪判決を受けた経歴を持っていた。

ストレイスガスの研究は、胎児性アルコール症候群をもとに反社会的行動を調査するという方法をとっているが、その逆も可能だ。逆の研究方法は、ダイアン・ファストらによって採用されており、この研究では、犯罪者の一パーセントに胎児性アルコール症候群が（これは予想される基準率の三倍）、また実に二二パーセントに胎児性アルコール作用が見つかっている[*102]。妊婦のアルコール摂取によって、子どもが問題行動を起こす確率があがることに間違いはない。

妊婦の喫煙と同様、胎児性アルコール症候群と反社会的行動の関係には、その基盤となる第三要因が存在するのではないかと疑う向きもあるだろう。しかし、その可能性を排除した養子研究がある。アイオワ大学のレミ・キャドレットが行なった研究では、養子に出された子どもでも、妊娠期間中にアルコールを摂取した母親の子どもは、そうでない母親の子どもに比べ、行為障害を抱える度合い、また成人後に反社会的行動を起こす可能性が高いことが報告されている。誕生後すぐに養子に出されているので、彼らの反社会的行動の要因は、幼少期における実の母親のひどい養育には求められない。どうやら胎児期におけるアルコールへの曝露は、のちの犯罪と因果的に結びつくようだ。

では、そのメカニズムはいかなるものか？　ここでも第一の容疑者は脳だ。胎児期におけるアルコールへの曝露は、脳を攪乱《かくらん》する。図6・2を見てのとおり、脳組織の広範にわたる委縮が著しい。とりわけ大きな影響を受けるのは、脳の二つの半球を結び、そのあいだの効率的な連絡を可能にする神経線維の束、脳梁だ[*103]。また、胎児性アルコール症候群によってもたらされる、ほとんど必然的な結果の一つに、実行機能の低下がある[*104]。動物実験が示すところによれば、脳が急速に発達する妊娠後期においては、アルコールへの曝露はニューロンの損失をもたらす。また、グルタミン酸作動性神経伝達に影響を及ぼし、その結果、海馬の柔軟性と学習能力が阻害される[*105]。妊婦の喫煙に見たのと同様、胎児性アルコール症候群を持って生まれた子どもの脳画像を小児期後期に撮ると、構造的、機能的な障害が広く拡大しているのが認められる[*106]。

ならば、週に一杯程度なら、妊婦はアルコールを口にしても構わないのか？　どうやらそれもだめらしい。喫煙と同様に用量反応関係が存在し、アルコール消費量が増えるにつれ、攻撃的な行動や、その他の外在化問題行動は着実に増加する。アフリカ系アメリカ人の母親を対象にした研究によれば、妊娠期間中、週にたった一杯のアルコール飲料を摂取しただけで、子どもが攻撃的になったり、非行に走ったりする確率が上昇する[*107]。実際この研究は、妊婦のいかなるアルコール摂取も、子どもが非行に走る可能性を三倍にすると報告している。また、アルコールへの曝露の度合いと、脳の構造的な損傷の程度のあいだに因果関係が存在することを示す動物実験もある[*108]。こうして見ると、

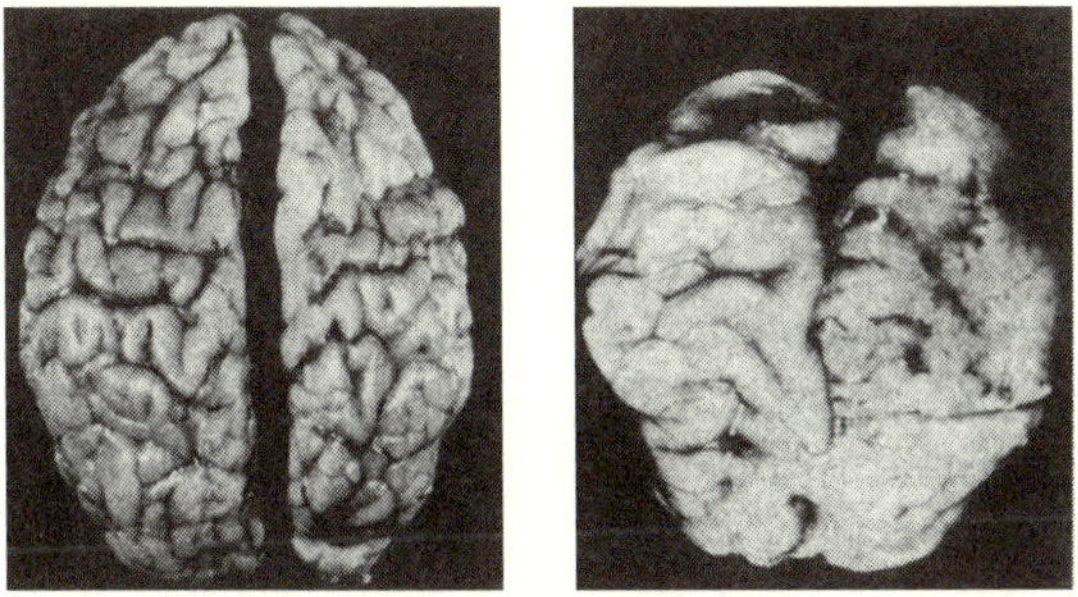

正常　　胎児性アルコール症候群

［図6.2］生後6週の正常な乳児の脳（左）と
胎児性アルコール症候群を持つ乳児の脳

明らかに妊娠中のアルコール摂取の悪影響は無視されるべきではない。

さて、生まれつきの殺し屋《ナチュラル・ボーン・キラー》は、ほんとうにいるのだろうか？　この問いを「暴力に至る変えられない運命が存在するのか？」と解釈するのなら、答えは「ノー」だ。しかし本章では、暴力の構造の形成には、胎児期、周産期の衛生状態に関わる、さまざまな要因が介在することを見てきた。出産時の合併症、胎児期における脳の発達の阻害、タバコ、アルコール、テストステロンへの曝露は、暴力の起源をなす重要な要素である。これらカインのしるしは、生物学的な基礎を持つとはいえ、本質的には環境的なプロセスによるものであり、遺伝的なものではない。もう一度基本に立ち返って繰り返すと、暴力の解剖学を正しく理解するには、生物学的なプロセスと社会的なプロセスが密接に作用し合う事実を、十分に考慮に入れねばならないのである。

確実に言えることは、誰が犯罪者になるかというくじ引きでは、サイコロの目の出やすさが早くからセットされているケースもあるということだ。しかしこの早期のプロセスは、暴力を発現するさまざまな要因の最初のものにすぎない。次章では、健康上の危険因子が成長期に存続することで、危険な暴力のカクテルが醸成されることを検討する。ピーター・サトクリフやその他の犯罪者の事例からもわかるように、殺人の要因は出産時の合併症だけではない。生物学的な基盤を持つ精神疾患は、犯罪者的性格を形成する上で重要な要因になり得る。

第7章

暴力のレシピ

栄養不良、金属、メンタルヘルス

一九四四年から四五年にかけての冬、アムステルダムは最悪の場所と化した。妊婦にとっては特に過酷だった。「オランダの飢餓の冬」が到来したのである。一九四四年六月の連合軍のノルマンディー上陸作戦によって、やがてオランダは解放されるが、この作戦の直後、悲惨な状況がもたらされた。ライン川で進撃を食い止められた連合軍は、オランダの多くの地域をドイツの手から解放できなかった。ロンドンのオランダ亡命政府は九月、ストライキを敢行して連合軍を支援するようオランダの鉄道労働者に要請した。彼らはこの指示に従ったが、悲惨な結果を招く。ドイツ軍は、報復措置として食糧封鎖を実施し、オランダ西部への食糧供給を絶ったのだ[*1]。

その後、事態はさらに悪化する。この年は、過酷な冬がきわめて早く到来した。運河は凍り、食糧を運搬できなかった。退却するドイツ軍が橋や波止場を破壊したため、運送はさらに困難になった。また、農耕可能な土地は戦争で荒廃し、オランダ市民の需要をまかなえない状態にあった。こうして深刻な食糧不足が、オランダを襲う。

人々は飢え始める。一一月には、都市住民一人あたりの食糧配給は一日一〇〇〇キロカロリーに制限される。一九四五年二月には、さらに一人につき五八〇キロカロリーまで落ちる[*2]。その結果、とりわけ外部からの食糧供給を絶たれた都市で、栄養不良のために一万人が死亡する。さらに何千もの人々が、飢饉の影響で生じた合併症のために死亡したとされている[*3]。もちろん、それ以外の何百万人にとっても生活は悲惨なものだった。この状況にピリオドが打たれるのは一九四五年五月の解放によってであり、オランダ人はそれまでの八か月間を耐え忍ばねばならなかった。

この話と反社会的な性格がどう関係するのかを疑問に思う読者もいるだろう。だが、この厳しい冬に暴力の種は蒔かれた。小さな被害者は、空腹を抱えた妊婦の体内に宿っていたのである。私たちは、次の理由によってこの事実を知っている。飢饉の時代に胎児だった男児は、一八歳になった一九六三年に徴兵され、反社会性人格障害の評価を含む精神鑑定を公式に受けた[*4]。それによって得られたデータは、胎児期の栄養不良がのちの行動に及ぼす影響を調査する疫学研究の基盤になった。

この画期的な研究で、ニューヨーク州立精神医学研究所のリチャード・ノイゲバウアーらは、このデータを詳細に分析している。彼らは、男性一〇万五四三人の巨大な標本を、アムステルダム、ロッテルダム、ライデン、ユトレヒト、ハーグなどの西部の大都市で生まれ、飢饉によってとりわけ大きな影響を受けた者と、飢饉にさらされなかった北部、もしくは南部で生まれた者に分類した[*5]。その結果、前者は後者より、成人後に反社会性人格障害を抱える割合が二・五倍高いことがわかった。この効果は、特に妊娠第一期〔妊娠一六週まで〕、または第二期〔妊娠一六〜二八週〕に飢饉が生じたケースに当てはまった。この研究は、妊娠期間中の栄養不良が子どもの反社会的行動を助長することを示した最初のものだ。

栄養、毒素、メンタルヘルスについて検討する本章は、犯罪に結びつき得る脳障害を引き起こす環境要因の重要性をさらに強調する。内臓から歯や髪の毛、そして脳に至る、暴力の解剖学の微細な側面は、「鉄、亜鉛、タンパク質、リボフラビン、オメガ3の欠乏は、人を暴力へと至る道に導き得る」という、人間や動物の研究によって得られた事実を明確に示す。問われるべきは、摂取量の過多、あるいは過少である。本章ではさらに、これらの食事障害は、鉛やマンガンなどの環境中の重金属への過剰な露出と組み合わさって、より大きな悪影響を及ぼすことを見ていく。そして最後に、この身体の健康の観点を、「生物学的な基盤を持つ精神疾患は、暴力的な性格の形成に寄与する」というメンタルヘルスの観点に絡めて締めくくる。

私自身は、行為障害を持つ子どもの心拍数や認知機能を研究する、才気にあふれとても活動的な、コロンビア大学の科学者ダニー・パインを訪ねた際に啓発されて、栄養不良と暴力の関係の研究を行なった。私たちはノイゲバウアーに会うために一緒に歩いていた。きらきら光る眼鏡をかけ、独自の生命を宿すかのような伸び放題のあごひげをはやしたダニーは、いつものように速射砲のごとく私に語りかけた。「エイドリアン。リチャードには絶対に会いなよ。オランダ、第二次世界大戦、飢餓、犯罪。何という話だ。実におもしろい。きみも気に入るはずさ」。それから目を輝かせ、謎めいた笑みを浮かべながら「忘れずにチューリップの球根について質問することだ」とつけ加えた。

チューリップ？　何のことだ？　「再び春がめぐって来たら、アムステルダム産のチューリップを持って来よう」という歌が、一瞬私の頭をよぎった。だがそれは、暴力の研究といったい何の関係があるのか？　それがリチャード・ノイゲバウアーに会う直前に、ダニーから彼について聞いたすべてで、あとはじかにノイゲバウアーから「オランダの飢餓の冬」とチューリップの球根に関する驚くべき話を聞いた。どうやら食糧封鎖されていた最後の数か月間、オランダ人はチューリップの球根を食べていたらしい。チューリップの球根には毒性がある。そしてこれから見るように、毒性は犯罪に関連づけられる。リチャードは未解決の問題があることを認めている。調査対象は男性のみだったが、女性はどうか？　この栄養不良の話は子どもの攻撃性や反社会性にも当てはまるのか？　貧困のような社会的要因が裏にあるのか？

私の頭のなかにはこれらの疑問が湧き起こり、それがモーリシャスでの研究に栄養の問題を導入するきっかけになった。モーリシャスの被験者が三歳になったとき、そのうちの一五五九人は母親につれられて実験室を訪れ、小児科医の検査を受けている。われわれはその結果を用いて、内的もしくは外的な五つの栄養不良の徴候を調査した。その一つは、血液の分析によって得られたヘモグロビンレベルの検査で、それによって鉄分の欠乏を調査できる。またわれわれは、子どもの身体を検査して栄養不良の四つの外的な徴候の有無を検査するよう小児科医に要請した。子どもの頃、唇の端に亀裂があった読者はないだろうか？　私にもときおりそれができたことがあり、固く乾いている感じがしたときには、舌でつついて柔らかくしたものだ。これは口角炎と呼ばれるもので、リボフラビン、すなわちビタミンB_2の欠乏によって生じる。またナイアシン〔ビタミンの一種〕の欠乏によっても引き起こされる[*6]。

それから小児科医は、子どもの髪を検査した。特に色を。モーリシャスでは、ほとんどの子どもは髪が黒い。というのも、多くの住民はインド系、アフリカ系、中国系のいずれかだからだ。しかし、なかにはオレンジ色がかった髪を持つ子どもがいる。何もかわいらしく見えるよう親が染めたわけではなく、それはクワシオルコルと呼ばれる一症状である。この言葉はアフリカの方言で「赤い髪」を意味する。この症状は、髪の色素沈着異常をもたらす、亜鉛、銅、タンパク質の欠乏の徴候を示す。つまり基本的に、自然な黒色が失われた結果赤っぽくなったのだ[*7]。また小児科医は、髪の量や太さも調査している。まばらで細い髪は、亜鉛、鉄、タンパク質の欠乏を表す[*8]。それが終わったあと、小児科医は髪のかたまりをつかんで引っ張る調査を行なっている。簡単に抜けるようなら、それはタンパク質エネルギー栄養障害の徴候と見なせる[*9]。これら五つの徴候は、栄養不良の臨床的な指標として適用できる。

この時点で、当時南カリフォルニア大学の研究員だったジャンホン・リウが研究に加わり、本章で紹介する成果を得るにあたり大きな原動力になる。彼女は、これらの徴候のどれか一つでも認められる子どもを栄養不良グループに、一つも認められない子どもを正常対照群に分類した。その後、子どもが八、一一、一七歳になった時点で、両親と教師に子どもの攻撃性、反社会性、活動過多性を評価させた。その結果を図7・1に示す。見てのとおり、どの年齢でも、栄養不良グループの子どもは、「外在化問題行動」のすべての側面、すなわち攻撃性、非行、活動亢進に関して、対照群より高いスコアを記録している[*10]。

ここで、「ちょっと待った。栄養不良の子どもの親は、教育や収入のレベルが低いのが普通ではないのか？　その種の社会的危険因子が子どもの問題行動を引き起こしているのでは？　おそらく栄養不良それ自体は、直接攻撃性に結びつくのではなく、社会的剝奪によって引き起こされるのであり、実際にはそちらが攻撃性をもたらしているのかもしれない」という疑問も出ることだろう。確かにその可能性は考えられる。そこでリウは、貧困に加え、栄養不良の子どもによる攻撃的行動の増加を引

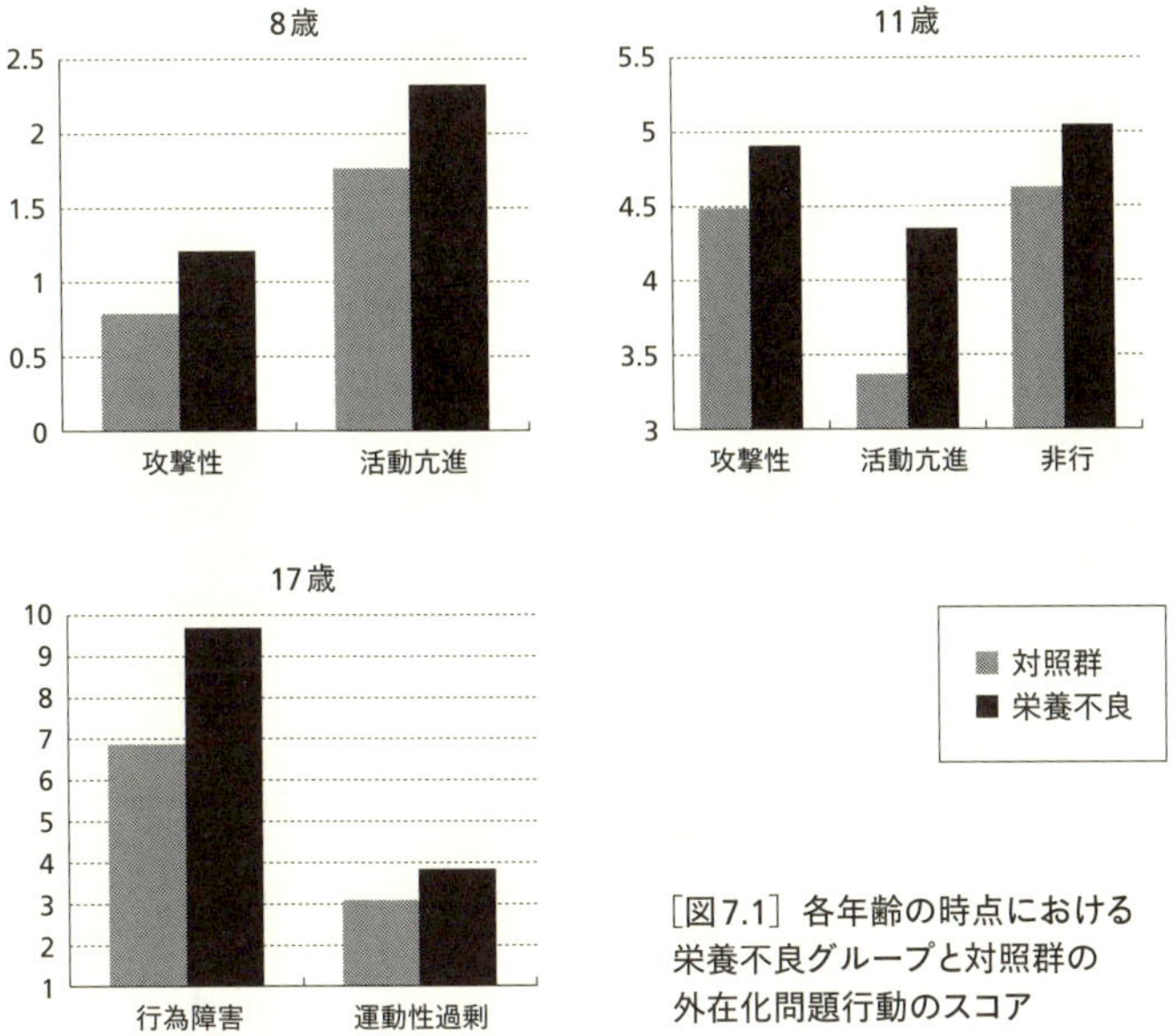

［図7.1］各年齢の時点における栄養不良グループと対照群の外在化問題行動のスコア

き起こし得る一二の社会的要因を統計的にコントロールした。その結果はどうだったか？　栄養不良と攻撃性の関係は維持された。しかも、民族や性別は関係がなかった。さらにわれわれは、子どもが一七歳になったときに用量反応関係を調査した。図7・2を見てのとおり、栄養不良の徴候が多ければ多いほど行為障害のスコアは高くなる。この結果は、間違いなく栄養不良と行為障害の関係を強調する。

　とはいえ、栄養不良のタイプによっては結果に多少の相違が見られた。なかでも鉄分の欠乏は、とりわけ重要であることがわかった。これは、鉄がＤＮＡ合成、神経伝達物質の生成と機能［*11］、脳の白質の形成［*12］に関与することを示す、動物による研究における発見とも合致する。鉄分が脳に資するのなら、確かにその不足は問題になる。子どもの食物に補給栄養素として鉄分を加えると、認知機能が向上する[*13]。ビタミンB_2の欠乏を示す口角炎は、認知低下を示す徴候になり得る。というのも、ビタミンB_2は鉄に対する血液の反応を高めるからだ[*14]。つまり、リボフラビンの欠乏は鉄分を減らし、認知に悪影響を及ぼす。よって、ビタミンに富んだコーンフレークを食べるとよい。

どうやら栄養不良は実際に、年齢に関係なく成長期の子どもが、タイプを問わず問題行動に及ぶ危険性を増大させるようだ。だが、栄養不良が攻撃性や反社会的行動を導く、そのメカニズムとはいったいいかなるものか？ ここは基本に立ち返って、脳と認知機能を検討する必要がある。

ジャンホン・リウの発見によれば、三歳のときに栄養不良だった子どもは、その時点、および八年後の一一歳の時点でＩＱが低かった。ここでも用量反応関係が見られ、栄養不良の度合いが高ければ高いほど、ＩＱは低かった。また、栄養不良の徴候を三種類持つ子どもは、ＩＱが一七ポイント下がった。これは大きな転落だ。クラスで中位の成績だったのが、自分の能力が原因ではなく、必要なものを食べていなかったせいで、下位一一パーセントに転落したところを想像してみればよい。しかも栄養不良は、認知能力のタイプに関係なく、言語性ＩＱにも、空間性（非言語性）ＩＱにも悪影響を及ぼす。

モーリシャスでは、私が小学生だった頃と同じように、子どもは一一歳になると全国標準試験を受けて、どの中学校に進学できるかを決める。そこでは英語、フランス語、算数、環境教育の試験が実施される。そして、この試験によって子どもの将来は決まる。われわれは、この全国標準試験の成績を調査し、栄養不良と学業成績の低下のあいだに用量反応関係があることを確認した。同じことは、一一歳の時点での神経心理的機能、および読解力《リーディング》にも当てはまる。貧困と親の教育度はIQと栄養状態に悪影響を及ぼすことが知られているが、これらの社会的要因を統計的にコントロールしても、栄養状態と学業成績の関係は変わらなかった。かくして良好な栄養状態は、それだけでも子どもが知的生活で成功を収めるのに必須の条件であり、どのレベルの中学校に進学できるのかという人生の岐路に、大きな影響を及ぼす。

栄養から認知機能を経て問題行動に至る経路を検討することで、反社会的行動を導くメカニズムに関する先の問いに部分的に答えられる。栄養不良は認知機能に悪影響を及ぼすのだろうか？ そして認知の遅れは、その子どもを暴力行為や反社会的行動に走らせるのか？ どうやらそのようだ。リウは、「栄養不良の子どものIQは低い」という事実を統計的にコントロールした[*15]。この技術は、知性に関して、栄養不良のグループとそうでないグループを等しい条件のもとに置く。すると、反社会的行動に関して両グループの差はなくなった。この消去トリックによって、認知能力の

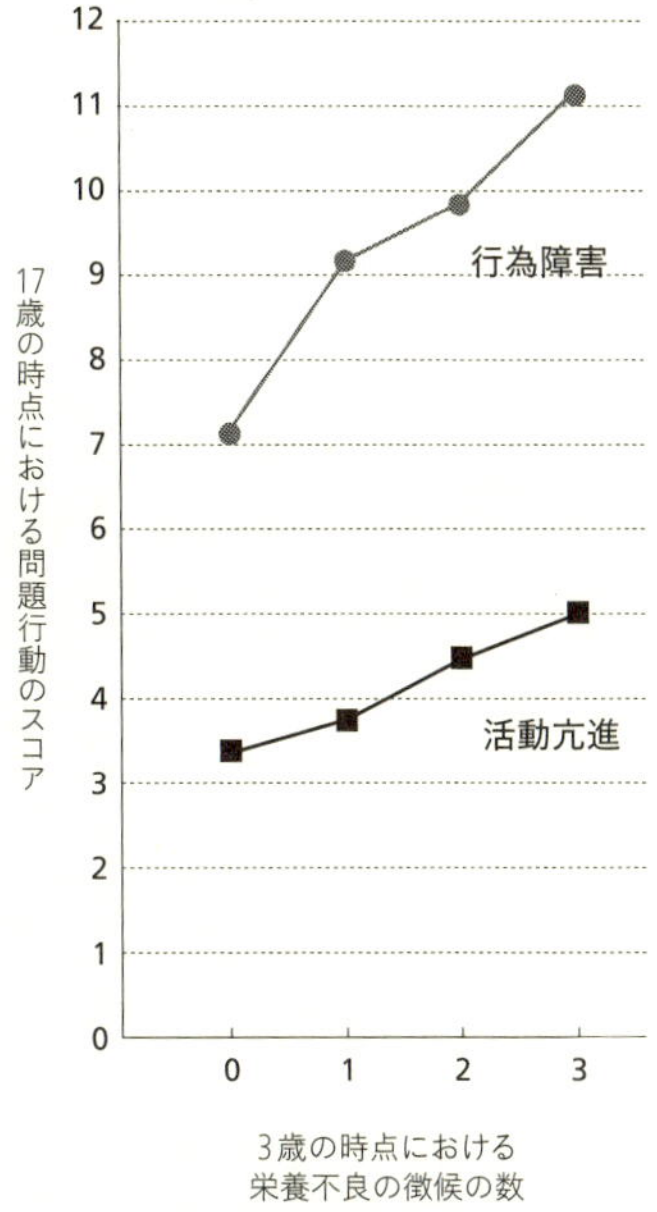

［図7.2］3歳の時点における栄養不良の徴候と17歳の時点における問題行動の用量反応関係

低下を、このメカニズムの有力候補として特定できる。栄養不良によってＩＱの低さが引き起こされ、この認知能力の低下が反社会的行動を導くのである。

これはたやすく理解できるはずだ。ＩＱの低さが学業不振を導くことは誰にでも想像がつく。まわりの生徒が皆うまくやっているのに、教科書はよく読めず、足し算はうまくできずで、始終頭を抱えていなければならなかったらどうか。いつまでもつねに劣等生だったらどんな気がするだろうか。「何をやっても自分はダメだ……」と思うようになり、希望を失うのが普通だ。そんな子どもが成長して腕力がつき、ドロップアウトして学校に反抗し始めても何の不思議もない。補足すると、栄養不良が脳に悪影響を及ぼし、その子どもを攻撃的にすると述べたからといって、まったく社会的要因が存在しないと主張したいのではない。実のところ、栄養不良そのものが環境的要因なのである。十分な栄養がとれないという劣悪な環境が、脳と認知の機能不全を引き起こし、ひいてはそれが子どもに暴力と犯罪の道を歩ませるのだ。そしてこれから見ていくように、この坂は非常に滑りやすい。

オメガ3と暴力――魚の話

暴力やその他の卑劣な行為を研究していると、たまに奇妙な話に行き当たる。そのなかでももっとも奇妙なものの一つは、魚の消費量と暴力の関連性だ。実際おかしな話に聞こえるが、データを詳細に分析していると、「魚は脳の糧《かて》である」という古くからの言い伝えが正しく思えてくる。脳に影響するのなら、犯罪と因果関係があるのかもしれない。

もっと注目されてしかるべき犯罪学のトピックから始めよう。国によって暴力犯罪の発生率がかくも違うのはなぜだろうか？　その原因は何か？　これらの問いに関しては、さまざまな憶測がある。失業率の差は、各国間の殺人発生率の差を説明するようには思われない。都市化も同様だ[*16]。データが示す相関関係に従い、これまでは社会的なプロセスに焦点が置かれてきた。予想されるように、国内総生産（GDP）と暴力のあいだには、強い相関関係（相関係数＝〇・六八）がある〔相関係数とは、二つのデータにどれだけ関連性があるかを示す数値。-1から1の値をとる〕。GDPが低ければ低いほど、暴力発生率は上昇する。貧困を犯罪の要因と考えれば、これは容易に理解できる。というのも、GDPの上昇は政治制度の発達と相関し、民主主義が浸透すれば、それだけ国民の教育程度は向上するからである。

所得格差は、この社会的見方を裏づける。ジニ係数〔社会における所得分配の不平等さを測る指標〕による測定では、所得格差が広がれば広がるほど、犯罪発生率は高まる（相関係数＝〇・五七）。デンマーク、ノルウェー、スウェーデン、日本は所得格差が比較的小さい国で犯罪発生率が低いのに対し、所得格差の大きなコロンビア、ボツワナ、南アフリカなどの国では高い。アメリカは所得格差と犯罪発生率の両方に関して、その中間に位置する。

心理面も影響する。金銭を追い求める者もいれば、愛情を選択する者もいる。この点に関して、人それぞれ好みはある程度異なる。それと同様、愛情、社会的地位、経済的成功、権力、地位のいずれを重視するかは、国によっても異なる。経済的成功より愛情が重要だと見なす人々が多い国では、暴力は比較的少ない。おそらく、ビートルズはそれほど間違っていなかったのだ。彼らは「愛こそはすべて」と言うのだから。

だが私たちは、愛し合うと同時に食べていかねばならない。ここで魚の話が登場する。殺人発生率と同様、魚の消費量は国ごとに大幅に異なる。米国国立アルコール中毒研究所に所属する、魚油《ぎょゆ》の研究における第一人者ジョー・ヒベルンは、年間殺人発生率と魚の消費量の関係を調査し、負の相関関係（マイナス〇・六三）があることを示した[*17]。ここで図7・3を参照してほしい。たとえば、日本を見てみよう。日本における殺人発生率はきわめて低く、およそ一〇万人に一人に相当する。また日本人は年間、自分の体重をゆうに超えるほどの量の魚を消費する。次にブルガリアなどの東欧諸国に注目されたい。彼らは年間一・八キログラム程度しか魚を消費せず、殺人発生率は日本の一〇倍に達する。東アジア諸国の殺人発生率は一〇万人あたり、中国が四・三、シンガポールが三・八、韓国が三・〇、日本が一・二であり、これら諸国のあいだにはおおよそ直線が引ける。データからわかるとおり、魚の消費量が上がるにつれ、殺人発生率は下がる。

私は二〇〇五年に、ペンシルベニア大学の犯罪学部門で教授職を得るために面接を受けた際、この刺激的なデータを見せたところ、「アメリカはどこに位置するのか」と尋ねられた。グラフに記載されている二六か国に、アメリカは含まれていない〔第7章の原注*17にあるとおり、図七・三にはスペースの関係で二一か国しか表示されていない〕。面接官は特にデータが怪しいと思っていたわけではなく、単なる記入漏れだと感じたらしい。そこで彼らは、該当年のアメリカのデータを調査し、魚の消費量が最少の二か国、ブルガリアとハンガリーの中間に位置し、殺人発生率は、一〇万人中九人を超えることを見出した。つまり、アメリカは東欧諸国に近い。マイナス〇・六三という相関係数は、GDPと殺人発生率の関係に匹敵するほど高い。

この基準は、国のあいだでの差異には当てはまっても、一国内における変動を説明するものではな

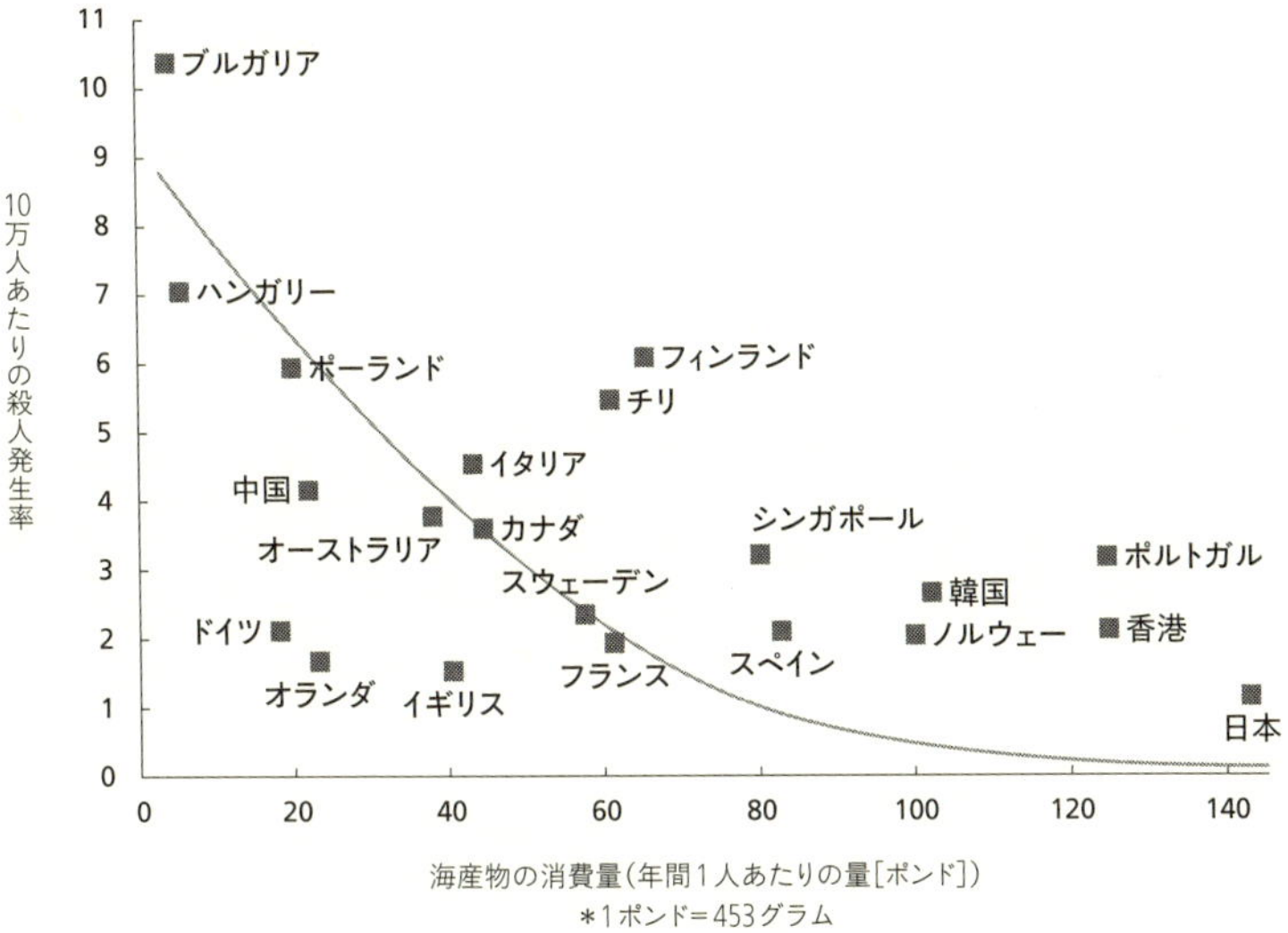

［図7.3］ 世界各国における海産物の消費と殺人発生率の関係

いと思われるだろう。ところが一国内に限っても、魚の消費量と反社会的行動のあいだの相関関係を示す証拠がある。イギリスのブリストルの妊婦一万一八七五人を対象に実施された大規模な調査では、妊娠中に魚をより多く食べた母親の子どもは、七歳の時点において、かなり高いレベルで向社会的な行動を示した[*18]。逆に、妊娠中にあまり魚を食べなかった母親の子どもは、反社会的行動に及ぶ割合が高かった。

　シカゴ、ミネアポリス、アラバマ州バーミンガムの住民三五八一人を対象に行なわれた調査によれば、魚をほとんど食べない人は、少なくとも週に一回は食べる人と比べて、より高いレベルの敵対的な態度をとった[*19]。また、血中の総脂肪酸濃度が低い少年は、問題行動やかんしゃくを起こしやすい[*20]。これは攻撃的なコカイン常習者にも当てはまる[*21]。犬でさえ、オメガ3のレベルが低いと攻撃性が増す[*22]。愛犬にオメガ3を与えると、単に毛並みがよくなるだけではないらしい。

これらの発見は因果関係の存在を示すものだとしよう。ならば、大量に寿司や鮭を食べればあなたの怒りは鎮まるはずだ。科学的な観点から、これをどう説明できるのか？

この問いについては、ラットのオメガ3摂取量を操作する実験によって、妥当な答えが得られている[*23]。これまでの章で、暴力犯罪者は、脳の構造的、機能的障害や、神経化学的な障害を持っていると述べた。ところで、魚は言うまでもなく魚油に富む。魚油は、オメガ3と呼ばれる長鎖多価不飽和脂肪酸を豊富に含む。オメガ3は、二つの重要な構成要素、ドコサヘキサエン酸（ＤＨＡ）とエイコサペンタエン酸（ＥＰＡ）を持つ。ＤＨＡは、神経細胞の構造と機能に重要な役割を果たすことが知られている。水分を除いた大脳皮質の六パーセントを構成し、血流から脳に入る物質を調節する機能に影響を及ぼす。加えて、シナプスの機能を高め、脳細胞間のコミュニケーションを促進する。さらに言えば、脳細胞の細胞膜の三〇パーセントを構成し、膜酵素の活動を調節する。また、細胞の死からニューロンを守り、細胞を大きくする。

ＤＨＡは神経突起に刺激を与え、その伸長をもたらす。通常のエサを与えられた動物に比べ、オメガ3に富むエサを与えられた動物のニューロンには、樹状突起のより複雑な分岐が見られる。樹状突起は他の脳細胞から信号を受け取る役割があるので、その分岐の複雑化は、細胞間の接続が増えることを意味する。電気信号を他の細胞に伝達する軸索は長くなり、電気パルスの伝導効率の高い髄鞘《ずいしょう》（ミエリン）を持つようになる。ＤＨＡは、神経伝達物質セロトニンとドーパミンの働きを調節するが、

第2章で見たように、犯罪者はこれらの神経伝達物質に異常を抱えている。DHAはまた、遺伝子の発現の調節にも関与し[*24]、暴力の発現を防ぐ遺伝子をオンにする、もしくは暴力の発現の可能性を高める遺伝子をオフにするよう導くと、理論上は考えられる。

犯罪者の認知機能が損なわれていることは、すでに見た。オメガ3の補給は、動物の学習、記憶能力[*25]、およびヒトの子どもの学習能力[*26]を向上させる。つまり、オメガ3による脳の機能の向上は、単に理論上の話ではない。それは実際に、認知機能に違いをもたらすのであり、認知機能は、学校や職業で成功を収めるには必須の要素だ。

オメガ3は、脳の構造と機能の両方を強化する。犯罪者の場合、これら双方が損なわれていることはすでに見た。このように考えると、魚の消費量と暴力のあいだに相関関係があることは、それほど驚きではない。

「ほんとうに、ことはそんなに単純なの？」「相関関係は因果関係とは違うのでは？」と疑う読者もいるだろう。どちらの疑問も正しい。しかし、のちの章で詳しく述べるが、オメガ3には反社会的行動を減退させる効果があることを示す、ランダム化比較試験に基づく証拠が集まりつつある。これらの試験の結果は、因果関係を示唆すると言ってもよいほどで、真の意味ある関係の存在を実証する。

それでも、「アメリカなどの富裕な国で栄養不良の研究を行なったところで、いったいどんな意味があるのか？」という疑問を抱く向きもあるだろう。まわりを見回せば、皆とても健康そうで、街には食料品があふれているのだから。これらの結果は、モーリシャスのような開発途上国だけの問題ではないのか？

これは正当な疑問だ。はじめてアメリカを訪れた旅行者は、食べ物の豊富さや、ごく普通のレストランで出される料理の量に驚くだろう。そしてデザートの量にも。周囲を見回せば、アメリカでは肥満者が多いことがわかるはずだ。肥満率は、ドイツが一二・九パーセント、オランダが一〇・〇パーセント、韓国、日本が三・二パーセントであるのに対し、アメリカでは三〇・六パーセント、イギリスでは二三・〇パーセントにのぼる[*27]。こうして見ると、確かにアメリカでは食べる物にこと欠いたりはしない。ならば、なぜ暴力と関係するのか？

この問いには、三つの側面を補足する必要がある。第一に、成人後の殺人犯の写真を見れば、確かに栄養不良には見えない。しかしそれは、ヘンリー・リー・ルーカスやドンタ・ページ〔両者とも、のちの章で詳しく取り上げられる〕のように、子どもの頃はゴミ箱をあさって生きていた殺人犯もいるという事実を覆い隠す。ページは、ワシントンDC近郊のスラム街で幼少期を過ごしていた頃、満足に食事が与えられず、栄養不良でやせこけた小さな少年だった。だが、成人してペイトン・タトヒルをレイプ殺害したとき、彼の体重は一三〇キログラムを超えていた。成人後の犯罪者の外見は、ときに判断を誤らせる。脳が急速に発達する、幼少期の非常に重要な時期には、何年も栄養不良の状態に置かれていたかもしれないのだ。

第二に、栄養素には、多量《マクロ》栄養素と微量《ミクロ》栄養素の二種類がある。アメリカの子どもは、マクロ栄養素、すなわち炭水化物、脂肪、タンパク質は多量に摂取する[*28]。しかし、ビタミン、あるいは鉄や亜鉛のような微量金属などから構成されるミクロ栄養素に関しては話が異なる。「ミクロ」と呼ばれる理由は、一日に摂取すべき量が、マイクログラム、ミリグラム単位のごく微量だからだ。しかしそれでも、身体や脳の機能の発達、維持には欠かせない。ミクロ栄養素に関して世界保健機関（WHO）は、「世界の子どもの半分に、鉄や亜鉛の欠乏が見られる」と報告している[*29]。これは驚くべき事実だ。

第三に、栄養素の生物学的利用能《バイオアベイラビリティー》は広い範囲で変化するという点を考慮に入れねばならない。バイオアベイラビリティーとは、その栄養素が有する、血流に入って脳に働きかける能力を意味する。この能力は、消化管から栄養素が吸収される際の効率を左右する数々の遺伝的要因と、食物摂取を抑制、あるいは促進する環境要因の両方によって影響を受ける。したがって、同量のミクロ栄養素を摂取したとしても、摂取された栄養素が血流に入り、脳に働きかける程度は人によって大幅に異なり得る。

繰り返すと、外見は誤解を招きやすい。身体にしても栄養の摂取量にしても、大きければよいというものではない。暴力を生む二つの大きな要因である遺伝子と環境は、脳から必須栄養素を奪うこともある。次に、これらミクロ栄養素の働きと、それが暴力の発現に果たす役割を簡単に説明する。

強力なミクロ栄養素

ミクロ栄養素とは何か？　前述のとおり、それにはビタミンや、鉄、亜鉛などの微量金属が含まれる。子どもの頃にニキビや、私のように指の爪に白い部分があった人には、亜鉛の欠乏の疑いがある。

亜鉛については次のような実験がある。亜鉛が欠乏したマウスは、攻撃性が三倍になる[*30]。妊娠期間中に亜鉛が欠乏していたラットの子どもは、攻撃性が増大する[*31]。攻撃的なアメリカ人は、大人も子どもも、銅と比べて血中の亜鉛のレベルが異常に低い[*32]。トルコでの研究でも、暴力的な統合失調症患者は、暴力的でない患者より、血中の亜鉛対銅の比率が低いという同様な結果が得られている[*33]。

鉄はもう一つの重要なミクロ栄養素である。いくつかの研究によって、行為障害を抱えた攻撃的な子どもに、鉄分の欠乏が見出されている[*34]。非行少年の三分の一は、鉄分が不足している[*35]。鉄分の不足した保育園児は、ポジティブな感情を示す度合いが低い[*36]。この発見は重要だ。なぜなら、ポジティブな感情の欠如は、行為障害を持つ子どもの特徴の一つだからである[*37]。

これらミクロ栄養素の欠乏が暴力を導く理由を理解するために、再び脳の話に戻ろう。亜鉛や鉄などのミクロ栄養素は、神経伝達物質の生産に不可欠であり、脳や認知の発達に重要な役割を果たす。妊娠中のラットに与えるエサの、亜鉛とタンパク質の量を減らすと、子どもの脳の発達が阻害される[*38]。亜鉛分が欠乏したエサを与えられた動物（成獣）は、「受動的回避行動の学習障害」を示す[*39]。これは、懲罰をもたらす反応の抑制を学習する能力の欠如を意味し、この認知的な欠陥は、自分のあやまちからなかなか学ぼうとしない犯罪者に繰り返し見られるものだ[*40]。

また、ミクロ栄養素は、暴力に関与する脳の構造に結びつけられる。犯罪者に障害が見られることの多い扁桃体と海馬は、亜鉛を含有するニューロンで満たされている。胎児期の亜鉛の欠乏は、脳の発達中に、脳の化学の基礎を成すＤＮＡ、ＲＮＡ、タンパク質の合成を阻害し、早い時期に脳の異常を引き起こす可能性がある[*41]。亜鉛はまた、脂肪酸の形成に関与する。すでに述べたように、脂肪酸は、脳の構造と機能に不可欠の物質である[*42]。亜鉛同様、鉄も脳における神経伝達物質の生産と機能に影響を及ぼす。

亜鉛と鉄の欠乏は何によって引き起こされるのだろうか？　一つには魚類、豆類、野菜類などの摂取不足が考えられる。ミクロ栄養素は、胎児の脳の発達に重要な役割を果たすが、社会経済的な地位の低い妊婦の三〇パーセントは、鉄分の摂取不足とされている。妊娠中の喫煙は、母体から胎児への亜鉛の供給を阻害し、その結果胎児の脳は、この重要な栄養素の不足をきたす[*43]。またすでに見たように、妊婦の喫煙は、子どもの成人後の犯罪を導き得る。

タンパク質を構成するアミノ酸も重要である。二二種類のアミノ酸のうちの八種類は、人体によっては生産されないため摂取しなければならない。これらのうちの一つトリプトファンの補給を削減された動物は攻撃的になり、トリプトファンに富んだエサを与えられた動物は攻撃性を減じた[*44]。男女の被験者を対象に、実験的にトリプトファンの補給を減らしたところ[*45]、彼らは挑発されるとより攻撃的に反応した[*46]。その逆に、増やすと攻撃的な行動が減った[*47]。

どうやらトリプトファンのレベルの低さは、不適切な反応を抑制する脳の能力を損なうために、攻撃性を増大させるらしい。脳画像法を用いた研究によれば、トリプトファンの減少は、被験者が刺激に対する反応を抑制しようとする際に必要な、右側前頭前皮質の眼窩および下部領域の機能を低下させる[*48]。この前頭前皮質の下部領域は、犯罪者において、構造的、機能的に損なわれていることはすでに見た。セロトニンはトリプトファンから合成されるので、後者の減少は、脳のセロトニンレベルを引き下げ、それによって反応的な攻撃性の発現を助長する。なお、第2章で見たように、衝動的な暴力犯罪者においては、この神経伝達物質セロトニンが激減している。

では、トリプトファンはどこから得られるのだろう？　ホウレンソウ、魚類、七面鳥などの食物を摂取することによってだ。魚類に含まれるオメガ3に攻撃性を緩和する効果があることはすでに述べたが、魚類に加えて、ホウレンソウを子どもに食べさせるとよい。たとえポパイは、非攻撃性のモデルとして適任とは言いがたいとしても。

トゥインキー、ミルク、スイーツ

糖分は気分を高揚させる。そう感じたことがあるはずだ。高炭水化物の食べ物や飲み物を大量に摂取して、星を射落とせそうに思えるくらいのエネルギーの高まりを感じたことはないだろうか。そして少しばかり興奮し、頭がふらふらし、いらいらし、最後に暴走する。ダン・ホワイトがサンフランシスコ市長ジョージ・モスコーニと、市政執行官で同性愛権利運動家のハーヴェイ・ミルクを殺害したとき、まさにそんな状況だった。

ダン・ホワイトは落ち込んでいた。何をやってもうまくいかなかったのだ。ベトナム戦争に従軍し、その後、警察官や消防士を務めたことのある彼は、危険をともなう生活には慣れていた。しかし、新たに始めたリスクの高い事業、ジャガイモ料理のレストラン経営はまったくうまくいかず、破産する。彼は、警察官や消防士の強い支持を得て、サンフランシスコ市の管理委員会のメンバーになったが、その地位もすでに辞職していた。

また彼は、カトリック教会によって提案され、ホワイトの担当地区に建設が予定されていた少年院の設立を支持するハーヴェイ・ミルクと仲たがいする。ホワイトは、カトリック教徒ではあったが、自分が担当する地区に少年院を建設することには断固反対していた。またミルクは、彼が敵意を抱くゲイだった。ホワイトは政治的な地位を捨てて始めたレストランの経営に失敗すると、市長のモスコーニに復職を願い出る。モスコーニはそれに賛成するが、ミルクは反対する。

反応的攻撃性の衝動に駆られたホワイトは、銃を携帯して、金属探知機を回避するために窓からサンフランシスコ市庁舎に侵入する。それからモスコーニのオフィスに行き、復職を懇願する。ところがモスコーニがそれを拒否したので、ホワイトは彼を射殺し、さらにミルクのオフィスに押し入って彼も射殺した。

　実はこの話には、トゥインキー〔クリームをはさんだスポンジケーキ〕が絡んでいる。裁判で、ホワイトの弁護団と精神分析医は、彼が抑うつを抱え、糖分をたっぷり含んだジャンクフードやドリンクを大量に摂取していたと主張した。それが彼の気分に悪影響を及ぼした可能性があるというのだ。白人のホワイトは、労働者階級に属する典型的なアメリカ人で、カトリック教徒でもあった。国のために戦ったこともあれば、火事の現場で一人の女性とその子どもを救出したこともあった。陪審員は、ホワイトと価値観を共有する労働者階級に属する白人で占められ、彼の苦労話を聞いて泣き出す者さえいた。こうしてホワイトは、第一級殺人による死刑ではなく、故殺による七年八か月の懲役刑の判決を言い渡された。

　判決を聞いたサンフランシスコのゲイコミュニティは、怒り心頭に発した。代理市長のダイアン・ファインスタインでさえ、「ダン・ホワイトはうまく殺人罪を逃れた。それ以外の何ものでもない」と述べている[*49]。

ホワイトの弁護は、警官たちが彼のために集めた一万ドルによって強化されていた。その結果、「ホワイトナイトの暴動」が起こる[*50]。ミルクが暮らしていたカストロ地区（ゲイの住民が大半を占める）で、一五〇〇人の群衆がその夜即座に集結したのだ。そしてその数は、市庁舎を襲って破壊し尽くす頃には三〇〇〇人に達していた[*51]。パトカーには火がつけられた。それに対し、市庁舎を襲った群衆を鎮圧した警察は、カストロ地区のバーに踏み込んで同性愛者を叩きのめして報復する。この事件によって、六一人の警官と、一〇〇人を超える同性愛者が負傷し入院している。ダン・ホワイトは、その後自殺した。

これはすべて、トゥインキーのせいなのか？

まったくそのとおりとは言えないが、その側面はある。実際、裁判ではトゥインキー自体は持ち出されておらず、「トゥインキー抗弁」というフレーズはマスコミが勝手に作ったものにすぎない。しかしジャンクフードに関しては、確かに裁判で持ち出されている。弁護団が主張するように、ホワイトはジャンクフードを食べていたがゆえに、理性を失ったのだろうか？　この主張は、裁判後急速に世間に知れ渡った。ホワイトナイトの暴動が起こった夜、パトカーに今まさに火をつけようとしていた暴動参加者は、レポーターのインタビューに対し「やつはトゥインキーを食い過ぎたんだと書いておいてくれ」と答えている[*52]。

ホワイトの行動が、ジャンクフードに影響されていたかどうかはよくわからない。また、たとえ実際にそれが殺人に寄与していたとしても、それを言い訳にすることには当惑を感じざるを得ない。それはホワイトにも、パトカーに火をつけた暴動参加者にも当てはまる。だが、この件において、攻撃性という点で何らかのメカニズムが働いていたのなら、第一候補にあげられるのは、精製炭水化物だ。少年犯罪者を収容する施設で行なわれたいくつかの研究では、糖分を減らすことを目的としたメニュー変更によって、反社会的行動の頻度が低下したと報告されている。それらのうちのいくつかは注目に値する。たとえば、賛否両論ある初期の研究（一二～一八歳の非行少年を対象に行なわれた二年間の二重盲検対象試験〔医学などの実験で、対象となる薬や治療法などの性質を、実験者からも被験者からもわからないように行なう方法〕では、精製炭水化物の摂取量を減らすようメニューを変更したあと、規律違反が四八パーセント低下した[*53]。ラットを用いた実験では、低血糖と攻撃性のあいだに因果関係があることが示されている[*54]。

さらなる暴力のレシピを探すために、次にペルーのクオラ・インディアンを取り上げよう。クオラ・インディアンの社会では、争いが絶えず、殺人発生率が非常に高い。ときに「おそらく地球上でもっとも卑劣で不快な民族」などというひどい言い方もされる[*55]。クオラを調査したある人類学者は、彼らの示す攻撃的な行動の多くには妥当な理由が見つからないと報告している[*56]。また、クオラは飢餓状態に置かれていることが多く、糖分を渇望すると記している。彼らの不合理な攻撃性は、反応性低血糖症によるものなのか？　クオラ・インディアンを対象に行なわれた、低血糖に対する資質を評価するブドウ糖負荷試験によって、低血糖と、身体的、言語的攻撃性の関係が確認されている[*57]。明確な理由がないにもかかわらず、いらいらや怒りを感じたときには、糖分のレベルを回復するために、栄養価の高いものを食べたほうがよい。ただしトゥインキーはやめておこう。

ヘルシンキ大学（フィンランド）の精神分析医マティ・ヴィルクネンは、いくつかの重要な研究によって、低血糖説に適合する代謝の異常を、暴力犯罪者に繰り返し検知している。一連の初期の研究で彼は、暴力犯罪者が低血糖症になりやすいこと、また、攻撃的なサイコパスに、低血糖を説明し得るインシュリンの増大が見られることを報告している[*58]。別のグループの暴力的なフィンランド人を対象に行なわれた最近の研究では、糖代謝とグルカゴンと呼ばれるホルモンのレベルの低下が発見され[*59]、さらには、グルコースとグルカゴンのレベルの低さによって、どの暴力犯罪者が八年後に再度暴力犯罪に及ぶかが予測できた（これら二つの測定基準により、将来の再犯の二七パーセントを説明した）[*60]。

マティ・ヴィルクネンらが正しいのなら、ジャンクフード、低血糖症、糖代謝の低下は、いかにしてその人を暴力や犯罪に導くのか？　それは次のようなメカニズムによってだ。精製炭水化物を高い割合で含む、白パンや白米などの食物は、血糖レベルの極端な変動を引き起こす。そのような食物は、全粒穀物から糠《ぬか》、胚、種々の栄養素、繊維質が除去されている。そして、繊維質が除去されているために、内臓はそれらの食物を素早く吸収する。そのため、血中のブドウ糖の量が急激に上昇し、インシュリンの過剰な分泌を促す。インシュリンの役割は、余剰エネルギーを未来の使用のために蓄えられるよう、過剰なブドウ糖をグリコーゲンに変換することだ。しかし、インシュリンの過剰な分泌は、血液循環から利用可能なブドウ糖を大量に除去する。効率的に機能するためには一分間に少なくとも八〇ミリグラムのブドウ糖を必要とする脳にとって、この現象は都合が悪い。このレベルを下回ると、その人は、不安やいらいらを次第に感じ始める。これらのネガティブな気分が複合し、募ると、やがて攻撃性の全面的な発露を引き起こし得る。それを考慮すれば、実験的に血糖値を下げると、挑発されなくても怒りを感じるようになったと被験者が報告していることには、何ら驚きはない[*61]。

しかし、真に衝撃的なのは、ウェールズにあるカーディフ大学のステファニー・ヴァン・グーゼンらによって、一九七〇年生まれのイギリス人乳児一万七四一五人を対象に行なわれた研究である[*62]。グーゼンは、彼らが一〇歳になったとき、どれくらい頻繁に甘いもの《スイーツ》を食べているかを尋ねた。そして、毎日スイーツを食べている子どもは、三四歳になるまでに暴力的になる可能性が三倍になることを発見した。彼女たちは数多くの要因を統計的にコントロールしているが、結果は有意なものとして残った。

この関係が因果的であるのなら、そのメカニズムはいかなるものなのか？ その可能性として、反応性低血糖症が推測される。一〇歳の頃にキャンディを思う存分食べていた子どもは、食生活も不健全であったことが考えられる。高エネルギーの精製炭水化物を大量に摂取し、血糖値が急激に上昇するような食生活を続けていたはずだ。その反動で、血糖値が下がり〔前々段落の説明参照〕、いらいらの症状が現れ、学校で誰かの顔にパンチを見舞う、あるいは大人になってからは、ビールグラスを割って凶器にするなどの行為に及ぶ。ということで、子どもにはあまりキャンディを食べさせないようにしよう。

重金属は重犯罪者を生む

しかし、体内に入り、脳を損ない、暴力を振るわせるという点では、スイーツよりも強力なものがある。暴力を引き起こすカクテルの成分の一つとして、本節で取り上げるのは重金属だ。そのおもなものを紹介しよう。

○致命的な鉛

第3、5章で、暴力犯罪者においては、脳、とりわけ前頭前皮質の構造と機能が損なわれていることを述べた。そして、これらの脳の障害によって、暴力を形作る二次的な効果が、情動、認知、行動の面で作用するという仮説を提起した。脳の構造的、機能的な障害をもたらす重金属の第一候補は、鉛だ。

そもそも鉛は神経毒である。つまりニューロンを破壊し、中枢神経系にダメージを与える。鉛の神経毒としての効果は何千年も前から知られており、それを緩和する努力は最近始まったものではない。鉛は、私がイギリスに住んでいた頃好きだった飲み物、リンゴ酒《サイダー》にも関係する。一七～八世紀には、デヴォン疝痛《せんつう》と呼ばれる、とりわけイングランド南西部に住む人々を苦しめた神経性の病気がはやっていた。当時のデヴォン地域〔イングランド南西部の地域で、コーンウォール半島中部に位置する〕ではリンゴが盛んに栽培されており、リンゴ酒は主要飲料と言ってよいほどよく飲まれていた。そのため、酸性のリンゴ果汁によって疝痛が引き起こされると考えられていたが、一八世紀後半に、ジョージ・ベイカーという医師が、リンゴ圧搾器に含まれる鉛をその原因として特定した。それから数十年のあいだに圧搾器から鉛が除去されると、デヴォン疝痛は奇跡的に減少し、ベイカーの説の正しさが証明された。

鉛の神経毒としての効果は、職場でこの金属にさらされている労働者を対象に実施された、いくつかの脳画像研究によって示されている。鉛化学工場で働く五三二人の成人男子の脳をスキャンした研究では[*63]、骨への鉛の蓄積レベルにはかなりのばらつきが見られたが、平均値は安全レベルのぎりぎり上限であった[*64]。骨に高レベルの鉛の蓄積が見られる労働者は、脳のさまざまな領域の体積が減少していた。なおこの研究では、年齢、教育レベルなどの交絡因子は統計的にコントロールされている。とりわけ前頭前皮質の体積に減少が見られたのは、この脳領域が暴力に関係することを考慮すると非常に興味深い[*65]。ちなみに、この鉛の効果は、五年分の脳の老化に匹敵する。

鉛化学工場で働く人々はそうであったとしても、低から中レベルの鉛を血中に含有するにすぎない私たち一般人はどうなのか？　この問いには、シンシナティの一五七人の住民を対象に行なわれた研究が答えてくれる。この研究の被験者はすでに、生後六か月から六歳半にかけて合計二三回、血中鉛レベルを測定していた[*66]。この「前向き調査」〔因果関係を調査するため、ある時点でいくつかのグループを設定し、その後追跡調査を行ない結果を比較する研究方法〕でも、鉛レベルの高い被験者は、脳の体積が減少していた。最大の影響を受けた脳領域の一つは、脳前面の外側下部に位置する腹外側前頭前皮質で、反社会的、精神病質的な人は、この領域が損なわれている。この研究に参加した一般住民の六歳の時点での血中鉛レベルの平均値は高かったが、アメリカ疾病予防管理センター（CDC）の定義する基準では、それでも「安全」とされる範囲に収まっていた。ならば、「安全な」レベルとされる鉛にさらされた人にも、脳の障害を引き起こす危険性があるということだ。また、この研究は、六歳以前における鉛への曝露が、二三歳の時点での脳の構造にどのような影響を及ぼすかを調査する前向き研究であり、その点で因果関係を見極めるのに役立つ[*67]。

これらの研究によって、脳に対する鉛の悪影響がはっきりとわかる。さらに注目すべきことに、暴力犯罪者においてもっとも損なわれていることの多い脳の領域、前頭前皮質は、とりわけ鉛への曝露によって悪影響を受けやすい。さて、次に問われるべきは、鉛レベルが高い人はより反社会的なのかどうかである。

この分野における画期的な研究は、ピッツバーグ大学のハーバート・ニードルマンの手になるものだ。彼の発見によれば、鉛レベルが高い少年は、教師の評価による非行、攻撃的行動のスコア、および自己評価による非行のスコアが高い。この研究はとても印象的で、強い影響力を持つ。同様な関係は、数か国で実施された少なくとも六つの研究でも確認されている[*68]。ハムスターを使った実験では、発育中の鉛への曝露によって攻撃的行動が増大することが報告されており、因果的な結びつきが示されている[*69]。

このように、環境中の鉛への曝露は、非行少年の反社会的、攻撃的行動の危険因子として作用する。ならば、成人犯罪についてはどうだろう？　この結びつきは、どれほど早い時期に生じるのか？　これらの問いに対する答えは、アフリカ系アメリカ人の妊婦を対象に行なわれた、手堅い手法を用いた研究によって示されている[*70]。胎児期、および出生後における鉛レベルの高さは、二〇代前半の成人犯罪や暴力を劇的に予測する。胎児期における血中の鉛の量が五マイクログラム増えるごとに、逮捕の可能性は四〇パーセント上昇する[*71]。誕生から五歳までにかけての五マイクログラムの上昇は、CDCによる定義では「安全」の範囲内にあることを考えると、この研究によって、「安全」だと見なされている中程度の鉛への曝露でも、実質的な危険がともなうことがわかる。

この研究によれば、胎児期と出生後の鉛レベルはいずれも、成人犯罪を予測する重要な指標になる。また、血中鉛レベルは、子どもがもっとも鉛にさらされやすい生後二一か月の時点で最高値を示す[*72]。なぜか？　よちよち歩きの赤ん坊は、しょっちゅう指を口に咥えようとする。また、その指を庭の泥に突っ込んだりする。鉛は環境に放出された後、長期にわたって滞留し、土壌に何年も留まる。ガソリンが無鉛化された現在でも、過去に排出された鉛は土壌に残存しており、幹線道路や高速道路沿いの地域には特にそれが当てはまる。

小児期後期における血中の鉛濃度の高さは、さらに重要である。ユーゴスラビアで、セルビア人とクロアチア人の大規模な民族紛争が続くさなかの一九九二年、研究のために妊婦が募集された[*73]。被験者は鉛製錬所の近くにある二つの町から募った。この研究では、子どもの三歳の時点での血中鉛レベルは、胎児期の測定値に比べ、破壊的な行動と強く結びつくことがわかった。また、類似の結果は、七歳の時点における血中鉛レベルと、その年齢での反社会的、攻撃的行動のあいだに相関関係を見出した、アメリカでの研究でも得られている。しかし二歳の時点ではそのような関係は見られなかった[*74]。これらの研究からもわかるように、鉛への曝露は、生後二一か月を超えても悪影響を及ぼす。

鉛の影響の研究は、新たな視点をもたらした。犯罪学者が抱えていた謎の一つに、暴力発生件数の恒常的な上昇が、彼らの予想に反して一九九三年に下降に転じたという現象がある。たとえばニューヨークでは、暴力犯罪が七年のあいだに七五パーセント減少した。数々の社会政治的な説明が提出されたが、いずれも、数十年のあいだに犯罪が上昇し、そして下降した理由をうまく説明できなかった。神経犯罪学の批判者は、「時と場所をまたがる暴力の差を、生物学が解明できないのは当然だ。生物学的なメカニズムは固定している。暴力犯罪発生率の変動という世の傾向を説明できるはずはない」と論じていた。

だが、説明できるのだ。しかも劇的に。環境関係の無名の雑誌に掲載された論文で、リック・ネヴィンは、一九四一年から八六年にかけてのアメリカにおける環境中の鉛レベルと、二三年後の犯罪発生率のあいだに非常に強い相関関係が認められると報告した［＊75］。つまりこういうことだ。体内に鉛を取り込みやすい年齢の子どもが、実際に鉛レベルが高い環境で成長すると、二三年後には成人犯罪者になる。ところで、鉛レベルは一九五〇年代から七〇年代にかけて上昇している。そのため、それに呼応して七〇年代から九〇年代にかけて、暴力犯罪も増加した。しかし、七〇年代後半から八〇年代前半に鉛レベルが低下すると、それにつれて一九九〇年代から二一世紀の最初の一〇年のあいだに、暴力犯罪も減少した。鉛レベルの変化は、暴力犯罪件数における分散の実に九一パーセントを説明する。これは非常に強い関係だ。

ネヴィンはまったく同じ関係を、イギリス、カナダ、フランス、オーストラリア、フィンランド、イタリア、西ドイツ、そしてニュージーランドにも見出している［＊76］。つまりこの関係は、文化の相違を超えて認められる。また、鉛レベルが急速に低下した州では、のちに犯罪もそれだけ急激に減少した［＊77］。この関係は、一都市内でも確認されている［＊78］。すなわち世界、国、州、都市いずれの単位でも、鉛レベルと、のちの犯罪件数の関係を表すグラフの曲線は、ほぼ正確に一致したということだ。

犯罪学者はこれらの発見をまったく無視してきたと、政治評論家のケヴィン・ドラムは言う。彼は何人かの犯罪学の専門家に連絡をとったが、彼らは何の関心も示さなかった［＊79］。なぜか？ 私の推測では、暴力発生率の上昇と下降の原因が、政策や銃規制やクラックブーム〔アメリカでクラック・コカインの使用率が急激に高まった一九八四年〜九〇年代初頭までの期間〕ではなく、部分的にせよ脳の機能に帰せられることをひとたび認めれば、それは生物学的理論を認める結果になるからだ。現時点ではまだ、これは多くの社会科学者にとって受け入れがたいのである。

◯残酷なカドミウム

一九八四年七月一八日午後三時四〇分、サンディエゴ近郊に位置するサン・イシドロの郵便局に隣接するマクドナルドに、口径九ミリのウージー短機関銃を持った中年の男が乱入し、店内の客に向けて二五七発の弾丸を浴びせた。ジェームズ・オリバー・ヒューバティはこうして二一人を殺害し、一九人を負傷させた[*80]。犠牲者は、生後七か月の乳児から七四歳の高齢者に至る。

ヒューバティは、なぜそのような行動に及んだのか？　その原因の候補の一つはカドミウムだ。隣接する郵便局の屋根に陣取ったSWATチームの狙撃手によって射殺されたヒューバティの髪の分析によって、驚くべき事実が判明した。分析を担当した化学技師ウィリアム・ウォルシュは、「これほど高レベルのカドミウムの蓄積は、人間には見たことがない」と述べた[*81]。さらに鉛のレベルも高く、要するにダブルパンチを食らっていたということだ。ヒューバティの身体に複数の金属が蓄積していた理由は、謎ではない。彼は、数年間ユニオンメタル社で溶接工として働いていたのだ。会社を辞めた理由は、退職時の面接での自身の弁によれば、「煙で気が狂いそうになる」だった[*82]。

このように、カドミウムは殺人者を生むことがある。それは、ヒューバティのような人物にも、アメリカ国内にも限られない。アメリカの暴力犯罪者から採取した髪のサンプルは、非暴力犯罪者より多量のカドミウムを含んでいた[*83, 84, 85, 86]。またこの傾向は、問題行動の多い小学生にも認められる[*87]。また、カドミウムの最大生産国である中国の児童にも当てはまる。広東省韶関《しょうかん》市の大宝山鉱山では、複数の金属が採掘されているが、鉱石をろ過した汚水が川に流され、大量の重金属を含有する水が地元の村に流れ込んでいる。その結果、その地域で収穫された穀物は、推奨レベルの一・六倍のカドミウムを含む。鉱山の下流に住む児童を調査したところ、髪のカドミウムのレベルは、彼らの攻撃的な行動や非行の変動の一三パーセントを説明することがわかった[*88]。このようにカドミウムは、暴力の原因の解明に用い得る生物学的なカギの一本なのである。

鉱山付近の住民のカドミウムに対する曝露の状況はわかったとして、それ以外の人々はどうなのか？　特に驚くべきことではないが、カドミウムは致死性の有害物質であり、欧州連合では電化製品での使用は禁じられている。しかしアメリカでは、およそ七五パーセントのカドミウムは、一般家庭に転がっているニッケル・カドミウム電池に使われている。確かにその形態での使用は、非常に危険だとは言えない。だが、カドミウムを含む製品はほとんどリサイクルの対象にならないため、カドミウムはゴミ捨て場や化石燃料から環境に漏えいしている。

カドミウムの影響をもっとも受けやすいのは喫煙者だ。彼らはタバコに含まれるカドミウムのおよそ一〇パーセントを吸い込む。そしてそれは肺から血流に入る[*89]。かくして喫煙者は、非喫煙者の五倍のレベルのカドミウムを体内に取り込む[*90]。しかし非喫煙者も安心してはいられない。というのも、カドミウム摂取の九八パーセントは、動物の臓物やシリアルなどの食品に由来するものだからだ[*91]。それに対し、本章の前半で暴力の低さとの関連について論じた海産物は、一パーセントを占めるにすぎない[*92]。

しかし事態はもう少し複雑で、身体に作用するカドミウムの量は他の要因にも依存する。鉄分は、腸におけるカドミウムの吸収を妨げる[*93]。ベジタリアンの女性は鉄分のレベルが低いため、カドミウムを吸収する機会が増える。さらに喫煙の習慣があれば、カドミウムの摂取量は劇的に増える。これは、鉄分のレベルの低さが暴力に結びつく理由の一つになる。つまり、鉄分レベルの低い人は、カドミウムの悪影響を脳に受けやすい。

○マンガンの狂気

エヴェレット・〝レッド〟・ホッジスは、何に関してでも他人を説得できるほどのウイットと弁舌の才を持つカリスマの一人だ。彼の息子たちは犯罪者であり、その犠牲者でもある。息子の一人は、無数のトラブルを引き起こしてきた非行少年で、もう一人は駐車場で暴漢にひどく殴られ脳を損傷した。レッドはインタビューに答えて、「息子は殺される寸前だった。私には〔そのような子どもを持つ〕家族の苦悩がよくわかる。それは金に換えられるものではない」と述べている[*94]。

レッドは、刑事司法制度が暴力の神経生物学にもっとうまく対処していれば、彼の息子や、その他大勢の人々が暴力の犠牲にならずに済んだと考えている。そして多くの家族は、苦悩を抱えずに済んだはずだと。

レッドはとりわけ、ある金属をやり玉にあげる。マンガンだ。カリフォルニア州ベーカーズフィールドの油田で一財産築いたレッド・ホッジスは、自分の仮説の検証に何百万ドルもつぎ込む。カリフォルニア大学アーヴァイン校のルイス・ゴットシャルクは、レッドと共同で、暴力犯罪者の三つのグループにおける髪のマンガンレベルが、対照群に比べ高いことを明らかにした[*95]。また、ダートマス大学のロジャー・マスターズによれば、種々の社会・経済的な交絡因子を統計的にコントロールしても、大気中のマンガンレベルが高いアメリカの地域では、暴力犯罪発生率が高い[*96]。

しかし、マンガン論争は政治的にやっかいな問題でもあり、誰が正しいかは判然としない。「証拠はバラバラで、そもそも相関関係を示した研究から、そう簡単に因果関係を導けるものではない」と言う批判者がいるのも、もっともなところだ[*97]。そこで有用なのは、歯を対象にした経年研究である。第一大臼歯の先端は、胎児の脳が急速に発達する妊娠期間中の、マンガンに対する曝露の度合いを調査するための材料になる。この方法を用いた研究によれば、胎児期にマンガンレベルが高かった子どもには、さまざまな基準に照らして、自制を欠いた種々の反社会的行動が見られる[*98]。

胎児期に過剰なマンガンにさらされる理由は何だろうか？　鉄分（レベルが低いと反社会的行動に結びつき得るミクロ栄養素）の欠乏は、マンガンの吸収を促進する。鉄分レベルの低い女性は、高い女性の四倍に及ぶマンガンを吸収する[*99]。出生直後に摂取しやすいマンガンの源泉は、大豆を原料とする乳児用調製粉乳であり、それには母乳の八〇倍の量のマンガンが含有される。母乳で育てられた子どものIQの高さと、人工乳で育てられた子どものIQの低さは、マンガンへの曝露の度合いが高いことと関係するのかもしれない。それはこういうことだ。マンガンの排出は肝臓によってコントロールされる。乳児の肝臓は未発達なため、マンガンを排出する能力が低い。かくして過度のマンガン摂取によって、脳の機能の低下、ひいてはIQの低さが引き起こされる。

マンガンによる暴力のレシピが次第に見え始めてきたであろう。妊婦には鉄分が不足する傾向がある。それによって胎児はマンガンにさらされやすくなる。子どもが誕生すると、乳児にはとても処理しきれない量のマンガンが、大豆を原料とする人工乳によって与えられる。その結果は？　脳へのさらなる一撃だ。子どものマンガンレベルの高さは、認知のスピード、短期記憶、手先の器用さを損ない得る[*100]。先に見たように、これらの神経認知の機能不全は、その子どもを暴力に走らせやすくする。また、マンガンはセロトニンを減少させるが、この神経伝達物質のレベルが低いと、その人は衝動的な暴力を振るいやすくなる。

　このように考えると、チリ、イギリス、エジプト、ポーランド、ブラジル、アメリカ、イギリスのスコットランド地方、カナダなど世界各地で、マンガンにさらされている労働者を対象に行なわれた一五の研究が、例外なく攻撃性、敵意、いらいら、情動障害などの気分の変調を報告していることは、さして驚きではない[*101]。チリで使われている用語 *locura manganica* は、「マンガンの狂気」を意味し、暴力、気分障害、不合理な行動を指す。これはまさに、ジェームズ・ヒューバティが退職の理由とした、カドミウムのもたらす狂気と同種のものだ。

　また、マンガンにさらされた労働者が示す攻撃的な行動は、脳障害の結果生じる、情動の調整能力の欠如と衝動性のために、突発的で何の利益もない「愚かな」犯罪に発展し得る[*102]。知性の低さは、これまで何度も実証されてきた暴力犯罪の危険因子であり、それはマンガンの過剰摂取によっても生み出される。

話を水銀に移そう。水銀にもマンガンと同じ暴力形成のパターンが見られそうに思えるかもしれないが、そうではない。水銀は謎に満ちている。すべての重金属のなかでも、この金属に関しては、暴力に関与しているかいないかが不明確なのである。この事実は驚きであるとともに啓発的だ。水銀は、脳やその他の人体の組織に有害で、人工的に排出される水銀の半分は、石炭火力発電所に由来する。他の出所には歯科用アマルガムがあり、食物を通しての体内への取り込みという点では、魚も大きく関与すると言われている。

しかし有毒であるにもかかわらず、私の知る限り、反社会的、あるいは暴力的な人に高レベルの水銀を検出した説得力のある研究は存在しない。一般集団を対象に、水銀のレベルと認知能力の関係を調査した研究がほとんどないのも驚きである。血中の水銀レベルと、認知や行動に関する機能の関係を調査する主要な前向き研究が二つあるが、結果は相反する[*103]。スコットランドとアイスランドの中間に位置するフェロー諸島で行なわれた研究では、高レベルの水銀は、認知機能の低下に関連づけられると報告された[*104]。モーリシャスの近くに位置する、インド洋に浮かぶ国セーシェルで実施されたもう一つの研究では、水銀と認知や行動のあいだに相関関係は見出されていない[*105]。研究者たちはこの齟齬の説明に苦慮しており、差異の原因を「文化」に求めている[*106]。

しかし、見かけは無関係に思われるいくつかの事実を考え合わせると、これらの別の場所で行なわれた調査のあいだに矛盾があることは理解できる。人は水銀を何から吸収するのだろうか？ 考えられるのは、食物連鎖の上位に位置する魚、とりわけ妊婦が食べてはならないもののリストに含まれるサメ、メカジキ、大型のサバなどの魚類の摂取によってである。加えて、フェロー諸島のとりわけ首都以外では、ゴンドウクジラを大量に食べる。ゴンドウクジラの肉がどうしたというのか？　ゴンドウクジラは、食物連鎖の最上位を占め、水銀を多量に蓄積するばかりでなく、セレニウムのレベルが低い。

セレニウムとは何か？　この鉱物は、脳を「酸化ストレス」から保護する。酸化ストレスとは、脳細胞が酸素を過剰に取り込んで、DNAや細胞膜を損傷するフリーラジカルを生成し、ひいては細胞の死をもたらすプロセスを言う。セレニウムは、この損傷から脳を守るだけではなく、水銀と結合する。磁石のごとく水銀に取りついて、それが脳組織に結びつかないようにし、脳の機能と認知の低下を防ぐのだ。

考えてみれば、魚は、海底から浸出してくる水銀を平気で蓄積する。また、多くの魚種はセレニウムに満ちている。相反する結果が得られた二つの研究に話を戻すと、フェロー諸島における高水銀と低セレニウムをもたらす食習慣は、認知と行動の機能の低下を招く。だがセーシェルでも、妊婦は一週間に一二尾の魚を食べ、水銀にさらされている。これは、アメリカ女性の一二倍の消費量に相当し、非常に多い。では、セーシェルとフェロー諸島の違いは何かというと、前者では、セレニウムレベルの低いゴンドウクジラは食べず、水銀の吸収とそれによる認知の低下を緩和するセレニウムに富んだ魚を食べる。このように、彼らが食べている魚は、水銀の負の効果を抑えると同時に、健康によいオメガ3を多量に供給する。オメガ3については、暴力に対処するための介入方法を検討する、のちの章で再度取り上げる。

精神疾患は卑劣さを生む

暴力の原因を考えるにあたって、環境および身体の健康という文脈のもとで、生物学が作用していることをここまで見てきた。そして重金属には、脳に悪影響を及ぼして、暴力的な素質を形成するものもあることがわかった。だが、健康は多面的な現象であり、暴力の形成には、食物や環境毒素以外の作用も働く。メンタルヘルスも忘れないようにしよう。生物学的な障害は人を狂気に駆り立て、狂気は人を卑劣にする。それは男性も女性も同様であり、もしかすると男性より女性にうまく当てはまるかもしれない。精神疾患の起源は、私たちの心を混乱させる、遺伝子や神経伝達物質の異常に求められる。そして、私たちがもっとも暴力に訴えやすくなるのは、心がかき乱されたときだ。統合失調症は、それを引き起こすもっとも顕著な精神疾患である。

私はこれまで長らく統合失調症に関心を抱いてきた。というのは、それはある意味で、会計士から犯罪学者に私が鞍替えするきっかけになったからだ。ブリティッシュ・エアウェイズで足し算をしていたから精神病質になったのだと言いたいわけではないが、確かに大勢の客室乗務員の会計を担当していると気が狂いそうになった。それは冗談としても、この臨床障害が私の人生を劇的に変えたのは嘘ではない。見かけは偶然に起こった些細なできごとが、その後の人生を変えたなどという経験は誰にでもあるのではないか？　たまたま買った本が、人生を変えたというたぐいの経験だ（読者にとって本書がそうであることを願っている）。

私の場合、それは一九七三年の初夏、ある土曜日の午前中に起こった。そのとき私は、泣きたくなるくらい退屈しながら、ロンドンのヒースロー空港で働いていた。会計士になったことを後悔して、何か月も落ち込んだままだったのだ。どうしてこんなことになったのだろう？ 食後のデザートの時間に、シナモンアップルパイとアイスクリームを食べながら読もうと、当時住んでいたハウンズローの自宅近くにあった書店で本を物色していたとき、とある本が目に留まった。それは、『狂気と家族』と題された、R・D・レイン〔イギリスの精神科医。彼の理論は一九六〇～八〇年代にかけて流行した。本書の著者とは無関係〕とアロン・エスターソンの著書だ[*107]。R・D・レインが行なった、統合失調症患者を対象とする一一の魅惑的なケーススタディは、「統合失調症は脳の障害だ」とする当時の主流医学モデルに挑戦するものだった。それに対し彼の主張は、「統合失調症は、家族内の欠陥のある関係に由来する環境的要因に基づく」であった。統合失調症患者は常軌を逸した奇怪な妄想を抱いているが、彼らの狂気は、家族という文脈を考慮すれば必ずや理解できる。そう彼は考えたのだ。

それを読んだ私は啓示を得た。すべてを理解したように思えた。だから私はこんな変人になってしまったのだ。あのおかしな両親のせいで！ まさしくそれは、自分自身をもっとよく理解し、精神分析を勉強し（結局心理学を学んだが）、精神障害の生物学的モデルに異議を唱え（今ではまったく逆のことをしているが）、統合失調症患者を手助けするために病院で働こうと（その代わりに四年間刑務所でサイコパスを手助けすることになったが）、私に決心させたものだった。書物はときに、私たちの心構えや人生を変える。ただし予想とは違う方向や、必ずしも正しいとは言えない方向に変える場合もある。

今から考えてみれば、レインとエスターソンの見解も、正しいとは言えない。統合失調症は、母子関係の欠陥によって引き起こされるのではなく、妄想、幻覚、思考障害、情動の欠如、混乱した行動などによって特徴づけられる、脳を基盤とする神経発生的な障害であることが、やがて判明する。世界の人口のおよそ一パーセントに影響を及ぼす統合失調症は、しばしば二〇代前半の女性や、思春期後期の男性を襲う。男性の統合失調症のおよそ四〇パーセントは一九歳までに発症する。思春期後期は男性の暴力が最高潮に達する時期であることを考え合わせると、この事実は注目に値する[*108]。

さらに注目すべきことに、統合失調症に関連する生物学的要因を調査すると、これまで検討してきた暴力の危険因子と同じものが数多く見つかる。前頭葉の機能不全、神経認知的な障害、胎児の発育不良、出産時の合併症などの要因は、注意の必要な刺激に対する脳の反応を鈍らせ、異常を引き起こす。確かに犯罪と統合失調症は異なる。臨床家にとってそれらはまったく異なるものであり、安静時心拍数の低さのように、犯罪には関係しても、統合失調症には無関係な危険因子もある[*109]。しかし特定の因果レベルでは、ある程度の共通基盤は存在する。

この共通基盤は、暴力と統合失調症の関係を調査すればはっきりする。各国で実施された大規模な疫学研究によって、正常対照群に比べ統合失調症患者には、暴力や犯罪行動の履歴を持つ者が多いことが示されている。また逆の視点から言えば、非行少年や犯罪者には、一般集団に比べ、精神障害を持つ者が多い。暴力と統合失調症のこの関係は、弱くはない。もしあなたが統合失調症の男性なら、同じ社会的背景と結婚歴を持つ健常者の三倍の確率で誰かを殺害する。女性の場合には、その確率は二二倍に達する[*110]。

これらの統計的な数値は驚嘆すべきものだが、その解釈には注意を要する。精神分析医も、患者の家族も、通常この種の調査結果は聞きたくないだろう[*111]。統合失調症を抱える人が、この気の滅入るような病気の重荷に耐えねばならないうえに、暴力的人間のレッテルを貼られるなら、それはあまりにも残酷なことだ。ほとんどの統合失調症患者は危険ではなく、人を殺したり、暴力を振るったりはしない[*112]。しかし厳しい現実を言えば、幼少期や思春期に受けた神経発生的な脳の障害によって、統合失調症患者は成人後、怒りやその他の情動を適切に統制できなくなる[*113]。

統合失調症は神経生物学的な基盤を持つ精神障害であり、また、その患者は健常者より殺人を犯しやすいという点は認めたとしても、それはまれな疾病なのだから、暴力のごく一部しか説明しないはずだと反論する人もいるだろう。確かに一理ある。そこで次に問われるべきは、「一般集団のなかには、発症率は高いが、〈薄められた〉バージョンの統合失調症が蔓延していないか?」だ。

実は、それに該当する、統合失調症型人格障害(schizotypal personality disorder)と呼ばれる臨床的な症候がある[*114]。この障害を持つ人〔以下スキゾタイパルと訳す〕は、統合失調症患者のようにどこにもいない人々の声を聞くのではなく、周囲の騒音を誰かの話し声と聞き違える。これはまれな症状ではなく、私にも経験がある。イタリアのトスカーナ州で開催された会議に参加した際に、ホテルの浴室の洗面台で顔を洗っていると、「ハロー」というかん高い女性の声が聞こえてきた。私はびっくりして振り返り、さらに寝室を覗いてみたが、誰もいなかった。奇妙に思いながら再び顔を洗い始めると、また同じ声が聞こえた。廊下かと思い、部屋のドアを開けてみたが、外には誰もいなかった。薄気味悪く感じながらも、洗面台に戻って蛇口をひねると、かん高い女性の声だと思ったものが、実は蛇口がきしむ音であることに気づいた。そもそも私には、通りを歩いている最中に自分の名前を呼ぶ声が聞こえ、あたりを見渡して確認すると自分の勘違いだとわかったことが、数か月に一回くらいはある。このような症状は、「異常な知覚経験」と呼ばれる。騒音を人の声と、また影を物体や人間と取り違えるのだ。だが、いずれにしても私に問題はない、と思う。

　このたぐいの経験をしているのは私だけだろうか？　そんなことはない。私が一九九一年に作成した、「統合失調症型人格質問票」［*115］と呼ばれる簡単な自己報告質問票に記入すれば、統合失調症型人格を測定できる（そう、心理学者はときに、自分の抱えている問題を研究する）。この質問票には次のような問いが含まれる。「誰かを、あるいは鏡で自分を見たとき、目の前で顔が変形したことがありますか？」ロサンゼルスで、優秀という触れ込みの大学生に答えさせたところ、一八パーセントはこの問いに「イエス」と回答した。「占星術、運勢占い、UFO、ESP、第六感などに興味を持ったことがありますか？」四九パーセントは「イエス」と答えている。「友人とつき合うときでも、用心しなければならないと感じますか？」二一パーセントは「イエス」と回答し、三一パーセントは「自分は奇妙な人間だと誰かに思われている」ことを認めた。臨床面接で合計スコアが上位一〇パーセントを占めた大学生を研究室に呼んで詳細に調査したところ、このグループの五五パーセントは、統合失調症型人格障害の診断基準に当てはまることがわかった。これは全学生の五・五パーセントに相当し、統合失調症の基準率一パーセントよりはるかに高い。

　そもそもロサンゼルスは、全国から頭のおかしな連中が集まってくる変人の巣窟だから、少々おかしくても難なく暮らしていけるのだろうと思う人もいるだろう。西海岸に対するこのお決まりの見方には、一抹の真理が含まれる。だが同時に、精神病の現れには段階がある。それにはグレーゾーンが存在し、全体からすると少数とはいえ、それでもかなりの人が、統合失調症に類似する症状を呈する。

では、これらの人々は、暴力や反社会的行動に走りやすいのか？　その答えは「イエス」である。大学生であろうが一般人であろうが、「統合失調症型人格質問票」で高いスコアを得た人は、自己評価による暴力と犯罪のスコアも高い[*116]。他の研究者も、統合失調症患者に同様な傾向を見出している。まったくの統合失調症患者と、スキゾタイパル、およびその他の精神病者を合わせると、犯罪や暴力に走る素質を持った、小規模ながらかなりの人数で構成されるグループを形成し得る。

統合失調症を持つ人は、そうでない人に比べてなぜ殺人を犯しやすいのか？　一つの答えは、統合失調症の一般的な徴候の一つである妄想《パラノイア》に求められる。妄想型統合失調症患者は他人の意図を過剰に疑い、誰かに襲われるのではないかと恐れている。そのような人は自分を守るために、「やられる前にやってしまえ」と考える。また、誇大妄想を抱く統合失調症患者もおり、彼らは他人を支配してコントロールする力や、人々の生活を支配する宗教的な権力が自分に備わっているという感覚を持つ。さらには、自分を、「世界を罪と堕落から救う救世主」と考える者もいる。その実現方法の一つは、たとえばピーター・サトクリフのように、できるだけ大勢の売春婦を殺すことだ。

また、スキゾタイパルとサイコパスのあいだには、共通の特徴がいくつか見受けられる。内気で引っ込み思案の前者、でしゃばりで自信に満ちた後者などというように、表面上は両者間には大きな違いがあるかのように見える。しかし関連する面もある。スキゾタイパルは、感情の抑圧のために情動が鈍化し、減退している。この情動の鈍化は、多くの研究でサイコパスに繰り返し見出されている。彼らは、私たちと同じようには情動を経験していないのだ。さらに言えば、スキゾタイパルには家族以外に親しい友人がいないが、サイコパスも、深く意味のある社会関係を結ぶ能力を欠き、つかの間の表面的な人間関係しか結べない。

これらの表面的な類似は、統合失調症患者がより暴力的である理由の一部を説明する。情動の鈍化と社会関係の欠如が、サイコパスを暴力に走らせるのと同様、統合失調症患者もそれらの要因によって暴力を振るうに至る。暴力犯罪者には、統合失調症の徴候を示す者もいるという事実は、次のことを考えてみればよくわかる。連続殺人犯や殺人者には、極端に奇怪で異常な態度や行動を示す者や、「やられる前にやらねばならなかった」などといった妄想に基づく正当化をする者、あるいは世界や人間に関して奇妙な信念を持つ者が多い。狂気を抱いた殺人者はまれではない。小包爆弾魔セオドア・カジンスキーや、売春婦殺しピーター・サトクリフを思い出してみればよい。犯罪は、ときに統合失調症に関係する。

統合失調症患者が暴力を振るいやすい理由をさらに深く分析すると、それには脳が関わっていることがわかる。一九七〇年代にCTスキャンを用いた脳画像研究が始まって以来、統合失調症患者の脳室（脳の奥深くにある液体で満たされた空間）の肥大が知られていた。これは脳の萎縮に起因するものと考えられる。その後何千もの脳画像研究によって、統合失調症患者とスキゾタイパルの両方に関して、脳のさまざまな領域、とりわけ前頭葉と側頭葉に、構造的、機能的障害が確認されてきた[*117]。それは特に、暴力犯罪者によく当てはまる[*118]。また前述のとおり、統合失調症を抱える殺人犯は、これらの脳領域に構造的障害を持つ可能性が高い。これらを考え合わせると、統合失調症患者が暴力的である理由には、攻撃性を調節する脳領域の構造的障害、さらには情動を生む大脳辺縁系の混乱などがある[*119]。

要するに、統合失調症患者のなかには、情動の調節能力が欠如し、一瞬の激情に駆られる者がいるということだ。事態はときに自分の手に負えなくなる。彼らは、冷酷な心で綿密に攻撃や殺人を計画するというより、前頭前野の機能不全と無秩序な行動によって、挑発に衝動的に応じ、反応的な形態の攻撃性が爆発すると見たほうが正しい。実際、統合失調症を患う者には、赤の他人より家族のメンバーを殺害する傾向が見られる。誰もが知るように、家庭とは、何気なく言った言葉が、始末に負えないほど激しい争いに発展する可能性のある、危険な場所たり得る。そこに偏執と妄想が加われば、小さな火花が飛ぶだけで、大火事になる。

子どもに関して言えば、火花は学校で飛び散るかもしれない。私は、香港城市大学のアニス・ファンとベス・ラムと共同で、子ども版の統合失調症型人格質問票のスコアが高い子どもが、反応的攻撃性も高いことを発見した[*120]。学校児童三六〇八人を対象とするこの研究は、この関係が虐待によって媒介、言い換えると説明されることを示す。スキゾタイパルの子どもは、内気で風変わりで他の子どもとは違うためにいじめの対象になり、ゆえに怒りに駆られて攻撃的に反応するのである。

暴力に至る導火線に点火する火花は、必ずしも身体的なものとは限らず、観念的なものでもあり得る。第4章で取り上げたセオドア・カジンスキーの犯行は、産業化や、社会に対する科学の支配だと彼が見なすものへの反応であった。社会の拒絶や絶望感によって殺人を犯す者もいる。サーストン高校から放校処分を受けたその日に両親を殺害し、学校で乱射事件を起こしたキップ・キンケルの行動は、それによって説明できるかもしれない。アダム・ランザは、社会的な孤立のために母親とサンディフック小学校の児童を射殺したのだろうか？

このように心の病が暴力の危険因子になり得る理由の一つは、それが人を暴力に至らしめ得る脳の機能不全を反映するものだからである。私たちは、暴力犯罪者にメンタルヘルスの障害を示す証拠を何度も見てきた。それは何も、見た目にはっきりとわかる精神異常の症状に支配された無秩序な殺人者ばかりでなく、明白な精神病質の徴候を示す連続殺人犯、さらには、抑圧的な形態の統合失調症の症状を持つ、秩序立った連続殺人犯にも見られる。次に、奇怪な信念や行動、妄想、偏執的観念、感情の鈍麻、親しい友人の欠如など、抑圧的な形態の統合失調症型人格障害の種々の症状を呈する殺人者の例を紹介しよう。

レナード・レイクの狂気

レナード・レイクという名を聞いたことがある人はほとんどいないはずだ。彼は少なくとも一二人（最大に見積もって二五人）の男女、および乳児を殺しているが、それでも連続殺人犯のなかでは小物と見なされている。無数の殺人犯がひしめくなかで、彼のような殺人者は一般の注意を引くことがない。しかしレイクの事例は、これまであまり報告されたことのないメンタルヘルス上の問題を浮き彫りにするゆえ、注目されてしかるべきである。

彼は、海兵隊員としてベトナム戦争に参加した後に除隊する際、スキゾイドパーソナリティ障害と診断された。精神療法を受けようにも、統合失調症スペクトラム障害の一つであるこの人格障害に対する有効な介入法は知られていない。レイクは、あらゆる面で奇妙だった。中世伝説、邪教、バイキングなどに惹かれ、ストーブにかけた大きな鍋でヤギの頭を煮込む姿も目撃されている[*121]。

このような奇怪な信念や行動は、スキゾタイパルに見られる特徴であり、私はかつて、カリフォリニア大学ロサンゼルス校で開催された臨床医学の会議で、ヤギと寝たがった患者の話を聞いたことがある。レイクの信念や行動の奇怪さも、それに勝るとも劣らない。誇大妄想を抱いていたレイクは、もっとも強く勇敢な人間だけが、やがて来る終末の世を生き延びるとする黙示録的な未来像を描いていた。世界は核戦争によって滅ぶが、彼は若い女性の性奴隷を集めておけば人類を再建できると考えていたのだ[*122]。

統合失調症スペクトラム障害者の信念は、脳のニューロンが誤って発火して生じるのではない。その基盤には社会環境の影響がある。レイクの妄想は、一九六四年に公開されたスタンリー・キューブリックの名作映画『博士の異常な愛情』を思い起こさせる。この映画は、核による軍拡競争の歯止めがきかなくなり、妄想がはびこる世界を描く。「貴重な体液」を搾り取る上水道のフッ素化の背景に共産主義者の陰謀があると思い込んだジャック・リッパー准将は、ロシアに対しB52爆撃機による核攻撃を指令する。ところがロシアは、西側諸国の知らぬあいだに、自国が攻撃された場合には世界を破滅させるようプログラムされた最終兵器を開発していた。アメリカ大統領は、元ナチスの兵器専門家ストレンジラブ博士のアドバイスを受けて、地下深くに避難する計画を立てる。その計画では、大統領、ストレンジラブ博士、高官などの選ばれし者たちは、男たちが世界を再建するために無私の生殖を実行できるよう、繁殖適応度の高さと魅力をもとに選抜された大勢の若い美女たちと暮らすことになっていた。

レイクはこの映画を観て、あるいはそれに似た終末論的なストーリーを聞いて、奇怪な妄想にふけるようになったのだろうか？　それとも彼の暴力的な妄想は、ベトナム戦争時に海兵隊に所属していたため生じたのか？　あるいはそれらの両方か？　確かに彼は、「世界はすぐに攻撃を受け破滅する」「自分の生殖力で世界を再建しなければならない」という妄想を抱いていた。そして、他人の苦痛に無感覚な彼は、その信念に従って行動し始め、認知、情動、行動に関して、統合失調症型人格障害の徴候を示すようになる。

レイクは、カリフォルニア州カラベラス郡の農村地帯に位置するウィルシービルに収容施設を設置し、自分の信念を実行に移す[*123]。放射性降下物から生き残るため、地下壕に武器と食糧を蓄える。また、核戦争後の世界を再建するのに必要だと彼が考える、拘束具、鎖、性具を持ち込む。それからパートナーのチャールズ・ヌグと、ビデオ装置販売、交換の新聞広告を出し、何も知らない男女をおびき寄せる。男性はただちに殺されて持ち物を奪われた。女性は地下壕に閉じ込められ、レイクとヌグに強制されて性奴隷の儀式を実行し、拷問にかけられ、レイプされて命乞いするところをスナッフビデオ〔実際の殺害シーンを写したビデオ〕に撮られた。

スキゾタイパルは、健常者に比べ共感のスコアが低い[*124]。レイクの共感のレベルは、決定的に低かった。彼が犠牲者の一人キャシー・アレンに次のように告げるところが録画されている。「言われたことをしないと、ベッドに縛って頭に弾丸を食らわせてやる。それからおまえの死体を外に埋める[*125]」。しかし事態は、それ以上に悪かった。拷問されレイプされる女性の苦痛に無感覚な彼は、犠牲者の一人ブレンダ・オコナーの手から赤ん坊を取り上げ、彼女の子どもが新たな家族の一員になったと宣言する。自分の子どもにこれから起こることに恐怖を感じ、狂乱状態になった彼女は、子どもを助けられると考えて、スナッフビデオの撮影に同意する。しかし実際には、赤ん坊はすでに切り刻まれて外に埋められており、彼女自身もSM器具でゆっくり拷問され、赤ん坊のあとを追う。

すでに述べたように、スキゾタイパルには家族以外に親しい人がおらず、表面的な仲間はいても、その関係は深く意味あるものではない。レイクの場合には、親しい関係は家族のメンバーにさえ及ばず、金品のために自分の兄弟や、数少ない仲間の一人をも、赤の他人のごとく殺害している。

スキゾタイパルの多くは、強迫性障害の症状を呈する[*126]。レイクも強迫性障害を抱え、一日に何度もシャワーを浴びたり、繰り返し手を洗ったりした。またセックスする前には犠牲者にシャワーを浴びさせた。子どもの頃は、不潔さをまったく受けつけない少年であった。

統合失調症型人格障害のもう一つの症状は奇怪な行動で、レイクは殺害したあと犠牲者を解剖し、ゆでて骨から皮膚をはがした。それから、死体をビニール袋に詰め、地下壕の周囲に掘った浅い墓に埋めている。統合失調症スペクトラム障害を持つ人には自殺の危険があり[*127]、逮捕されたレイクが、襟の折り返しの部分に巧妙に隠していた青酸カリの錠剤を飲んだことに大きな不思議はない。彼はその四日後に死亡した。

レナード・レイクは、ピーター・サトクリフ、ロン・クレイ、ヘンリー・リー・ルーカスのように、幻聴体験を持つ統合失調症患者ではなく、ぼさぼさの髪で通りに立ち、ぶつぶつと独り言をつぶやいていたわけではない。彼の症状は単独では見分けがたいが、全体として見れば明らかに暴力的人間の徴候を呈していた。もちろん、スキゾタイパルは皆が殺人者だと言えるはずはない。また、レイクをモンスターにする要因は他にもあった。とはいえ、現在の刑事司法制度が前提としている以上に、暴力犯罪者にはこの人格障害を抱える者が多いのではないかと私は考えている。症状それ自体はそれほど目立たず、病的にも「異常」にも見えないがゆえに、そのようには考えられていないのである。

二〇一二年一二月にコネチカット州で、アダム・ランザが、自分の母親と、サンディフック小学校の児童および教師二六人を殺害すると予測していた者などはたしているだろうか？　これを書いている（この悲劇が起こった一九日後の）現時点では、彼の精神状態について確かなことは何も言えない。しかし私には、彼は、スキゾイドパーソナリティ障害の七つの症状のうちの少なくとも四つ、すなわち「親しい友人がいない」「一人で行動する」「無感覚」「親密な人間関係や家族の一員たることを望まない」を示しているように思われる。これらの症状は、除隊時にレナード・レイクが受けた診断と同じで、七項目中の四項目の該当は、臨床診断として十分なものだ。加えて、それ以外の三項目、すなわち「ほとんどどんな活動にも喜びを感じない」「称賛や批判に対する無関心」「性体験にほとんど関心がない」にも当てはまる可能性がある。さらにはレイク同様、ランザも、統合失調症型人格障害の特徴である「奇妙な外観、行動」「抑圧された感情」「社交不安」「奇妙な話し方」を示している。

本章で私は、健康への配慮が身体的なものに限られるわけではないことを示すために、多くの精神疾患のなかから特に統合失調症スペクトラム障害を選んだ。精神病、あるいは統合失調症型人格障害などの意識にのぼらない形態の精神疾患は、堅固な神経生物学的基盤を持ち、明らかに暴力や犯罪に結びつく[*128]。

とはいえ、重要な注意事項が二点ある。ほとんどの統合失調症患者は、人を殺しもしなければ、他者にとって危険でもない。したがって、統合失調症やスキゾイドパーソナリティ障害者に、「邪悪で狂っている」という烙印を押さないよう注意せねばならない。しかしそれと同時に、患者が暴力を振るう可能性を減じ、不当な烙印を押されることのないよう、これらの精神疾患への介入を可能にするために、統合失調症患者のあいだでは暴力の発生率が高いという事実を受け入れる必要がある[*129]。注意事項の二点目は、次のようなものだ。暴力を引き起こす強力な危険因子になり得る精神障害は、うつ、双極性障害、ＡＤＨＤ、境界性パーソナリティ障害など、他にも数多くある。またもちろん、アルコールや薬物濫用も、暴力の危険性を高める、メンタルヘルスの主要な障害と見なせる。

本章で検討してきた身体的な危険因子と、メンタルヘルスの危険因子はすべて、暴力の構造の強力な構成要素《コンポーネント》であると、私は考える。のちの章では、これらの構成要素が治癒不可能なものではないことを示す。事実、前二章に引き続き本章では、暴力の生物学的基盤の形成には環境が一役買っていることを見てきた。次章からは、暴力のレシピに関するこの見方をさらに進め、これまで取り上げてきたさまざまな構成要素がいかに結びついて、致命的な結果に至るのかを検討する。

第8章

バイオソーシャルなジグソーパズル

各ピースをつなぎ合わせる

ヘンリー・リー・ルーカスに、チャンスはまったくなかった。ある意味で、彼は生まれたときから不良品だった。彼の父親アンダーソン・ルーカスはアルコール依存症の浮浪者で、鉛筆を売り、密造酒を醸造し、飲んだくれ、貨物列車から転落して両足を失った。ヘンリー自身も、一〇歳ですでにアル中になっていた。酒を飲むことに一日のほとんどを費やしていたアンダーソンには、ヘンリーの面倒を見る暇などなかった。

ヘンリーの母親ヴィオラは、それよりさらにひどい親だった。アル中の売春婦だった彼女は、他の四人の子どもを児童養護施設に送ったのち、四〇歳のときにヘンリーを生んでいる。バージニア州ブラックスバーグ近郊の、電気も水道もない荒れ果てた小屋に、ヘンリー、兄のアンドリュー、両親、ヴィオラのぽん引きが一緒に寝泊まりしていた。ヘンリーは少年の頃から、自分の母親が客とセックスするところを見せられていたのだ。

慢性栄養不良のヘンリーは、生きるために、ゴミ箱をあさって食べ物を調達しなければならなかった。母親はぽん引きのためにしか料理を作らず、子どもたちはあさってきた食べ物を、汚れた床の上に置いて食べた。ヴィオラは皿を洗おうとはしなかったのだ。彼が子どもの頃に最初に食べた温かい料理は、学校の教師が彼を哀れに思って作ったものだった。ヘンリーが初めて履いた靴も、この教師からもらったものであった。

ヴィオラは、精神的にも肉体的にもヘンリーを虐待した。彼は七歳のときに、薪拾いに時間をかけすぎたという理由で、木の板で頭を強く殴られている。しかも、まるまる三日にわたり半ば意識を失った状態で倒れていた彼を、家族の誰もがまったく無視していた。皮肉にも、何かがおかしいとやがて気づいたのはぽん引きのバーニーで、彼がヘンリーを病院につれて行き、医師にははしごから落ちたと説明している[*1]。

おそらくこれは、ヘンリーが受けた身体的虐待や頭部への打撃のほんの一例にすぎないのだろう。彼はその後の生涯を通じて、気絶、めまい、宙に浮くようなふわふわした感覚などを経験していたらしい。後年になって受けた神経学的調査や脳スキャンでは、幼少期の栄養不良や母親による虐待の結果とおぼしき、さまざまな脳の病理の証拠が見つかっている[*2]。

ヘンリーは、母親から精神的な虐待も受けていた。彼が七歳のとき、ヴィオラは、町で彼が知らない人を指さして「あの人が、あんたの実の父親だ」と言い放つ[*3]。やがてそれは事実であることが判明する。そのような人生の重大な事実を突然打ち明けられれば、たいていの子どもは動揺するものだが、ヘンリーも例外ではなく、それを聞き大きなショックを受けて泣き出す。ヴィオラは、乳児の頃から学校にあがるまで彼に女の子の格好をさせていたらしく、それを見て驚いた教師が、髪を切り、彼にズボンを与えたのだそうだ。

どうやら、ヴィオラの残酷さはとどまるところを知らなかったらしい。たとえば次のようなできごとがあった。ヘンリーがラバと楽しそうに遊んでいるのを見た彼女は、そのラバが気に入ったかどうかを彼に尋ねる。彼が頷くのを見た彼女は、猟銃をとってきて彼の目の前でラバを撃ち殺す。それでも彼女の残酷性は十分に満たされず、ラバの死骸を処理する費用が発生したことを理由に、彼を鞭打ち、殴った[*4]。

学校では、ヘンリーは同級生にいつもいじめられていた。というのも、ひどく不潔で悪臭がしたからだ。彼の悲惨な境遇は、兄のアンドリューと工作中に、兄の持ったナイフが誤ってヘンリーの顔面に突き刺さり、目を負傷して周辺視覚を失ったときにいっそう悪化する。さらに悪いことが重なり、学校で教師が別の子どもを叩こうとしてあげた手が、狙いをたがえて、傷ついたヘンリーの左目にまたもや当たってしまう。それによって古傷が開き、左目の視力は失われる[*5]。

やがてヘンリーは、最多の犠牲者を出した連続殺人犯の一人になる。一九六〇~八三年にかけて犯した一一件の殺人の有罪判決を受けているが、実に一八九人の殺害に関与したと考えられている。犠牲者はすべて女性だが、この点については後述する。とりあえずここでは、彼の事例は、いかに生物学的要因と社会的要因が組み合わさって、連続殺人犯が生まれるのかをとりわけ雄弁に語ると指摘するに留めておく[*6]。

日常生活でルーカスが受けた不遇を考慮に入れると、生物学的な欠陥と親密な社会関係の欠如の組み合わせによって、恐ろしく効率的な殺人マシンが生み出されたことがわかる。生物学的側面について言えば、ルーカスの事例では、頭部の負傷、栄養不良、反社会的な両親から受け継いだ遺伝子という三つの主要な危険因子が考えられる。そしてこれらは、虐待、無視、恥辱、母性剝奪、極貧、密集した生活環境、近隣環境の悪さ、アルコール依存症、ケアと帰属感の完全な欠落などの、さまざまな社会的危険因子によって増幅された。ルーカスがアルコール依存症の殺人者になったのは、まさにこの複合要因による。

ルーカスの事例は、極端だがあり得ないわけではない。本章では、たとえ軽微な危険因子でも、社会的なものと生物学的なものが結びつくと、のちにさまざまな問題を生むことを明らかにする科学的証拠を示す。ここまでは、暴力の構造を形成する生物学的要因を特定してきた。しかしそれらは、もっとも基本的な要素にすぎない。本章は、社会的要因が生物学的な危険因子といかに結合して、暴力犯罪者を生むのかを示す研究を取り上げながら、さらなる肉づけを図る。

ルーカスのような犯罪者は、さまざまなピースから構成される生物学的なジグソーパズルとも見なせる。ピースがすべて揃ったとしても、何十年もの研究が暴力に結びつけてきた社会的、心理的プロセスに、それらがどう当てはまるのかを解明する作業は容易ではない。

この観点に基づいて、社会的な危険因子が生物学的危険因子と結びついて暴力を生む、その複合的な相互作用のあり方の理解に、まず焦点を絞る。次に、社会環境が、いかに生物学的要因が作用するあり方を緩和、もしくは変えるかを示す。私はこれを「社会的後押し《プッシュ》」仮説と呼ぶ。また、遺伝子は脳を形作り暴力行動の発現を促進するが、同時に社会環境も脳に影響を与え、遺伝子の発現様式を変える場合があることを示す。そして最後に、これらのピースをつなぎ合わせ、全体としていかに暴力が生み出されるのかを、より正確に理解する。

バイオソーシャルな共謀——相互作用の影響

ヘンリー・ルーカスがアルコールに依存するようになったのは一〇歳の頃とされている。私は一一歳のときに、アルコール醸造に興味を持ち、ジャガイモ、ストロベリー、ラズベリーなど、あらゆる材料を駆使してワインを造った。ルーカスと同様、私は何でもあさってきた。庭に咲いているキク科の植物さえ使った。こうして密造したワインを来客や親戚にふるまったのだ。そして、その儲けを使って馬に賭けた。ノミ屋《ブッキー》を兼ねている角のタバコ屋に馬券を買いに行ったのだが、その際、母親の使いだとしておいた。一四歳になるとラガービールの醸造を始めた。手慣れたものだったが、アルコール度が高すぎてすぐに顧客が酔っ払うので、稼ぎが減ってしまった。

後年になって、青少年の非行を自分で実践するのではなく研究するようになったとき、ワイン密造の経験から、「最終製品を手にするには、さまざまな要素を混ぜ合わせねばならない」という教訓を得ていた。ブドウがあればワインができる、などという単純なものではない。ワイン醸造には次のような手順を要する。ワイン酵母に砂糖を加え、日光のもとで発酵させる。果物をつぶして果汁を絞り出す。ピロ亜硫酸カリウムを加えて、細菌と野生酵母〔醸造に不必要な酵母〕を殺す。発酵のプロセスを継続させる。酸性度を適正に保つ。ハイドロメーターを用いて液体の比重を測定しながら、酵母が二酸化炭素とアルコールに変換できるだけの十分な糖分が含まれているかどうかを確認する。最後に、大瓶の底に溜まった澱《おり》を取り除く作業・澱引《ラッキング》きがある。もっとも重要な点は、成分の配合のみならず、正しい

・環境を整えることだ。発酵プロセスを継続させるには、適正な温度を保つ必要がある。
・私の非行には、単独の要因があるわけではない。それはバイオソーシャルなものでなければならない。私の密造酒と同じく、バーですぐに喧嘩を始める犯罪者は、さまざまな成分で構成されている。

しかし、社会的要因についての膨大なデータの蓄積と、バンクーバーの犯罪学者ロバート・ヘアによる、精神病質の生物学に関する新たな知見の登場にもかかわらず[*5]、一九七〇年代の犯罪学者やその他の科学者は、これら二つのタイプの危険因子が相互作用するという考えを受け入れなかった。

一九七七年に研究生活を開始したとき、新参者だった私は、生物学が一つの構成要素だと確かに感じていたが、それと同時に、犯罪を解明するカギは多種多様であり、そのなかには社会的なものも含まれると確信していた。

犯罪の解明には、その複雑なレシピの理解が必要である。人生において、単純なものなどほとんど存在しない。それはワインにも、ラガービールにも、暴力にも当てはまる。したがって、究極の答えは、多くの社会学者が満足していたもの以上でなければならない。私は少々天邪鬼だ。なにしろ私が最初に書いた論文は、バイオソーシャルな相互作用に焦点を置くことで反社会的行動を説明するという内容だったが[*8]、マルクス主義の観点を取り入れた犯罪学の支配下にあった、一九七〇年代の主潮流には完全に背を向けていた[*9]。

出産時の合併症という生物学的要因が、成人後の暴力を引き起こし得ることはすでに見た。悪の種子(たね)は、低酸素症や子癇前症(しかんぜんしょう)によって発達中の脳が損なわれることで、早いうちに蒔かれる。それとともに、生物学的な危険因子が、母性剥奪という社会的要因に結びついて暴力に至ることも論じた[*10]。デンマークでの発見は、アメリカ、カナダ、スウェーデンでも再確認されている。この研究は、早期における生物学的要因と社会的要因の結合が、成人後の暴力を生み出し得ることを示唆する、科学的に説得力のある最初の調査結果であった。しかも発見はそれにとどまらない。

私は二〇〇二年に、さまざまな形態の反社会的行動や犯罪に対するバイオソーシャルな相互作用の効果を調査したあらゆる研究を調べ直した。そして、その明確な例を少なくとも三九件発見した[*11]。これらの研究は、遺伝学、精神生理学、産科学、脳画像研究、神経心理学、神経学、ホルモンの研究、神経伝達物質の研究、環境毒素の研究など多岐にわたる。しかし実例を検討する前に、これらの研究から得られた二つの重要なテーマのうちの第一のテーマをまず強調しておきたい。

それは、「統計分析において、生物学的要因と社会的要因に基づいてグループを形成し、反社会的行動を評価基準にとると、両危険因子の存在は反社会的行動の発生率を爆発的に増大させる」というものである。われわれはこれを相互作用仮説と呼んでいる。その例として、出産時の合併症と母性剥奪という二つの危険因子によって、成人後の暴力発生率(結果尺度)が上がることを見た。

もう一つの例として、一九八七年に私をアメリカに呼んでくれた、卓越したパイオニア的研究者のサーノフ・メドニックが行なった研究を紹介しよう。メドニックは、身体の些細な異常(MPAs)、家族の安定、暴力を研究していた。第6章で示したとおり、MPAsは、胎児期における神経発生の不全を示す指標になる。彼の研究によれば、一二歳の時点でMPAsが多かった子どもは、それだけ成人後に暴力犯罪に及びやすい。しかし、不安定で荒れた家庭で育った被験者と、安定した家庭で育った被験者を比較すると、そこにはバイオソーシャルな相互作用があることがわかった。MPAs

と、不安的な家庭環境で育てられた経験の組み合わせは、二一歳のときに有罪判決を受ける可能性を爆発的に増大させる[*12]。図8・1を見てのとおり、不安定な家庭環境で育てられただけの被験者には、暴力の可能性が二〇パーセントある。ところがMPAsを考慮に入れると、出産時の合併症と母性剥奪の相互作用に見たのと同様、その割合は三倍の七〇パーセントにはね上がる。また、コロンビア大学のダニー・パインとデイヴィッド・シェイファーは、社会的な逆境とMPAsの組み合わせによって、一七歳の時点での行為障害発症率が三倍になるという、類似のバイオソーシャルな相互作用を見出している[*13]。

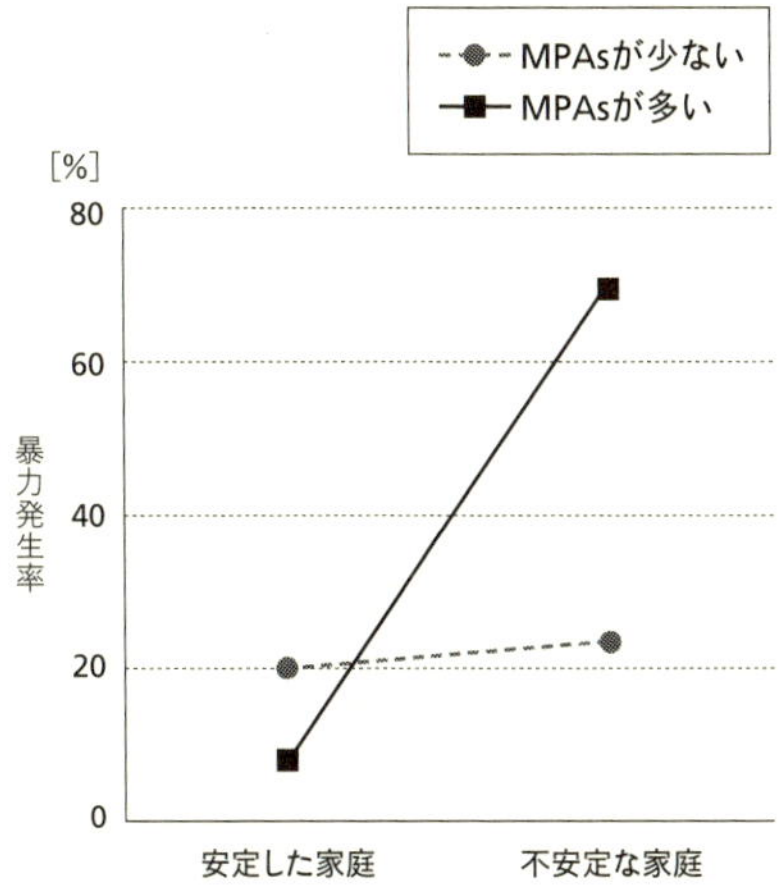

［図8.1］身体の些細な異常（MPAs）と
家庭環境の相互作用によって
21歳の時点における成人暴力が促進される

この仮説を、具体的な事例に当てはめてみよう。「ストッキング絞殺魔」とも呼ばれたカールトン・ゲイリーは、五五～九〇歳の女性を少なくとも七人はレイプ殺害している。彼の手口は、ジョージア州コロンバスにある家屋に侵入して被害者を叩きのめし、レイプしたうえでストッキングかスカーフで絞め殺すというものだった。被害者はすべて白人であった。いったい何が彼を殺人犯に仕立てあげたのか？

ゲイリーは矛盾のかたまりのような存

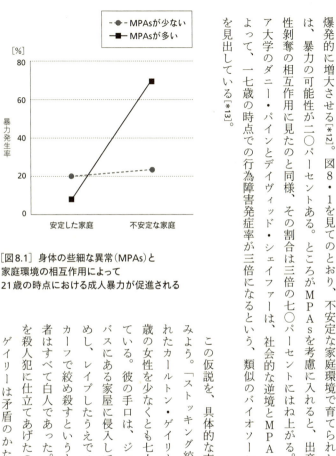

在だった。彼はハンサムな男で、地元のテレビ局でモデルを務めていた。その一方で、ぽん引きでもあり、麻薬密売人でもあった。昼間は高齢のおばの面倒を見ていながら、奇妙にも、夜間は彼女と同様に高齢の白人女性をレイプし殺害していたのだ。また、殺人を犯す傍らで、女性副保安官とデートしていた[*14]。さらにはフーディーニばりの脱出術の才に恵まれ、一九七七年八月には、収監されていたニューヨーク州オノンダガ郡の刑務所から、独房の鉄格子を鋸で切って脱走している[*15]。そのとき六メートルほど転落して足首を骨折しながらも、近くにあった自転車に乗って逃走し、ロチェスターの病院でギブスを当てて、しばらくはアヒルのようにぎごちなく歩き回っていたそうだ[*16]。さらに一九八四年には、サウスカロライナ州の刑務所を脱走している。彼は子どもの頃から常習的な犯罪者だったが、高いＩＱを持つ臨機応変な男だったと言われ[*17]、その能力を用いて警察の捜査を撒くことができた。弁舌巧みに他人に罪を着せ、刑務所行きを免れたこともある。刑務所に入っていれば、彼は連続殺人犯にはなっていなかっただろう。こうして考えてみると、彼には謎めいたところがある。賢く臨機応変、かつ魅力的な男が、なぜ犯罪の道に足を踏み入れたのか？　この謎は、彼の複雑なバイオソーシャル的条件を考慮に入れると解ける。それは次のようなものだ。

ゲイリーは、一二歳のときに一度会ったきりの父親のことをまったく何も知らなかった。彼の面倒を見られなかった、あるいは見ようとしなかった母親にも、捨てられたのも同然だった。非行で初めて逮捕される前まで、一五回親戚や知人の家を行き来しながら暮らしていた。ここには、ボウルビィの言う情性欠如型精神病質者へと子どもを導く母子の絆の断絶がはっきりと認められる[*18]。彼はまた、ヘンリー・ルーカスと同じように、食べ物を手に入れるためにゴミ箱あさりを強いられ、栄養不良に陥った、骨と皮ばかりの浮浪児であった。幼少期の栄養不良が反社会的行動を導く重要な危険因子であることは、何度も述べてきた。これもまたルーカスと同じだが、ゲイリーは、母親と彼女の同棲相手から虐待を受けていたらしい。学校では、休み時間に頭を強打して意識を失ったこともあり、脳の軽い機能不全を診断されている。このように、頭部の負傷に関してもヘンリー・ルーカスと同じだ。これらの社会的な逆境に加え、耳たぶの付着、合指症〔指のあいだが癒着する症状〕など、少なくとも五つのMPAsを抱えていた[*19]。

カールトン・ゲイリーには、本書でこれまで確認してきたバイオソーシャル的な危険因子がいくつか見られる。もっとも際立つのは、母性剝奪、不安定な家庭環境、MPAsである。

さらには、社会的な危険因子と相互作用して暴力を生む、ごく一般的な危険因子として、頭部の負傷や、脳の機能不全を示す神経学的な徴候があげられる。私のかつてのポスドク研究生で、現在はエモリー大学に在籍しているパティ・ブレナンと私は、出生後一年以内の神経学的、産科学的、神経運動学的なデータ、一七〜一九歳における家族や社会に関するデータ、そして二〇〜二二歳における犯罪データがすでに収集されていた、三九七人の二三歳の被験者からなる標本に基づいて、これを立証した[*20]。

もう少し詳しく説明しよう。誕生後五日以内に神経学的な欠陥の有無の評価が行なわれ、小児科医によってチアノーゼの有無（皮膚、歯茎、指の爪が暗紫色になっているかどうか）などが検査された。血液は、酸素が供給されているあいだは赤色のタンパク質ヘモグロビンを含有する。しかし青い血液は酸素の欠乏を意味し、酸素が欠乏すると脳の機能が損なわれる。また一歳の時点では、神経運動の発達に関して、たとえば支えなしには座っていられない、生後一一〜一二か月になるまでにものに向かって手を伸ばせるようにならない、九か月になっても頭をまっすぐに保てないなどの問題が生じていないかを調査した。社会的な側面については、精神医学ソーシャルワーカーが母親にインタビューし、家庭の不安定、母性剥奪、家庭内の対立、貧困などを評価した。

われわれは、これらの危険因子をクラスター分析にかけた。クラスター分析とは、与えられたデータから、個々のグループが自然に分類されるかどうかを客観的に調査する統計技法である[*21]。分析の結果、貧困のみのグループ、神経運動の機能不全+出産時の合併症のみのグループ、生物学的、社会的危険因子の両方を持つグループ〔バイオソーシャル・グループとする〕という三つのグループが分類された[*22]。また、いかなる危険因子も持たない正常対照群も形成した。それから窃盗犯罪率、暴力犯罪率、トータルの犯罪率を算出した。

その結果を図8・2に示す。貧困のみのグループにおける成人初期の暴力犯罪率は三・五パーセントであるのに対し、バイオソーシャル・グループのそれは一二・五パーセントに達し三倍を超える。また、トータルの犯罪率に関して言えば、バイオソーシャル・グループは正常対照群の一・四倍を超える。三つのグループの被験者数はおおよそ等しいにもかかわらず、バイオソーシャル・グループは、標本全体によって実行された全犯罪の七〇・二パーセントを占める[*23]。ここには、幼少期の神経学的な要因が加わることの影響力を明らかに見て取れる。これらの乳児は、何の罪もなく生まれてきたにもかかわらず、自力で座れるようになる前に暴力に至る道へと導かれているのだ。

成人暴力に関して見出された結果は、攻撃的なティーンエイジャーにも当てはまる。パティ・ブレ

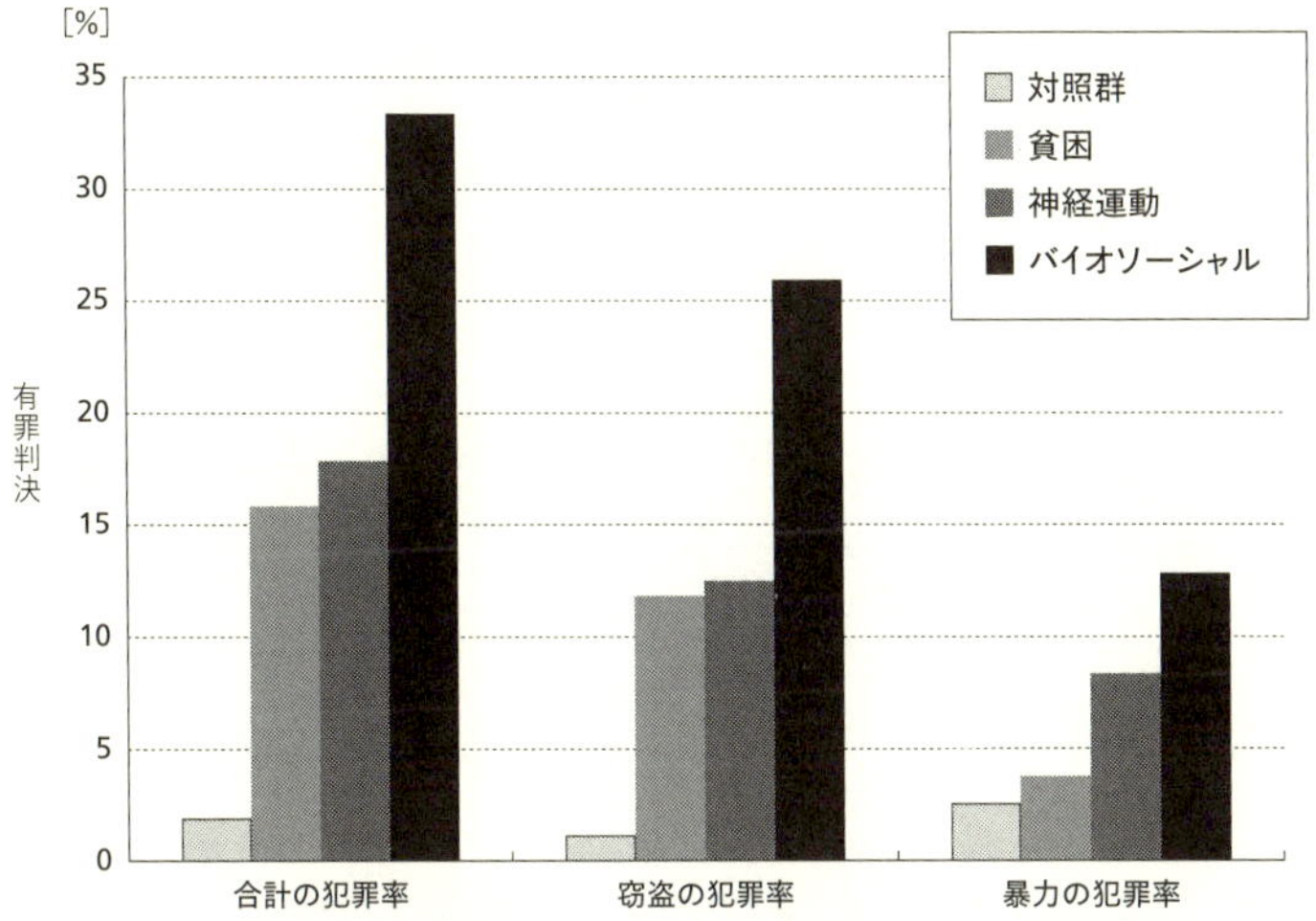

［図8.2］ 生物学的危険因子と社会的危険因子の両方を持つ者の犯罪率の上昇

ナンは、オーストラリアのティーンエイジャーを、幼少期にどのような要因を持っていたかによって四つのグループに分類した。第一のグループには、貧困、教育の低さ、親の愛情のなさ、幼児に向けられた母親の敵意や否定的な態度、監視の欠如、度重なる両親の婚姻状態の変化などの社会的危険因子を持つ者を、第二のグループには、出産時の合併症、神経認知的欠陥などの生物学的危険因子を持つ者を、第三のグループにはそれら両方の危険因子を持つ者を、そして第四のグループには、いかなる危険因子もほとんど認められなかった者を分類した。図8・3からはっきりとわかるように、生物学的要因と社会的要因の両方の危険因子を持つ第三グループは、六五パーセントが早くから攻撃的な行動を示し始めている。それに対し、社会的危険因子のみの第一グループは二五パーセント、生物学的危険因子のみの第二グループは一七

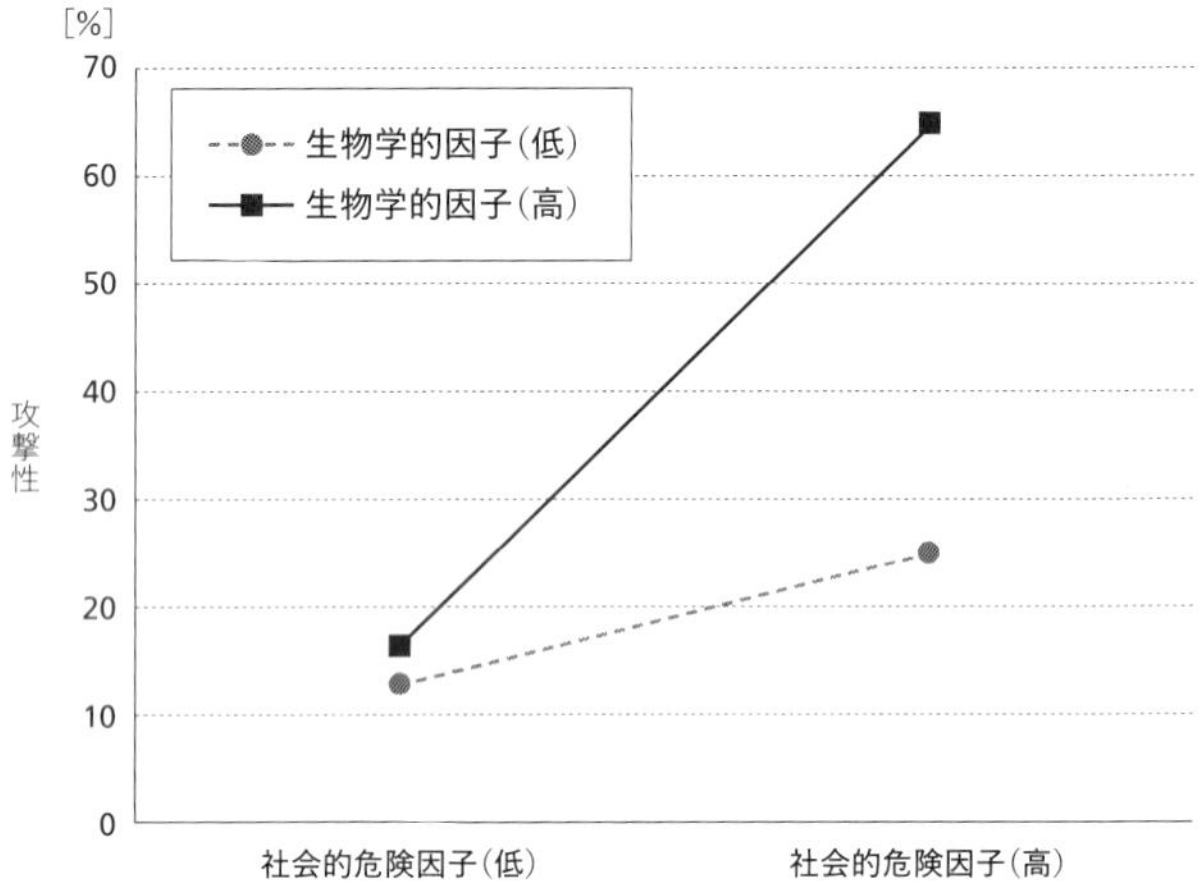

[図8.3] 早期の生物学的な危険因子とすさんだ家庭環境の相互作用により、10代になって攻撃性が発現する(オーストラリアにおける例)

パーセント、正常対照群は一二パーセントにすぎない[*24]。このように、オーストラリアでも、出産時の合併症と養育の問題の組み合わせが、暴力の重要な要因として見出されている。

早期の生物学的要因に関して言えば、妊婦の喫煙にも同じことが当てはまる。フィンランドのピルコ・ラサネンは、五六三六人の男性を対象に実施した大規模な研究で、妊婦の喫煙によって、子どもが成人後に暴力犯罪者になる割合が倍になることを発見している[*25]。しかし、この生物学的要因が、一〇代での妊娠、望まぬ妊娠、神経運動の発達の遅滞と結びつくと、その子どもは、成人後に常習的な犯罪者になる割合が実に一四倍にもなる。

ここでも、いくつかの悪の種子が幼少期に組み合わさって、将来の暴力を生むことが見て取れる。パティ・ブレナンによれば、ニコチンへの曝露が分娩時の合併症と結びつくと成人暴力が五倍に増加するが、ニコチン曝露のみだと増加しない[*26]。また、妊婦の喫煙と親の不在が組み合わさることで、早い時期における犯罪行為の発現を予測できるとする、アメリカでの研究報告がある[*27]。「社会的要因と生物学的要因が相互作用することで、人を暴力へと導く」という結論は、他にもさまざまな研究に見られる。第2章で述べたように、カスピとモフィットは、低レベルのMAOAをもたらす遺伝子と幼少期の重度の虐待が結びつくと、成人後の反社会的行動につながると発表して、二〇〇二年に世界を驚かせた[*28]。ケンブリッジ大学に所属する犯罪学の世界的権威デイヴィッド・ファリントンは、安静時心拍数の低さが、一〇歳以前における親との離別と結びつくと、成人後の常習的な暴力犯罪に結果することを報告している[*29]。私は、反社会的な被験者を対象にfMRIを用いて行なった初の研究によって、子どもの頃にひどい虐待を受けた犯罪者には、右側側頭皮質の機能に大幅な低下が見られることを発見した[*30]。また、テストステロンのレベルが高く、素行の悪い仲間と行動を共にしている人は行為障害に陥りやすいが、テストステロンのレベルが高くても、素行のよい集団に属している人はリーダーになる可能性が高いと報告する研究もある[*31]。遺伝子も、ひどい養育と結びつくと、子どもが思春期を迎える頃に攻撃的な態度を形成する[*32]。このようにさまざまな研究を通して、どう見ても、生物学的要因と社会的要因が結びつくと、どちらか一方のみが作用する場合よりはるかに悪い結果がもたらされることがわかる。

社会的プッシュ

バイオソーシャルな影響を見る観点は二つあると述べた。一つは「相互作用」で、その例をいくつかあげた。二つ目は、私が「社会的プッシュ」と呼ぶ見方である。

一九七七年の時点では、児童の反社会的行動の説明に生物学的基盤を持ち出すことは一般的ではなかった。生物学的要因と社会的要因の相互作用に至っては、さらに受け入れられない考えであった。そのため、若き研究生だった私がバイオソーシャル的側面に焦点を置いた論文を最初に発表したときには、ほとんど誰にも相手にされなかった。しかし、イギリスの高名かつ論争好きの心理学者ハンス・アイゼンク（生まれはドイツだが、イギリスで研究していた）はすでに、著書『犯罪とパーソナリティ』で大胆にも、犯罪には生物学的基盤が存在すると示唆していた[*33]。論争が巻き起こったとはいえ、私は、彼の著書には「反社会化プロセス」という、自分の考えに関連はするが同じではない、とても興味深い概念が含まれていることに気づいた。以後この概念は、私の研究に深い影響を及ぼす。

この考えは、彼の著書に向けられた辛らつな批判によって葬り去られたのも同然だった。私はこの考えを、とりわけ強く共感を覚えた箇所に発見した。アイゼンクはそこで、売春婦の母親と泥棒の父親のあいだに生まれた子ども（「ファギンズ・キッチン」と呼ばれる少年ギャング団の一員）について考察している。アイゼンクによれば、この子どもは、「うまく条件づけられ」れば、すなわち両親の反社会的なロールモデルを学習すれば、ディケンズ『オリバー・ツイスト』の登場人物アートフル・ドジャーのようにスリになる。それに対し、うまく条件づけられなければ、逆に、そう簡単には反社会的な生活様式になじまない[*34]。

博士論文指導員を務めてくれたピーター・ヴェナブルスの研究室で、精神心理学的なアプローチを学んでいたとき、私はこの考えを試す機会を得た。それはヨーク大学に通っていた一九七七年のことだ。そこで私は、エクリン汗腺について学び、恐怖条件づけの実験を行なうために、古典的条件づけに関する文献を読みあさった。どのようなタイプの電極を使うべきかを、あるいは電極と手のあいだの伝導を促進するゲル剤にどんな化学物質を用いるべきかを知った。さらには電極のバイアス電位を測定する方法や、それによって得られた値が受け入れられない場合はどうすればよいかを学んだ。条件づけの実験では、技術者のドン・スペイヴンと協力して聴覚刺激を生成し、ヘッドフォンに流した。人工耳と非常に高価な聴力測定器を使ってデシベルレベルを測定したときには、これら二装置間のコネクターを折って、ドンを大いにあわてさせたこともある。いずれにしても、あれこれあったあと、被験者を募る準備が整った。

私は、校長や担任の教師と相談したあと、被験者を募るビラを学校の掲示板に貼り出し、勧誘の手紙を送った。それから志願者の両親に会って許可をとり、子どもを研究に参加させた。そして学校に出向いて志願者に質問票を配り、自分の反社会的性格の度合いを評価させ、家庭環境についての情報を記述させた。加えて、担任の教師にも子どもの反社会的性格を評価してもらった。さらには子どもを研究室につれてきて調査し、学校につれ戻した。それは私にとって生まれて初めての調査研究だったので、雨の降る秋の日や、雪の降る冬の日でも、私はとても興奮していた。参加料として五〇ペンスを手渡したので、研究に参加した子どもも気分が良かったはずだ。これは、一九七八年当時にあっては、子どもの一週間分の小遣いに相当する。

恐怖条件づけについてはすでに取り上げたが、もう一度確認すると、それは予期的な恐れの尺度になる。課題では、かん高い不快な音を予示する穏やかな音を聴いたときに、子どもがどの程度発汗するかを測定した。パブロフの犬のように、子どもたちは経時的な二つのできごとを結びつけるよう学習できるのか？ 特定のできごとのあとには懲罰が与えられることを学習する能力を持つのだろうか？ 反社会的な行動について考えただけでも不快感を呼び起こすような「良心」、すなわち古典的に条件づけられた一連の情動反応を持っているのだろうか？

調査の結果、環境が重要であることがわかった。健全な家庭の子どもは、課題で条件づけの低さを示した被験者が反社会的だったのに対し[*35]、すさんだ家庭の子どもはその逆で、ディケンズのアートフル・ドジャーのように、条件づけの高さを示した被験者が反社会的であった。これは、子ども自身による自己の性格の評価にも、教師が下した子どもの行動の評価にも等しく当てはまったので、私は有頂天になった。子どもと教師の評価は一致しないことが多く、したがってそれらが一致したということは、この発見が堅固であることを示唆する。犯罪学者で歴史家のニコル・ラフターは寛大にも、私の最初の発見を、犯罪学においてバイオソーシャルな研究を軌道に乗せた古典的研究と評してくれたが[*36]、事実を言えば、他の多くの科学者同様、私は過去の偉大な研究者たちが残してきた業績の上に立っていたにすぎない[*37]。

ここで、私が二〇〇二年の論文で発展させた、バイオソーシャルなアプローチの第二のテーマを紹介しよう[*38]。ここまでは、生物学的な危険因子が社会的な危険因子に結びつくと、暴力が爆発的に増大することを見てきた。しかし、生物学的要因と社会的要因が影響を及ぼし合うあり方として、他にも「緩和（moderate）」が考えられる。つまり社会的要因は、生物学的要因と暴力の関係を緩和する、もしくは変えることができるのだ。条件づけの実験によって示されたのはまさにこの作用であり、家庭環境は、恐怖条件づけと反社会的行動の関係を緩和したのである。

もう一つの例として、すでに紹介したものだが、殺人犯を対象にPETスキャンを用いて行なった研究をあげよう。一般に殺人犯は、前頭前野の糖代謝が貧弱であることはすでに述べた[*39]。ところで、別の分析では、殺人犯を、すさんだ家庭の出身者と、比較的健全な家庭の出身者に分類した。その際、子どもの虐待、家族メンバー間の深刻な対立、極貧など、八つの形態の家庭問題を評価した。われわれはこれらのデータを得るために、犯罪記録、医師の報告、新聞記事、精神分析医や心理士、あるいはソーシャルワーカーの報告を徹底的に調査した。さらには、何人かの被告側弁護士にインタビューさえした。それによって、殺人犯の被験者を先の二つのグループに分類したのだ。さて、どちらのグループに、人を暴力へと仕向ける前頭前野の機能低下がより顕著に見られたのか？

答えは、カラー図版ページの図8・4を見ればわかる。左端が正常対照群の画像で、上端部の赤と黄の色合いからわかるように前頭前野は正常に機能している。中央はすさんだ家庭出身の、右端は比較的健全な家庭出身の殺人犯のものである。これらの画像を見ると、前頭前野の機能低下を示している（上端部が寒色を示している）のは、比較的健全な家庭出身の殺人犯であることがわかる。なお、この結果はグループ全体に観察されている[*40]。

社会環境は、前頭前野の機能不全と殺人の結びつきを緩和する、もしくは変える。機能不全に陥った脳が犯罪をもたらすという関係は、あるタイプの家庭出身の犯罪者には当てはまっても、別のタイプの家庭出身の犯罪者には当てはまらない。

しかし、なぜだろうか？　一つの理由は次のようなものだ。すさんだ家庭出身の殺人犯が殺人に走る理由は、おそらく家庭環境の悪さによって説明できるだろう。これは暴力を導く社会的要因としてよく知られたものだ。

だが、健全な家庭出身の殺人犯についてはどうか？　そのケースでは何が原因なのか？　家庭環境ではない。健全なのだから。ならば、原因は脳にあるに違いない。これはまさに図8・4が示すところだ。健全な家庭出身の殺人犯における右側眼窩前頭領域（とりわけ暴力に関係する領域）には、一四・二パーセントの機能低下が見られる。それまで正常だった成人が、この脳領域にダメージを受けると、精神病質的な犯罪行動をともなう情動や人格の変化が生じる。アントニオ・ダマシオはこれを、「後天性社会病質」と呼んでいる[*41]。

第2章で取り上げたジェフリー・ランドリガンの事例を思い出してみよう。彼は、愛情深い母親、地質学者の父親、両親同様に教養深くまじめな姉という申し分のない家庭環境で育てられた。社会環境は彼にとって有利だったはずだ。ところが、ジェフリーは犯罪者の道を歩み始め、一一歳での強盗に始まり、やがて殺人を犯すに至る。原因は何だったのか？　一度も会ったことのない実の父が、殺人罪による死刑宣告を受けていた点に鑑みると、原因は、遺伝子と脳の機能不全だと考えられる。そのために、すばらしい家庭で育ったにもかかわらず、最悪の結果が生じたのだろう。同じようなケースに、ジェラルド・スターノの例がある。彼は、生後六か月のときに愛情あふれる家庭に引き取られているが、四一件の殺人を自白し、電気椅子で処刑されている。ランドリガンとスターノは、コロンビア大学の法医精神医学者マイケル・ストーン博士が例示する、暖かく愛情あふれる家庭に引き取られながら連続殺人犯になった何人かのうちの二人にすぎない[*42]。これらのケースでは、暴力の原因として、家庭環境の悪さではなく、遺伝を考慮すべきである。

このような方法で、生物学的要因と暴力の関係に社会的な観点を持ち込むアプローチは、一般的ではない。これまで見てきたように、生物学的要因＋社会的要因という「加算的な」効果を強調する見方は広く流布している。しかし、それとは異なる「社会的プッシュ」という見方も理にかなっており、場合によっては子どもの非行に親が対処する際に十分に役立つと、私は考えている。

それについてよく考えてみよう。友人、隣人、あるいは家族のメンバーでもよいが、兄弟姉妹は至って普通なのに、あらぬ方向に人生が逸れた、悪の種子を宿した人が身のまわりにいないだろうか。そのような人々には、暴力や貧困によってすさんだ家庭の出身者がかなりいるはずだ。しかし、一般的な家庭の出身者は皆無なのか？　愛情あふれる両親の揃った家庭の出身者は？　同じ家族の出身ながら、言い換えれば同じ環境で育ちながら、二人の兄弟姉妹が、まったく異なる人生を歩む場合がある。そのようなケースでは、これまでに見てきた健全な家庭出身の殺人犯と同様、その人を犯罪へと軽くあと押しする、微妙な生物学的危険因子が作用していることを考慮すべきである。

素行の悪い子どもをなんとか矯正しようと必死に努力している親から、よくEメールが送られてくる。ある母親からのメールには、七歳の息子がペットを殺し、自分に思い切り殴りかかり、弟の首を絞めるのが楽しいと精神分析医に告白したとあった。この母親が再び妊娠すると、息子は彼女の腹部を殴り、「赤ちゃんなんか死んでしまえ」と言ったそうだ。この息子が後悔の念を示したことはほとんどなく、カウンセリング、投薬、通院など、どんな介入を試みても、ほとんど効果がないと書かれていた。

この子どもが重大な問題を抱えている点に間違いはない。また、母親が大きな愛情を持って息子に接していることにも疑いはない。子どもに対する両親の無関心というありふれたシナリオとは違って、彼女は必死に助けを求めている。このケースでは、親ではなく息子のほうが、無関心で愛情がなく、後悔の念を欠いているのである。つまり愛情あふれる家庭で育てられた、愛情の欠落した子どもなのだ。このような悲劇的な不整合をどう説明すればよいのか？

この事例では、遺伝が考えられる。なぜか？　実は、この子どもは養子なのだ。

子どもが養子に出される理由は、たいがい実の両親が子どもを望んでいないか、両親の素行が子どもを養育するのにふさわしくないかのいずれかである。とりわけ出産時の合併症などの生物学的危険因子と結びついたとき、母性剝奪が子どもを暴力に導く危険因子になり得ることは、すでに述べた。養子に出される以前、子どもの発達にとって重要な時期に母子の絆が切れていた期間がある。この断絶を、あとで愛情あふれる家庭環境によって修正しようとしても、それは容易なことではない。このようなケースでは、健全な家庭で育てられた子どもに見られる非行を、遺伝的なプロセスによって説明できるかもしれない。

健全な家庭環境における遺伝的、生物学的要因の発現は、私が「社会的プッシュ」仮説と呼ぶ見方によって説明できる[*43]。反社会的な子どもに、そのような行動へと導く、言い換えると「プッシュ」する社会的要因が欠けている場合には、生物学的な要因によって説明できる可能性が高い[*44]。それに対し、犯罪行動を導く社会的要因は、幼少期に劣悪な家庭環境にさらされた子どもの反社会性を説明する際、より重要になる[*45]。

このように述べたからといって、すさんだ家庭出身の反社会的な子どもは、生物学的な危険因子を持っていないと言うわけではない。明らかに持っている。ここで言いたいのは、そのような状況下では、社会的要因が生物学的要因を覆うがゆえに、反社会的行動と生物学的要因の関係が希薄になるということだ。すさんだ家庭出身の子どもは、社会的要因が前面に現れるのである。それに対し、家庭が正常で子どもが正常ではない場合は、脳の機能低下が原因である可能性が高い。そのケースでは、社会的要因が背景に下がり、生物学的要因が表に立つ[*46]。

本章で私は、健全な家庭出身の殺人犯の前頭前野の機能低下、および反社会的な子どもの恐怖条件づけの低さに関して、社会的プッシュ仮説を提示した。この結果は、他のさまざまな生物学的危険因子にも見出されている。私は大学院生の頃、条件づけの効果を確認したすぐあとで、「安静時心拍数の低さは、とりわけ高い社会階級の家庭の児童を反社会的行動へと走らせやすくする」という社会的要因の緩和効果〔著者の主張する社会的要因による「緩和」とは、生物学的要因と暴力の結びつきを緩和するという意味で、必ずしも暴力を引き起こす可能性そのものを減らすという意味ではない〕を再確認できた[*47]。

さらに重要なのは、他の何人かの科学者も同じ現象を観察していることだ。イングランドの私立学校に通う、特権的な中流階級家庭で育った反社会的な子どもは、安静時心拍数が低い[*48]。イングランドの健全な家庭で育った反社会的な子どもは心拍数が低いが、一人親家庭出身の子どもはそうではない[＊49]。イングランドの例をもう一つあげると、安静時心拍数の低さは、親の不在や家庭不和を経験せずに育った犯罪者を特徴づける[＊50]。オランダでは、高い社会階級に属する、脱税をした「特権階級の」犯罪者は、皮膚コンダクタンス反応が鈍かった[＊51]。モーリシャスでは、三歳の時点の中立音に対する皮膚コンダクタンス反応の低さ（劣った「指向性」、言い換えると注意力）は、一一歳の時点の攻撃的な行動に相関するが、これは高い社会階級に属する家庭の子どものみに当てはまる[＊52]。同様に、イングランドの健全な家庭出身で、情動が鈍化した成人の服役者は、皮膚コンダクタンスが低かった（これは一人親家庭の出身者には当てはまらない）[＊53]。スウェーデンのキャサリン・テュヴブラッドは、環境によって遺伝子と反社会的行動の関係が緩和されることを発見した。第2章の遺伝子に関する説明からも予想されるように、彼女は、少年の被験者に反社会的行動に対する遺伝子の影響を確認しているが、ただしそれは健全な家庭で育った少年のみに限られる[＊54]。

これと同じ緩和効果は、分子遺伝的なレベルでも確認されている。神経伝達物質ドーパミンに関連する遺伝子の異常は、青少年の逮捕に相関するが、これは、危険因子の少ない、社会的地位の高い家庭の出身者のみに当てはまる[＊55]。ここでも遺伝的要因は、社会的な危険因子が明確に認められないケースでの反社会的行動の説明において、大きな意味を持つ。

私が指導した大学院生ユー・ギャオは、眼窩前頭野の神経認知的な機能を測定するアイオワ・ギャンブリング課題を用いてこの緩和効果を報告している。また、アントワン・ベチャラとアントニオ・ダマシオの報告によれば、腹外側前頭前皮質を損傷した患者は、この課題の成績が劣り、精神病質的な態度を示す[＊56]。第5章で述べたように、眼窩前頭皮質は、すぐれた意思決定を導くソマティック・マーカーを生成するのに重要な役割を果たし、さらには適切な恐怖条件づけを促進する。われわれの研究では、子どもたちにアイオワ・ギャンブリング課題を与え、精神病質的な行動に関する評価を行なった[*57]。ギャオの発見では、課題の成績が劣る子どもは、より精神病質的であったが、それは正常な家庭の子どもに限って当てはまった[*58]。恐怖条件づけの低さは、健全な家庭の子どもを反社会的行動へと導くことについてはすでに述べたが、ギャオは、それと類似の緩和効果を、恐怖条件づけに関係する眼窩前頭皮質の機能を測定する課題を用いて発見したのだ[*59]。

現実世界に目を向けると、殺人者に、社会的プッシュ仮説の正しさを確認できる。スコアカードキラー、ランディ・クラフトは、愛情深く安定した家庭で育てられた。ジェフリー・ランドリガンは、最高の家庭環境で育てられたにもかかわらず、死刑を宣告された。両親と二人の高校生を殺害したキップ・キンケルは、オレゴン州の農村の愛情あふれる家庭で育った。彼の両親は、献身的な職業人で、姉は愛情深かった。眼窩前頭野の機能不全がキンケルを暴力へと導いたことについては、のちの章で述べる。とりわけこれらのケースでは、暴力の原因を貧困、近隣環境の悪さ、虐待に求めるわけにはいかない。また、理想的な家庭とは言えないにしても、ごく普通の家庭で育てられた殺人犯も多く存在し、いずれのケースでも社会的剝奪はそれほど明確には見出せない。

遺伝子から脳、そして暴力へ

社会的要因は、生物学的要因と相互作用して暴力的な性格を育む。それと同時に、生物学的要因と暴力の関係を緩和する。さらに、生物学的特徴に対する環境の影響をとらえる視点はもう一つあるが、それを説明する前に、遺伝子、脳、行動についてもう一度簡単に振り返っておく必要がある。

私たちはここまで、脳のメカニズムと、暴力的な心について検討してきた。特定の遺伝子の暴力との結びつきも確認した。本節では、暴力行為の基盤となる、脳の構造的、機能的な異常が遺伝子によって形成される過程を見ていく。

まず図8・5を参照してほしい。左上の「遺伝子」から見ていく。それは「脳の構造」と、影響を受ける神経伝達物質（「MAOA」など）にリンクする。「遺伝子」の下には「脳の構造」がある。暴力の発現を支援すると考えられる二つの構造「前頭前野」「大脳辺縁系／皮質下」がその右に記されている。これら二つの大まかな領域のさらに右側には、犯罪者における情動や認知の特徴の形成に寄与する、特定の構造（「眼窩」「扁桃体」など）が列挙されている。さらにその下には、成人の「暴力」と、それを引き起こしやすくする異なる形態の二つの重要な要因「反社会性人格障害」と「精神病質」がある。これらのおのおのには、異なる行動的、および情動的な要素が含まれる。大脳辺縁系に属する構造は、暴力における、より感情的、情動的な要因を形成するのに対し、前頭前野の障害は、犯罪者に見られる認知的、行動的な機能不全を引き起こす[*60]。

これらの遺伝子は、人を暴力へと導く脳の異常をいかにして生むのか？ MAOAレベルの低さと反社会的行動の関係を思い出そう。この遺伝的な構成を持つ男性は、扁桃体、前帯状回、眼窩前頭皮質の体積に八パーセントの減少が見られる[*61]。これらの脳の構造は情動に関与し、犯罪者には障害が見られる。つまり遺伝子から脳を経て犯罪へとつながる。

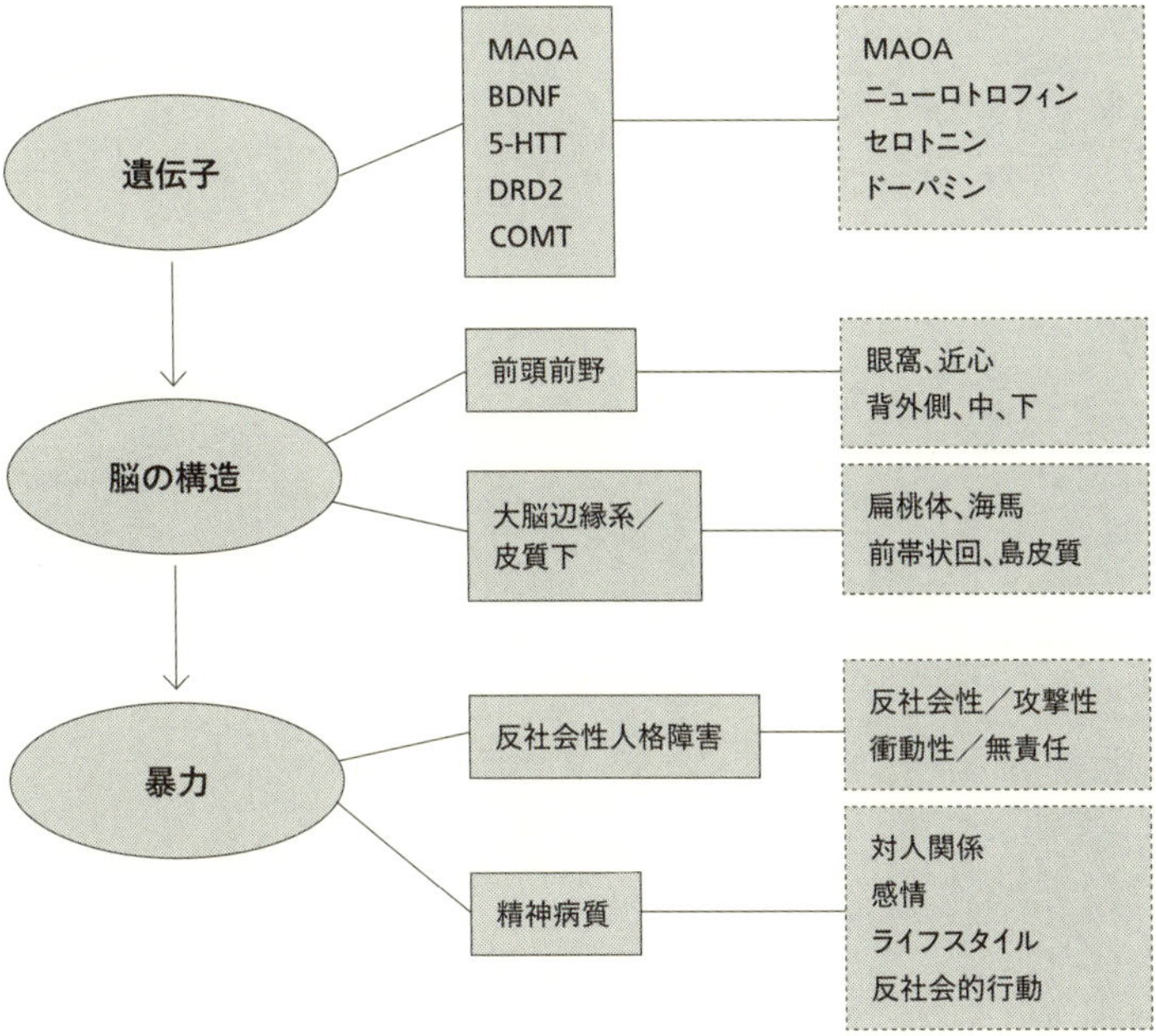

［図8.5］遺伝子が脳の異常を生み、やがてそれが暴力を導く

もう一つの例として、BDNF遺伝子を取り上げよう。BDNF（脳由来神経栄養因子）とは、ニューロンの成長と維持を促進し、樹状突起の発達に影響を及ぼすタンパク質である[*62]。突然変異によってBDNFの低下が引き起こされたマウスは、神経の委縮のために皮質が薄くなることから、BDNFがニューロンの大きさと樹状突起の構造の維持に関与することが知られている[*63]。またBDNFは、攻撃性を調節する海馬の成長を促す[*64]。さらには認知機能[*65]、恐怖条件づけ、不安[*66]を促進する。犯罪者には恐怖条件づけの不足、

情動の鈍化、前頭前野の灰白質の体積減少が見られる点に鑑みれば、低レベルのBDNFをもたらす遺伝子型が、人間において衝動的な攻撃性の増大に結びつくことには何の驚きもない[*67]。BDNFを欠くよう人為的に操作されたマウスは、犯罪者と同じように非常に攻撃的になり、リスクの高い行動をとろうとする[*68]。

明らかに、ここにも遺伝子→脳→攻撃的行動というパターンが見られる。これに関する神経犯罪学の研究はまだこれからで、われわれは現在、悪性の遺伝子から始まり、脳の損傷を経て、やがて犯罪に至る線を描くために、個々の点を結ぼうとしているところだ。とはいえ、社会環境の考慮も当然必要であり、ことはそう単純ではないだろう。以下に、社会環境は、西部の荒野を走り抜ける幌馬車の御者であることを示そう。それは暴力へと至る遺伝的、生物学的な道程のなかで、単に客席に座っているわけではない。

社会から脳、そして暴力へ

本書のこれまでの説明を通して、あなたは今や、社会環境が、暴力を形成する脳の変化を引き起こす一因であることを理解しているはずだ。そもそも、頭部損傷は社会環境のもとで生じる。転べば頭部を負傷するし、自動車事故に遭えば体中が傷つく。乳児の頃に、誰かに激しく揺すられるかもしれない。故意か事故かを問わず、脳に損傷を受ける可能性は誰にでもある。そして脳の損傷こそ、あなたのなかに潜む悪魔を解き放つのだ。その例を、ヘンリー・リー・ルーカスやその他多くの犯罪者、あるいはフィニアス・ゲージらに見てきた。

しかし、脳に対する環境の影響は、一般に考えられているよりも強い。たとえば次のような例を考えてみよう。あなたは今、暴力が頻発する地域に住んでいるとする。そして一一歳になったばかりのあなたには、学校で全国標準テストを受ける日が迫っていた。その頃、近所の住人が突然何者かに射殺される。そのせいであなたは、同程度の成績ながら庭先に死体が転がっていたりはしない地域に住んでいる同級性に比べ、テストで悪い点をとる。

これは、犯罪学の第一人者ロバート・サンプソンのかつての教え子で、現在はニューヨーク大学に所属する社会学者のパトリック・シャーキーが、「人間の発達に関するシカゴプロジェクト」で、一〇〇〇人以上の子どものデータを分析して発見した現象である[*69]。テスト前の四日以内に近所で殺人事件が発生すると、読解力のテストのスコアがほぼ一〇点（標準偏差の三分の二）落ちる。同様に、語彙テストのスコアが、標準偏差の半分ほど低下する[*70]。

これらの効果はどれくらい大きいのか？　一つのたとえを用いると、殺人事件への曝露と読解力テストのスコア低下との相関関係は、海抜と一日の平均気温の関係と同じくらい強い。あるいは、乳腺X線写真《マンモグラム》による乳がん発見の有効性と同じほど高い[*71]。また、語彙テストのスコアの低下については、ＩＱスコアと職務成績の関係に匹敵する[*72]。もう少し言い方を変えると、シャーキーの見積もりによれば、アフリカ系アメリカ人の子どものおよそ一五パーセントは、近所で起きた殺人事件だけのために、少なくとも年にひと月は、学校生活で何らかの悪影響を受けている[*73]。これらの効果は些細なものではない。

この例からもわかるとおり、子どもの認知機能を変えられるのは、身体的な虐待などの、直接的な社会経験だけではない。間接的な社会経験によっても、脳は悪影響を受ける。このように、社会経験を通して受ける悪影響は、神経認知的な機能を根底的に変える場合があるのだ。

犯罪発生率の高さと学業の低下が結びつくシカゴのような大都市の近郊では、いったい何が起こっているのか？　シャーキーは、被験者の子どもの神経生物学的データを手にしていたわけではないので確実には言えないが、私の推測では、近隣の殺人事件を知った子どもの脳の機能には、わずかながらも変化が見られたはずだ。ストレスに反応し分泌される過剰なコルチゾールは、学習と記憶に重要な役割を果たす脳領域、海馬の錐体細胞に対し、神経毒として作用することが知られている[*74]。要するに、錐体細胞を殺してしまうのだ。近所の殺人事件について耳にした子どもが恐怖に怯えることは当然考えられる。「家族にも同じことが起こるのだろうか？」「外に出掛けても大丈夫だろうか？」「次は自分の番では？」これらのような恐れやストレスは、脳の機能や認知能力を一時的に損ない得る。

このようなメカニズムが存在するのなら、殺人の発生と認知機能の低下のあいだに、一時的な関係が生じるであろう。あなたは子どもで、近所で殺人事件が発生したことを知ったとしよう。このニュースを数日前に聞いていたなら、学校で強いストレスを感じるだろうか？　あるいは数週間前のことであればどうか？　おそらく、最初の数日間にもっとも強い悪影響を受けるはずだ。シャーキーは、まさにそれを確認している。殺人事件がテストの四日前に発生したケースでは、認知の低下が見られたが、四週間前だと見られなかったのである。

殺人現場の近さと、恐れのレベルの関係についてはどうだろう？　少し離れた場所より、近所で殺人が発生すれば、恐怖の度合いは高くなり、ひいては大幅な認知能力の低下を招くのではないか？　調査結果は、まさにその通りであった。読解力と語彙のテストの両方に関して、近所で発生した殺人は、少し離れた場所で発生した殺人と比べ、子どもの成績により強く影響を及ぼしていた。

シャーキーの調査結果には、さらに注目すべき側面があり、認知の低下はアフリカ系アメリカ人の子どもには見られたが、スペイン系の子どもには見られなかった。理由は定かでないが、推測は可能だ。おそらく、スペイン系はアフリカ系より、殺人にそれほど脅威を感じないのであろう。シャーキーの指摘によれば、アフリカ系が暮らす地域社会《コミュニティ》では、殺人の犠牲者の八七パーセントが同胞の人種であるのに対し、スペイン系のコミュニティでは、同胞の犠牲者は五四パーセントにすぎない[*75]。ゆえに、隣近所で発生した殺人は、アフリカ系の子どもの心により重い負担をかけ、彼らのテストの成績を下げたと考えられる。

ここでもう一つ文化的な説明を加えておこう。スペイン系の家庭には核家族が多く、社会的な支援を受けているケースが多いので、彼らは、アフリカ系に比べ、社会的な緩衝効果の恩恵を手厚く受けている可能性があり[*76]、それによって近隣で発生した殺人事件の認知への影響が緩和されるとも考えられる。たとえば、スペイン系の家族は、子どもに事件の情報が伝わらないようにしている、もしくは、家族全員でそれについて議論し、自分たちの家庭の安全性を強調しているのかもしれない。

シャーキーの発見が興味深いのは、言語性ＩＱの低さが犯罪に相関することが、これまでに何度も確認されているからだ[*77]。また、白人に比べ、アフリカ系アメリカ人は、言語性ＩＱが低く[*78]、犯罪発生率が高い[*79]という報告もある。シャーキーとサンプソンの主張によれば、長期間不利な環境下で暮らしているアフリカ系の子どもの言語能力は、およそ四ポイント落ちる[*80]。一年分の学業は、言語性IQを二～四ポイント改善すると考えられているので[*81]、近隣の殺人事件に起因するIQ四ポイントの低下は、一年以上の学業の欠如に相当する。学業不振に陥れば、よい職も見つからず、やがて成人犯罪や暴力につながる。

これはさらに、次のような悪循環にも結びつく。アフリカ系の子どもの脳が、近隣での殺人発生率の高さに影響を受けるのなら、それがさらにその地区の暴力や発砲事件の発生頻度を高め、ひいてはさらなるストレスや認知能力の低下をもたらし得る。

この考えには異論もあるだろう。しかし、社会環境は一般に考えられているよりはるかに重要かつ複雑であり、現在その理解の方法を模索中であるという事実を認識しておくことには、とても大きな意味がある[*82]。ロサンゼルスの臨床心理学者で科学者のジョナサン・ケラーマンは、環境の操作によって、XYY症候群を持つ七歳の少年の反抗的で破壊的な行動を緩和できたと、一九七七年に報告している[*83]。この論文は、当時の一般的な見方を数十年先行していた。環境は遺伝を変え得るのだ。その意味で言えば、本書もあなたの脳の構造を恒久的に変えたはずである。本書を読むことで、扁桃体、海馬、前頭前皮質などの脳領域に、新たなシナプスの結合が生成されるのだから。好むと好まざるとにかかわらず、変化はしばらく続き、取り除くのはむずかしい。民族や性別を問わず、社会的な経験は脳の構造を変えるのである。

あらゆる悪の母——母性剝奪とエピジェネティクス

犯罪や暴力には、遺伝的要因が強く関与することはすでに見た。また、遺伝→脳→反社会的行動という直接的、因果的な経路についても述べた。だが、社会的なプロセスも非常に重要である。その一つが母親の愛情の欠如であり、これには「エピジェネティクス」のメカニズムが関係する。

エピジェネティクスとは、遺伝子の発現様式や機能の変化を意味する概念であり、それを研究する分野である。「遺伝子は生まれる前からすでに決定され、固定されている」と思っている人も多いかもしれないが、通常考えられているより、はるかに柔軟に変化し得る。確かに基盤となるDNAの構造(ヌクレオチド配列)は、比較的固定している。しかし、DNAが巻きつくクロマチンタンパク質[*84]は、このタンパク質を構成するアミノ酸によって変化し得る。また、環境の影響によってオンになったりオフになったりするタンパク質もある。そして、それによってDNAの転写や遺伝物質の活性化の様相が変わり得る。また、DNAの四つの塩基の一つシトシンにメチル基が加わるメチル化も、遺伝子の発現に影響を与える。

これらはいかにして起こるのか? 環境によってである。動物では、母親がなめるだけで引き金が引かれる。神経科学者のマイケル・ミーニーは、生後一〇日以内に、より頻繁に母親になめられたり、毛繕いされたりした子どものラットには、海馬の遺伝子の発現に変化が見られたと報告している。また、そのようなラットは、環境ストレスにもうまく対処した[*85]。事実ラットの場合、九〇〇以上の遺伝子の機能が、母親のなめる行為や毛繕いによって調節されている[*86]。誕生時の母親との離別にも、類似の効果がある[*87]。遺伝子の発現は、とりわけ胎児期、誕生直後に影響を受けると考えられており[*88]、また、これらの期間は脳にとってばかりでなく、成人犯罪の予兆をなす幼少期の非行にも重要な意味を持つことが知られている[*89]。母親のケアが不足すると、深甚な生物学的、遺伝的影響が、子どもの行動に及び得るということだ。

驚くべきことに、早い時期に環境によって引き起こされた遺伝子の発現様式の変化は、次世代に受け継がれるらしい[*90]。妊娠中のタンパク質の不足は、生まれてくる子どもの遺伝子の発現様式を変えるばかりでなく、その子どもの子ども、つまり孫にも、彼らの両親の栄養状態に問題がなくても、代謝の異常を引き起こし得る[*91]。したがって、環境は個人の遺伝子の発現様式を変えるばかりでなく、次世代に受け渡される恒久的な影響も及ぼす。注目すべきことに、反社会的行動の変動の半分は遺伝的な起源を持つとはいえ、これらの遺伝子は固定されてはいない。社会的な影響によって、将来の神経機能に、そしてそれゆえ暴力の発現に深い影響を及ぼす、DNAの変化がもたらされるのだ。

エピジェネティクスの効果という観点をさらに進めて、広い社会的文脈のもとでこれら遺伝子発現の変化をとらえ、虐待や剥奪〔本来必要とされるものの欠乏〕がいかに脳に根本的かつ長期的な影響を及ぼすのかを考えてみよう。人間では、早期の栄養、情動、社会関係の剥奪は、眼窩前頭皮質、大脳辺縁系下前頭前野皮質、海馬、扁桃体、外側側頭皮質の機能低下を引き起こす[*92]。また、脳の白質の接続性、特に前頭領域を扁桃体に、また側頭領域を大脳辺縁系に接続する扇型の白質の束、鉤状束を破壊する[*93]。さらには、母性剥奪や粗悪な養育を含め、恒常的な、もしくは長引くストレスは、脳のストレス反応システムを阻害する。その結果、糖質コルチコイドの過剰な分泌、糖質コルチコイド受容体の減少、脳のストレス防御メカニズムの不調和、そして最終的には脳の劣化が生じる[*94]。このように、剥奪は脳に大きな爪あとを残す。

ストレスによって、脳のさまざまな部位に、とりわけ深刻な障害が引き起こされやすい時期がある。性的な虐待が三〜五歳頃に起こると、海馬の体積が減少する。しかし一四〜六歳頃に起こると、海馬ではなく、前頭前皮質の体積が減少する[*95]。これは、「海馬は早期に成熟し[*96]、ストレス反応によるコルチゾールの過剰な分泌によって影響を受けやすい」という事実におおむね一致する。それに対し、前頭前皮質は、幼少期にはゆっくりと発達するが、一〇代になると迅速に成長する[*97]。以上をまとめると、ストレスの多い養育環境は、遺伝子の発現や、神経化学物質の機能のみならず、脳の成長や接続性にも悪影響を及ぼす。

もちろん、暴力を引き起こす要因は、何も母親の怠慢ばかりではない。性的な虐待は、たいがい男性によるものだ。すでに述べたように、母親による最善の養育をもってしても、暴力に至る子どもの傾向性を無効にできないケースがある。父親や友だちも、非行や成人後の暴力を助長し得る。子どもの健全な成長に、思いやりにあふれるケアが重要であることには疑いの余地がない。ただヘンリー・ルーカスの事例が示すように、母親の憎しみには、子どもを殺人鬼に変える危険性がある。その意味で、母親によるケアの欠如の例は、暴力に至る経路ばかりでなく、母性剥奪が作用する仕組みについての明確な理解をもたらしてくれる。

ここまでの議論をまとめてみよう。暴力犯罪者は、母性剥奪、身体的／性的な虐待、その他のトラウマ、貧困、栄養不良などを経験していることが多い。また、これらの社会的な問題は、眼窩前頭皮質、内側前頭前皮質、扁桃体、海馬、側頭皮質など、暴力に結びつく脳の領域に悪影響を及ぼす。以上を踏まえ、次のように結論できる。それらの社会的な問題は、発達中の脳に長期的な障害をもたらし、青少年期に不安や攻撃性を、ひいては成人後に暴力行為を引き起こす。ダメージを受ける可能性のある時期は、幼児期や青少年期に限られない。一例をあげよう。二〇〇一年九月当時、世界貿易センタービルの近くに住んでいて甚大な環境的ストレスを受けた成人は、海馬の灰白質の体積が減少していることが、三年後に実施した脳スキャンによって判明した[*98]。いずれにせよ、環境から脳を経て最終的に暴力に至る経路は、少なくとも一部の人には見られる。

脳の各部位を結びつける

本章では、暴力を説明するにあたって、社会的なプロセスと生物学的なプロセスを結びつけた。では、脳の各部位の結びつきについてはどうだろうか？　脳は、恐ろしく多様で複雑な組織だ。第5章では、ホワイトカラー犯罪には脳の複数の部位が関与している点を確認した。また、犯罪が多様な形態をとることも周知のとおりだ。一つの脳領域や神経回路だけで、犯罪を説明できるわけではない。

複雑な組織たる前頭前皮質に焦点を絞りたくなるかもしれない。それが犯罪に関与することを示す証拠もたくさんある。もしくは、先に述べたような前頭前皮質と大脳辺縁系で構成される神経回路、あるいは眼窩前頭皮質と、それによって制御される扁桃体から構成される神経回路など、一、二の脳領域から構成されるたった一つの神経回路によって、犯罪を説明したくなるかもしれない[*99]。しかし、これらのアプローチは単純すぎる。暴力とは、非常に複雑で多面的な現象だ。暴力の神経学的な基盤を完全に理解するためには、その人に暴力への道を歩ませる際に働いている、より広範な社会的、心理的プロセスを始動させる背景としての、複数の分散的な脳のプロセスにメスを入れる必要がある。このように神経系の複雑性を正しく認識してモデル化することで、反社会的行動の起源について、より深い洞察が得られるはずだと、私は考えている。

過剰な単純化というレッテルを貼られないよう、ここに暴力の機能的神経解剖学モデルを提示する[*100]。まず、関係する脳の領域を一つずつ取り上げながら、暴力犯罪者に見られる脳の異常の機能的な意味を概観しよう。以下の記述はおもに、犯罪者を対象に、構造的、機能的脳画像法を用いて行なわれた研究に基づく[*101]。

図8・6〔図と本文の説明のあいだに何点か不整合があるが、著者に確認したところ認知と感情の機能的側面は厳密に分けられるものではなく、どちらも正しいとのこと〕は、認知、感情、運動という三つの大きな見出しのもとに、脳のプロセスをまとめたものである。それぞれの見出しの上に、関連する脳の領域を列挙した。これらの脳領域の障害は、当人の行動や社会関係に複雑な影響を及ぼし、さらにはそれが、反社会的行動、とりわけ暴力を導く。このモデルは、脳の機能不全と反社会的行動のあいだに直接的な結びつきを仮定しない。その代わりに、損なわれた脳システムから、比較的抽象的なレベルの認知(思考)、感情(情動)、運動(行動)プロセスへの、機能不全の転換を強調する。さらにこれらによって、犯罪を導き得る具体的で近接的な危険因子を孕む、より複雑な社会的状況がもたらされる。したがって、これらの脳の危険因子は、直接的に攻撃行動を引き起こすものとしてでは

なく、暴力へと導く反社会的な傾向性を宿した、偏った思考、感情、行動をもたらすものとして概念化されている。

まずは図8・6左の認知プロセスから検討しよう。ここには、前頭前皮質腹内側部、前頭前皮質内側極部、角回[*102]、前帯状回、後帯状回が関与する。これらの領域の障害は、計画力、組織力の低下、注意力の阻害、臨機応変な対応能力の欠如[*103]、情動を正しく評価する認知能力の低下[*104]、不適切な意思決定[*105]、自省の欠如[*106]、報酬や懲罰に適切に対処する能力の低下[*107]をもたらす。さらに、これらの認知的な障害は、犯罪を導く社会的な要素に転化する。その例としては、職業的、社会的な役割を果たす能力の低下[*108]、社会的な規則の無視[*109]、行動を導く懲罰に対する無感覚[*110]、日常生活における不適切な判断[*111]、攻撃的な思考や感情に対する自制の欠如[*112]、小さな刺激に対する過剰反応[*113]、洞察力の欠如、学業不振などがある。

次に図8・6の中央、感情プロセスを検討しよう。関連する脳領域は、扁桃体、海馬、島皮質、前帯状回、上側頭回である。これらの領域の障害は、他者の心の状態を理解する能力の欠如[*114]、学習や記憶の阻害[*115]、嫌悪感の欠如、不適切な道徳的判断[*116]、罪悪感やきまりの悪さの欠如[*117]、共感の欠如[*118]、貧弱な恐怖条件づけ[*119]、情動の調節能力の低下[*120]、道徳の侵犯に結びついた不快感の低下[*121]を引き起こす。さらに、これらの感情が阻害されることによって、他者に対する残虐な行為を抑えられなくなる[*122]、他者の感情に無感覚になる[*123]、良心の発達が阻害される[*124]、社会規範を平気で侵犯する[*125]などの結果がもたらされる。これら一連の特徴の発現によって、いかに暴力の可能性が高まるかは容易にわかるはずだ。

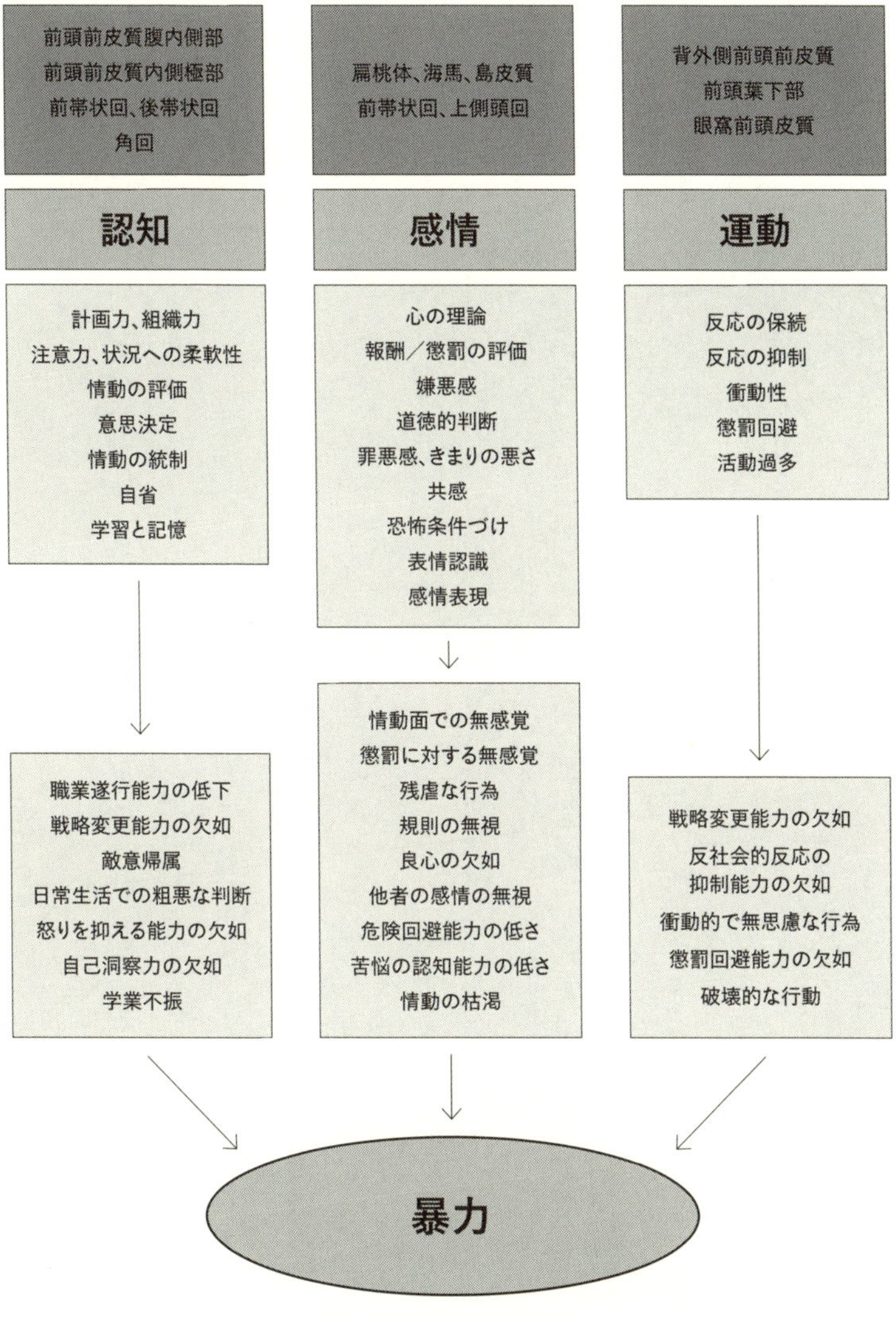
前頭前皮質腹内側部
前頭前皮質内側極部
前帯状回、後帯状回
角回
扁桃体、海馬、島皮質
前帯状回、上側頭回
背外側前頭前皮質
前頭葉下部
眼窩前頭皮質
認知
感情
運動
計画力、組織力
注意力、状況への柔軟性
情動の評価
意思決定
情動の統制
自省
学習と記憶
心の理論
報酬／懲罰の評価
嫌悪感
道徳的判断
罪悪感、きまりの悪さ
共感
恐怖条件づけ
表情認識
感情表現
反応の保続
反応の抑制
衝動性
懲罰回避
活動過多
職業遂行能力の低下
戦略変更能力の欠如
敵意帰属
日常生活での粗悪な判断
怒りを抑える能力の欠如
自己洞察力の欠如
学業不振
情動面での無感覚
懲罰に対する無感覚
残虐な行為
規則の無視
良心の欠如
他者の感情の無視
危険回避能力の低さ
苦悩の認知能力の低さ
情動の枯渇
戦略変更能力の欠如
反社会的反応の
抑制能力の欠如
衝動的で無思慮な行為
懲罰回避能力の欠如
破壊的な行動
暴力

［図8.6］認知、感情、運動のプロセスに焦点を置く、暴力の機能的神経構造モデル

最後に、図8・6の右側、運動プロセスを見てみよう。関連する脳領域は、背外側前頭前皮質、眼窩前頭皮質、前頭葉下部である。これらの領域の障害は、反応の保続[＊126]、不適切な反応を抑制できないなどの運動障害[＊127]、衝動性[＊128]、懲罰を回避するために反応を変える能力の欠如[＊129]、活動過多[＊130]を引き起こす。日常生活において、これらの障害は、問題解決に際して一つの手段にこだわる[＊131]、不適切な社会的行動を繰り返す[＊132]、衝動をうまく抑えられない[＊133]、懲罰を回避できない、破壊的な行動[＊134]などの結果をもたらす。

このモデルには、基本的な脳のプロセスから、より複雑な認知、情動、運動のプロセスを経て、暴力犯罪者を特徴づける、実社会での行動へと至る流れを見ることができる。確かにこれは単純なモデルではない。そもそも、暴力は単純な行動ではないからだ。しかし、脳の各部位をつなぎ合わせて暴力のパズルを解く試みを通じて、私たちが対処しなければならない問題の複雑性を十分に理解できるであろう。加えて、脳の各部位と相互作用するマクロ社会的、心理社会的プロセスまでを含めれば、複雑性はさらに増大する。つけ加えておくと、図には前頭葉、側頭葉、頭頂葉のいくつかの領域を記したが、脳画像法を用いた暴力の研究は、まだ緒についたばかりだ。したがって、この図式は非常に単純化されたものにすぎない。関連する脳領域は他にも、中隔部[＊135]、視床下部[＊136]、線条体[＊137]など多数ある。

これら認知、感情、運動のプロセスからいかに暴力が生じるのか？　私は、暴力を段階的、確率的なものとしてとらえている。つまり、認知、感情、運動を司る神経系の障害が多ければ多いほど、結果として暴力が生じる可能性は高くなると考える。たとえば、不適切な判断を下し、かつ罪悪感を覚えず、かつ衝動的に振る舞えば、暴力に至る可能性は爆発的に上昇する（他の条件は等しいものとする）。

以上で述べたことからわかるように、暴力をもたらす、たった一つの原因などというものは存在しない。だから、犯罪の理解はかくも困難なのである。また、科学者にしろ、一般の人々にしろ、犯罪に強い関心を寄せる理由の一つもそこにあるのだろう。脳に関しても同じことが言える。脳を物質のかたまりと考えるのは簡単だ。しかし実際には、脳は、さまざまな領域が驚くべき様態で集積した混合物であり、そのそれぞれが犯罪の輪郭の一部を成す、基本的な機能を果たしている。暴力的な行動の発現の可能性を高める「脳→認知、感情、運動プロセス→社会的な行動」という流れを考えても、暴力の構造がいたって複雑なものであることがわかる。

生物学的特徴のみでは十分ではない。暴力の引き金を引くには、社会的な危険因子も必要である。本章では、暴力というジグソーパズルの一つのピースとして、早期の社会的剥奪を強調したが、やはり脳がもっとも重要なピースであることを忘れないでほしい。本書の焦点もそこに置かれている。悪の種子は脳のなかに蒔かれるのだ。ここ数十年、科学者は社会や環境を重視してきたが、主犯は脳である点に変わりはない。

これは、社会科学者にとっても神経科学者にとっても、必ずしも苦い薬になるわけではない。悪い遺伝子によっても、悪い環境によっても、あるいは本章で主張してきたとおり、それら両方が結びついても、悪い脳は形成し得る。現在では、暴力の複雑性の正しい理解と、神経科学の急速な進歩によって、犯罪の原因を探求する、非常に高度で統合化されたアプローチが確立されつつある。そしてこのアプローチは、社会科学者が何十年も地道に行なってきた、犯罪の社会学的、心理学的な研究にも多くを負っている。犯罪の原因の説明において、互いに競合するものとしてこれまで考えられてきた二つの見方は、今では補完的なものとして見られるようになってきた。以前の犯罪学者なら敵と見なしたアプローチは、いまや犯罪との闘いにおいて頼れる味方になったのだ。

最後にもう一度出発点に戻ろう。ヘンリー・リー・ルーカスは、頭部の負傷、栄養不良、屈辱、虐待、アルコール依存症、極貧、母性剥奪、過密な居住環境、近隣環境の悪さ、犯罪者の家系、愛情の完全な欠如など、無数の要因が混合して誕生した犯罪者だ。一般に暴力犯罪者は、幼少期に虐待や剝奪の経験を持ち[*138]、いくつかの例外を除けば、とりわけこの経験は、連続殺人犯の成長の背景を特徴づける[*139]。またルーカスは、MRIおよびEEGによる検査によって、側頭皮質とともに、特に前頭極に構造的、機能的な障害を抱えていたことが明らかにされている[*140]。毒物検査では、カドミウムと鉛のレベルが高く、これらの重金属が脳の構造と機能を損なう点についてはすでに見た[*141]。彼の暴力性は、遠因となる脳の構造的、機能的な障害によって、認知（不適切な意思決定）、情動（無感覚）、行動（自制のなさ）の各レベルで、近因となる危険因子が生まれ発現したものとして理解できる。暴力というパズルを構成するこれら主要なピースによって、ヘンリー・リー・ルーカスという連続殺人犯は成り立っているのだ。

しかし、未解決のピースが一つ残されている。犠牲者が女性ばかりなのはなぜか？　ヘンリー・リー・ルーカスに殺害された、公式記録上最初の犠牲者は、酒に酔って刺殺した自分の母親である。首を平手打ちしただけだと思っていたのに、ナイフを手にしていることに気づいたのだそうだ。それは彼が二三歳のときのことで、第二級殺人罪で二〇年の懲役刑を言い渡された。第二級殺人罪として扱われたのは、彼女の最終的な死因が心臓発作だったからだ[*142]。

彼の最後の犠牲者は、おそらくベッキー・パウエルであろう。彼が四〇歳のときに出会ったパウエルは一二歳の非行少女で、それ以来あいまいな関係を続けていた。彼は三年間、彼女の愛情深い父親の代理役を果たし、衣食の面倒を見ていた。ルーカスは、自分の父親より親らしく振舞っていたのだ。その一方で、彼女に窃盗や強盗のやり方を教え、彼女を愛人にしていた。そして、酔っ払ってちょっとしたけんかをした際に、まだティーンエイジャーだった彼女の心臓をナイフで突き刺したのである。そして死体とセックスしたあとで彼女を切り刻み、二つのまくらカバーに肉片をつめて墓に埋めている。その後彼は、何度かこの墓を訪れているが、墓に語りかけ、激しい後悔の念に駆られて泣いたとのことだ[*143]。彼女との関係は、ルーカスの生涯のなかで唯一、真の愛情がともなうものであったらしく、彼に大きな変化をもたらし、驚くべきことに、単に武器を携帯していたという理由で逮捕されたにすぎないのに、すぐに殺人を自白している。

このように、連続殺人犯としてのヘンリー・ルーカスの経歴の最初と最後に、二人の女性との愛憎関係を見ることができる。そして、母親の手による幼少期の虐待が、彼を殺人鬼に変える核心的な要因になった。子どもの頃の悲惨な生活環境と、アルコール依存症で売春婦の母親から受けた度重なる虐待を考えてみよう。母親自身が子どもの頃に受けた虐待の結果は、環境や遺伝のみならず、おそらくはエピジェネティクスによってもヘンリー・ルーカスに受け渡されたと考えられる。エピジェネティクス、つまり遺伝子の発現には、母親のケアが重要な役割を果たすことはすでに見た。母親によるケアの完全な欠如は、暴力を抑制する遺伝子をオフに、もしくは促進する遺伝子をオンにしたのかもしれない。遺伝的な形質が世代間で受け渡されるのは確かだが、ヘンリーを精神病質的な犯罪者に変えたのは社会環境なのである[*144]。彼の母親は、忌まわしきサイコパスのあらゆる特質を持ち、ヘンリーは、彼女を殺すことで、世代を超えた精神病質の遺伝的な運命を追体験したのだとも言えよう。彼は「自分の人生を憎む」「すべての人間を憎む」と述べている[*145]。とりわけ母親を憎み、おそらくはその憎しみが、他の女性たちに向け変えられたのではないだろうか。たとえその誰かが、ベッキー・パウエルのように、自分が愛情を注いできた女性であったとしても。

同様に両親との堅固な絆を欠き、幼少期にひどい社会的剥奪と栄養不良を経験したカールトン・ゲイリーを思い出そう。このケースの不可解な謎の一つは、魅力的なガールフレンドが大勢いるハンサムなアフリカ系アメリカ人男性が、なぜ五五歳を超える女性をレイプしたのかという点だ。アメリカでは、異人種間の殺人は一〇件に一件の割合で起きるにすぎないが、ゲイリーの場合には、七人の犠牲者すべてが白人だった。この異常な犯罪のパターンは、母親と、彼を育てたおばが、富裕な高齢の白人女性の家政婦として働いていた事実と何か関係があるのだろうか？　あからさまな人種差別が現在よりもはるかに一般的であった時代の、短気で不平の多い白人女性の態度が、ゲイリーの養育者の敵意を育み、それが彼にも伝わったということなのか？　それとも、高齢の白人女性に対するゲイリーの敵意は、彼にとってはいないに等しかった自分の母親に向けられた侮蔑の念が、ヘンリー・リー・ルーカスの場合と同様、やや方向を変えて攻撃性に転化し、別の対象に向けられて生じたのか？　さらには、彼が殺人鬼になったことに、エピジェネティクスが何らかの役割を果たしているのだろうか？　ルーカスの例で言えば、母親の虐待によって、彼の遺伝子の発現様式が変わり、結局、彼女自身がその犠牲者になったということなのか？

連続殺人犯になり、最後は刑務所内で心臓発作によって死亡するという人生からヘンリー・リー・ルーカスを救おうとしたら（そしてもちろん犠牲者の命も救える）[*146]、何をどうすればよかったのか？　ルーカスやゲイリー、あるいはその他の殺人鬼には、生まれたときからそれ以外の道は残されていなかったのか？　遺伝子と脳に刻まれた暴力に至る素質は、不変なものではない。人を暴力へと仕向けるのに一役買っている、さまざまな生物学的、社会的要因を結びつけ、暴力の全体構造を解明する試みを続けていけば、私たちは、より効果的な予防策や介入プログラムを構築できるはずだ。次章ではその点を検討する。ヘンリー・リー・ルーカスや、カールトン・ゲイリーのような人物が、殺人者になるのを事前に防ぐためにはどうすればよいのか？

第9章

犯罪を治療する

生物学的介入

ダニーは絶望的だと思われていた。愛情と思いやりに満ちた、ロサンゼルスの裕福な家庭で育てられたにもかかわらず、三歳の頃には常時ものを盗むようになり、成長するにつれて慢性的に巧みな嘘をつき始める。一〇歳になると、一晩中街をうろつくばかりでなく、麻薬の売買に手を出す。近所の子どもたちからは、「どうしようもないやつ」と言われ、彼の住む地区は中流家庭が多かったので、誰もが彼を避けるようになる。両親の養育の問題ではなかった。母親の言によれば、「どんなに厳しくしつけても、何が起こってもまるで効果がなかった。非行を止める手段はなく、私たちはどうすればよいのか途方にくれていた」[*1]。

彼は、成長してたくましくなると実質的に家庭を支配する。車を盗み、麻薬の取引のために母親の宝石類を徴発する。学校の通信簿にはFが並ぶ。麻薬に関する知識だけは早熟で、大麻、スピード、コカイン、クリスタル・メスとさまざまな麻薬を試す。一五歳のときには、少年院への一八か月間の監禁が言い渡されている。ここまでは、幼少期に犯罪者の徴候を示し、成長するにつれ暴力を振るい始めるという、よくあるパターンに見える。やがてジェフリー・ランドリガンのような殺人犯になっても、それほど不思議ではなかった。藁にもすがりたい気分の両親は、少年院を出所したダニーを、バイオフィードバック診療所に連れて行く。この代替医療診療所の診断方法は、臨床的な問題を抱えた患者の生理学的な特徴を検査し、生理的な不均衡を矯正できるか否かを評価するというものであった。治療は具体的にどうするのか？　自分の生物学的特徴に気づかせ、脳を変えるよう教育するのだ。この時点では、ダニーも両親も、実際のところ治療にいかなる効果も期待していなかった。「一応形だけでもやってみよう」くらいにしか考えていなかったが、やがてその考えは間違いであったことがわかる。

最初の検査では、前頭前皮質に、覚醒度の低さの典型的な徴候である、過度に遅い脳波の活動が検出されている。次に、三〇セッションから成る「バイオフィードバック」が実施された。このセッションでは、電極が装着された帽子をかぶったダニーがパックマン〔有名なビデオゲーム〕をプレイしているあいだに、脳の活動が測定された。ダニーの課題は、迷路に閉じ込められたパックマンを操作し、できるだけ多くのエサを食べることだ。パックマンを動かすには集中していなければならないが、これは遅い脳波のシータ波の活動を、速い脳波のアルファ波、ベータ波の活動に転換することで可能になる。集中が途切れれば、パックマンの動きも止まる。ダニーは、こうして集中を維持することで、常時刺激を求める覚醒度の低い未熟な皮質を鍛錬し、課題への集中が可能な、覚醒度の高い成熟した脳を形成できた。

もちろん、ただちに効果が現れたわけではない。ダニーのバイオフィードバック治療は、ほぼ一年を要した。しかし、セッションを重ねるうちに変化が見られるようになった。集中力を欠き、少年院に送られさえした通信簿にFが並ぶ非行少年から、成熟した、オールAをとる優秀な生徒へと劇的な変貌を遂げ、試験では最優秀の成績を収めるようになった。彼の運命は完全に逆転したのだ。

何が劇的な変化を引き起こしたのか？　この問いに答えるには、何がダニーの反社会的行動を焚きつけたのかを、まず検討する必要がある。彼の反社会的行動は、よちよち歩きの頃からすでに見受けられ、思春期に入ってひどくなった。治療が完了したあとで、彼は「学校はまったくおもしろくなかったけど、犯罪にはほんとうに興奮した。とにかく、警官を出し抜いて派手に暴れ回りたかった。それがイカすことだと思ってたんだ」と述懐している[*2]。

彼が刺激を渇望していたことは、この言葉からも明らかだ。第4章で、覚醒度が慢性的に低い子どもは、それを正常レベルに戻そうと努めると述べた。また、経年調査によって、安静時の脳波が過度に遅い子どもは、そうでない子どもと比べて、成人後に犯罪者となる可能性がかなり高いことがわかっている[*3]。ダニーの治療で最初に実施された検査では、まさにこのデルタ波、シータ波の過度の活動、および皮質の覚醒度の低さが検出されている。また、前頭前野の機能低下によって衝動的な殺人を犯す危険性が高まることはすでに述べた。さらには、虐待のない愛情に満ちた家庭で育ったにもかかわらず子どもが反社会的になる場合には、犯罪の要因は生物学的なものだと考えられるとも論じた。

ダニーの事例は、生物学的な特徴が犯罪者となる運命ではないことを示す。犯罪や暴力に至る、脳を基盤とする精神生理学的な基質は、不変のものではない。重要なのは、バイオフィードバックと周囲の人々の援助はあったにせよ、ダニー自身が、自らを変えたことだ。心が物質に勝利したとも言える。自らリハビリに励んだことが、彼の更生を成功させた大きな要因になったのであろう。

もちろん、暴力や犯罪に特効薬などない。また、ダニーの更生は一つの事例にすぎない。とはいえ私は、本章で明るい展望を描きたいと考えている。生物学的な基盤を持つ犯罪に直面して白旗をあげるのではなく、一連のバイオソーシャルなカギを使って犯罪の原因を解明すれば、早い段階で生物学的要因に捕らわれてしまった人々を救えるだろう。

復習

ダニーのような子どもをいかに救えるのかを検討する前に、介入の文脈を明確にするべく、ここまでの議論の理論的な枠組みを振り返っておこう。まずは図9・1を参照されたい。

このバイオソーシャル・モデルは、幼少期の攻撃性、そして成人後の暴力へと導く諸要因の形成に、遺伝子と環境が果たす役割を強調する。カギとなる前提は、社会的危険因子と生物学的危険因子の両方を合わせて評価することで、反社会的行動の発達の理解に役立つ革新的な洞察が得られるということだ。

図の右側には、モデルの主要な構成要素が記されている。先頭には、将来の暴力を引き起こす基盤要因として、遺伝子と環境があげられている。右側の社会的な危険因子は、四分の三世紀にわたり、社会科学者が犯罪の理解にあたって注目してきた要因である。左側の生物学的な危険因子は、より新しく挑戦的な分野、神経犯罪学が扱う。

遺伝子と環境は、モデルの一段下にある生物学的、社会的要因の基盤を構成する。ここで注意してほしいのは、遺伝子が、生物学的要因と社会的要因の両方に結びついている点だ。遺伝子は、社会階級の低さや両親の離婚などの、暴力を導く社会的危険因子を形成し得る[*4]。逆に、ストレスなどの

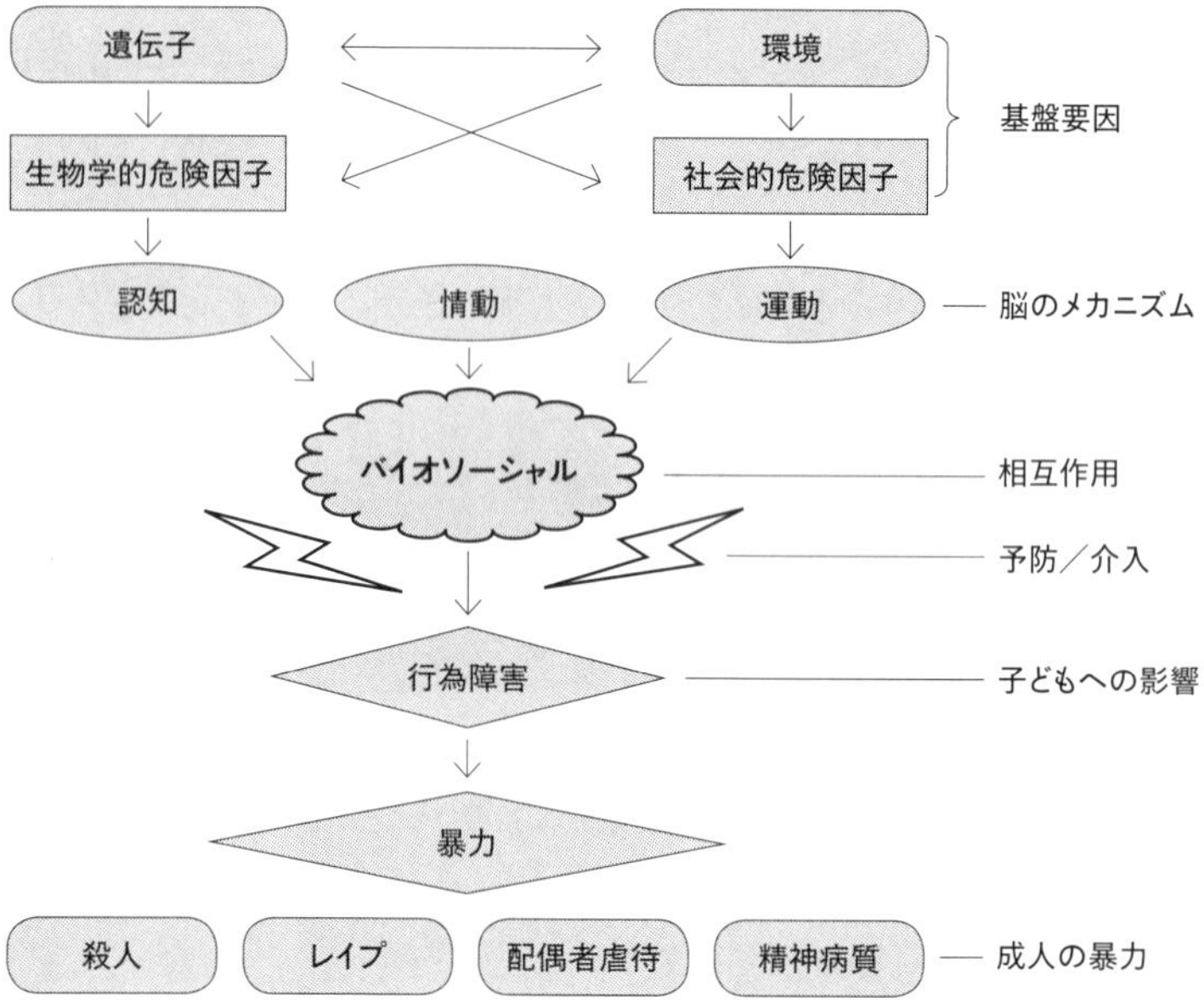

［図9.1］暴力のバイオソーシャル・モデル

社会的危険因子によって、脳の機能が損なわれるケースがある。たとえば、暴力事件が多発する地域で暮らしていれば、頭部を負傷する可能性は高まる。

次に、生物学的、および社会的危険因子は、認知（注意力障害など）、情動（良心の欠如など）、運動（脱抑制など）の三つのレベルから構成される脳の危険因子を生む。これらの脳の機能不全は、直接行為障害や暴力を引き起こすか、社会的な影響と相まって、ティーンエイジャーになったときに情動の激発を引き起こすバイオソーシャルな相互作用を形成する。前章の力点は、まさにこのバイオソーシャルな経路に置かれていたのであり、暴力の解剖学の中心概念としてここでもう一度強調しておく。

しかしパズルのピースはまだ足りない。図の中央部に描かれた稲妻に注目されたい。この稲妻は、生物と社会の相互作用から成人暴力へと至る経路を抹消するものだ。行為障害や暴力の発達を阻止し得るバイオソーシャルな介入とは、いったいいかなるものか？　ここからは、この問いに焦点を絞る。

決して早すぎることはない

子どもの暴力に対するアプローチの一つは、今日よく見られるように、手がつけられなくなるまで自由に暴れさせるというものだ。しかし残念ながらそのようなやり方では、子どもの振る舞いを効果的に矯正できる時期を逸してしまう。将来の暴力を予防するために、なぜ早期介入を試みないのか？

それを実際に試みたのは、デイヴィッド・オールズの記念碑的な研究だ。彼はこの研究によって、犯罪学のノーベル賞とも言うべきストックホルム賞を受賞している。ここで、次の点を考察したことを思い出そう。妊娠中に喫煙した母親の子どもは、成人後に暴力犯罪者になる確率が三倍になる[*5]。出産時の合併症はもう一つの危険因子である[*6]。妊婦の栄養不良は、子どもが成人後に反社会性パーソナリティ障害を発症する確率を倍にする[*7]。胎児期、および出産後の母親によるケアは、子どもの脳の発達にきわめて重要な役割を果たす[*8]。妊娠中のアルコール摂取は、子どもの成人後の暴力や犯罪に結びつく[*9]。オールズは、これらのバイオソーシャルな影響の調査に取り組んだのである。

オールズのランダム化比較試験の被験者は、下層階級に属する四〇〇人の妊婦から構成される。介入グループの被験者は、妊娠中に九回、および子どもの誕生後二年間にわたり、のべ二三回の上級看護師の家庭訪問を受けている。ちなみに生後二年間は、子どもの成長にとって非常に重要な時期である。訪問時、看護師は母親に、喫煙やアルコール摂取を減らし、栄養を十分にとり、子どもの身体的、社会的、情動的ニーズを満たすよう助言し、カウンセリングを行なっている。それに対し、対照群の被験者は、出産前後の育児に関して標準的な指導を受けたのみである。なお、子どもに対する追跡調査は、一五年にわたって実施されている。

結果は劇的だった。対照群に比べ、看護師の訪問を受けた母親の子どもは、逮捕歴に五一・八パーセント、有罪判決に六三パーセント、さらにはアルコール摂取に五六・二パーセント、喫煙に四〇パーセント、無断欠席、器物損壊に九一・三パーセントの減少が見られた。これらの効果は、未婚の、とりわけ貧しい母親の子どもに顕著であった[*10]。

なぜ早期介入がかくも効果的なのか？　そのヒントは、介入グループに得られた以下のような効果に見出せる。

◎看護師の訪問を受けた母親の子どもは、低出生体重児の割合が低かった。
◎子どもが四歳になったとき、母子は敏感に反応し合った。
◎家庭内暴力はあまり見られなかった。
◎母親は、子どもを就学前プログラムに参加させる割合が高かった。
◎家族は、子どもの早期学習を支援する傾向が高かった。

◎とりわけ知能や能力の低い母親に、実行機能とメンタルヘルスの向上が見られた[*11]。
◎子どもが一二歳になったとき、母親にはアルコールやドラッグの濫用があまり見られず、母子関係は良好で、両者とも充実した達成感を抱いていた[*12]。

ぐれる可能性の高い子どもを持つ母親への情報、教育、援助の提供は、成人暴力を予兆する子どもの非行を緩和する。オールズは、社会的危険因子ばかりでなく、それと結合することで反社会的行動を生む生物医学的な健康因子にも対応している。彼は図9・1の「バイオソーシャル」と記された部分に取り組むことで、目覚ましい成果をあげたのだ。

二〇〇六年時点で、介入プログラムのコストは、母親一人につき一万一五一一ドルである。しかしそれによって政府は、食料費補助《フードスタンプ》、医療保障費《メディケイド》、および家族に対するその他の生活援助にかかる一万二三〇〇ドルを節約できた。事実、介入グループの被験者への政府の援助額は、対照群に比べて少なかった[*13]。もちろんそれには、犯罪発生率の低下による恩恵や人々の生活の向上など、数値化の困難な恩恵は考慮されていない。

決して遅すぎることはない

モーリシャスの美女と野獣（第4章）を覚えているだろうか。ミス・モーリシャスになったジョエルと、常習犯罪者になった暴走族のラジのことだ。ジョエルとラジは、私の博士課程担当教官であったピーター・ヴェナブルスが立ち上げた経年研究に、三歳から参加した被験者のうちの二人であった。三〜五歳の時点における環境の強化《エンリッチメント》の効果を調査したこの研究から学んだことは、「犯罪予防の開始時期は、早すぎることもなければ遅すぎることもない」という事実だ。

環境強化を目的とする介入は三歳から二年間続けられ、栄養、認知刺激、運動という三つの主要な構成要素から成る。このプログラムは、特別に設置された二つの保育園で実施され、これらの保育園には、栄養、衛生、障害などに関する健康上の問題に迅速に対応するために専属のスタッフが配属された。彼らは、体操、リズム運動、野外活動、理学療法などの身体活動に加え、玩具、アート、手芸、劇、音楽を用いた多様な認知刺激に関する訓練を受けていた[*14]。さらには栄養プログラムによって、ミルク、フルーツジュース、魚類(またはチキンかマトン)、およびサラダが毎日出され、午後の運動セッションでは、体操や野外運動プログラム、あるいは自由遊び《フリープレイ》が実施される。プログラムには他にも、遠足、基本的な衛生スキルの向上、健康診断などが含まれる[*15]。このように、毎日平均して二時間半の運動時間が確保された。認知スキルは、言語能力、視空間の調和、概念形成、記憶、感覚、知覚に焦点を置く。

では、対照群についてはどうか? 対照群は、モーリシャスの通常の保育園に通っている子どもたちで構成される[*16]。ランチ、ミルクの提供はなく、野外運動プログラムも実施されていない。モーリシャスの子どもは、昼食には一般にライスやパンを食べる。

ちなみに、環境強化プログラムを受ける介入グループの被験者一〇〇人は、一七九五人のなかから、層別無作為抽出法と呼ばれる標本選択方法によって選ばれた。その残りから、一〇項目の認知的、精神生理学的、人口統計学的尺度に照らして介入グループの被験者とマッチングさせながら、対照群の三五五人が選ばれている。こうして選抜された子どもたちを対象に、一八年間にわたる追跡調査が行なわれたのである。

はたしてこの調査で、どのような結果が得られたのか？　彼らが一一歳になった時点で、われわれは、皮膚コンダクタンス反応による精神生理学的な測定方法を用いて、彼らの注意力を再度評価した。ヘッドフォンから聞こえてくる音に反応して分泌される汗の量が多ければ多いほど、被験者の注意力は高い。両グループの被験者は、介入が始まる前の三歳の時点で、この尺度による条件がまったく同一になるようマッチングされていた[*17]。それから八年後の一一歳の時点で再測定したところ、介入グループには皮膚コンダクタンス反応に六一パーセントの上昇が見られた。これは、集中して周囲のできごとに注意を向ける能力が、飛躍的に向上したことを意味する[*18]。

また、脳波測定（EEG）も一一歳の時点で行なった。脳波は、四つの基本周波数帯に分けられる。たった今、本書を読んでいるあなたの脳は、速波であるベータ波の活動によって支配されている。というのも、あなたの脳は現在、活性化されて覚醒状態にあり、このページをスキャンし、内容を理解してさまざまな観念の連合を形成しようとしているからだ。それに対し、リラックスしているときにはアルファ波が、睡眠時には徐波〔周波数の低い脳波〕であるデルタ波の活動が支配的になる。目覚めていてもぼんやりしているときには、ゆるやかなシータ波の活動が強くなる。未熟で発達途上の子どもの脳においては、一般に徐波のシータ波による活動が比較的強く見られる。われわれは、介入プログラムが終了してから六年後の測定で、介入グループに属する子どものシータ波の活動が、対照群の子どものそれより、かなり低いことを見出した[*19]。前者の脳はより成熟し、覚醒度が高かったのだ。後者の脳に比べて前者の脳は、一・一年分成熟度が高かった[*20]。

その後六年間、われわれは子どもたちの追跡調査を続け、一七歳の時点における問題行動の有無を調査した。その結果、介入グループの子どもの行為障害、活動亢進のスコアは、かなり低いことがわかった。彼らは、他者に対する残虐性が低く、怒りに駆られてけんかをしたり、他の子どもをいじめたりすることがあまりなく、加えて、刺激を求めてあちこち徘徊するような行動もそれほど見られなかった[*21]。

二三歳の時点では、被験者全員に構造化インタビュー〔類型化されたインタビュー〕を実施し、自己報告を通して一人ひとりの犯罪歴を調査し[*22]、犯罪経験があることを認めた者は、犯罪者として分類した。さらにわれわれは、モーリシャスの全裁判所に保管されている書類を精査し、器物損壊、ドラッグの使用、暴力、飲酒運転などの記録を拾った。ただし駐車違反や、自動車登録のし忘れなどの些細な違反は除外した。これらの調査の結果、次のことが判明している。介入グループの子どもには、対照群と比べ、自己報告による犯罪率に三四・六パーセントの減少が見られる[*23]。有罪判決の記録があるものに関して言えば、介入グループの犯罪率は三・六パーセントであり、対照群の九・九パーセントに比べるとはるかに低い。この差は統計的に有意なレベルには達していないのだが[*24]、どうやら環境強化介入の効果は、二〇年後になっても認められると言えよう。

それだけでも十分に興味深いが、さらに強くわれわれの関心を惹く発見があった。小児科医によって、介入前に栄養不良の徴候がチェックされたことはすでに述べた。図9・2の左側、三歳の時点で

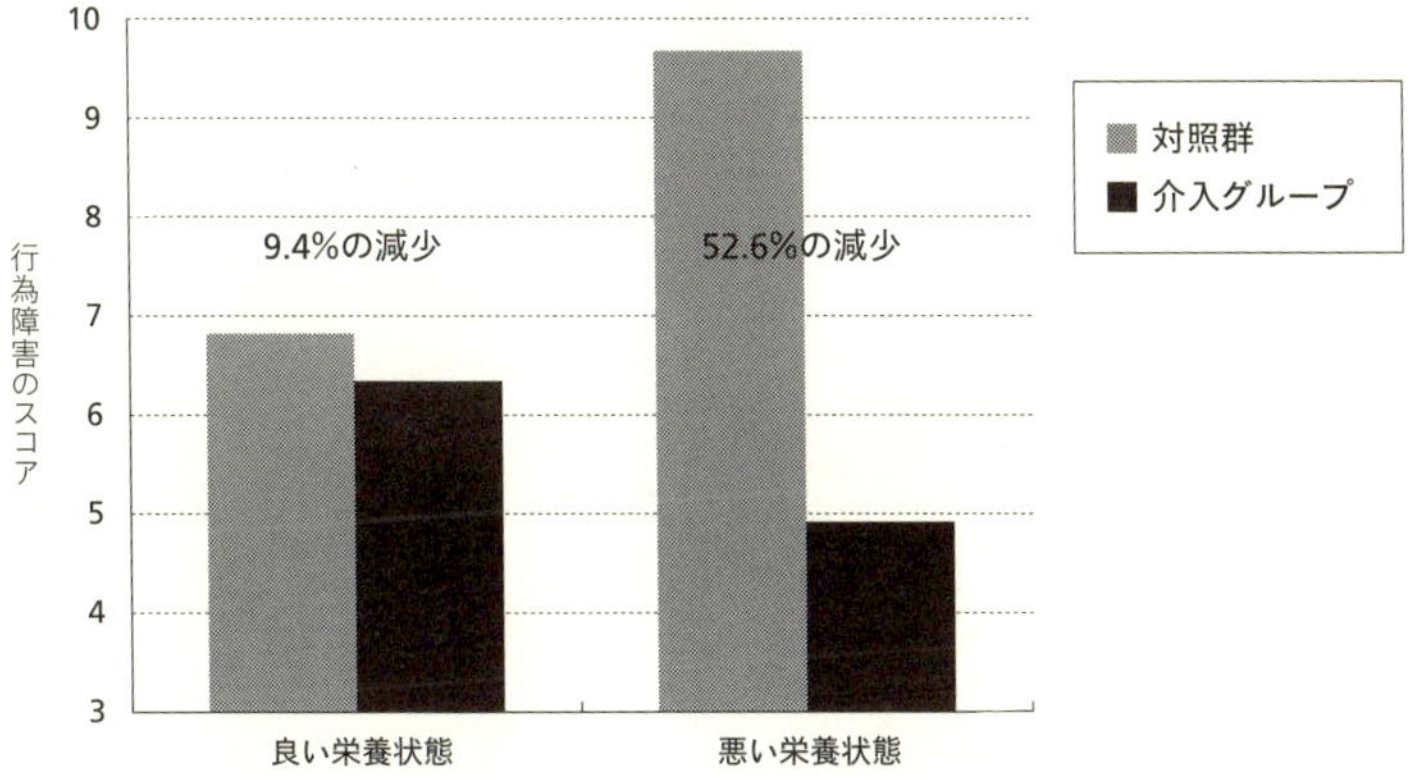

［図9.2］介入プログラムを受け始めたときに栄養状態が悪かった子どもは、
17歳の時点における行為障害に大きな減少が見られる

栄養レベルが正常であった介入グループの子どもには、行為障害の減少は、ごくわずかしか見られない（この値は統計的に有意ではない）。それに対し、図の右側、三歳のときに不十分な栄養状態で介入グループに参加した子どもには、対照群に比べて一七歳の時点で五二・六パーセントの減少が見られる［*25］。つまり早期の栄養状態は、介入プログラムと反社会的行動の関係を緩和するのだ。介入プログラムは、一方のグループでは機能し、他方では機能していない。このプログラムは、さまざまな要素から構成されていたことを思い出そう。栄養状態が有効な因子なら、プログラムは、介入当初栄養状態がよくなかった子どもに、より有効に機能するはずである。そして、まさにそのとおりであることが調査によって判明したのだ。

　高い栄養の摂取が改善をもたらしたと考えてもよいのだろうか？　それとも別の理由があるのか？　この経年調査は、早期の環境強化介入が、長期的に子どもの生理的な注意力と覚醒度を高めることを示した最初の研究だった。そこに一つのヒントがある。脳の変化だ。介入プログラムには運動や野外活動の時間が十分にとられており、運動それ自体によって観察された効果を説明できる。動物を使った実験によれば、運動は脳の構造と機能によい影響を及ぼす[*26]。たとえば、環境エンリッチメントの恩恵を受けたマウスは、走ることで神経形成が促進される（海馬の歯状回に新たな脳細胞が形成されていく）[*27]。したがって介入グループの子どもは、散歩やランニングなどといったごく単純な運動を毎日続けることで海馬の機能が向上し、ひいては成人後に犯罪者になる割合が低下したと考えられる。

もう一つの可能性として、しっかり訓練を受けた前向きな保育園の先生と交流することで、介入グループの子どもに有益な効果がもたらされたとも考えられる。いずれにせよ、ここで特定の構成要素に焦点を絞ることは適切ではない。社会的、および認知的な構成要素に加え、栄養や運動を考慮に入れた、介入プログラムの多様な側面を重視する性質によって、将来の成長に影響を及ぼすバイオソーシャルな相互作用が促進される可能性は十分に考えられるからだ。これまで見てきたように、バイオソーシャルな相互作用は、暴力の解剖学において重要な役割を果たす。子どものいじめや、成人後の暴力の芽を摘み取るには、すべての基盤をカバーする必要がある。

さらに興味深いことに、犯罪の減少は魚類の摂取にも関係するかもしれない。私はモーリシャスで、最初の介入スタッフのうちの三人に会って、介入グループの典型的な食事構成を聞き出し、それを対照群のものと比較してみた。その結果、介入グループの子どもは、一週間あたり二尾以上多く魚類を摂取していることがわかった。魚類の消費量が増えるにつれ、暴力犯罪の発生率が下がることはすでに第7章で触れたが、本章の後半では、さらに強力な証拠を示す。

ここで重要な指摘をしておくと、両グループ間の結果の相違は、介入以前から存在していた、気質、認知能力、栄養状態、自律神経系の反応性、社会的な逆境の差異には帰せない〔栄養状態をここに含めるのは、図9・2およびそれに関する説明と矛盾するように思われるかもしれないが、著者に確認したところ理由の説明は専門的になり困難だが、この記述は正しいとのこと〕。これらの要因は統計的にコントロールされていたからだ[*28]。自己報告と客観的な測定基準のどちらに照らしても、介入プログラムが二〇年後の犯罪率を低下させている事実は、その効果が確かなものであることを示す。この分野では、そこまで長期的な結果は通常得られない。介入プログラムの何らかの構成要素が、成人後の暴力や犯罪の減少に寄与したと考えるべきだ。

それと同時に、結果を過大評価しないよう注意する必要がある。介入プログラムは犯罪を根絶したわけではない。およそ三五パーセントの犯罪の減少が見られたが、犯罪者になった者もまだかなりいる。明らかに、犯罪をなくすには二年以上の集中的なプログラムの実施が必要である。さらに言えば、モーリシャスでの奇跡的な結果は、文化や生活水準の異なる他の国々では得られないかもしれない。とはいえ、豊かな国アメリカにおいてさえ、良好な栄養状態にはない子どもが大勢いる。したがってモーリシャスでの発見は、たとえばミシシッピ川下流地域などの貧しい農村地帯、あるいは子どもの栄養不良や問題行動の割合が比較的高い都心部で、とりわけ効果的に適用できるのではないかと、われわれは考えている[*29]。

われわれは、モーリシャスで得た成果、とりわけ早期介入によって成人後の犯罪率を削減できたことに満足している。この研究がスタートした当時、モーリシャス島に公営保育園はまったく存在しなかった。つけ加えておくと、この研究の創始者であるピーター・ヴェナブルス、サーノフ・メドニック、シリル・ダライス、およびモーリシャス子ども健康プロジェクトのスタッフから構成された研究チームによる施設基盤《インフラストラクチャー》への貢献は、一九八四年のプリスクール信託基金法として結実している。この法によって、一九七二年に研究チームが設立した二つの保育園をモデルに、公営保育園の設立が推進されている[*30]。現在モーリシャスの五つの学区には、同様の保育園が一八三校あり、モーリシャスはアフリカのモデル国になっている。

やつらの首をちょん切れ!

ルイス・キャロルの『不思議の国のアリス』で、些細なことにも極端な手段を行使する権威主義的なハートの女王は、「やつらの首をちょん切れ!」と命令して、あらゆる違反者に対処する[*31]。残酷ではあるが、かく言うハートの女王は、矯正がもっとも困難な暴力犯罪たる性犯罪や小児性愛に介入するための解剖学的手段を示唆する。さまざまな論議を呼ぶ外科的去勢は、性犯罪者の再犯を防ぐための、単純かつ劇的な手段とも見なせる。その採用は、ただちに廃止されるべき残酷で非倫理的な方針なのだろうか? それとも、難題に対処するための現実的なソリューションと見なすべきなのか?

ドイツでは、一九七〇年に法律で許可されて以来、現在でも外科的去勢が実施されている。もちろん手術は自発的なもので、実際に受ける犯罪者は毎年数名にすぎない。外科的去勢と言うと非常に野蛮に聞こえて批判が多いため、ドイツ政府はいくつかの制限を設けている。対象者は二五歳以上でなければならず、専門家から構成される委員会の承認を必要とする[*32]。とはいえ、ヨーロッパで激しい論議を呼んでいるのは間違いない。たとえばストラスブールにある、欧州評議会の反拷問委員会は、それを廃止すべき非倫理的な処置と見なしている。しかし、すべての可能性を検討するまで性急な判断は控えよう。

去勢を実施しているのはドイツだけではない。チェコ共和国では、過去一〇年間に九〇人以上の収容者が去勢手術を受けた。パベルはその一人だ。彼は一八歳のとき、一二歳の少年に抑えようのない性的欲望を覚え、この少年を死に至らしめて収監された。彼は、それ以前から自分の問題を自覚していたらしい。殺人を犯す二日前、夜中に目覚めたあと、医師の相談を受けに行くが、衝動はすぐに消えるというアドバイスを受けている。しかし衝動はまったく消えず、それどころかブルース・リー主演のアクション映画を見たためか、暴力によって性的な嗜好を満たしたいという衝動がますます強くなったようだ。そしてナイフを持ち出して少年を刺殺したのだ。

チェコの刑務所と精神病棟で一一年間過ごし、釈放のちょうど一年前、パベルは、去勢手術を受けた。そして手術後に、「これからは、誰も傷つけたりせずに生きていける」「やっと生産的な生活ができる。人々を手助けしたい」と述べている[*33]。パベルは現在、カトリックの慈善施設で庭師を務め、プラハでの生活を楽しんでいる。

パベルにとって、睾丸の切除は、セックスもロマンスもなしで生きていかねばならないとしても、心の安らぎを得るための代償であった。つらい生活には変わりないが、それによって人生の意味と尊厳を手にできた。刑務所で朽ち果てるよりはよいのではないか？　無垢の子どもの身体を汚そうと試みる荒馬を心に抱えたまま、毎日悶絶しながら暮らすよりマシではないだろうか？

去勢の倫理をめぐる論争は白熱し、必然的に受刑者の権利と、個人や社会に対する恩恵を中心に議論されている。とりあえずここでは、倫理的問題についての考察は長くなるので棚上げし、客観的、実証的な観点から、この劇的な介入方法の効果の是非を検討しよう。外科的去勢はほんとうに有効なのか？　もし効果がないのなら、そのことだけでも、この劇的で、ときに厳罰主義的とも呼ばれる介入手段を廃止すべき理由になる。

テストステロンのレベルの高さが攻撃性を増大させることはすでに述べた。しかしこの関係は相関的であり、因果的ではない。去勢の背後には、テストステロンのレベルを、ひいては性衝動を低下させることで、性犯罪者の再犯率を下げられるという病因学的な前提がある。しかしこの前提は正しいのだろうか？

受刑者の去勢の効果を調査した、注目すべき研究は少ない。倫理的に言っても、ランダムに選抜した性犯罪者を去勢グループに、別の性犯罪者をその他の介入方法によるグループに割り当てるなどといった実験は行なえない。理想的な状態にもっとも近い条件で行なわれた研究は、一九八〇年代に、ラインハルト・ヴィルとクラウス・M・バイアーによってドイツで行なわれたものである[*34]。二人は、去勢手術を受けた九九人の性犯罪者と、受けていない三五人の性犯罪者を、釈放後平均して一一年間追跡調査している。この標本集団は、一九七〇年から八〇年にかけて実施されたすべての去勢手術のおよそ二五パーセントをカバーする。したがって、全人口を代表する標本として十分なものと見なせる。もちろん、ランダム化比較試験の厳密な定義に従って、被験者をランダムに実験群と対照群に割り当てることはできなかった。とはいえ、去勢手術を受けなかった対照群の三五人についても、いったんは去勢を申し出ながら最後に心変わりした被験者で構成されている。つまり対照群の被験者は、倫理的に許される範囲内で最大限に対照群にふさわしい性犯罪者から構成されていた。

釈放後一一年間の性犯罪者の再犯率は、去勢手術を受けた被験者が三パーセント、受けなかった被験者が四六パーセントであった。すなわち一五倍という劇的な差があった。去勢手術を受けた被験者の再犯率が三パーセントという結果は、ヴィルとバイアーの研究ほど厳密ではない条件のもとで行なわれた他の研究による発見にも合致する。これら一〇件の研究では、〇〜一一（中央値三・五）パーセントの結果が得られており、去勢手術を受けた性犯罪者の再犯率の低さが示されている。なお、ヴィルとバイアーの研究では、去勢者の七〇パーセントは、その処置に満足を感じている。確かに外科的去勢は、小児性愛やその他の性犯罪の特効薬とは言えないが、安全手順の遵守を前提にしても、考慮の対象から完全にはずされるべきなのか？

それ以外の研究では、どのような結果が得られているだろうか？　ヨーロッパの二〇五五人の去勢した性犯罪者を対象に行なった調査では、二〇年以上の期間での再犯率は、〇〜七・四パーセントと報告されており[*35]、この結果はヴィルとバイアーの研究に近い。また、南カリフォルニア大学で精神医学を専攻するリンダ・ワインバーガー教授は、さまざまな国における、外科的去勢後の性犯罪再犯率の低さを報告し、「両側精巣摘除の研究で得られている、釈放された性犯罪者の性犯罪再犯率の著しい低さには説得力がある」と指摘する[*36]。それと同時に彼女は、その結果を一般化して現在の危険度の高い犯罪者に適用することが困難である点に注意を喚起し、また倫理的な問題にも言及している。とはいえ、この研究に対するコメントとして、犯罪者の釈放を考慮する場合、去勢の潜在的な重要性を過小評価しないことが重要だという指摘がある[*37]。

この見解は、グロテスクに聞こえるかもしれない。あなたは心のどこかで、この外科的介入の野蛮さを思って、居心地の悪さを感じているのではないだろうか。だがあなたは、小児性愛者のレッテルを貼られて重警備の刑務所で暮らすことはないだろうし、毎日仲間の受刑者にあざけられ、のみならず自分自身がレイプの餌食となる恐怖におびえる必要もない。釈放後にウェブ上に顔写真《マグショット》が公開されたり、住所が暴露されたりすることもない。抑えようのない性衝動を無理やり抑える必要もない。ならば、強制はしないという条件のもとで、パベルのような性犯罪者に去勢手術を受けるオプションを与えてはならないとどうして言えるのか？

幸いにも、あるいは視点によっては残念なことに、性犯罪に対処するための、もっと穏やかな手段がある。化学的（薬物）去勢だ。これは、抗アンドロゲン薬を投与してテストステロンのレベルを下げ、性的な関心や行動を減退させるという方法である。アメリカでは、プロゲステロンの循環を促進するために、メドロキシプロゲステロン（デポプロベラ）が、またイギリスを含めたヨーロッパでは、脳内のアンドロゲン受容器への結合をテストステロンと競うシプロテロンアセテートが用いられている。他の薬物には、リュープロリド、ゴセレリン、トリプトレリンなどがある。どの薬物も、テストステロンを思春期前のレベルまで低下させる。

これらの薬物が性的な関心や行動を大幅に減退させることを疑う者はいない。だがここでも、方法論的、科学的焦点は、再犯に対する効果の程度にある。ケンブリッジ大学犯罪学研究所のフリードリヒ・レーゼルは、メタ分析の結果、「化学的去勢の効果は、他の介入アプローチより大きいという明確な結果が得られた」と結論する[*38]。

外科的去勢に比べ、化学的去勢にはまだ反発が少ないため、イギリス、スウェーデン、デンマークでは、性犯罪者は自発的に化学的去勢を受けられる。ポーランドでは二〇〇九年以来、厳格な方針が採用されており、一五歳未満の子ども、もしくは近親者をレイプした性犯罪者は、釈放後に化学的去勢を受けねばならない[*39]。この方針は、自分の娘に二人の子どもを生ませた男が告発される事件が起こったあとで定められている（オーストリアで起きたヨーゼフ・フリッツル事件〔娘を長年地下室に監禁し七人の子どもを生ませた〕に類似する）。なお、ポーランドでは八四パーセントの人々が、この方針を支持している[*40]。韓国では二〇一一年七月に新たな法律が制定され、裁判官は、一六歳未満の子どもを相手に性犯罪に及んだ被告に対し、化学的去勢を受けるよう要請する判決を下せるようになった。ロシアでは、一四歳未満の子どもを襲った者に対して、裁判所が指定する司法精神医学者によって、化学的去勢が勧告される場合がある[*41]。

アメリカでは、一九九六年にカリフォルニア州の刑法に化学的去勢が導入されて以来、少なくとも八州で同様な措置がとられている。カリフォルニア州とフロリダ州では、常習性犯罪者、および被害者が一三歳未満の子どもの場合など、いくつかのケースでは初犯でも、デポプロベラによる治療が強制される。カリフォルニア州の場合、治療は更生課〔有罪判決を受けた犯罪者の処置を監督する地方自治部門〕の監督のもとで、釈放の一週間前から実施されねばならない。また治療は、もはやその必要がないと更生課が判断するまで続けられる[*42]。ウィスコンシン州では、更生課は、化学的去勢を拒否する小児性愛犯罪者の釈放を阻止する権限を持つ[*43]。テキサス州では、ドイツと同様、安全手順の遵守を前提としたうえで自発的な外科的去勢が認められている。条件は、犯罪者は二二歳以上であること、二度以上性犯罪で告発されていること、少なくとも一八か月間それ以外の手段による治療実績があること、手術の副作用が理解されていることである。

いずれにせよ、化学的去勢に関しても現在白熱した論議が繰り広げられている。たとえばアメリカ自由人権協会は、化学的去勢が、憲法で規定されているプライバシーに関する権利、適法手続き〔正当な法の手続きに基づかずに個人の権利や自由を奪ってはならないとすること〕、および残酷で異常な刑罰の禁止を規定する合衆国憲法修正第八条を侵犯するものだと主張する。その一方、適切な監督のもとで行なわれるのであれば、化学的去勢は個人と社会にとって最善の介入方法だと主張する者もいる。『ブリティッシュ・メディカル・ジャーナル』の論説には、次のようにある。「医師は社会的コントロールの代理人になるべきではなく、加えて去勢には、骨粗しょう症〔骨に多数の小さな穴があく症状〕、体重増加、心循環系疾患などの副作用がある。とはいえ、抑えがたい性的衝動を感じたときに生物学的処置をとることは十分に理解し得る。また、抗アンドロゲン薬は効果的であり、性犯罪者は、それを服用すべきかどうかに関してインフォームドチョイス〔情報に基づく選択〕が可能である。さらに言えば、長期にわたる拘禁かドラッグかという二者択一は、受刑者の選択の自由を奪いかねないと主張する者もいるが、何らかの選択は与えられてしかるべきであり、この選択を妨げることは倫理的な問題にもなり得る[*44]」

あなたも、この問題を考えてみてほしい。自分は性犯罪者で、殺人犯、レイプ犯、サイコパスらとともに、刑務所で過ごさなければならないとする。あなたなら、長期にわたる拘禁か、化学的去勢＋釈放かの選択が与えられることを望むであろうか？

この問いにただちに答える必要はない。だが私にとっては、答えは明白だ。私は調査のために、重警備の刑務所で四年間過ごしたが、もしあなたが性犯罪者として四年間服役していたなら、そのような選択の機会を望むであろうし、化学的去勢を選ぶと思う。それとも性犯罪者は軽蔑にすら値しないとして、刑務所で朽ち果てるべきだと考えるだろうか？

化学的去勢の問題の一つは、生殖機能に影響を与えることだ。それは進化によって形成された身体と心に反する。そこで、化学的去勢の代替案がある。次に、性犯罪者への介入に関して薬物モデルを採用しながらも、生殖機能を損なわずに済ませられる方法の可能性をあたってみる。

714便――タンタンの冒険

ひとたび飛行機に乗ったら何が起こるかわからない。搭乗口を通って機内に入る際にはいつも、何か悲惨なことが起こりそうだという思いが脳裏をかすめる。この話を続ける前に、私の子どもの頃のヒーロー、タンタンを紹介しよう。この一六歳の少年記者は、ベルギーの漫画家エルジェの創作で、ちなみにエルジェは、私ばかりでなくアンディ・ウォーホルにも多大な影響を及ぼしている[*45]。タンタンの仕事は、世界中を旅してさまざまな事件を解決し、犯罪記事を書くことだ。彼は、犯罪を制するために危険に挑む独創的な冒険家であり、そんな暮らしを自分でも楽しんでいる。私は子どもの頃、タンタンの冒険物語を読んで育った。もちろんシリーズ全巻を揃えた。エルジェ本人を追いかけて、『シドニー行き714便』など、手持ちの本の何冊かにサインしてもらったこともある。そして今ここには、大人の身体に囚われた子ども、すなわち犯罪の原因について本を書き、世界中を旅しながら犯罪の予防を試みている現在の私がいる。

シリーズ二三巻のうちの最後から二番目の作品『シドニー行き714便』では、タンタンは、奇妙な億万長者と、ジャカルタからシドニーに向かう飛行機に乗る。やがていさかいが起こり、飛行機はテロリストにハイジャックされる。卑劣なクロールスペル博士（ヨーゼフ・メンゲレ〔アウシュヴィッツに勤務していたナチスの医師。収容所の囚人を対象に人体実験を行なった〕の一種のパロディ）は、テロリストのボス、ロベルト・ラスタポプーロスの命令で、億万長者に自白剤を注射し、預金口座番号を吐かせようとする。ここに薬物が登場する。

タンタンの話の続きは『シドニー行き714便』を読んでいただくこととして、私のストーリーに戻ろう。二〇〇七年七月一七日木曜日、私が乗ったユナイテッド航空895便は、目的地の香港に向け何事もなく飛び立った。私は通路側の座席にすわっていた。機内食を食べたあと、ジョナサン・ケラーマンの『憤怒（*Rage*）』を夢中で読んでいた。もちろんこの本は、アカデミックな犯罪推理小説だ〔ケラーマンは推理小説作家であるとともに心理学者でもある〕。そのとき、事件は起こった。

最初に「緊急事態が発生しました。医師または……精神分析医がおられましたら、乗務員にその旨お知らせください」という、不吉な機内放送があった。

私は吐き気を催したが、それは機内食のせいではなかった。普通なら必要なのは医師のはずだが、機長は「精神分析医」をつけ加えた。確かに私はその範疇に入るとは思うが、同時に意気地なしでもある。実は、機内放送がある直前、前方のトイレを通り越したあたりの区画で騒ぎが起こっていた。本から目を離すと、二人の乗務員がすぐ脇の通路を通り過ぎて行く。それからまた一騒動起こる。どうやら悪漢ラスタポプーロスが同乗しているらしい。

医師の一人や二人は乗っているだろうと思い、私は振り返って後方を確認する。だが、名乗り出る者は誰もいない。それから向き直り、絶望する。ジョナサン・ケラーマンなら解決できることなのだろう。何しろ彼は心理学者でベストセラー推理小説作家なのだから。彼は乗っていないのか？ クロールスペル博士は？ 振り返ってもう一度後方を確認する。後方の乗客は皆、私越しに前方をじっと見つめ、何が起こっているのかを気にしているだけだ。

「レインよ、よく考えろ。まぬけ！」そう思った私は、慎重に事態を検討し、責任ある犯罪学の教授としてとりうる唯一の妥当な結論を導き出した。そう、ケラーマンを読み続けるという結論を。

だがきっと読者は、あきれ果てて「何たる腰抜けか！」と思うだろう。私もそう思い直し、すぐに罪悪感がこみあげてくる。もう一度まわりを見回す。白馬の騎士はどこにもいない。どうやら意気地なしは私だけではないらしい。ついに観念した私は、ベルを鳴らす。

乗務員と一緒に前方へ歩いて行くと、そこでは男性客室乗務員と乗客が取っ組み合いの最中だ。私のそばにいた乗務員は、「彼が突然プッツンして、隣に座っていた女性客をはり倒した」と、プロとしての状況の客観的分析を提供してくれた。私が背後にまわって無法者を押さえつけているあいだに、乗務員は自分のネクタイをはずし、それを使ってあっという間に彼を後ろ手に縛る。女性客はまだ中国語で何か叫んでいたが、私たちは無視する。それから、無法者を窓側の席に押し込む。私は隣にすわり、乗務員は通路への出口をふさぐ。かくして安全は確保された。

　機長が私と話をしたいというので、私は乗務員と席を交替し、操縦室に案内される。ここからが私のほんとうの出番だ。機長は私に、地上の管制室にいる医師と交信して欲しいと言い、私に操縦席をゆずる。それから私は通信システムの使い方を教えてもらう。スティーブン・スピルバーグの映画『タンタンの冒険　ユニコーン号の秘密』（米・二〇一一）を観たことがあるだろうか。この映画で、タンタンは操縦席にすわっていたのだが、そのとき私は、自分がタンタンになったかのごとく感じたのを覚えている。目の前の操縦パネルには、複雑な計器類やスイッチがずらりと並び、めまいがしてくる。窓から外を眺めると、ふわふわした雲の上に浮かんでいるように感じ始める。かくして私は、地上のむさくるしい喧騒から隔絶した天空を滑空する至福の気分に浸っていた。元ブリティッシュ・エアウェイズの会計士が、いつもあこがれていたことがようやく実現したのだ。

　夢想にふける私を現実に引き戻したのは、地上で待機している医師だった。彼は、私が暴力の専門家で心理学者であることを知っていた。他の乗客への危険度はどの程度か？　着陸まで、どのような安全対策を講じるべきか？　それらの問いに対して、手持ちのテマゼパム（効能の持続期間が短いベンゾジアゼピン）〔催眠、抗不安などの効果がある向精神薬〕をたっぷりと投与すればよいと答えた。私は、国際線の飛行機に乗るときにはいつも、テマゼパムを携帯している。というのも、例のトルコで負った喉の傷が原因で、飛行機ではなかなか寝つけないからだ。三〇ミリグラムで十分だろうと言うと、医師は一五ミリグラムを指示するので、私はそれに従った。こうして無法者は静かになった。それから飛行機はアンカレッジに緊急着陸し、警備員が乗り込んできて、ならず者を連行していった。

私はとてもいい気分だった。香港に到着して機外に出ようとするとき、副操縦士に肩をたたかれ称賛された。また残りの行程を、ユナイテッド航空が用意してくれたビジネスクラスですごせた。「今日は犯罪学者として一仕事した」という気分だった。そう、タンタンになりたいという子どもの頃の夢がついにかなったのだ。

さて、薬物の話に戻ろう。薬物は、実際に攻撃性を抑制する。895便の話のように、一時の暴力を抑える鎮静剤のことではない。著しい進展が見られる精神薬理学では、攻撃性や暴力を抑制するのに驚くほど効果的な薬物があることが示されている。

まず子どもから検討しよう。九歳未満の子どもが精神医療サービスを受けるに至る、もっとも一般的な理由は何だろうか？　それは問題行動である[*46]。施設に収容されている子どもの大多数は、攻撃性の緩和のために薬物を投与されている[*47]。これらの臨床的な実践方法は、子どもの攻撃性に対する介入手段としての薬物の効果を示す強力な証拠によって裏づけられる。子どもを対象に行なわれた四五件のランダム化プラセボ比較試験をメタ分析したエリザベス・パパドプーロス（ラスタポプーロスではない）は、攻撃性への介入に薬物が非常に有効だと報告している[*48]。全体の効果量は〇・五六で、これは関係性の強さという点では中位に相当する[*49]。

攻撃性の緩和には、さまざまな薬物の有効性が認められている。もっとも効果的なのは新世代の抗精神病薬で[*50]、効果量は〇・九〇と大きい[*51]。メチルフェニデートなどの刺激薬もきわめて有効で、効果量は〇・七八である[*52]。気分安定薬は中位の〇・四〇、抗うつ薬は低～中位の〇・三〇の効果量を持つ。青少年にも子どもと同じことが言える[*53]。青少年の攻撃性を対象とする薬物治療に関する二つのメタ分析に加え、子どもや青少年に対する薬物の効果を調査したその他の検証やメタ分析でも、類似の効果が報告されている[*54, 55, 56]。これらを総括すると、明らかに薬物治療は、ＡＤＨＤ、自閉症、双極性障害、精神遅滞、統合失調症などのさまざまな精神障害にともなう、子どもや青少年の攻撃性を緩和する[*57]。

　では、攻撃性や暴力的な行動に対する薬物治療は、それ以外の介入方法と比べてどれほど効果的なのか？　ペンシルベニア大学の同僚ティム・ベックは、多岐にわたる臨床障害に有効な、独自の認知行動療法を開発した。この療法は、攻撃性に対する介入手段としてはもっとも効果的なもので、広く採用されている。効果量は控えめに見積もって〇・三〇である[*58]。つまり全体の効果量という点で言えば、薬物治療は、もっとも有効な心理・社会的介入方法に匹敵する[*59]。というより、新世代の抗精神病薬や刺激薬は、効果量において、最良の非薬物的介入方法を凌駕する。

　疑い深い人は、この主張に対する反論を見つけようとするだろう。薬物は、攻撃的な子どもが抱える、抑うつ、ＡＤＨＤ、精神病などの他の障害に効果があり、それによって攻撃性が減じたのではないだろうか。たとえば精神病質の子どもは、他の子どもにいじめられるのではないかという根拠のない妄想を膨らませ、怒りに駆り立てられて防御的な攻撃に転じることがある。確かに、攻撃性の一因であるその種の狂気を緩和するがゆえに、リスペリドン〔統合失調症の治療薬〕は攻撃性を低下させる。しかし多くの研究では、第一の理由が精神病ではなく、反社会的で攻撃的な行動のゆえにクリニックにつれてこられた子どもを対象にした治療での薬物の効果が報告されている[*60]。またメタ分析によれば、刺激薬は、ＡＤＨＤの症状の緩和とは別に、攻撃性の低下をもたらす[*61]。刺激薬や新世代の抗精神病薬は、就学前の子どもの攻撃性の緩和に有効であるという報告すらある[*62]。多くの犯罪学者や心理学者には受け入れがたいかもしれないが、薬物治療は、子どもや青少年の攻撃性のコントロールに有効なのである。

では、薬物は、成人の攻撃性の緩和にも有効なのか? 意外なことにそれを調査した研究は少ない。おそらく成人の暴力的人間は、世間から邪悪な人物と見なされ、すぐに刑務所行きになるからかもしれない。もはや彼らに手を差し伸べようとはしなくなるのだ。衝動的で攻撃的な一般男性を対象に、三種類の抗けいれん薬のどれか一つを投与する二重盲検ランダム化プラセボ比較試験が行なわれている[*63]。その結果、三種類とも攻撃的な行動をかなり減退させた[*64]。受刑者を被験者にして、衝動的な攻撃性に対する介入効果を調査した、いくつかのランダム化比較試験でも同じ結果が得られている[*65]。

通常はてんかん性発作を阻止するのに用いられる抗けいれん薬に、なぜ攻撃性を減退させる効果があるのだろうか? 抗けいれん薬が大脳辺縁系、とりわけてんかん性発作が始まる扁桃体と海馬での活動を静める効果を持つことはよく知られている。また、衝動的で情動的な殺人犯には、情動を司るこれらの領域に過剰な活動が認められることはすでに見た。したがって、抗けいれん薬は、大脳辺縁系の活動を抑えることで、衝動的な攻撃性の減退を促進するのかもしれない。

ケーキを食べれば？

次に、それ以外の犯罪の予防手段について考えてみよう。「ラピローグ」は、モーリシャス島に建つ、宝石のように美しい海岸リゾートホテルで、黄金色の砂浜とトロピカルガーデンに囲まれた伝統的な藁葺き屋根の宿泊施設には、平和と静穏が満ちている。私が世界でもっとも好きなリゾートホテルである。

場所は移ってノルウェーの首都オスロ郊外、ティーリフィヨレンフィヨルドに位置するウトヤ島も、絵のように美しいユートピアだ。美しい砂浜を持つこの島には、若者のためのサマーキャンプ場がある。二〇一一年七月二二日、八四人がこの地で落命した。ちょうどそのとき、モーリシャス島のラピローグホテルの砂浜に何も知らずにすわっていた私は、サンゴ礁の彼方に夕日がゆっくりと沈んでいく様子を眺めていた。

私はその前日に、行為障害を持つ子どもを対象に、同僚と魚油の効果の研究を行なっていたシンガポールからMK647便で到着したばかりだった。オスロイノベーションセンター内に本社を構えるバイオ企業スマートフィッシュは、モーリシャス島で実施されている子ども健康共同プロジェクトにオメガ3飲料を提供していた。私は、この会社の設立者の一人であるジャンヌ・サンド・マシセンと連絡をとり合っている。彼女は、私が子どもの頃住んでいたアビーロード六九番地から数ブロック先にあるダーリントン工科大学にかつて通っていたらしい。その日唐突に、彼女から次のようなEメールがきた。

二〇分前にオスロの中心部で大きな爆発がありました。被害があったのは政府機関の建物のようです。爆発音は、オスロの中心部から（車で）二〇分のところにいた私たちにも聞こえました。おそらくテロリストによる爆弾攻撃だと思います。これまで起こったことのない事態です。大きな衝撃が走っています。

ジャンヌが聞いたのは、オスロの中心地に駐車されていた車に仕掛けられた、およそ九〇〇キログラムの爆弾が、午後三時一七分に爆発した音であった。この爆発によって、首相執務室のある政府庁舎が被害を受け、八人が死亡している。

それからしばらく経った午後五時頃、武装した一人の「警官」が、爆破の「調査」をするために、オスロ郊外のティーリフィヨレンフィヨルドを横切るフェリーに乗ってウトヤ島に渡った。そのときウトヤ島は、ノルウェー労働党の青少年キャンプに参加していたティーンエイジャーで賑わっており、「警官」は彼らを呼び集め、それに応じて集まった若者たちに向かって銃を乱射し始める。この「警官」アンネシュ・ベーリング・ブレイビクは、一時間にわたって銃を乱射し続け、そのあいだに六九人を殺す。犠牲者のほとんどはティーンエイジャーで、六五人は頭を撃たれた。また、他にも三三人が負傷した。現代の平和なノルウェーでは、最悪の大量殺人事件だった。

ウトヤ島の魅力に惹かれ、平和を求めてキャンプにやって来た若者たちは、同時刻に私がモーリシャス島でしていたのと同じように、浜辺でリラックスしていた。しかし私がモーリシャスのパラダイスでインド洋の落日を平和な気分に浸って眺めていたのとは異なり、彼らのパラダイスは、薄茶色の髪をした青い目の悪魔に侵略されてしまった。私がラピローグホテルの周辺の海岸で、サンゴ礁に当たっては砕ける波の音を聞いていたとき、オスロでは若者の命が砕け散っていたのだ。だが、ノルウェーの海にもモーリシャスの海にも、この種の残酷な暴力を解消し得る手段の一つがある。そう、魚だ。

私は、このアイデアを二〇〇二年一一月にモーリシャスを訪れた際に思いついた。私は当時、魚類の十分な摂取を含む、早期の環境強化介入により、栄養不良の子どもの行為障害を減らせることを示す、初期の研究の改訂作業を行なっていた。そのとき私は、モーリシャスの空港で、香港行きの機内で読む本を物色していた。小さな本屋が一軒あるだけで、しかもそこで売っていたのはフランス語の本がほとんどだった。英語の本の棚は二つしかなかったが、そこで目にしたのが、前年に刊行されたアンドリュー・ストール著『オメガ3・コネクション（*The Omega-3 Connection*）』だった[*66]。

機内でこの本を読んでいたところ、オメガ3がうつ、ADHD、学習障害の緩和に有効であることを示す初期の研究の要約が目に入った。攻撃性や反社会的な行動に関する研究はなかったが、次のような著者の期待が書かれていた。

わが国の学校や刑務所でこれから実施される研究に期待したい。そして答えの少なくとも一部は、オメガ3脂肪酸などの非常にシンプルなものであってほしい。[*67]

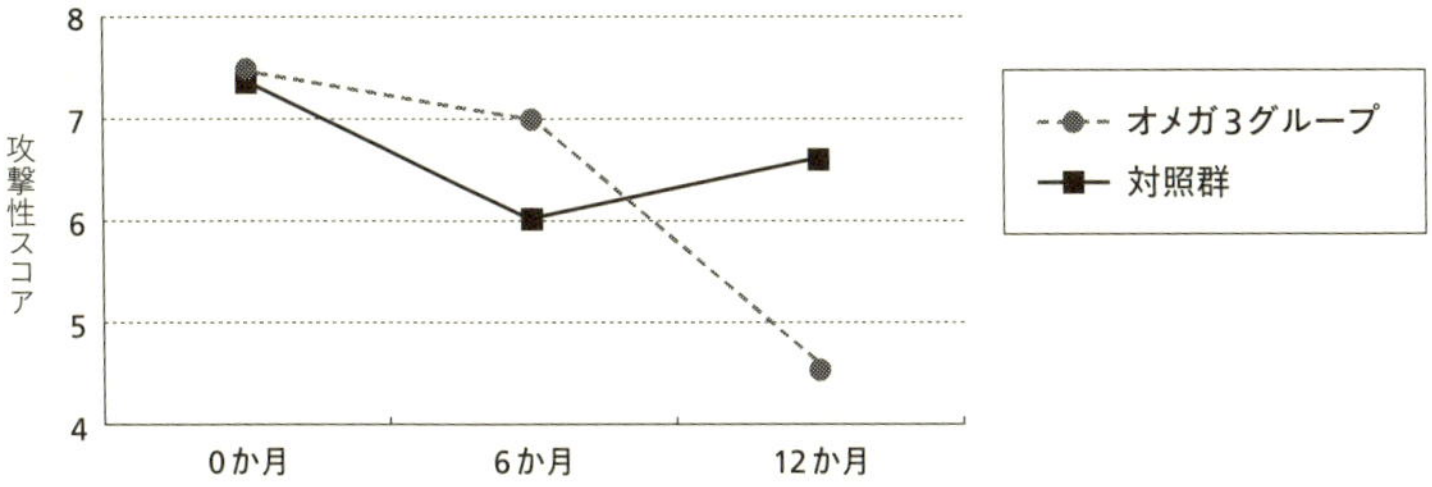

［図9.3］ 子どもの攻撃性を減退させるオメガ3の長期的な効果

おそらく彼は正しい。モーリシャスでの子ども健康共同プロジェクトのスタッフは、子どもと青少年におけるオメガ3栄養補給の効果を調査する二重盲検ランダム化プラセボ比較試験によって、この考えを検証していた。被験者は、このプロジェクトから選抜されている。一〇〇人の子どもは、ノルウェーのスマートフィッシュ社から供給されるドリンクを毎日一パック飲んでいた。一パック二〇〇ミリリットルだが（コップ一杯分より少ない）、そこにはオメガ3が一グラム分含有されている。それを六か月間飲み続けた。また、任意に選んだ別の一〇〇人をプラセボ対照群に参加させ、同じパックだがオメガ3は含有されていないドリンクを飲ませた。さらに、この実験に参加した子どもの両親には、研究開始時、六か月後（ちょうど実験が終了した時点）、および実験終了後六か月が経過してから、子どもの問題行動を評価させた。

その結果は、実に興味深い。図9・3からわかるように、両グループとも、実験開始六か月後には、攻撃性の低下が見られる。これはプラセボ効果があることを示し、オメガ3を含まないフルーツジュースを飲んだ被験者にも、含むものを飲んだ被験者と同じ効果が得られている。しかし実験終了後六か月が経過すると、対照群の被験者の攻撃性は、ほぼ実験前のレベルに戻っている。それに対しオメガ3を摂取した被験者については、攻撃性、非行の度合い、注意力の不足を示す数値がさらに減退し続けたことがわかる。介入グループと時間の経過のあいだには重要な関係があり、実験開始後、まる一年が経過したあとで、対照群とは大幅に異なる結果が得られた[*68]。この結果は、成人後の暴力や犯罪を予兆する幼少期の問題行動の長期的な削減に、オメガ3が有効であるという考えを支持する。

では、なぜオメガ3は攻撃性を減退させるのか？　ある意味でその理由はとても単純だ。本書で私は、暴力の基盤の一つが脳であることを示してきた。すでに述べたが、オメガ3は、樹状突起の分岐やシナプスの機能を促進し、細胞のサイズを増大させ、細胞の死からニューロンを守り、さらには神経伝達物質の機能や遺伝子の発現を調節することで、脳の構造と機能を強化する。したがって、攻撃性をもたらす脳の機能不全を、部分的にせよ逆転させることができる。

当初私は、変化が長期にわたって持続することを意外に思っていた。スマートフィッシュの飲用をやめれば、それまでに得られた効果は失われるのではないか？　だが、この分野の第一人者ジョー・ヒベルンの話では、オメガ3は、体内での半減期がおよそ二年に達し、再取り込みがいつでも可能なように体内に留まって、長期間脳に影響を及ぼし得るのだそうだ[*69]。よってオメガ3は、脳の構造と機能を改善することで、長期にわたり暴力を減退させる効果を持つと考えても、少なくとも理論的に無理はない。

栄養の摂取が有効だとする考えは、特に目新しいものではない。一七八九年にフランス革命が起こった際、ヴェルサイユの農民が王妃マリー・アントワネットの血を求めて押し寄せてきたとき、彼女は「パンがなければ、ケーキを食べれば？」と言ったとされている。彼女がケーキと言ったのはおそらく菓子パンのブリオッシュのことで、その言葉が農民の怒りの鎮静に役立ったとはとても思えないが、栄養摂取によって暴力的な行動を鎮静し得ると考えた点で、彼女はそれほど間違っていない。現在では、オメガ3は思考の糧《かて》であるばかりでなく、法廷における糧でもある[*70]。というのも、司法機関は、オメガ3に犯罪の発生率を低下させる力があるという知見に注目しだしたからだ。

疑う向きもあるだろう。現在までに、二つのランダム化比較試験で、オメガ3の栄養補給により、刑務所内での重大な違反を減らせることが報告されている。オックスフォード大学でバーナード・ゲシュが行なった研究では、五か月にわたるオメガ3と複合ビタミン剤の栄養補給によって、若年成人受刑者の重大な違反を三五パーセント削減できた[*71]。この発見に啓発されたハーグにあるオランダ法務省は、若年成人犯罪者を対象に独自の調査を実施し、オメガ3と複合ビタミン剤の複合摂取を一週間続けることで刑務所内での重大な違反を三四パーセント削減できた[*72]。これはイギリスでの研究結果とほぼ同じである。

オメガ3の有効性は、世界各国で実証されている。オーストラリアでは、六週間のオメガ3栄養補給によって、双極性障害を持つ青少年の外在化問題行動を削減できた[*73]。イタリアでは、五週間オメガ3を摂取した一般成人に、対照群に比べ攻撃性の大幅な減退が見られた[*74]。日本で行なわれたランダム化比較試験では、オメガ3を投与された成人は攻撃性が減退した[*75]。反抗挑戦性障害を持つADHDの子どもにオメガ3を投与したスウェーデンでのランダム化比較試験では、被験者の反抗的な行動は、一五週後に三六パーセント低下した[*76]。タイで成人の大学職員を対象に実施された二重盲検ランダム化試験では、オメガ3脂肪酸DHAの摂取によって、攻撃性にかなりの低下が見られた[*77]。アメリカでは、境界性パーソナリティ障害を持つ女性に、オメガ3脂肪酸EPAを二か月間投与するランダム化試験が行なわれている。その結果被験者の攻撃性は、かなり低下した[*78]。それとは別のアメリカの研究では、五〇人の子どもにオメガ3脂肪酸を与える二重盲検ランダム化プラセボ比較試験が行なわれている。この実験では、行為障害に起因する問題に、四一・七パーセントという大幅な減少が見られた[*79]。

それでは単純すぎると思う読者もいるだろう。厳密に言えば、その直観は正しい。暴力とは複雑な現象である。本章では、暴力に対する介入に投入可能な種々の栄養素のなかで、オメガ3というたった一つの成分に的《まと》を絞ったにすぎない。すでに私たちは、キャンディと犯罪の相関関係について見た。血糖値の低下は抑えていた攻撃性を爆発させる。栄養不良は人をならず者にする。鉄分の不足したラットを用いた実験では、亜鉛と鉄のミクロ栄養素補給によって、海馬の機能の回復が促進された[*80]。タンパク質の不足は必須脂肪酸(EFA)の欠乏を招き、ミクロ栄養素の不足は必須脂肪酸のバイオアベイラビリティーと代謝を阻害する[*81]。そう、ことはそれほど単純ではないのである。

オメガ3のみが栄養面での唯一のソリューションでないことは明らかだ。考慮すべき栄養素は他にもたくさんある。また、栄養それ自身、もっと大きなジグソーパズルの一つのピースにすぎない。さらに言えば、オメガ3に関するすべての研究が、よい結果を報告しているわけでもない[*82]。とはいえ、各国での発見は、栄養がいかに暴力や犯罪を阻止するのかについてさらに深く探究するよう、われわれ研究者を動機づける。薬物によるソリューションに代わる手段を構築するために必要な知識は、現在徐々に蓄積されつつある。「受刑者にプロザックを」などといった提案に対する社会の嫌悪は、「重罪犯に魚を」という、より好ましい代替アプローチによって緩和できるのではないだろうか。そしてこのアプローチには、未来の大惨事を防ぐ力がある。

アンネシュ・ベーリング・ブレイビクは精神障害（妄想型統合失調症）を抱えており、そのためにノルウェーの悲劇が生じたと当初は考えられていた。本書でも、統合失調症と暴力の関係を論じた。青少年と若年成人における精神病の発達の阻止を目的とした最初の研究が、オメガ3に基礎を置くものであったことは、まったくの偶然だったのだろうか？［*83］ 一週間あたりに提供する魚の分量を二切れ半増やしたモーリシャスでの環境強化介入によって、成人犯罪ばかりでなく、とりわけ介入前に栄養不良の状態にあった被験者の、統合失調症スペクトラム性格特性をも減退させたのは偶然なのか？［*84］ ノルウェーのスマートフィッシュ社の提供するオメガ3飲料を用いてモーリシャス島で行なわれている研究を引き継ぐ新たな研究によって、ノルウェーのウトヤ島で起きた銃乱射事件のような大惨事の発生を予防するための介入方法が、やがて確立される可能性は十分にある。

脳を変える心

暴力性を低下させるよう脳を変えるためには、薬物や侵襲的な形態のセラピーはもちろん、食事メニューの変更などの穏やかな形態の生物学的な介入すら、必ずしも必要とされない。バイオフィードバックとダニーの話に戻ろう。自分の脳の活動について教えられることで、ダニーは、前頭前皮質をいかに活性化できるかを学んだ。それは彼に主体性と、自分の行動を適切にコントロールする能力を与えた。では、この種のバイオフィードバックによって、ほんとうに暴力を阻止できるのだろうか？
反社会性人格障害を持つ人を対象に行なわれた研究では、八〇〜一二〇セッションの集中的なEEGバイオフィードバックによって、被験者の行動を変えられることが示されている[*85]。これは有望な結果だが、これまでに得られた証拠の多くは事例研究《ケーススタディ》に基づくものである、という明らかな限界がある。バイオフィードバックの効果を確実に実証するためには、ランダム化比較試験が必要とされるため、これに関しては今後の研究の成果が待たれる。

ところで、もしかするとブッダは、薬物や侵襲的な治療を用いずに恒久的に脳を変える方法を示してくれるかもしれない。つまり、心に脳を支配させ、瞑想によって脳をよい方向に変えられる可能性はあるのではないか？

瞑想のテクニック自体はとても単純だ。八週間に一回、およそ二時間のトレーニングセッションを受け、自宅では週に六日間、一日一時間、そこで学んだテクニックを実践する[*86]。トレーニングでは、心や身体の状態に関して、よりよい気づきを得るよう教わる。たとえば、呼吸に注意を向け、たった今起こっていることに対するよりよい気づきを得て、身体全体の感覚や感情を心で精査する。また、自分自身に対して思いやりを持ち、たとえば、「トレーニング中に気が散ったからといって、自分を責めないこと」など、自己の行動に対して判断的な態度をとらないよう教わる。トレーニングは、ありのままの自分自身に気づけるようあなたを導くはずだ[*87]。

これらの実践を積み重ねることで、あなたの脳は恒久的に変わるだろう。神経科学の第一人者、ウィスコンシン大学マディソン校のリッチー・デビッドソンは、二〇〇三年に瞑想に関する画期的な研究を行なった。被験者は、マインドフルネス・トレーニングが実施されるグループと、トレーニングの順番待ちリストに登録される対照群にランダムに割り当てられた。この実験でデビッドソンは、週に一度のトレーニングセッションを八回続けただけで、左前頭葉の脳波の活動が増加することを示した[*88]。このように、マインドフルネス・トレーニングによる脳の操作によって、気分や心の機能の向上が図れるのだ。

デビッドソンのグループが行なったある研究によれば、他者への思いやりや愛情に心を集中させることで、共感や心の理解に関与する脳領域の働きが向上する。具体的に言うと、被験者の扁桃体と側頭頭頂接合部が活性化し、情動的な刺激を処理する能力が向上する[*89]。また、機能的脳画像法を用いた研究が示すところでは、熟達した瞑想家は、注意や抑制に関与する脳領域の活性化の度合いが高い[*90]。

瞑想は、その最中に限って脳に変化をもたらすのではない。瞑想を長期間実践している人は、休息時（非瞑想時）に、脳の注意力、覚醒の度合いが高まることが、ガンマ波の活動の測定によって見出されている[*91]。なおガンマ波は、意識、注意、学習に関わる高周波の脳波である。長時間実践すれば、それだけ脳の機能に変化が起こりやすくなる。また瞑想は、長続きするポジティブな影響を脳にもたらす。

マインドフルネスの実践は、脳の機能のみならず構造も変える。ある実験では、八週間のマインドドフルネス・コースの開始前と終了後に被験者の脳をスキャンした。対照群の被験者は、順番待ちリストに登録された。その結果、マインドフルネス・コースを受けたグループには、終了後に皮質の灰白質の密度にかなりの増加が見られた[*92]。密度が増加した領域には、道徳的な判断に関与する後帯状回、側頭頭頂接合部が含まれる。また、海馬にも密度の増加が見られた。海馬は、学習、記憶、条件づけ、攻撃の抑制に重要な役割を果たす領域で[*93]、極度のストレスを受けると損なわれる[*94]。海馬は早い時期に成熟するが[*95]、その構造は、その後も環境の変化によって増大し得る。また、熟達した瞑想家の前頭前皮質の厚さが、対照群に比べ増大していることを報告する脳画像研究もある[*96]。このように、マインドフルネスは脳を構造的にモデルチェンジするのだ。

瞑想はあなたの脳を変えられることを、しばらく覚えておいてほしい。では、瞑想は暴力や犯罪を防げるのか？　実は、受刑者を対象とする瞑想トレーニングは、すでにかなり以前から実践されている。ビートルズも影響を受けたカリスマ的人物マハリシ・マヘーシュ・ヨーギーによって創設された超越瞑想（ＴＭ）は、一九六〇年代に広く世に知られるところとなり、すでに一九七〇年代初頭には、カリフォルニア州の刑務所で実践されていた[*97]。以後、瞑想の研究は、テキサス州[*98]、マサチューセッツ州[*99]、そしてインド[*100]へと拡大する。科学的な調査でも、瞑想は、受刑者の不安、ストレスレベル、怒り、敵意を緩和し、心の健康を増進すると論じられる。さらに重要なことに、瞑想は、受刑者の釈放後、薬物濫用やアルコール依存ばかりでなく、再犯率も低下させると報告する論文もある[*101]。また、家庭内暴力によって逮捕された女性受刑者にも、一二セッションのマインドフルネス・トレーニングのあとで、攻撃性、薬物濫用、アルコール依存に改善が見られている[*102]。

一三五〇人の受刑者にマインドフルネス・トレーニングを施した大規模な研究では、被験者の敵意、攻撃性、およびその他のネガティブな気分に大幅な改善が得られている。興味深いことに、改善の度合いは、男性より女性のほうが、また男性のあいだでは、重警備刑務所より軽警備刑務所の収監者のほうが高かった（ただし改善はすべてのグループに見られた）。どうやら瞑想は、軽犯罪者により有効なようだ。女性を主体とする一般成人を対象に行なわれた最近のランダム化比較試験では、マインドフルネス・トレーニングによって、怒りの度合いが著しく減退し、情動の統制能力が向上した[*103]。この結果から、瞑想はとりわけ女性犯罪者に有効だと考えられる。

これらの結果をどう理解すればよいのだろうか？　この問いに答えるには、マインドフルネス・トレーニングに暴力を緩和する効果が実際にあることを証明する、ランダム化比較試験が必要だ。デビッドソンらの脳の変化の研究とは異なり、犯罪者を対象にその種の実験を行なった記録は見当たらない。確かに超越瞑想と言うと、あやしげな空中浮揚などの超自然的な能力と結びつけて考えられやすい。仏教に起源を持つマインドフルネス瞑想法は、超越瞑想運動を連想させることで、不信を抱かれるかもしれない。しかし今やそれには、不安やストレス[*104]、薬物依存[*105]、抑うつ、喫煙[*106]を緩和し、ポジティブな情動を強化[*107]する効果があることが、ランダム化比較試験に基づく数々の科学研究によって実証されている。このように、マインドフルネス瞑想法は、科学的な証拠によって裏づけられつつある技術であり、無視すべきではない。

いずれにせよ、マインドフルネスやその他の瞑想技術に、実際に暴力を緩和する効力があるとする仮説は、単なるほら話ではないとしよう。ならば、それらはいかに機能するのか？　どのようなメカニズムなのか？　マインドフルネスでは、自分の思考に対してよりよい気づきが得られるよう教わる[*108]。それによって次のような効果が得られる。誰かにあざけられて怒りが込み上げてくると、その感情に気づきやすくなる。よって、怒り心頭に発する前に、自分の感情を適切にコントロールできる。パートナーに批判され、そのために不快な考えや連想が次々に心に浮かんでくる際、あなたはその過程に鋭敏に気づける。心臓の鼓動が速まり、顔が赤味を帯び、ネガティブな情動が湧き上がってくるのに気づく。それが可能なのは、これらの感情を受け入れ、性急に行動しようとする衝動を抑え、湧き上がってくる本能的な情動反応を一歩下がって見つめ、いさかいが始まるまさにその瞬間に感じるネガティブな思考や情動にうまく対処するすべを学んできたからだ。これは、見境のない行動に走ろうとする衝動をうまく抑えられるようになることを意味する。早い段階で、すなわちまだ最高潮に達しておらずコントロール可能なうちに気づけば、湧き上がる怒りは比較的容易に抑えられる。

マインドフルネス・トレーニングによって、脳に短期的、長期的双方の変化をもたらせることを示した神経科学の研究を振り返ってみれば、瞑想に効果があることはよく理解できるはずだ。瞑想は、左前頭葉を活性化する。それは、何かポジティブな情動を感じると左前頭葉の活動が活性化し[*109]、不安が減退する[*110]という事実にも合致する。また瞑想は、前頭葉の皮質の厚さを増大させる。この脳領域が、情動のコントロールに重要な役割を果たし、犯罪者においては構造的にも機能的にも損なわれていることはすでに見た。加えて瞑想は、道徳的判断、注意、学習、記憶を司る脳領域を強化する。犯罪者がこれらの認知機能に問題を抱えていることもすでに見た。総括すると、瞑想は、犯罪者においては機能不全をきたしている脳領域を改善する。だから暴力の緩和に役立つのだ。

心は脳に、そして脳は行動に重要な影響を及ぼす。読者には、暴力の解剖学を学ぶことで、「暴力は脳にその基盤を持つ」「生物学的要因と社会的要因の組み合わせが重要な役割を果たす」「脳を変えることで行動を変えられる」という三点を正しく理解してほしい。

三点目に関して言えば、外科的去勢から、ほとんどスピリチュアルの範疇に入るマインドフルネス・トレーニングに至るまで、さまざまな手段がある。これら両極端のあいだには、妊婦の教育、早期の環境強化、薬物、栄養補給などの介入手段がある。

私たちは今や、脳の機能不全、さらには暴力へと人を導く、基盤的なプロセスの作用を阻止するための、バイオソーシャル・モデルをベースとする有望な技術を手にしている。このことは、これまでの犯罪研究では十分に認識されていなかったが、暴力によって引き起こされる苦痛を真剣に阻止したいのなら、今後は考慮されてしかるべきだ。更生が困難な常習犯罪者に、あわてて対処しなければならなくなるまで静観していることもできよう。実際、現状はそれに近い。あるいは、暴力を予防する公衆衛生アプローチをとり、幼少期から適用可能で誰もの利益になる、バイオソーシャル・モデルに基づく介入プログラムに投資することも可能だ。

最終的に決めるのは社会だが、この分野の研究と実践に三五年を費やしてきた私の見解は次のとおりである。暴力を阻止するために社会ができる最善の方策は、成長途上の幼少期の子どもに投資することだ。そしてこの投資は、本質的にバイオソーシャルなものでなければならない。要するに、脳をターゲットにしない限り介入は成功し得ない。

誤解のないようつけ加えておくと、暴力の阻止を実現するには、生物学的な手段に頼るしかないと言いたいのではない。世界的に著名なケンブリッジ大学の実験犯罪学者ラリー・シャーマンらは、いくつかのランダム化比較試験の結果を精査して、既存の心理・社会的《サイコソーシャル》な行動療法には、犯罪の防止に適度の効果を持つものもあることを示す系統的な証拠を集めている[*111]。本書の議論は、実験犯罪学者のこれまでの建設的な業績を否定するものではない。私が言いたいのは、暴力の解剖学を射程に入れた生物学的な介入を導入し、今日暴力犯罪者を次々に生んでいる鋳型を破壊することで、さらに一歩前進できるということだ。革新的なバイオソーシャル的介入方法を開発するには、まだまだ今後の研究が必要だが、その基礎は十分に整っている。その気になりさえすれば前進は可能なのである。

犯罪の問題を解決できた暁には、社会がどのように変わるかを想像してみてほしい。暴力を導く生物学的な暗号《コード》が解けた未来を思い描けるだろうか？　それは暴力に対する私たちの考え方をどのように変えるのだろうか？　罪、刑罰、自由意志などに対する私たちの感覚は、どんな影響を受けるのか？　法も変わるのか？　これは遠い未来の話ではないことを、次章で検討する。

第10章

裁かれる脳

法的な意味

マイケル・オフト氏（仮名）は、中流階級に属する平凡なアメリカ人中年男性であった〔犯罪者のなかでオフト氏のみに「氏」が付されている理由は原注第10章＊2を参照〕。若い時分には刑務所職員として働き、その後修士号を取得し、バージニア州シャーロッツビルの学校の教師になった。彼は子どもに教えることが好きだった。また、再婚した妻のアンと、一二歳の義理の娘クリスティーナを心の底から愛していた。クリスティーナのことは、彼女が七歳の頃から知っており、非常にうまくいっていた。繰り返すと、彼は、精神病や犯罪の履歴のない、どこにでもいるごく平凡な人物だった。世紀の変わり目が近づくまでは。

四〇歳になると、オフト氏の態度は、ゆっくりと着実に変わっていく。それまでまったく関心を示さなかったマッサージパーラーに通い始め、児童ポルノを収集し始める。そして義理の娘を寝かしつける無邪気な習慣は、おぞましい方向に発展する。

クリスティーナの回想によると、オフト氏は、彼女が寝るときに子守唄を歌ってくれたそうだ。しかし妻が週に二度、パートの仕事で午後一〇時まで外出するようになると、その習慣が卑猥な方向に転じて、クリスティーナが寝ているベッドにもぐり込み、彼女の体に触るようになったのだ。

信頼していたはずの近親者から虐待を受けた多くの子どもと同様、クリスティーナは混乱した。彼女は義父を愛してはいたが、彼の行為が間違っていることに気づいていた。それについて彼と話し合っても、彼女の混乱は深まるばかりであった。一方のオフト氏は、さらに態度が悪化していく。ひどく怒りっぽくなり、一九九九年の感謝祭の日には、妻とけんかして彼女の髪を引き抜く。彼の心の歯車は、明らかに狂い始めていた。

ついにクリスティーナは、義父の行為について涙ながらにカウンセラーに相談しに行く。その件をカウンセラーに尋ねられた、何も知らない妻のアンはショックを受け、怒りに駆られる。さらには、彼の所有物のなかに「かろうじて合法的な」児童ポルノ（成人とされてはいるが、どう見ても一三歳か四歳の少女の写真）を発見する。彼女は、彼の所業を警察に届ける。

オフト氏は法的に家庭を追われ、性的暴行の罪に問われる。小児性愛《ペドフィリア》と診断された彼は、性的虐待の有罪判決を受け、小児性愛への介入プログラムを受けるか、刑務所に行くかの選択を迫られる。当然ながらオフト氏は前者を選択する。ところが治療を受けている最中も、リハビリセンターの女性スタッフや患者を性的に誘惑する衝動を抑え切れなかった。かくしてセンターを追い出され、刑務所に行かざるを得なくなる。

オフト氏は入所する前日の夜にバージニア大学の大学病院に行き、頭痛を訴えている。この訴えに納得しなかった病院は彼を追い返そうとするが、彼は、そのまま家に帰されたら、女家主をレイプして自殺すると仄めかす。その状況では、病院スタッフは彼を追い返すわけにはいかず、小児性愛の診断によって精神病棟に入院させる。予想されるところだが、そこで彼が最初にしたのは、女性看護師への性的行為の要求だった。

本来なら強制退院させられてもおかしくはなかったが、奇妙なことに、彼は小便を漏らしたうえ、そのことをまったく気にかけていなかった。歩き方も少しぎこちなかった。その様子を見た、鋭敏な神経学者ラッセル・スワードロウ博士は、彼に脳のスキャンを受けさせる。その結果、オフト氏の眼窩前頭皮質の基底には大きな腫瘍ができており、それが右前頭葉を圧迫していることが判明する[*1]。かくして、脳外科手術によってそれを切除すると著しい変化が生じ、オフト氏の情動、認知、性的活動は元の正常な状態に戻った。彼は、義理の娘にしたことに対する良心の呵責を感じ始め、また、女性看護師にちょっかいを出さなくなり、もちろん、女家主をレイプして自殺したいとも思わなくなった。

オフト氏は生まれ変わった[*2]。退院してからはセラピーを再度受け、以前はみじめに失敗した、セックス中毒者匿名集会の一二ステップのプログラムを終えることができた。彼の行動はまったく正常になり、七か月後には妻と義理の娘の待つ家に戻れた。それは奇跡的な回復で、めでたしめでたし、で終わるかのように思われた。しかし、それはつかの間のことだった。頭痛は舞い戻ってきたのだ。回復してから数か月後、オフト氏は再び児童ポルノを収集し始める。ある夜、再発を疑う妻が彼のパソコンをチェックすると児童ポルノ画像が見つかり、彼女は症状の再発を確信する。スワードロウ博士が彼の脳をスキャンすると再び腫瘍が発見され、二〇〇二年に、この二度目の腫瘍は切除された[*3]。こうしてオフト氏は再び完治し、以後六年間、彼の性的衝動と行動は通常のレベルを維持する。

オフト氏のケースは特筆に値する。というのも、脳の機能不全と逸脱行動のあいだの因果関係を、これ以上ないほどみごとに例証するからだ。症状の推移は、正常→腫瘍の発達→小児性愛→腫瘍の切除→正常→腫瘍の発達→小児性愛→腫瘍の切除→正常と、同じ過程を二度繰り返し、運命は二度逆転した。これらのできごとの時間的な順序は何ごとかを物語る。いずれにせよ、個人の力ではどうすることもできない脳腫瘍のために反社会的行動が引き起こされた事実は、「オフト氏の逸脱行動には法的責任があるのか？」という難題を突きつける。

この種の議論は、古代ギリシアの骨つぼの周囲に刻み込まれた模様のように、悠久の昔からあるようだ。骨つぼの一方の側面には、法と正義の女神テミスが描かれている。情け無用のテミスは、お涙頂戴の物語を受けつけない。正義と天罰が支配し、犯罪者は自分のしたことの責任をとらねばならない。

他方の側面には、オフト氏や、彼と似た状況に置かれた人々の嘆願する姿が描かれている。私たちは依然として、ときに人間の手に余る錯綜したバイオソーシャルな力を理解し切れてはいない。

本章では、暴力の解剖学の研究は、法システムに影響を及ぼしつつあるばかりでなく、自由意志を含めた核心的な人間の価値観に関わる問いを提起するという点を見ていく。新たな分野「神経法律学」は、この問いをめぐる新たな視点の形成に重要な役割を果たす。それを考慮に入れながら、犯罪責任に焦点を絞り、法的な文脈における暴力の神経科学の妥当性を見極める。そして最後に、オフト氏の責任の問題に立ち返り、現在の法的処置の信頼性を評価する。

自由意志はどの程度自由なのか?

ここまで、さまざまな生物学的、遺伝的要因が組み合わさり、暴力や犯罪が引き起こされることを見てきた。いくつかの要因は誕生前に生じる。子どもは、自ら望んで、出産時の合併症や委縮した扁桃体、あるいは低レベルのMAOA遺伝子を抱えて生まれてくるわけではない。これらの要因が無垢の乳児を犯罪の道へ導くのなら、いかに重い罪であろうと、彼らにその責任を問えるのだろうか?厳密な意味で、彼らに自由意志はあるのか? 私たちは、これらの問いに答えねばならない。

一方で、神学者、哲学者、社会科学者の多くは(あるいは読者も)、重度の精神病などの例外的な状況を除けば、人間には、自己の行動を完全にコントロールする能力が備わっていると考える。神学者によれば、人間は、心に神を導き入れるか否か、また罪を犯すか否かを選択する能力を持つ。したがって犯罪行為は、自分で完全にコントロールできる意志の産物なのである。

他方では、自由意志を持つ、身体から分離した心の存在を否定し、還元主義的立場をとる科学者もいる。たとえば、DNAの構造の解明によりノーベル賞を受賞したフランシス・クリックは、自由意志とは、前帯状皮質に集積するニューロンの大規模な集合以外の何ものでもないと、そしていくつかの前提条件を立てれば、「自由意志を持つと自ら考える機械」の構築が可能だと信じていた[*4]。この見方は、進化論の観点へと私たちを引き戻す。もしかすると人間は、自分には自由意志が備わっていると信じるべく自らを欺く、単なる遺伝子機械なのかもしれない。

私は、これらの両極端の考え方の中間をとる。つまり、自由意志はそれらのあいだのどこかに位置し、ほぼ完全に自分の行動を自らの意思で選択できる者もいれば、そうでない者もいると見なす。白か黒か、あるいはオール・オア・ナッシングかのごとく考えるのではなく（法は一般にそう考える）、それらのあいだの濃淡が考慮されねばならない。私たちのほとんどは、それら両極端のあいだのどこかに位置する。IQ、外向性、気質などの自由意志に関わる概念を考えてみればよい。これらは本質的に段階的だ。自由意志には程度があり、主体性の度合いは人によって異なる。

ならば、自由意志の程度は何によって決まるのか？　それには、生物学的、遺伝的なメカニズムと社会環境が、強く関わる。子どもによっては、自由意志は自らのコントロールの及ばないところで、幼少期に大幅に制限される。その点を実証するために、一人の婦女暴行殺人犯の生涯を事例として取り上げよう。最初に、自由意志を制限するに至ったと弁護団が主張する、この殺人犯の幼少期の生活環境を描写する。そしてそのあとで、検察側の提示した、より懲罰的な見方を検討する。

ドンタ・ページは一九七六年三月二八日に生まれた。そのとき、母親のパトリシア・ページはまだ一六歳で、妊娠中は淋病にかかっていた。また彼女自身、母親がまだ一四歳のときに生まれたため、叔父と叔母に育てられた。その際二人から身体的な虐待を受け、とりわけ叔父には、彼女が四歳になってから八年間、性的な関係を強いられていた。さらにドンタは、不在であった父親の家系から、犯罪、薬物濫用、精神障害の資質を受け継いでいた。

ドンタは幼少期を通じて、頻繁に地元の緊急救命室（ER）に運び込まれていた。二歳になるまでに、五回運び込まれた記録がある。生後九か月のときには、車の窓から地面に「落ちた」としてER

で治療を受けている。しかしおそらく、望まぬ子どもとして外に放り出されたのであろう。重大な閉鎖性頭部損傷〔頭蓋骨が穿通されずに脳に損傷を受けること〕を引き起こした可能性を示す外的徴候として、成人後も頭部に傷跡が残っていた。両親の注意深い監督を欠いていた彼は、ぶらんこで頭を打って意識を失ったり、生後六か月の頃に二段ベッドから落ちたりしている。つまり彼は、二歳になる以前ですら頭部を何度も負傷した経歴を持ち、おそらくそれによって脳も損傷したと考えられる。

三歳になると、ワシントンDCでも最悪の地区の一つに移った。弁護士の報告によると、ドンタが育った界隈を歩くと、四～五軒に一軒は焼け跡か廃屋だったそうだ。当時のドンタは、母親に育てられることもあれば大叔母に育てられることもあり、通常の安定した家庭生活を送れなかった。一日一人で家にいることも多かった。母親の虐待はあまりにもひどく、一〇歳になると、彼は家で虐待を受けるより、廃屋で寝ることを好んだ。

ドンタの母親自身が育てられた環境を考えれば、彼女がドンタを虐待したのはさして驚きではない。ドンタの祖母の証言によると、乳児の頃、彼は泣いたときによく激しく揺すられたそうだ。三歳の頃には、母親にあまりにも強く頭を殴られたために、頭痛を覚えたことがある。六歳の頃には、電源コードでひっぱたかれて出血した。寝小便をしても、成績が悪くても、ちょっとしたいたずらをしても叩かれた。ドンタにはADHDの疑いがあると担任の教師に告げられた母親に、家に帰ってから障害を抱えているという理由で殴られたこともある。一〇歳の頃には、母親にこぶしで殴られたという記録が残っている。火のついたタバコを腕に押しつけられた焦げ跡や、太もも、背中、わき腹、腕、胸に、虐待によって受けた傷跡が大人になっても残っていた。

彼を虐待したのは母親だけではなく、近所のごろつきも加わっていた。一〇歳の頃には、隣人から激しいレイプを受けた。地元のERの記録には、直腸出血が見られたとあり、内出血も疑われている。しかし、レイプの物的証拠があるにもかかわらず、病院はこの事実をしかるべき機関に報告しなかった。ドンタは、隣家にレイプ魔が住む自宅に戻され、おそらく同じことが繰り返されたのだろう。カウンセリングを受けることもなく、誰にも状況を理解してもらえなかった。家族も病院も、小さな子どもを放ったらかしにして、隣家のレイプ魔に襲われる危険をまったく顧慮しなかった。

虐待はひどくなる一方だった。一三歳の頃には、母親に側頭部をアイロンでひどく殴られ、またもやERで治療を受けている。担当医師は、電源コードで殴られたときにできた腕のみみず腫れと、アイロンで殴られた際にできたこめかみの腫れを報告している。ところが、児童虐待が報告されたにもかかわらず[*5]、何の対策も講じられずに、ドンタは再び母親のもとに返されたのだ。

十分に予想されるところだが、ドンタは一六歳になると窃盗を犯し少年院に送られる。成人後に殺人罪で告発されたとき、ドンタの弁護士は、彼が一八歳になるまでに、一九回にわたり心理療法を受けるよう教師や保護観察官に要請された事実を指摘している。ところが驚くべきことに、彼はただの一度もセッションを受けていない。一九回のうちの八回は、彼が最初の犯罪を実行する前のことだった。

かくしていかなる形態の介入もなされていない点に鑑みると、ドンタがやがて犯罪に手を染め、強盗を犯すようになり、一八歳のときには二〇年の禁固刑、および一〇件の執行猶予を受けていたことは何ら不思議ではない。しかし彼は、四年間の服役後に仮釈放となり、一九九八年一〇月に、コロラド州デンバーのスタウト通りにある社会復帰訓練所に移された。だが長続きはしなかった。居住者の一人を襲ったため、一九九九年二月二三日に、残りの刑期を全うするためにメリーランド州に送り返される旨を告げられる。彼がデンバーで、ペイトン・タトヒルの住居に侵入し、彼女を殺害したのは、その翌日のことだった。

ドンタの裁判が始まる前に、私が脳画像法を用いて殺人犯の研究をしていることを知った被告側弁護士のジェームズ・キャッスルが、私に相談をもちかけてきた。ページのおぞましい社会経験が、脳の機能、ひいては自己の行動のコントロールに悪影響を及ぼしたというのが彼の考えであった。私はこの種の依頼をたびたび受けるが、たいがい断っている。しかし詳細を聞いて、ページのケースは検討に値すると感じた。

それからわれわれは、私が殺人犯の研究に使っているPETスキャナーでドンタ・ページの脳をスキャンするために、彼をコロラド州からカリフォルニア州に移送する手続きをとった。そして、私は専門家の証人として彼の脳画像を法廷に提出し、一般の健康な人々で構成される対照群の五六人の脳画像と比べた。さらに判事と陪審員に対し、「ドンタ・ページの前頭前皮質の内側と眼窩領域、および右側頭極には、機能の低下がはっきりと見られる」という見解を述べた。

カラー図版ページの図10・1に、ドンタと対照群の脳画像を示した。左側は、正面からやや見上げた画像である。下段の正常対照群の画像を見ると、前頭前皮質にあたる上部が赤や黄色の暖色で占められていることがわかる。これは、前頭前皮質が正常に活動していることを示す。それに対し、ドンタ・ページの左側の画像には緑色の領域が見られる。これは、前頭極における糖代謝の低下を示す。

右側は、脳の腹側部を上方から見た画像である。上部が前頭前皮質にあたる。対照群の内側前頭前皮質と両側の眼窩前頭皮質にはかなりの活動が認められるのに対し、ドンタ・ページには見られない。この差ははっきりしている。ページと正常対照群では、脳の機能に大きな差異があることは明らかだ。

これらの脳領域の重要性はこれまで何度も述べてきた。フィニアス・ゲージは、認知、情動、行動のコントロールに重要な役割を果たす脳領域に損傷を受けたことを覚えているだろうか。内側前頭前皮質、とりわけ前頭極は、行動のコントロール、道徳的判断、社会的判断、共感、自己洞察に関与する[*6]。また眼窩前頭皮質を含む腹側前頭前皮質は、情動と衝動のコントロール、ならびに恐怖条件づけ、行動様式を変える能力、他者に対する思いやりやケア、他者の情動の状態への気づきに関与する[*7]。これらの領域にダメージを受けた患者は、衝動性、自制の欠如、未熟、要領の悪さ、不適切な行動を変えたり抑えたりする能力の欠如、貧弱な社会的判断、知的柔軟性の欠如、推論/問題解決能力の欠如、精神病質的な性格や行動を示す[*8]。これらのプロセスがオフになると暴力や反社会的行動につながりやすいことは、すでに見た。また、前頭前野の機能不全が、とりわけ衝動的な殺人犯の典型的な特徴であることを思い出されたい[*9]。

これらの科学的な知識を念頭に置けば、ドンタ・ページの行動は、より理解しやすくなる。彼は、ペイトン・タトヒルのレイプ殺害をあらかじめ計画していたわけではない。ただ、金を盗もうとしただけである。これは、金を盗むために個人宅に侵入し、鉢合わせした老人を衝動的に殴り殺したアントニオ・バスタマンテのケースとさほど変わらない。第3章で見たように、バスタマンテの脳のPETスキャンは、ページと同様、眼窩前頭皮質の機能不全を示していた。ペイトンが突然自宅に戻ってきたとき、ドンタ・ページは衝動的に行動している。寝室でこの若く美しい金髪の女性を捕えると、彼は自らの情動と性的な本能を抑えきれなくなり、無力な子どもの頃に自分がされたことを、彼女に対して実行した[*10]。つまりレイプしたのだ。彼は、自己と情動の統制能力を欠いていた。また、他者への共感能力を欠く彼は、彼女の恐怖心に気づかず、抵抗する彼女を刺殺した。刑務所に送り返されることが決まり、自分の人生がもとのみじめな状態に戻ろうとしているのに腹を立て、その燃え上がる怒りをペイトンに向けたのだ。幼少期に受けたおぞましい虐待の経歴を考慮すると、意識的か無意識的かを問わず、この怒りは向け変えられた攻撃性だと見なせる。

ページのした行為のおぞましさは誰にも否定できない。邪悪だと言う者もいるだろう。しかし、彼を暴力へと導いた要因を否定できるだろうか?

ページの脳画像が示す重要な留意点は、もっとも顕著なダメージを受けた脳領域に、前頭葉および側頭葉の最前方に位置する、眼窩前頭皮質と側頭極が含まれることだ。これらの脳領域は、その位置のゆえに、頭部の負傷の影響をもっとも受けやすい。そしてそのようなダメージには、乳児の頃のページが病院で治療を受けるに至った負傷のような衝撃的なものばかりでなく、もっと軽いものも含まれる。

家族の証言によると、彼は乳児の頃、単に泣き声がうるさいという理由で母親に何度も激しく揺すられたそうだ。乳児を激しく揺すると、頭蓋内で脳が前後に揺れ動き、眼窩前頭皮質、前頭極、側頭極が、頭蓋の内表面の骨ばった突起物とこすれ合って損傷する可能性がある。したがって、PET脳画像に見られる脳障害は、彼が幼い頃に過酷な虐待を受けた事実とも合致する。

ページの履歴には、他にも興味深い点が見られる。彼は一〇歳まで遺尿と遺糞の癖が治らなかった。夜間、膀胱と腸をコントロールできなかったのだ。そしてそのために母親に殴られた。これらの症状は、三歳児や四歳児までは見られるが、それが一〇歳になるまで続いた事実は、トラウマを引き起こすほどひどい生活環境に耐えねばならないことに、彼が不安や恐れの感情を抱き、緊張を強いられていたことを示す。彼は明らかに、不安に満ちた悲惨な幼少期を送っていた。

神経心理学的なレベルで言えば、実行機能を測定するウィスコンシンカード分類課題の成績は悪かった。ＰＥＴスキャンによって前頭前野の調節機能の低下が検出された点を考えれば、これは当然予想される結果だ。また、小学三年生のときに落第した事実は、学習障害の存在を示す。

神経生理学的なレベルでは、彼の安静時心拍数は一分間あたり六〇回であった。人口統計学的にマッチした同年齢同性標本集団と比較すると、彼の数値は下位三パーセントに位置することがわかった。安静時心拍数の低さは、反社会的行動にもっとも密接に相関する生物学的因子の一つとして、何度も確認されていることはすでに述べた。それは、刺激を求める行動を引き起こす、覚醒度の低さと、恐怖心のなさを示すバロメーターなのである。

認知レベルでは、言語性ＩＱと空間性ＩＱのあいだに顕著な相違（一七ポイント）があった。「右半球」の空間スコアは、「左半球」の言語スコアよりかなり低かったのだ。この事実は、「情動に関与する」右半球に大きな障害があることを示す。また、神経心理学的なテストによって、視覚と聴覚に関する記憶障害が見出されており、これは頭部の負傷で側頭葉が損傷した事実と合致する。

三人の専門家によれば、ドンタは本質的に器質性とみられる、何らかの精神障害を抱えている。母方の家系における逸脱行動の履歴はもちろん、父方の家系の精神病歴を考慮に入れると、暴力を含め衝動的で節操のない行動様式へと彼を駆り立てた重要な要因の一つとして、遺伝が考えられる。

とはいえ、社会環境も脳に対し、強く「バイオソーシャルな」影響を及ぼし得ることを忘れてはならない。ドンタは幼少期、無神経で思いやりがなく、息子に何の配慮もしない母親と生活していた。第8章では、生物学的要因と社会的要因の相互作用について論じた。ドンタの出産時の詳細はよくわかっていないが、彼の母親は妊娠中に淋病にかかっていた。これは、子宮の内部で胎児を包む卵膜が敗れる前期破水、羊膜腔や羊水の感染、早産などの分娩合併症を引き起こし得る。場合によっては、分娩時に産道を通る際、ドンタ自身も性病に感染した可能性も考えられる[*11]。また、母性剥奪と分娩合併症が結びつくと、成人犯罪の可能性が三倍になることはすでに述べた[*12]。極貧家庭で育てられた点に鑑みると、ドンタは幼少期に十分な栄養が与えられなかったと推測される。これは、脳の発達に悪影響を及ぼす大きな要因になり得る。

「バイオソーシャル」という概念を別の角度から眺めると、暴力に関して、社会的要因によって生物学的要因が生じるケースがあることがわかる。この点もすでに説明した。環境毒素に関して言えば、大叔母の報告によると、ドンタはよちよち歩きの頃、塗装物の破片をなめていた。当時住んでいた家屋は、鉛を含有する塗装が施されていた。鉛が神経毒として作用し、脳にダメージを与えることはすでに触れた。幼少時の彼は食べ物をほとんど与えられず、つねに空腹であった。年齢を問わず子どもは一般に、空腹のときには家中をうろうろしながら、塗装物の破片など、目に入るものは何でも食べようとする。また、あちこちに触れた指を口に含む。すでに見たように、栄養不良は、のちの反社会的行動につながる。このように、社会的な危険因子によって脳の機能が損なわれる可能性はある。かくしてドンタが幼少時に経験した社会的な逆境は、脳の欠陥を引き起こし、さらにそれが彼に暴力犯罪者への道を歩ませたことは十分に考えられる。

これらの生物学的、社会的プロセスは、暴力を導くさらなる危険因子を形成し得る。小学一年時の担任教師は、当時六歳半だったドンタの「情動の混乱」を報告している。彼女によれば、彼は明らかにひとりでいることを好み、どこかがとてもおかしかった。同様に祖母も、五、六歳の頃の彼を、深刻な問題を抱えている、陰気、気が散りやすい、衝動的、活動過多と見なしていた。これらの問題行動は、のちに暴力や反社会的行動を引き起こす危険因子になる[*13]。

ここで、ドンタ・ページが幼少期に被ったひどい扱いや悪影響を列挙してみよう。母親の一〇代での妊娠。出産時の合併症の可能性。思いやりのない無感覚な母親。父親不在。貧困地区での生活。乳児の頃激しく揺すられ、前頭前皮質と大脳辺縁系の連絡が切断された可能性。腸の出血に至ったレイプなど、恒常的に、過酷な身体的、性的虐待を受けたこと。完全な放置。乳児期に何度か頭部を負傷し、生後二年間に何度もERで治療を受けたこと。神経毒である鉛への曝露。栄養不良。監督者の欠如。学習障害。精神病の履歴を持つ家系。小学生時の抑うつ、ADHD、行為障害の徴候。実行機能、記憶機能の不全。生理的な覚醒度の低さ。眼窩前頭皮質、内側前頭前皮質の機能不全、および側頭極の機能低下。

この危険因子のカタログのような一覧は、常習的な暴力犯罪者を作るための、非のうちどころのない神経犯罪学的レシピのように見える。ドンタ・ページは、歩く時限爆弾だ。淋病の母親の子宮から生まれたその瞬間から、誰にも愛されず、見向きもされなかった。ページという時限爆弾が爆発したちょうどそのときその場所にいたペイトン・タトヒルは、まったく運が悪かった。

ページ自身、判決の前に読み上げられた手紙のなかで、自分の人生と陪審員の視点を明晰に分析している。

彼らが見ているすべてでは、白人女性を殺した黒人だ。誰も理由を問おうとはしない。ただ、誰が殺したのかを問うのみだ。私はいつも助けを求めていた。だが、誰かを傷つけるまで、手を差し伸べようとする者は一人もいなかった。誰かを傷つけると、人々は私を治療しようとした。だが家に帰るとすべてが同じだった。そして再び私は問題を起こす。（……）自分が何のために生きているのかがわからない。私は二四歳だが、生きる機会は一度もなかった。そしてその人生も、これで終わりだ。[*14]

「生きる機会は一度もなかった[*15]」。彼は、若く美しい金髪女性をレイプして殺した、体重およそ一三〇キログラムのアフリカ系アメリカ人だ。異人種間でのレイプ殺人はめったにない。ほとんど（およそ九〇パーセント）の暴力は、同人種内で生じる[*16]。人種意識は、陪審員の心に報復の感情を呼び起こしたのかもしれない。三日間の評議のあと、陪審団は、彼に第一級殺人罪の評決を下した。こうなると死刑の可能性は高い。

陪審団は「誰が殺したのか？」という問いには十分に時間をかけたが、「なぜ？」の問いにはあまり時間を費やさなかった。「なぜ?」の問いは、子どもが口にする質問のごとくあまりにも単純素朴に聞こえるため、不適切だと考えられたのだ。しかし適切な答えを得るためには、ときに不適切な問いを立てる必要がある。哀れなペイトン・タトヒルが受けたような苦難を人々にもたらす、おぞましき犯罪を防ぐには、「なぜ?」を、すなわち犯罪の理由を説明する因果的要因を理解しなければならない。

ページの手紙の残りの部分も、基本的に正しい。彼は、自分の行動に混乱の徴候を感じて、助けを求めていた。最初の犯罪を実行する前に、治療勧告が八度記録されている。記録されていないものが何度あったのかはわからない。幼少期に自分に押しつけられた種々の危険因子を無効化するためには、彼には専門家の介入が必要だった。自分の力では、どうすることもできなかったのだ。

行使可能な自由意志の度合いという点では、彼は、運命が支配する底辺に位置していた。彼がつねに爆発寸前であったことは、見ればわかったはずだ。実際、彼のそばにいる者は知っていた。誰の責任かを問うのなら、平然と息子にみじめな生活を押しつけた精神病質的な母親を責めるがよい。あるいは、何が起こっているかを知りながら見て見ぬふりをした傍観者や、助けを求めていた彼に、手を差し伸べられなかった福祉サービスを、ひいては、かつて無実であった子どもが、犯罪に至る道をひた走るのを阻止できなかった社会を責めるがよい。

だが、カインを責めてはならない。ドンタの事例は、法や社会が前提にしているほど、人間が自由な意志を持つわけではないことを示している。

慈悲か正義か——ページは死刑に処せられるべきか?

私たちはドンタ・ページを死刑に処すべきなのか? 彼は有罪判決を言い渡され、死刑に直面していた。われわれは、脳のダメージが彼を暴力犯罪に至らしめた可能性が高いと考えた。また、それは、自分の力では防ぎようのない原因で幼少期に生じたと確信していた。もちろん社会は暴力から守られてしかるべきだ。いずれにしても脳の機能不全を直せない限り、彼は一生を刑務所で過ごさねばならない。だが、それ以上の懲罰が必要なのか? 幼少期、彼の自由意志は著しく制限されていたが、そのために彼は命を奪われるべきなのか?

一方には、危険因子を持っていようがいまいが、私たちの誰もが自由意志と主体性を備えているという信念に基づく議論がある。これは、ほとんど宗教的な信念に近い。私たちには選択する能力があるのは確かではないのか? たったいま本書を読んでいる理由を尋ねられたら、おそらくあなたは「何か本を読みたいと思っていたら、この本が目に留まった。私は暴力というテーマにとても興味がある。それに昨今、遺伝や脳についてよく聞く。だからこの本を選んだのだ」などと答えるはずだ。

至極もっともな理由ではある。人は何かを選択できる。自由意志を持っているのだから。著者の私が、あなたの頭に銃をつきつけて本書を強引に買わせたわけではない。あなたは自由意志を行使して本書を買った。そうではないのか? その答えは「ノー」だ。

あなたが本書を選んだのではない。あなたの脳が、あなたに本書を買わせたのだ。意識的なものであろうがなかろうが、あなたは本書を買わせる「危険因子」を持っているのかもしれない。以前に犯罪の被害を受けたことがあるから買ったのかもしれないし、犯罪の実行をギリギリのところで踏みとどまった経験があり、犯罪者とよき市民の境界線をどこに引けるのかをいつも疑問に思っていたから買ったのかもしれない。善人に生まれついたあなたは、悪の種子に関心を抱いているのかもしれないし、家庭内暴力や虐待の経験を持っているのかもしれない。女性は、男性より犯罪関連の本に興味を抱く。おそらくは、暴力の犠牲者になるのではないかという強い恐れを抱いているからであろう。これらの要因が積み重なって、あなたは本書を買ったのだ。このタイトルとカバーを見て、一連の情動的な記憶や連想が一瞬のうちによみがえり、かくして本書を購入したあなたは、たった今この文章を読んでいる。それがほんとうのところではないだろうか。

誰でも、自分の人生に関わることは自分で決めていると考えたい。しかしこの信念に確たる根拠はない。それは、進化の過程で形成された心という機械のなかを、幽霊のように漂っている。私は自らの自由意志に従ってこの本を書く決定を下したのではなく、書かざるを得なかった。それと同じく、あなたは自らの自由意志に従って本書を買う決定を下したのではなく、買わざるを得なかったのだ。

本書を読むのをただちに中断したところで、この見方の反証にはならない。中断する決定を下したのはあなたではない。その決定は、誰かに挑戦されたときに反抗するようプログラムされている脳によって下されたのである。悲しいことに、自由意志は幻想、つまり蜃気楼だ。この考え方には私自身も身震いがする。だからそうあって欲しくはない。だが、事実は変えられない。

もう一つ例をあげよう。今や私たちは、アルコール依存症が、遺伝的な因子が実質的に関与する病的症状であることを知っている。アルコール依存症患者とそうでない人の目の前に一杯のビールを置いて、飲んではならないと言ったとする。すると、確かに彼らは、飲むこと、もしくは飲まないことをある意味で「選択」する。しかし、アルコール依存症患者は、それを飲まずにはいられないだろう。彼らの自由意志は、自らのコントロールが及ばないところで、遺伝的、生物学的、そしてもちろん環境的な制約を強く受けるからだ。ドンタ・ページのような犯罪者も、その点では変わらない。

それに対してあなたは次のように反論するかもしれない。「確かにページは、さまざまな危険因子を抱えていたのだろう。彼はついていなかった。だがそれでも、他の誰もと同じように、彼には責任というものがある。暴力に訴えやすい人は、まさにその性格に対して責任を負わねばならない。アル中が、自らの問題を自覚して治療を受けねばならないのと同様に、暴力を犯す危険がある人は、自分がそのような危険因子を持っていることをしっかりと認識して、誰も傷つけないよう介入プログラムを受けなければならない。彼には選択肢がある。そして自分で行動しなければならない。彼にはそうする責任があるのだ」と。

この議論はきわめて妥当に聞こえるが、問題がある。責任や自己反省は、実体のない幽霊のようなプロセスなのではなく、脳の働きによってなされる。機能的画像法を用いた研究によって、自己反省能力には内側前頭前皮質が強く関与することが示されている[*17]。そして、反社会的、暴力的、精神病質的な犯罪者においては、まさにこの脳領域が、構造的、機能的に損なわれていることが繰り返し確認されている。さらには、内側前頭前皮質に損傷を受けた患者は、責任、規律、自らの行動の結果を予測する能力を欠く。ドンタ・ページに関しても、自分の行動に責任を負う能力を支えるメカニズムが損なわれている。彼の内側前頭前皮質の機能低下は、カラー図版ページの図10・1を見ればはっきりとわかる。他の人々とは異なり、彼には、自己を振り返り、暴力を引き起こす危険因子が自分に備わっていることを認識し、その責任を負って治療を受けるだけの能力が欠けていた。

一歩下がって法廷での私の証言とは逆の見方を検討してみよう。バイオソーシャルな議論を受け入れて、ドンタ・ページに酌量の余地を与えたら、法システムが崩壊をきたすのではないだろうか？遺伝子が銃に弾《たま》を込め、環境が撃鉄を起こしたのだとしても、引き金を引く決定を下したのは本人自身ではないのか？

科学者として私は、決定論的な立場をとる（悲観的な立場と言う人もいるだろう）。弾を込め撃鉄を起こした銃をつねに持ち歩いていれば、遅かれ早かれその銃で誰かが撃たれることになろう。脳障害が暴力を引き起こしたことを証明するのはきわめて困難だが、ページに関して言えば、その可能性は非常に高い。

だがそれでもあなたは、「彼は弾を込めた銃についてある程度は知っていたはずだ。そして自分の何かがおかしいことも」と反論するかもしれない。四年間受刑者を対象に研究した経験からすると、私にはそうは断言できない。脳の機能不全が疑われる受刑者のほとんどは、自分の何かが悪いとはまったく考えていなかった。暴力の神経発生的な基盤を考慮すれば、すなわち幼児期、青少年期を通じて、これら受刑者の脳のメカニズムが正常に発達しなかった点に鑑みれば、このことはそれほど驚きではない。多くの場合、犯罪者は脳に機能不全を抱えたまま成長し、それが根づいている。自分の生物学的な欠陥を指摘されても、彼らは健常者と同様、自分の暴力が、貧困、失業、他人からの悪影響、養育の不備、児童虐待などの社会的要因に基づくとかたく信じている。そう信じるよう育ってきたのだ。そもそもそう考えてしまう理由は、貧困や養育の不備が、客観的な観察のもとで認識し得るものであるがゆえに目立つのに対し、生物学的な危険因子は目に見えないからである。しかし神経生物学的な現実を言えば、犯罪者の多くは、フィニアス・ゲージや、アルツハイマー病罹患者と同様、脳障害のゆえに、自分の心を客観的に評価する能力を持たない。

いずれにせよ、仮に犯罪者が暴力行為に及ぶ危険を自覚していたとしても、社会は、彼らがそれに関して何かできるような形態では成り立っていない。衝動的な暴力を犯す高い危険性を自分が抱えていることを示す数々の要因を認識し、理解する能力を持っていたとしても、ドンタ・ページはいったい何をできただろうか？　警察に出頭して、誰かをレイプしたいという欲求に駆られていると報告すればよかったのか？[*18]　それに対する社会の反応は明らかであろう。誰かが刑務所に長期間閉じ込められることを望まなかったとしても、それは非難できない。先見の明のある犯罪者のための自助グループなど、存在しないのだ。

ドンタ・ページの事例を読んで、あなたの身の周りにも、犯罪をもたらす生物学的、社会的危険因子を持ちながら犯罪者にはなっていない、友人、知人、もしくは家族のメンバーがいることを思い出した人もいるだろう。ならば、暴力の危険度を測定する、この保険数理士的なアプローチは何かがひどく間違っていないか？

あなたの心に浮かんだそれらの人々には保護要因が存在するというのが、その疑問に対する私の回答だ。彼らは、日常生活のなかでポジティブな影響を受けてきた可能性が高い。つまり、バイオソーシャルな危険因子を持ってはいても、犯罪に至る道を歩まないよう保護する要因の恩恵を受けてきたのだ。たとえば、家族のポジティブな機能は、暴力が頻発する地区で暮らす子どもが反社会的行動に及ぶことを防ぐ[*19]。またその逆に、恐怖条件づけの強さ[*20]や覚醒度の高さ[*21]は、ティーンエイジャーの頃は反社会的であったとしても、成人後は犯罪に走らないよう導く生物学的要因として機能する。これらの保護要因は、さまざまな経緯に沿って子どもを守るが、必ずしもそれは、彼らが「自由意志」を行使するからではない。

ページは法によって最大限の刑罰を課されるべきではなかったと考えている私が、心のどこかにいる。彼のような犯罪者を裁くときには、彼らの自由意志が限定されたものである点を考慮するべきだ。人間はすべて同じなのではない。

報復による正義

ページの事例を別の角度から検討してみよう。ページの持つ危険因子をすべて無視してまで、彼の責任を不問に付したくはない堅固な理由がある。それは、法システムが犯罪者の懲罰を正当化するための根拠になる哲学的概念、「報復」だ。ペイトン・タトヒルは、レイプされたあと喉を切られ、血の海のなかで死んでいった。正義を求める犠牲者の叫びは聞き届けられるべきではないのか？　そして、血は血で贖《あがな》われるべきではないのか？

強盗、家宅侵入、窃盗、暴行など、犯罪の犠牲者になった経験は、あなたにも一度くらいはあるのではないか？　そのときに感じた怒りと不正義の感覚を覚えているだろうか？「絶対に許さない」「目には目を」と思ったのではないか？　正義は、犠牲者が感じる、このような報復への強い心理的欲求を満たすために存在する。断固たる報復に基づく正義の行使を取り去って、より軟弱な処置で置き換えたら、それは犠牲者に不正義の苦い後味を噛みしめよと言うに等しいのではないか？

私はドンタ・ページに慈悲を与えるべきだと言ったが、レイプ殺人の厳然たる事実を考えてみよう。裁判で陪審員席に座ってむごい写真を見たり、検死官の証言を聞いたりするほどの生々しさはないかもしれないが、以下の描写によって、あなたは報復を支持する立場をはっきりと理解し、性急な判断を控えるかもしれない。

最初に指摘しておきたいのは、ペイトン・タトヒルは実にすばらしい女性だったことだ。サウスカロライナ州のチャールストン大学では、チアリーダー、救助員、女子学生社交クラブ《ソロリティ》のリーダー、薬物依存のピアカウンセラーを務め、運動選手でもあった。また、高齢者向けの病後療養所でもボランティア活動をしていた。貧者に対する社会的な責任感を抱き、恵まれないマイノリティの人々を支援するため、大学に通いながら奉仕活動を続けていた。貧困家庭の子どもの相談相手になり、彼女がリーダーを務めるソロリティによって、そのうちの五人を「養子」に出した。大学を卒業するとデンバーに移り、美術学校に通い始める。彼女はそのあいだ、臨時職業紹介所に登録しているが、それがどのような経験か私にはよくわかる。皮肉にも、ドンタ・ページが住んでいたスタウト通りの社会復帰訓練所を訪問し、薬物やアルコール依存のリハビリについてスタッフと話をしている。そこでボランティア活動をしようと考えていたようだ。もし実際にそうしていればページのリハビリを支援していたかもしれない。さらに皮肉なことに、スタッフは彼女が住んでいる場所がとても安全であることを保証し、支援が必要になったときには連絡するよう彼女に言い伝えている。

一九九九年二月二四日、ペイトン・タトヒルは嚢胞性線維症基金で面接を受けた。そのときドンタ・ページは、スタウト通りの社会復帰訓練所で、メリーランド州の刑務所に逆戻りするためにバスを待っていた。バスが来るまで二時間あったので、彼は衝動的に近くの家に盗みに入る。

面接から戻ってきたペイトンは、彼女が住むアパートの外に車を止める。家に入ると、そこにはページがいる。恐怖を感じた彼女は、二階に逃げ込む。ページは彼女のあとを追いかけ、階段をあがったところで追いついて、台所で見つけたナイフの柄で彼女の頭部を何度か激しく殴る。欄干、床、壁には血が飛び散った跡があり、明らかに彼女はそこで切りつけられている。二階の一室では彼女が飼っていた犬が吠えていたので、ページは彼女を寝室に押し込む。それからコードで彼女の手を縛り、現金の在り処を聞き出そうとする。彼女はおもてに駐車した車のなかに財布を置いてきたと答える。

それを聞いたページは、車のなかを探しに行く。そのあいだにペイトンはコードをはずし、階下に駆け下りる。なんとか助かったと思っていると、戻ってくるページと鉢合わせし、再び寝室に逃げる。追いついたページは、彼女を裸にしてベッドの上でレイプする。その際、肛門もレイプした。壁には流れ落ちる血の跡が残っていたことから推測すると、すでに負傷し血が流れている頭部をさらに壁に叩きつけられ、彼女はおぞましい責苦を受けたことがわかる。

テープに録音されたページの告白によれば、彼は、ペイトンがあげた大きな悲鳴を聞いて彼女を殺したようだ[*22]。彼女をベッドの端まで引きずり、座った姿勢にさせたページは、ナイフをつかんで彼女の喉を切る。切り口から血が噴き出る。それでも彼女は、悲鳴をあげ、必死の抵抗を試みる。勇敢にも彼女は、体の大きさが自分の倍もある悪漢に二度、三度と反撃したのだ。彼女はナイフをつかもうとするが、かえって自分の親指と人差し指のあいだを切ってしまう。ページは彼女を黙らせようとする。今度は胸にナイフを二度突き刺すことによって。

それでも彼女は抵抗し続ける。暴漢に勇敢に立ち向かい、さらに二度ナイフで刺される。そのうちの一回は刃が胸に二〇センチほど深く突き刺さり、心臓のまわりの主要な血管を切断する。ペイトンは前方に二、三歩つんのめり、そして倒れる。検死官の証言によると、彼女が自らの血の海のなかで息絶え、地獄の責苦から解放されるまでには、さらに一分がかかったと見られるそうだ。そのあとページはスタウト通りに戻って、午後一時三〇分のバスに乗っている。

ペイトン・タトヒルの母親はのちに、「娘は殺されたのではなく、動物のように〈屠殺〉された」と語っている。これから輝かしい人生が始まろうとしていたばかりの、この思いやりのあるすばらしい女性を惨殺したページを、私たちは赦すべきなのか？ 彼女は絶えず、マイノリティの恵まれない子どもたちを支援していた。逆説的にも、その彼女を動物のように殺したドンタ・ページは、かつてマイノリティに属する恵まれない子どもであった。彼女の命は、邪悪な暴漢の手によっておぞましい方法で絶たれた。彼女が、あなたの親友、恋人、姉、娘だったとしたらどうだろう。彼女が耐えねばならなかった苦痛、恐怖、恥辱を想像できるだろうか？ 被告は己の罪に見合った法的な懲罰を受けなければならないのなら、確かにページこそそれにふさわしい。そもそも彼女が受けた苦痛に比べれば、死刑ですら人道的な扱いだと言えよう。

別の事例をあげる。ここではこの人物をフレッド・ハルトイルと呼ぶことにする。フレッドは、子どもの頃、家庭内暴力を受けていた。彼の妹によれば、息子をまったく理解しようとしない、かんしゃく持ちの父親は、彼をせっかんしていたそうだ。生活はすさみ、四人の兄弟姉妹は子どもの頃に死んでいる。父と息子はつねに激しく対立した。家族は何度も引っ越しをしている。多くの犯罪者同様、彼は学業に失敗し、放校され、一六歳で学校に通うのを止めている。それから軍隊に入り、戦争中は祖国のために勇敢に戦って、恐れを知らぬ兵士であることを証明した。彼は危険な任務を引き受け、伝令を務めているときに毒ガス攻撃を受けている。そのため野戦病院に搬送され、一か月のあいだ一時的に失明した。また、このときの死に瀕した体験のために、心的外傷後ストレス障害（PTSD）に苦しんだ[*23]。多くの帰還兵と同様、衝撃的な戦争体験のゆえに、彼は他者に対する共感能力を失っていた。

除隊後のフレッドに職はなく、ホームレスのための避難所などに寝泊まりしながら、あちこちを渡り歩く[*24]。教育も満足に受けていなければ何の技術も習得していなかった彼は、真の意味での目標や野心を持ち合わせていなかった。社会性のなさは、他者と親密な関係を結ぶことが不可能なほどであった。一〇代の頃、美術学校を受験して画家になろうとしたが、この試みは、才能と訓練の不足のゆえに必然的に失敗している。彼は転落する一方だった。五年間刑務所で服役したあと[*25]、ページと同じように殺人者になる道を歩む。

ドンタ・ページ裁判の判事と同じく、死刑か、仮釈放の可能性のない終身刑かのいずれかを宣告しなければならないとすると、あなたならフレッドに死刑を言い渡すだろうか？　おそらく多くの人は

「イエス」と答えるだろう。彼は、児童虐待、すさんだ家庭、ショッキングな戦争体験、兄弟姉妹の死、学業の失敗、放校、失業、浮浪、PTSDなど、さまざまな危険因子を抱えている。彼には容赦の余地がまったくないのだろうか？

おそらく、六〇〇万人のユダヤ人と、その他何百万人の死の責任を負わねばならないフレッド・ハルトイルことアドルフ・ヒトラーに、容赦の余地はないだろう。ヒトラーが善人であったはずはない。どんなに優秀な弁護士であろうと、社会政策という点になるとヒトラーは度が過ぎたことを認めねばならない。彼はページ同様、よくて欠陥のある人間、悪くて非人間的な怪物であった。だが、彼を容赦することははたして可能だろうか？

ヒトラーや、イディ・アミン、ポル・ポト、ヨシフ・スターリンなどの、大量虐殺《ジェノサイド》を実行した支配者を容赦しようとする人は、それがアメリカ社会の見方とは異なることを理解しておくべきだ。ドンタ・ページの弁護士ジェームズ・キャッスルは、裁判が始まる前に、すべての罪状に対して有罪の申し立てをし、仮釈放なしの終身刑を受け入れることを提案した。そうすれば、ページは二度と刑務所の外で誰かを傷つけたりはしない。この提案にもかかわらず、また社会的なコストがかかっても、検察当局は死刑を求刑し、裁判に持ち込むことを選択した。明らかにこの見方は、社会の保護の範疇を超えて、コストの多寡を等閑視する報復の域に入る。

私たちの脳は、報復を求めるよう配線されているのだろうか？　私の見るところでは、人間は、社会のルールの裏をかき、他人の慈悲や信用を容赦なく利用しようとする自己中心主義的なサイコパスに対して、怒りを感じ、報復しようとする深い感情を心のうちに宿すべく進化してきたのだ。犯罪者に対する怒りや義憤を喚起する強力な情動のメカニズムなしには、今日の文明社会は存在し得なかっただろう。サイコパスを容赦すれば、私たちは彼らに圧倒されるだろう。恨みを抱く必要はある。社会の支柱としての沸き立つ報復心は、無視されてしかるべきものではない。

だが、本書で提起してきた危険因子に関する知見を考慮して、温情判決を主張することも可能だ。もちろん報復を主張し続けることも。私もかつては報復の支持に傾いていたので、その立場もよく理解できる。なぜ人によって見方が異なるのか？　もしあなたが、一般の人々と違って温情を主張するのなら、それは、ペイトン・タトヒルのように喉を切られた経験がないからかもしれない。

暴力の犠牲になった経験のある私が、それについてどう感じているかを、またジキル博士とハイド氏的な議論を繰り返し自問していることを、序章で述べた。私の心には、犯罪を阻止するためにその原因を追求し、それに対する介入方法を構築する研究をこれまでずっと続けてきた、科学的に訓練された自己が一方にある。この自己は、四年間を重警備の刑務所に閉じこもって、殺人犯や銀行強盗から小児性虐待者に至る、社会のクズとも呼べる人々を援助してきた。常習的な犯罪は臨床障害であり、そのような犯罪者に対してもっと寛容であってしかるべきだと、また、これまで蓄積してきた科学的な証拠に基づいて、個人の力を超えた早期の危険因子が、それらの人々に犯罪者の道を歩ませたのだと主張してきた。さらには、科学的な証拠を十分に考慮し、本能や情動によって理性が曇らされてはならないと提言した。

だが、私はほんとうに暴力を赦せるだろうか？　忘れられるのだろうか？　進化によって形成された、復讐や報復を志向する本能を、一度でも棚上げすることができるのか？　ペンシルベニア州ランカスター郡の学校で、一〇人の少女が死傷する銃撃事件が発生したとき、アーミッシュ〔プロテスタントの一派で、厳格な規則を守り自給自足の生活をしている〕は、この卑劣な行為を赦せたようだ。それに対するアーミッシュの反応は次のようなものだった。

ここには、赦しの心をもって、犠牲者の家族ばかりでなく、この行為を犯した男の家族にも手を差し伸べようとしない者はいないはずだ。[*26]

実際にアーミッシュは、殺人者の家族を訪問して赦しの気持ちを示し、彼らのために基金さえ設立している。私はカトリック教徒として育てられ、つねにイエス・キリストを模範と考えてきた。ならば私は、赦しの心をもって、もう一方の頬を差し出せるはずではないのか？　アーミッシュの反応を信じられない人は、「彼らの態度は、悪の存在の否定につながる見当違いの見方に基づいている」という批判なら容易に理解できるのか？[*27, 28]

私はこの件に関して、交互に立場を変えながら自分の頭のなかで論争を繰り広げることがある。一人であれこれ論争するのは変人っぽいかもしれないが、他人の邪魔にならなければ特に問題はない。おそらく誰でも少しは、ジキル博士とハイド氏の両面を心に宿している。この二つの立場をいかに調停するかは、私たちに与えられた重要な課題なのである。これについては、次の最終章で神経犯罪学の未来を検討する際に再度取り上げる。しかしここでは出発点に戻って、本章で取り上げた二つの事例をもとに、ジキル博士とハイド氏の議論を新たな視点から考察してみよう。

ページからオフト氏に戻る

神経犯罪学は諸刃の剣だと感じる人もいるだろう。ペイトン・タトヒルは強引にナイフの刃の鋭さを味わわされた。それよりもはるかに軽かったが、私もトルコで味わった。ペイトンの母親パットは、自分の娘に向けられた暴力に怒りを爆発させる。私のうちなるハイド氏も復讐に燃える。

だが、これらの報復感情の鋭い切っ先を和らげ、懲罰について考え直すことは可能だろうか？　人に危害を与えないというヒポクラテスの誓いとともに、医学モデルは、この錯綜した難題に対する、穏当な解決策を提示するための糸口を与えてくれるかもしれない。ここでもう一度、ドンタ・ページと、本章の出発点としたオフト氏の事例を振り返ってみよう。

ドンタ・ページの幼少期の医学的情報と、成人後の脳スキャンデータによっては、陪審員による第一級謀殺、第一級重罪謀殺、第一級性的暴行、第一級不法侵入、凶器加重強盗の有罪判決を避けられなかった。だが、死刑か終身刑かの量刑は変わるだろうか？　この問いに対する答えは、二〇〇一年二月二〇日にコロラド州で行なわれた三人の判事団による審問で、提示された証拠に基づいて決定された。ページは自分の行動の全責任を負って、死刑に処せられるべきか？　それとも、自分ではコントロールできない早期の要因が彼を暴力に導いたのだとするバイオソーシャルな議論を受け入れ、それを考慮して懲罰の程度を緩和し、仮釈放のない終身刑が与えられるべきなのか？

判事団は、彼を死刑には処さないという判決を下した。生物学的要因と社会的要因の結びつきによって、ページの責任能力がある程度低下したとする、私と弁護団の主張を受け入れたのだ。だが、それはほんとうに正しい判断だったのか？ もしかすると、私たちの住む社会が、すべての邪悪な行為が何らかの理由で「赦免」される、誰もがいかなる責任も負わない無法社会へまっしぐらに転落する前兆にすぎないのではないか？

いずれにせよ量刑は別として、ページは自分のした行為の責任をとるべきだと法的に裁定されたとして、報復の感情は満たされるかもしれない。では、オフト氏についてはどうだろう？ 彼は、自分のした行為の責任をとるべきなのか？ あなたは、彼には責任があると考えるだろうか？ ドンタ・ページの事例では、脳の機能不全とのちの暴力の、因果関係ではなく相関関係が問題だった点を思い出そう。それに対し、オフト氏の事例における眼窩前頭皮質の障害と小児性愛の関係は、かなり因果関係に近い。さて、あなたならどのような判決を下すか、ここでよく考えて見よう。

二〇一一年一一月の寒い朝、フィラデルフィアの連邦裁判所で、私は一四人の連邦および州判事にこの問いを提起した。それは、アメリカ科学振興協会（AAAS）が主催する、神経科学者と司法関係者の交換を目的とするセミナーでのことだった[*29]。私は彼らに、オフト氏には自己の小児性愛に対する法的責任があると述べた。すると全員がその見解に同意した。ちなみに私は、法に関する専門的な知識を持っていない。ペンシルベニア大学法学部に所属する私のよき同僚で、刑事責任の世界的な権威であるスティーブン・モース教授に、この件に関して教えを乞うたのである。

自分の願いはもちろん、コントロールすらとうてい及ばないところで、脳の中枢を乗っ取り、本人を性的犯罪者に変えた脳の障害が検出されたオフト氏に、なぜ責任を問えるのか？ 小児性愛そのものは、あまりにも「不自然」なので、医学的な証拠がないとはいえ、臨床的障害であるかのように思える[*30]。あるかないかがはっきり特定できる腫瘍や小児性愛をなぜ無視できるのか?

それに対する法的な回答は、比較的単純である。アメリカの法律では、法的責任は心的能力、とりわけ理性的な思考能力によって定義される[*31]。たとえば、あなたが犯罪を実行したとしよう。その責任を免れるために、あなたは「積極的坑弁」を行なうことができる。積極的坑弁では、罪を犯したことは認めるが、「理性的な能力」を欠いていたために、その責任を問われるには値しないと主張する。理性的な能力は、「統合失調症などの重い精神病を抱えている」「精神的に遅滞している」「まだ無責任な子どもである」などの理由で欠き得る[*32]。理性的な思考能力を欠くことを示せれば、あなたは、自らが率直に罪を認めようとも、法的な責任は問われない[*33]。これらのケースでは、あなたには、自分の行為の誤りを正しく評価する実質的な能力が欠けていると見なされる。

これを日常の言葉に翻訳すると次のようになる。理性的な思考が成立するには、二つの基本的な条件が満たされねばならない。第一に、あなたは、自分が何をしているかを理解している。第二に、あなたは、自分のしていることが間違っているという事実を知っている。では、オフト氏はこれら二つの条件を満たしているだろうか?

第一の条件について言えば、オフト氏は自分が何をしているかを理解していた。彼は、一二歳の義理の娘のベッドにもぐり込んで、彼女にいたずらをした事実を率直に認めている。第二の条件に関しても、オフト氏は自分がしていることが間違っていると知っていた。私と同様、彼も心にジキル博士とハイド氏を宿し、行為の瞬間にはハイド氏が権力を握っていたかのようだった。彼は義理の娘に対する小児性愛行為を振り返って、「私の心の奥深くで、小さな声が〈そんなことをしてはならない〉とささやいていた。だが、それよりも大きな声が〈いいじゃないか。とにかくやってしまえ〉と叫んでいた」とコメントしている[*34]。

あなたがどう考えようが、あるいはどう考えるべきと見なそうが、オフト氏には自分のした小児性愛行為に責任があるという法的事実は変わらない。彼は認知レベルで自分の行為に完全に気づいていた。

しかし、道徳的判断を曇らせて不法行為に走らせる眼窩前頭皮質の腫瘍もないのに、オフト氏と同じ行為に走る小児性愛者を、あなたはどう判断するだろうか？　彼らとオフト氏は、同じと見なされるべきか？　もし「イエス」と答えるのなら、それに対して「脳に腫瘍を抱えていない人とまったく同じように、私は自分の行為の責任をとらねばならないのか？　そんなはずはない。私はそうは思わない」と、オフト氏は反論することだろう[*35]。それにもかかわらず、現状でのアメリカの法律のもとでは、オフト氏も自分の行為に対して法的責任をとらねばならない。

繰り返すと、オフト氏は自分が何をしているかを理解していた。しかし感情や情動のレベルでは、彼には何かが欠けていた。妻のアンは、彼の行動にどう対処したのかを尋ねられて、「彼は自分の行為が間違っていると頭では理解していたようです。でも、納得はしていませんでした。〈それで？〉という表情をしていましたから」と答えている[*36]。

確かにオフト氏は、認知レベルでは自分の行為の間違いを認識していた。だが、間違っていると感じていただろうか？　病院で小便を漏らしたとき、彼はきまりの悪さや恥ずかしさなどの二次情動をまったく感じていなかった。腹側眼窩前頭皮質に損傷を受けると、このような感情の欠落が生じる[*37]。同様に、小児性愛行為を犯したときにも、羞恥や良心の呵責を感じていない。

犯罪者の感情の欠落は、もっと広い文脈でとらえることができる。第3章では、精神病質的な犯罪者は、道徳的な行動を考える際、情動を司る脳領域に活性化が見られないと述べた。また、犯罪者の腹側眼窩前頭皮質には構造的な損傷が認められることを確認した。つまりオフト氏は、脳が犯罪に寄与している無数の犯罪者のなかの一人にすぎない。

このことは、さらに広範かつ困難な問題を私たちにつきつける。眼窩前頭皮質に腫瘍があることを理由に、オフト氏には自分の行動に対する責任がないと見なすのなら、PETでも識別が困難な、ごくわずかな神経発生上の病理を前頭前野に持つ人が、彼と同じ行為を犯した場合、どのような判決を下すべきだろうか？　この種の病理は、自制に関わる前頭前野で緩慢に発達するため、どの程度まで発達すれば、それによって行動の異常が引き起こされるのかが明確に特定できない。それを持つ人は、早い時期から自制心を欠き、つねに周囲の人々から「腐った卵」と見なされ、将来、悪の権化のような人物になると思われている。このような人物の責任を、私たちはどう考えるべきか？　オフト氏を容赦するのなら、かくして育った人物を容赦しない理由はない。その逆に、彼らを容赦しないのであれば、オフト氏に対する〔容赦すべきとする〕あなたの見方もそれによって変わるのではないか？

この議論にもかかわらず、腫瘍が小児性愛を「引き起こした」というだけでなく、腫瘍を切除すれば正常に戻ったという理由で、依然としてオフト氏には責任がないと見なす人はいるかもしれない。彼は、軽微な脳障害を持つ犯罪者とは違い、治療によって迅速に、そして誰の目にも明らかなあり方で回復した。このような治療の可能性が、彼の負うべき刑事責任や道徳的責任に対するあなたの見方を変えたのだ。だがその一方で、前頭前皮質や扁桃体の体積が大幅に低下した治療不能な犯罪者は、懲罰に値すると見なすのか？　なぜこのような違いを倫理的に容認できるのか？　脳に障害を持つ今日の犯罪者は、現在の科学の力では、オフト氏のようには症状を逆転できないという事実のために、責任を問われねばならなくなる。はたしてそれを正義と呼べるのか？

おそらく読者の大多数は、オフト氏に小児性愛に対する責任はないと考えるであろう。もちろん責任があると考える人もいるだろう。さしあたり私が言いたいのは、少なくとも現在のところ、神経犯罪学によって得られた知見とはほぼ無関係に、彼には法的な責任が問われるということだ。では、神経犯罪学の知見が法に適用されるようになった暁《あかつき》にはどうなるのだろう？　スティーブン・モースは、「重度のサイコパスは、道徳性の何たるかをまったく理解できない」と述べている。それは、オフト氏が、妻に問い詰められたときに道徳性に対する無理解が明確になったのと同じことである。彼らは道徳に対して盲目であり、良心を持っていない。ゆえにモースは、他人の道徳的権利を侵犯する彼らの行為を容赦すべきだと考える[*38]。

犯罪責任の第一人者である彼のこの見解に同意するなら、類似の考えをオフト氏にも適用できるのではないだろうか？　さらに言えば、オフト氏や重度のサイコパスの事例に限らず、同様に道徳的能力と善悪の判断力を欠く常習的な暴力犯罪者の事例に照らしながら、現在の法に何らかの変更がなされるべきではないだろうか？　また、第5章で見たように、ホワイトカラー犯罪にも神経生物学的な基盤が存在する。はたして、バーナード・マドフのような人物が、オフト氏が小児性愛の素質を持っていたように、ホワイトカラー犯罪を実行するよう生物学的に配線されていたのだから、自分には責任がないと抗弁する日がやってくるのだろうか？

次章では、神経犯罪学の法への適用によってもたらされる、その種の問題を検討する。その際この問題のみならず、神経犯罪学の成果に照らして再評価が必要になる、その他の社会的な価値についても、私なりの意見を、慎重を期しつつ提示する。私たちにはいかなる未来が待ち受けているのだろうか？　それが次章のテーマだ。

第11章 未来

神経犯罪学は私たちをどこへ導くのか？

キップ・キンケルを知っている人はあまりいないだろう。彼は、他の大量殺人犯のなかにあって、すでに忘れ去られてしまったようだ。

一九四九年に、ニュージャージー州で一三人を射殺したハワード・アンルーを覚えている人もほとんどいないだろう。一九九六年に、スコットランドで一六人の小学生が殺害されたことも。あるいは、二〇一二年四月にカリフォルニア州オークランドのキリスト教系大学で、七人を殺害した韓国系アメリカ人コ・スナムの名前は、聞いたことすらないかもしれない。コロンバイン高校で二人の高校生エリック・ハリスとディラン・クレボルドが、一二人の生徒と一人の教師を殺害した銃乱射事件は、たぶん誰もが覚えていることだろう。二〇〇七年にバージニア工科大学で、韓国系アメリカ人チョ・スンヒが銃を乱射して三二人を殺害したことも。映画『ダークナイト ライジング』（米・二〇一二年）の深夜上映中に、ジェームズ・ホームズが一二人を殺害した銃乱射事件は記憶に新しい。また、さらに記憶に新しい事件としては、二〇一二年一二月一四日、コネチカット州ニュータウンにあるサンディフック小学校で、アダム・ランザが二〇人の児童を殺害した銃乱射事件がある〔大人六名も殺害したので、合わせると犠牲者数は二六名〕。もちろん、徐々に記憶が薄れていく事件もある。それらのすべてをいつまでも覚えていることは、なかなかむずかしい。だが、これらの事件はいずれも、いかなる社会でも容認できない常軌を逸したものだ。それにもかかわらず大量殺人は、何らかの劇的な処置を講じない限り、なくなりはしないだろう。

本章では、このような現状に鑑みて、この種の悲劇の予防のために神経犯罪学の知見を適用することの今後の可能性について、長所と短所の両面を含め検討する。その際、健全な未来を築くために、暴力に対する公衆衛生アプローチがいかに役立つかを探究する。しかしその前に、まずキップ・キンケルについてもう一度振り返っておこう。

キップ・キンケルは、オレゴン州スプリングフィールドに住む一五歳の生徒で、銃器に興味を持っていた。とりわけアメリカ北西部の農村地帯では、銃器への興味自体はさほど珍しくはない。だから彼は、父のビルが口径九ミリのグロック半自動式小銃を買ってくれたときにはとても喜んだ。ビルが彼のために銃を買ったのは、父子の関係を修復するには銃が役立つだろうと考えたからである。しかもすでに、ビルはキップに二二口径ライフルを買い与えており、武器に対する情熱をうまくコントロールできるよう、銃の安全な使用方法を教えるコースに息子を通わせていた。子どもがグロックを好むのは、それが軽量で撃ちやすく、カッコいいからだ。しかしビルは、まさかキップが学校に銃を持っていくとは思っていなかった。キップは、弾《たま》を込めたままの盗んだピストルをロッカーに隠していたのを、見つかったこともある。イギリスでは、教室で教師が悩まされることと言えば携帯電話だが、アメリカではどうやら銃らしい。かくしてキップは停学になり、放校されそうになる。

彼の両親は、このできごとに強いショックを受ける。ともに中産階級のコミュニティでは尊敬されてきた教師だったが、その彼らの息子が重罪を犯して逮捕されたのである。ビルは、キップが収監されているスプリングフィールド警察署まで迎えに行き、人里離れた場所にある自宅に二人で帰る。それからビルは、台所のカウンターにすわってコーヒーを飲みながら、息子の行動や扱いについてあれこれ思いをめぐらせていた。それはある日の午後のことだった。

キップの次の行動は、寝室からライフルを持ち出し、ビルの後頭部、右耳のうしろを撃ち抜くことだった。それからおよそ二時間、キップは母親のフェイスが仕事から戻ってくるのを、不安を感じながら待った[*1]。フェイスが玄関に入ってくると、キップは彼女に愛していると告げる。そして、アダム・ランザが二〇人の児童を殺害する前に、母親の顔に四発の銃弾を撃ち込んだように、キップは母親の後頭部に二発の銃弾を撃ち込む。フェイスはまだ生きていたので、さらに三発の銃弾を彼女の顔に向けて発射する。一発目は左目上方の額に、二発目は左の頬に、もう一発は額の真ん中に命中する。それでも彼女は動いていたので、キップは彼女の心臓に六発目を撃ち込む。

次にキップは、レオナルド・ディカプリオが主演した一九九六年の映画『ロミオ＋ジュリエット』のテーマ曲をかけっ放しにする。彼は恋愛悲劇の古典を題材にしたこの映画を学校で観たことがあった。母親を殺害した日の翌日の一九九八年五月二一日、彼は銃を携帯し、トレンチコートを着てサーストン高校に行き、一五〇人の生徒が朝食をとっていたカフェテリアに侵入する。それから持っていた半自動ライフルを突然腰から抜いて、一分間に四八発を発射する。この乱射によって一人の生徒が死亡し、二六人が負傷した。負傷者の一人は病院で死亡した。彼が弾丸を再装填しているあいだに、レスリング部のメンバーの一人が、ガールフレンドが撃たれたのを見て激怒し、負傷しながらも彼に飛びかかっていなければ、死傷者はもっと増えていただろう。キップは素早くグロックを取り出し、もう一発発射した直後に、六人の生徒に取り押さえられる。彼は逮捕され、四件の加重殺人、二六件の殺人未遂で告発される[*2]。

キップの弁護団はジレンマを抱えていた。犯行当時、キップは精神的に無能力な状態に置かれていたとして、精神異常抗弁で無罪を主張することは可能であった。というのも、キップが精神障害を抱えていることを示す証拠があったからだ。しかし陪審員は、残酷な乱射事件を起こした、常軌を逸したティーンエイジャーを簡単には情状酌量しない可能性も考えられた。

そこで弁護団は、話し合いによる調停を検察当局に申し出た。そして弁護側は殺人と殺人未遂の罪状を認め、検察当局は継時的ではなく同時的な刑の量定の勧告に同意した。この場合、キップの受ける懲役刑は、通常なら四つの殺人のそれぞれに二五年が課されるところを、最大でも二五年に抑えられる。かくして検察当局の支持が得られたので、キップは四〇歳で出所できる可能性が出た。裁判長は、公正で道理をわきまえた判事ジャック・マティソンだった。弁護団は確信を持っていた。有罪を認めたので、陪審員による裁判ではなく、レーン郡の巡回裁判所で六日間の審問が行なわれることになった。

キップ・キンケルの弁護は、カイザー・パーマネンテ〔医療機関〕で小児神経科長を、またオレゴン健康科学大学で小児科学の非常勤教授を務めるリチャード・コンコルが担当している。コンコルはｆＭＲＩでキンケルの脳画像を撮り、いくつかの脳領域に機能の低下を見出した[*3]。そして、彼のもっとも顕著な機能不全は、前頭前皮質の腹側、すなわち下部に検出された「穴」であると指摘した。それは物理的な穴ではなく、機能が低下した領域を意味する[*4]。また、眼窩前頭皮質の両側にも、機能の大幅な低下が見られ、とりわけ右側が損なわれていた。

コンコル博士は、脳画像による発見を、自身の手で行なった神経学的な検査によって裏づけ、キンケルには神経障害の徴候がいくつか見られることを指摘した。その際、脳神経、神経運動、筋肉、反射、感覚、神経認知の機能が検査されている。彼の証言によれば、これらの検査による神経学的な発見は、脳画像によって検出された、前頭葉、側頭葉の異常と合致し、障害は神経発生的なものであった。検察当局は、コンコル博士に対して反対尋問を行なわなかった。

精神医学の専門家も、弁護側の証言をしている。キップは事件の一年前から抑うつを抱え、抑うつと怒りのコントロールに焦点を置くセラピーを九セッション受けていた。母のフェイスは、彼の怒りっぽい性格と、銃、ナイフ、爆薬への興味を心配していた。また、万引きと、車への投石が警察の調書に記録されている。キップは、セラピーのセッションを六回受けたあと、抗うつ薬プロザックの服用を開始した。それによって、抑うつを含む情動の問題はすべて解消したために、三か月後に、セラピスト、母親、本人の三人は、服用を中止することに同意している。この判断は間違っていたのかもしれない。

ビルがキップにグロックを買い与えたのは、七回目のセッションのあとだった。振り返ってみれば、それは無責任な行為に思えるが、ビルは思慮分別のある父親であり、息子とのぎくしゃくした関係を改善したいと真剣に考えていた。銃の使用と保管に関しては、慎重を期して厳格なルールをキップに課していた。しかしまさにその銃をキップは学校に携帯し、殺人計画を実行したのだ。

事件を起こしたとき、キップは妄想型統合失調症を抱え、命令幻聴を聞いたと証言する精神科医もいる。ある証言によれば、キップは、父親と自宅に戻ったときに「殺せ」という命令を、また、父親を殺害したあとで「学校に行ってみんなを殺せ。たった今何をしたかを考えてみろ」という命令幻聴を聞いたのだそうだ[*5]。

キップは妄想を抱いていたと証言する精神科医もいる。たとえば、中国がアメリカに攻めてくると信じ、それに備えて地下に爆薬を隠していた。また、やがてディズニーが世界を支配し、ミッキーマウスの肖像が刻印された通貨が流通すると考えていた。さらに専門家は、彼の学習障害、とりわけ読み書きの難を報告している。声を聞き始めたのは一一歳の頃で、最初に聞いた声は「おまえはどうしようもない愚か者だ。何の価値もない」だった。精神科医の報告によれば、キップの家族には統合失調症などの精神疾患の履歴がある。

検察側は四時間で弁論を切り上げ、被告側の提示した精神医学的、神経学的な証拠に対して、いかなる異議も申し立てなかった。検察側と被告側の合意どおり、同時に刑を量定し合計一二五年の懲役刑が下されるか否かは、あとは判事の裁定次第であった。

以下に示すマティソン判事の判決は、懲罰の根拠を、個人の矯正から社会の保護と自己責任へと転換する、二年前のオレゴン州法の変更に準拠するものだった。

この判決は次のことを明確にする。社会一般の保護は、いかなる個人の矯正や更生の可能性よりも重要なものである。(……) 焦点は、キンケル氏一個人の矯正や更生の可能性より、はるかに広い範囲に置かれねばならない。[*6]

一九九八年一一月一〇日、彼はキップ・キンケルに仮釈放の可能性のない一一一年の懲役刑を言い渡した。かくしてキンケルは、オレゴン州では初めての、事実上終身刑を宣告されたティーンエイジャーとなった。彼が釈放されることはない。

ここで舞台を未来に移して、キンケルの事例を再考してみよう。一九九〇年代ではなく四〇年後の二〇三九年に彼を置いてみる。彼は一〇歳の小学生で、殺人を犯すまでにはまだ五年の猶予がある。学校で実施されている選別《スクリーニング》プログラムでは、彼は殺人者になる可能性がある児童として特定された。そして、将来暴力を生むかもしれない神経発生的な要因を除去するための最新の治療を、専門の施設に入って受けた。その後彼はこの施設を出所し、法を遵守するよき父として正常な生活を送っている。ビルとフェイスは、今では愛情深い祖父母になっている。ハイスクールで、二人が死に、二五人が負傷するなどという事件も起こらなかった。

これが本章で私が提示する未来像であり、それはロンブローゾの遺産とも言うべきものだ。犯罪の阻止は、予防と介入の努力から始まる。最新の科学技術を駆使して、世界中で起きている凶悪な暴力に対処するのだ。今日の法システムを支配する、報復本能に基づく懲罰を暴力犯罪者の更正への信念によって置き換える、より高度で安全な社会を実現するための犯罪予防アプローチを、私たちは構築できるだろうか？　私は、できると信じている。しかしそのためにはまず、社会を蝕む暴力の原因を新たな光のもとで精査し、犠牲者のみならず犯罪者に対しても、思いやりに満ちた視点を確立する必要がある。

日陰から日なたへ——臨床障害としての暴力犯罪

ここで、私の姉についての個人的な思い出を語ることをお許し頂きたい。姉のローマは、私にとって母のような存在であった。彼女の姿を最後に見てから何十年もの時が経つが、記憶は私の心に焼きついている。私を台所のカウンターに座らせて、くつ下とくつを履かせてくれたことを今でもよく覚えている。買ったばかりのズボンをはいた私を自分のひざに乗せて、居間のソファーに座っていた彼女のことも。彼女は母鳥のように私のことを心配していた。夕陽を浴びて長く伸びる影を背に、二人で町を散歩したときにつないでくれた手の柔らかさをまだ覚えている。そのとき私は、彼女の思いやり、暖かさ、やさしさを存分に感じていた。穏やかで美しいローマは、私にとってつねに特別な存在だった。今でも彼女の美しい顔とカールしたゴージャスな黒髪、そしてやさしい目が思い浮かぶ。

ローマは一六歳で学校を出て、イングランド北西部に位置する私たちのホームタウン、ダーリントンの百貨店ビンスでしばらく働いた。しかし生まれつきの介護者であった彼女は、私の面倒を見てくれたように、人々をケアする仕事を望んでいた。だから彼女は、やがてダーリントン記念病院の看護師になった。次に一八歳の姉の身に起きたできごとは、彼女の看護師の同僚で友人であった、クレア・フィッツギボンが語ってくれる。

クレアは著書『日なたと日陰（*Sunshine and Shadows*）』で、ローマと同じ病棟で看護師として働いていたときに起こったできごとを描写している。そのときローマは、せきが止まらず、疲れて青白い顔をしていた。やがて彼女は、勤務中に倒れ、町はずれにある感染病病棟に運ばれた。クレアは、ローマに何が起こったのかが心配になり始めた矢先、年長の看護師から、フローレンス・ナイチンゲール病棟に臨時の個室をただちに設営するよう指示された。新たな白血病患者が運ばれてくるというのだ。

台車に乗せられ青白い顔をした患者が、両開きドアを通って運び込まれてくる。台車には短いポールが立てられ、そこから吊り下げられた輸血用のボトルが台車の動きにつれ揺れている。新たながん患者がローマだとわかったクレアは、ひどいショックを受ける〔白血病は血液のがんとされる〕。

クレアは、ローマの最期の日々の看護を担当する。クレアの親友は、みるみる弱り果てていく。がんで死にゆくローマをクレアが看取るところを描いた次の文章は、読む者の心を揺り動かさずにはいないだろう。

> イタリア系の彼女の黒い目の色合いが、黒く美しい髪に縁どられた顔の全体に広がったかのように見えた。青白かった皮膚の色は、今や灰色に変わっていた。（……）ローマは私の手を握り、私の目をまっすぐに見て、「私、もうすぐ死ぬわ」と言う。鼻孔からは血が流れ出している。彼女はむせながら「愛していると伝えてほしい。父と母に」と声を絞り出す。息を吸おうとして再びむせる。「それから、家族のみんなに」と言いながらなんとか笑みを浮かべる。彼女の顔からは完全に血の気が失せていた。「あなたも」。（……）私の目からは涙がこぼれ落ちる。私は、なんとか声を絞り出し「私たちはみんな、あなたを愛している」と

答えると、彼女は私の腕のなかで息を引き取った。[*7]

太陽の光のように輝いていた私の姉の命は、急性の白血病という影に覆われた。彼女の命は、暴力の犠牲になるより長いとはいえ、おそらくは慈悲深くも、わずか二週間で九月一八日に吹き消されてしまった[*8]。ローマの思い出は、クレア同様、誰も決して忘れないだろう。

ローマの死は、私のものの見方に根本的な影響を及ぼした。これまで無数の人々の命を奪ってきたもう一つのがん、すなわち暴力は、私にとっては、姉を殺した病気と同様、医学的な現象だ。私は彼女の死を、暴力に対する介入の必要性を考えるにあたっての一種のメタファーと見なしている。暴力に対処するには、報復よりも思いやりが必要であり、読者にはそれを可能にする臨床的な視点をぜひ知ってほしい。

一九七〇年代、心理学を専攻する学生だった頃の私は、疾病に対する心身相関的なアプローチに興味を抱いていた。このアプローチは、心と身体のあいだに因果関係を見る。しかし、やがて私はスーザン・ソンタグの著書を読んで考え方を変えた。ローマの死の二〇年後にソンタグは、二〇世紀の代表的な疾病であるがんが、恥ずべき、隠されるべきものと見なされることの誤ちについて、挑発的に論じた[*9]。疾病を心身相関的にとらえるアプローチは、その人自らががんを引き起こしたと考える。そして、怒りの抑圧などによって示される、自己の異常なパーソナリティによって、身体の病気が引き起こされると見なし、代替療法としてサイコセラピーを提供する。責任は本人自身にあり、外部に求められるべきではない。そう考えるのだ。

思うに、現在のところ私たちは、それと似たアプローチで暴力の原因をとらえている。私はかつて、「犯罪者はとにかく邪悪だと思わないのか？」「連続殺人犯が人を殺すのは、内なる悪魔のせいだ」と、二人の世界的な臨床心理学者に挑まれたことがある。生物学的、社会的な外在要因は、ほんとうに存在しないのだろうか？

その可能性は皆無ではない。しかし、邪悪な霊などというオカルト的な見方をとれば、犯罪の理解は中世のレベルに後退するだろう。私たちは、科学的にも理性的にも、もっと進歩しているはずだ。がんは、私たちが犯した罪に対する懲罰なのではなく、生物学的、社会的な外在要因によって生じた疾病であり、治療可能なものである。暴力も同様に、公衆衛生の問題、すなわち社会に悪影響を及ぼす疾病の問題としてとらえるべきであり、罪や悪などの概念に歪曲されず、理性的、臨床的に対処するべきだと、私は言いたい。ソンタグが、私の姉の死因になった、またソンタグ自身の死因にもなる疾病に関して述べたことの要諦は、この点にあったのではないだろうか。そしてそれは同様に暴力にも当てはまると、私は考える。

がんに対する考え方と同様、暴力に対する見方も変わりつつある。私には、クレアと同じように、病棟で患者の一人ひとりと接した経験がある。つまり、重警備の刑務所に精神分析医として四年間通い、受刑者を対象にセラピーを行なったのだ。私は三五年間、彼らの病気の原因を理解しようと努めてきた。私たちはこれまで、あたかも医師ががん患者の治療を断念するかのごとく、無期懲役受刑者を扱ってきた。クレア・フィッツギボンは、「牧師を呼ぶときが来た。われわれ医師は、やるべきことをすべてやった」としか言えない医師たちに、憎悪すら感じ始める[*10]。それではあたかも、ローマは罪を告白して、がんを自ら引き起こした責任をとらねばならないかのようだ。どうすれば私たちは、刑務所という日陰を、日なたに変えられるのか？　暴力というがんを、どうすれば治療できるのだろうか？

これらの問いに答える前に、暴力に対する私の見方を説明しておこう。二〇年ほど前の一九九三年、私は、『犯罪の精神病理学――臨床障害としての犯罪行動（*The Psychopathology of Crime: Criminal Behavior as a Clinical Disorder*）』という本を書いた。キンケルの有罪判決が下される六年前のことだ。私はこの本で、「常習的な暴力犯罪は、がんやうつや不安と同様に、臨床障害である」と主張した[*11]。ここで言う暴力犯罪者とは、ある日突然怒りを爆発させ、誰かを殴り倒す人のことではなく、繰り返し他人に激しい暴力を振るう犯罪者を指す。また、非暴力的な反社会的行為を繰り返す犯罪者も、臨床障害という範疇でとらえている。この見方には確かな根拠があると、私は考える[*12]。

その基本は、臨床障害を「機能不全」と定義する点にある[*13]。基本的に、その人の何かが正しく機能していないととらえるのだ。精神科医や臨床心理学者は、あらゆる臨床障害の診断に、精神医学のバイブルとも言える『精神疾患の診断・統計マニュアル（ＤＳＭ）』を用いている[*14]。精神医学三万六〇〇〇人の精神医学のリーダーたちの見解を代表するこのマニュアルは、どのように障害を定義しているのかを、そしてその定義は常習犯罪者にも当てはまるのかを見てみよう。ＤＳＭ－５〔改訂第五版〕には次のように記されている。

精神障害とは、心的機能の基盤をなす心理的、生物学的、発達的な過程における混乱を反映する、個人の認知、情動、行動における著しい機能不全によって特徴づけられる、特定の健康状態を言う。障害によっては、臨床的に有意な心や行動の問題が生じるまでは、診断が不可能なものもある。[*15]

暴力犯罪者は、思考、感情、行動面で機能不全をきたしているのだろうか？　それに対する答えは、間違いなく「イエス」だ。それには生物学的な基盤が存在するのか？　発達の過程に問題があったのか？　ここまで私は、遺伝的、神経発生的な基盤によって、人生の早い時期に犯罪の芽が生じると主張してきた。暴力犯罪者においては、多くの機能が正しく作動していない。学校、家庭、職場で日常生活を送っているときにも、彼らの行動はどこかに支障をきたしている。暴力は他人に苦痛をもたらすが、暴力的人間自身も、苦痛や苦悩を感じていることが多い。このように、常習的な暴力犯罪は、臨床障害なのだ[*16]。

一般に、臨床障害の有無の判定には、少なくとも九つの基準がある。それには、統計的な頻度の低さ、社会規範からの逸脱、理想的な心の健康状態からの逸脱などが含まれる[*17]。犯罪をこの基準に照らすと、「常習的な犯罪は比較的少ない」「犯罪は社会規範からの逸脱そのものである」「犯罪者の心の健康状態は理想的であるとはとても言えない」。それに加えて、自己や他者に与える苦痛や苦悩、あるいは社会、職業、行動、学習、認知における障害、さらにはこれまでに見てきた脳などの器官の数々の機能不全を考慮に入れれば、暴力犯罪を臨床障害と見なせることは明らかだ。もちろん、個々の基準をそれだけで取り上げれば、そのほとんどには相応の弱点があるが、それらを組み合わせれば、暴力犯罪の精神病理学的全体像を描くのに大いに役立つ。常習的な犯罪はこれらの基準を満たし、実際のところＤＳＭに収録されているほとんどの障害と同等に、もしくはいくつかの障害よりもうまく当てはまる[*18]。

では、この革新的な見方は、いったい何をもたらすのか。それは、暴力を決定的に阻止するための新たな介入方法の開発に役立つ。犯罪者をうまく「治療」できるようになれば、報復に基づく正義は過去のものとなるだろう。暴力に対する社会の見方は大きく変化し、とりわけ裁判官が判決を下す際の判断基準は変わるはずだ。

もちろん、それを実現するためには、何らかの飛躍《ブレイクスルー》が必要であろう。しかし今日でも進歩の徴候は見られ、その多くは医療の分野に由来する。白血病の治療を例にとって、暴力に対する対処方法が今後どうなるかを考察してみよう。白血病は、白血球を過剰に生産するタンパク質の異常を引き起こす、ＤＮＡの遺伝的変異に起因する可能性が高い。通常、白血球は骨髄で生産され、私たちをウイルスから守ってくれる。しかし白血病によって新たに作られた未熟な白血球は、健康な細胞を締め出すことで免疫系を機能不全に陥れ、酸素を運ぶ赤血球の数を減らす。その結果、貧血症、顔面蒼白、息切れが引き起こされる。ローマに見られたのも、これらの症状であった。また、彼女の身体のあらゆる開口部から出血したのは、通常は血液の凝固を促進する血小板の数が減っていたからだ。さらに、免疫系の機能不全は、絶え間のない感染をもたらす。そのためにローマは、喉の痛みを訴え、扁桃腺に感染をきたし、やがて死亡したのである。

慢性骨髄性白血病（ＣＭＬ）と呼ばれる白血病の形態に関しては、遺伝的な基盤がわかっている。

通常は、二本の染色体上の遺伝子によって、白血球の生産が調節される。白血病では、これら二本の染色体のあいだで転座〔染色体の一部が切断され、同じもしくは他の染色体に融合すること〕が生じ、一方が短くなる。この短くなった染色体は、ローマの死の三年後の一九六〇年に発見され、フィラデルフィア染色体と呼ばれる。この染色体には、アデノシン三リン酸（ＡＴＰ）と呼ばれる分子を用いる、新たな融合遺伝子が含まれる。ＡＴＰは別のタンパク質を活性化し、白血球の過剰生産を促すがん細胞の増加を引き起こす。グリベックという商品名で販売されている、イマチニブと呼ばれる治療薬によって、ＡＴＰの機能は抑制できる[*19]。

「がんの治療についてはよくわかった。だが、暴力や犯罪に関しては、遺伝要因は半分にすぎない。しかもそれほどはっきりしているわけではない」という反論もあるだろう。しかし事実を言えば、暴力や犯罪と同レベルの遺伝性を示すがんも存在するとはいえ、多くのがんは、生物化学的な遺伝基盤を持ってはいても、遺伝性のものではない[*20]。ならば、何が起こっているのか？

この文章を読んでいるあいだにも、あなたのゲノムには何百もの変化が生じている。一日に換算すれば一〇万単位の変化が起こっているが、私たちの身体には、この遺伝的なダメージを逆転させる修繕メカニズムが備わっている[*21]。この修繕メカニズムがうまく機能しなくなると、突然変異によって遺伝子に異常が生じ、それによって欠陥のあるタンパク質が生成され、ひいては生理機能や健康が損なわれる。では、何が修繕メカニズムを狂わせるのだろうか？　第8章で取り上げたエピジェネティクスを思い出そう。環境要因によって、遺伝子の発現様式が変わる場合がある。だから多くのがんは、遺伝性をほとんど、もしくはまったく持たないにもかかわらず、遺伝的な過程を通して成長するのである。

それゆえ私は、がんの治療に関して今日起こっていることが、将来は暴力に対する介入にも起こると、基本的に考えている。ヒトゲノム計画は、科学の進歩における変化の速度を示す一例である。またこの予測は、私がこれまで三五年間行なってきた犯罪研究における進歩によっても裏づけられる。まず物理的な臨床環境や、新薬の開発で、飛躍が起こった。がん研究からそれらが起こることもまれではない。その種の概念的飛躍は、通常は他の疾病の研究にもいずれ影響を及ぼし始める。薬物治療の進歩は、心の病への介入へと、さらには暴力や犯罪に対する介入へと確実に伝わっていく。ペンシルベニア大学のアーロン・ベックによって開発された認知行動療法はその一例だ。この療法は、当初はうつ病の治療のために開発されたものだが、現在では、もっとも有効で利用頻度の高い、反社会的行動に対する介入手段の一つとして、青少年と成人の両方を対象に用いられている[*22]。別の例として、てんかん、精神病、ＡＤＨＤの治療薬は、今日では攻撃的な子どもや青少年にも投与されていることがあげられる。ゆっくりとではあれ着実に、このような変化は起こりつつある。

変化が必ず起こるという私の確信は、次の理由に基づく。現在では、それに必要な科学的、および理論的な枠組みが整っている。また、生物学的要因は、複雑な社会的要因に比べ、素早く効果的に是正できる。たとえば居住地域の治安の悪さは、数十年程度ではあまり改善されないのが普通であり[*23]、貧困問題はいつでも発生し得る。環境と、生物学的、遺伝的危険因子が相互作用を及ぼし合って暴力を形成すること[*24]、犯罪、攻撃性、暴力にはかなりの程度で遺伝的な基盤が存在すること、エピジェネティクスによって、環境が変わると遺伝子の発現様式も変わり得ること、薬物治療によって攻撃性や暴力を緩和できること、最新のがん治療薬には遺伝子の突然変異を逆転させる能力があること、これらのことをここまで見てきた。ここまでくれば、私たちは、生物学的な介入によって迅速に暴力的な行動を変えられるであろう。

実践的な観点から見て、私たちは犯罪の社会的要因を除去できるだろうか？　著名な犯罪学者ジョン・ラウブとロブ・サンプソンは、犯罪の発生原因に関して地域の重要性を指摘する[*25]。地域環境の改善は、犯罪の抑止に役立つ。したがって私たちは、それに向けてもっと努力すべきである。二人はさらに、結婚、就職、あるいは軍隊への入隊などの、日常的な状況や経験が、犯罪を導くか阻止するかの転回点《ターニングポイント》になり得ることを論じている。彼らの見解は正しいと思う。とはいえ、日常生活における社会的経験や人々のやりとりをコントロールすることは不可能に近い。結局、私たちの生活は、小さな偶然のできごとに左右されるのだ。私たちには、偶然のできごとを予知したり、コントロールしたりする能力はない。それは現在でも、三五年後でも同じことだ。

しかし、私たちは今や、環境が、あるいは偶然のできごとさえ、エピジェネティクスのプロセスを通じて、遺伝的、生物学的変化を促し得ることを知っている。では、暴力を導く、認知、情動、行動面での危険因子を生む生理的な影響は、コントロールできるのだろうか？　それは理論的には可能だ。現在、特定の形態のがんを対象に薬物治療が行なわれているが、それと同様、そのための薬物療法を確立すればよい。将来、暴力の遺伝的、生物学的な基盤として特定された欠陥タンパク質の機能を、新世代の医薬品によって抑えられるようになるだろう。それを実現するためには、どの遺伝子の構造的な変異が、暴力を導く生物学的な危険因子を生む欠陥タンパク質の生成をもたらすのかを、まずは見極める必要がある。それには長い時間がかかるだろうが、勇気と信念を持って取り組みさえすれば、理論的な可能性に鑑みると、大きな成果が期待できる。だが現状では、そのような勇気や確信は足りていないようだ。

それはそもそも、選択の問題である以上に、これまで人類が何度も経験してきた社会政治学的な分岐点《ティッピングポイント》に、いずれいやおうなく到達することを意味するのかもしれない。では、それはいったいどのような未来なのか？　次にそれを検討する。

ロンブローゾ・プログラム

時は二〇三四年。過去数十年にわたり、社会的平等を促進するプログラムによって、犯罪撲滅の実現へ向けて多大なる努力が払われてきた。しかし、その試みはいまだ成功していない。知識の民主化をとても効率的に実現したインターネットは、学業には失敗しながらも、グローバルＣＣＴＶ〔映像監視システム〕の監視の網の目を潜り抜けるハイテク技術の独学での習得に成功した知能犯を、思いもよらず大量に生み出す結果となった。殺人事件の解決率は、二〇一〇年の六五パーセント[*26]から、三八パーセントに低下した。つまり容疑者の逮捕件数は、著しく落ち込んでいた。連続殺人の発生件数は上昇傾向にあり、受刑者の数は、とっくに刑務所の収容能力を超えていた。二〇一二年には、アメリカの人口は世界全体の五パーセントを占めるにすぎなかったが、アメリカの刑務所には全世界の受刑者の二四パーセントが収容されていた。その数値は、二〇三四年には三一パーセントに達した。警察は未解決の事件を大量に抱えて、一日中業務にあたっていた。

人々は、息がつまるような監視システムに耐えながら長年暮らしてきたというのに、一向に犯罪が減らない当局の手際の悪さに業を煮やしていた。犯罪者のリハビリにもうんざりし、一時出獄を許された服役者が、塀の外で新たな犯罪に及んだことを報じる記事を読んでは眉をひそめていた。それだけではない。犯罪による経済的負担は、今や天文学的数字に達していた。二〇一〇年の時点でさえ、アメリカにおける殺人のコストは三〇〇〇億ドルと見積もられていた。この額は、教育省、司法省、住宅都市開発省、保健福祉省、労働省、国土安全保障省の予算合計を上回る[*27]。一九九九年の時点では、殺人のコストは、GDPの一一・九パーセントに相当すると見積もられていたが[*28]、二〇三四年には二一・八パーセントに達していた。犯罪が増えれば増えるほど、政府は教育、福祉、健康、住宅に予算を回せなくなり、それによってさらに犯罪が増加するという悪循環が生じた。

ティッピングポイントは二〇三三年に来た。この年、刑務所の超過した収容者数を減らすために、「危険度の低い」精神疾患を持つ受刑者の一人が、当局の監視下で薬物治療を続けるという条件のもとで早期釈放された。しかし「危険度の低い」という報告は、管理上の手違いによって他の受刑者の評価と取り違えられたものであり、釈放された受刑者は、実は「きわめて危険」な人物だった。釈放後二週間が経過すると、この男はワシントンDCのとある店に押し入り、彼と警官のあいだで発生した銃撃戦の最中に、流れ弾に当たったたった一人の若い女性が死亡する。偶然にもこの女性は、司法長官の娘であることが判明した。

この、経済や社会政策にも関わる事件を契機に、政府は「ロンブローゾ・プログラム」をスタートさせる。なおロンブローゾ（LOMBROSO）は、「殺人に対する法的攻撃態勢――犯罪者の選別《スクリーニング》のための脳研究作戦（Legal Offensive on Murder: Brain Research Operation for Screening of Offenders）」の略である。ロンブローゾ・プログラムの背後にある論理は、驚くほど単純だ。二一世紀が始まったばかりの二〇〇六年、殺人容疑で逮捕された者の二二パーセントは、執行猶予中、もしくは仮釈放中であった[＊29]。二〇〇九年に犯罪学者たちは、機械学習を用いた統計技術を駆使し、どの仮釈放者が再び殺人を犯すかについて予測を試みた。彼らは、基本的な人口統計学的データと犯罪前の履歴データを利用できたにすぎないが、釈放後二年以内に殺人罪で告発される候補者として、四三パーセントを正しく分類した[＊30]。もちろん、偽陽性の問題、すなわち殺人を犯すと予測された者が実際には犯さなかったケースは依然としてある[＊31]。しかし、長期にわたり追跡調査を行なった追試では、目覚ましい成果が得られた。二〇二〇年代までには、神経犯罪学者、統計学者、社会科学者による学際的な研究によって、脳、遺伝、心理に関する危険因子がパラメーターとして組み込まれることで、モデルの予測能力は向上した。さらに二〇三〇年代初期に、一般社会における暴力の発生件数を計算するアルゴリズムが開発され、ついに二〇三四年、ロンブローゾ・プログラムがスタートしたのだ[＊32]。それは政府の支持率を回復するチャンスでもあった。

ロンブローゾ・プログラムとは、具体的には次のようなものだ。一八歳以上の男性は全員、病院で脳スキャンとDNAテストを受けなければならない。まず指から採血する。これは一〇秒で済む。次に、五分をかけて脳のスキャンを行ない「基本五機能」を検査する。これは、構造的スキャンによる脳の構造の検査、機能的スキャンによる安静時の脳の活動の検査、拡散テンソルスキャンによる白質の統合度と脳の接続性の検査、MRスペクトロスコピーによる脳の神経化学の検査、細胞機能の精査による細胞レベルでの二万三〇〇〇の遺伝子における発現状態の検査から成る。そして、それによって得られた脳やDNAのデータと、コンピューターで処理された、医療、教育、心理、居住地域などに関するデータを組み合わせて、バイオソーシャルな総合データセットを生成する。

「基本五機能」の検査は、ロンブローゾ・プログラムがスタートする以前から、殺人犯全員を対象に研究目的で実施されていた。対照群を形成するために、殺人犯と同数の非犯罪者も、この検査を受けた。また、暴力の予測の正確性を向上させるに至った概念的な進歩の一つは、社会的要因と生物学的要因の相互作用の決定的な重要性が、それまでの一〇年間を通じて広く認知された点である。技術面に関して言えば、プログラムスタート時までには、予測変数と、実験群、対照群のデータセットのあいだにある線形、非線形の関係によって生み出される複雑なパターンを抽出する、第四世代の機械学習技術が開発された。この技術では、実験群と対照群の標本は、無作為に三つのデータ群に割り当てられる。第一のデータ群は、トレーニング用に、すなわち機械学習システムが殺人を予測する方法を学習するために、第二のデータ群は、予測計算式の精度をテストして向上させるために、そして第三のデータ群は、計算式の最終的なテストに用いられる。

最終的な計算式は、もちろん一〇〇パーセントの予測精度を保証するものではない。だが、次の結果を見てもわかるように、犯罪に倦んだ社会での使用には十分に耐える。その証拠に、LP-V（ロンブローゾ陽性-暴力犯罪）に属すると評価された者の七九パーセントは重大な暴力犯罪を、同様に、LP-S（ロンブローゾ陽性-性犯罪）の八二パーセントはレイプか小児性犯罪を、LP-H（ロンブローゾ陽性-殺人）の五一パーセントは殺人を、五年以内に犯している。なかには複数の陽性評価を受ける者もいる。

ロンブローゾ・プログラムは次のように実施される。いずれかの基準に対して陽性と評価された者には、特別施設への無期限の収容が言い渡される。なお、ロンブローゾ・プログラムを立ち上げるきっかけとなったミスに類する管理上の手違いが起こり得ることを考慮して、陽性と評価された者には、評価に異議を唱え、第三者による再テストを要求する権利が法的に与えられる。収容施設は厳重な警備のもとに置かれてはいるが、収容者の待遇はかつてのようにひどくはない。施設は、第二の家庭として機能するよう意図されており、週末には配偶者の訪問も許される。レクリエーションや教育にも配慮が行き届いており、選挙への投票もできる。また、安全性チェックを受けたうえで、家族、あるいは友人とも連絡をとることができる。待遇が甘いと思う人もいるかもしれないが、収容者はまだいかなる犯罪も実行していないのだ。最大の問題点は、いわば時限爆弾を抱えた人々が一か所に収容されることであろう。

収容者は全員、毎年再テストを受ける。というのも、施設の環境や介入プログラムによって、エピジェネティクスによる変化が生じ、それにつれてLP-Xのステータスも変わっているかもしれないからだ。好転していれば保護観察のステータスに下げられ、通常の日常生活を送ることが許可される。ただし、保護観察期間中は監視がつく。無事にその期間が過ぎれば、LP-Xのステータスは完全にはずされる。また、年齢を重ねて、自然にLP-Xの条件に当てはまらなくなる者もいる。

長期間の収容を避けるために、特別な処置を受けて出所することも可能だ。たとえば、LP-S評価者は、外科的去勢を受ければただちに出所できる。ただしその場合でも、ホルモン補充療法を受けていないことを証明するために、テストステロンチェックを毎週受けなければならない。生物学的特徴の種類によっては、社会復帰訓練所で薬物治療とテストを受けることを選択できる。とはいえ、出所者のほとんどは、ロンブローゾ・センターで実施される集中的な介入プログラムの恩恵を受けて、社会に復帰している。

施設で実施される科学的な介入は、ランダム化比較試験の結果に基づく実践方法を支持する、一九九八年に始まる実験犯罪学の潮流から生まれたものである[*33]。新たな生物学的介入方法が功を奏し始めたとき、社会は、常習的な犯罪を臨床障害と認めるようになった。それ以後、LPと評価された者は全員、最新のバイオソーシャルな介入プログラムを集中的に受けるようになったが、その際、介入の具体的な内容は各自の生物学的、社会的特徴に合わせられた。介入手段には、従来的な認知行動療法のセッションに加え、最新バージョンの脳深部刺激療法[*34]、非侵襲的な経頭蓋磁気刺激法[*35]、前頭前皮質の機能を向上させる次世代の薬物治療など、さまざまな方法が用意されている。また、オメガ3などの栄養素をふんだんに取り入れた高度な栄養プログラムや、fMRIによるバイオフィードバックが統合されたマインドフルネス・トレーニングも受けられる。

人々をもっとも驚かせたのは、LP-P（ロンブローゾ部分陽性）というステータスが追加されたことだ。危険度の評価は、そもそも段階的であり、LP-Pは、危険度が高いとも低いとも言えず、注意深い監視が必要であることを意味する。重大な犯罪の犯人を特定できない場合、警察当局は容疑者を絞るために、LP-Pと評価された者のデータベースを参照できる。その場合、彼らは重要参考人として扱われる。この制度の実施にあたり、政治家は、人権侵害や、雇用時や保険を受ける際の不利をめぐって反対運動が起こることを予想し、それらの問題を解決する方法を提案している。具体的に言えば、個人情報を保護するためにデータに四重の暗号化を施し、暗号を解くカギをケースバイケースで責任者のみに与えるような仕組みを構築したのである。

当初は、政府の過剰なコントロールと人権侵害に対して反対運動が巻き起こった。しかし政府は、これらの政策に対する科学的な根拠を提示できた。まず二〇〇九年には、当時の司法次官補ローリー・ロビンソンの草分け的な努力により、科学的な証拠に基づく実践を重視する方針を通して司法計画室の役割に変化が生じた[*36]。政府はやがて、がんによる死の予防のためにがん患者を特定するのと同じように、生命の損失を防ぐために犯罪者予備軍を特定すべきだと主張し始める。新たなプログラムの実施にかかる莫大なコストを問題にする者もいたが、政府は公債を発行して個人投資家の助力を仰ぎ、巧みに難局を切り抜けた。計画が成功すれば大きな利益が得られると、投資家を説得したのだ。論争が巻き起こると、実際に何らかの処置がとられるのは、殺人を犯す危険度が高い人々に対してだけだと主張して、政府はそれを抑え込むことに成功した。

全国子ども選別プログラム

時は、ロンブローゾ・プログラムが導入されてから五年が経過した二〇三九年。プログラムの効果が検証され、その結果、殺人発生率は五年前に比べて二五パーセント低下したことがわかった。またレイプ、小児性犯罪を含め、その他の凶悪犯罪の発生率にも同様な低下が見られた。政府は、犯罪対策コストの削減によって得られた余剰分を、個人投資家に還元するとともに、福祉、健康、教育、住宅関連事業へと回すことができた。そして、ロンブローゾ・プログラムが人種差別を助長すると批判していた人権運動家は、蓋を開けてみると、LPと評価された者のなかでマイノリティが占める比率が低いことを知って驚いた。二〇一〇年代の陪審システムは、明らかに人種に対する偏向が見受けられた。そのため同じ行為でも、黒人は白人より有罪判決を受ける可能性が高かった[*37]。それに対し、データに基づいて客観的な評価を下すロンブローゾ・プログラムは、人権運動家と、マイノリティグループのリーダーを満足させる結果となった。そもそもマイノリティが暴力の犠牲になりやすいことは、これまで長く言われ続けてきたことだ[*38]。よって、ロンブローゾ・プログラムの実施による暴力犯罪率低下の大きな恩恵を受けたのは、マイノリティだった。

かくして、誰もがより安全な生活を実感できるようになった。不思議に思えるかもしれないが、LPと評価された者自身も、それほど悪くは感じていなかった。収容施設の生活環境は快適とは言えないながら、ほどよいものであり、食事には栄養価の高いものが出される。配偶者がいる者は、週末にはセックスもできる。子どもがうるさくつきまとうこともなければ、納期に迫られる仕事をする必要もない。テレビ、映画、本、ジム、プール、バスケットコートなど、レクリエーション施設は充実している。ストレスの原因になるものはほとんどない。介入プログラムそのものにも、とりたてて文句を言うべきことはなく、実際、セラピーのセッションは刺激的で、収容者はそれを楽しみにさえしている。皮肉にも、彼らがもっとも嫌うのは、他の収容者にちょっかいを出されることだ。いずれにせよ、全般的に収容者の生活は悪くはなく、無料でサマーキャンプに参加しているようなものである。

あるいは病気でもないのに病院で休養しているといったところか。

プログラムの驚くべき成功は、ロンブローゾ・プログラムを導入した政党が、政権を維持できた理由の一つでもあった。しかしそれでも、ティーンエイジャーの暴力はあとを絶たず、同じ年に二件、ティーンエイジャーの犯行による銃乱射事件がショッピングモールで発生した。殺人発生率は徐々に低下しつつあったとはいえ、二〇一三年のレベルまでには下がっていなかった。政府と科学アドバイザーは、プログラムを成功させた栄光に浸っているわけにはいかず、会議を繰り返し、事態の分析に務めた。二〇三四年における科学アドバイザーの決まり文句は、「暴力の予防に、遅すぎるということはない」であったが、二〇三九年になると、それは「暴力の予防に、早すぎるということはない」に変わった。「一八歳の時点で選別してうまくいくのなら、なぜもっと早くからやらないのか」というわけだ。

こうして二〇四〇年に、全国子ども選別プログラム（NCSP）の実施が発表される。このプログラムは、一〇歳の子ども全員を対象に、生理機能、心理、社会関係、行動の評価を行ない、それらを幼少期のデータと統合しながら分析する。世紀の変わり目に自閉症が増加したのと同様に、子どものあいだで不安やストレスが急増し始め、それにつれて肥満、抑うつ、あるいはその他の精神疾患が広がりつつあった。選別プログラムは、失読症、学習障害、アレルギー、視力、肥満など、かつてより早まった思春期の子どもが持つ可能性のある、すべての身体的、精神的な問題をチェックした。また、「問題行動」という項目のもとで、「情動の調整に関する問題」や「暴力性」がチェックされた。何しろ二〇四〇年になる頃には、暴力は、世界的な公衆衛生問題として広く認知されるようになっていた。

経年的研究によって、成人犯罪のもとになる幼少期のバイオソーシャルな要因が次々に特定されていった。これらの成果は、機械学習を用いた統計技術の洗練と相まって、幼少期のデータから将来の犯罪を予測するプログラムの精度を大幅に向上させた。しかし一八歳の時点での予測に比べれば精度は落ちた。なぜなら、年齢が低くなればなるほど、犯罪の予測は、それだけ困難になるからだ。とはいえ、相応の予測精度は確保できた。

NCSPの評価により、問題が認められた一〇歳児の親には、まずその旨が通知される。たとえば、「ジョニーには、成人後に暴力犯罪者になる可能性が四八パーセント、殺人を犯す可能性が一四パーセントあります」などという報告を受けるのだ。

しかしNCSPは、これらの可能性を半分以下に低下させられる、住み込みの介入プログラムをオプションで提供する。もちろんそれを選択すると、ジョニーは二年間、親元を離れて集中的なバイオソーシャル・セラピーを受けなければならない。

NCSPが完璧な解決手段でないのは言うまでもない。住み込みでセラピーを受けたとしても、暴力犯罪者になる可能性はゼロにはならない。セラピーを受けなくても、その子どもが将来暴力犯罪者になる可能性は半分に満たない。ゆえにセラピーは、オプションで提供された。

あなたがジョニーの父母なら、どうするだろうか？　自分の子どもを矯正施設に送り、子どもに犯罪者候補のレッテルが貼られるのを甘受するか？　親戚や友人や近所の人々には、どう説明すればよいのか？　押される烙印を考えてみればよい。ジョニーは友人を失うかもしれない。住み込みの施設で悪い仲間ができ、将来犯罪者になる可能性が高いという評価が、ますます現実味を帯びたりはしないだろうか？

ならば、手をこまねいて見ているだけでよいのか？　ジョニーには、自分の人生を台無しにするばかりか、あなたを含め他人の命を奪う可能性すら十分にある。あなたが適切な処置をとれば、無辜《むこ》の命は救われるのだ。

実際には、大多数の親は子どもを矯正施設に送っている。キンケル夫妻も、キップを施設に入れることにした（未来の想像シナリオでの話）。たとえ効果がなくても、キップに家で始終面倒を起こされるよりはましだからだ。キンケル家のように善良な両親のそろった家庭の子どもでも、NCSPによって暴力の素質ありと評価されることはあった。よき家庭で育てば犯罪者にはならないというわけではない。

二〇四二年に、一一歳の小学生二人が、ショッピングモールで母親のすきをうかがって三歳児を誘拐し、拷問殺害するという事件が発生したとき（この行為はグローバルCCTVでとらえられていた）、さまざまな論議を呼びながらもNCSPの改訂がなされた。というのも、二人はその前年、NCSPにより住み込みの治療を受ける必要があるほど危険度が高いと評価されていたにもかかわらず、両親は彼らを矯正施設に送らなかったことがのちに判明し、次のような専門家の主張が通ったからだ。「危険度の高い子どもを持つ親は、概して子どもに対する関心が薄い。彼らは責任ある親とはとても言えず、意思決定者としての能力も低い。そもそもその事実が、子どもの危険度を必要以上に高めているのだ。したがってNCSPのスタッフが〈親の代理〉になり、親の立場で判断しなければならない」。これを契機に、対象者は住み込みの治療を受けることが義務になった。

その二年後の二〇四四年に、ロンブローゾ・プログラムの調査分析を行なった専門家によって、

ＮＣＳＰに対するさらなる改訂が提案される。子どもに犯罪の素質があるのなら、実の父親にもあるのではないだろうか？　この子どもにして、この親ありとは言えないのか？　父親は、たまたま一八歳の時点でのＬＰ選別テストに引っかからなかっただけかもしれない。ＮＣＳＰで犯罪の素質ありと判定された子どもの実の父親は、再評価が必要なのでは？　この新たな改訂によって、条件に当てはまる父親は、ＬＰステータスの再評価のために矯正施設に出頭しなければならなくなった。どうやら二〇四四年の社会は、ゆっくりとそして着実に、ジョージ・オーウェルの『一九八四年』の世界に近づきつつあるように思われた。

マイノリティ・リポート

時は、ロンブローゾ・プログラムがスタートしてから一五年が経過した二〇四九年。また、ＮＣＳＰの導入からは九年が経つ。これら両プログラムの効果によって、ティーンエイジャーの暴力犯罪も、成人によるものも、疑いなく減少した。さらに非暴力犯罪も大幅に減った。不確かな側面もあるものの、費用対効果分析によれば、両プログラムは大成功を収めたと見てよいだろう。それによって節約された予算は福祉関連のプログラムに回すことができ、今や与野党とも、これら二つのプログラムを支持している。政府の支持率は高かったが、もちろんいつの世にも反対意見はある。だが、政府はもう一枚切り札を持っていた。

ロンブローゾ・プログラムとＮＣＳＰは、個人投資家からも資金を募っているとはいえ、高価な予防プログラムであることには変わりない。しかしもっと効率をあげることは可能だ。そう考えた一部のアナリストと神経犯罪学者たちは、さらに急進的な提案をする。この提案は他の専門家の反対に遭いながらも、少数派の意見《マイノリティ・リポート》として議会に提出される。このマイノリティ・リポートは、それまでの両プログラムが犯罪の予防に焦点を置いていたのに対し、「子どもを生むには、まず免許を取得しなければならない」という規定を骨子とした。この議案は、議会での激論を経て僅差で通過し、法律として実施される。

このマイノリティ・リポートの背景にある考え方は次のようなものだ。不適格な両親による養育が、将来の暴力に結びつくことは否定できない。反社会的な両親は悪の遺伝子を子どもに受け渡すばかりでなく、そのような親を持つことによって耐え忍ばねばならない、子どもの負の社会的経験は、反社会的行動を引き起こす要因になり得る。この論法の眼目は、何も犯罪の最終的な解決手段として優生学を持ち込むことにあるのではなく、建設的な行動を奨励するための社会的な方針を定めることにある。親のよき行動は、子のよき行動を導く。このマイノリティ・リポートの視点は、子どもの権利に焦点を置く。未成年は保護され、正しく扱われなければならない。よって、親になりたければ、その責任を全うできなければならない。したがって、親になるためには、まず免許を取得する必要がある。

自動車は殺人の道具になり得る。よって車を運転したければ、まず免許を取得しなければならない。子どもは殺人者になり得る。したがってその伝で言えば、子どもを持つ前に、そのための免許を取得しなければならない。車を購入するには、運転技術と、道路交通法に関する正しい知識を持つことを証明する必要があるのと同じように、子どもを持つには、養育に関する理論的、実践的な技量を持つことを証明せねばならない。それは、子どもと社会の権利なのだ。

「マイノリティ・リポートは基本的人権の剝奪だ」として、人権運動家が声高に異議を唱え始めたことに対して、政府は、「子どもの養育」の授業を必修科目に取り入れることを約束するただし書きを加える。それによって誰もが免許取得試験に受かるはずだというのが、政府の言い分だ。

養育の授業は子どもの年齢に見合った内容を教え、比較的早期から開始される。授業では、生殖機能に関する基本事項から始まって、胎児期の栄養補給、ストレスの除去、乳児の欲求、成長期の子どもに対するしつけやサポートの仕方、ティーンエイジャーとの接し方、ティーンエイジャーが抱えやすい心の問題とそれに対する支援の方法などが教えられる。一般的な目標は、責任ある市民になることであり、カリキュラムには、そのために必要な知識の獲得、社会的スキルの涵養、意思決定や情動をコントロールする能力の向上が含まれる。試験は理論面ばかりでなく実践面も対象になり、その意味では自動車の運転免許と似ている。かくして子どもの養育に関して、すべきこと、してはならないことが教え込まれ、ほとんどの子どもは、試験に通って免許を取得できた。

この方針に反対する親はもちろんいた。だが実際のところ、子ども自身は、月曜午前の算数の授業よりも、金曜午後の養育の授業を楽しんでいるようだ。概してティーンエイジャーは、セックス、複雑な人間関係、薬物、仲間集団の同調圧力などの話が好きで、これらはすべて、自分の問題であると同時に、自分に子どもができれば直面することでもある。彼らはまた、一人がよい親を演じ、もう一人が、言ってみれば基本的に自分自身を演じる、「よい親－悪い子ども」ロールプレイングゲームをとりわけ気に入っている。

子どもは通常、乳児を激しく揺すると、前頭前皮質と大脳辺縁系を結ぶ神経線維が切れるという事実を知らない。あるいは、真夜中に乳児にミルクを与える必要性や、子どもを育てるのに必要な長期的コストについて知らない。彼らは、いかによい親になるかを学ぶだけでなく、親や友だちとの良好な関係を維持するのに必要な社会的スキルや、人間の成長、脳の発達、行動のコントロールなどについての知識も習得する。子どもも教師も授業を楽しみ、親は、養育に関して自分の知らない有用な知識を子どもから教わることもできる。こうして、子どもは徐々に親の立場を理解できるようになり、わがままを通すこともなくなる。つまり、子どもに養育を教えるカリキュラムによって、誰もが利益を享受できるのだ。

しかし免許取得の強制には、依然として人権運動家からの頑強な反対があった。彼らは、「政府は、国民から子どもを持つ権利を剝奪し、実質的に妊娠を非合法化している」と主張した。それに対し政府は、「免許が必要なだけで、妊娠を禁じたわけではない」と反論する[*39]。とはいえ、無免許運転と同様、違反者には罰則が課されなければならない。無免許の母親が見つかった場合、子どもはいったん養育施設に送られるが、母親には養育コースに参加し、免許取得試験を受ける機会が与えられる。そして試験に合格すれば、子どもは母親に戻される。ただし、無責任な違法行為に及んだという記録は残り、毎年追試を受けなければならない。さらに、DNAバンクのデータに照合して割り出された父親が無免許なら、彼も罰せられる。

また、免許取得の強制は優生学的な差別を助長するという激しい批判もあった。実際、学習障害を持つ人は試験に通りにくい。それに対し、政府は「落第者は少数であり、運転免許同様、試験に落ちても次の機会が与えられる」「ほんとうに子どもを望み真剣に養育スキルを学べば、試験には必ず合格できる」と反論する。驚いたことに、貧しい家庭ばかりでなく裕福な家庭の子息にも、子どもの養育の重要性をまったく理解できない子どもがかなり見られた。むしろ、貧しい家庭の子どものほうが試験の成績はよかったほどだ。おそらく、弟や妹の面倒を見なければならず、すでに養育のイロハを知っていたからだろう。

激論が巻き起こったにもかかわらず、大多数の人々は、政府の方針を妥当として受け入れた。多くの親には欠点があることを認め、児童虐待を減らし、人々の養育スキルを向上させ、未来の暴力を予防する政府の努力を称賛した。意外だったのは、学校当局は、当初反対を表明したことである。学校の評価は通常科目における生徒の成績によって決まるので、できるだけそちらに力を注ぎたいからだ。しかし、学校評価の基準の一つに養育スキルの成績を加えるよう政府が指示を出した途端、学校当局は、反対から強い支持へと立場を変更した。かくして二〇五〇年に、親免許制度法は成立する。

法律制定後の数年間、親の養育スキルは向上し、望まれない妊娠の件数は減少し続けた。ティーンエイジャーの責任感、共感、主体性は向上し、非行も減少した。親と子の関係も一般に改善の兆しが見えてきた。成人暴力や、児童虐待の件数は、養育スキルのカリキュラムを受けたティーンエイジャーが、責任ある大人へと成長するにつれ減っていった。その結果、思いやりと愛情に満ちた両親に育てられた、新世代の子どもたちが誕生する。それによって誰もが恩恵を受け、世論を味方につけた政府は、暴力の撲滅に向けて勝利を収め続けた。

ということで、未来の仮想シナリオの提示はこのくらいにして、次に、これら三つのプログラムに対して考えられる、「このような状況は起こり得るのか？」という実践的な問いと、「起こるべきなのか？」という倫理的な問いを検討しよう。

実践的な問い――それは起こり得るのか？

ロンブローゾ・プログラムに類似する計画が、二〇年以内に実施される可能性はあると私は思う。その兆しはすでに現在でも見られる。グアンタナモ収容所は、国家安全保障の名目で、政府が無期限拘置施設を設立する可能性を示す一例にすぎない。巧妙にも「予防拘禁」と呼ばれる、危険な犯罪者の無期限の拘禁は、多くの国々で実施されている。

たった一件の危険な犯罪が、社会を守るために新たな法律の制定に至る場合もある。性犯罪者の情報公開を規定するミーガン法はその一例である。この法は、小児性犯罪の前科者によって、七歳の少女ミーガン・カンカがレイプ殺害されたのを受けて制定された[*40]。イギリスでは、二〇〇〇年に八歳の少女サラ・ペインが、ロイ・ホワイティングという名の性犯罪者によって殺害されたあと、サラ法が制定されている。前述のとおり、ドイツなどでは、現在でも性犯罪者の治療オプションとして外科的去勢が実施されている。こうして見ると、ロンブローゾ・プログラムに類似する計画が、二〇年以内に実施されたとしてもおかしくはない。

ここ数年、あらゆるレベルで「安全性」が取り沙汰されるようになり、社会は管理統制の傾向を強めつつある。たとえば私は妻と二人の息子と一緒に暮らしているが、ミーガン法のウェブサイトでは、そのわが家の近所に住む性犯罪前科者の写真、住所、罪状などを参照できる。どうやら、わが家と同じ郵便番号を持つ地域内に、六九人の性犯罪前科者が住んでいるらしい。

それと同時にセキュリティー対策もますます厳重になりつつある。私は、息子のアンドリューに、イギリスに行ったついでに、ポテトガン〔じゃがいもを弾にして撃ち出す銃。おもちゃの銃だが威力はかなりある〕を買ってきてほしいと頼まれたことがある。子どもの頃に持っていたことを話したからだ。しかし調べてみると、健康と安全性に関する問題から、現在では販売されていないことがわかった。また、イングランド北部のダーリントンに住む姉のサリーの話によると、近所の学校に通う子どもたちの試験を監督するには、児童保護法に違反した記録がないかを確認するために、犯罪記録管理局（CRB）のチェックが必要なのだそうだ。要は、子どもを対象に悪事を企んではいないという保証が必要なのだろう。確認してみたが、姉にそのような記録はなかった。あるいは今の子どもは、トチの実遊びも安全上の理由で禁じられている[*41]。私たちは、子どもの安全をあまりにも懸念しすぎていないか？　腫れものに触るように扱って、成長に必要なごく普通の経験を、子どもから奪ってはいないだろうか？　それとも彼らが普段遊んでいる環境は安全ではないのだろうか？　いずれにしても、社会はますます管理の度合いを強め、その対象となる領域は徐々に広げられつつある。

さらに言えば、昨今、「何かをしなければならない」と声高に主張する政治団体が増えている。彼らは、社会問題を解決するという名目で新たな法律を導入し、それによって権力を手にしようとする。比較的リベラルなはずのイギリス社会で、近年何が起こったかを考えてみればよい。一九九七年、トニー・ブレアは、「犯罪と、その原因を厳しく取り締まる」をスローガンに掲げ、中道左派の労働党を圧倒的な勝利に導いた。二〇〇三年、ブレア率いる労働党は刑事司法法を制定し、それに基づいて社会防衛のための拘禁刑（ＩＰＰ）プログラムをスタートさせた。この法によって、以前なら終身刑にはならない犯罪の被告にも、判事は無期懲役を言い渡せるようになった。具体的に言うと、被告が、一覧表に記載されている一五三の犯罪のうちの少なくともどれか一つを実行した前科を持ち、今回はその一覧で「重大」と指定されている犯罪を実行し、かつ将来別の重大な犯罪を再度実行する恐れありと判事が判断した場合、その被告は無期懲役を言い渡される[*42]。というより、これら三つの条件を満たす犯罪者に対しては、判事は無期懲役を言い渡すことが法的に強制される[*43]。再犯の恐れなしと見なす場合には、判事は自分の判断で量刑を下すよう求められる。これらのケースのおよそ三分の一については、「処罰表」〔標準的な処罰の段階表〕に基づけば本来二年の懲役刑で済むはずだが、仮釈放が認められる可能性はあるとしても、今や無期懲役の宣告を受ける可能性が出てきたのだ。

この一五三の犯罪が列挙された一覧表は、とても興味深い。それがカバーする範囲は、子どものわいせつ写真を撮った、二一歳未満の少女の買売春を斡旋したなどの「重大な」犯罪から始まり、きわめて広い[*44]。刑務所の収容者は増大し、二〇一〇年までに五八二八人にＩＰＰ終身刑が宣告されている。そのうちのおよそ二五〇〇人は処罰表の刑期分は務めているが、実際に釈放された者は九四人（四パーセント）にすぎない。しかも、そのわずかな釈放者の四分の一は、その後再び刑務所に戻されている[*45]。このようにＩＰＰ終身刑を宣告されていなければ、とうに釈放されている受刑者は大勢いるのだ。

再び暴力犯罪や性犯罪を実行しそうだと思われる犯罪者は、今後は「妥当な年数」以上に監獄に閉じ込めておくようになるのか？　その答えはもちろん「イエス」だ。現在でもそうしているのだから。では、イギリス国民はIPPに異議を唱えているのか？　唱えていない。二〇三四年にロンブローゾ・プログラムをスタートさせた仮想シナリオの政府は性急で思慮が足りないと思う向きは、IPPが「もっとも不注意に計画され、実施されたイギリスの法律の一つ」と言われていることを考えてみればよい[*46]。さらにひどい法律が二〇三四年以前に制定されても、何らおかしくはない。

わが祖国、労働党率いるイギリスでは、IPPのさらに上を行く法律が制定されている。二〇〇〇年に、英国政府の魔術師たちは、精神科医の圧倒的な異議をものともせず、「危険で重篤な人格障害（DSPD）」なる用語をひねり出した[*47]。彼らが制定した法律のもとでは、危険だと考えられる人物を、たとえ何の罪も犯していなかったとしても警官が路上で捕まえて、検査と治療のためと称して施設に送れる。また、刑期を終えた受刑者を、「社会のために」刑務所に拘留し続けておける。これは現在でも続いており、のみならずイギリス政府は、適用範囲を広げようとしている[*48]。

その一方、イギリスとアメリカの司法精神医学者は、公共利益の保護を名目に司法精神医学を利用しようとする圧力に、強く抗議している[*49]。だが、一般の人々は気にしていないようだ。イングランドに住む私の親戚は、私が尋ねるまで、これらのプログラムの存在すら知らなかった。死刑を実施しているアメリカ、中国、シンガポールなどの懲罰主義的な色彩の濃い国とは異なるイギリスでも、ロンブローゾ・プログラムの基盤はかなり以前から存在する。ところが逆説的にも、司法関係者は、英国政府が犯罪に対してまだ甘いと考えているらしい。たとえば二〇〇四年、英国主席裁判官は「トニー・ブレアは、犯罪の原因に対する姿勢が甘い」と訴えた[*50]。ブレアは間違った。権力の座に留まりたければ、ロンブローゾ・プログラムを導入すべきだったのだ。

知的エリートのなかにも、神経科学の知見を活用して再犯の可能性を評価すべきだと主張する者はいる。英国王立協会は、神経科学の知見が、法廷での裁定に役立つか、あるいは将来役立つようになるかの調査を、第一線の専門家に依頼した。その結果提出されたレポートは、慎重さを保ちながらも、「神経生物学的なマーカーは、他の危険因子と合わせて考慮することで、執行猶予や仮釈放を決定する際の、再犯の危険性の評価に実際に役立つだろう。また、社会を保護するために、どの犯罪者を拘禁しておくべきかの判断に際して、今後はおそらく神経科学の知見をもっと幅広く活用できるようになる」と報告している[*51]。二〇一一年の時点で、第一線の専門家によって神経科学の可能性がこのように見込まれていたのなら、社会は今後、紆余曲折を経ながらもその方向へと歩みを進めていくと考えても、大きな間違いとは言えないはずだ。

では、全国子ども選別プログラムについてはどうだろう？　このような非道なプログラムは実現するのか？　キップ・キンケルの事例を考えてみよう。事件発生後の一九九八年六月、クリントン大統領は、キップが同級生に向かって銃を乱射したサーストン高校のカフェテリアと廊下を視察した。同様に、オバマ大統領も、サンディフック小学校で悲劇が発生した後、コネチカット州ニュータウンを訪れている。クリントン大統領は、負傷者に会って慰め以上のものを提供し、子どもの安全を守るため、「警報は早めに、対応はタイミングよく」と題する、新たな学校向けガイドラインを作成するよう司法長官に要請した。科学者や現場の教育者もそれに加わり、アメリカ精神医学会は危険な子どもの「二二の警戒すべき徴候」を発表した[*52]。自分の子どもや兄弟姉妹に次のような徴候は見られないだろうか？

◎怒りの激発
◎抑うつ
◎引きこもりや孤立
◎仲間はずれ
◎銃への興味
◎学校の成績の低下
◎学校に対する無関心

キップはこれらのすべてを持ち、さらには動物虐待、集中力の欠如、非行歴など、それ以外にもさまざまな問題を抱えていた[*53]。全国に報道される残酷な悲劇は、ほぼつねに社会政治的な反応を呼び起こし、新たな政策を生む。ミネソタ州健康局は、同州教育局と共同で、子どもの健康ばかりでなく、情動制御障害のような情動的、社会的な問題も特定する簡単な選別プログラムを実施している[*54]。選別は、一〇歳の時点ではなく、もっと早い頃からスタートし、〇歳から六歳児までが対象となる。これはよくできたプログラムで、類似のプログラムは他にも多数ある。それらに対し、私を含め文句を言う人は誰もいない。世界保健機関[*55]やアメリカ疾病予防管理センター[*56]によって、暴力はすでに公衆衛生の問題だと見なされていることを考慮すると、この種の選別プログラムは、今後徐々に広く実施されるようになるとは考えられないだろうか？

個人投資家が、ロンブローゾ・プログラムに資金を提供するようなことは、まったく起こり得ないのか？　その答えは「起こり得る」だ。現在でもそのような投資家はいるのだから。トレーシー・パランジアンは、個人投資家からの資金を、犯罪防止などの社会に益する事業に引き入れている非営利団体ソーシャルファイナンスのCEOを務めている。二〇一〇年、ソーシャルファイナンスは、イギリスのピーターバラで、男性受刑者の釈放後の再犯罪を防止するために、最初の「ソーシャルインパクト債」を設立した[*57]。犯罪を七・五パーセント以上削減できれば、それによって節約された財政支出は、投資家に還元される。これまでのところ、二・五パーセントから一三パーセントの削減が得られている[*58]。オバマ大統領は、二〇一二年にソーシャルインパクト債への一億ドルの拠出を表明し、また、ボストン市はどこよりも早く、生産的な生活を送れるよう青少年犯罪者を援助することに関心を示している[*59]。今でも犯罪防止プログラムの資金が民間から集められているのなら、二〇年後のロンブローゾ・プログラムで、それが不可能なはずはない。

最後に、親免許取得制度に関してはどうだろう？　この問題については、ここ数年、メディア[*60]や専門書[*61]で議論されている。それらの記事は、子どものひどい養育は、成人暴力を導く危険因子になり得ることが繰り返し証明されていると指摘する。事実、その方向の活動を開始している政府もある。二〇一二年五月、英国首相で保守党自由民主党連立政権のリーダー、デイヴィッド・キャメロンは、子どもの養育方法を親にアドバイスする政府のウェブサイトに、五〇〇万ドル以上を費やした。キャメロンは次のように述べる。

何時間もかけて、自動車の運転やコンピューターの使い方を学ぶよう、政府が国民に求めるのは、確かにばかげています。しかし子どもの養育となると、しっかりやりなさいと言わざるを得ません。(……)真夜中に子どもが泣き止まず、途方に暮れているときでも、政府はあなたのそばにいます。[*62]

「夜中に泣き叫ぶ赤ん坊を激しく揺すると、脳にダメージを与え、それがやがて成人暴力につながり得る事実を知らない親がいる」、あるいは「無免許の成人が子どもを持つことは〈ばかげている〉」などと主張し、養育を必修科目に加えることで、政府が国民に、子どもの養育方法を教えるようになる日はいつか来るのだろうか? 親免許制度は今のところ実施されていないが、今日の夢が未来の悪夢と化すことは十分にあり得る。

これらの未来のプログラムを実現させるそれ以外の推進力としては、懲罰主義と政治権力がある。第1章で暴力の進化的な起源を論じたときに述べたとおり、私たちの一人ひとりには、ペテン師を懲らしめようとする懲罰主義的な志向が遺伝的に刻み込まれている。それは簡単に振り払えるようなものではなく、とりわけアメリカのような死刑制度を維持する国では効力を発揮し続けている。

キップ・キンケルの事例では、いかに懲罰主義が更生の可能性を押しつぶしたかを見た。懲罰を考える際に有用な四つの法的概念がある。それは抑止、無力化、更生、報復だ。それにさらに政権交代を加えられる。手ぬるい政策では問題の解決にならないとわかったとき、人々は、何としてでも難局を切り抜けようとする強い意志を持つ情け容赦のない政党の力によって、ずばり問題の核心をつき、自分や子どもたちを守り、道徳の堕落を阻止すべきときが来たと考え始める。それは、「やつらの首をちょん切れ！」と命令するハートの女王が支配する『不思議の国のアリス』の世界とあまり変わらないかもしれない。

政治家は、悲劇的な事件が発生するたびに、国民の抗議の声を鎮め、社会問題を解決しようと過剰に反応し続けるだろう。今後、さまざまな事件が起こりつつも、科学はますます発展し、神経犯罪学を組み込んだ、犯罪の原因を解明するための学際的な視点が確立され、犯罪の予測と予防は、ますます現実味を帯びてくるはずだ。それについて詳細な議論を続けることも可能だが、このあたりで「ほんとうにロンブローゾ・プログラムのような制度が必要なのか？」という、根本的な問題の検討に移ろう。

神経犯罪学をめぐる倫理——それは起こるべきなのか？

これは、私たちの一人ひとりがよく考えるべき問いである。犯罪を実行していないのに拘禁される可能性がある社会など、私は寒気を感じる。あるいは私のように、自分の脳の構造、安静時心拍数、出産時の合併症や些細な身体的異常（ＭＰＡｓ）の有無、幼少期のビタミンＢの不足、一一歳の頃に密造酒の醸造やギャンブルに手を出した経歴などの条件が連続殺人犯のものと一致することが判明したら、あなたも必ずや寒気を感じるはずだ。それはそうだとしても、ここではまず、神経犯罪学をめぐる倫理のあらゆる側面を検討し、未来のあり方を考えてみよう。この問題を扱う神経倫理学《ニューロエシクス》とは、脳や心、あるいは神経科学が社会に及ぼす、長所と短所両面の影響をめぐる倫理的な問題を研究する生命倫理学《バイオエシクス》の下位分野で、ペンシルベニア大学の私の同僚では、マーサ・ファーラーらが積極的に推進している[*63]。この神経倫理学の観点、および広範な人間学的観点から、これまでに提示した三つの未来プログラムを検討してみよう。

当然ながら、まだ犯罪を実行していない人の拘禁には、人権問題がともなう。しかし、たとえば犯罪に走る可能性が七九パーセントある人を知っており、しかもそれを防止する対策が講じられるにもかかわらず、何の手も打たないでいることにも、人権問題が関わるのではないか？　確かに実際には危険のない人が拘禁される可能性は否めない。しかし日常生活の厳しい現実を考えれば、社会の利益と、その種の危険のバランスをとる必要性はないだろうか？

ペイトン・タトヒルのケースを思い出してみよう。彼女の命は、私の姉ローマの命ががんによって吹き消されたのと同じように、ドンタ・ページという一人の犯罪者の姿をとった、暴力という「社会のがん」によって吹き消された。ドンタ・ページは、刑務所を出てわずか四か月後に事件を起こした。また、強盗罪によって二〇年の懲役刑を宣告されていたにもかかわらず、四年で仮釈放された。仮釈放の前に彼を評価するよう依頼されていたら、私はどうしただろうか？　彼の裁判の際に法廷で述べたことを、そっくりそのまま述べたと思う。「彼のバイオソーシャル・チェックシートのあらゆる項目にチェックが入っている。つまり彼は、歩く時限爆弾だ。抑えようのない暴力に至る、非常に高い危険性を持っている。暴力犯罪者になるのが彼の運命だとまでは言えないが、衝動に駆られて暴力を振るう可能性はきわめて高い」と答えただろう。すでに強盗罪で有罪判決を受けていなかったとしても、私のこの結論は大きくは変わらない。

これは一九九〇年代の話だ。二〇三四年ともなれば、犯罪に及びそうな人物を事前に特定するだけでなく、特定された人々に対する援助も可能になっているはずだ。当時はなかったがんの治療をローマが受けられていればと思うのと同様、ドンタ・ページも、暴力の一因となる生物学的な作用を抑制する最新の薬剤など、さまざまな治療手段を提供するロンブローゾ・プログラムの介入を受け、その恩恵をあらゆるレベルで受けられていればと思わずにはいられない。二〇三四年にスタートしたロンブローゾ・プログラムの提供する高度なリスク評価テストをドンタが受けられたとすれば、一八歳になるまでに、LP-HまたはLP-S、もしくはその両方に分類されたことだろう。

率直に言えば、ドンタは、たった今生きるより、ロンブローゾ・プログラムが実施されている社会で生きたほうがよかっただろう。私たちは、犠牲者のみならず犯罪者にも配慮すべきではないのか？ドンタは、釈放されて人間的な生活を送るチャンスを与えられるべきではなかったか？　現在の彼は、甘んじて一生を刑務所で暮すつもりでいる。もっと重要なことに、ペイトン・タトヒルが生きていれば、彼女は他の人々の暮らしをよくするべく日夜努力していたはずだ。私たちは、倫理的な側面を配慮しすぎるために、いつのまにか社会の進歩を妨げていることがある。忘れてならないのは、進歩を妨げることで、本来得られるはずの恩恵が失われる場合があることだ。また、救えたはずの命が失われることもある。それによって、どれほど人権が損なわれるのだろうか？

将来暴力犯罪者になる可能性が高い子どもを早期に特定することには、明らかに重大な神経倫理学的問題がある。その一方で、科学者も一般の人々も、暴力の解剖学の理解に真剣な関心を寄せ始めている。この問題に関するもっとも注目すべき概要を書いているのは、ベルリン医科大学の精神科に所属する神経科学者で、精神病質的行動の専門家フィリップ・シュテルツァーである。ちなみに彼は、三歳の時点における恐怖条件づけの低さを、二三歳の時点における犯罪のバイオマーカーとして特定したユー・ギャオの研究についてコメントしている。その彼の「生まれつきの犯罪者？　犯罪行動を導く、幼少期の生物学的危険因子をいかに考えるべきか」と題する批判的論考は、次のようなまとめで締めくくられている。

神経生物学的マーカーは、十分な注意をもって取り扱わないと、社会への脅威になると見なされる個人に烙印を押すために使われるようになるだろう。幼少期における反社会的行動を防ぎ、診断し、矯正するのに役立つデータが利用可能になるにつれ、私たちは、それらの情報の利用方法について、あるいはさらに重要なこととして、悪用対策について公の場で話し合わねばならない。神経生物学の研究成果は、反社会的行動や犯罪に対する理解を深めるための絶好の機会を提供する。そして、この深められた理解は、犯罪の道を歩む危険性の高い子どもをその道に進ませないよう支援するために、また、彼らのニーズに合わせた介入方法を開発するために、用いられねばならない。[*64]

過去の世代に比べれば、確かに私たちは膨大な量のデータを手にしている。そして今後も、その量は増え続けていくことだろう。その利用には、十分な注意、悪用からの保護、リスクの最小化が必要だとしても、蓄積されたデータに利用価値があるのは明らかであり、その利用に関して議論を重ねていかねばならない。一九九九年にジョーンズボロ中学校で銃撃事件が発生した直後、ジョナサン・ケラーマンはこの問題について、あえて次のような見解を述べている。「私たちはすでに、問題を抱えた子どもがどんな徴候を示すかを知っている。その扱いを真剣に検討すべきときがきた。犯罪を予防するために、対象となるごく少数の子どもを施設に収容して適切な治療を施すことには、解決方法として十分な価値がある[*65]」。フィリップ・シュテルツァーが述べるように、私たちは、援助が必要な子どものために役立つ新たな知識を活用して、個人のニーズに合った介入方法を開発していかねばならない。第一線の科学者は、「アメリカ政府は、早い時期に危険因子を特定して早期介入を実現するための、リスクに焦点を絞る国家的な介入プログラムを立ち上げることで、犯罪の道を歩まないよう子どもたちを保護するべきだ」と、すでに何年も主張し続けている[*66]。だが、この見解は正しいのか？　行き過ぎれば、薄氷を踏み抜くのではないだろうか？　優生学が再び頭をもたげることはないのか？

親免許制度に関して言えば、子どもを持つことは道徳的な権利なのか？　それとも獲得されるべき特権なのか？　現在ですら、親の権利を剝奪することはある。第5章で取り上げたロシアンルーレット少年の事例に見たように、養育能力を欠き、子どもを傷つける親は、親としての資格を剝奪され、子どもは他の誰かの手で育てられる。ならば、それをさらに一歩進めて、そもそも子どもに危害が加えられないよう予防的な介入措置をとるべきだという主張は、必ずしも飛躍した考えだとは言えまい。

誰もが親としての能力のみならず、子どもを虐待する危険性も評価される未来において実施されるであろう、その種の予防的な介入は、親子双方の利益にはならないのではないか？　成人には人権があるのだから。しかし、胎児も含め子どもの権利についてはどうか？　子どもは、最低でもケアされ養育される権利を持つのではないか？　ひどい親の残忍な扱いに苦しめられたドンタ・ページ、ヘンリー・ルーカス、カールトン・ゲイリーらの殺人者には、人間の尊厳にもとる扱いを受けずに養育される権利がなかったなどと、なぜ言えるのか？　これらの殺人犯が、成長期にペットの犬と同程度にでも愛されていたら、おそらく殺人は起こらなかっただろう。無垢の乳児（これらの殺人者もかつてはそうであった）にケアされる権利を付与することは、何ら行き過ぎではない。

親であることは、医師であることより責任が小さいのか？　医師免許を持っていない「医師」に診てもらおうとする人はいるだろうか？　子どもの養育は、セラピストがクライアントをケアするのとそれほど変わりはない。それどころか、子どものケアや養育にはセラピスト以上の責任が求められる。私たちは自分たちの領域を守ろうとする。ならば当然、次世代を担う子どもたちも保護しなければならない。親以上に子どもに危害を加えられる存在はない。事実、児童虐待の八〇パーセントは親によるものだ[*67]。私たちは免許の取得を強制することで、無能なセラピストから自分たちを守る。ならば今後、同様に無能な親から子どもを守る必要はないのか？

親免許制度に反対すべき理由は数多くあるだろう。最初にその考えに接したときは、私も反対だった。明確には言えないが、何かが間違っているように感じられたのだ。そのような私の反応は、典型的にノーベル賞受賞者ダニエル・カーネマンが言うところの「システム1思考」（情動的、直観的で素早く生じる思考）であったことが、今ではよくわかる[*68]。それは本能的な反応だった。免許制度には、何か特権階級の嘲笑的な優越感のようなものが感じられる。「子ども生む権利は誰にもあるはず」と私は思ったのだ。

おそらく読者も、そのときの私と同じように感じているだろう。親免許制度が正しいとは思えない、という否定的な感覚を抱いているのなら、その感覚をよく見つめなおしてみよう。人は誰でも子どもの育て方を心得ているはずだと考えているから、そう感じるのだろうか？「動物でさえ、うまく子どもを育てられるのだから、まして人間においてをや」というわけだ。しかし、養子に出される子どももいるのはいったいどうしたことか。どうやら誰もが自動的に、よき親になるわけではなさそうだ。経済的に安定し、愛情に満ちた家庭に子どもが入れるよう、養親の候補者は、当局によって経歴や家計の状態を慎重にチェックされる。この調査選別のおかげで、養子に対する虐待の件数は、実の両親に育てられている子どもの虐待に比べ、半分以下に抑えられていると言われる[*69]。このように、養子の受け入れに関しては厳しい基準が設定されている。ならば、社会のあらゆる子どもを虐待から救うために、なぜ私たち全員を対象に、類似の選別を適用しないのか？

親免許制度に対する否定的な反応は、一部は法的、道徳的な観点から説明できる。歴史的に英国のコモン・ロー〔慣習や判例に基づいたイギリスの不文法〕は、子どもを父親の所有物としてとらえてきた。人的財産として子どもを所有する親の権利という概念は、もっとも教育レベルの高い社会階級では、今日でも無意識的な影響を及ぼしている。多くの人々の親免許制度に対する異議の核心には、神によって与えられた生殖の権利という考え方があることは確かだが、はたしてそれは、親免許制度を否定するための妥当な倫理的根拠になるのだろうか？[*70]

親の権利を剥奪することに対する、えも言われぬ不快な感情を引き起こす最大の要因は何か？　その答えは、私たちを生殖へと駆り立てる進化の力にあると私は考える。人間は基本的に遺伝子の乗り物であり、そのおもな任務は、生殖によって遺伝子を次世代に受け渡すことだと、第1章で述べた。この強力な力が存在しなければ、ここで私たちが、このような倫理に関する議論を繰り広げることもなかったはずだ。かくして、進化が、私たちに「親免許制度はとにかく間違っている」という感覚を抱かせ、いかに根拠が薄かろうが、その種の制度に対する反論を唱えさせているのだ。ならば、「親免許制度は、支配民族の概念を正当化する優生学の、体《てい》のよい一形態だ」「親免許制度は、社会的な差別を生む」「親になることは、神によって与えられた自然な権利であり、誰も奪うことはできない」などといった反論は、生殖に関する遺伝的、本能的な必要性から生じた、まことしやかな副産物だと考えるべきなのか？　私たちは、このような遺伝的しがらみから解き放たれたうえで理性的に考え、「子どもを持つことは権利であり、親免許制度は間違いだ」という本能的な感覚を乗り越えられるのか？　それとも、これまでどおり動物的な直観に支配され続ける運命のもとにあるのか？

もしかすると私たちは、児童虐待に無感覚になってしまったのかもしれない。子どもの育て方のひどさは、昨今目にあまる。ダーリントンに住む姉を訪問した折、私は姉夫婦と、親免許制度についてお茶を飲みながら議論した。意見は二つにわかれ、二人は私にある新聞記事を見せてくれた。それによると、イングランド北西部のブラックプールに住む一一歳の少年が、窓のないコンクリート床の石炭庫に監禁されていたそうだ。少年の両親は一年間、夜になると自分たちの息子を、暖房も明かりもない、乳児用のおまるだけが置かれた不潔な離れ家に閉じ込めて虐待し、ほとんど飢え死にさせていたという。

彼らは、なぜそんなことをしたのか？　彼らが警察に語ったところでは、冷蔵庫から食べ物を盗んだ罰とのことだ。少年がつねに腹をすかせているのを懸念した学校が、ソーシャルワーカーを自宅に派遣するまで、虐待の事実はわからなかった。医師の診断によると、彼は栄養失調で発育不良に陥っていた。法廷での報告によれば、彼は、両親のひどい扱いによって心的外傷を受けていた。判事は、彼が閉じ込められていた石炭庫を、「第三世界に属する国の独房」のようなものと呼んでいる[*71]。なお、両親は、二年間の懲役刑を宣告された。おそらく第1章の進化的な議論を覚えている人は推測できたと思うが、彼の「父親」は、義理の父だった。

もちろん、新聞の一九頁目に掲載されたこの事件は、大きなニュースとして扱われてはいなかった。児童虐待は、昨今ではニュースにならないほど猖獗《しょうけつ》を極めているのだ。では、何が重要なニュースなのか？　同じ新聞の第一面には、デイヴィッド・キャメロンが口にミートパイを詰め込む写真とともに、コーニッシュ・パスティ［パイ生地に牛肉や玉ねぎなどを包んだイギリスの料理］に対する新たな課税案が撤回され、社会が安堵のため息をついたという記事が掲載されていた。少年を監禁した両親と同じように、どうやら私たちは、子どもが飢えていることよりも、自分の口にどれだけ多くの食べ物を詰め込めるかに強い関心を寄せるらしい。大人は重要で、子どもは所有物と見なされ、前者は後者に対して、扉の背後や、離れ家で好き勝手なことをする。私たちが関心を寄せているのは、パイの値段だ。だからこそ、ロンブローゾ・プログラムによって社会にかかるコストを大幅に削減できれば、このプログラムは実際に根付くだろう。

神経犯罪学が将来もたらすと考えられる神経倫理学の難題の一つは、社会の保護と人権の保護のあいだの微妙なバランスをとることである。全国子ども選別プログラム（NCSP）の架空シナリオは、二〇〇四年一二月に英国BBCのドキュメンタリードラマに参加した際に思いついた。このドキュメンタリーは、暴力の生物学について私たちが知っていること、知らないことの解説と、NCSPがいかに悲惨な結果をもたらし得るかを描いた架空のドラマで構成されていた。打ち合わせを終えたあと、私は、政治家に対する鋭い質問で有名な、説得力がありウイットに富んだテレビ司会者のジェレミー・パックスマンとスタジオで討論した。討論にはもう一人、イギリスにおける人権運動のリーダー、シャミ・チャクラバティが参加していた。彼女は、非常に知的で好感が持てる人物だ。私は放送が始まる前に彼女と少し雑談したが、彼女の誠実さと思慮深さには強い印象を受けた[*72]。討論では、パックスマンは彼女に、社会を保護するための暴力の予測と、人権のあいだの対立に焦点を置く、次のような挑発的な質問をした。

パックスマン　科学の力で、誰が暴力犯罪に走るかを一〇〇パーセントの確率で予測できるとしたら、かくして予測された人物を、事件が起こる前に拘禁することは法的に許されるのでしょうか？

チャクラバティ　動物ではなく人間によって構成される自由な社会では、その質問に対する私の答えは「ノー」にならざるを得ません。

パックスマン　それならば、救えた可能性のある人が、みすみす殺されるかもしれませんよ。一〇〇パーセントの予測でも、拘禁は許されないのですか?

チャクラバティ　私たちが暮らしている社会について、もっとよく考えてみなければなりません。リスクのない社会、それはドラマや幻想なのかもしれませんが、そんな社会が人望の厚い政治家によって追い求められる一方で、（……）私たちが住みたいと思う自由な民主社会と、そこでの生活には、どうしても大きな負担がともないます。[*73]

自由主義者が擁護する見方に挑戦する、パックスマンの質問に答えるのに、チャクラバティが困難を覚えたのも無理はない。自由な民主社会と人権の名のもとでは、映画『マノリティ・リポート』（米・二〇〇二年）のように一〇〇パーセントの予測が可能であったとしても、救えたはずの命が、救えなくなるように思われる。焦点になるのはつねに、社会の保護と人権のバランスであって、絶対的な正しさではない。人権のみに目を向ければ、やがて自分の手が血でまみれていることに気づく。それは、社会の保護のために行動していれば救えたはずの無辜の命が流した血だ。それでもあなたは、チャクラバティの意見に同意するだろうか?

次に、チャクラバティの見解の擁護を試みてみよう。ひとたび民主主義の原理を無視し始めれば、人権侵害が蔓延するだろう。政治家は、選挙の前に、誰もが欲しがるリスクフリーの社会という幻想をちらつかせて有権者を惑わせようとするはずだ。リスクフリーの社会などというものは、不道徳な社会のなかでこだまする、ペテン師の宣伝文句にすぎないのではないか?　誰もがそんな社会で暮らしたいと思ってはいても、それは巨大なコストを支払わなければ実現しない、蜃気楼のような未来社会なのではないか？　将来殺人者になる可能性があるというだけで、まだ何もしていない無実の人々が犠牲になる、そんな不公正な社会なのではないか？

思うに、一〇〇パーセントの完璧な予測が可能なら、倫理的な問題があろうと、社会の保護のために行動すべきだと結論し、チャクラバティの意見に反対する人は多いだろう。だが、たった一人の人権でも侵害されれば、良識ある人は、そのような方針に疑問を感じ始めないだろうか？　それがチャクラバティの指摘するところだ。この道徳的な感覚は、第3章で取り上げた、五人の線路工夫を救うために、一人の太った男を歩道橋から線路につき落とすべきかを問うトロッコ問題で覚えた感覚と同じものなのか？　この道徳ジレンマでは、あなたは「最大多数の最大幸福」を標榜する功利主義者の道徳判断に反対するのではないか？　この点をもう少し深く考察してみよう。

アドルフ・ヒトラーを例にとる[*74]。彼は、誰がどう考えても欠陥のある人間だった。しかし彼も人間であり、生きる権利を持っていた。だが、あなたにしろ、チャクラバティにしろ、一九三三年に生きていて、六〇〇万人のユダヤ人と、六〇〇〇万人のドイツ人、イギリス人、ロシア人、アメリカ人、およびその他の国々の一般人や兵士の命を救えることがわかっていたら、彼を殺したのではないか？

一九三三年三月二三日、あなたはベルリンのクロール歌劇場で、ちょうどヒトラーの隣に立っていたとする。ヒトラーを絶対的な権力を握る独裁者に仕立て上げる全権委任法の成立直前のこのとき、彼は「公共空間の政治的、道徳的な浄化を実行する」計画について演説している[*75]。あなたはポケットのなかに銃を忍ばせている。予知能力を持つあなたは、キップが父親にしたように、ヒトラーの後頭部に銃をつきつけて引き金を引きさえすれば、平和な世界が実現し、やがて失われたはずの六六〇〇万人の命を救えることを、そして、ヒトラーを殺害してもあなたに危害は及ばないことを知っていたとする。このような状況に置かれたら、あなたはヒトラーを殺すだろうか？

よく考えてみよう。彼一人を殺すだけで、六六〇〇万人の命を救え、その他何百万、何千万人もの塗炭の苦しみを取り除ける。きわめて難しいジレンマだが、引き金を引くチャンスが生涯に一度だけ与えられるのであれば、私ならまさにこの瞬間に引くだろう。それは、文明化された人間のする行為ではなく、動物の行動と変わらないのか？　たとえ殺人という取り返しのつかない道徳的犠牲を払うことになっても、ここでヒトラーの命を奪わなければ、私たちはとんでもない犠牲を払うことになるのではないか？

しかしひとたびその決定を下してしまったら、私たちはどこへ向かうのだろう？　暗黒の社会が口を開いて待ってはいないだろうか？　問われるべきは、絶えず移動する流砂のような社会的地盤のうえに、社会の保護と人権侵害の法的境界をどこに引けるのかだ。どこに引こうが、恩恵もあればリスクもある。何が正しくて何が間違っているのか。生か死か。最新の神経犯罪学の知見を受け入れるのか、それとも私たちがこれまで維持してきた平等、倫理、自由への関心を優先するのか。私たちはこれらの選択をしなければならない。

暴力の予測の精度が何パーセントになれば、あなたはそれに基づいて行動するだろうか？　パックスマンの言う一〇〇パーセントの完璧な予測は、絶対に実現しないだろう。ならば、九〇パーセントではどうか？　八〇パーセントでは？　七九パーセントならロンブローゾ・プログラムを実施するだろうか？　人によって値は異なるだろうが、それらを平均すればよいのか？

そもそも線を引きたくない人もいるはずだ。また、チャクラバティのように、神経犯罪学が私たちを導こうとしている世界に対して、倫理的な怒りを感じる人もいるだろう。ロンブローゾ・プログラムやNCSPに難を覚える人は、少なくともそれらが「釈放」の機会を与えることを考慮すべきである。これらのプログラムは、今日の犯罪者が剝奪されている基本的人権を奪ったりはしない。たとえば、ロンブローゾ・プログラムのもとでは収容者も投票できるが、アメリカやその他多くの国では、現在のところ犯罪者は投票できない。前者には配偶者との面会が認められるが、今日の犯罪者のほとんどには認められていない。

アメリカ諸州のうち四四州は、消極的なものではあれ、受刑者に対して優生学を実行しているも同然なのを知っているだろうか？　男性受刑者は精子を持ち出すことを、また、女性受刑者は卵子を持ち出したり、精子を受け取ったりすることを禁じられている。つまり、仮釈放の可能性のない終身刑に服している受刑者は、自分の遺伝子を子孫に受け渡すことができない。彼らは、生殖という進化のゲームにおける敗者なのだ。この線は、とうの昔に司法制度によって引かれている。

この厳然たる事実は、ほとんど気づかれていない。あなたはそれについて考えたことがあるだろうか？　何人か同僚の犯罪学者に尋ねてみたが、考えたことは一度もないという答えが返ってきた。二〇〇九年に、ニュージャージー州トレントンにある矯正施設のスタッフ二〇〇人以上に話をしたときにも、同じ答えが返ってきた。講義や学会で同じ質問をしたときには、誰もが沈黙していた。

ここには皮肉がある。一九九〇年代の遺伝研究者は、犯罪を阻止する「最終的な手段」として優生学を推進していると非難された。言うまでもなく、この非難は誤りである。一つはっきりさせておこう。「消極的な優生学」と私が呼ぶ、犯罪者に対する現在の方針は、遺伝学や生物学の研究から生まれたものではない。それは社会政策から直接生じた産物だ。優生学につながるから、犯罪の遺伝的研究は中止すべきだと善意で主張する人はいるが、同様に犯罪の社会科学的研究や、犯罪に対する公共政策の研究を中止せよという声はまったく聞かない。しかし私たちは、そのような公共政策を通じて、重罪犯の遺伝的適応度を減じ、彼らの遺伝子を遺伝子プールに残せないようにしているのだ。

社会科学者は、一九世紀に生きたロンブローゾの、犯罪者を退化の産物であるかのごとくとらえる思考様式を非難するかもしれない。だが、現在の私たちの思考様式や、消極的な優生学に基づく政策も、多くの面で一九世紀のレベルに留まる。依然として受刑者は、子孫を残すにはふさわしくない、野蛮人とたいして変わらない存在だと見なされている。間違いなく私たちは、消極的な優生学を実践しているのではないだろうか？　確かに「彼らは廃馬を撃つ」〔「They shoot horses, don't they?」は、ホレス・マッコイ原作の小説のタイトルだが、シドニー・ポラック監督による映画化作品『ひとりぼっちの青春』（米・一九六九年）によってよく知られている。大恐慌時代の過酷なダンス・マラソンをテーマとし、最後は、主人公らは悲劇的な結末を迎える〕。

別の角度から考えてみよう。子どもを持つ権利の喪失は、犯罪を実行したことに対する大きな代償である。受刑者は自由を失う。投票権も失う。ならば、とりわけ他人の命を奪った者は、生命を与える権利を失っても当然ではないのか。懲罰と抑止は、私たちが犯罪者を相手に行なう法的ゲームのルールであり、権利の剥奪と消極的な優生学は、残念ながら人生の敗者が支払うべきコストなのだ。それにしても……私は、優生学が間違った見方だと考えるよう育てられたのだが。

まとめ――砂に頭をうずめるダチョウになるのか

キップ・キンケルは子どもを持てない。仮釈放の可能性のない一一一年の懲役刑を課されていれば、とうてい無理である。「自己のコントロールが及ばない要因によって自由意志が抑制されていたのだから、キップのような犯罪者には、弁護と酌量の余地が与えられるべきであり、厳罰を下すべきではない」と、神経犯罪学が私たちに求めるのは、皮肉と言えよう。というのも、犯罪の生物学的基盤を探究する研究者は、犯罪者に対してひどい悪意を抱いているとこれまで非難されてきたからだ。私たちはどこかで道を誤ったのだろうか？　見方を変えねばならないのか？　比較的穏やかだったしばらく前と、たった今を比べてみると、私たちの思考様式はすでに変わっているように思われる。私たちはまさに、新たな領域に足を踏み入れようとしているのだ。

一九七〇年代から八〇年代にかけて活躍したライデン大学（オランダ）の犯罪学者ヴァウター・バウクハウセンは、犯罪には精神心理学的な基盤があると考えていた。その考えのために彼は、オランダのメディアから徹底的に批判され、野獣であるかのように追放された[*76]。バウクハウセンの職責が議会で論議され、彼は一九八八年に、ライデン大学犯罪学部の教授職を辞任した。当時は、もっぱら社会的な力によって引き起こされる社会的な構成物以外の何ものかとして、犯罪をとらえることはタブーだったのだ。私は、一九八七年にライデンのバウクハウセンのもとを訪れたことがある。その前年にイタリアで会ったとき、彼は私をライデン大学に招聘しようとしてくれていた。しかし結局、私はライデンには行かず、ロサンゼルスに行った。なぜなら、学問的な雰囲気はロサンゼルスのほうが自由だろうと考えたからだ。はたしてほんとうにそうだったか？

一九九四年、サンフランシスコで開催されたアメリカ科学振興協会の年次総会で、私は、デンマークで行なった研究の成果を発表した。そこでは、出産時の合併症と早期の母性剝奪が相互作用することで、その子どもが一八年後に暴力犯罪者になる可能性が高まると主張した[*77]。その年の三月の『サイエンス』誌には、私の発見を説明する図が、「暴力研究における言葉の戦争は続く」というタイトルの論文に掲載された[*78]。また、その論文には「新たなバイオソーシャル研究は、暴力を予防するための実現可能で実践的なすぐれた手段をもたらすだろう」という、私自身が抱いていた希望が報告された。それにもかかわらず年次総会では、『サイエンス』誌に報告されたとおり、私の発見を「人種差別主義的であり、特定のイデオロギーに偏向している」と評価する他の科学者たちによって、バイオソーシャルな研究は「一斉に、そして激しく攻撃された」のである[*79]。そもそもこの研究の被験者はすべて白人であり、人種差別とは何の関係もなかった。要するに、彼らが耐えられなかったのは、私が生物学的要因と社会的要因の相互作用を示唆したことだったのだ。それより一二年前の一九八二年、私は博士号を取得する際、外部の審査員の主張で論文からバイオソーシャルな影響を論じた章を削除するよう指示された。その章の内容は、すでにその二年前に査読を経て科学雑誌に掲載されていたにもかかわらずだ[*80]。

そんな状況の一九九四年から二〇年が経過した今、暴力の解剖学の扱いは大きく変化した。一九九四年当時は、生物学的要因と社会的要因の相互作用が人を暴力に走らせると主張することは、一種の破門を意味した。しかしそれは過去の話であり、「その種のバイオソーシャルな相互作用は、間違いなく生じている。なぜそれに異議を唱えるのか？」というのが現在の見方だ。オランダでは、ヴァウター・バウクハウセンは謝罪を受け、名誉を取り戻した[*81]。私の見るところ、今日のオランダは、北米地域を除けば、どの国よりも神経犯罪学に強い関心を寄せているようだ。

しかし先に述べた『サイエンス』誌の論文にある、次のような冒頭の文章は、今でも私の耳に銃声のように響いている。

生命の営みにおいて、確実なことはほとんど何もない。しかし一つだけ確実に言えることがある。社会問題の根底に生物学的要因を見出そうとする試みをめぐる論争は、これからも続くだろう。[*82]

芽吹きつつある神経犯罪学と、それが振るう諸刃の剣は、非生産的な中傷を浴びて、今後も陽の目を見ないのだろうか？　問題の一つは、この研究分野が不穏な政策と結びつけて考えられやすいことだ。左派も右派もそれが気に入らない。リベラルや中道左派は、神経犯罪学が、特定の個人に烙印を押すために使われ、犯罪の真の要因だと彼らが考える社会的な問題から人々の視線をそらすのではないかと恐れる。対して保守と中道右派は、犯罪者から責任と懲罰を免除する結果になることを懸念する。神経犯罪学の歩む道は険しい。ないほうがよいと思っている人もいるだろう。このような流れは今後変わっていくだろうか？

あるいは、神経犯罪学は暴力を神経学的な要因に還元する不吉な思想を再び呼び覚まして、個人の責任や、自由意志の概念をなし崩しにし、さらには犯罪を生み出す社会的な不正義を無視して、社会にふさわしくない人々に対する社会的な介入プログラムの実施を妨害しているのだと主張する人もいるだろう。決定論的な響きのある神経生物学的な説明によって、個人の自由意志という法の前提を攻撃することが「重要な解決方法」をみすみす放棄することになると考える理由は、生物学的な特徴が不変であるかのごとく感じられるからだ。神経犯罪学の知見を受け入れることは、ほんとうに個人の責任の崩壊を招き、暴力犯罪をとめどなく生み、やがてシャミ・チャクラバティが恐れるような文明の自壊を引き起こすのだろうか？

それはいつの世でも恐れられていたことだ。私が専攻する分野では、この種の道徳的問題が繰り返し議論されている。「この道に一歩足を踏み入れたら、すべりやすい坂道を歩くはめになるのではないか？」議論をすれば、最後には必ずこの問いに戻ってくる。そして「確かに前方にすべりそうな坂道が見える。ならばもっと安全な道をとって、こちらの道は回避しよう」という結論になる。はっきり言えば、それは逃げ口上にすぎない。新たな知識が抑圧されたり無視されたりする場合、そこには現状を維持したい特定のグループの願望がつねに存在する。自分たちの不安にしっかりと立ち向かい、リスクと利益の釣り合いを注意深く評価すれば、たいていの坂道は、それほどすべりやすくはないことがやがて判明するものだ。勇気さえあれば、しっかりと足場を確保しながら、すべりやすい坂道をうまく切り抜けられるのである。

神経犯罪学は、未来のハンニバル・レクターやドンタ・ページを分析する手段ばかりでなく、早期介入によって、そもそも彼らのような人物が現れないよう予防する手段も提供できる。サンディフック小学校で銃乱射事件が発生したあと、多くの職員や市民は、銃の所持ばかりでなく、一般的な精神保健サービスの欠如を、悲劇の原因の一つにあげていた。ドンタ・ページのような、劣悪な環境下で育てられている子どもをもっとケアし、未来の悲劇を防げるのではないか？ 妊婦や子どもの栄養摂取の奨励、恵まれない家庭の子どものケア、鉛曝露対策、養育スキルの教育、深刻な問題行動の多い子どもを特定して無理のない介入を行なうこと、これらの対策に投資することのいったい何が問題なのか？ もちろんコストがはかかるが、暴力犯罪者になる恐れのある次世代の青少年に投資すべきだという考えは、単に私の姿勢の表明であるだけでなく、あなたにもぜひとって欲しい姿勢でもある。

いかなる社会の進歩にも、多かれ少なかれ、すべりやすい坂道を選択せざるを得ないときはある。社会全体で協力し合いながら、人道的な手段で暴力を減らしていく方法を発見できないものか？ 神経犯罪学と、暴力に至る早期の生物学的要因に関する深い知識は、暴力の犠牲者ばかりでなく、受刑者に対しても、共感的な理解を得て、人間的なアプローチをとれるよう私たちを導いてくれる。このようなプロセスを通じて、私たちは文明社会にふさわしい生活基盤を築けるのではないだろうか？

ケンブリッジのチャーチル・カレッジ〔ケンブリッジ大学を構成するカレッジの一つ〕の一室で、受刑者のことを考えながらこの文章を書いていると、必然的にウィンストン・チャーチルが頭に浮かんできた。彼自身、ボーア戦争に従軍した際に、捕虜として収容された経験がある。一〇〇年以上前、チャーチルは内務大臣として、犯罪者の扱いについて下院で次のような演説をした。

犯罪や犯罪者に対する、世のなかの雰囲気や気分は、いかなる国においても文明度を測るための確実な試金石の一つになる。国家に対する反逆罪で告発された者、あるいはすでに有罪を宣告された者の持つ権利の冷静かつ公正な是認、懲罰を受ける義務を負った者の絶えざる自己批判、刑の執行という厳しい鍛錬を通じて自らの負債を払う人々の社会復帰を実現する望みと情熱を持つこと、治癒と更生のプロセスの発見に向けての不断の努力、あらゆる人の心には、探せば必ず宝が見つかるはずだという揺るぎなき信念、これらはすべて、犯罪や犯罪者の扱いを通して示される、その国の力であり、生きた美徳が国民を律していることの証《あかし》なのである。[*83]

これは一世紀以上前の演説だが、現在、いったいどれだけの国が、この問題に冷静かつ公正に対処しているのか? 私たちは、犯罪というがんに対処するための治癒と再生のプロセスを明らかにするために、不断の努力を重ねているだろうか? 犯罪者の社会復帰を真摯に望んでいるか? それとも怒りに満ちた雰囲気や気分にほだされて、キップ・キンケルに課したような重い刑によって犯罪者を罰し、いかなる犠牲を払ってでも社会を守りたいのか? 現在の私たちの受刑者の扱いを見たら、チャーチルはいったいどう思うだろうか?

二〇〇年前の精神病患者は、社会が容認できない振る舞いに及ぶがゆえに、足かせをはめられて鎖につながれ、動物のように扱われていたと知ると、私たちは愕然とする。当時の常識では、それがまったく妥当な扱いだと考えられていたのだ。一七九三年のパリで、フィリップ・ピネルが精神病患者の足かせをはずし、彼らを人道的に扱ったとき、それは当時としてはまったく劇的で革新的なアプローチだった。今日では、精神病患者の非人間的な扱いは不当だと考えられている。私たちが向かいあうべき核心的な問いは、今後一世紀の時が経過し、今よりもはるかに高度な発展を遂げた未来社会の人々が、現在の暴力に対する考え方や、受刑者を監禁したり処刑したりするアプローチを振り返ったとき、現代の私たちが、二世紀前に生きた人々の精神病患者の扱い方に対して感じるものと同じ愕然とした思いを抱かないかどうかだ。もしかすると未来の人々は現在の社会を振り返りながら、「なぜ当時の社会は、受刑者に対するかくも不当な扱いを黙認し、どんな犯罪者も、いかに小さくとも社会に建設的な貢献をする能力を持ち、光り輝く宝石を心に秘めているという事実を見落とせたのか」と不思議に思うかもしれない。

現代社会における生きた美徳の潜在力に関するチャーチルの見解に、同意する者もいる。スティーブン・ピンカーが、著書『暴力の人類史』で雄弁に語っているように、社会は、自己の衝動を巧みにコントロールし、反応するよりも熟慮する、高い共感力に満ちた存在へと私たちを導いてきた。彼によれば、その結果、人類の歴史が進むにつれ、紆余曲折を経ながらも暴力はゆっくりと減少し続けた[*84]。また、世界の歴史をひもとけばわかるように、社会が文明化して啓蒙化されるにつれ、てんかん、精神病、精神遅滞、アルコール依存症などの身体的、精神的な障害は、道徳的、神学的観点ではなく、人道主義的な観点から見られるようになった[*85]。精神的な障害は、悪の勢力によって生み出されるとかつては考えられていたが、現在ではそうは見なされない。それと同様、暴力犯罪者の邪悪な行動は、いずれは治療が可能な臨床障害として見直されるようになるのだろうか？　社会は、この見方をしばらくは否定するかもしれないが、思うに、より冷静で公正な見方を持つに至った未来世代の人々は、そう考えるようになるであろう。

もちろん、極端な見方には用心が必要だが、忘れてならないのは、極端な見方が正しく、穏健な見方が間違っている場合もあることだ。たとえばヨーロッパにおける宗教改革の時代であれば、魔女狩りに関する穏健な見方は、「今日はあまり大勢の魔女を火刑に処さないようにしよう」で、極端な見方は「今日は魔女の火刑は一切しない」だったかもしれない。常習的な暴力を臨床障害としてとらえる見方は、いまのところは滑稽に思われるだろう。しかし、その可能性を完全に否定してしまえば、犯罪の治療と介入における決定的な進歩を打ち捨て、何の希望もなく停滞し、多くの未来の命が失われるという悲劇への扉を開ける結果になるかもしれない。この問題は、むずかしすぎてどう考えてよいかがまるでわからないと感じる人もいるだろう。「暴力の遺伝的な研究は何の成果も生まない」と、思うところを私に正直に語ってくれた高名な犯罪学者もいる。事実私たちは、神経生物学の研究成果がいかに解釈されるか、つねに注意を払っていなければならない。誤用、悪用の恐れがあるからだ。とはいえ、よりよき社会の構築のために、新たなアプローチを取り入れる機会をみすみす失えば、自らの先見の明のなさのために、暗い未来を招く結果にならないだろうか?

今日の私たちは、科学や知識が人類史上最高度に発達した社会で生きている。高度な知識を追い求め、自分たちが正しいと信じる堅固な知識体系を築いてきた。しかし人類の歴史は、科学に対して同様な渇望を抱いた社会が、絶対知という名のもとで、何度も重大な誤ちを犯してきたことを証明している。今や私たちは、絶対知や確実性に対する信仰を振り払わなければならない。犯罪とがんを結びつけることで、私が間違いを犯している可能性があることは否定できない。暴力は臨床障害ではないのかもしれない。私には、答えを示せない問題もあれば、そもそも自分の立場さえ明確にできない問題もある。私の科学的な見解には、独自の観点に依拠するものもあり、また、どんな実験にも当てはまるが、私の研究成果が絶対確実だとは言えない。読者も、同様に謙虚な心を持って、この新たな時代精神に、真剣な関心を抱いてほしい。

最後に、次のメッセージを伝えることで本書を締めくくりたい。神経犯罪学をめぐる倫理的なもつれをしっかりと把握し、革新的な神経科学の知見を公共政策に注意深く慎重に統合していくことは、将来、暴力の予防を成功させるうえで重要なカギを握る。暴力に対する公衆衛生アプローチは、より健全な未来を築くための方法を間違いなく提供してくれる。私たちは、たった今からそれを実践し、明日の世界を変え、未来世代のために、より安全な社会を築いていくことができる。本書でここまでに提起してきた問題についてオープンかつ誠実な対話を行なうことで、未来の発展に向けての心構えを整え、これからの社会を暴力の予防の成功へと導いていけるはずだ。

二〇三四年が実際に到来したとき、社会はユートピアになっているのか、それともディストピアか？　本書で私が描いた未来は、ジョージ・オーウェル的な色彩が濃いと思う人もいるだろう。だが、オーウェル的な暗い結末を迎えるとは限らない。彼の『動物農場』に、特権階級のブタが下層階級の動物たちのまわりを二本足でよろよろ歩き回っていると、「四本足はよい。二本足はもっとよい」と唱和する声があがるシーンがある。彼らのプロパガンダは、同僚たちの心を閉ざし、不公平な階級社会を生み出した。『一九八四年』のウィンストン・スミスは、最後には、二重思考、すなわち二つの矛盾する考えを持つに至る。おそらく政府の実施するロンブローゾ・プログラムも、社会の保護と犯罪者の更生を同時に主張する点において、二重思考の一種だと言えるかもしれない。しかし、この問題についてオープンな対話を重ねていけば、必ずや二重思考を打破して、そこから大きな成果を得られるだろう。

明日の人類は、報復の感情を克服し、犯罪者の更生を追求し、暴力の原因に対してもっと人道的な見方がとれるようになると、私は信じる。私たちは誰でも、細かな実施方法は別として、暴力の予防を優先することに同意するはずだ。光が暗黒にとって代わる、すばらしい未来を私たちの手で築くことは可能である。かつて私自身がそうであったように、報復を是とする暗黒の側に立つのか、それとも新たな未来を自ら創造するのか。この選択は、まだ私たちの手に残されている。今からでも遅くはない。あなたにも選択が可能なのだ。

「暴力対策で重視されるべきは、生物学的観点か社会的観点のどちらか一方であり、他方は無視されるべき」とする、非妥協的な姿勢をとることはもはや許されない。エイミー・ガットマンとデニス・トンプソンは『妥協の精神（*The Spirit of Compromise*）』で、「分極化した状況のもとで健全な政治を行なうためには、すべての陣営が、より大きな善の達成に向けて自らの原理を調節し、犠牲を覚悟のうえで譲歩し合う必要がある」と論じている[*86]。犯罪学でこの目標を達成することは、容易ではない。従来の考え方に固執する社会科学者は、それまで長く抱いてきた信念に逆らって、暴力の解剖学を受け入れなければならないからだ。この新たな知識体系の複雑さに圧倒される者もいるだろう。しかし社会的な原理への執着も、進歩を阻害する。いずれにしても、これは科学者だけに関わる問題ではない。あなたも、科学者が新たな空気を求めて浮上するのを手助けできる。あなたも一市民の立場から、暴力の予防に貢献できるはずだ。

とはいえ、どう考えようが既存の見方に執着して、本書で取り上げてきたバイオソーシャルな問題から目をそむける人もいるかもしれない。暴力には生物学的基盤などありはしないと信じ続けたい人もいることだろう。ことわざにあるダチョウのように、ハンターの追跡をのがれようとして砂に頭をうずめることもできる。だが、暴力の解剖学に依拠して行動しなければ、暴力というがんは、いつまでも猖獗《しょうけつ》を極め続けるだろう。あなたも注意したほうがよい。砂に頭をうずめるダチョウは、すぐに仕留められる。

暴力の解剖学から目をそらさないでほしい。とはいえ、暴力の解剖学が伝えるメッセージは根本的に間違っていると、あなたは確信しているかもしれない。そう確信しているあなたがキリスト教徒であれば、オリバー・クロムウェルがチャールズⅡ世との同盟に反対して、スコットランド教会で行なった演説を考えてみてほしい。

私は乞う。キリスト教徒として、あなたがたが間違っている可能性を考えられよ。[*87]

キリスト教徒でなければ、あなたが信じるものにかけて、誰もが間違いを犯し得ることをよく考えてほしい。暴力を解剖するにあたって、私も間違いを犯しているかもしれないのと同様、あなたにも間違えることはあるのではないだろうか？　オープンな議論を通じて、科学的な真実を明らかにし、その光に照らしていかに行動すべきかを社会全体として決定することは、確信や説得より重要である。私の切なる願いは、本書でこれまで提示してきた議論がこの先も続けられ、それによって、より安全で人間的な社会が築かれることだ。

訳者あとがき

本書は『*The Anatomy of Violence: The Biological Roots of Crime*』（Pantheon, 2013）の全訳である。著者エイドリアン・レインは、ペンシルベニア大学で犯罪学、精神医学、心理学の教授を務めており、三〇年以上にわたり暴力の生物学的基盤を研究している。また、本書でも取り上げられる殺人犯ドンタ・ページの裁判に弁護団の相談役として参加し、機能的磁気共鳴画像法（ｆＭＲＩ）で撮影した脳画像を法廷に提出するなどの実践的な活動も行なっている。

本書は、「神経犯罪学（neurocriminology）」と呼ばれる、脳や自律神経系などの生物学的な構造や機能の欠陥が、いかに反社会的性格を生み、ひいてはその人を犯罪に至らしめるのかを研究する学問分野について包括的に解説する。ただし著者は、遺伝や生物学的特徴によって犯罪者の性格が先天的に決定されると主張するわけではないし、ましてやオブラートに包んだ優生学を展開するのでもない。あくまでも、これまで犯罪学でタブー視されてきた暴力の生物学的要因と、社会的要因との複雑な相互作用が犯罪を誘引すると主張しており、著者の希求するところは、純粋に、社会に蔓延する暴力の削減である。なお、神経犯罪学という用語は、著者らが論文でこれまで何度か用いてきたが、現在でもそれほど一般的に使われているわけではなく、本書『暴力の解剖学』が、この用語を広く世に知らしめる最初の機会になった。よって日本においても初めて神経犯罪学を紹介することになる、画期的な本と言えよう。

次に、本書の構成を簡単に説明しておく。全一一章から成るが、訳者の見立てでは三部に分けられる。第2章まではいわば導入編をなし、第1章では進化の観点から、第2章では遺伝の観点から暴力を考察する。とりわけ第1章は、著者の専攻分野とはやや離れており、内容もかなり理論的な側面が勝っている。ちなみに著者は学生時代にオックスフォード大学でリチャード・ドーキンスの教えを受けており、第1章の遺伝子に関する説明には明らかにその影響が色濃く見られる。訳者宛の私信にも、ドーキンスは確かにメンターの一人であると書かれていた。

第3章から第8章までは本書の中心となる実証編をなし、神経犯罪学の基本的な考え方を、順を追って丁寧に解説する。これらの章では暴力の生物学的要因を、脳の機能的欠陥（第3章）、自律神経系（第4章）、脳の構造的欠陥（第5章）を軸に検討する。それに続く第6、7章は環境要因に焦点を移し、第6章ではおもに母親の養育方法や、出生前の妊婦の喫煙、アルコール摂取の影響が、第7章では、栄養不良や重金属への曝露、さらには精神疾患の影響が論じられる。そしていよいよ第8章では、生物学的要因（第3～5章）と社会的要因（第6、7章）が、いかに相互作用を起こして、のちに反社会的性格や暴力を生むのかが解説される。著者はその両要因を「バイオソーシャル（biosocial）」なものと表現しており、彼の研究のキーワードとして本文中にも頻出する。

残りの第9章から第11章は実践編で、導入編、実証編で述べられた理論的、実証的な基盤をもとに、より実践的な側面が検討される。第9章では暴力を抑制するための介入手段が、第10章では神経犯罪学の知見が、法の現場においていかなる意味や影響を持ち得るのかが、そして第11章では架空の未来シナリオを用いて、今後犯罪にいかに対処していくべきかが倫理的問題を含めて検討される。

以上の見通しのよい構成からもわかるとおり、本書は分量こそかなり多いが、説明の筋道が明確なのでとても読みやすい。のみならず、各章の冒頭には(およびそれ以外の箇所でも)、その章の内容に見合った凶悪殺人犯の実例が取り上げられており、専門家のみならず一般の読者にも論点がとらえやすいよう工夫されている。また、個々の記述を単独で取り上げても、たとえば魚が含む栄養素の重要性や、子どもの養育に関して注意すべきことなど、日常生活で非常に役に立つ知見も随所にちりばめられており、大いに参考になるはずだ。

概略の説明を終えたところで、内容に関する補足に移る。

まずは訳語について。本文中に、「基準率(base rate)」「効果量(effect size)」「統計的なコントロール(statistical control)」「分散(variance)」「ばらつき(variability)」「変動(variation)」などの心理学で主に使われる統計の専門用語が一部に出現する。その理由は、本書が一般読者と専門家の両方を対象にしていることの他にも、比較実験からのデータを統計的に処理して得られた相関的な観察結果を、因果関係を示すものとしてとられないよう著者が細心の注意を払っているからであろう。このことに関して、一般読者のためにこれら専門用語を一般的な言葉に書き替えてよいか著者に尋ねたところ、そこは正確に訳してほしいと回答されたので、統計用語はそのまま文中に残した。初出箇所にはある程度の訳注を加えたが、これらの用語の意味を正確に把握しなければ内容を理解できないというわけではないので、この点に関してはご了承願いたい。

二点目はフェミニズムへの言及に関して。米アマゾンのユーザーコメントにも、著者がフェミニズムを攻撃していると誤解したような書き込みが見られる。しかし本書をよく読めばわかるように、著者はフェミニズムの考え方そのものを否定しているわけではない。フェミニズムに関する著者の批判は、「家父長制などの文化的装置だけに焦点を絞っていては、男性の暴力の現実的な解消にはつながらない」という点に尽き、あくまでも手段を対象にしてのものである。したがって、本書はむしろフェミニストにも参考になるであろう。

最後に、実践編（特に第10、11章）に関して補足したい。そこで述べられる見解に対する読者の反応は間違いなく分かれるはずだ。というより、そもそも著者自身が大きく揺れている。最終章の架空の未来シナリオを読んで、そこに描かれるような方法で暴力を抑制する未来社会を、著者は肯定するのか否定したいのか、もっとはっきりさせてほしいと思う読者もいるだろう（最終的には肯定的と見なせる回答を出してはいるが）。だが、そのような不明瞭さは決して本書の弱点ではない。むしろ今後の社会はこうあるべきとはっきりと断言していれば、そのほうが眉唾ものだと言えよう。実践編で論じられる問題は読者の一人ひとりが考えるべきことであり、とりわけ二〇〇九年から新たに裁判員制度が始まり、一般市民が殺人事件の裁判に関わる可能性が出てきた現在の日本では、実践編での著者の問題提起や提言はとりわけ有用であろう。事実、凶悪な殺人事件の裁判員を経験された方のなかには、裁判における自分の裁定に予想以上に苦しめられ、自分の役割の認識不足や、精神面での準備不足を後悔する人もいるようだ。確かにその辛さは、実際に直面しないと想像できないであろう。そこで、裁判員に指名された方は、引き受ける前に是非本書をご一読いただきたい。もちろん「こうしなさい」というマニュアル的模範解答は書かれていないが、裁判員としての心構えの準備に役立つはずだ。また、犯罪や暴力についてのみならず、人権や倫理、科学的成果の社会への導入のあり方などを考えさせられる本書は、さまざまな問題が次々に生じる、現在の錯綜した社会状況で大きな意義を持つと訳者は考えている。

ところで二一世紀に入った今日、科学的知識が倫理を含めた実践面にますます強く関与するようになった感がある。その顕著な科学分野の一つが脳研究であり、倫理学、心理学、進化生物学、司法、教育、環境などの多岐にわたる学問分野の問題が複雑に交錯する本書もその一例と見なせる。優生学という苦い経験から、戦後は本書のような犯罪の生物学的基盤を探る研究はまず受け入れられるものではなく、暴力や犯罪については社会的な文脈での研究が長らく主流であった。著者がその歩みを始めた一九七〇年代後半はまだ風当たりが強いどころではなかったが、勇敢にも犯罪の生物学的基盤（主に脳）の重要性を信じ、研究し続けたその姿勢に敬意を表したい。そしてこの研究が陽の目をようやく見たのも、遺伝子や脳の研究が著しい進歩を遂げたおかげである。

最後に、いくつもの質問に迅速に答えていただいた著者エイドリアン・レイン氏に深く感謝する。

ちなみに氏はシンガポールを研究の拠点の一つにしているが、現地の紀伊國屋書店を気に入っているらしく、同社からの刊行をとりわけ喜んでおられた。また、本書の刊行を快く引き受けてくださった、紀伊國屋書店出版部と担当編集者の和泉仁士氏にも感謝の言葉を述べたい。

二〇一五年一月

高橋洋

*80 Raine, A. & Venables, P. H. (1981). Classical conditioning and socialization a biosocial interaction. *Personality & Individual Differences* 2, 273-83.

*81 オランダにおけるバウクハウセンと公的機関の和解は非常に印象的だ。彼が提起した生物学的視点の追放が、公正さを欠いていたことが認識され、2009年4月16日に、ライデン大学法学部の学部長の支援のもと、犯罪学を専攻する学生によって、彼を「復権する」ためのシンポジウムが開催された。2009年4月17日には、彼は満員の聴衆が詰めかけたライデン大学の学生ホールで扁桃体について講義をしている。そして2009年11月に、ライデン大学は彼と正式に和解した。オランダでは「バウクハウセン事件」として知られるこのできごとの詳細は、次の文献を参照されたい。 Keijning, L. (2006). *Buikhuisen had wel wat uit te leggen. De affaire-Buikhuisen en de ontwikkeling van biosociaal onderzoek naar criminaliteit*(バウクハウセンには説明したいことがあった。バウクハウセン事件と犯罪のバイオソーシャル的研究の発展). Master's thesis for Science and Technology Studies, Amsterdam University, 2006.

*82 Mann, War of words continues.

*83 Quotation from Winston Churchill in Bottomly, P., et al. (2011). Outdated approach to votes for prisoners. *The Guardian*. Letters, January 11.

*84 Pinker, S. (2011). *The Better Angels of Our Nature: Why Violence Has Declined*. New York: Viking. [『暴力の人類史』上下巻、幾島幸子・塩原通緒訳、青土社、2015年]

*85 Raine, *The Psychopathology of Crime*.

*86 Gutmann, A & Thompson, D. (2012). *The Spirit of Compromise: Why Governing Demands It and Campaigning Undermines It*. Princeton, N.J.: Princeton University Press.

*87 Carlyle, T. (1855). *Oliver Cromwell's Letters and Speeches*, p. 448. New York: Harper.

and Health. Geneva: World Health Organization.
*56 Centers for Disease Control (2008). *The Public Health Approach to Violence Prevention*. http://www.cdc.gov/ViolencePrevention/overview/publichealthapproach.html
*57 Social Finance (2012). *About Us*. http://www.socialfinanceus.org/about
*58 Social Finance (2012). *History*. http://www.socialfinanceus.org/work/history
*59 Commonwealth of Massachusetts (2012). *Massachusetts First State in the Nation to Pursue "Pay For Success" Social Innovation Contracts*. Press release, January 18. http://www.mass.gov/anf/press-releases/ma-first-to-pursue-pay-for-success-contracts.html
*60 Belkin, L. (2009). Should parenting require a license? *New York Times*. January 8. http://parenting.blogs.nytimes.com/2009/01/08/should-parenting-require-a-license/
*61 Tittle, P. (2004). *Should Parents Be Licensed?* Buffalo, N.Y.: Prometheus Books.
*62 Leading articles (2012). Parental guidance suggested. *The Times* (London), p. 2, May 19.
*63 Farah, M. J. (2012). Neuroethics: The ethical, legal, and societal impact of neuroscience. *Annual Review of Psychology* 63, 57-191.
*64 Sterzer, P. (2010). Born to be criminal?: What to make of early biological risk factors for criminal behavior. *American Journal of Psychiatry* 167, 1, ajp.psychiatryonline.org.
*65 Kellerman, *Savage Spawn*, pp. 109-11.
*66 Farrington, D. P. & Welsh, B. C. (2007). *Saving Children from a Life of Crime: Early Risk Factors and Effective Interventions*. Oxford: Oxford University Press.
*67 U.S. Department of Health and Human Services (2006). *Child Maltreatment*. Washington, D.C.
*68 Kahneman, D. (2011). *Thinking, Fast and Slow*. New York: Farrar, Straus & Giroux. [『ファスト&スロー――あなたの意思はどのように決まるか?』村井章子訳、早川書房、2012年]
*69 LaFollette, H. (2010). Licensing parents revisited. *Journal of Applied Philosophy* 27, 327-43.
*70 同上
*71 Couple who made boy, 11, live in a coal bunker jailed. (2012). *The Independent* (London), Courts section, May 29.
*72 シャミ・チャクラバティは、以前は法廷弁護士《バリスター》として英国内務省に勤務していたが、その後、イギリスの人権圧力団体「リバティ」の代表になった。現在はオックスフォード・ブルックス大学の名誉学長に就任している。彼女は、イギリスではもっとも影響力のある公共問題ロビイストとして広く知られる。
*73 *The "If" Debate: A Newsnight Special* (2004). BBC2. December 22. Prog ID 50/and/PS34L/77.
*74 アドルフ・ヒトラー以外にも、世界各地で途方もない人命の損失をもたらした、毛沢東、スターリン、ポル・ポトらの政治リーダーについて考えてみることができる。ポル・ポトは、1970年代後半にカンボジア人口のおよそ20パーセントを殺害したとされている。スターリンは、第二次世界大戦前に、100万近くのロシア人を処刑している。
*75 Baynes, N. H. (1942). *The Speeches of Adolph Hitler*. Oxford: Oxford University Press.
*76 大きな影響力を持つ社会主義的な週刊の批評雑誌『*Vrij Nederland*』のコラムに、ピート・フライスによるバウクハウセンに対する辛らつな批評がほぼ毎週掲載された。
*77 Raine, A., Brennan, P. & Mednick, S. A. (1994). Birth complications combined with early maternal rejection at age 1 year predispose to violent crime at age 18 years. *Archives of General Psychiatry* 51, 984-88.
*78 Mann, C. (1994). War of words continues in violence research. *Science* 263, 1375.
*79 同上

brain stimulation. *Nature Reviews Neuroscience* 8, 623-35.
*35 Ridding, M. C. & Rothwell, J. C. (2007). Perspectives: Opinion Is there a future for therapeutic use of transcranial magnetic stimulation? *Nature Reviews Neuroscience* 8, 559-67.
*36 Department of Justice (2012). Assistant Attorney General Laurie Robinson announces departure from office of justice programs. *Office of Public Affairs*. Tuesday, January 3. http://www.justice.gov/opa/pr/2012/January/12-ag-005.html
*37 Mitchell, O. (2005). A meta-analysis of race and sentencing research: Explaining the inconsistencies. *Journal of Quantitative Criminology* 21, 439-66.
*38 Office of Justice Programs (2012). Homicide trends in the U.S.: Trends by race. *Bureau of Justice Statistics*. http://bjs.ojp.usdoj.gov/content/homicide/race.cfm
*39 Cohen, A. (2011). Licensing Parents. *Bleeding Hearts Libertarians*. December 27. http://bleedingheartlibertarians.com/2011/12/licensing-parents-2/
*40 State of California Department of Justice (2009). Megan's Law home-page. http://www.meganslaw.ca.gov/
*41 イギリスの遊び。セイヨウトチノキの実に穴を開け、糸に通して垂直に保ち、揺らしてぶつけ合いながら相手の実を割る。学校で禁止されるようになったのは、割れたトチの実のかけらが目に飛び込む危険性、トチの実に対するアレルギーなどの健康と安全上の理由による。しかし私がトチの実遊びをしていた子どもの頃、個人的には何の問題もなかった。
*42 Strickland, P. (2011). Sentences of imprisonment for public protection: Commons Library standard note. October 19. http://www.parliament.uk/briefing-papers/SN06086
*43 最初は被告がこれらの条件を満たした場合、判事は無期懲役を言い渡さねばならなかったが、2008年に改められた刑事司法及び移民法では、より大きな裁量が判事に与えられている。
*44 Taylor, R., Wasik, M. & Leng, R. (2004). *The Criminal Justice Act 2003: Blackstone's Guide*. Oxford: Oxford University Press.
*45 Jacobson, J. & Hough, M. (2010). *Unjust Deserts: Imprisonment for Public Protection*. London: Prison Reform Trust.
*46 同上 p. 8.
*47 Duggan, C. (2011). Dangerous and severe personality disorder. *British Journal of Psychiatry* 198, 431-33.
*48 Buchanan, A. & Grounds, A. (2011). Forensic psychiatry and public protection. *British Journal of Psychiatry* 198, 420-23.
*49 同上
*50 Verkaik, R. (2004). Blair has not been tough on the causes of crime, says Woolf. *The Independent* (London), April 23.
*51 Mackintosh, N., Baddeley, A., Brownsworth, R., et al. (2011). *Brain Waves Module 4: Neuroscience and the Law*. London: The Royal Society.
*52 Profiling school shooters (2000). *Frontline: The Killer at Thurston High*. web article. http://www.pbs.org/wgbh/pages/frontline/shows/kinkel/profile/
*53 Kellerman, J. (1999). *Savage Spawn: Reflections on Violent Children*. New York: Ballantine.
*54 Developmental and social-emotional screening of young children (0-6 years of age) in Minnesota. http://www.health.state.mn.us/divs/fh/mch/devscrn/
*55 Krug, E. G., Dahlberg, L. L., Mercy, J. A., Zwi, A. B. & Lozano, R. (2002). *World Report on Violence*

gov/pcd/issues/2010/jan/09_0124.htm
*18 Raine, *The Psychopathology of Crime*.
*19 Herbert, E., Kennedy, M., Licht, J. & Mandra, J. (2008). Using genetics to treat leukemia: How Gleevec works. *Science in Society*, Northwestern University. scienceinsociety.northwestern.edu/sites/default/files/chisholmani1.swf.
*20 Lichtenstein, P., Holm, N. V., Verkasalo, P. K., et al. (2000). Environmental and heritable factors in the causation of cancer: analyses of cohorts of twins from Sweden, Denmark, and Finland. *New England Journal of Medicine* 343, 78-85.
*21 Lodish, H., Berk, A., Matsudaira, P., Kaiser, C. A., Krieger, M., et al. (2004). *Molecular Biology of the Cell*, 5th ed. New York: W. H. Freeman. 専門的に言えば、変化はDNA合成時にエラーを引き起こすDNA分子に対するダメージによるもので、それによって突然変異が生じる。
*22 Landenberger, N. A. & Lipsey, M. W. (2005). The positive effects of cognitive-behavioral programs for offenders: A meta-analysis of factors associated with effective treatment. *Journal of Experimental Criminology* 1, 451-76.
*23 Sampson, R. (2012). *Great American Cities: Chicago and the Enduring Neighborhood Effect*. Chicago: University of Chicago Press.
*24 Raine, A., Brennan, P. A., Farrington, D. P. & Mednick, S. A., eds. (1997). *Biosocial Bases of Violence*. New York: Plenum.
*25 Laub, J. & Sampson, R. J. (2003). *Shared Beginnings, Divergent Lives: Delinquent Boys to Age 70*. Cambridge, Mass.: Harvard University Press.
*26 Federal Bureau of Investigation (2010). *Uniform crime reports: Offenses cleared*. http://www.fbi.gov/about-us/cjis/ucr/crime-in-the-u.s/2010/crime-in-the-u.s.-2010/clearances
*27 Blow, C. M. (2010). The high cost of crime. *New York Times*. October 8, editorial, p. A21. http://www.nytimes.com/2010/10/09/opinion/09blow.html?_r=1
*28 Anderson, D. A. (1999). The aggregate burden of crime, *Journal of Law and Economics* 42, 611-42.
*29 Malvestuto, R. J. (2007). *Testimony to Committee on Public Safety*. Council of the City of Philadelphia, February 13.
*30 Berk, R., Sherman, L., Barnes, G., Kurtz, E. & Ahlman, L. (2009). Forecasting murder within a population of probationers and parolees: A high stakes application of statistical learning. *Journal of the Royal Statistical Society: Series A (Statistics in Society)* 172, 191-211.
*31 バーク、シャーマンらは、偽陽性の割合が高いことを認めている。再犯を正しく予測できた者1人につき、偽陽性の誤りが12件生じていた。しかし彼らは、ランダムフォレストと呼ばれる統計技法を用いて、予測の正確性に8倍の向上が見られたと報告している。
*32 この未来シナリオは、1994年10月に脳画像法と殺人について講演するためにペンシルベニア大学を訪問したあと、マーティ・セリグマンが私に送ってくれた小説に啓発されて描いた。フィリップ・カーが書いたこの小説は、2013年のロンドンを舞台とし、ロンブローゾプログラムのもとで「危険な潜在的殺人者」と分類された連続殺人犯と探偵の対決が描かれている。 Kerr, P. (1993). *A Philosophical Investigation*. New York: Farrar, Straus & Giroux.［『殺人探究』東江一紀訳、新潮社、1997年］
*33 The Academy of Experimental Criminology. http://www.crim.upenn.edu/aec/index.html
*34 Kringelbach, M. L., Jenkinson, N., Owen, S.L.F. & Aziz, T. Z. (2007). Translational principles of deep

第11章　未来——神経犯罪学は私たちをどこへ導くのか？

*1　父親を射殺した後のキップの不安は、キップの母親が帰宅する前に彼にたまたま電話した友人のトニーが証言している。それによれば、電話は一時間続き、キップは不安そうに部屋のなかを歩き回りながら、母親がまだ戻ってこないと繰り返し口にしていたそうだ。

*2　キップ・キンケルは25人の生徒を負傷させているが、彼をおとなしくさせようとしてトウガラシスプレーを使った警官に対する暴行罪にも問われている。キップのこの暴行は、警官をそそのかして自分を撃たせようとした試みとして解釈されている。

*3　Konkol, R. J. (1999). *Expert Witness Testimony*. November. http://www.pbs.org/wgbh/pages/frontline/shows/kinkel/trial/konkol.html

*4　実施されたスキャンは、SPECTスキャン（単一光子放射断層撮影）で、これは、脳機能の三次元画像を生成するために、ガンマカメラとガンマ線を用いる核医学技術である。

*5　*Frontline: The Killer at Thurston High*. (2000). WGBH Educational Foundation. http://www.pbs.org/wgbh/pages/frontline/shows/kinkel/

*6　同上

*7　Fitzgibbon, C. (2007). *Sunshine and Shadows: Reflections of a Macmillan Nurse*, pp. 31-32. Doncaster: Encircling Publications.

*8　ローマの急死は、急性の骨髄性白血病に罹患した結果かもしれない。この形態の白血病は、数週間で患者に死をもたらす成人の急性白血病としてもっともよく見られる。次の文献を参照されたい。Vardiman, J. W., Harris, N. L. & Brunning, R. D. (2002). The World Health Organization (WHO) classification of the myeloid neoplasms. *Blood* 100, 292-302.

*9　Sontag, S. (1978). *Illness as Metaphor*. New York: Picador.［『隠喩としての病い』富山太佳夫訳、みすず書房、1982年］

*10　Fitzgibbon, *Sunshine and Shadows*, p. 32.

*11　Raine, A. (1993). *The Psychopathology of Crime: Criminal Behavior as a Clinical Disorder*. San Diego: Academic Press.

*12　同上

*13　Spitzer, R. L. (1999). Harmful dysfunction and the DSM definition of mental disorder. *Journal of Abnormal Psychology* 108, 430-32.

*14　『精神疾患の診断と統計マニュアル第4版（DSM - 4）』は、2013年に第5版（DSM - 5）として改訂される予定である〔改訂された〕。

*15　American Psychiatric Association (2012). *DSM-5 Development: Definition of a Mental Disorder*. http://www.dsm5.org/ProposedRevisions/Pages/proposedrevision.aspx?rid=465

*16　DSM - 5では、精神障害の定義は次のように続く。「精神障害は、親しい人の死などの特殊なできごとに対する、予想し得る、もしくは文化的に枠づけられた反応に限られるわけではない。主として個人と社会のあいだで生じる、文化的（政治的、宗教的、性的）逸脱行為や闘争は、それらが前述の個人の機能不全に起因するものでない限り、精神障害とは呼べない」。この定義は、個人と社会の闘争たるテロリズムに特に言及するのでない限り、暴力を障害としてとらえる可能性を除外しない。さらに言えば、生物学的、もしくは心理的要因によって引き起こされた障害が見られる場合には、テロリストも臨床障害の範疇でとらえられる。現在未解決の問いは、「テロリストは、暴力犯罪者に見出せるような生物学的特質を持つのか？」である。

*17　Manderscheid, R. W., Ryff, C. D., Freeman, E. J., McKnight-Eily, L. R., Dhingra, S., et al. (2010). Evolving definitions of mental illness and wellness. *Preventing Chronic Disease* 7. http://www.cdc.

氏は翌日には刑務所に出頭しなければならなかった点を考えると、彼の発言は、精神病院という、より安全な環境に留まりたいがための欺瞞行為であったと解釈することも可能である。

*19 Gorman-Smith, D., Henry, D. B. & Tolan, P. H. (2004). Exposure to community violence and violence perpetration: The protective effects of family functioning. *Journal of Clinical and Adolescent Psychology* 33, 439-49.

*20 Raine, A., Venables, P. H. & Williams, M. (1996). Better autonomic conditioning and faster electrodermal half-recovery time at age 15 years as possible protective factors against crime at age 29 years. *Developmental Psychology* 32, 624-30.

*21 Raine, A., Venables, P. H. & Williams, M. (1995). High autonomic arousal and electrodermal orienting at age 15 years as protective factors against criminal behavior at age 29 years. *American Journal of Psychiatry* 152, 1595-1600.

*22 ペイトン・タトヒルののどを掻き切った理由が、彼女の悲鳴に我慢がならなかったからだというのは皮肉に思える。というのも、乳児の頃のページを母親が何度も激しく揺すったのは、彼の泣き声に我慢がならなかったからだ。母親によるこの激しい揺さぶりが、彼の脳の機能不全の一因になったと考えられ、ひいてはそれが暴力を発現する危険因子となり、最終的にペイトン・タトヒルの殺害に至る。

*23 Kershaw, I. (2008). *Hitler: A Biography*. New York: W. W. Norton & Company.

*24 同上

*25 Fulda, B. (2009). *Press and Politics in the Weimar Republic*. Oxford University Press.

*26 CNN (2007). Amish grandfather: "We must not think evil of this man." December 10.

*27 Gottlieb, D. (2006). Not Always Divine. *Cross-Currents*. October 17. http://www.cross-currents.com/archives/2006/10/17/not-always-divine/

*28 Jacoby, J. (2006). Undeserved forgiveness. *Boston Globe*. October 8.

*29 この連続セミナーは、AAASが、連邦司法センター、全米州法廷センターと共同で、ダナ財団の資金援助を受けて開催したもので、神経科学の最新の技術や知識がいかに法的な意思決定に役立つのか、またそれらの限界について司法関係者の理解を促進するために2006年から続けられている。

*30 事実、小児性愛は医学の分野では臨床障害と見なされており、『精神疾患の診断と統計マニュアル第4版(DSM - 4)』に詳細な定義が記載されている。

*31 Morse, S. J. (2011). Mental disorder and the criminal law. *Journal of Criminal Law and Criminology* 101, 885-968.

*32 「積極的抗弁」は精神病に限定されるわけではない。他の例には自己防衛があるが、この場合の抗弁は次のようなものになる。犯罪に及んだあなたは、犯罪意思(mens rea)を持ち、自分が何をしているかを知っていた。しかし、自分に死をもたらす可能性がある攻撃者に対する自己防衛のためにそのような行為を選択した。このケースでは、あなたは「責任を負うべき主体」だとは解釈されない。

*33 十分な強圧を受け、強制されて犯罪行為を実行した場合にも、責任は問われない。たとえば銃を頭につきつけられ、第三者に性的暴行を加えなければ殺すと脅されてそうした場合などである。

*34 *Mindshock: Sex on the Brain*. (2006). Channel Four. Tiger Aspect Productions.

*35 同上

*36 同上

*37 Damasio, A. R. (2000). A neural basis for sociopathy. *Archives of General Psychiatry* 57, 128-29.

*38 Morse, S. J. (2008). Psychopathy and criminal responsibility. *Neuroethics* 1, 205-12.

判時に、彼が子どもの頃に受けた虐待がいかにひどかったかを証明するために用いられている。

*6 Gusnard, D. A. et al. (2001). Medial prefrontal cortex and self-referential mental activity: Relation to a default mode of brain function. *Proceedings of the National Academy of Sciences of the United States of America* 98, 4259-64; Antonucci, A. S. et al. (2006). Orbitofrontal correlates of aggression and impulsivity in psychiatric patients. *Psychiatry Research* 147, 213-20.

*7 Freedman, M. et al. (1998). Orbitofrontal function, object alternation and perseveration. *Cerebral Cortex* 8, 18-27; Shamay-Tsoory, S. G. et al. (2005). Impaired "affective theory of mind" is associated with right ventromedial prefrontal damage. *Cognitive Behavioral Neurology* 18, 55-67.

*8 Bechara, A., Damasio, H., Tranel, D. & Damasio, A. R. (1997). Deciding advantageously before knowing the advantageous strategy. *Science* 275, 1293-94; Damasio, A. R., Tranel, D. & Damasio, H. (1990). Individuals with sociopathic behavior caused by frontal damage fail to respond autonomically to social stimuli. *Behavioural Brain Research* 41, 81-94.

*9 Raine, A., Meloy, J. R., Bihrle, S., Stoddard, J., LaCasse, L., et al. (1998). Reduced prefrontal and increased subcortical brain functioning assessed using positron emission tomography in predatory and affective murderers. *Behavioral Sciences & the Law* 16, 319-32.

*10 ドンタ・ページは、戸外に出て車のなかから金銭を奪ったあと、そのまま立ち去ることもできた。強盗の現場をすぐに立ち去らずに屋内に戻った事実は、相応の予謀の存在を示唆する。ある程度の行動のコントロールと計画性のなさの混合は、殺人犯にはときに見受けられる。よって、それほど単純に殺人犯を「衝動的」か「計画的」かに区分できるわけではない。

*11 Centers for Disease Control and Prevention. Sexually transmitted diseases (STDs). http://www.cdc.gov/std/pregnancy/STDFact-Pregnancy.htm

*12 Raine, A., Brennan, P. & Mednick, S. A. (1994). Birth complications combined with early maternal rejection at age 1 year predispose to violent crime at age 18 years. *Archives of General Psychiatry* 51, 984-88.

*13 Farrington, D. P. (2005). Childhood origins of antisocial behavior. *Clinical Psychology & Psychotherapy* 12, 177-90; Loeber, R. & Farrington, D. P. (2000). Young children who commit crime: Epidemiology, developmental origins, risk factors, early interventions, and policy implications. *Development & Psychopathology* 12, 737-62.

*14 Jackson, S. (2001). Dead reckoning. *Denver Westward News*. June 28.

*15 同上

*16 Federal Bureau of Investigation (2011). *Uniform Crime Reports*. http://www.fbi.gov/about-us/cjis/ucr/ucr#ucr_cius

*17 Jenkins, A. C. & Mitchell, J. P. (2011). Medial prefrontal cortex subserves diverse forms of self-reflection. *Social Neuroscience* 6, 211-18. 内側前頭前皮質は、自己反省にもっとも強く結びついている脳領域ではあるが、前帯状回、後帯状回など他の領域も関与している。犯罪者では、これらの領域にも機能不全が見られる。とりわけ内側前頭前皮質と前帯状回は願望や希望の基盤を成すように思われ、また後帯状回は、義務や責任を反省する際に活性化される。このように、内側前頭前皮質は内省に、また後帯状回は社会的、文脈的な外向きの思考により強く結びつくと仮定されてきた。これについては次の文献を参照されたい。Johnson, M. K., Raye, C. L., Mitchell, K. J., et al. (2006). Dissociating medial frontal and posterior cingulate activity during self-reflection. *Social, Cognitive, and Affective Neuroscience* 1, 56-64.

*18 実際オフト氏は、追い返されたら女家主をレイプすると病院のスタッフに告げている。しかし、オフト

International Journal of Offender Therapy and Comparative Criminology 55, 646-61.

*102 Wupperman, P., Marlatt, G. A., Cunningham, A., Bowen, S., Berking, M., et al. (2012). Mindfulness and modification therapy for behavioral dysregulation: Results from a pilot study targeting alcohol use and aggression in women. *Journal of Clinical Psychology* 68, 50-66.

*103 Robins, C. J., Keng, S. L., Ekblad, A. G. & Brantley, J. G. (2012). Effects of mindfulness-based stress reduction on emotional experience and expression: A randomized controlled trial. *Journal of Clinical Psychology* 68, 117-31.

*104 Warnecke, E., Quinn, S., Ogden, K., Towle, N. & Nelson, M. R. (2011). A randomised controlled trial of the effects of mindfulness practice on medical student stress levels. *Medical Education* 45, 381-88.

*105 Witkiewitz, K. & Bowen, S. (2010). Depression, craving, and substance use following a randomized trial of mindfulness-based relapse prevention. *Journal of Consulting and Clinical Psychology* 78, 362-74.

*106 Brewer, J. A., Mallik, S., Babuscio, T. A., Nich, C., Johnson, H. E., et al. (2011). Mindfulness training for smoking cessation: Results from a randomized controlled trial. *Drug and Alcohol Dependence* 119, 72-80.

*107 Geschwind, N., Peeters, F., Drukker, M., van Os, J. & Wichers, M. (2011). Mindfulness training increases momentary positive emotions and reward experience in adults vulnerable to depression: A randomized controlled trial. *Journal of Consulting and Clinical Psychology* 79, 618-28.

*108 Kabat-Zinn, J. (2005). *Coming to Our Senses: Healing Ourselves and the World Through Mindfulness*. New York: Hyperion.

*109 Davidson, R. J. (1992). Emotion and affective style: Hemispheric substrates. Psychological. *Science* 3, 39-43.

*110 Kabat-Zinn, J., Massion, A. O., Kristeller, J., Peterson, L. G., Fletcher, K. E., et al. (1992). Effectiveness of a meditation-based stress reduction program in the treatment of anxiety disorders. *American Journal of Psychiatry* 149, 936-43.

*111 Sherman, L. W., Gottfredson, D., MacKenzie, D., Reuter, P., Eck, J. & Bushway, S. (1997). *Preventing Crime: What Works, What Doesn't, What's Promising*. A Report to the U.S. Congress. Washington, D.C.: U.S. Department of Justice.

第10章　裁かれる脳——法的な意味

*1 Burns, J. M. & Swerdlow, R. H. (2003). Right orbitofrontal tumor with pedophilia symptom and constructional apraxia sign. *Archives of Neurology* 60, 437-40.

*2 「オフト氏」という仮名は、ペンシルベニア大学法学部教授で、私のよき友人かつ同僚のスティーブン・モース教授が命名した。彼がこの事例を私に最初に教えてくれた。「眼窩前頭野の腫瘍(OrbitoFrontal Tumor)」の頭文字を取って「オフト(Oft)」としている。

*3 Burns & Swerdlow, Right orbitofrontal tumor with pedophilia symptom and constructional apraxia sign.

*4 Crick, F. (1994). *The Astonishing Hypothesis: The Scientific Search for the Soul*. New York: Touchstone.［『DNAに魂はあるか——驚異の仮説』中原英臣訳、講談社、1995年］

*5 ワシントンDCのチルドレンズ・ナショナル・メディカルセンターから弁護団が取り寄せた記録は、裁

Long-chain omega-3 fatty acids for indicated prevention of psychotic disorders: A randomized, placebo-controlled trial. *Archives of General Psychiatry* 67, 146-54.

*84 Raine, et al., Effects of environmental enrichment at ages 3-5 years on schizotypal personality.

*85 Surmeli, T. & Edem, A. (2009). QEEG guided neurofeedback therapy in personality disorders: 13 case studies. *Clinical EEG and Neuroscience* 40, 5-10.

*86 Davidson, R. J., Kabat-Zinn, J., Schumacher, J., Rosenkranz, M., Muller, D., et al. (2003). Alterations in brain and immune function produced by mindfulness meditation. *Psychosomatic Medicine* 65, 564-70.

*87 Holzel, B. K., Carmody, J., Vangel, M., Congleton, C., Yerramsetti, S. M., et al. (2011). Mindfulness practice leads to increases in regional brain gray matter density. *Psychiatry Research: Neuroimaging* 191, 36-43.

*88 Davidson et al., Alterations in brain and immune function produced by mindfulness meditation.

*89 Lutz, A., Brefczynski-Lewis, J., Johnstone, T. & Davidson, R. J. (2008). Regulation of the neural circuitry of emotion by compassion meditation: Effects of meditative expertise. *PLOS One* 3.

*90 Brefczynski-Lewis, J. A., Lutz, A., Schaefer, H. S., Levinson, D. B. & Davidson, R. J. (2007). Neural correlates of attentional expertise in long-term meditation practitioners. *Proceedings of the National Academy of Sciences of the United States of America* 104 (11), 483-88.

*91 Lutz, A., Greischar, L. L., Rawlings, N. B., Ricard, M. & Davidson, R. J. (2004). Long-term meditators self-induce high-amplitude gamma synchrony during mental practice. *Proceedings of the National Academy of Sciences of the United States of America* 101 (16), 369-73.

*92 Holzel, B. K., Carmody, J., Vangel, M., Congleton, C., Yerramsetti, S. M., et al. (2011). Mindfulness practice leads to increases in regional brain gray matter density. *Psychiatry Research: Neuroimaging* 191, 36-43.

*93 Gregg, T. R. & Siegel, A. (2001). Brain structures and neurotransmitters regulating aggression in cats: Implications for human aggression. *Progress in Neuro-Psychopharmacology & Biological Psychiatry* 25, 91-140.

*94 Oitzl, M. S., Champagne, D. L., van der Veen, R. & de Kloet, E. R. (2010). Brain development under stress: Hypotheses of glucocorticoid actions revisited. *Neuroscience and Biobehavioral Reviews* 34, 853-66.

*95 Kaldy, Z. & Sigala, N. (2004). The neural mechanisms of object working memory: What is where in the infant brain? *Neuroscience and Biobehavioral Reviews* 28, 113-21.

*96 Lazar, S. W., Kerr, C. E., Wasserman, R. H., Gray, J. R., Greve, D. N., et al. (2005). Meditation experience is associated with increased cortical thickness. *NeuroReport* 16, 1893-97.

*97 Abrams, A. I. & Siegel, L. M. (1978). The Transcendental Meditation program and rehabilitation at Folsom State Prison: A cross validation study. *Criminal Justice and Behavior* 5, 3-20.

*98 Orme-Johnson, D. W. & Moore, R. M. (2003). First prison study using the Transcendental Meditation program: La Tuna Federal Penitentiary, 1971. *Journal of Offender Rehabilitation* 36, 89-95.

*99 Samuelson, M., Carmody, J., Kabat-Zinn, J. & Bratt, M. A. (2007). Mindfulness-based stress reduction in Massachusetts correctional facilities. *The Prison Journal* 87, 254-68.

*100 Chandiramani, K., Verma, S. K. & Dhar, P. L. (1995). *Psychological Effects of Vipassana on Tihar Jail Inmates: Research Report*. Igatpuri, Maharashtra, India: Vipassana Research Institute.

*101 Himelstein, S. (2011). Meditation research: The state of the art in correctional settings.

*72 Zaalberg, A., Nijman, H., Bulten, E., Stroosma, L. & van der Staak, C. (2010). Effects of nutritional supplements on aggression, rule-breaking, and psychopathology among young adult prisoners. *Aggressive Behavior* 36, 117-26.

*73 Clayton, E. H., Hanstock, T. L., Hirneth, S. J., Kable, C. J., Garg, M. L., et al. (2009). Reduced mania and depression in juvenile bipolar disorder associated with long-chain omega-3 polyunsaturated fatty acid supplementation. *European Journal of Clinical Nutrition* 63, 1037-40.

*74 Fontani, G., Corradeschi, F., Felici, A., Alfatti, F., Migliorini, S., et al. (2005). Cognitive and physiological effects of omega-3 polyunsaturated fatty acid supplementation in healthy subjects. *European Journal of Clinical Investigation* 35, 691-99.

*75 Hamazaki, T., Sawazaki, S., Itomura, M., Asaoka, E., Nagao, Y., et al. (1996). The effect of docosahexaenoic acid on aggression in young adults: A placebo-controlled double-blind study. *Journal of `Clinical Investigation* 97, 1129-33.

*76 Gustafsson, P. A., Birberg-Thornberg, U., Duchen, K., Landgren, M., Malmberg, K., et al. (2010). EPA supplementation improves teacher-rated behaviour and oppositional symptoms in children with ADHD. *Acta Paediatrica* 99, 1540-49.

*77 Hamazaki, T., Thienprasert, A., Kheovichai, K., Samuhaseneetoo, S., Nagasawa, T., et al.(2002). The effect of docosahexaenoic acid on aggression in elderly Thai subjects: a placebo-controlled double-blind study. *Nutritional Neuroscience* 5, 37-41, ただし、DHAは大学職員の攻撃性を低下させたが、この効果は村民には見られなかった。

*78 Zanarini, M. C. & Frankenburg, F. R. (2003). Omega-3 fatty acid treatment of women with borderline personality disorder: A double-blind, placebo-controlled pilot study. *American Journal of Psychiatry* 160, 167.

*79 Stevens, L., Zhang, W., Peck, L., Kuczek, T., Grevstad, N., et al. (2003). EFA supplementation in children with inattention, hyperactivity, and other disruptive behaviors. *Lipids* 38, 1007-21.

*80 Shoham, S. & Youdim, M. B. (2002). The effects of iron deficiency and iron and zinc supplementation on rat hippocampus ferritin. *Journal of Neural Transmission* 109, 1241-56.

*81 Smit, E. N., Muskiet, F. A. & Boersma, E. R. (2004). The possible role of essential fatty acids in the pathophysiology of malnutrition: A review. *Prostaglandins, Leukorienes and Essential Fatty Acids* 71, 241-50.

*82 すべての研究が、オメガ3補給によって反社会的な行動が低下すると報告しているわけではない。たとえば次の文献を参照されたい。Hirayama, S., Hamazaki, T. & Terasawa, K. (2004). Effect of docosahexaenoic acid-containing food administration on symptoms of attention-deficit/hyperactivity disorder: A placebo-controlled double-blind study. *European Journal of Clinical Nutrition* 58, 467-73. 次の研究では、イギリスの児童にオメガ3の効果を見出せなかった。 Kirby, A., Woodward, A., Jackson, S., Wang, Y. & Crawford, M. (2010). A double-blind, placebo-controlled study investigating the effects of omega-3 supplementation in children aged 8-1 0 years from a mainstream school population. *Research in Developmental Disabilities* 31, 718-30. また、統計的に有意ではないが、29パーセントの攻撃性の低下が見られた研究もある。 Hallahan, B., Hibbeln, J. R., Davis, J. M. & Garland, M. R. (2007). Omega-3 fatty acid supplementation in patients with recurrent self-harm: Single-centre double-blind randomised controlled trial. *British Journal of Psychiatry* 190, 118-22.

*83 Amminger, G. P., Schafer, M. R., Papageorgiou, K., Klier, C. M., Cotton, S. M., et al. (2010).

in ADHD. *Journal of the American Academy of Child and Adolescent Psychiatry* 41, 253-61.

*53 Connor, D. F., Carlson, G. A., Chang, K. D., Daniolos, P. T., Ferziger, R., et al. (2006). Juvenile maladaptive aggression: A review of prevention, treatment, and service configuration and a proposed research agenda. *Journal of Clinical Psychiatry* 67, 808-20.

*54 Lopez-Larson, M. & Frazier, J. A. (2006). Empirical evidence for the use of lithium and anticonvulsants in children with psychiatric disorders. *Harvard Review of Psychiatry* 14, 285-304.

*55 Soller, M. V., Karnik, N. S. & Steiner, H. (2006). Psychopharmacologic treatment in juvenile offenders. *Child and Adolescent Psychiatric Clinics of North America* 15, 477-99.

*56 Connor, D. F., Boone, R. T., Steingard, R. J., Lopez, I. D. & Melloni, R. H. (2003). Psychopharmacology and aggression, vol. 2: A meta-analysis of nonstimulant medication effects on overt aggression-related behaviors in youth with SED. *Journal of Emotional and Behavioral Disorders* 11, 157-68.

*57 Connor et al, Juvenile maladaptive aggression; Pappadopulos et al., Pharmacotherapy of aggression in children and adolescents; Jensen et al., Consensus report on impulsive aggression as a symptom across diagnostic categories in child psychiatry.

*58 Maughan, D. R., Christiansen, E., Jenson, W. R. & Clark, E. (2005). Behavioral parent training as a treatment for externalizing behaviors and disruptive behavior disorders: A meta-analysis. *School Psychology Review* 34, 267-86.

*59 Connor et al. Juvenile maladaptive aggression.

*60 Connor, et al., Psychopharmacology and aggression, vol. 2; Connor et al., Juvenile maladaptive aggression; Pappadopulos et al., Pharmacotherapy of aggression in children and adolescents.

*61 Connor et al., Psychopharmacology and aggression, vol. 1.

*62 Staller, J. A. (2007). Psychopharmacologic treatment of aggressive preschoolers: A chart review. *Progress in Neuro-Psychopharmacology & Biological Psychiatry* 31, 131-35.

*63 この研究で用いられた3つの抗けいれん薬は、フェニトイン、カルバマゼピン、バルプロエートである。

*64 Stanford, M. S., Helfritz, L. E., Conklin, S. M., Villemarette-Pittman, N. R., Greve, K. W., et al. (2005). A comparison of anticonvulsants in the treatment of impulsive aggression. *Experimental and Clinical Psychopharmacology* 13, 72-77.

*65 Barratt, E. S., Stanford, M. S., Felthous, A. R. & Kent, T. A. (1997). The effects of phenytoin on impulsive and premeditated aggression: A controlled study. *Journal of Clinical Psychopharmacology* 17, 34149; Stanford, M. S., Houston, R. J., Mathias, C. W., Greve, K. W., Villemarette-Pittman, N. R., et al. (2001). A double-blind placebo-controlled crossover study of phenytoin in individuals with impulsive aggression. *Psychiatry Research* 103, 193-203.

*66 Stoll, A. L. (2001). *The Omega-3 Connection*. New York: Simon and Schuster.

*67 同上 p. 150.

*68 Raine, A. & Mahoomed, T. (2012). *A Randomized, Double-blind, Placebo-controlled Trial of Omega-3 on Aggression and Delinquency*. Paper presentation, the Stockholm Symposium, Stockholm, Sweden, June 13.

*69 Hibbeln, J. (2012). 私信による。Philadelphia, April 12.

*70 Food for court: Diet and crime. (2005). *Magistrate* 61, 5.

*71 Gesch, C. B., Hammond, S. M., Hampson, S. E., Eves, A. & Crowder, M. J. (2002). Influence of supplementary vitamins, minerals and essential fatty acids on the antisocial behaviour of young adult prisoners: Randomised, placebo-controlled trial. *British Journal of Psychiatry* 181, 22-28.

on sexual recidivism risk among sexually violent predatory offenders. *Journal of the American Academy of Psychiatry and the Law* 33, 16-36. 引用箇所は34頁。

*37 Berlin, F. S. (2005). Commentary: The impact of surgical castration on sexual recidivism risk among civilly committed sexual offenders. *Journal of the American Academy of Psychiatry and the Law* 33, 37-41.

*38 Lösel, F. & Schmucker, M. (2005). The effectiveness of treatment for sexual offenders: A comprehensive meta-analysis. *Journal of Experimental Criminology* 1, 117-46.

*39 Reuters (2009). Poland okays forcible castration for pedophiles. September 25. http://www.reuters.com/article/2009/09/25/us-castration-idUSTRE58O4LE20090925

*40 Poland to castrate sex offenders. (2008). *Belfast Telegraph*, September 26. http://www.belfasttelegraph.co.uk/news/world-news/poland-to-castrate-sex-offenders-13985385.html

*41 RT (2011). Russia introduces chemical castration for pedophiles. October 4. http://rt.com/news/pedophilia-russia-chemical-castration-059/

*42 Norman-Eady, S. (2006). OLR research report: castration of sex offenders. http://www.cga.ct.gov/2006/rpt/2006-R-0183.htm

*43 ウィスコンシン州の州刑法(302.11)では、小児性愛犯罪者は、13歳未満の子どもと性行為に及んだ者として定義されている。

*44 Grubin, D. & Beech, A. (2010). Chemical castration for sex offenders. *British Medical Journal* 340, 433-34.

*45 *The Adventures of Tintin*. http://en.wikipedia.org/wiki/The_Adventures_of_Tintin

*46 Lekhwani, M., Nair, C., Nikhinson, I. & Ambrosini, P. J. (2004). Psychotropic prescription practices in child psychiatric inpatients 9 years old and younger. *Journal of Child and Adolescent Psychopharmacology* 14, 95-103; Gilligan, J. & Lee, B. (2004). The psychopharmacological treatment of violent youth. *Annals of the New York Academy of Sciences* 1036, 356-81.

*47 Jensen, P. S., Youngstrom, E. A., Steiner, H., Findling, R. L., Meyer, R. E., et al. (2007). Consensus report on impulsive aggression as a symptom across diagnostic categories in child psychiatry: Implications for medication studies. *Journal of the American Academy of Child and Adolescent Psychiatry* 46, 309-22.

*48 Pappadopulos, E., Woolston, S., Chait, A., Perkins, M., Connor, D. F. & Jensen, P. S. (2006). Pharmacotherapy of aggression in children and adolescents: Efficacy and effect size. *Journal of the Canadian Academy of Child and Adolescent Psychiatry* 15, 27-39.

*49 ここで言う薬物介入に対する効果量は、Cohen's *d*である〔Cohen's *d*は統計学の専門用語であり、詳細は専門書あるいはウィキペディア(英語版)の「Effect size」などを参照されたい〕。

*50 「新世代の」抗精神病薬のより公式的な呼び方は、「非定型的な抗精神病薬(atypical antipsychotics)」である。それは当初、統合失調症や双極性うつ病などの精神障害の治療に用いられていたが、ここ15年のあいだに、子どもの攻撃性の治療にも利用されるようになった。代表的なものに、リスペリドンやオランザピンがある。これらの薬剤の利点は、効能の割に、従来の抗精神病薬に見られるような、遅発性ジスキネジアなどの重篤な副作用を引き起こさないことである。とはいえ、体重増加などの副作用は存在する。

*51 ここで言う効果量は、Cohen's *d*である。

*52 Connor, D. F., Glatt, S. J., Lopez, I. D., Jackson, D. & Melloni, R. H. (2002). Psychopharmacology and aggression, vol.1, A meta-analysis of stimulant effects on overt/covert aggression-related behaviors

University Press.
*19 Raine, A., Mellingen, K., Liu, J. H., Venables, P. & Mednick, S. A. (2003). Effects of environmental enrichment at ages 3-5 years on schizotypal personality and antisocial behavior at ages 17 and 23 years. *American Journal of Psychiatry* 160, 1627-35.
*20 Matousek, M. & Petersen, P. (1973). Frequency analysis of the EEG in normal children and adolescents. In P. Kellaway & I. Petersen (eds.), *Automation of Clinical Encephalography*, pp. 75-101. New York: Raven Press.
*21 Raine et al., Effects of environmental enrichment at ages 3-5 years on schizotypal personality.
*22 Elliott, D. S., Ageton, S., Huizinga, D., Knowles, B. & Canter, R. (1983). *The Prevalence and Incidence of Delinquent Behavior: 1976-1980. National Youth Survey, Report No. 26*. Boulder, Colo.: Behavior Research Institute.
*23 Raine et al., Effects of environmental enrichment at ages 3-5 years on schizotypal personality.
*24 介入グループと対照群の子どものあいだの、有罪判決の差に関する有意確率(p値)は0.07だが、その際両側検定が用いられている。私たちは慎重な方法を採用したが、犯罪は介入によって減少する(増加はしない)という予測に基づけば、片側検定を採用することもできた。その場合には、有意な$p < 0.035$になった。
*25 Raine et al., Effects of environmental enrichment at ages 3-5 years on schizotypal personality.
*26 Gomez-Pinilla, F., Dao, L. & So, V. (1997). Physical exercise induces FGF-2 and its mRNA in the hippocampus. *Brain Research* 764, 1-8.
*27 Van Praag, H., Christie, B. R., Sejnowski, T. J. & Gage, F. H. (1999). Running enhances neurogenesis, learning, and long-term potentiation in mice. *Proceedings of the National Academy of Sciences of the United States of America* 96 (13) 427-31.
*28 Raine et al., Effects of environmental enrichment at ages 3-5 years on schizotypal personality.
*29 Murphy, J. M., Wehler, C. A., Pagano, M. E., Little, M., Kleinman, R. E. & Jellinek, M. S. (1998). Relationship between hunger and psychosocial functioning in low-income American children. *Journal of the American Academy of Child & Adolescent Psychiatry* 37, 16370; Smith, J., Lensing, S., Horton, J. A., Lovejoy, J., Zaghloul, S., et al. (1999). Prevalence of self-reported nutrition-related health problems in the Lower Mississippi Delta. *American Journal of Public Health* 89, 1418-21.
*30 UNESCO (2007). *EFA Global Monitoring Report 2007: Strong Foundations: Early Childhood Care and Education*. Paris: UNESCO Publishing.
*31 Carroll, L. (1865). *Alice's Adventures in Wonderland*. London: MacMillan. [『不思議の国のアリス』山形浩生訳、文藝春秋、2012年]
*32 Reuters (2012). Germany urged to halt castration of sex offenders. February 22. http://www.reuters.com/article/2012/02/22/us-germany-castration-idUS TRE81L18G20120222
*33 Bilefsky, D. (2009). Europeans debate castration of sex offenders. *New York Times*, March 10. http://www.nytimes.com/2009/03/11/world/europe/11castrate.html?_r=2&pagewanted=1&hp
*34 Wille, R. & Beier, K. M. (1989). Castration in Germany. *Annals of Sex Research* 2, 103-34.
*35 Bradford, J. (1990). The antiandrogen and hormonal treatment of sex offenders. In W. Marshall, D. Laws & H. Barbaree (eds.), *Handbook of Sexual Assault: Issues, Theories, and Treatment of the Offender*, pp. 297-310. New York: Plenum.
*36 Weinberger, L. E., Sreenivasan, S., Garrick, T. & Osran, H. (2005). The impact of surgical castration

第9章　犯罪を治療する——生物学的介入

*1　Moir, A. (1996). *A Mind to Crime: The Dangerous Few*. TV documentary.

*2　同上

*3　Raine, A., Venables, P. H. & Williams, M. (1990). Relationships between central and autonomic measures of arousal at age 15 years and criminality at age 24 years. *Archives of General Psychiatry* 47, 1003-7.

*4　Bouchard, T. J. (2004). Genetic influence on human psychological traits: A survey. *Current Directions in Psychological Science* 13, 148-51.

*5　Räsänen, P., Hakko, H., Isohanni, M., Hodgins, S., Järvelin, M. R., et al. (1999). Maternal smoking during pregnancy and risk of criminal behavior among adult male offspring in the northern Finland 1966 birth cohort. *American Journal of Psychiatry* 156, 857-62.

*6　Liu, J., Raine, A., Wuerker, A., Venables, P. H. & Mednick, S. (2009). The association of birth complications and externalizing behavior in early adolescents: Direct and mediating effects. *Journal of Research on Adolescence* 19, 93-111.

*7　Neugebauer, R., Hoek, H. W. & Susser, E. (1999). Prenatal exposure to wartime famine and development of antisocial personality disorder in early adulthood. *Journal of the American Medical Association* 282, 455-62.

*8　Weaver, I.C.G., Meaney, M. J. & Szyf, M. (2006). Maternal care effects on the hippocampal transcriptome and anxiety-mediated behaviors in the offspring that are reversible in adulthood. *Proceedings of the National Academy of Sciences of the United States of America* 103, 3480-85.

*9　Streissguth, A. P., Bookstein, F. L., Barr, H. M., Sampson, P. D., O'Malley, K., et al. (2004). Risk factors for adverse life outcomes in fetal alcohol syndrome and fetal alcohol effects. *Journal of Developmental and Behavioral Pediatrics* 25, 228-38.

*10　Olds, D. Henderson, C. R., Cole, R. et al. (1998). Long-term effects of nurse home visitation on children's criminal and antisocial behavior: 15-year follow-up of a randomized controlled trial. JAMA: *Journal of the American Medical Association* 280, 1238-44.

*11　Olds, D. L., Kitzman, H., Cole, R., Robinson, J., Sidora, K., et al. (2004). Effects of nurse home-visiting on maternal life course and child development: Age 6 follow-up results of a randomized trial. *Pediatrics* 114, 1550-59.

*12　Olds, D. L., Kitzman, H. J., Cole, R. E., Hanks, C. A., Arcoleo, K. J. et al. (2010). Enduring effects of prenatal and infancy home visiting by nurses on maternal life course and government spending: Follow-up of a randomized trial among children at age 12 years. *Archives of Pediatrics & Adolescent Medicine* 164, 419-24.

*13　同上

*14　Venables, P. H. (1978). Psychophysiology and psychometrics. *Psychophysiology* 15, 302-15.

*15　Raine, A., Venables, P. H., Dalais, C., Mellingen, K., Reynolds, C., et al. (2001). Early educational and health enrichment at age 3-5 years is associated with increased autonomic and central nervous system arousal and orienting at age 11 years: Evidence from the Mauritius Child Health Project. *Psychophysiology* 38, 254-66.

*16　同上

*17　同上

*18　Hugdahl, K. (1995). Psychophysiology: *The Mind-Body Perspective*. Cambridge: Harvard

*128 Antonucci, A. S. et al. (2006). Orbitofrontal correlates of aggression and impulsivity in psychiatric patients. *Psychiatry Research* 147, 213-20.

*129 Dias, R. et al. (1996). Dissociation in prefrontal cortex of affective and attentional shifts. *Nature* 380, 69-72.

*130 Makris, N., Biedferman, J., Velera, E. M., et al. (2007). Cortical thinning of the attention and executive function networks in adults with attention-deficit/hyperactivity disorder. *Cerebral Cortex* 17, 1364-75.

*131 Dolan, M. & Park, I. (2002). The neuropsychology of antisocial personality disorder. *Psychological Medicine* 32, 417-27.

*132 Seguin, J. R. et al. (2002). Response perseveration in adolescent boys with stable and unstable histories of physical aggression: The role of underlying processes. *Journal of Child Psychology & Psychiatry* 43, 481-94.

*133 Völlm, B. et al. (2004). Neurobiological substrates of antisocial and borderline personality disorders: Preliminary result of a functional MRI study. *Criminal Behavior and Mental Health* 14, 39-54.

*134 Simonoff, E. et al. (2004). Predictors of antisocial personality: Continuities from childhood to adult life. *British Journal of Psychiatry* 184, 118-27.

*135 Raine, A., Lee, L., Yang, Y. & Colletti, P. (2010). Neurodevelopmental marker for limbic maldevelopment in antisocial personality disorder and psychopathy. *British Journal of Psychiatry* 197, 186-92.

*136 George, D. T., Rawlings, R. R., Williams, W. A., Phillips, M. J., Fong, G., et al. (2004). A select group of perpetrators of domestic violence: Evidence of decreased metabolism in the right hypothalamus and reduced relationships between cortical/subcortical brain structures in position emission tomography. *Psychiatry Research: Neuroimaging* 130, 11-25.

*137 Glenn, A. L., Raine, A., Yaralian, P. S. & Yang, Y. L. (2010). Increased volume of the striatum in psychopathic individuals. *Biological Psychiatry* 67, 52-58.

*138 Widom, C. S. (1989). Child-abuse, neglect, and adult behavior: Research design and findings on criminality, violence, and child-abuse. *American Journal of Orthopsychiatry* 59, 355-67.

*139 Fox, A. L. & Levine, B. (2005). *Extreme Killing: Understanding Serial and Mass Murder*. Thousand Oaks, Calif.: Sage.

*140 Norris, *Serial Killers*.

*141 同上

*142 ルーカスは20年のうち10年服役しただけで出所している。おそらく過剰な収容者数のためと思われる。

*143 Norris, *Serial Killers*.

*144 Hare, R. D. (1999). *Without Conscience*. New York: Guilford Press. [前掲『診断名サイコパス』]

*145 Norris, *Serial Killers*, p. 109.

*146 ABC News. (2001). Henry Lee Lucas Dies in Prison. http://abcnews.go.com/US/story?id=93864&page=1#.T2aIWBGmi8A

a default mode of brain function. *Proceedings of the National Academy of Sciences of the United States of America* 98, 4259-64.
*107 Rolls, E. T. (2000). The orbitofrontal cortex and reward. *Cerebral Cortex* 10, 284-94.
*108 Dolan, M. & Park, I. (2002). The neuropsychology of antisocial personality disorder. *Psychological Medicine* 32, 417-27.
*109 Larden, M. et al. (2006). Moral judgment, cognitive distortions and empathy in incarcerated delinquent and community control adolescents. *Psychology, Crime & Law* 12, 453-62.
*110 Dinn, W. M. & Harris, C. L. (2000). Neurocognitive function in antisocial personality disorder. *Psychiatry Research* 97, 173-90.
*111 Blair, R. J. (2006). Impaired decision-making on the basis of both reward and punishment information in individuals with psychopathy. *Personality & Individual Differences* 41, 155-65.
*112 Davidson, R. J. et al. (2000). Dysfunction in the neural circuitry of emotion regulation - a possible prelude to violence. *Science* 289, 591-94.
*113 Dodge, K. A. & Frame, C. L. (1982). Social cognitive biases and deficits in aggressive boys. *Child Development* 53, 620-35.
*114 Moll, J. et al. (2005). The moral affiliations of disgust: A functional MRI study. *Cognitive Behavioral Neurology* 18, 68-78.
*115 Jarrard, L. E. (1993). On the role of the hippocampus in learning and memory in the rat. *Behavioral Neural Biology* 60, 9-26.
*116 Greene, J. D. et al. (2001). An fMRI investigation of emotional engagement in moral judgment. *Science* 293, 2105-8.
*117 Takahashi, H. et al. (2004). Brain activation associated with evaluative processes of guilt and embarrassment: An fMRI study. *NeuroImage* 23, 967-74.
*118 Decety, J. & Jackson, P. L. (2006). A social-neuroscience perspective on empathy. *Current Directions in Psychological Science* 15, 54-58.
*119 LeDoux, J. E. (2000). Emotion circuits in the brain. *Annual Review of Neuroscience* 23, 155-84.
*120 Ochsner, K. N. et al. (2005). The neural correlates of direct and reflected self-knowledge. *NeuroImage* 28, 797-814.
*121 Moll, J. et al. (2002). The neural correlates of moral sensitivity: A functional magnetic resonance imaging investigation of basic and moral emotions. *The Journal of Neuroscience* 22, 2730-36.
*122 Kosson, D. S. et al. (2002). Facial affect recognition in criminal psychopaths. *Emotion* 2, 398-411.
*123 Jolliffe, D. & Farrington, D. P. (2004). Empathy and offending: A systematic review and meta-analysis. *Aggression and Violent Behavior* 9, 441-76.
*124 Birbaumer, N. et al. (2005). Deficient fear conditioning in psychopathy: A functional magnetic resonance imaging study. *Archives of General Psychiatry* 62, 799-805.
*125 Keltner, D. et al. (1995). Facial expressions of emotion and psychopathology in adolescent boys. *Journal of Abnormal Psychology* 104, 644-52.
*126 Lombardi, W. J. et al. (1999). Wisconsin card sorting test performance following head injury: Dorsolateral fronto-striatal circuit activity predicts perseveration. *Journal of Clinical and Experimental Neuropsychology* 21, 2-16.
*127 Tekin, S. & Cummings, J. L. (2002). Frontal-subcortical neuronal circuits and clinical neuropsychiatry: An update. *Journal of Psychosomatic Research* 532, 647-54.

offspring (F1) of rats fed a low protein diet during pregnancy and lactation. *Journal of Physiology* 566, 225-36.

*92 Chugani, H. T., Behen, M. E., Muzik, O., Juhasz, C., Nagy, F., et al. (2001). Local brain functional activity following early deprivation: A study of postinstitutionalized Romanian orphans. *NeuroImage* 14, 1290-1301.

*93 Eluvathingal, T. J., Chugani, H. T., Behen, M. E., Juhasz, C., Muzik, O., et al. (2006). Abnormal brain connectivity in children after early severe socioemotional deprivation: A diffusion tensor imaging study. *Pediatrics* 117, 2093-2100.

*94 Oitzl, M. S., Champagne, D. L., van der Veen, R. & de Kloet, E. R. (2010). Brain development under stress: Hypotheses of glucocorticoid actions revisited. *Neuroscience and Biobehavioral Reviews* 34, 853-66.

*95 Andersen, S. L., Tomada, A., Vincow, E. S., Valente, E., Polcari, A., et al. (2008). Preliminary evidence for sensitive periods in the effect of childhood sexual abuse on regional brain development. *Journal of Neuropsychiatry and Clinical Neurosciences* 20, 292-301.

*96 Kaldy, Z. & Sigala, N. (2004). The neural mechanisms of object working memory: What is where in the infant brain? *Neuroscience and Biobehavioral Reviews* 28, 113-21.

*97 Alexander, G. E. & Goldman, P. S. (1978). Functional development of the dorsolateral prefrontal cortex: An analysis utilizing reversible cryogenic depression. *Brain Research* 14, 233-49.

*98 Ganzel, B. L. et al. (2008). Resilience after 9/11: Multimodal neuroimaging evidence for stress-related change in the healthy adult brain. *NeuroImage* 40, 788-95.

*99 Blair, R.J.R. (2007). The amygdala and ventromedial prefrontal cortex in morality and psychopathy. *Trends in Cognitive Sciences* 11, 387-92.

*100 Raine, A. & Yang, Y. (2006). The neuroanatomical bases of psychopathy: A review of brain imaging findings. In C. J. Patrick (ed.), *Handbook of Psychopathy*, pp. 278-95. New York: Guilford; Raine, A. & Yang, Y. (2006). Neural foundations to moral reasoning and antisocial behavior. *Social, Cognitive, and Affective Neuroscience* 1, 203-13.

*101 Blair, R.J.R. (2008). The amygdala and ventromedial prefrontal cortex: Functional contributions and dysfunction in psychopathy. *Philosophical Transactions of the Royal Society B: Biological Sciences* 363, 2557-65; Davidson, R. J., Putnam, K. M. & Larson, C. L. (2000). Dysfunction in the neural circuitry of emotion regulation a possible prelude to violence. *Science* 289, 591-94; Kiehl, K. A. (2006). A cognitive neuroscience perspective on psychopathy: Evidence for paralimbic system dysfunction. *Psychiatry Research* 142, 107-28; Raine & Yang, The neuroanatomical bases of psychopathy; Raine & Yang, Neural foundations to moral reasoning and antisocial behavior.

*102 角回は、基本的に認知的な役割を担うが、他の脳領域同様、多様な機能を持つ。暴力の機能的神経解剖学モデルは、脳と行動の関係の複雑性を、よりわかりやすく表現したものである。

*103 Freedman, M. et al. (1998). Orbitofrontal function, object alternation and perseveration. *Cerebral Cortex* 8, 18-27.

*104 Ochsner, K. N. et al. (2002). Rethinking feelings: An fMRI study of the cognitive regulation of emotion. *Journal of Cognitive Neuroscience* 14, 1215-29.

*105 Bechara, A. (2004). The role of emotion in decision-making: Evidence from neurological patients with orbitofrontal damage. *Brain and Cognition* 55, 30-40.

*106 Gusnard, D. A. et al. (2001). Medial prefrontal cortex and self-referential mental activity: Relation to

Structural disadvantage, family well-being, and social capital. *Justice Quarterly* 20, 1-31.

*77 Moffitt, T. E. & Silva, P. A. (1987). WISC-R verbal and performance IQ discrepancy in an unselected cohort: Clinical significance and longitudinal stability. *Journal of Consulting & Clinical Psychology* 55, 768-74.

*78 Rowe, D. C. (2002). IQ, birth weight, and number of sexual partners in white, African American, and mixed race adolescents. *Population and Environment* 23, 513-24.

*79 Centers for Disease Control (2007). Youth Violence: National Statistics. http://www.cdc.gov/ViolencePrevention/youthviolence/stats_at-a_glance/hr_age-race.html

*80 Sampson, R. J., Sharkey, P. & Raudenbush, S. W. (2008). Durable effects of concentrated disadvantage on verbal ability among African-American children. *Proceedings of the National Academy of Sciences of the United States of America* 105, 845-52.

*81 Winship, C. & Korenman, S. (1997). In B. Devlin, S. E. Fienberg, D. P. Resnick & K. Roeder (eds.), *Intelligence, Genes, and Success: Scientists Respond to the Bell Curve*, pp. 215-34. New York: Springer.

*82 パット•シャーキーとロブ•サンプソンの、民族、暴力、近隣地区、言語能力に関する業績は、アフリカ系アメリカ人とスペイン系に限定される。というのも、彼らの標本では、白人の、殺人に対する曝露はまれだからである。とはいえ、認知能力や脳の機能への同様な負の効果が、白人にも影響を及ぼすことは考えられる。

*83 Kellerman, J. (1977). Behavioral treatment of a boy with 47, XYY Karyotype. *Journal of Nervous and Mental Disease* 165, 67-71.

*84 身体の各細胞には、およそ1.5メートルのDNAが含まれている。しかし、DNAがヒストンタンパク質に巻きつくと100マイクロメートル未満になる。 Redon, C., Pilch, D., Rogakou, E., Sedelnikova, O., Newrock, K., et al. (2002). Histone H2A variants H2AX and H2AZ. *Current Opinion in Genetics & Development* 12, 162-69.

*85 Liu, D., Diorio, J., Tannenbaum, B., Caldji, C., Francis, D., et al. (1997). Maternal care, hippocampal glucocorticoid receptors, and hypothalamic-pituitary-adrenal responses to stress. *Science* 277, 1659-62.

*86 Weaver, I.C.G., Meaney, M. J. & Szyf, M. (2006). Maternal care effects on the hippocampal transcriptome and anxiety-mediated behaviors in the offspring that are reversible in adulthood. *Proceedings of the National Academy of Sciences of the United States of America* 103, 3480-85.

*87 Murgatroyd, C., Patchev, A. V., Wu, Y., Micale, V., Bockmuhl, Y., et al. (2009). Dynamic DNA methylation programs persistent adverse effects of early-life stress. *Nature Neuroscience* 12, 1559-68.

*88 Mill, J. & Petronis, A. (2008). Pre- and peri-natal environmental risks for attention-deficit hyperactivity disorder (ADHD): The potential role of epigenetic processes in mediating susceptibility. *Journal of Child Psychology and Psychiatry* 49, 1020-30.

*89 Tremblay, R. E. (2010). Developmental origins of disruptive behaviour problems: The "original sin" hypothesis, epigenetics and their consequences for prevention. *Journal of Child Psychology and Psychiatry* 51, 341-67.

*90 Champagne, F. A. (2010). Epigenetic influence of social experiences across the lifespan. *Developmental Psychobiology* 52, 299-311.

*91 Zambrano, E., Martinez-Samayoa, P. M., Bautista, C. J., Deas, M., Guillen, L., et al. (2005). Sex differences in transgenerational alterations of growth and metabolism in progeny (F2) of female

1121, 152-73.

*60 さまざまな脳の構造が、情動、認知、行動面で、暴力をもたらす危険因子を生むことを説明するため、図はなるべく簡潔に描いた。たとえば大脳辺縁系の異常は、より感情的、情動的な暴力の構成要素《コンポーネント》を生むが、眼窩前頭皮質を含め、脳の複数の神経回路のあいだで相互作用が生じ、それによって暴力への危険因子が形成されることは明らかである。

*61 Meyer-Lindenberg, A., Buckholtz, J. W., Kolachana, B., Hariri, A. R., Pezawas, L., et al. (2006). Neural mechanisms of genetic risk for impulsivity and violence in humans. *Proceedings of the National Academy of Sciences of the United States of America* 103, 6269-74.

*62 Huang, E. J. & Reichardt, L. F. (2001). Neurotrophins: Roles in neural development and function. *Annual Review of Neuroscience* 24, 677-736.

*63 Gorski, J. A., Zeiler, S. R., Tamowski, S. & Jones, K. R. (2003). Brain-derived neurotrophic factor is required for the maintenance of cortical dendrites. *Journal of Neuroscience* 23, 6856-65.

*64 Bueller, J. A., Aftab, M., Sen, S., Gomez-Hassan, D., Burmeister, M., et al. (2006). BDNF val(66)met allele is associated with reduced hippocampal volume in healthy subjects. *Biological Psychiatry* 59, 812-15.

*65 Goldberg, T. E. & Weinberger, D. R. (2004). Genes and the parsing of cognitive processes. *Trends in Cognitive Sciences* 8, 325-35.

*66 Soliman, F., Glatt, C. E., Bath, K. G., Levita, L., Jones, R. M., et al. (2010). A genetic variant BDNF polymorphism alters extinction learning in both mouse and human. *Science* 327, 863-66.

*67 Oades, R. D., Lasky-Su, J., Christiansen, H., Faraone, S. V., Sonuga-Barke, E. J., et al. (2008). The influence of serotonin and other genes on impulsive behavioral aggression and cognitive impulsivity in children with attention-deficit/hyperactivity disorder (ADHD): Findings from a family-based association test (FBAT) analysis. *Behavioral and Brain Functions* 4, 48.

*68 Einat, H., Manji, H. K., Gould, T. D., Du, J. & Chen, G. (2003). Possible involvement of the ERK signaling cascade in bipolar disorder: Behavioral leads from the study of mutant mice. *Drug News & Perspectives* 16, 453-63.

*69 Earls, F. J., Brooks-Gunn, J., Raudenbush, S. W. & Sampson, R. J. (2002). *Project on Human Development in Chicago Neighborhoods (PHDCN): Longitudinal Cohort Study, Waves 13, 1994-2002*. Computer file. Ann Arbor, Mich.: Inter-University Consortium for Political and Social Research (distributor).

*70 Sharkey, P. (2010). The acute effect of local homicides on children's cognitive performance. *Proceedings of the National Academy of Sciences of the United States of America* 107 (11) 733-38.

*71 Meyer, G. J. et al. (2001). Psychological testing and psychological assessment: A review of evidence and issues. *American Psychologist* 56, 128-65.

*72 同上

*73 Sharkey, The acute effect of local homicides on children's cognitive performance.

*74 Oitzl, M. S., Champagne, D. L., van der Veen, R. & de Kloet, E. R. (2010). Brain development under stress: Hypotheses of glucocorticoid actions revisited. *Neuroscience and Biobehavioral Reviews* 34, 853-66.

*75 Sharkey, The acute effect of local homicides on children's cognitive performance.

*76 McNulty, T. L. & Bellair, P. E. (2003). Explaining racial and ethnic differences in adolescent violence:

*41 Damasio, A. R., Tranel, D. & Damasio, H. (1990). Individuals with sociopathic behavior caused by frontal damage fail to respond autonomically to social stimuli. *Behavioural Brain Research* 41, 81-94.
*42 Miller, M. (2010). Inside the mind of a serial killer: Interview with Michael Stone. July 27. http://bigthink.com/ideas/21782
*43 Raine, Biosocial studies of antisocial and violent behavior in children and adults.
*44 Mednick, S. A. (1977). A bio-social theory of the learning of law-abiding behavior. In S. A. Mednick & K. O. Christiansen (eds.), *Biosocial Bases of Criminal Behavior*. New York: Gardner Press.
*45 Raine, A. & Venables, P. H. (1981). Classical conditioning and socialization a biosocial interaction. *Personality & Individual Differences* 2, 273-83.
*46 Raine, Biosocial studies of antisocial and violent behavior in children and adults.
*47 Raine, A. & Venables, P. H. (1984). Electrodermal nonresponding, antisocial behavior, and schizoid tendencies in adolescents. *Psychophysiology* 21, 424-33.
*48 Maliphant, R., Hume, F. & Furnham, A. (1990). Autonomic nervous system (ANS) activity, personality characteristics, and disruptive behaviour in girls. *Journal of Child Psychology & Psychiatry & Allied Disciplines* 31, 619-28.
*49 Wadsworth, M.E.J. (1976). Delinquency, pulse rate and early emotional deprivation. *British Journal of Criminology* 16, 245-56.
*50 Hemming, J. H. (1981). Electrodermal indices in a selected prison sample and students. *Personality & Individual Differences* 2, 37-46.
*51 Buikhuisen, W., Bontekoe, E. H., Plas-Korenhoff, C. & Van Buuren, S. (1984). Characteristics of criminals: The privileged offender. International Journal of Law & Psychiatry 7, 301-13.
*52 Raine, A., Reynolds, C., Venables, P. H. & Mednick, S. A. (1997). Biosocial bases of aggressive behavior in childhood: Resting heart rate, skin conductance orienting and physique. In A. Raine, P. A. Brennan, D. Farrington & S. Mednick (eds.), *Biosocial Bases of Violence*, pp. 107-260. New York: Plenum.
*53 Raine, A. (1987). Effect of early environment on electrodermal and cognitive correlates of schizotypy and psychopathy in criminals. *International Journal of Psychophysiology* 4, 277-87.
*54 Tuvblad, C., Grann, M. & Lichtenstein, P. (2006). Heritability for adolescent antisocial behavior differs with socioeconomic status: Gene-environment interaction. *Journal of Child Psychology and Psychiatry* 47, 734-43. この研究では、ネガティブな家庭環境は、社会経済的な地位をもとに定義されている。また、調節効果はとりわけ男子に見られる。
*55 対応する遺伝子型は、DRD2遺伝子のA1対立遺伝子から構成される。
*56 Bechara, A., Damasio, H., Tranel, D. & Damasio, A. R. (1997). Deciding advantageously before knowing the advantageous strategy. *Science* 275, 1293-94.
*57 Baker, L. A., Barton, M. & Raine, A. (2002). The Southern California Twin Register at the University of Southern California. *Twin Research* 5, 456-59.
*58 Gao, Y., Baker, L. A., Raine, A., Wu, H. & Bezdjian, S. (2009). Brief Report: Interaction between social class and risky decision-making in children with psychopathic tendencies. *Journal of Adolescence* 32, 409-14.
*59 Delamater, A. R. (2007). The role of the orbitofrontal cortex in sensory-specific encoding of associations in Pavlovian and instrumental conditioning. *Annals of the New York Academy of Sciences*

Psychology 39, 309-23.
*25 Räsänen, P., Hakko, H., Isohanni, M., Hodgins, S., Järvelin, M. R., et al. (1999). Maternal smoking during pregnancy and risk of criminal behavior among adult male offspring in the northern Finland 1966 birth cohort. *American Journal of Psychiatry* 156, 857-62.
*26 Brennan, P. A., Grekin, E. R. & Mednick, S. A. (1999). Maternal smoking during pregnancy and adult male criminal outcomes. *Archives of General Psychiatry* 56, 215-19.
*27 Gibson, C. L. & Tibbetts, S. G. (2000). A biosocial interaction in predicting early onset of offending. *Psychological Reports* 86, 509-18.
*28 Caspi, A., McClay, J., Moffitt, T., Mill, J., Martin, J., et al. (2002). Role of genotype in the cycle of violence in maltreated children. *Science* 297, 851-54.
*29 Farrington, D. P. (1997). The relationship between low resting heart rate and violence. In A. Raine, P. A. Brennan, D. Farrington & S. A. Mednick (eds.), *Biosocial Bases of Violence*, pp. 89-105. New York: Plenum.
*30 Raine, A., Park, S., Lencz, T., Bihrle, S., LaCasse, L., et al. (2001). Reduced right hemisphere activation in severely abused violent offenders during a working memory task: An fMRI study. *Aggressive Behavior* 27, 111-29.
*31 Rowe, R., Maughan, B., Worthman, C. M., Costello, E. J. & Angold, A. (2004). Testosterone, antisocial behavior, and social dominance in boys: Pubertal development and biosocial interaction. *Biological Psychiatry* 55, 546-52.
*32 Feinberg, M. E., Button, T.M.M., Neiderhiser, J. M., Reiss, D. & Hetherington, E. M. (2007). Parenting and adolescent antisocial behavior and depression: Evidence of genotype x parenting environment interaction. *Archives of General Psychiatry* 64, 457-65.
*33 Eysenck, H. J. (1977). *Crime and Personality*, 3rd ed. St. Albans, England: Paladin. ［前掲『犯罪とパーソナリティ』］
*34 同上
*35 「健全な家庭」とは相対的なものであり、恐怖条件づけに関する私の初期の研究では、「高い社会階級出身」の子どもと定義していた。
*36 Rafter, H. J. Eysenck in Fagin's kitchen.
*37 1970年代に、犯罪に対するバイオソーシャルな視点の確立に貢献した国際的な研究者として、ハンス・アイゼンクの他には、サーノフ・メドニック（米）、カール・クリスチャンセン（デンマーク）、マイケル・ワズワース（英）、デイヴィッド・ファリントン（英）らがいる。第2章で述べたように、アブシャロム・カスピとテリー・モフィットは、低レベルのMAOAをもたらす遺伝子型と重度の児童虐待との相互作用によって、その子どもが犯罪者になりやすくなることを示した画期的な業績で、このアイデアを大きく前進させた。アイゼンク自身は、犯罪に対するバイオソーシャルなアプローチを示唆したことで半世紀先を歩んでいた。というのも、このアプローチが科学の世界で広く受け入れられ始めたのは、ようやく最近になってからのことだからだ。
*38 Raine, Biosocial studies of antisocial and violent behavior in children and adults.
*39 Raine, A., Buchsbaum, M. & LaCasse, L. (1997). Brain abnormalities in murderers indicated by positron emission tomography. *Biological Psychiatry* 42, 495-508.
*40 Raine, A., Stoddard, J., Bihrle, S. & Buchsbaum, M. (1998). Prefrontal glucose deficits in murderers lacking psychosocial deprivation. *Neuropsychiatry, Neuropsychology & Behavioral Neurology* 11, 1-7.

*7 Hare, R. D. (1965). Acquisition and generalization of a conditioned-fear response in psychopathic and non-psychopathic criminals. *Journal of Psychology* 59, 367-70; Hare, R. D. (1970). *Psychopathy: Theory and Practice*. New York: Wiley.

*8 Raine, A. & Venables, P. H. (1981). Classical conditioning and socialization a biosocial interaction. *Personality & Individual Differences* 2, 273-83; Raine, A. & Venables, P. H. (1984). Tonic heart rate level, social class and antisocial behaviour in adolescents. *Biological Psychology* 18, 123-32.

*9 Rafter, N. H. (2006). H. J. Eysenck in Fagin's kitchen: The return to biological theory in 20th-century criminology. *History of the Human Sciences* 19, 37-56.

*10 Raine, A., Brennan, P. & Mednick, S. A. (1994). Birth complications combined with early maternal rejection at age 1 year predispose to violent crime at age 18 years. *Archives of General Psychiatry* 51, 984-88.

*11 Raine, A. (2002). Biosocial studies of antisocial and violent behavior in children and adults: A review. *Journal of Abnormal Child Psychology* 30, 311-26.

*12 Mednick, S. A. & Kandel, E. (1988). Genetic and perinatal factors in violence. In S. A. Mednick & T. Moffitt (eds.), *Biological Contributions to Crime Causation*, pp. 121-34. Dordrecht, Holland: Martinus Nijhoff.

*13 Pine, D. S., Shaffer, D., Schonfeld, I. S. & Davies, M. (1997). Minor physical anomalies: Modifiers of environmental risks for psychiatric impairment? *Journal of the American Academy of Child & Adolescent Psychiatry* 36, 395-403.

*14 Norris, *Serial Killers*.

*15 Rose, D. (2000). *The Big Eddy Club: The Stocking Stranglings and Southern Justice*. New York: The New Press.

*16 Jordan, B. L. (2000). *Murder in the Peach State*. Atlanta: Midtown Publishing Corp.

*17 Norris, *Serial Killers*.

*18 Bowlby, J. (1946). *Forty-four Juvenile Thieves: Their Characters and Home-Life*. London: Tindall and Cox.

*19 Norris, *Serial Killers*, p. 131.

*20 Raine, A., Brennan, P., Mednick, B. & Mednick, S. A. (1996). High rates of violence, crime, academic problems, and behavioral problems in males with both early neuromotor deficits and unstable family environments. *Archives of General Psychiatry* 53, 544-49.

*21 クラスター分析は、厳密に言えば個別のグループを自然に分離するわけではないが、社会的、神経学的危険因子に基づいて、自然発生的な同質のサブグループを母集団のなかから統計的に探し出し、自然発生的な個別のグループを特定する。こうして社会的な危険因子と生物学的な危険因子が組み合わさったバイオソーシャル・グループが特定されれば、それは一般集団のなかにバイオソーシャルな「危険性」を持つグループが実際に存在することを裏づける。

*22 バイオソーシャル・グループは、神経学的な問題、両親の犯罪、家庭の不安定、夫婦間のいさかい、母性剥奪によって特徴づけられる。

*23 Raine, A., Brennan, P., Mednick, B. & Mednick, S. A. (1996). High rates of violence, crime, academic problems, and behavioral problems in males with both early neuromotor deficits and unstable family environments. *Archives of General Psychiatry* 53, 544-49.

*24 Brennan, P. A., Hall, J., Bor, W., Najman, J. M. & Williams, G. (2003). Integrating biological and social processes in relation to early-onset persistent aggression in boys and girls. *Developmental*

*110 Brennan, P. A. & Alden, A. (2005). Schizophrenia and violence: The overlap. In A. Raine (ed.), *Crime and Schizophrenia: Causes and Cures*, pp. 15-28. New York: Nova Science Publishers.
*111 Torrey, E. F. (2011). Stigma and violence: Isn't it time to connect the dots? *Schizophrenia Bulletin* 37, 892-96.
*112 Fazel, S., Gulati, G., Linsell, L., Geddes, J. R. & Grann, M. (2009). Schizophrenia and violence: Systematic review and meta-analysis. *PLOS Medicine* 6, 1-15.
*113 Cannon, T. D. & Raine, A. (2006). Neuroanatomical and genetic influences on schizophrenia and crime: The schizophrenia-crime association. In Raine, *Crime and Schizophrenia*, pp. 219-46.
*114 Raine, A. (2006). Schizotypal personality: Neurodevelopmental and psychosocial trajectories. *Annual Review of Clinical Psychology* 2, 291-326.
*115 Raine, A. (1991). The Schizotypal Personality Questionnaire (SPQ): A measure of schizotypal personality based on DSM-III-R criteria. *Schizophrenia Bulletin* 17, 555-64.
*116 同上
*117 Siever, L. J. & Davis, K. L. (2004). The pathophysiology of schizophrenia disorders: Perspectives from the spectrum. *American Journal of Psychiatry* 161, 398-413.
*118 Wahlund, K. & Kristiansson, M. (2009). Aggression, psychopathy and brain imaging: Review and future recommendations. *International Journal of Law and Psychiatry* 32, 266-71.
*119 Cannon & Raine, Neuroanatomical and genetic influences on schizophrenia and crime, pp. 219-46.
*120 Raine, A., Fung, A. L. & Lam, B.Y.H. (2011). Peer victimization partially mediates the schizotypy aggression relationship in children and adolescents. *Schizophrenia Bulletin*, 37, 937-45.
*121 Norris, J. (1988). *Serial Killers*. New York: Anchor Books.
*122 Leonard Lake: http://en.wikipedia.org/wiki/Leonard_Lake
*123 この地名は不吉だ。カラベラスは、スペイン語で頭蓋骨を意味するが、のちにレイクの隠れ家で、20キログラムを超える犠牲者の骨が掘り出されている。
*124 Henry, J. D., Bailey, P. E., Rendell, P. G. (2008). Empathy, social functioning and schizotypy. *Psychiatry Research* 160, 15-22.
*125 Norris, *Serial Killers*, p. 152.
*126 Suhr, J. A., Spitznagel, M. B. & Gunstad, J. (2006). An obsessive-compulsive subtype of schizotypy: Evidence from a nonclinical sample. *Journal of Nervous and Mental Disease* 194, 884-86.
*127 Fenton, W. S., McGlashan, T. H., Victor, B. J., et al. (1997). Symptoms, subtype, and suicidality in patients with schizophrenia spectrum disorders. *American Journal of Psychiatry* 154, 199-204.
*128 Raine, *Crime and Schizophrenia*.
*129 Torrey, Stigma and violence.

第8章　バイオソーシャルなジグソーパズル――各ピースをつなぎ合わせる

*1 Norris, J. (1988). *Serial Killers*. New York: Anchor Books.
*2 Jones, R. G. (1992). *Lambs to the Slaughter*. London: BCA.
*3 Norris, *Serial Killers*.
*4 同上
*5 Jones, *Lambs to the Slaughter*.
*6 Berry-Dee, C. (2003). *Talking with Serial Killers*. London: John Blake.

*91 Hubbs-Tait, L., Nation, J. R., Krebs, N. F. & Bellinger, D. C. (2005). Neurotoxicants, micronutrients, and social environments: Individual and combined effects on children's development. *Psychological Science in the Public Interest* 6, 57-121.

*92 Van Assche, F. J. (1998) *A Stepwise Model to Quantify the Relative Contribution of Different Environmental Sources to Human Cadmium Exposure*. Paper presented at NiCad '98, Prague, Czech Republic, September 21-22.

*93 Flanagan, P. R., McLellan, J. S., Haist, J., Cherian, M. G., Chamberlain, M. J., et al. (1978). Increased dietary cadmium absorption in mice and human subjects with iron deficiency. *Gastroenterology* 74, 841-46.

*94 Blum, D. (1995). Manganese an evil player in criminal urges, experts say. The *Sacramento Bee*, November 27, p. 1.

*95 Gottschalk, et al., Abnormalities in hair trace elements as indicators of aberrant behavior.

*96 Masters, R., Way, B., Hone, B., Grelotti, D., Gonzalez, D., et al. (1998). Neurotoxicity and violence. *Vermont Law Review* 22, 358-82.

*97 Finlay, J. W. (2007). Does environmental exposure to manganese pose a health risk to healthy adults? *Nutrition Reviews* 62, 148-53.

*98 Ericson, J., Crinella, F., Clarke-Stewart, K. A., Allhusen, V., Chan, T., et al. (2007). Prenatal manganese levels linked to childhood behavioral disinhibition. *Neurotoxicology and Teratology* 29, 181-87.

*99 Finley, J. W. (1999). Manganese absorption and retention by young women is associated with serum ferritin concentration. *American Journal of Clinical Nutrition* 70, 37-43.

*100 Zhang, G., Liu, D. & He, P. (1995). Effects of manganese on learning abilities in school children. *Zhonghua Yufang Yixue Zazhi* 29, 156-58.

*101 Bowler, R. M., Mergler, D., Sassine, M. P., Laribbe, F. & Kudnell, K. (1999). Neuropsychiatric effects of manganese on mood. *Neurotoxicology* 20, 367-78.

*102 同上

*103 Hubbs-Tait et al., Neurotoxicants, micronutrients, and social environments.

*104 Grandjean, P., Weihe, P., White, R. F., Debes, F., Araki, S., et al. (1997). Cognitive deficit in 7-year-old children with prenatal exposure to methylmercury. *Neurotoxicology and Teratology* 19, 417-28.

*105 Myers, G. J., Davidson, P. W., Cox, C., Shamlaye, C. F., Palumbo, D., et al. (2003) Prenatal methylmercury exposure from ocean fish consumption in the Seychelles child development study. *Lancet* 361, 1686-92.

*106 Justin, H. G. & Williams, L. R. (2007). Consequences of prenatal toxin exposure for mental health in children and adolescents: A systematic review. *European Child and Adolescent Psychiatry* 16, 243-53.

*107 Laing, R. D. & Esterson, A. (1970). *Sanity, Madness, and the Family: Families of Schizophrenics*. Oxford: Pelican. [『狂気と家族』笠原嘉・辻和子訳、みすず書房、1972年]

*108 Reiss, A. J. & Roth, J. A. (eds.). *Understanding and Preventing Violence*. Washington, D.C.: National Academy Press.

*109 Raine, A. (2002). Annotation: The role of prefrontal deficits, low autonomic arousal, and early health factors in the development of antisocial and aggressive behavior. *Journal of Child Psychology and Psychiatry* 43, 417-34.

Medicine 5, 732-40.

*71 早期の鉛への曝露と成人犯罪の関係についてのこの発見は、男女ともに当てはまる。またこの研究では、低収入などの通常の社会的要因に加え、妊婦の喫煙、アルコールや薬物の濫用などの考え得る交絡因子が注意深く統計的にコントロールされている。

*72 Wright, J. P. et al. (2008). Association of prenatal and childhood blood lead concentrations with criminal arrests in early adulthood.

*73 Wasserman, G., Staghezza-Jaramillo, B., Shrout, P., Popovac, D. & Graziano, J. (1998). The effect of lead exposure on behavior problems in preschool children. *American Journal of Public Health* 88, 481-86.

*74 Chen, A., Cai, B., Dietrich, K. N., Radcliffe, J. & Rogan, W. J. (2007). Lead exposure, IQ, and behavior in urban 5- to 7-year-olds: Does lead affect behavior only by lowering IQ? *Pediatrics* 119, 650-58.

*75 Nevin, R. (2000). How lead exposure relates to temporal changes in IQ, violent crime, and unwed pregnancy. *Environmental Research*, 83, 1-22.

*76 Nevin, R. (2007). Understanding international crime trends: The legacy of preschool lead exposure. *Environmental Research*, 104, 315-36.

*77 Reyes, J. W. (2007). Environmental policy as social policy? The impact of childhood lead exposure on crime. *BE Journal of Economic Analysis & Policy*, 7, Issue 1, Article 51, 1-41.

*78 Mielke, H. W. & Zahran, S. (2012). The urban rise and fall of air lead (Pb) and the latent surge and retreat of societal violence. *Environment International*, 43, 48-55.

*79 Drum, K. (2013). America's real criminal element: Lead. *Mother Jones*. January/ February issue. http://www.motherjones.com/environment/2013/01/lead-crime-link-gasoline

*80 San Ysidro McDonald's Massacre: http://en.wikipedia.org/wiki/San_Ysidro_McDonald's_massacre

*81 Wilson, J. (1998). Science: The chemistry of violence. *Popular Mechanics*, April, 42-43.

*82 同上

*83 Gottschalk, L. A., Rebello, T., Buchsbaum, M. S. & Tucker, H. G. (1991). Abnormalities in hair trace elements as indicators of aberrant behavior. *Comprehensive Psychiatry* 32, 229-37.

*84 Masters, R. D., Hone, B. & Doshi, A. (1998). Environmental pollution, neurotoxicity, and criminal violence. In J. Rose (ed.), *Environmental Toxicology: Current Developments*, pp. 13-48. New York: Gordon and Breach.

*85 Masters, R. D. & Coplan, M. (1999). A dynamic, multifactorial model of alcohol, drug abuse, and crime: Linking neuroscience and behavior to toxicology. *Social Science Information* 38, 591-624.

*86 Pihl, R. O. & Ervin, F. (1990). Lead and cadmium in violent criminals. *Psychological Reports* 66, 839-44.

*87 Marlowe, M., Cossairt, A., Moon, C., Errera, J., MacNeel, A., et al. (1985). Main and interaction effects of metallic toxins on classroom behavior. *Journal of Abnormal Child Psychology* 13, 185-98.

*88 Bao, Q. S., Lu, C. Y., Song, H., Wang, M., Ling, W., et al. (2009). Behavioural development of school-aged children who live around a multi-metal sulphide mine in Guangdong province, China: A cross-sectional study. *BMC Public Health* 9, 1-8.

*89 肺は、内臓に比べ5倍の効率でカドミウムを吸収する。これは、同じものを食べていたとしても、喫煙者が、非喫煙者に比べてきわめて高いレベルのカドミウムを体内に蓄積する理由を説明する。

*90 Jarup, L. (2003). Hazards of heavy metal contamination. *British Medical Bulletin* 68, 167-82.

A double-blind study of an incarcerated juvenile population. *International Journal of Biosocial Research* 3, 1-9.

*54 Venables, P. H. & Raine, A. (1987). Biological theory. In B. McGurk, D. Thornton & M. Williams (eds.), *Applying Psychology to Imprisonment: Theory and Practice*, pp. 328. London: HMSO.

*55 Pelto, P. (1967). Psychological anthropology. In A. Beals & B. Stegel (eds.), *Biennial Review of Anthropology*, pp. 15155. Stanford, Calif.: Stanford University Press.

*56 Bolton, R. (1973). Aggression and hypoglycemia among the Quolla: A study in psycho-biological anthropology. *Ethology* 12, 227-57.

*57 Bolton, R. (1979). Hostility in fantasy: A further test of the hypoglycaemia-aggression hypothesis. *Aggressive Behavior* 2, 257-74.

*58 これらの研究のレビューは次の文献を参照されたい。 Venables & Raine, Biological theory.

*59 Virkkunen, M., Rissanen, A., Naukkarinen, H., Franssila-Kallunki, A., Linnoila, M., et al. (2007). Energy substrate metabolism among habitually violent alcoholic offenders having antisocial personality disorder. *Psychiatry Research* 150, 287-95.

*60 Virkkunen, M., Rissanen, A., Franssila-Kallunki, A. & Tiihonen, J. (2009). Low non-oxidative glucose metabolism and violent offending: An 8-year prospective follow-up study. *Psychiatry Research* 168, 26-31.

*61 McCrimmon, R. J., Ewing, F.M.E., Frier, B. M. & Deary, I. J. (1999). Anger state during acute insulin-induced hypoglycaemia. *Physiology and Behavior* 67, 35-39.

*62 Moore, S. C., Carter, L. M. & van Goozen, S.H.M. (2009). Confectionery consumption in childhood and adult violence. *British Journal of Psychiatry* 195, 366-67.

*63 Stewart, W. F., Schwartz, B. S., Davatzikos, C., et al. (2006). Past adult lead exposure is linked to neurodegeneration measured by brain MRI. *Neurology* 66, 1476-84.

*64 アメリカ疾病予防管理センター(CDC)による、骨への鉛蓄積の安全レベルの定義はいくぶん異なり、「<15」として定義されている。この基準でも、この研究における平均は安全レベルの上限ぎりぎりである。ということは、標本のおよそ半分は、CDCの定義する安全レベルを超えていることになる。

*65 影響を受けていた他の領域に、帯状皮質と島皮質がある。前頭葉内でもっとも体積が減少していた領域は中前頭回であった。

*66 Cecil, K. M., Brubaker, C. J., Adler, C. M., Dietrich, K. N., Altaye, M., et al. (2008). Decreased brain volume in adults with childhood lead exposure. *PLOS Medicine* 5, 741-50.

*67 この研究の参加者の90パーセントがアフリカ系アメリカ人である点には留意すべきだが、この前向き研究は白人の標本を用いて追試することができるはずだ。他の人種でも同じ結果が予想されるが、ただし、この研究の標本に関して言えば、近隣環境の悪さのために、被験者の鉛に対する暴露の程度が大きく、より強い脳と鉛の関係が得られた可能性は考えられる。 Stewart et al. (2006) における、鉛工場労働者の人種は報告されていない。

*68 詳細なレビューは次の文献を参照されたい。 Needleman, H. L., Riess, J. A., Tobin, M. J., Biesecker, G. E. & Greenhouse, J. B. (1996). Bone lead levels and delinquent behavior. *Journal of the American Medical Association* 275, 363-69.

*69 Delville, Y. (1999). Exposure to lead during development alters aggressive behavior in golden hamsters. *Neurotoxicology and Teratology* 21, 445-49.

*70 Wright, J. P., Dietrich, K. N., Ris, M. D., Hornung, R. W., Wessel, S. D., et al. (2008). Association of prenatal and childhood blood lead concentrations with criminal arrests in early adulthood. *PLOS*

Biological Psychiatry 57, 1109-16.

*38 Bennis-Taleb, N., Remacle, C., Hoet, J. J. & Reusens, B. (1999). A low-protein isocaloric diet during gestation affects brain development and alters permanently cerebral cortex blood vessels in rat offspring. *Journal of Nutrition* 129, 1613-19.

*39 Takeda, A. (2000). Movement of zinc and its functional significance in the brain. *Brain Research Reviews* 34, 137-48.

*40 Newman, J. P. & Kosson, D. S. (1986). Passive avoidance learning in psychopathic and non-psychopathic offenders. *Journal of Abnormal Psychology* 95, 252-56.

*41 Pfeiffer, C. C. & Braverman, E. R. (1982). Zinc, the brain and behavior. *Biological Psychiatry* 17, 513-32.

*42 Arnold, L. E., Pinkham, S. M. & Votolato, N. (2000). Does zinc moderate essential fatty acid and amphetamine treatment of attention-deficit/hyperactivity disorder? *Journal of Child and Adolescent Psychopharmacology* 10, 111-17.

*43 King, J. C. (2000). Determinants of maternal zinc status during pregnancy. *American Journal of Clinical Nutrition* 71, 1334-43.

*44 Shea-Moore, M. M., Thomas, O. P. & Mench, J. A. (1996). Decreases in aggression in tryptophan-supplemented broiler breeder males are not due to increases in blood niacin levels. *Poultry Science* 75, 370-74.

*45 多くの実験で用いられている、トリプトファンを枯渇させる100グラムのドリンクは、トリプトファン以外の15種類のアミノ酸を含有する。これは肝臓でのタンパク質合成を増大させ、ひいては血漿中のトリプトファンを減少させる。加えて、これら15種類のアミノ酸は、血中から脳へのアクセスをトリプトファンと競い合う。かくして、基本的にトリプトファンの作用は、他のアミノ酸によって抑えられる。プラセボドリンクは、適量のトリプトファンが含まれること以外は、上記ドリンクとまったく同じである。

*46 Bond, A. J., Wingrove, J. & Critchlow, D. G. (2001). Tryptophan depletion increases aggression in women during the premenstrual phase. *Psychopharmacology* 156, 477-80; Bjork, J. M., Dougherty, D. M., Moeller, F. G., Cherek, D. R. & Swann, A. C. (1999). The effects of tryptophan depletion and loading on laboratory aggression in men: Time course and a food-restricted control. *Psychopharmacology* 142, 24-30.

*47 Cherek, D. R., Lane, S. D., Pietras, C. J. & Steinberg, J. L. (2002). Effects of chronic paroxetine administration on measures of aggressive and impulsive responses of adult males with a history of conduct disorder. *Psychopharmacologia* 159, 266-74.

*48 Rubia, K., Lee, F., Cleare, A. J., Tunstall, N., Fu, C.H.Y., et al. (2005). Tryptophan depletion reduces right inferior prefrontal activation during response inhibition in fast, event-related fMRI. *Psychopharmacology* 179, 791-803.

*49 Ledbetter, L. (1979). San Francisco Tense as Violence Follows Murder Trial. *New York Times*, May 23, A1, A18.

*50 White Night Riots: http://en.wikipedia.org/wiki/White_Night_Riots

*51 Turner, W. (1979). Ex-official guilty of manslaughter in slayings on coast; 3,000 protest. *New York Times*, May 22, A1, D17.

*52 White Night Riots: http://en.wikipedia.org/wiki/White_Night_Riots

*53 Schoenthaler, S. J. (1982). The effect of sugar on the treatment and control of anti-social behavior:

European Journal of Clinical Nutrition 58, 24-31.

*20 Stevens, L. J., Zentall, S. S., Abate, M. L., Kuczek, T. & Burgess, J. R. (1996). Omega-3 fatty acids in boys with behavior, learning, and health problems. *Physiology and Behavior* 59, 915-20.

*21 Buydens-Branchey, L., Branchey, M., McMakin, D. L. & Hibbeln, J. R. (2003). Polyunsaturated fatty acid status and aggression in cocaine addicts. *Drug and Alcohol Dependence* 71, 319-23.

*22 Re, S., Zanoletti, M. & Emanuele, E. (2007). Aggressive dogs are characterized by low omega-3 polyunsaturated fatty acid status. *Veterinary Research Communications* 32, 225-30.

*23 McNamara, R. K. & Carlson, S. E. (2006). Role of omega-3 fatty acids in brain development and function: Potential implications for the pathogenesis and prevention of psychopathology. *Prostaglandins, Leukotrienes and Essential Fatty Acids* 75, 329-49.

*24 Kitajka, K., Sinclair, A. J., Weisinger, R. S., Weisinger, H. S., Mathai, M., et al. (2004). Effects of dietary omega-3 polyunsaturated fatty acids on brain gene expression. *Proceedings of the National Academy of Sciences of the United States of America* 101 (10) 931-36.

*25 Das, U. N. (2003). Long-chain polyunsaturated fatty acids in the growth and development of the brain and memory. *Nutrition* 19, 62-65.

*26 Stevens, L., Zhang, W., Peck, L., Kuczek, T., Grevstad, N., et al. (2003). EFA supplementation in children with inattention, hyperactivity, and other disruptive behaviors. *Lipids* 38, 1007-21.

*27 Health Statistics: Obesity. http://www.nationmaster.com/graph/heaobe-health-obesity

*28 タンパク質の欠乏はどちらかと言えば発展途上国の問題である。しかし先進国でも、貧しい人々のあいだでは問題になり得る。タンパク質は、胎児の組織の迅速な成長に必須のアミノ酸をもたらし、また抗酸化系でも重要な役割を果たす。

*29 World Health Organization (2001). Iron deficiency anaemia: Assessment, prevention and control. *A Guide for Program Managers*. Geneva: World Health Organization (WHO).

*30 Takeda, A., Tamano, H., Kan, F., Hanajima, T., Yamada, K., et al. (2008). Enhancement of social isolation induced aggressive behavior of young mice by zinc defi ciency. *Life Sciences* 82, 909-14.

*31 Halas, E. S., Reynolds, G. M. & Sandstead, H. H. (1977). Intra-uterine nutrition and its effects on aggression. *Physiology & Behavior* 19, 653-61.

*32 Walsh, W. J., Isaacson, R., Rehman, F. & Hall, A. (1997). Elevated blood copper/zinc ratios in assaultive young males. *Physiology & Behavior* 62, 327-29. この研究における亜鉛のレベルは低く、銅のレベルは高い。銅のレベルが高くなるのは、亜鉛のレベルが低下すると、銅のバイオアベイラビリティーが高まるからである。

*33 Tokdemir, M., Plota, S. A., Acik, Y., Gursu, F. & Cikim, G. (2003). Blood zinc and copper concentration in criminal and noncriminal schizophrenic men. *Archives of Andrology* 49, 365-68.

*34 Werbach, M. R. (1992). Nutritional influences on aggressive behavior. *Journal of Orthomolecular Medicine* 7, 45-51.

*35 Rosen, G. M., Deinard, A. S., Schwartz, S., Smith, C., Stephenson, B., et al. (1985): Iron deficiency among incarcerated juvenile delinquents. *Journal of Adolescent Health Care* 6, 419-23.

*36 Lozoff, B., Clark, K. M., Jing, Y., Armony-Sivan, R. & Jacobsen, S. W. (2008). Dose-response relationships between iron deficiency with or without anemia nd infant social-emotional behavior. *Journal of Pediatrics* 152, 696-702.

*37 McBurnett, K., Raine, A., Stouthamer-Loeber, M., Loeber, R., Kumar, A. M., et al. (2005). Mood and hormone responses to psychological challenge in adolescent males with conduct problems.

development of antisocial personality disorder in early adulthood. *Journal of the American Medical Association* 4, 479-81.

*6 Wong, D. L. & Hess, C. S. (2000). *Clinical Manual of Pediatric Nursing*. St. Louis: Mosby.

*7 Subotzky, E. F., Heese, H. D., Sive, A. A., Dempster, W. S., Sacks, R., et al. (1992). Plasma zinc, copper, selenium, ferritin and whole blood manganese concentrations in children with kwashiorkor in the acute stage and during refeeding. *Annals of Tropical Paediatrics* 12, 13-22.

*8 Friedman, M. & Orraca-Tetteh, R. (1978). Hair as an index of protein malnutrition. *Advances in Experimental Medicine and Biology* 105, 131-54.

*9 Spencer, L. V. & Callen, J. P. (1987). Hair loss in systemic disease. *Dermatologic Clinics* 5, 565-70.

*10 Liu, J. H., Raine, A., Venables, P. H. & Mednick, S. A. (2004). Malnutrition at age 3 years and externalizing behavior problems at ages 8, 11 and 17 years. *American Journal of Psychiatry* 161, 2005-13.

*11 Shankar, N., Tandon, O. P., Bandhu, R., Madan, N. & Gomber, S. (2000). Brainstem auditory evoked potential responses in iron-deficient anemic children. *Indian Journal of Physiology and Pharmacology* 44, 297-303.

*12 Los Monteros, A. E., Korsak, R. A., Tran, T., Vu, D., de Vellis, J., et al. (2000). Dietary iron and the integrity of the developing rat brain: A study with the artificially-reared rat pup. *Cellular and Molecular Biology* 46, 501-15.

*13 Bruner, A. B., Joffe, A., Duggan, A. K., Casella, J. F. & Brandt, J. (1996). Randomised study of cognitive effects of iron supplementation in non-anaemic iron-deficient adolescent girls. *Lancet* 348, 992-96; van Stuijvenberg, M. E., Kvalsvig, J. D., Faber, M., Kruger, M., Kenoyer, D. G., et al. (1999). Effect of iron- , iodine- , and beta-carotene-fortified biscuits on the micronutrient status of primary school children: A randomized controlled trial. *American Journal of Clinical Nutrition* 69, 497-503.

*14 Fishman, S. M., Christian, P. & West, K. P. (2000). The role of vitamins in the prevention and control of anaemia. *Public Health Nutrition* 3, 125-50.

*15 Liu, J., Raine, A., Venables, P. H., Dalais, C. & Mednick, S. A. (2003). Malnutrition at age 3 years and lower cognitive ability at age 11: Independence from social adversity. *Archives of Pediatric and Adolescent Medicine* 157, 593-600.

*16 LaFree, G. (1999). A summary and review of cross-national comparative studies of homicide. In M. D. Smith & M. A. Zahn (eds.), *Homicide: A Sourcebook of Social Research*, pp. 125-45. Thousand Oaks, Calif.: Sage Publications.

*17 Hibbeln, J. R. (2001). Homicide mortality rates and seafood consumption: A cross-national analysis.
World Review of Nutrition and Dietetics 88, 41-46. スペースの関係で、ヒベルンの報告している26か国のうち、21か国しか記されていない。しかし図は、ヒベルンの報告する相関関係を適切に示している。

*18 Hibbeln, J. R., Davis, J. M., Steer, C., Emmett, P., Rogers, I., et al. (2007). Maternal seafood consumption in pregnancy and neurodevelopmental outcomes in childhood (ALSPAC study): An observational cohort study. *Lancet* 369, 578-85.

*19 Iribarren, C., Markovitz, J. H., Jacobs, D. R., Schreiner, P. J., Daviglus, M., et al. (2004). Dietary intake of n-3, n-6 fatty acids and fish: Relationship with hostility in young adults. the CARDIA study.

*96 Huizink, A. C. & Mulder, E.J.H. (2006). Maternal smoking, drinking or cannabis use during pregnancy and neurobehavioral and cognitive functioning in human offspring. *Neuroscience and Biobehavioral Reviews* 30, 24-41.

*97 Wikipedia, http://en.wikipedia.org/wiki/Robert_Alton_Harris

*98 California Department of Corrections and Rehabilitation, http://www.cdcr.ca.gov/Reports_Research/robertHarris.html

*99 Jones, K. L. & Smith, D. W. (1973). Recognition of the fetal alcohol syndrome in early infancy. *Lancet* 2, 999-1012.

*100 Sampson, P. D., Streissguth, A. P., Bookstein, F. L., Little, R. E., Clarren, S. K., et al. (1997). Incidence of fetal alcohol syndrome and prevalence of alcohol-related neurodevelopmental disorder. *Teratology* 56, 317-26.

*101 Streissguth, A. P., Bookstein, F. L., Barr, H. M., Sampson, P. D., O'Malley, K. & Young, J. K. (2004). Risk factors for adverse life outcomes in fetal alcohol syndrome and fetal alcohol effects. *Developmental and Behavioral Pediatrics* 25, 228-38.

*102 Fast, D. K., Conry, J. & Loock, C. A. (1999). Identifying fetal alcohol syndrome among youth in the criminal justice system. *Journal of Developmental & Behavioral Pediatrics* 20, 370-72.

*103 Sowell, E. R., Johnson, A., Kan, E., Lu, L. H., Van Horn, J. D., et al. (2008). Mapping white matter integrity and neurobehavioral correlates in children with fetal alcohol spectrum disorders. *Journal of Neuroscience* 28, 1313-19.

*104 Connor, P. D., Sampson, P. D., Bookstein, F. L., Barr, H. M. & Streissguth, A. P. (2000). Direct and indirect effects of prenatal alcohol damage on executive function. *Developmental Neuropsychology* 18, 331-54.

*105 Batstra, L., et al., Effect of antenatal exposure to maternal smoking on behavioural problems and academic achievement in childhood.

*106 Riikonen, R., Salonen, I., Partanen, K. & Verho, S. (1999). Brain perfusion SPECT and MRI in foetal alcohol syndrome. *Developmental Medicine & Child Neurology* 41, 652-59.

*107 Sood, B., Delaney-Black, V., Covington, C., Nordstrom-Klee, B., Ager, J., et al. (2001). Prenatal alcohol exposure and childhood behavior at age 6 to 7 years, vol. I, Dose. response effect. *Pediatrics* 108. doi:10.1542/peds.108.

*108 Qiang, M., Wang, M. W. & Elberger, A. J. (2002). Second trimester prenatal alcohol exposure alters development of rat corpus callosum. *Neurotoxicology and Teratology* 6, 719-32.

第7章　暴力のレシピ――栄養不良、金属、メンタルヘルス

*1 Van der Zee, H. A. (1998). *The Hunger Winter: Occupied Holland 1944-1945*. Lincoln: University of Nebraska Press.

*2 Stein, Z. (1975). *Famine and Human Development: The Dutch Hunger Winter of 1944-1945*. New York: Oxford University Press.

*3 Dutch Famine of 1944: http://en.wikipedia.org/wiki/Dutch_famine_of_1944

*4 調査した医師は、反社会性人格障害の診断に、第6版の『国際疾病分類』を用いている。これは、現在使われている『精神疾患の診断・統計マニュアル』に非常によく似ている。

*5 Neugebauer, R., Hoek, H. W. & Susser, E. (1999). Prenatal exposure to wartime famine and

*82 Wakschlag, L. S. & Keenan, K. (2001). Clinical Significance and Correlates of Disruptive Behavior in Environmentally At-Risk Preschoolers. *Journal of Clinical Child Psychology* 30, 262-75.

*83 Wakschlag, L., Lahey, B., Loeber, R., Green, S., Gordon, R., et al. (1997). Maternal smoking during pregnancy and the risk of conduct disorder in boys. *Archives of General Psychiatry* 54, 670-76.

*84 Day, N. L., Richardson, G. A., Goldschmidt, L. & Cornelius, M. D. (2000). Effects of prenatal tobacco exposure on preschoolers' behavior. *Journal of Developmental and Behavioral Pediatrics* 21, 180-88.

*85 Fergusson, D., Woodward, L. & Horwood, L. (1998). Maternal smoking during pregnancy and psychiatric adjustment in late adolescence. *Archives of General Psychiatry* 55, 721-27.

*86 Button, T.M.M., Tharpar, A. & McGuffin, P. (2005). Relationship between antisocial behaviour, attention-deficit hyperactivity disorder and maternal prenatal smoking. *British Journal of Psychiatry* 187, 155-60.

*87 多くの研究では、両親の反社会的行動を含め、いくつかの交絡因子が統計的にコントロールされているが、遺伝子が関与している可能性は残る。喫煙習慣のある反社会的な母親は、反社会的な遺伝子を子どもに受け渡す可能性がある。双子を対象に行なわれたある研究では、喫煙と子どもの反社会的な行動のあいだに相関関係があるのは確かだが、そのほとんどは遺伝に媒介されていると結論されている。この研究においてさえ、著者は、子どもの反社会的性格の形成において、喫煙が独立した要因として作用する可能性が除外されるわけではないことに注意を喚起している。なお、この発見は、5歳から7歳の子どもに限定され、成人の犯罪や暴力には当てはまらないかもしれない。次の文献を参照されたい。 Maughan, B., Taylor, A., Caspi, A. & Moffitt, T. E. (2004). Prenatal smoking and early childhood conduct problems. *Archives of General Psychiatry* 6, 836-84.

*88 Gatzke-Kopp, L. M. & Beauchaine, T. P. (2007). Direct and Passive Prenatal Nicotine Exposure and the Development of Externalizing Psychopathology. *Child Psychiatry and Human Development* 38, 255-69.

*89 Olds, D. (1997). Tobacco exposure and impaired development: A review of the evidence. *Mental Retardation and Developmental Disabilities Research Reviews* 3, 257-69.

*90 Jaddoe, V.W.V., Verburg, B. O., de Ridder, M.A.J., et al. (2007). Maternal smoking and fetal growth characteristics in different periods of pregnancy: The Generation R Study. *American Journal of Epidemiology* 165, 1207-15.

*91 Toro, R., Leonard, G., Lerner, J., et al. (2008). Prenatal exposure to maternal cigarette smoking and the adolescent cerebral cortex. *Neuropsychopharmacology* 33, 1019-27.

*92 Cornelius, M. D. & Day, N. L. (2009). Developmental consequences of prenatal tobacco exposure. *Current Opinion in Neurology* 22, 121-25.

*93 Batstra, L., Hadders-Algra, M. & Neeleman, J. (2003). Effect of antenatal exposure to maternal smoking on behavioural problems and academic achievement in childhood; prospective evidence from a Dutch birth cohort. *Early Human Development* 75, 21-33.

*94 Levin, E. D., Wilkerson, A., Jones, J. P., Christopher, N. C. & Briggs, S. J. (1996). Prenatal nicotine effects on memory in rats: Pharmacological and behavioral challenges. *Developmental Brain Research* 97, 207-15.

*95 Slotkin, T. A., Epps, T. A., Stenger, M. L., Sawyer, K. J. & Seidler, F. J. (1999). Cholinergic receptors in heart and brainstem of rats exposed to nicotine during development: Implications for hypoxia tolerance and perinatal mortality. *Brain Research* 113, 1-12.

た効果は身体的な攻撃性に限定され、言語的な攻撃性には当てはまらない。

*65 Burton, L. A. (2009). Aggression, gender-typical childhood play, and a prenatal hormone index. *Social Behavior and Personality* 37, 105-16. 統計的に有意ではないが、女性にも同様の傾向が認められる。

*66 Liu, J., Portnoy, J. & Raine, A. (2010). Association between a marker for prenatal testosterone exposure and externalizing behavior problems in children. *Development and Psychopathology* 24, 771-82.

*67 Cousins, A. J., Fugere, M. A. & Franklin, M. (2009). Digit ratio (2D:4D), mate guarding, and physical aggression in dating couples. *Personality and Individual Differences* 46, 709-13.

*68 同上

*69 Coyne, S. M., Manning, J. T., Ringer, L. & Bailey, L. (2007). Directional asymmetry (right. left differences) in digit ratio (2D:4D) predict indirect aggression in women. *Personality and Individual Differences* 43, 865-72.

*70 Benderlioglu, Z. & Nelson, R. J. (2004). Digit length ratios predict reactive aggression in women, but not in men. *Hormones and Behavior* 46, 558-64.

*71 McIntyre, M. H., Barrett, E. A., McDermott, R., Johnson, D.D.P., Cowden, J., et al. (2007). Finger length ratio (2D:4D) and sex differences in aggression during a simulated war game. *Personality and Individual Differences* 42, 755-64.

*72 Potegal, M. & Archer, J. (2004). Sex differences in childhood anger and aggression. *Psychiatric Clinics of North America* 13, 513.

*73 McIntyre et al., Finger length ratio (2D:4D) and sex differences in aggression during a simulated war game.

*74 Smith, L. M., Cloak, C. C., Poland, R. E., Torday, J., Ross, M. G. (2003). Prenatal nicotine increases testosterone levels in the fetus and female offspring. *Nicotine & Tobacco Research* 5, 369-74.

*75 Rizwan, S., Manning, J. T., Brabin, B. J. (2007). Maternal smoking during pregnancy and possible effects of in utero testosterone: Evidence from the 2D:4D finger length ratio. *Early Human Development* 83, 87-90.

*76 Malas, M. A., Dogan, S., Evcil, E. H., Desdicioglu, K. (2006). Fetal development of the hand, digits and digit ratio (2D:4D). *Early Human Development* 82, 469-75.

*77 Brennan, P., Grekin, E. & Mednick, S. (1999). Maternal smoking during pregnancy and adult male criminal outcomes. *Archives of General Psychiatry* 56, 215-19.

*78 Rantakallio, P., Laara, E., Isohanni, M. & Moilanen, I. (1992). Maternal smoking during pregnancy and delinquency of the offspring: An association without causation? *International Journal of Epidemiology* 21, 1106-13.

*79 Räsänen, P., Hakko, H., Isohanni, M., Hodgins, S., Järvelin, M. R. & Tiihonen, J. (1999). Maternal smoking during pregnancy and risk of criminal behavior among adult male offspring in the Northern Finland 1966 Birth Cohort. *American Journal of Psychiatry* 156, 857-62.

*80 Weissman, M., Warner, V., Wickramaratne, P. & Kandel, D. (1999). Maternal smoking during pregnancy and psychopathology in offspring followed to adulthood. *Journal of the American Academy of Child and Adolescent Psychiatry* 38, 892-99.

*81 Wakschlag, L. & Hans, S. (2002). Maternal smoking during pregnancy and conduct problems in high-risk youth: A developmental framework. *Development and Psychopathology* 14, 351-69.

*48　具体的に言えば、HoxAとHoxDである。

*49　Kondo, T., Zakany, J., Innis, J. W. & Duboule, D. (1997). Of fingers, toes, and penises. *Nature* 390, 29.

*50　胎盤での生成の減少によるエストロゲンレベルの低下も、長い薬指を形成する要因になり得る。

*51　以後は簡潔に「薬指が長い」というような表現を用いる〔邦訳では「指の長さの違い」「薬指が長い」などと表現されている箇所〕。その際、それは絶対的な薬指の長さではなく、人差し指と比較しての長さなので注意されたい。科学者は比率(人差し指の長さ÷薬指の長さ)を問題にする。男性は分母が大きくなるので、「男性は女性より、人差し指に対する薬指の長さが大きい」とされる。

*52　先天性副腎過形成は、プロゲステロンをコルチコイドに変換する21-ヒドロキシラーゼの欠損によって引き起こされる。過剰なプロゲステロンは、副腎性アンドロゲンの高濃度化をもたらす。

*53　Brown, W. M., Hines, M., Fane, B. A. & Breedlove, S. M. (2002). Masculinized finger length patterns in human males and females with congenital adrenal hyperplasia. *Hormones and Behavior* 42, 380-86.

*54　Manning, J. T., Trivers, R. L., Singh, D. & Thornhill, R. (1999). The mystery of female beauty. *Nature* 399, 214-15.

*55　とりわけ胎児期のアンドロゲンレベルは、指の長さの比率に影響を及ぼすことで知られる。というのも、この比率は出生後は比較的安定し、思春期におけるテストステロンへの曝露には影響されないからである。

*56　Pokrywka, L., Rachon, D., Suchecka-Rachon, K. & Bitel, L. (2005). The second to fourth digit ratio in elite and non-elite female athletes. *American Journal of Human Biology* 17, 796-800.

*57　高い地位についている音楽家にもこの傾向が見られる。次の文献を参照されたい。Sluming, V. A. & Manning, J. T. (2000). Second to fourth digit ratio in elite musicians: Evidence for musical ability as an honest signal of male fitness. *Evolution and Human Behavior* 21, 1-9.

*58　Manning, J. T., Taylor, R. P. (2001). Second to fourth digit ratio and male ability in sport: Implications for sexual selection in humans. *Evolution and Human Behavior* 22, 61-69.

*59　Fink, B., Manning, J. T., Williams, J.H.G. & Podmore-Nappin, C. (2007). The 2nd to 4th digit ratio and developmental psychopathology in school-aged children. *Personality and Individual Differences* 42, 369-79; Austin, E. J., Manning, J. T., McInroy, K. & Mathews, E. (2002). A preliminary investigation of the associations between personality, cognitive ability and digit ratio. *Personality and Individual Differences* 33, 1115-24.

*60　Hampson, E., Ellis, C. L. & Tenk, C. M. (2008). On the relation between 2D:4D and sex-dimorphic personality traits. *Archives of Sexual Behavior* 37, 133-44.

*61　Bogaert, A. F., Fawcett, C. C. & Jamieson, L. K. (2009). Attractiveness, body size, masculine sex roles and 2D:4D ratios in men. *Personality and Individual Differences* 47, 273-78.

*62　Martel, M. M., Klump, K., Nigg, J. T., Breedlove, S. M. & Sisk, C. L. (2009). Potential hormonal mechanisms of attention-deficit/hyperactivity disorder and major depressive disorder: A new perspective. *Hormones and Behavior* 55, 465-79.

*63　McFadden, D. & Schubel, E. (2002). Relative length of fingers and toes in human males and females. *Hormones and Behavior* 42, 492-500.

*64　Bailey, A. A. & Hurd, P. L. (2005). Finger length ratio (2D:4D) correlates with physical aggression in men but not in women. *Biological Psychology* 68, 215-22. この効果は男性に見出されたものだが、統計的に有意ではないながらも女性にも同様の傾向が認められる。さらに言えば、男性に見られ

and lower cognitive ability at age 11 years Independence from psychosocial adversity. *Archives of Pediatrics & Adolescent Medicine* 157, 593-600.

*31 レビューは次の文献を参照されたい。 Raine, A. (1993). *The Psychopathology of Crime: Criminal Behavior as a Clinical Disorder*. San Diego: Academic Press; Mars-man, R., Rosmalen, J.G.M., Oldehinkel, A. J., Ormel, J. & Buitelaar, J. K. (2009). Does HPA-axis activity mediate the relationship between obstetric complications and externalizing behavior problems? The TRAILS study. *European Child Adolescent Psychiatry* 18, 565-73.

*32 Batstra, L., Hadders-Algra, M., Ormel, J. & Neeleman, J. (2004). Obstetric optimality and emotional problems and substance use in young adulthood. *Early Human Development* 80, 91-101; Marsman et al., Does HPA-axis activity mediate the relationship between obstetric complications and externalizing behavior problems?

*33 Wagner, A. I., Schmidt, N. L., Lemery-Chalfant, K., Leavitt, L. A. & Goldsmith, H. H. (2009). The limited effects of obstetrical and neonatal complications on conduct and attention-deficit hyperactivity disorder symptoms in Middle Childhood. *Journal of Developmental and Behavioral Pediatrics* 30, 217-25.

*34 Schwartz, J. (1999). *Cassandra's Daughter: A History of Psychoanalysis*, p. 225. New York: Viking/Allen Lane.

*35 Bowlby, J. (1946). *Forty-four Juvenile Thieves: Their Characters and Home-life*. London: Tindall and Cox.

*36 Rutter, M. (1982). *Maternal Deprivation Reassessed*, 2nd ed. Harmondsworth: Penguin. ［前掲『母親剥奪理論の功罪』］

*37 Stanford, M. S., Houston, R. J. & Baldridge, R. M. (2008). Comparison of impulsive and premeditated perpetrators of intimate partner violence. *Behavioral Sciences and the Law* 26, 709-22.

*38 旧約聖書「創世記」第4章10～12節。

*39 Abel, E. L. (1983). *Fetal Alcohol Syndrome*. New York: Plenum.

*40 同上

*41 Waldrop, M. F., Bell, R. Q., McLaughlin, B. & Halverson, C. F. (1978). Newborn minor physical anomalies predict attention span, peer aggression, and impulsivity at age 3. *Science* 199, 563-65.

*42 Paulus, D. L. & Martin, C. L. (1986). Predicting adult temperament from minor physical anomalies. *Journal of Personality and Social Psychology* 50, 1235-39.

*43 Halverson, C. F. & Victor, J. B. (1976). Minor physical anomalies and problem behavior in elementary schoolchildren. *Child Development* 47, 281-85.

*44 Arseneault, L., Tremblay, R. E., Boulerice, B., Seguin, J. R. & Saucier, J. F. (2000). Minor physical anomalies and family adversity as risk factors for violent delinquency in adolescence. *American Journal of Psychiatry* 157, 917-23.

*45 Pine, D. S., Shaffer, D., Schonfeld, I. S. & Davies, M. (1997). Minor physical anomalies: Modifiers of environmental risks for psychiatric impairment? *Journal of the American Academy of Child & Adolescent Psychiatry* 36, 395-403.

*46 Mednick, S. A. & Kandel, E. S. (1988). Congenital determinants of violence. *Bulletin of the American Academy of Psychiatry & the Law* 16, 101-9.

*47 二形態性は両手ともに見られるが、左手より右手のほうが強い。一般に、心理的な特徴と指の長さの比率の相関度は、左手より右手のほうが強い。

は、最初は妊娠を望んでいなくてもやがて心変わりし、愛情深い母親になる人もいるからであろう。

*17 Piquero, A. & Tibbetts, S. G. (1999). The impact of pre/perinatal disturbances and disadvantaged familial environment in predicting criminal offending. *Studies on Crime & Crime Prevention* 8, 52-70.

*18 専門的に言えば、出産時の合併症とすさんだ家庭環境の相互作用の効果の解明には、回帰分析が用いられている。標本を4つのグループに分割する方法は、相互作用の効果の性質と方向を説明するために用いられた。

*19 Hodgins, S., Kratzer, L. & McNeil, T. F. (2001). Obstetric complications, parenting, and risk of criminal behavior. *Archives of General Psychiatry* 58, 746-52.

*20 Arsenault, L., Tremblay, R. E., Boulerice, B. & Saucier, J. F. (2002). Obstetrical complications and violent delinquency: Testing two developmental pathways. *Child Development* 73, 496-508.

*21 家庭環境の悪さの測定に、より直接的な尺度を用いている他の研究とは違い、一人っ子であることは、心理・社会的な逆境の指標として確たるものではない。したがって、この相互作用の意味に関して、もっと明確な説明が必要である。

*22 Kemppainen, L., Jokelainen, J., Jaervelin, M. R., Isohanni, M. & Raesaenen, P. (2001). The one-child family and violent criminality: A 31-year follow-up study of the Northern Finland 1966 birth cohort. *American Journal of Psychiatry* 158, 960-62.

*23 Werner, E. E., Bierman, J. M. & French, F. E. (1971). *The Children of Kauai: A Longitudinal Study from the Prenatal Period to Age Ten*. Honolulu: University of Hawaii Press.

*24 Beck, J. E. & Shaw, D. S. (2005). The influence of perinatal complications and environmental adversity on boys' antisocial behavior. *Journal of Child Psychology and Psychiatry* 46, 35-46.

*25 出産時の合併症とすさんだ家庭環境の相互作用の効果は、数か国で確認されているが、ドイツの研究では、周産期の損傷とすさんだ家庭環境のあいだに相互作用は見出されなかった。そのような結果が得られたのは、標本が小さかったために(N=322)、相互作用を検出する能力が限定されたためかもしれない。また、他の研究では、成人犯罪を結果として扱っているのに対し、この研究では、それが8歳の時点における反社会的行動に限定されている。出産時の合併症に起因する神経学的な欠陥は、ありふれた子どもの反社会的行動より、一生を通じて維持される重度の反社会的行動にとりわけ強い影響を及ぼすということも考えられる。

*26 Raine, A., Moffitt, T. E., Caspi, A., Loeber, R., Stouthamer-Loeber, M., et al. (2005). Neurocognitive impairments in boys on the life-course persistent antisocial path. *Journal of Abnormal Psychology* 114, 38-49.

*27 Beaver, K. M. & Wright, J. P. (2005). Evaluating the effects of birth complications on low self-control in a sample of twins. *International Journal of Offender Therapy and Comparative Criminology* 49, 450-71.

*28 Raine, A., Buchsbaum, M. & LaCasse, L. (1997). Brain abnormalities in murderers indicated by positron emission tomography. *Biological Psychiatry* 42, 495-508; Laakso, M. P., Vaurio, O., Koivisto, E., Savolainen, L., Eronen, M., et al. (2001). Psychopathy and the posterior hippocampus. *Behavioural Brain Research* 118, 187-93.

*29 Liu, J. H., Raine, A., Venables, P. H., Dalais, C. & Mednick, S. A. (2004). Malnutrition at age 3 years and externalizing behavior problems at ages 8, 11 and 17 years. *American Journal of Psychiatry* 161, 2005-13.

*30 Liu, J. H., Raine, A., Venables, P. H., Dalais, C. & Mednick, S. A. (2003). Malnutrition at age 3 years

ではない。暴力の神経生物学には、未回答の問いがたくさん残されている。とはいえ、今になっても暴力には生物学的基盤があるのか否かという問いを繰り返すのは非生産的であり、そこから脱しなければならない。そして既存の知識を活用して、これらの生物学的な危険因子を生む、幼少期、青年期の要因を把握する必要がある。

*4 アメリカ疾病予防管理センター(CDC)は、健康の促進と疾病の予防に焦点を置く政府機関で、保健福祉省の主要機関の一つである。 http://www.cdc.gov/Violence Prevention/index.html

*5 Dahlberg, L. L. & Krug, E. G. (2002). Violence, a global public health problem. In E. G. Krug, L. L. Dahlberg, J. A. Mercy, A. B. Zwi & R. Lo zano (eds.), *World Report on Violence and Health*, pp. 3-21. Geneva: World Health Organization.

*6 Centers for Disease Control and Prevention. The cost of violence in the United States. http://www.cdc.gov/ncipc/factsheets/CostOfViolence.htm また、次の文献も参照されたい。 Corso, P. S., Mercy, J. A., Simon, T. R., Finkelstein, E. A. & Miller, T. R. (2007). Medical costs and productivity losses due to interpersonal and self-directed violence in the United States. *American Journal of Preventive Medicine* 32, 474-82.

*7 Corso et al., Medical costs and productivity losses.

*8 Miller, T. R. & Cohen, M. A. (1997). Costs of gunshot and cut/stab wounds in the United States, with some Canadian comparisons. *Accident Analysis and Prevention* 29, 329-41.

*9 World Health Organization (2004). Seventh World Conference on Injury Prevention and Safety Promotion, June 6.9, Vienna, Austria. 以下URLを参照。 http://www.medicalnewstoday.com/articles/9312.php

*10 ジョン・シェパードの功績は、犯罪予防の分野では真に重要なものである。それによって彼は、2008年に犯罪学分野のストックホルム賞を受賞している。

*11 Raine, A., Brennan, P. & Mednick, S. A. (1994). Birth complications combined with early maternal rejection at age 1 year predispose to violent crime at age 18 years. *Archives of General Psychiatry* 51, 984-88. 功績は、1969年にこの革新的な研究を立ち上げた、南カリフォルニア大学のサーノフ・メドニック教授にも帰される。この研究は、われわれが行なった多数の共同研究の一つである。

*12 妊娠高血圧腎症は低酸素症を引き起こし、それによって脳、とりわけ攻撃性をコントロールする脳領域、海馬がダメージを受ける。

*13 意外に思われるかもしれないが、暴力犯罪者の評価には、有罪判決歴より逮捕歴のほうが適している。逮捕者のおよそ90パーセントは、有罪判決を受けることがない。司法取引の結果、裁判所に出頭しない犯罪者も大勢いる。有罪判決データに依存すると、多数の真の暴力犯罪者が、誤って「非暴力的」として分類され、その結果対照群に割り当てられる可能性がある。さらに言えば、多くの暴力犯罪者は逮捕されずにいるため、逮捕歴でさえ、暴力犯罪の氷山の一角を反映するにすぎない。しかし、少なくとも「より緩い」逮捕の基準を適用すれば、有罪判決データを用いた場合よりは、多数の真の暴力犯罪者を分析に取り込める。

*14 出産時の合併症と母性剝奪の両方を経験した被験者から構成されるグループが、暴力犯罪総件数の18パーセントを占める事実は、個人を犯罪に走らせるこれら両危険因子の影響を強調するが、それと同時に、すべての犯罪をこれら二要因に還元することはできないと示唆する警告にもなる。言うまでもなく、残りの82パーセントの暴力犯罪は、他の多くの要因に基づく。

*15 Raine, A., Brennan, P. & Mednick, S. A. (1997). Interaction between birth complications and early maternal rejection in predisposing individuals to adult violence: Specificity to serious, early-onset violence. *American Journal of Psychiatry* 154, 1265-71.

*16 望まぬ妊娠が出生時の合併症と相互作用することで、のちの成人暴力を引き起こさない理由の一つ

control. *NeuroImage* 50, 1313-19; Brass, M., Derrfuss, J., Forstmann, B. & von Cramon, D. Y. (2005). The role of the inferior frontal junction area in cognitive control. *Trends in Cognitive Sciences* 9, 314-16.

*129 Shamay-Tsoory, S. G., Tomer, R., Berger, B. D., Goldsher, D. & Aharon-Peretz, J. (2005). Impaired "affective theory of mind" is associated with right ventromedial prefrontal damage. *Cognitive and Behavioral Neurology* 18, 55-67; Goghari, V. M. & MacDonald, A. W. (2009). The neural basis of cognitive control: Response selection and inhibition. *Brain and Cognition* 71, 72-83; Chikazoe, J. (2010). Localizing performance of go/no-go tasks to prefrontal cortical subregions. *Current Opinion in Psychiatry* 23, 267-72.

*130 Bechara et al. Deciding advantageously; Bechara, A., Damasio, H. & Damasio, A. R. (2000). Emotion, decision making and the orbitofrontal cortex. *Cerebral Cortex* 10, 295-307.

*131 Kringelbach, M. L. & Rolls, E. T. (2004). The functional neuroanatomy of the human orbitofrontal cortex: Evidence from neuroimaging and neuropsychology. *Progress in Neurobiology* 72, 341-72.

*132 同上

*133 Kringelbach, M. L. (2005) The human orbitofrontal cortex: Linking reward to hedonic experience. *Nature Reviews Neuroscience* 6, 691-702.

*134 Buch, E. R., Mars, R. B., Boorman, E. D. & Rushworth, M.F.S. (2010). A network centered on ventral premotor cortex exerts both facilitatory and inhibitory control over primary motor cortex during action reprogramming. *Journal of Neuroscience* 30, 1395-1401; Pardo-Vazquez, J. L., Leboran, V. & Acuna, C. (2009). A role for the ventral premotor cortex beyond performance monitoring. *Proceedings of the National Academy of Sciences, U.S.A.* 106, 18,815-19.

*135 Iacoboni, M., Molnar-Szakacs, I., Gallese, V., Buccino, G., Mazziotta, J. C. & Rizzolatti, G. (2005). Grasping the intentions of others with one's own mirror neuron system. *PLOS Biology* 3, 529-35.

*136 Lawrence, E. J., Shaw, P., Giampietro, V., Surguladze, S., Brammer, M. J., et al. (2006). The role of "shared representations" in social perception and empathy: An fMRI study. *NeuroImage* 29, 1173-84.

*137 Damasio, *Descartes' Error*. [前掲『デカルトの誤り』]

*138 Bechara, A. & Damasio, A. R. (2005). The somatic marker hypothesis: A neural theory of economic decision. *Games and Economic Behavior* 52, 336-72.

*139 Decety, J. & Lamm, C. (2007). The role of the right temporo-parietal junction in social interaction: How low-level computational processes contribute to meta-cognition. *The Neuroscientist* 13, 580-93.

*140 Hedden, T. & Gabrieli, J.D.E. (2010). Shared and selective neural correlates of inhibition, facilitation, and shifting processes during executive control. *NeuroImage* 51, 421-31.

*141 Decety & Lamm, The role of the right temporo-parietal junction in social interaction.

第6章　ナチュラル・ボーン・キラーズ——胎児期、周産期の影響

*1 Jonnes, B. (1992). *Voices from an Evil God*, pp. 38-39. London: Blake.

*2 犠牲者はすべて売春婦だったとサトクリフ本人は信じていたが、最初の犠牲者を含めそうではない人もいた。

*3 これは、暴力と、遺伝や生物学的特徴の関係を探究する基礎科学の研究がもはや不要だという意味

*111 Lee, T.M.C., Liu, H. L., Tan, L. H., Chan, C.C.H., Mahankali, S., Feng, C.-M., Hou, J., Fox, P. T. & Gao, J. H. (2002). Lie detection by functional magnetic resonance imaging. *Human Brain Mapping* 15, 157-64.

*112 Paus, T., Collins, D. L., Evans, A. C., Leonard, G., Pike, B. & Zijdenbos, A. (2001). Maturation of white matter in the human brain: A review of magnetic resonance studies. *Brain Research Bulletin* 54, 255-66.

*113 McCann, J. T. (1998). *Malingering and Deception in Adolescents: Assessing Credibility in Clinical and Forensic Settings*, 1st ed. Washington, D.C.: American Psychological Press.

*114 Yang, Y., Raine, A., Narr, K., Lencz, T., Lacasse, L., et al. (2007). Localization of increased prefrontal white matter in pathological liars. *British Journal of Psychiatry* 190, 174-75.

*115 Bengtsson, S. I., Nagy, Z., Skare, S., et al. (2005). Extensive piano practice has regionally-specific effects on white matter development. *Nature Neuroscience* 8, 1148-50.

*116 Maguire, E. A., Gadian, D. G., Johnsrude, I. S., Good, C. D., Ashburner, J., et al. (2000). Navigation-related structural change in the hippocampi of taxi drivers. *Proceedings of the National Academy of Sciences U.S.A.* 97, 4398-4403.

*117 Maguire, E. A., Woollett, K. & Spiers, H. J. (2006). London taxi drivers and bus drivers: A structural MRI and neuropsychological analysis. *Hippocampus* 16.

*118 Lombroso, C. (1968). *Crime: Its Causes and Remedies*. Translated by H. Horton. Montclair, N.J.: Patterson Smith (originally published 1911).

*119 Langton, L. & Leeper-Piquero, N. L. (2007). Can general strain theory explain white-collar crime? A preliminary investigation of the relationship between strain and select white-collar offenses. *Journal of Criminal Justice* 35, 1-15.

*120 Paternoster, R. & Simpson, S. (1993). A rational choice theory of corporate crime. In R.V.G. Clarke and M. Felson (eds.), *Routine Activities and Rational Choice Theory*, pp. 37-51. New Brunswick, N.J.: Transaction.

*121 Sutherland, E. H. (1949). *White Collar Crime*. New York: Rinehart and Winston.

*122 Wheeler, S., Weisburd, D. & Bode, N. (1982). Sentencing the white collar offender: Rhetoric and reality, *American Sociological Review* 47, 641-59.

*123 Weisburd, D., Waring, E. & Chayet, E. J. (2001). *White Collar Crime and Criminal Careers*. New York: Cambridge University Press.

*124 Raine, A., Laufer, W. S., Yang, Y., Narr, K. L. & Toga, A. W. (2012). Increased executive functioning, attention, and cortical thickness in white-collar criminals. *Human Brain Mapping*, 33, 2932-40.

*125 Kongs, S. K., Thompson, L. L., Iverson, G. L., et al. (2000). *Wisconsin Card Sorting Test: 64 Card Version; Professional Manual*. Odessa, Fla.: Psychological Assessment Resources.

*126 Williams, L. M., Brammer, M. J., Skerrett, D., Lagopolous, J., Rennie, C., et al. (2000). The neural correlates of orienting: An integration of fMRI and skin conductance orienting. *NeuroReport* 11, 3011-15.

*127 Raine & Yang, Neural foundations to moral reasoning and antisocial behavior.

*128 Tsujii, T., Okada, M. & Watanabe, S. (2010). Effects of aging on hemispheric asymmetry in inferior frontal cortex activity during belief-bias syllogistic reasoning: A near-infrared spectroscopy study. *Behavioral Brain Research* 210, 178-83; Hampshire, A., Chamberlain, S. R., Monti, M. M., Duncan, J. & Owen, A. M. (2010). The role of the right inferior frontal gyrus: Inhibition and attentional

451-63.
*91 Quay, H. C. (1988). The behavioral reward and inhibition system in childhood behavior disorders. In L. M. Bloomingdale (ed.), *Attention Deficit Disorder*, vol. 3, pp. 176-186. Oxford: Pergamon Press.
*92 Scerbo. et al. Reward dominance and passive avoidance learning in adolescent psychopaths.
*93 Glenn, A. L., Raine, A., Yaralian, P. S. & Yang, Y. (2010). Increased volume of the striatum in psychopathic individuals. *Biological Psychiatry* 67, 52-58.
*94 Cohen, M. X., Schoene-Bake, J. C., Elger, C. E. & Weber, B. (2009). Connectivity-based segregation of the human striatum predicts personality characteristics. *Nature Neuroscience* 12, 32-34.
*95 O'Doherty, J. (2004). Reward representations and reward-related learning in the human brain: Insights from neuroimaging. *Current Opinions in Neurobiology* 14, 769-76.
*96 Barkataki, I., Kumari, V., Das, M., Taylor, P. & Sharma, T. (2006): Volumetric structural brain abnormalities in men with schizophrenia or antisocial personality disorder. *Behavioral Brain Research* 15, 239-47.
*97 Tiihonen, J., Kuikka, J., Bergstrom, K., Hakola, P., Karhu, J., et al. (1995). Altered striatal dopamine re-uptake site densities in habitually violent and non-violent alcoholics. *Nature Medicine* 1, 654-57.
*98 Amen, D. G., Stubblefield, M., Carmichael, B. & Thisted, R. (1996). Brain SPECT findings and aggressiveness. *Annals of Clinical Psychiatry* 8, 129-37.
*99 Buckholtz, J. W., Treadway, M. T., Cowan, R. L., et al. (2010). Mesolimbic dopamine reward system hypersensitivity in individuals with psychopathic traits. *Nature Neuroscience*.
*100 Williamson, S., Hare, R. D. & Wong, S. (1987). Violence: Criminal psychopaths and their victims. *Canadian Journal of Behavioral Sciences* 19, 454-62.
*101 Glenn, A. L., Iyer, R., Graham, J., Koleva, S. & Haidt, J. (2010). Are all types of morality compromised in psychopathy? *Journal of Personality Disorders* 23, 384-98.
*102 Deccty, J., Michalska, K. J., Akitsuki, Y. & Lahey, B. B. (2009): Atypical empathic responses in adolescents with aggressive conduct disorder: A functional MRI investigation. *Biological Psychology* 80, 203-11.
*103 Ekman, P. & O'Sullivan, M. (1991). Who can catch a liar? *American Psychologist* 46, 913-20.
*104 Porter, S., Woodworth, M. & Birt, A. R. (2000). Truth, lies, and videotape: An investigation of the ability of federal parole officers to detect deception. *Law and Human Behavior* 24, 643-58.
*105 DePaulo, B. M., Stone, J. L. & Lassiter, G. D. (1985). Deceiving and Detecting Deceit. In B. R. Schenkler (ed.), *The Self and Social Life*, pp. 323-70. New York: McGraw-Hill.
*106 Leach, A. M., Talwar, V., Lee, K., Bala, N. & Lindsay, R.C.L. (2004). "Intuitive" lie detection of children's deception by law enforcement officials and university students. *Law and Human Behavior* 28, 661-85.
*107 同上
*108 Yang, Y. L ., Raine, A., Lencz, T., Bihrle, S., Lacasse, L., et al. (2005). Prefrontal structural abnormalities in liars. *British Journal of Psychiatry* 187, 320-25.
*109 Yang, Y., Raine, A., Narr, K., Lencz, T., Lacasse, L., Colletti, P. & Toga, A. W. (2007). Localization of increased prefrontal white matter in pathological liars. *British Journal of Psychiatry* 190, 174-75.
*110 Spence, S. A. (2005). Prefrontal white matter - the tissue of lies? Invited commentary on . . . Prefrontal white matter in pathological liars. *British Journal of Psychiatry* 187, 326-27.

*75 Raine, A., Ishikawa, S. S., Arce, E., Lencz, T., Knuth, K. H., et al. (2004). Hippocampal structural asymmetry in unsuccessful psychopaths. *Biological Psychiatry* 55, 185-91. この構造的な異常は、不首尾な、すなわち逮捕歴のあるサイコパスに限定され、上首尾なサイコパスには見られなかった。後者には、前者に見られるような古典的な脳の異常は認められないように思われる。

*76 Raine, A., Buchsbaum, M. & LaCasse, L. (1997). Brain abnormalities in murderers indicated by positron emission tomography. *Biological Psychiatry* 42, 495-508.

*77 Verstynen, T., Tierney, R., Urbanski, T. & Tang, A. (2001). Neonatal novelty exposure modulates hippocampal volumetric asymmetry in the rat. *NeuroReport: For Rapid Communication of Neuroscience Research* 12, 3019-22.

*78 Riikonen, R., Salonen, I., Partanen, K. & Verho, S. (1999). Brain perfusion SPECT and MRI in foetal alcohol syndrome. *Developmental Medicine & Child Neurology* 41, 652-59.

*79 Laakso, M. P., Vaurio, O., Koivisto, E., Savolainen, L., Eronen, M., et al. (2001). Psychopathy and the posterior hippocampus. *Behavioural Brain Research* 118, 187-93.

*80 Boccardi, M., Ganzola, R., Rossi, R., Sabattoli, F., Laakso, M. P., et al. (2010). Abnormal hippocampal shape in offenders with psychopathy. *Human Brain Mapping* 31, 438-47.

*81 Yang, Y. L., Raine, A., Han, C. B., Schug, R. A., Toga, A. W. & Narr, K. L. (2010). Reduced hippocampal and parahippocampal volumes in murderers with schizophrenia. *Psychiatry Research: Neuroimaging* 182, 9-13. 中国出身の殺人犯における海馬および海馬傍回の体積の減少は、統合失調症を持つ者に限定される。

*82 LeDoux, J. (1996). *The Emotional Brain*. New York: Simon and Schuster. [『エモーショナル・ブレイン——情動の脳科学』松本元・川村光毅・小幡邦彦・石塚典生・湯浅茂樹訳、東京大学出版会、2003年]

*83 Swanson, L. W. (1999). Limbic system. In G. Adelman & B. H. Smith (eds.), *Encyclopedia of Neuroscience*, pp. 1053-55. Amsterdam: Elsevier.

*84 Lukas, T. R. & Siegel, A. (2001). Brain structures and neurotransmitters regulating aggression in cats: Implications for human aggression. *Progress in Neuro-Psychopharmacology & Biological Psychiatry* 25, 91-140.

*85 Becker, A., Grecksch, G., Bernstein, H. G., Hollt, V. & Bogerts, B. (1999). Social behaviour in rats lesioned with ibotenic acid in the hippocampus: Quantitative and qualitative analysis. *Psychopharmacology* 144, 333-38.

*86 Gorenstein, E. E. & Newman, J. P. (1980). Disinhibitory psychopathy. A new perspective and a model for research. *Psychological Review* 87, 301-15.

*87 両耳異刺激聴とは、神経心理学的な測定方法で、左右両耳に同時に子音 - 母音刺激(「da」、「ba」)を提示する。左脳によって言語機能が支配される被験者は、右耳から入力される語を頻繁に報告する。それに対し、言語機能の側方化の度合いが小さい人では、言語は両半球によって均等に処理され、右耳の優勢は減じられる。

*88 Hare, R. D. & McPherson, L. M. (1984). Psychopathy and perceptual asymmetry during verbal dichotic listening. *Journal of Abnormal Psychology* 93, 141-49.

*89 Raine, A., O'Brien, M., Smiley, N., Scerbo, A. & Chen, C. J. (1990). Reduced lateralization in verbal dichotic listening in adolescent psychopaths. *Journal of Abnormal Psychology* 99, 272-77.

*90 Scerbo, A., Raine, A., O'Brien, M., Chan, C. J., Rhee, C. & Smiley, N. (1990). Reward dominance and passive avoidance learning in adolescent psychopaths. *Journal of Abnormal Child Psychology* 18,

Cerebral asymmetry and the effects of sex and handedness on brain structure: A voxel-based morphometric analysis of 465 normal adult human brains. *NeuroImage* 14, 685-700.

*57 Schlosser, R., Hutchinson, M., Joseffer, S., Rusinek, H., Saarimaki, A., et al. (1998). Functional magnetic resonance imaging of human brain activity in a verbal fluency task. *Journal of Neurology, Neurosurgery, & Psychiatry* 64, 492-98.

*58 Goldstein, J. M., Jerram, M., Poldrack, R., Ahern, T., Kennedy, D. N., et al. (2005). Hormonal cycle modulates arousal circuitry in women using functional magnetic resonance imaging. *Journal of Neuroscience* 25, 9309-16.

*59 McClure, E. B., Monk, C. S., Nelson, E. E., Zarahn, E., Leibenluft, E., et al. (2004). A developmental examination of gender differences in brain engagement during evaluation of threat. *Biological Psychiatry* 55, 1047-55.

*60 Koch, K., Pauly, K., Kellermann, T., Seiferth, N. Y., Reske, M., et al. (2007). Gender differences in the cognitive control of emotion: An fMRI study. *Neuropsychologia* 45, 2744-54.

*61 Yang, Y. & Raine, A. (2009). Prefrontal structural and functional brain imaging findings in antisocial, violent, and psychopathic individuals: A meta-analysis. *Psychiatry Research: Neuroimaging* 174, 81-88.

*62 Mataro, M., Jurado, M. A., Garcia-Sanchez, C., Barraquer, L., Costa-Jussa, F. R. & Junque, C. (2001). Long-term effects of bilateral frontal brain lesion: 60 years after injury with an iron bar. *Archives of Neurology* 58, 1139-42.

*63 同上

*64 Bigler, E. D. (2001). Frontal lobe pathology and antisocial personality disorder. *Archives of General Psychiatry* 58, 609-11.

*65 Ellenbogen, J. M., Hurford, M. O., Liebeskind, D. S., Neimark, G. B. & Weiss, D. (2005). Ventromedial frontal lobe trauma. *Neurology* 64, 757.

*66 Mataro, et al., Long-term effects of bilateral frontal brain lesion.

*67 Sarwar, M. (1989). The septum pellucidum - normal and abnormal. *American Journal of Neuroradiology* 10, 989-1005.

*68 Raine, A., Lee, L., Yang, Y. & Colletti, P. (2010). Presence of a neurodevelopmental marker for limbic maldevelopment in antisocial personality disorder and psychopathy. *British Journal of Psychiatry* 197, 186-92.

*69 Gao, Y., Glenn, A. L., Schug, R. A., Yang, Y. L. & Raine, A. (2009). The neurobiology of psychopathy: A neurodevelopmental perspective. *Canadian Journal of Psychiatry* 54, 813-23.

*70 Swayze, V. W., Johnson, V. P., Hanson, J. W., Piven, J., Sato, Y., et al. (2006). Magnetic resonance imaging of brain anomalies in fetal alcohol syndrome. *Pediatrics* 99, 232-40.

*71 Bodensteiner, J. & Schaefer, G. (1997). Dementia pugilistica and cavum septi pellucidi: Born to box. *Sports Medicine* 24, 361-65.

*72 Yang, Y., Raine, A., Karr, K. L., Colletti, P. & Toga, A. (2009). Localization of deformations within the amygdala in individuals with psychopathy. *Archives of General Psychiatry* 66, 986-94.

*73 Knapska, E., Radwanska, K., Werka, T. & Kaczmarek, L. (2007). Functional internal complexity of amygdala: Focus on gene activity mapping after behavioral training and drugs of abuse. *Physiological Reviews* 87, 1113-73.

*74 同上

der. *British Journal of Developmental Psychology* 14, 385-98.
*40 Rolls, E. T. (2000). The orbitofrontal cortex and reward. *Cerebral Cortex* 10, 284-94.
*41 Ragozzino, M. E. (2007). The contribution of the medial prefrontal cortex, orbitofrontal cortex, and dorsomedial striatum to behavioral flexibility. *Annals of the New York Academy of Sciences* 1121, 355-75.
*42 Seguin, J. R., Arseneault, L., Boulerice, B., Harden, P. W. & Tremblay, R. E. (2002). Response perseveration in adolescent boys with stable and unstable histories of physical aggression: The role of underlying processes. *Journal of Child Psychology and Psychiatry* 43, 481-94.
*43 Fairchild, G., Van Goozen, S. H., Stollery, S. J. & Goodyer, I. M. (2008). Fear conditioning and affective modulation of the startle reflex in male adolescents with early-onset or adolescence-onset conduct disorder and healthy control subjects. *Biological Psychiatry* 63, 279-85.
*44 Toro, R., Leonard, G., Lerner, J. V., Lerner, R. M., Perron, M., et al. (2008). Prenatal exposure to maternal cigarette smoking and the adolescent cerebral cortex. *Neuropsychopharmacology* 33, 1019-27.
*45 Schirmer, A., Escoffier, N., Zysset, S., Koester, D., Striano, T. & Friederici, A. D. (2008). When vocal processing gets emotional: On the role of social orientation in relevance detection by the human amygdala. *NeuroImage* 40, 1402-10.
*46 Frick, P. J., Cornell, A. H., Bodin, S. D., Dane, H. E., Barry, C. T. & Loney, B. R. (2003). Callous-unemotional traits and developmental pathways to severe conduct problems. *Developmental Psychology* 39, 246-60.
*47 Happe & Frith, U. Theory of mind and social impairment in children with conduct disorder.
*48 Aron, A. R., Robbins, T. W. & Poldrack, R. A. (2004). Inhibition and the right inferior frontal cortex. *Trends in Cognitive Sciences* 8, 170-77.
*49 Whittle, S., Yap, M.B.H., Yucel, M., Fornito, A., Simmons, J. G., et al. (2008). Prefrontal and amygdala volumes are related to adolescents' affective behaviors during parent-adolescent interactions. *Proceedings of the National Academy of Sciences, U.S.A.* 105, 3652-57.
*50 Meyer-Lindenberg, A., Buckholtz, J. W., Kolachana, B., Hariri, A. R., Pezawas, L., et al. (2006). Neural mechanisms of genetic risk for impulsivity and violence in humans. *Proceedings of the National Academy of Sciences, U.S.A.* 103, 6269-74.
*51 Davidson, R. J., Putnam, K. M., & Larson, C. L. (2000). Dysfunction in the neural circuitry of emotion regulation - a possible prelude to violence. *Science* 289, 591-94.
*52 Raine, A., Yang, Y., Narr, K. & Toga, A. (2011). Sex differences in orbitofrontal gray as a partial explanation for sex differences in antisocial personality. *Molecular Psychiatry* 16, 227-236.
*53 同上
*54 Goldstein, J. M., Seidman, L. J., Horton, N. J., Makris, N., Kennedy, D. N., et al. (2001). Normal sexual dimorphism of the adult human brain assessed by in vivo magnetic resonance imaging. *Cerebral Cortex* 11, 490-97.
*55 Gur, R. C., Gunning-Dixon, F., Bilker, W. B. & Gur, R. E. (2002). Sex differences in temporo-limbic and frontal brain volumes of healthy adults. *Cerebral Cortex* 12, 998-1003; Garcia-Falgueras, A., Junque, C., Gimenez, M., Caldu, X., Segovia, S. & Guillamon, A. (2006). Sex differences in the human olfactory system. *Brain Research* 1116, 103-11.
*56 Good, C. D., Johnsrude, I., Ashburner, J., Henson, R.N.A., Friston, K. J. & Frackowiak, R.S.J. (2001).

*19 同上
*20 Raine, A. (2002): Annotation: The role of prefrontal deficits, low autonomic arousal, and early health factors in the development of antisocial and aggressive behavior. *Journal of Child Psychology and Psychiatry* 43, 417-34.
*21 Anderson, S. W., Behara, A., Damasio, H., Tranel, D. & Damasio, A. R. (1999). Impairment of social and moral behavior related to early damage in human prefrontal cortex. *Nature Neuroscience* 2, 1032-37. アンダーソンの研究の女性患者は、前頭前皮質の両側の頭極および腹内側部にダメージを受けているのに対し、男性患者は、右頭極、背内側部に局所的な損傷を被っている。
*22 Pennington, B. F. & Bennetto, L. (1993). Main effects or transactions in the neuropsychology of conduct disorder? Commentary on "The neuropsychology of conduct disorder." *Development and Psychopathology* 5, 153-64.
*23 Damasio, A. R. (2000). A neural basis for sociopathy. *Archives of General Psychiatry* 57, 128-29.
*24 Raine, et al. Reduced prefrontal gray matter volume and reduced autonomic activity in antisocial personality disorder, 119-27.
*25 Damasio. A neural basis for sociopathy.
*26 Damasio, H., Grabowski, T. J., Frank, R., Galaburda, A. M. & Damasio, A. (1994). The return of Phineas Gage Clues about the brain from the skull of a famous patient. Science 264, 1102-5.
*27 腹内側部は直回とも呼ばれる。
*28 Knight, D. C., Cheng, D. T., Smith, C. N., Stein, E. A. & Helmstetter, F. J. (2004). Neural substrates mediating human delay and trace fear conditioning. *Journal of Neuroscience* 24, 218-28.
*29 McNab, F., Leroux, G., Strand, F., Thorell, L., Bergman, S. & Klingberg, T. (2008). Common and unique components of inhibition and working memory: An fMRI, within-subjects investigation. *Neuropsychologia* 46, 2668-82.
*30 Patrick C. J. (2008). Psychophysiological correlates of aggression and violence: An integrative review. *Philosophical Transactions of the Royal Society B-Biological Sciences* 363, 2543-55.
*31 Raine, A. & Yang, Y. (2006). Neural foundations to moral reasoning and antisocial behavior. *Social, Cognitive, and Affective Neuroscience* 1, 203-13.
*32 Blair, R.J.R. (2007). The amygdala and ventromedial prefrontal cortex in morality and psychopathy. *Trends in Cognitive Sciences* 11, 387-92.
*33 McClure, S. M., Laibson, D. I., Loewenstein, G. & Cohen, J. D. (2004). Separate neural systems value immediate and delayed monetary rewards. *Science* 306, 503-7.
*34 Dolan, M. & Fullam, R. (2004). Behavioural and psychometric measures of impulsivity in a personality disordered population. *Journal of Forensic Psychiatry & Psychology* 15, 426-50.
*35 Miller, J. D. & Lynam, D. R. (2003). Psychopathy and the five-factor model of personality: A replication and extension. *Journal of Personality Assessment* 81, 168-78.
*36 Gu, X. S. & Han, S. H. (2007). Attention and reality constraints on the neural processes of empathy for pain. *NeuroImage* 36, 256-67.
*37 Sterzer, P., Stadler, C., Poustka, F. & Kleinschmidt, A. (2007). A structural neural deficit in adolescents with conduct disorder and its association with lack of empathy. *NeuroImage* 37, 335-42.
*38 Ramnani, N. & Owen, A. M. (2004). Anterior prefrontal cortex: Insights into function from anatomy and neuroimaging. *Nature Reviews Neuroscience* 5, 184-94.
*39 Happe, F. & Frith, U. (1996). Theory of mind and social impairment in children with conduct disor-

第5章　壊れた脳——暴力の神経解剖学

*1　Rojas-Burke, J. (1993). PET scan advance as tool in insanity defense: Debate erupts over capability of brain scanning technology. *Journal of Nuclear Medicine* 34, 13N-26N.

*2　Rosen, J. (2007). The brain on the stand. *New York Times*. Sunday, March 11.

*3　Rojas-Burke, PET scan advance as tool in insanity defense.

*4　同上

*5　Raine, A., Buchsbaum, S., Stanley, J., et al. (1994). Selective reductions in prefrontal glucose metabolism in murderers. *Biological Psychiatry* 6, 365-73.

*6　Raine, A., Lencz, T., Bihrle, S., Lacasse, L. & Colletti, P. (2000). Reduced prefrontal gray matter volume and reduced autonomic activity in antisocial personality disorder. *Archives of General Psychiatry* 57, 119-27.

*7　Goodwin, R. D. & Hamilton, S. P. (2003). Lifetime comorbidity of antisocial personality disorder and anxiety disorders among adults in the community. *Psychiatry Research* 117, 159-66; Raine, A. (2005). *Crime and Schizophrenia*. New York: Nova Science Publishers.

*8　Raine, A. et al., Reduced prefrontal gray matter volume and reduced autonomic activity in antisocial personality disorder.

*9　Yang, Y. & Raine, A. (2009). Prefrontal structural and functional brain imaging findings in antisocial, violent, and psychopathic individuals: A meta-analysis. *Psychiatry Research: Neuroimaging* 174, 81-88.

*10　Gansler, D. A., McLaughlin, N.C.R., Iguchia, L., et al. (2009). A multivariate approach to aggression and the orbital frontal cortex in psychiatric patients. *Psychiatry Research: Neuroimaging* 171, 145-54.

*11　Damasio, A. (1994). *Descartes' Error: Emotion, Reason, and the Human Brain*. New York: GP Putnam' s Sons. ［前掲『デカルトの誤り』］

*12　Bechara, A., Damasio, H., Tranel, D. & Damasio, A. R. (1997). Deciding advantageously before knowing the advantageous strategy. *Science* 275, 1293-94.

*13　McMillan, M. B. (1986). A wonderful journey through skull and brains: The travels of Mr. Gage's tamping iron. *Brain and Cognition* 5, 67-107.

*14　Harlow, J. M. (1868). Recovery from the passage of an iron bar through the head. Publications of the Massachusetts Medical Society, 2, 327-47.

*15　「性的にみだらで大酒飲み」という評判には、疑義も出されている。次の資料を参照されたい。Malcolm Macmillan, The Phineas Gage information Page, http://www.deakin.edu.au/hmnbs/psychology/gagepage/Pgstory.php

*16　Glenn, A. L. & Raine, A. (2009). Neural circuits underlying morality and antisocial behavior. In J. Verplaetse and J. Braeckman (eds.), *The Moral Brain*, pp. 45-68. New York: Springer. ［『モーラルブレイン——脳科学と進化科学の出会いが拓く道徳脳研究』立木教夫・望月文明訳、麗澤大学出版会、2013年］

*17　Butler, K., Rourke, B. P., Fuerst, D. R. & Fisk, J. L. (1997). A typology of psychosocial functioning in pediatric closed-head injury. *Child Neuropsychology* 3, 98-133.

*18　Max, J. E., Koele, S. L., Smith, W. L., Sato, Y., Lindgren, S. D., et al. (1998). Psychiatric disorders in children and adolescents after severe traumatic brain injury: A controlled study. *Journal of the American Academy of Child & Adolescent Psychiatry* 37, 832-40.

*85　スクリップスは、ロウが同性愛者で、自分に近づこうとしているという疑念が浮かんだとき、ホテルの部屋にいた彼がうっとうしくなったと主張している。

*86　Berry-Dee, *Talking with Serial Killers*, p. 94. スクリップスは、およそ15センチの骨スキ包丁を使って犠牲者を整然と解体した。彼はそれについて系統立てて描写している。彼の技術は並のものではないが、この殺人を犯す前に服役していた際に畜殺場で作業をしていた事実によって説明できる。

*87　同上

*88　Pontius, A. A. (1993). Neuropsychiatric update of the crime "profile" and "signature" in single or serial homicides: Rule out limbic psychotic trigger reaction. *Psychological Reports* 73, 875-92.

*89　Carver, H. W. (2007). Reasonable doubt. *Scientific American* 297, 20-21.

*90　Johnson, S. (1998). *Psychological Evaluation of Theodore Kaczynski*. Federal Correctional Institution, Butner, North Carolina. January 11-16, http://www.paulcooijmans.com/psychology/unabombreport2.html

*91　Ishikawa, S. S., Raine, A., Lencz, T., Bihrle, S. & LaCasse, L. (2001). Autonomic stress reactivity and executive functions in successful and unsuccessful criminal psychopaths from the community. *Journal of Abnormal Psychology* 110, 423-32.

*92　ダン・ラザーは、スペリングの間違い、労働者階級の地区の出身など、反社会的行動を導く危険因子を他にも持っている。おもしろいことに、ニュース番組に興味を持ち始めたのは、10歳の頃、心炎にかかって何週間もベッドに釘づけになり、第二次世界大戦のニュース放送を聴く以外に何もできなかったからだそうだ。

*93　Raine, A. (2006). *Crime and Schizophrenia: Causes and Cures*. New York: Nova Science Publishers.

*94　Johnson, *Psychological Evaluation of Theodore Kaczynski*.

*95　Raine, A., Brennan, P. & Mednick, S. A. (1994). Birth complications combined with early maternal rejection at age 1 year predispose to violent crime at age 18 years. *Archives of General Psychiatry* 51, 984-88.

*96　映画『ハート・ロッカー』を観たことがあれば、つかの間の友人関係を結んだベッカム少年が、テロリストの手によって苦しめられたことがわかったジェームズ軍曹が復讐心を燃え上がらせるシーンや、自分のせいで同僚の足が砕かれたことに対する罪に苛まれ、シャワーを浴びながら取り乱すシーンを覚えていることだろう。このように、ジェームズ軍曹は、刺激を求めてやまない向こう見ずのカウボーイのような人物でありながら、良心を持つ。彼はサイコパスでもなければ、当惑した仲間の一人が呼ぶような「掃きだめの赤っ首野郎」でもない。

*97　単一の覚醒システムは存在しないように思われる点に注意されたい。安静時の自律神経系の測定基準は、驚くほど低いレベル（およそ0.10）で相関するにすぎない。明らかに覚醒は、複雑で多面的な生理現象であり、覚醒度の低さという理論は単純にすぎるかもしれない。しかしそれでも、一般集団における極端な（反社会的）グループは、複数の測定基準に照らして、低い覚醒度を持つと考えられる。反社会的な子どもと青少年を対象に、少なくとも二つの測定基準を適用し、覚醒度の低さを見出した研究がある。心拍数のような単純な生物学的測定基準に関してさえ、「行為を引き起こすメカニズム（心拍数の低さが反社会的、攻撃的行動を引き起こすメカニズム）」の作用は、多くのプロセスから構成される複雑なものである可能性が高い。

パーセントは赤の他人を襲って負傷させたことを、7.1パーセントは誰かに向けて発砲したことを、同じく7.1パーセントは殺人未遂もしくは殺人の経験を認めている。

*70 Hare, R. D. (2003). *The Hare Psychopathy Checklist - Revised (PCL-R)*, 2nd ed. Toronto, Canada: Multi-Health Systems.

*71 同上

*72 女性における精神病質者の割合は、スコア30以上が8.3パーセント、25以上が16.7パーセントである。

*73 Widom, C. S. (1978). A methodology for studying non-institutionalized psychopaths. In R. D. Hare & D. Schalling (eds.), *Psychopathic Behavior: Approaches to Research*, p. 72. Chichester, England: Wiley.

*74 同上 p. 83.

*75 Widom, C. S. & Newman, J. P. (1985). Characteristics of non-institutionalized psychopaths. In D. P. Farrington and J. Gunn (eds.), *Aggression and Dangerousness*, pp. 57-80. London: Wiley.

*76 準条件づけは、恐怖条件づけに非常に近い。一例をあげよう。画面に数字が12から0へとカウントダウンしながら表示される。0が表示されたとき、被験者に大きな音を聞かせる、もしくは電撃を与える。12～0が表示されているあいだ(予期フェーズ)、私たちのほとんどは、多かれ少なかれ大きな音(電撃)に不安を感じているので、皮膚コンダクタンスにこの「予期」反応が反映される。しかしサイコパスにはこの反応がほとんど見られない。準条件づけは、被験者に何が起こるかが告知されている点において、すなわち被験者がそれに気づいている点で、条件づけとは異なる。古典的条件づけの実験では、被験者は結びつきについて前もって告知されず、(たとえばCS+の音が不快な騒音を予兆するなど)自分でそれを学習しなければならない。

*77 Ishikawa, S. S., Raine, A., Lencz, T., Bihrle, S. & LaCasse, L. (2001). Autonomic stress reactivity and executive functions in successful and unsuccessful criminal psychopaths from the community. *Journal of Abnormal Psychology* 110, 423-32.

*78 同上

*79 Damasio, A. R. (1994). *Descartes' Error: Emotion, Reason, and the Human Brain*. New York: Grosset/Putnam. [前掲『デカルトの誤り』]

*80 われわれは、サイコパスを対象に古典的条件づけの実験をしたことはない。というのも、その種の実験は何度も行なわれていたので、あえてもう一度繰り返す必要はないと考えていたのと、二次情動に影響を及ぼす社会的文脈という考え方のほうがより新しいと感じていたからだ。われわれは、「上首尾なサイコパスは、よりすぐれた恐怖条件づけを示す」と予測し、恐怖条件づけを研究に組み込んだ。

*81 系統的な研究が不足しているにもかかわらず、何が人を連続殺人犯にするかについての考察は多数存在する。たとえば次の文献を参照されたい。 Holmes, R. M. & Holmes, S. T. (1998). *Serial Murder*, 2nd ed. Thousand Oaks, Calif.: Sage Publications; Fox, J. A. & Levin, J. (2005). *Extreme Killing*. Thousand Oaks, Calif.: Sage Publications.

*82 われわれが被験者に与えた課題は、実行機能課題の古典とも言うべきウィスコンシンカード分類課題である。

*83 映画やテレビ番組に描かれる絞殺はたいてい短時間で死に至るが、現実の絞殺はそうたやすくはない。ロスがある犠牲者を絞め殺したときには、8分かかっている。いったん中止して、痙攣した指をマッサージしなければならなかったからだ。

*84 Berry-Dee, C. (2003). *Talking with Serial Killers*, p. 150. London: John Blake.

*55　Dawson, M. E., Schell, A. M. & Filion, D. L. (2007). The electrodermal system. In J. T. Cacioppo, L. G. Tassinary & G. G. Berntson (eds.), *Handbook of Psychophysiology*, pp. 159-81. New York: Oxford University Press.

*56　Williams, L. M., Felmingham, K., Kemp, A. H., Rennie, C., Brown, K. J., et al. (2007). Mapping fronto-limbic correlates of orienting to change detection. *Neuroreport* 18, 197-202.

*57　Critchley, H. D. (2002). Electrodermal responses: What happens in the brain. *Neuroscientist* 8, 132-42.

*58　Dawson, M. E. & Schell, A. M. (1987). Human autonomic and skeletal classical conditioning: The role of conscious cognitive factors. In G. Davey (ed.), *Cognitive Processes and Pavlovian Conditioning in Humans*, pp. 27-55. New York: Wiley & Sons.

*59　Raine, A. (1997). Crime, conditioning, and arousal. In H. Nyborg (ed.), *The Scientific Study of Human Nature: Tribute to Hans J. Eysenck*, pp. 122-41. Oxford: Elsevier.

*60　犯罪の条件づけ理論の詳細は、次の文献を参照されたい。 Eysenck, H. J. (1977). *Crime and Personality*. St. Albans, England: Paladin. ［『犯罪とパーソナリティ』M・P・I研究会訳、誠信書房、1966年］アイゼンクはイギリスでもっとも大きな影響力を持ち、同時に多くの論議を巻き起こした心理学者である〔出身はドイツ〕。彼の提唱する犯罪のバイオソーシャル理論は、1970年代の犯罪学者の多くに受け入れられず、またその状況は現在でも変わらない。

*61　Hare, R. D., Frazelle, J. & Cox, D. N. (1978). Psychopathy and physiological responses to threat of an aversive stimulus. *Psychophysiology* 15, 165-72; Lorber, M. F. (2004). Psychophysiology of aggression, psychopathy, and conduct problems: A meta-analysis. *Psychological Bulletin* 130, 531-52; Raine, A. (1993). *The Psychopathology of Crime: Criminal Behavior as a Clinical Disorder*. San Diego: Academic Press.

*62　Gao, Y., Raine, A., Venables, P. H., Dawson, M. E. & Mednick, S. A. (2010). Association of poor childhood fear conditioning and adult crime. *American Journal of Psychiatry* 167, 56-60.

*63　同上

*64　Hare, R. D. (1993). *Without Conscience: The Disturbing World of Psychopaths Amongst Us*. New York: Guilford Press. ［前掲『診断名サイコパス』］

*65　Raine, A., Lencz, T., Bihrle, S., LaCasse, L. & Colletti, P. (2000). Reduced prefrontal gray matter volume and reduced autonomic activity in antisocial personality disorder. *Archives of General Psychiatry* 57, 119-27.

*66　『精神疾患の診断と統計マニュアル（DSM）』の規定する反社会性人格障害の診断基準を満たすには、子ども期、あるいは青少年期の行為障害の診断基準も満たさねばならない。

*67　反社会性人格障害の成人のみの診断基準を満たした臨時職業紹介所登録者は、子ども期の基準は満たさなかった。つまり彼らは成人後反社会的になったが、子ども時の行為障害の診断基準は満たさなかった。われわれは、反社会性人格障害の診断基準を完全に満たした被験者のみに焦点を絞った。

*68　殺人、殺人未遂、レイプで有罪判決を受けた者は1人もいなかった。

*69　対象にならなかった被験者に関して言えば、平均して男性は16.1件の、女性は8.6件の犯罪を報告している。少なくとも1件の重大な暴力犯罪を行なった者の割合は、男性が55.7パーセント、女性が42.9パーセントであった。男性に関して言えば、24.4パーセントはレイプもしくは性的暴行を犯したことを、34.8パーセントは赤の他人を襲って負傷させたことを、13.3パーセントは誰かに向けて発砲したことを、8.9パーセントは殺人未遂もしくは殺人の経験を認めている。女性に関して言えば、14.3

behaviorally inhibited Mauritian children. *Journal of Abnormal Psychology* 106, 182-90; Kagan, J. (1994). *Galen's Prophecy: Temperament in Human Nature*. New York: Basic Books.
*31 Raine, A., Reynolds, C., Venables, P. H., Mednick, S. A. & Farrington, D. P. (1998). Fearlessness, stimulation-seeking, and large body size at age 3 years as early predispositions to childhood aggression at age 11 years. *Archives of General Psychiatry* 55, 745-51.
*32 Oldehinkel, A. J., Verhulst, F. C. & Ormel, J. (2008). Low heart rate: A marker of stress resilience. The TRAILS Study. *Biological Psychiatry* 63, 1141-46.
*33 Zahn-Waxler, C., Cole, P., Welsh, J. D. & Fox, N. A. (1995). Psychophysiological correlates of empathy and prosocial behaviors in preschool children with behavior problems. *Development and Psychopathology* 7, 27-48.
*34 Lovett, B. J. & Sheffield, R. A. (2007). Affective empathy deficits in aggressive children and adolescents: A critical review. *Clinical Psychology Review* 27, 1-13.
*35 Eysenck, H. J. (1997). Personality and the biosocial model of antisocial and criminal behavior. In Raine et al., *Biosocial Bases of Violence*, pp. 21-38.
*36 Raine, A., Reynolds, C., Venables, P. H. & Mednick, S. A. (1997). Resting heart rate, skin conductance orienting, and physique.
*37 El-Sheikh, M., Ballard, M. & Cummings, E. M. (1994). Individual differences in preschoolers' physiological and verbal responses to videotaped angry interactions. *Journal of Abnormal Child Psychology* 22, 303-20.
*38 Raine et al., Fearlessness, stimulation-seeking, and large body size at age 3 years.
*39 Zuckerman, M. (1994). *Behavioral Expressions and Biosocial Bases of Sensation Seeking*. Cambridge: Cambridge University Press.
*40 Moffitt, T. E. (1993). Adolescence-limited and life-course persistent antisocial behavior: A developmental taxonomy. *Psychological Review* 100, 674-701.
*41 Raine, A., Liu, J., Venables, P. H., Mednick, S. A. & Dalais, C. (2010). Cohort profi le: The Mauritius Child Health Project. *International Journal of Epidemiology* 39, 1441-51.
*42 WHO Scientific Group (1968). Neurophysiological and behavioural research in psychiatry. *WHO Technical Report No. 381*. Geneva: World Health Organization.
*43 Raine, et al., Fearlessness, stimulation-seeking, and large body size at age 3 years.
*44 Achenbach, T. M. (1991). *Manual for the Child Behavior Checklist/4-18*. Burlington, Vt.: Department of Psychiatry, University of Vermont.
*45 *Over Aggressie* (2001). KRO network Amsterdam, Netherlands, http://www.kro.nl/
*46 同上
*47 同上
*48 同上
*49 同上
*50 同上
*51 Kenrick, D. T. & Sheets, V. (1993). Homicidal Fantasies. *Ethology and Sociobiology* 14, 231-46.
*52 Crabb, P. B. (2000). The material culture of homicidal fantasies. *Aggressive Behavior* 26, 225-34.
*53 同上
*54 ガルバニック皮膚反応(GSR)は、皮膚コンダクタンス(SC)の旧称であり、皮膚電位(EDA)は、皮膚コンダクタンスと皮膚電位(skin potential)の両方を含意する総称である。

*16 Shaw, D. S. & Winslow, E. B. (1997). Precursors and correlates of antisocial behavior from infancy to preschool. In D. M. Stoff, J. Breiling & J. D. Maser (eds.), *Handbook of Antisocial Behavior*, pp. 148-58. New York: Wiley.

*17 Baker, L. A., Tuvblad, C., Reynolds, C., Zheng, M., Lozano, D. I., et al. (2009). Resting heart rate and the development of antisocial behavior from age 9 to 14: Genetic and environmental influences. *Development and Psychopathology*, 21, 939-60.

*18 Farrington, D. P. (1987). Implications of biological findings for criminological research. In S. A. Mednick, T. E. Moffitt & S. A. Stack (eds.), *The Causes of Crime: New Biological Approaches*, pp. 42-64. New York: Cambridge University Press; Venables, P. H. (1987). Autonomic and central nervous system factors in criminal behavior. In Mednick et al., *The Causes of Crime*, pp. 110-36.

*19 Farrington, D. P. (1997). The relationship between low resting heart rate and violence. In A. Raine, P. A. Brennan, D. P. Farrington & S. A. Mednick (eds.), *Biosocial Bases of Violence*, pp. 89-106. New York: Plenum.

*20 親の犯罪が、子の犯罪を予測する危険因子として繰り返し見出されている理由は、親の犯罪が、大きな遺伝的リスクと環境的リスクを結びつけるものだからだ。犯罪者の親は、子どもに犯罪の遺伝的リスクを受け渡し、それに加えてひどい養育、不安定な生活、虐待など、犯罪の重要な社会的リスクをもたらす。

*21 Farrington, The relationship between low resting heart rate and violence.

*22 Raine, A., Venables, P. H. & Williams, M. (1995). High autonomic arousal and electrodermal orienting at age 15 years as protective factors against criminal behavior at age 29 years. *American Journal of Psychiatry* 152, 1595-1600.

*23 Connor, D. F., Glatt, S. J., Lopez, I. D., Jackson, D. & Melloni, R. H. (2002). Psychopharmacology and aggression, vol. 1: A meta-analysis of stimulant effects on overt/covert aggression-related behaviors in ADHD. *Journal of the American Academy of Child and Adolescent Psychiatry* 41, 253-61.

*24 Stadler, C., Grasmann, D., Fegert, J. M., Holtmann, M., Poustka, F., et al. (2008). Heart rate and treatment effect in children with disruptive behavior disorders. *Child Psychiatry and Human Development* 39, 299-309.

*25 Rogeness, G. A., Cepeda, C., Macedo, C. A., Fischer, C., et al. (1990). Differences in heart rate and blood pressure in children with conduct disorder, major depression, and separation anxiety. *Psychiatry Research* 33, 199-206.

*26 Moffitt, T. E., Arseneault, L., Jaffee, S. R., Kim-Cohen, J., Koenen, K. C., et al. (2008). Research Review: DSM-V conduct disorder: Research needs for an evidence base. *Journal of Child Psychology and Psychiatry* 49, 3-33.

*27 Raine, A. (1993). *The Psychopathology of Crime: Criminal Behavior as a Clinical Disorder*. San Diego: Academic Press.

*28 Raine, A., Reynolds, C., Venables, P. H. & Mednick, S. A. (1997). Resting heart rate, skin conductance orienting, and physique. In Raine et al., *Biosocial Bases of Violence*, pp. 107-26.

*29 Cox, D., Hallam, R., O'Connor, K. & Rachman, S. (1983). An experimental study of fearlessness and courage. *British Journal of Psychology* 74, 107-17; O'Connor, K., Hallam, R., and Rachman, S. (1985). Fearlessness and courage: A replication experiment. *British Journal of Psychology* 76, 187-97.

*30 Scarpa, A., Raine, A., Venables, P. H. & Mednick, S. A. (1997). Heart rate and skin conductance in article517604.ece

*2 Elder, R. K. (2008). A brother lost, a brotherhood found. *Chicago Tribune*, May 17, http://www.chicagotribune.com/news/nationworld/chi-unabomber-story,0,7970571.story

*3 11歳の時点で行なった最初のIQテストの43年後、セオドア・カジンスキーは再テストを受けているが、そのときのスコアは138であった。167から落ちた理由は、成人初期に精神病を発達させたからだと考えられる。

*4 Eisermann, K. (1992). Long-term heart rate responses to social stress in wild European rabbits: Predominant effect of rank position. *Physiology & Behavior* 52, 33-36.

*5 Cherkovich, G. M. & Tatoyan, S. K. (1973). Heart rate (radiotelemetric registration) in macaques and baboons according to dominant-submissive rank in a group. *Folia Primatologica* 20, 265-73; Holst, D. V. (1986). Vegetative and somatic compounds of tree shrews' behavior. *Journal of the Autonomic Nervous System*, Suppl., 657-70.

*6 心拍数の低さが、人を反社会的行動へと導き得るという考えが受け入れがたい理由の一つとして、「運動をすると安静時心拍数は低下するが、私たちは一般に、運動する人に好感を抱く」ことがあげられる。「運動によって安静時心拍数が低下する」というくだりは厳密には間違いではないが、その効果は一般に考えられているよりはるかに小さい。20週の持久性訓練によっても、安静時心拍数は1分間に2鼓動小さくなるだけである。私たちが普段している運動は、それよりもさらに効果が劣る。次の文献を参照されたい。 Wilmore, J. H., Stanforth, P. R., Gagnon, J., et al. (1996). Endurance exercise training has a minimal effect on resting heart rate: The HERITAGE study. *Medicine and Science in Sports and Exercise* 28, 829-35.

*7 Raine, A. & Venables, P. H. (1984). Tonic heart rate level, social class and antisocial behaviour in adolescents. *Biological Psychology* 18, 123-32.

*8 Raine, A. & Jones, F. (1987). Attention, autonomic arousal, and personality in behaviorally disordered children. *Journal of Abnormal Child Psychology* 15, 583-99.

*9 Ortiz, J. & Raine, A. (2004). Heart rate level and antisocial behavior in children and adolescents: A meta-analysis. *Journal of the American Academy of Child and Adolescent Psychiatry* 43, 154-62.

*10 全体の「効果量」は-0.44であった。効果量とは関係の強さを示す尺度である。たとえば、0.2はその関係が小さいことを、0.5は中位であることを、0.8は大きいことを示す。

*11 医学や心理学における効果量の例は次の文献を参照されたい。 Meyer, G. J. et al. (2001). Psychological testing and psychological assessment: A review of evidence and issues. *American Psychologist* 56, 128-65.

*12 喫煙と肺がんの相関が0.08、妊婦のアルコール摂取と早産の相関が0.09、心臓発作による死亡の危険性を緩和するアスピリンの効果が0.02、卒中などの発作の危険性を緩和する高血圧治療薬の効果が0.03なのに対し、心拍数と反社会的行動の相関は0.22である。

*13 Raine, A., Venables, P. H. & Mednick, S. A. (1997). Low resting heart rate at age 3 years predisposes to aggression at age 11 years: Evidence from the Mauritius Child Health Project. *Journal of the American Academy of Child & Adolescent Psychiatry* 36, 1457-64.

*14 Voors, A. W., Webber, L. S. & Berenson, B. S. (1982). Resting heart rate and pressure rate product of children in a total biracial community: The Bogalusa Heart study. *American Journal of Epidemiology* 116, 276-86.

*15 同上 効果量は非常に大きい（$d = 0.36$ $p < 0.0001$）。

*68 Kiehl, K. A., Smith, A. M., Mendrek, A., Forster, B. B., Hare, R. D., et al. (2004). Temporal lobe abnormalities in semantic processing by criminal psychopaths as revealed by functional magnetic resonance imaging. *Psychiatry Research: Neuroimaging* 130, 295-312.
*69 Yang, Y. L., Glenn, A. L. & Raine, A. (2008). Brain abnormalities in antisocial individuals: Implications for the law. *Behavioral Sciences & the Law* 26, 65-83.
*70 Raine, A. & Yang, Y. (2006). Neural foundations to moral reasoning and antisocial behavior. *Social, Cognitive, and Affective Neuroscience* 1, 203-13.
*71 Veit, R., Lotze, M., Sewing, S., Missenhardt, H., Gaber, T., et al. (2010). Aberrant social and cerebral responding in a competitive reaction time paradigm in criminal psychopaths. *NeuroImage* 49, 3365-72; Kiehl, K. A. (2006). A cognitive neuroscience perspective on psychopathy: Evidence for paralimbic system dysfunction. *Psychiatry Research* 142, 107-28.
*72 New et al., Blunted prefrontal cortical (18)fluorodeoxyglucose positron emission tomography response.
*73 Lee, T.M.C., Chan, S. C. & Raine, A. (2009). Hyper-responsivity to threat stimuli in domestic violence offenders: A functional magnetic resonance imaging study. *Journal of Clinical Psychiatry* 70, 36-45.
*74 Rule, A. (2009). *The Stranger Beside Me*. New York: Pocket Books. [『テッド・バンディ――「アメリカの模範青年」の血塗られた闇』権田万治訳、原書房、1999年]
*75 Vronsky, P. (2007). *Female Serial Killers: How and Why Women Become Monsters*. New York: Berkley Books.
*76 同上
*77 同上 p. 132.
*78 同上
*79 Bowlby, J. (1969). *Attachment and Loss*, vol. 1, *Attachment*. New York: Hogarth Press. [『母子関係の理論』黒田実郎・大羽蓁・岡田洋子・黒田聖一訳、岩崎学術出版社、1991年]; Rutter, M. (1982). *Maternal Deprivation Reassessed* (2nd ed.). Harmondsworth, U.K.: Penguin. [『母親剥奪理論の功罪』北見芳雄・佐藤紀子・辻祥子訳、誠信書房、1979-84年]
*80 Vronsky, *Female Serial Killers*.
*81 Hare, R. D. (2003). *The Hare Psychopathy Checklist - Revised (PCL-R)*, 2nd ed. Toronto, Canada: Multi-Health Systems.
*82 Crime: Chronic Murder. August 29, 1938. *Time*. http://www.time.com/time/magazine/article/0,9171,789132,00.html
*83 Glenn, A. L., Raine, A. & Schug, R. A. (2009). The neural correlates of moral decision-making in psychopathy. *Molecular Psychiatry* 14, 5-6.
*84 Vronsky, *Female Serial Killers*.
*85 Blair, The amygdala and ventromedial prefrontal cortex.
*86 Raine & Yang. Neural foundations to moral reasoning and antisocial behavior.

第4章　冷血――自律神経系

*1 Chynoweth, C. (2005). How do I become a bomb disposal expert? *The Times* (London), February 24, http://business.timesonline.co.uk/tol/business/career_and_jobs/graduate_management/

*52　George, D. T., Phillips, M. J., Doty, L., Umhau, J. C. & Rawlings, R. R. (2006): A model linking biology, behavior, and psychiatric diagnoses in perpetrators of domestic violence. *Medical Hypotheses* 67, 345-53.

*53　同上

*54　Babcock, J. C., Green, C. E., Webb, S. A. & Graham, K. H. (2004). A second failure to replicate the Gottman et al. (1995) typology of men who abuse intimate partners . . . and possible reasons why. *Journal of Family Psychology* 18, 396-400.

*55　そのように考えているのはわれわれのグループばかりではない。妻を虐待する夫は、中傷、不同意など、脅威として解釈可能な情動的刺激に過敏に反応し、ネガティブな感情を増幅させ、社会的な文脈とはまったく不釣り合いなあり方で行動するという仮説を提起する研究者は他にもいる。次の文献を参照されたい。George, D. T., Rawlings, R. R., Williams, W. A., Phillips, M. J., Fong, G., et al. (2004). A select group of perpetrators of domestic violence: Evidence of decreased metabolism in the right hypothalamus and reduced relationships between cortical/subcortical brain structures in position emission tomography. *Psychiatry Research: Neuroimaging* 130, 11-25; Babcock et al., A second failure to replicate the Gottman et al. (1995) typology.

*56　Babcock, J. C., Green, C. E. & Robieb, C. (2004). Does batterers' treatment work? A meta-analytic review of domestic violence treatment. *Clinical Psychology Review* 23, 1023-53.

*57　Twain, M. (1882). *On the Decay of the Art of Lying*. Boston: James R. Osgood and Company.

*58　たいへん悲しいことに、ショーン・スペンスは長い闘病生活の末、2010年のクリスマスに48歳の若さで亡くなった。彼はとても創造的で活動的な科学者だった。誰もが彼の死をとても悲しんでいる。

*59　Lee, T.M.C., Liu, H. L., Tan, L. H., Chan, C.C.H., Mahankali, S., et al. (2002). Lie detection by functional magnetic resonance imaging. *Human Brain Mapping* 15, 157-64.

*60　Spence, S. A., Farrow, T.F.D., Herford, A. E., Wilkinson, I. D., Zheng, Y., et al. (2001). Behavioural and functional anatomical correlates of deception in humans. *NeuroReport* 12, 2849-53.

*61　Langleben, D. D., Schroeder, L., Maldjian, J. A., Gur, R. C., McDonald, S., et al. (2002). Brain activity during simulated deception: An event-related functional magnetic resonance study. *NeuroImage* 15, 727-32.

*62　Mackintosh, N., Baddeley, A., Brownsworth, R., et al. (2011). *Brain Waves Module 4: Neuroscience and the Law*. London: The Royal Society.

*63　Greene, J. D., Sommerville, R. B., Nystrom, L. E., Darley, J. M. & Cohen, J. D. (2001). An fMRI investigation of emotional engagement in moral judgment. *Science* 293, 2105-8.

*64　Koenigs, M., Young, L., Adolphs, R., Tranel, D., Cushman, F., et al. (2007). Damage to the prefrontal cortex increases utilitarian moral judgments. *Nature* 446, 908-11.

*65　Moll, J. et al. (2002). The neural correlates of moral sensitivity: A functional magnetic resonance imaging investigation of basic and moral emotions. *The Journal of Neuroscience: The Official Journal of the Society for Neuroscience* 22, 2730-36.

*66　Heekeren, H. R., Wartenburger, I., Schmidt, H., Prehn, K., Schwintowski, H. P., et al. (2005). Influence of bodily harm on neural correlates of semantic and moral decision-making. *NeuroImage* 24, 887-97.

*67　Kumari, V., Das, M., Hodgins, S., Zachariah, E., Barkataki, I., et al. (2005). Association between violent behaviour and impaired prepulse inhibition of the startle response in antisocial personality disorder and schizophrenia. *Behavioral and Brain Research* 158, 159-66.

asymmetry in unsuccessful psychopaths. *Biological Psychiatry* 55, 185-91.

*37 Raine, A., Moffitt, T. E., Caspi, A., Loeber, R., Stouthamer-Loeber, M., et al. (2005). Neurocognitive impairments in boys on the life-course persistent antisocial path. *Journal of Abnormal Psychology* 114, 38-49.

*38 Boccardi, M., Ganzola, R., Rossi, R., Sabattoli, F., Laakso, M. P., et al. (2010). Abnormal hippocampal shape in offenders with psychopathy. *Human Brain Mapping* 31, 438-47.

*39 Swanson, L. W. (1999). Limbic system. In G. Adelman & B. H. Smith (eds.), *Encyclopedia of Neuroscience*, pp. 1053-55. Amsterdam: Elsevier.

*40 Gregg, T. R. & Siegel, A. (2001). Brain structures and neurotransmitters regulating aggression in cats: Implications for human aggression. *Progress in Neuro-Psychopharmacology & Biological Psychiatry* 25, 91-140.

*41 Kiehl, K. A., Smith, A. M., Hare, R. D., Mendrek, A., Forster, B. B., Brink, J. & Liddle, P. F. (2001). Limbic abnormalities in affective processing by criminal psychopaths as revealed by functional magnetic resonance imaging. *Biological Psychiatry* 50, 677-84.

*42 Rubia, K., Halari, R., Smith, A. B., Mohammed, M., Scott, S., et al. (2008): Dissociated functional brain abnormalities of inhibition in boys with pure conduct disorder and in boys with pure attention deficit hyperactivity disorder. *American Journal of Psychiatry* 165, 889-97.

*43 New, A. S., Hazlett, E. A., Buchsbaum, M. S., Goodman, M., Reynolds, D., et al. (2002): Blunted prefrontal cortical (18)fluorodeoxyglucose postron emission tomography response to meta-chlorophenylpiperazine in impulsive aggression. *Archives of General Psychiatry* 59, 621-29.

*44 Maratos, E. J., Dolan, R. J., Morris, J. S., Henson, R.N.A. & Rugg, M. D. (2001). Neural activity associated with episodic memory for emotional context. *Neuropsychologia* 39, 910-20.

*45 Mayberg, H. S., Liotti, M., Brannan, S. K., McGinnis, S., Mahurin, R. K., et al. (1999). Reciprocal limbic-cortical function and negative mood: Converging PET findings in depression and normal sadness. *American Journal of Psychiatry* 156, 675-82.

*46 Ochsner, K. N. et al. (2005). The neural correlates of direct and reflected self-knowledge. *NeuroImage* 28, 797-814.

*47 Fagan, J. (1989). Cessation of family violence: Deterrence and dissuasion. In L. Ohlin & M. Tonry (eds.), *Family Violence: Crime and Justice: A Review of Research*, pp. 377-425. Chicago: University of Chicago.

*48 Wilt, S. & Olson, S. (1996). Prevalence of domestic violence in the United States. *Journal of American Medical Women's Association* 51, 77-88.

*49 Guth, A. A. & Pachter, L. (2000). Domestic violence and the trauma surgeon. *American Journal of Surgery* 179, 134-40; Hamby, J. M. & Koss, M. P. (2003). Violence against women: Risk factors, consequences, and prevalence. In J. M. Leibschutz, S. M. Frayne & G. M. Saxe (eds.), *Violence Against Women: A Physician's Guide to Identification and Management*, pp. 3-38. Philadelphia: American College of Physicians.

*50 Pihlajamaki, M., Tanila, H., Kononen, M., et al. (2005). Distinct and overlapping fMRI activation networks for processing of novel identities and locations of objects. *European Journal of Neuroscience* 22, 2095-105.

*51 Sevostianov, A., Horwitz, B., Nechaev, V., et al. (2002). fMRI study comparing names versus pictures of objects. *Human Brain Mapping* 16, 168-75.

Influences (pp. 59-172). Washington, D.C.: National Academy Press.

*25 Amen, D. G., Hanks, C., Prunella, J. R. & Green, A. (2007). An analysis of regional cerebral blood flow in impulsive murderers using single photon emission computed tomography. *Journal of Neuropsychiatry and Clinical Neurosciences* 19, 304-9.

*26 殺人者を対象にした機能的脳画像法による研究はほとんどないが、構造的なものはいくつか存在する〔脳の構造的異常については第5章で説明される〕。たとえば次の文献を参照されたい。
Yang, Y. L., Raine, A., Han, C. B., Schug, R. A., Toga, A. W., et al. (2010). Reduced hippocampal and parahippocampal volumes in murderers with schizophrenia. *Psychiatry Research: Neuroimaging* 182, 9-13; Puri, B. K., Counsell, S. J., Saeed, N., Bustos, M. G., Treasaden, I. H., et al. (2008). Regional grey matter volumetric changes in forensic schizophrenia patients: An MRI study comparing the brain structure of patients who have seriously and violently offended with that of patients who have not. *Progress in Neuro-Psychopharmacology and Biological Psychiatry* 32, 751-54.

*27 Soderstrom, H., Hultin, L., Tullberg, M., Wikkelso, C., Ekholm, S., et al. (2002). Reduced frontotemporal perfusion in psychopathic personality. *Psychiatry Research: Neuroimaging* 114, 81-94.

*28 Hoptman, M. J. (2003). Neuroimaging studies of violence and antisocial behavior. Journal of Psychiatric Practice 9, 265.78; Miczek, K. A., de Almeida, R.M.M., Kravitz, E. A., Rissman, E. F., de Boer, S. F., et al. (2007). Neurobiology of escalated aggression and violence. *Journal of Neuroscience* 27, 11,803-6.

*29 Gur, R. C., Ragland, J. D., Resnick, S. M., Skolnick, B. E., Jaggi, J., et al. (1994). Lateralized increases in cerebral blood flow during performance of verbal and spatial tasks: Relationship with performance level. *Brain and Cognition* 24, 244-58.

*30 Sakurai, Y., Asami, M. & Mannen, T. (2010): Alexia and agraphia with lesions of the angular and supramarginal gyri: Evidence for the disruption of sequential processing. *Journal of the Neurological Sciences* 288, 25-33.

*31 Rubia, K., Smith, A. B., Halari, R., Matsukura, F., Mohammad, M., et al. (2009): Disorder-specific dissociation of orbitofrontal dysfunction in boys with pure conduct disorder during reward and ventrolateral prefrontal dysfunction in boys with pure ADHD during sustained attention. *American Journal Psychiatry* 166, 83-94.

*32 Soderstrom, H., Tullberg, M., Wikkelso, C., Ekholm, S. & Forsman, A. (2000): Reduced regional cerebral blood flow in non-psychotic violent offenders. *Psychiatry Research: Neuroimaging* 98, 29-41.

*33 Kiehl, K. A. (2006). A cognitive neuroscience perspective on psychopathy: Evidence for paralimbic system dysfunction. *Psychiatry Research* 142, 107-28.

*34 Muller, J. L., Sommer, M., Wagner, V., Lange, K., Taschler, H., et al. (2003). Abnormalities in emotion processing within cortical and subcortical regions in criminal psychopaths: Evidence from a functional magnetic resonance imaging study using pictures with emotional content. *Biological Psychiatry* 54, 152-62.

*35 Amen, D. G., Hanks, C., Prunella, J. R. & Green, A. (2007). An analysis of regional cerebral blood flow in impulsive murderers using single photon emission computed tomography. *Journal of Neuropsychiatry and Clinical Neurosciences* 19, 304-9.

*36 Raine, A., Ishikawa, S. S., Arce, E., Lencz, T., Knuth, K. H., et al. (2004). Hippocampal structural bilateral damage to the ventromedial prefrontal region. *Developmental Neuropsychology* 18, 355-81.

*5 Bechara, A., Damasio, H., Tranel, D. & Damasio, A. R. (1997). Deciding advantageously before knowing the advantageous strategy. *Science* 275, 1293-94.

*6 Blair, R.J.R. (2007). The amygdala and ventromedial prefrontal cortex in morality and psychopathy. *Trends in Cognitive Sciences* 11, 387-92.

*7 Damasio, A. (1994). *Descartes' Error: Emotion, Reason, and the Human Brain*. New York: GP Putnam's Sons. [『デカルトの誤り――情動、理性、人間の脳』田中三彦訳、筑摩書房、2010年]

*8 Bechara, A. & Damasio, A. R. (2005). The somatic marker hypothesis: A neural theory of economic decision. *Games and Economic Behavior* 52, 336-72.

*9 Yang, Y. L. & Raine, A. (2009). Prefrontal structural and functional brain imaging findings in antisocial, violent, and psychopathic individuals: A meta-analysis. *Psychiatry Research: Neuroimaging* 174, 81-88.

*10 殺人犯において、後頭皮質のなかでも過剰に活性化した領域は、視覚野(BA17, 18)である。

*11 *Understanding Murder: An Examination of the Etiology of Murder* (2001). The Learning Channel and Cronkite-Ward Productions, August.

*12 *People vs. Antonio Bustamante* (1990.91). Case number: CR13160, Imperial County, Calif.

*13 Bechara, A., Damasio, H. & Damasio, A. R. (2000). Emotion, decision making and the orbitofrontal cortex. *Cerebral Cortex* 10, 295-307.

*14 *Understanding Murder*.

*15 McDougal, *Angel of Darkness*.

*16 Bechara & Damasio. The somatic marker hypothesis.

*17 Kray, R. & Kray, R. (1989). *Reg and Ron Kray: Our Story*, p. 90. London: Pan Books.

*18 Raine, A., Meloy, J. R., Bihrle, S., Stoddard, J., Lacasse, L., et al. (1998). Reduced prefrontal and increased subcortical brain functioning assessed using positron emission tomography in predatory and affective murderers. *Behavioral Sciences and the Law* 16, 319-32.

*19 犯罪行為には、先攻的攻撃性と反応的攻撃性の混合が見られる場合があるというだけではない。犯罪者には、生活様式と殺人の方法が一致しない者もいる。たとえば、クレイ兄弟は、1960年代から70年代にかけてイーストロンドンで暗躍していたギャング組織の一員で、計画強盗やみかじめ料の取り立てに参加していた。したがって、レジーのマクヴィティ殺害は本質的に反応的攻撃性の発露だったが、彼の犯罪者としての生活様式は、おもに先攻的攻撃性に根差すものであった。

*20 Shaikh, M. B., Steinberg, A. & Siegel, A. (1993). Evidence that substance P is utilized in medial amygdaloid facilitation of defensive rage behavior in the cat. *Brain Research* 625, 283-94.

*21 Adamec, R. E. (1990). Role of the amygdala and medial hypothalamus in spontaneous feline aggression and defense. *Aggressive Behavior* 16, 207-22.

*22 Elliott, F. A. (1992). Violence: The neurologic contribution: An overview. *Archives of Neurology* 49, 595-603.

*23 Adamec, R. E. (1991). The role of the temporal lobe in feline aggression and defense. Special Issue: Ethoexperimental psychology of defense: Behavioral and biological processes. *Psychological Record* 41, 233-53.

*24 Mirsky, A. F. & Siegel, A. (1994). The neurobiology of violence and aggression. In A. J. Reiss, K. A. Miczek, and J. A. Roth (eds.), *Understanding and Preventing Violence, vol. 2, Biobehavioral* accumbens dopamine receptor antagonism in mice. *Psychopharmacology* 197, 449-56.

*66 Sokolov, B. P. & Cadet, J. L. (2006). Methamphetamine causes alterations in the MAP kinase-related pathways in the brains of mice that display increased aggressiveness. *Neuropsychopharmacology* 31, 956-66.

*67 Caspi, A., Hariri, A. R., Holmes, A., Uher, R. & Moffitt, T. E. (2010). Genetic sensitivity to the environment: The case of the serotonin transporter gene and its implications for studying complex diseases and traits. *American Journal of Psychiatry* 167, 509-27.

*68 Gelernter, J., Kranzler, H. R. & Cubells, J. F. (1997). Serotonin transporter protein (SLC6A4) allele and haplotype frequencies and linkage disequilibria in African- and European-American and Japanese populations and in alcohol-dependent subjects. *Human Genetics* 101, 243-46.

*69 Hariri, A. R., Mattay, V., Tessitore, A., Kolachana, B., Fera, F., et al. (2002). Serotonin transporter genetic variation and the response of the human amygdala. *Science* 297, 400-403.

*70 Hanna, G. L., Himle, J. A., Curtis, G. C., Koran, D. Q., Weele, J. V., et al. (1998). Serotonin transporter and seasonal variation in blood serotonin in families with obsessive-compulsive disorder. *Neuropsychopharmacology* 18, 102-11.

*71 Brown, G. L., Goodwin, F. K., Ballenger, J. C., Goyer, P. F. & Major, L. F. (1979). Aggression in humans correlates with cerebrospinal fluid amine metabolites. *Psychiatry Research* 1, 131-39.

*72 Moore, T. M., Scarpa, A. & Raine, A. (2002). A meta-analysis of serotonin metabolite 5-HIAA and antisocial behavior. *Aggressive Behavior* 28, 299-316.

*73 Coccaro, E. F., Lee, R. & Kavoussi, R. J. (2010). Aggression, suicidality and intermittent explosive disorder: Serotonergic correlates in personality disorder and healthy control subjects. *Neuropsychopharmacology* 35, 435-44.

*74 Crockett, M. J., Clark, L., Tabibnia, G., Lieberman, M. D. & Robbins, T. W. (2008). Serotonin modulates behavioral reactions to unfairness. *Science* 320, 1739.

*75 Glenn, A. L. (2011). The other allele: Exploring the long allele of the serotonin transporter gene as a potential risk factor for psychopathy: A review of the parallels in findings. *Neuroscience and Biobehavioral Reviews* 35, 612-20.

*76 Beaver, K. M., Wright, J. P. & Walsh, A. (2008). A gene-based evolutionary explanation for the association between criminal involvement and number of sex partners. *Biodemography and Social Biology* 54, 47-55.

*77 Orgel, L. E. & Crick, F. H. (1980). Selfish DNA: The ultimate parasite. *Nature* 284, 604-7.

*78 Biémont, C. & Vieira, C. (2006). Genetics: Junk DNA as an evolutionary force. *Nature* 443, 521-24.

*79 *60 Minutes: Murder Gene* (2001). CBS television, February 27.

第3章　殺人にはやる心——暴力犯罪者の脳はいかに機能不全を起こすか

*1 Kraft, R. "My Life," chapter 5, Dad and the Fire. Death Row, California. http://www.ccadp.org/randykraft.htm

*2 McDougal, D. (1991). *Angel of Darkness*. New York: Warner Books.

*3 Raine, A., Buchsbaum, M. S. & LaCasse, L. (1997). Brain abnormalities in murderers indicated by positron emission tomography. *Biological Psychiatry* 42, 495-508.

*4 Barrash, J., Tranel, D. & Anderson, S. W. (2000). Acquired personality disturbances associated with

New Zealand Medical Journal 120, U2441.

*50 Newman, T. K., Syagailo, Y. V., Barr, C. S., et al. (2005). Monoamine oxidase A gene promoter variation and rearing experience influences aggressive behavior in rhesus monkeys. *Biological Psychiatry* 57, 167-72.

*51 Gibbons, A. (2004). American Association of Physical Anthropologists meeting. Tracking the evolutionary history of a "warrior" gene. *Science* 304, 818.

*52 Lea & Chambers, Monoamine oxidase, addiction, and the "warrior" gene hypothesis.

*53 Merriman, T. & Cameron, V. (2007). Risk-taking: Behind the warrior gene story. *New Zealand Medical Journal* 120, U2440.

*54 Crampton, P. & Parkin, C. (2007). Warrior genes and risk-taking science. *New Zealand Medical Journal* 120, U2439.

*55 Lea & Chambers, Monoamine oxidase, addiction, and the "warrior" gene hypothesis.

*56 United Nations (2006). Intentional homicide, rate per 100,000 population. Office on Drugs and Crime, http://www.unodc.org/documents/data-and-analysis/IHS-rates-05012009.pdf

*57 Brunner, et al. Abnormal behavior associated with a point mutation in the structural gene for monoamine oxidase A.

*58 Eisenberger et al., Understanding genetic risk for aggression.

*59 MAOAと反社会的な行動の関係は、すべての文化に見られるわけではない。シャイらが台湾人を対象に行なった研究では、反社会性人格障害や、反社会的な飲酒に関して、そのような関係は見出されていない。これについては、次の文献を参照されたい。 Lu, R. B., Lin, W. W., Lee, J. F., Ko, H. C. & Shih, J. C. (2003). Neither antisocial personality disorder nor antisocial alcoholism is associated with the MAO-A gene in Han Chinese males. *Alcoholism-Clinical and Experimental Research* 27(6), 889-93. また次の報告では、アフリカ系アメリカ人のあいだでの虐待と低MAOAの相互作用は見出されていない。 Widom, C. S. & Brzustowicz, L. M. (2006). MAOA and the "Cycle of violence": Childhood abuse and neglect, MAOA genotype, and risk for violent and antisocial behavior. *Biological Psychiatry* 60, 684-89.

*60 Williams, et al., A polymorphism of the MAOA gene is associated with emotional brain markers.

*61 Cadoret, R. J., Langbehn, D., Caspers, K., Troughton, E. P., Yucuis, R., et al. (2003). Associations of the serotonin transporter promoter polymorphism with aggressivity, attention deficit, and conduct disorder in an adoptee population. *Comprehensive Psychiatry* 44, 88-101.

*62 DeLisi, M., Beaver, K. M., Vaughn, M. G. & Wright, J. P. (2009). All in the family: Gene x environment interaction between DRD2 and criminal father is associated with five antisocial phenotypes. *Criminal Justice and Behavior* 36, 1187-97.

*63 Lee, S. S., Lahey, B. B., Waldman, I., Van Hulle, C. A., Rathouz, P., et al. (2007). Association of dopamine transporter genotype with disruptive behavior disorders in an eight-year longitudinal study of children and adolescents. *American Journal of Medical Genetics Part B-Neuropsychiatric Genetics* 144B, 310-17.

*64 Gadow, K. D., DeVincent, C. J., Olvet, D. M., Pisarevskaya, V. & Hatch-well, E. (2010). Association of DRD4 polymorphism with severity of oppositional defiant disorder, separation anxiety disorder and repetitive behaviors in children with autism spectrum disorder. *European Journal of Neuroscience* 32, 1058-65.

*65 Couppis, M. H. & Kennedy, C. H. (2008). The rewarding effect of aggression is reduced by nucleus

phenotypes in boys with 47, XYY syndrome or 47, XXY Klinefelter syndrome. *Pediatrics* 129, 769-78.

*33 Brunner, H. (2011). Do the genes tell it all? Invited address, Congress on *Crime and Punishment: A Case of Biology*, Organization for Biology, Bio-Medical Sciences and Psychobiology, University of Amsterdam, Netherlands, January 19.

*34 Brunner, H. G. (2011). Personal communication, Amsterdam, January 19.

*35 Brunner, H. G., Nelen, M., Breakfield, X. O., Ropers, H. H. & van Oost, B. A. (1993). Abnormal behavior associated with a point mutation in the structural gene for monoamine oxidase A. *Science* 262, 578-80.

*36 同上

*37 Farrington, D. P. (2000). Psychosocial predictors of adult antisocial personality and adult convictions. *Behavioral Sciences & the Law* 18, 605-22.

*38 Brunner, H. (1996). MAOA deficiency and abnormal behaviour: Perspectives on an association. *Ciba Foundation Symposium* 194, 155-64.

*39 Cases, O., Seif, I., Grimsby, J., Gaspar, P., Chen, K., et al. (1995). Aggressive behavior and altered amounts of brain serotonin and norepinephrine in mice lacking MAOA. *Science* 268, 1763-66.

*40 Caspi, A., McClay, J., Moffitt, T., Mill, J., Martin, J., et al. (2002). Role of genotype in the cycle of violence in maltreated children. *Science* 297, 851-54.

*41 Kim-Cohen, J., Caspi, A., Taylor, A., Williams, B., Newcombe, R., et al. (2006). MAOA, maltreatment, and gene-environment interaction predicting children's mental health: New evidence and a meta-analysis. *Molecular Psychiatry* 11, 903-13.

*42 Beach, S.R.H., Brody, G. H., Gunter, T. D., Packer, H., Wernett, P., et al. (2010). Child maltreatment moderates the association of MAOA with symptoms of depression and antisocial personality disorder. *Journal of Family Psychology* 24, 12-20.

*43 Williams, L. M., Gatt, J. M., Kuan, S. A., Dobson-Stone, C., Palmer, D. M., et al. (2009). A polymorphism of the MAOA gene is associated with emotional brain markers and personality traits on an antisocial index. *Neuropsychopharmacology* 34, 1797-1809.

*44 Eisenberger, N. I., Way, B. M., Taylor, S. E., Welch, W. T. & Lieberman, M. D. (2007). Understanding genetic risk for aggression: Clues from the brain's response to social exclusion. *Biological Psychiatry* 61, 100-108.

*45 Guo, G., Ou, X. M., Roettger, M. & Shih, J. C. (2008). The VNTR 2 repeat in MAOA and delinquent behavior in adolescence and young adulthood: Associations and MAOA promoter activity. *European Journal of Human Genetics* 16, 626-34.

*46 McDermott, R., Tingley, D., Cowden, J., Frazzetto, G. & Johnson, D.D.P. (2009). Monoamine oxidase A gene (MAOA) predicts behavioral aggression following provocation. *Proceedings of the National Academy of Sciences USA* 106, 2118-23.

*47 低MAOA遺伝子と反社会的行動の結びつきを解釈する際に注意すべき重要な点は、それが分散のわずかな部分しか説明しないことである。これは、人格や心の障害に結びつけて考えられている遺伝子のほとんどに当てはまる。

*48 Maori violence blamed on gene (2006). *The Dominion Post* (Wellington, New Zealand), August 9, Section A3.

*49 Lea, R. & Chambers, G. (2007). Monoamine oxidase, addiction, and the "warrior" gene hypothesis.

*11 Grove, W. M., Eckert, E. D., Heston, L., Bouchard, T. J., Segal, N., et al. (1990). Heritability of substance abuse and antisocial behavior: A study of monozygotic twins reared apart. *Biological Psychiatry* 27, 1293-1304.

*12 Christiansen, K. O. (1977). A review of criminality among twins. In S. A. Mednick and K. O. Christiansen (eds.), *Biosocial Bases of Criminal Behavior*, pp. 45-88. New York: Gardner Press.

*13 Schwesinger, G. (1952). The effect of differential parent-child relations on identical twin resemblance in personality. *Acta Geneticae Medicae et Germellologiae.* 前注の論文に引用されている。

*14 Grove, et al. Heritability of substance abuse and antisocial behavior.

*15 Baker, et al. Genetic and environmental bases of childhood antisocial behavior.

*16 Moffitt T. E. (2005). The new look of behavioral genetics in developmental psychopathology: Gene-environment interplay in antisocial behaviors. *Psychological Bulletin* 131, 533-54.

*17 Bouchard, T. J. & McGue, M. (2003). Genetic and environmental influences on human psychological differences. *Journal of Neurobiology* 54, 4-45.

*18 Mednick, S. A., Gabrielli, W. H. & Hutchings, B. (1984). Genetic influences in criminal convictions: Evidence from an adoption cohort. *Science* 224, 891-94.

*19 Raine, A. (1993). *The Psychopathology of Crime: Criminal Behavior as a Clinical Disorder*. San Diego: Academic Press.

*20 Moffitt, T. E., Ross, S. & Raine, A. (2011). Crime and biology. In J. Q. Wilson and J. Petersilia (eds.), *Crime and Public Policy*, 2nd ed. Oxford: Oxford University Press.

*21 同上

*22 同上

*23 同上

*24 双子研究とは対照的に、養子研究には、暴力の遺伝を示す結果が得られていないものもいくつかある。一つの説明として、養子研究は、暴力の評価尺度として有罪判決に関するデータを用いていることがあげられる。だが有罪判決データは、評価尺度として信頼性が低いとされている。なぜなら暴力者のほとんどは、有罪判決はおろか逮捕歴すら持っていないからである。それに対して双子研究は、実験者、親、教師、本人(子ども、成人)による攻撃性、暴力の程度の評価に、より強く依存する。この評価方法は、イエスかノーの二項分類的な情報しか提供しない有罪判決データと比較すると、より広範で系統的、かつ信頼性の高いデータをもたらす。

*25 Jacobs, P. A., Brunton, M., Melville, M. M., Brittain, R. P. & McClemont, W. F. (1965). Aggressive behavior, mental sub-normality, and the XYY male. *Nature* 208, 1351-52.

*26 Voorhees, J. J., Wilkins, J., Hayes, E. & Harrell, E. R. (1970). Nodulocystic acne as a phenotypic feature of the XYY genotype. *Archives of Dermatology* 105, 913-19.

*27 Lyons, R. D. (1968). Ultimate Speck appeal may cite a genetic defect. *New York Times*, April 22, p. 43. http://select.nytimes.com/gst/abstract.html ?res=F20C10FA355D147493C0AB178FD85F4C8685F9

*28 Telfer, M. A, Baker, D., Clark, G. R. & Richardson, C. E. (1968). Incidence of gross chromosomal errors among tall criminal American males. *Science* 159, 1249-50.

*29 Davis, R. J., McGee, B. J., Empson, J. & Engel, E. (1970). XYY and crime. *Lancet* 296, 1086.

*30 Witkin, H. A., Mednick, S. A., Schulsinger, F. et al. (1976). Criminality in XYY and XXY men. *Science* 193, 547-55.

*31 同上

*32 Ross, J. L., Roeltgen, D. P., Kushner, H., Zinn, A. R., Reiss, A., et al. (2012). Behavioral and social

*53 Archer, J. (2009). Does sexual selection explain human sex differences in aggression? *Behavioral and Brain Sciences* 32, 249-311.

*54 同上

*55 Bettencourt, B. A. & Miller, N. (1996). Gender differences in aggression as a function of provocation: A meta-analysis.*Psychological Bulletin* 119, 422-47.

*56 Campbell, A. (1995). A few good men: Evolutionary psychology and female adolescent aggression. *Ethology and Sociobiology* 16, 99-123.

*57 Zuckerman, M. (1994). *Behavioural Expressions and Biosocial Bases of Sensation Seeking*. New York: Cambridge University Press.

*58 Campbell, A few good men.

*59 同上

*60 Archer, Does sexual selection explain human sex differences in aggression?

*61 Buss, D. N. & Dedden, L. A. (1990). Derogation of competitors. *Journal of Personality and Social Relationships* 7, 395-422.

*62 同上

第2章　悪の種子——犯罪の遺伝的基盤

*1 *60 Minutes: Murder Gene: Man on Death Row Bases Appeal on the Belief That His Criminal Tendencies Are Inherited* (2001). CBS television, February 27.

*2 この機能不全、言い換えると一卵性双生児の自然発生は、胚盤胞が崩れ、始原細胞が二つに分裂するときに生じると考えられている。その際、胚の両側は同じ遺伝物質で満たされており、その結果二つの同一の胚が発達するに至る。

*3 Baker, L. A., Barton, M. & Raine, A. (2002). The Southern California Twin Register at the University of Southern California. *Twin Research* 5, 456-59.

*4 Baker, L. A., Jacobsen, K., Raine, A., Lozano, D. I. & Bezdjian, S. (2007). Genetic and environmental bases of childhood antisocial behavior: A multi-informant twin study. *Journal of Abnormal Psychology* 116, 219-35.

*5 同上

*6 双子の研究によって私たちが得た遺伝率96パーセントという数値はきわめて高く、情報提供者全員に反社会的と見なされている子どもに当てはまるだろう。それとは対照的に、実際には子どもが反社会的であっても、親や先生がそれに気づいていないケースもあり得る。

*7 Baker, L., Raine, A., Liu, J. & Jacobsen, K. C. (2008). Genetic and environmental influences on reactive and proactive aggression in children. *Journal of Abnormal Child Psychology* 36, 1265-78.

*8 Burt, S. A. (2009). Are there meaningful etiological differences within antisocial behavior? Results of a meta-analysis. *Clinical Psychology Review* 29, 163-78.

*9 Arseneault, L., Moffitt, T. E., Caspi, A., Taylor, A., Rijsdijk, F. V., et al. (2003). Strong genetic effects on cross-situational antisocial behaviour among 5-year-old children according to mothers, teachers, examiner-observers, and twins' self-reports. *Journal of Child Psychology and Psychiatry and Allied Disciplines* 44, 832-48.

*10 Viding E., Jones, A. P., Frick, P. J., Moffitt, T. E. & Plomin, R. (2008). Heritability of antisocial behaviour at 9: Do callous-unemotional traits matter? *Developmental Science* 11, 17-22.

non-consensual sexual stimulation: A review. *Journal of Clinical Forensic Medicine* 11, 82-88.

*35 オーガズムは妊娠を促進し、それには進化的な基盤が存在するという見方に対する反論は、次を参照されたい。 Lloyd, A. E. (2005). *The Case of the Female Orgasm: Bias in the Science of Evolution*. Cambridge: Harvard University Press.

*36 Polaschek, D.L.L., Ward, T. & Hudson, S. M. (1997). Rape and rapists: Theory and treatment. *Clinical Psychology Review* 17, 117-44.

*37 McKibbin, W. F., Shackelford, T. K., Goetz, A. T. & Starratt, V. G. (2008). Why do men rape? An evolutionary psychological perspective. *Review of General Psychology* 12, 86-97.

*38 Thornhill, N. W. & Thornhill, R. (1990). An evolutionary analysis of psychological pain following rape, vol. 1, The effects of victim's age and marital status. *Ethology and Sociobiology* 11, 155-76.

*39 Russell, D.E.H. (1990). *Rape in Marriage*. Indianapolis: Indiana University Press.

*40 Buss, D. M. (2000). *The Dangerous Passion: Why Jealousy Is as Necessary as Love and Sex*. New York: Free Press. [『一度なら許してしまう女 一度でも許せない男——嫉妬と性行動の進化論』三浦彊子訳、PHP研究所、2001年]

*41 Daly & Wilson. Evolutionary social psychology and family homicide.

*42 Buss, D. M., Shackelford, T. K., Kirkpatrick, L. A., Choe, J. C., Lim, H. K., et al. (1999). Jealousy and the nature of beliefs about infidelity: Tests of competing hypotheses about sex differences in the United States, Korea, and Japan. *Personal Relationships* 6, 125-50.

*43 Andrews, P. W., Gangestad, S. W., Miller, G. F., Haselton, M. G., Thornhill, R., et al. (2008). Sex differences in detecting sexual infidelity: Results of a maximum likelihood method for analyzing the sensitivity of sex differences to underreporting. *Human Nature: An Interdisciplinary Biosocial Perspective* 19, 347-73.

*44 Goetz, A. T. & Causey, K. (2009). Sex differences in perceptions of infidelity: Men often assume the worst. *Evolutionary Psychology* 7, 253-63.

*45 Gage, A. J. & Hutchinson, P. L. (2006). Power, control, and intimate partner sexual violence in Haiti. *Archives of Sexual Behavior* 35, 11-24.

*46 Lalumiere, M. L., Harris, G. T., Quinsey, V. L. & Rice, M. E. (2005). *The Causes of Rape: Understanding Individual Differences in Male Propensity for Sexual Aggression*. Washington, D.C.: APA Press.

*47 Baker, R. (1996). *Sperm Wars*. New York: Basic Books. [『精子戦争——性行動の謎を解く』秋川百合訳、河出書房新社、1997年]

*48 Buss, D. M. (2009). The multiple adaptive problems solved by human aggression. *Behavioral and Brain Sciences* 32, 271-72.

*49 Daly, M. & Wilson, M. (1990). Killing the competition: Female/female and male/male homicide. *Human Nature* 1, 81-107.

*50 Wilson, M. & Daly, M. (1985). Competitiveness, risk-taking, and violence: The young male syndrome. *Ethology and Sociobiology* 6, 59-73.

*51 Buss, D. M. & Shackelford, T. K. (1997). Human aggression in evolutionary psychological perspective. *Clinical Psychology Review* 17, 605-19.

*52 Tremblay, R. E., Japel, C., Perusse, D., McDuff, P., Bolvin, M., et al. (1999). The search for the age of onset of physical aggression: Rousseau and Bandura revisited. *Criminal Behavior and Mental Health* 9, 8-23.

*14　マンドルク族とサイコパスの類似性は、誇張すべきではない。マンドルク族の男性の生活様式は、欧米社会で暮らすサイコパスのそれとまったく同じというわけではない。後者は一般に、両性に対して長期的な関係を結ばず、誰とも協力し合わない。それとは対照的に、前者は同性となら長期的な関係を結び、部落全体の利益のために男性同士で協力し合う。

*15　Hare, R. D. (1980). A research scale for the assessment of psychopathy in criminal populations. *Personality and Individual Differences* 1, 111-19.

*16　Chagnon, N. A. (1988). Life histories, blood revenge, and warfare in a tribal population. *Science* 239, 985-92.

*17　Hare, R. D. (1993). *Without Conscience: The Disturbing World of Psychopaths Amongst Us*. New York: Guilford Press. [『診断名サイコパス――身近にひそむ異常人格者たち』小林宏明訳、早川書房、1995年]

*18　Woodworth, M. & Porter, S. (2002). In cold blood: Characteristics of criminal homicides as a function of psychopathy.*Journal of Abnormal Psychology* 111, 436-45.

*19　Centers for Disease Control and Prevention National Center for Injury Prevention and Control (2002). *WISQARS Leading Causes of Death Reports, 1999-2007*, http://webapp.cdc.gov/sasweb/ncipc/leadcaus10.html

*20　Overpeck, M. D., Brenner, R. A., Trumble, A. C., Trifiletti, L. B. & Berendes, H. W. (1998). Risk factors for infant homicide in the United States. *New England Journal of Medicine* 339, 1211-16.
一般に生後一年間はもっとも殺される確率が高いが、いくつかの民族グループに関して言えば、青少年期や成人初期もそれに匹敵する。

*21　同上

*22　同上

*23　Daly, M. & Wilson, M. (1988). Evolutionary social psychology and family homicide. *Science* 242, 519-24.

*24　Wadsworth, J., Burnell, I., Taylor, B. & Butler, N. (1983). Family type and accidents in preschool-children. *Journal of Epidemiology and Community Health* 37, 100-104.

*25　Daly, M. & Wilson, M. (1988). *Homicide*. Hawthorne, N.Y.: Aldine de Gruyter. [『人が人を殺すとき――進化でその謎をとく』長谷川眞理子・長谷川寿一訳、新思索社、1999年]

*26　Lightcap, J. L., Kurland, J. A. & Burgess, R. L. (1982). Child-abuse - A test of some predictions from evolutionary-theory. *Ethology and Sociobiology* 3, 61-67.

*27　Daly & Wilson, Evolutionary social psychology and family homicide.

*28　同上

*29　同上

*30　Gottschall, J. A. & Gottschall, T. A. (2003). Are per-incident rape-pregnancy rates higher than per-incident consensual pregnancy rates? *Human Nature* 14, 1-20.

*31　Thornhill, R. & Palmer, C. (2000). *A Natural History of Rape*. Cambridge, Mass.: MIT Press. [『人はなぜレイプするのか――進化生物学が解き明かす』望月弘子訳、青灯社、2006年]

*32　Singh, D., Dixson, B. J., Jessop, T. S., Morgan, B. & Dixson, A. F. (2010). Cross-cultural consensus for waist-hip ratio and women's attractiveness. *Evolution and Human Behavior* 31, 176-81.

*33　Ward, T., Gannon, T. A. & Keown, K. (2006). Beliefs, values, and action: The judgment model of cognitive distortions in sexual offenders. *Aggression and Violent Behavior* 11, 323-40.

*34　Levin, R. J. & van Berlo, W. (2004). Sexual arousal and orgasm in subjects who experience forced or

原注

はじめに

*1 Wolfgang, M. E. (1973). Cesare Lombroso. In H. Mannheim (ed.), *Pioneers in Criminology*, pp. 232-91. Montclair, N.J.: Patterson Smith.

*2 Sellin, T. (1937). The Lombrosian myth in criminology. *American Journal of Sociology* 42, 898-99.

*3 Kellerman, J. (1999). *Savage Spawn: Reflections on Violent Children*. New York: Random House.

序章

*1 ボドルムのマーケットで同じナイフを手に入れることができた。それは安物のナイフで、まともな武器としてより、脅しや防御に向いているように見える。私はこのナイフを、南カリフォルニア大学の研究室の机のうえに記念《メメント》として飾っておいたが、そのうち清掃作業員に盗まれた。

*2 Wilson, J. Q. & Herrnstein R. (1985). *Crime and Human Nature*. New York: Simon & Schuster.

第1章　本能──いかに暴力は進化したか

*1 Horn, D. G. (2003). *The Criminal Body: Lombroso and the Anatomy of Deviance*. New York: Routledge.

*2 Gibson, M. (2002). *Born to Crime: Cesare Lombroso and the Origins of Biological Criminology*, p. 20. Westport, Conn.: Praeger.

*3 Wolfgang, M. E. (1973). Cesare Lombroso. In H. Mannheim (ed.), *Pioneers in Criminology*, pp. 232-91. Montclair, N.J.: Patterson Smith.

*4 Shakespeare, W. (1914). *The Tempest*, Act IV, Scene 1. London: Oxford University Press. [『あらし』福田恆存訳、新潮世界文学2 シェイクスピアII、1968年]

*5 Gibson, *Born to Crime*.

*6 Dawkins, R. (1976). *The Selfish Gene*. New York: Oxford University Press. [『利己的な遺伝子 増補新装版』日高敏隆・岸由二・羽田節子・垂水雄二訳、紀伊國屋書店、2006年]

*7 Trivers, R. L. (1971). The evolution of reciprocal altruism. *Quarterly Review of Biology* 46, 35-57.

*8 Cleckley, H. C. (1976). *The Mask of Sanity*. St. Louis: Mosby.

*9 Hare, R. D. (2003). *The Hare Psychopathy Checklist - Revised (PCL-R)*, 2nd ed. Toronto, Canada: Multi-Health Systems.

*10 Harpending, H. & Draper, P. (1988). Antisocial behavior and the other side of cultural evolution. In T. E. Moffitt and S. A. Mednick (eds.), *Biological Contributions to Crime Causation*, pp. 293-307. Dordrecht: Martinus Nijhoff.

*11 Lee, R. B. & DeVore, B. I. (1976). *Kalahari Hunter-Gatherers*. Cambridge, Mass.: Harvard University Press.

*12 Murphy, Y. & Murphy, R. (1974). *Women of the Forest.* New York: Columbia University Press.

*13 Harpending & Draper, Antisocial behavior and the other side of cultural evolution.

[ラ行]

[ワ行]

［マ行］

［ヤ行］

［ハ行］

[タ行]

[ナ行]

[サ行]

[カ行]

索引

［著者］
エイドリアン・レイン　Adrian Raine
ペンシルベニア大学教授（犯罪学、精神医学、心理学）。30年以上にわたり暴力の生物学的基盤を調査し、神経科学の知見を用いて犯罪の原因と解決手段を研究する、「神経犯罪学（Neurocriminology）」と呼ばれる分野を確立した。殺人犯の裁判に弁護団として参加し、脳のスキャン画像を法廷に提出するなどの活動も行なっている。

［訳者］
高橋　洋　たかはし・ひろし
翻訳家。同志社大学文学部文化学科卒（哲学及び倫理学専攻）。訳書にハイト『社会はなぜ左と右にわかれるのか』、ニールセン『オープンサイエンス革命』、ブレイスウェイト『魚は痛みを感じるか？』（以上、紀伊國屋書店）、クルツバン『だれもが偽善者になる理由』（柏書房）、ベコフ『動物たちの心の科学』（青土社）ほかがある。

暴力の解剖学
神経犯罪学への招待

二〇一五年三月一九日　第一刷発行

発行所　株式会社紀伊國屋書店
東京都新宿区新宿三 - 一七 - 七
出版部（編集）
電話　〇三 - 六九一〇 - 〇五〇八
ホールセール部（営業）
電話　〇三 - 六九一〇 - 〇五一九
〒一五三 - 八五〇四　東京都目黒区下目黒三 - 七 - 一〇

索引編集協力　有限会社プロログ
装丁　木庭貴信＋伊藤蘭（オクターヴ）
印刷・製本　中央精版印刷

ISBN978-4-314-01126-6 C0040 Printed in Japan

定価は外装に表示してあります